M. N. SCHULSHENKO

Konstruktion von Flugzeugen

mit 515 Zeichnungen

Reprint
Elbe-Dnjepr-Verlag
2007

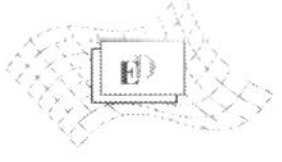

Konstruktion von Flugzeugen
Autor: M. N. Schulshenko

Die Übersetzung besorgten: H. Drumm, D. Stammer
Reprintausgabe korrigiert: D. Stammer

Reprint der korrigierten Ausgabe

Herausgeber:
Elbe-Dnjepr-Verlag, 2007
Alte Bahnhofstraße 35
04862 Klitzschen
Telefon und Fax: 03421 / 709064
e-mail: elbe-dnjepr@t-online.de
www.edverlag.de

Druck und Bindung:
Digital Druckfabrik GmbH
04319 Leipzig

ISBN: 978-3-933395-99-3

Inhaltsverzeichnis

Vorwort zur russischen Ausgabe von 1971 9

1. Allgemeine Bemerkungen über Flugzeuge und andere Fluggeräte 11

1.1. Flugcharakteristiken von Flugzeugen 11
1.2. Hauptbaugruppen des Flugzeuges 14
1.3. Klassifizierung von Flugzeugen 16
1.4. Flugzeuge mit Senkrechtstart- und -landeeigenschaften (VTOL-Flugzeuge) 28
1.5. Wasserflugzeuge 32
1.6. Hubschrauber 33
1.7. Luftkissenfahrzeuge 37
1.8. Unbemannte Flugkörper 38
1.9. Kurzer Abriß der Entwicklung von Flugzeugschemata 45
1.10. Allgemeine Anforderungen an die Konstruktion eines Flugzeuges 51
1.11. Die Technologiegerechtheit derKonstruktion im Flugzeugbau 54
1.12. Luftfahrtwerkstoffe.................................... 62
1.13. Kräfte, die auf das Flugzeug einwirken 67
1.14. Rechenlastvielfache und ihre Normierung 70
1.15. Kontrollfragen 72

2. Der Tragflügel 74

2.1. Die Zweckbestimmung des Tragflügels und Forderungen, die an ihn gestellt werden 74
2.2. Äußere Formen des Tragflügels 75
2.3. Die Belastung des Tragflügels........................... 82
2.4. Festigkeitsverbände von Tragflügeln 88
2.5. Die konstruktiven Besonderheiten von Pfeil- und Dreiecktragflügeln 103

2.6. Konstruktive Besonderheiten von Tragflügeln mit im Fluge veränderlichem Pfeilwinkel ... 112
2.7. Vergleichende Bewertung von Tragflügeln verschiedener Bauweisen ... 116
2.8. Die Konstruktion der wichtigsten Bauelemente des Tragflügels ... 118
2.9. Tragflügeltrennstellen und Konstruktion der Anschlußelemente ... 141
2.10. Lukendeckel und spezielle Umströmungskörper ... 150
2.11. Tragflügelnasen und Enteisungssysteme ... 152
2.12. Mechanisierungsmittel am Tragflügel ... 155
2.13. Kontrollfragen ... 167

3. Leitwerk und Querruder ... 168

3.1. Die Zweckbestimmung von Leitwerk und Querrudern und die an sie gestellten Forderungen ... 168
3.2. Form und Lage des Leitwerkes ... 170
3.3. Die Belastung von Leitwerk und Querrudern ... 177
3.4. Aerodynamische Kompensation von Rudern (Ruderausgleich) ... 181
3.5. Mittel zur aerodynamischen Trimmung des Flugzeuges ... 186
3.6. Bauweisen von Leitwerken ... 188
3.7. Kontrollfragen ... 200

4. Der Rumpf ... 201

4.1. Zweckbestimmung des Rumpfes und Forderungen, die er erfüllen muß ... 201
4.2. Äußere Formen des Rumpfes ... 202
4.3. Kräfte, die auf den Rumpf einwirken ... 203
4.4. Bauweisen des Rumpfes und Belastung der Bauelemente ... 206
4.5. Kabinen ... 225
4.6. Kontrollfragen ... 252

5. Steuersysteme von Flugzeugen ... 253

5.1. Bestimmung der Steuersysteme und die an sie gestellten Anforderungen ... 253
5.2. Zentralteile der Steuerung ... 256
5.3. Übertragungselemente der Steuerung ... 268
5.4. Besonderheiten der Steuerung schnellfliegender Flugzeuge ... 276
5.5. Konstruktion der Ruder- und Trimmersteuerung ... 288
5.6. Berechnung der Steuersysteme auf Festigkeit ... 292
5.7. Kontrollfragen ... 296

6. Das Fahrwerk ... 298

6.1. Bestimmung der Fahrwerke und Forderungen an sie ... 298
6.2. Die hauptsächlichsten Fahrwerkarten ... 299
6.3. Fahrwerkbeine (Fahrwerkstützen) ... 305
6.4. Stoßdämpfer ... 307
6.5. Fahrwerkräder ... 321
6.6. Kufenfahrwerke ... 329
6.7. Konstruktion der Fahrwerkbeine ... 330
6.8. Fahrwerkbeine und Befestigungsarten der Fahrwerkstützen 340
6.9. Fahrwerkeinfahrschemata ... 354
6.10. Belastungen des Fahrwerkes ... 359
6.11. Festigkeitsberechnung der Fahrwerkelemente ... 364
6.12. Kontrollfragen ... 366

7. Triebwerksanlagen ... 367

7.1. Zweckbestimmung der Triebwerksanlagen und die an sie gestellten Forderungen ... 367
7.2. Unterbringung der Triebwerke am Flugzeug ... 369
7.3. Luftansaugschächte und Gasaustrittssysteme ... 373
7.4. Konstruktion der Triebwerksbefestigung ... 374
7.5. Gondeln und Motorhauben ... 390
7.6. Behälter und Kraftstoffzellen ... 392
7.7. Kontrollfragen ... 400

8. Verbindung von Konstruktionselementen ... 401

8.1. Verbindungsarten ... 402
8.2. Nietverbindungen ... 404
8.3. Schrauben- und Bolzenverbindungen ... 412
8.4. Besonderheiten von hermetischen Niet- und Bolzenverbindungen ... 422
8.5. Schweißverbindungen ... 425
8.6. Klebe- und kombinierte Verbindungen ... 426
8.7. Festigkeit der Verbindungen ... 428
8.8. Dauerfestigkeit von Verbindungen ... 430
8.9. Kontrollfragen ... 431

9. Aeroelastizität und Vibrationsschwingungen einer Konstruktion ... 432

9.1. Umkehrung der Ruderwirkung ... 432
9.2. Vollplastische Deformation tragender Flächen ... 434
9.3. Das Flattern ... 436
9.4. Buffeting ... 443
9.5. Kontrollfragen ... 444

Vorwort zur russischen Ausgabe von 1971

Das Lehrfach »Flugzeugkonstruktion«, das am Moskauer Institut für Flugzeugbau (MAI) gelesen wird, umfaßt die Beschreibung der Baugruppen von Flugzeugen und deren Analyse unter Berücksichtigung der an sie gestellten Forderungen hinsichtlich Festigkeit, eines minimalen Gewichtes sowie günstiger technologischer und Wartungseigenschaften.

Dieser Umfang an Informationen gestattet es, möglichst umfassend die Vor- und Nachteile einer Konstruktion einzuschätzen. Er wird deshalb dazu beitragen, die technische Qualität von Beleg- und Diplomarbeiten der Studenten zu verbessern.

Die Vielfalt konstruktiver Lösungen für Baugruppen des Flugzeuges und ihrer Teilelemente begründete die Notwendigkeit, sie zu systematisieren und die typischsten unter ihnen, d. h. die am häufigsten in Flugzeugen anzutreffenden, herauszulösen. Beim Schreiben des Lehrbuches wurde berücksichtigt, daß, den Lehrplänen entsprechend, dem Fach »Flugzeugkonstruktion« spezielle Fächer vorangehen, die den Studenten die erforderlichen Kenntnisse über die Aerodynamik, die Flugzeugfestigkeit, Flugtriebwerke und Flugwerkstoffe vermitteln.

Anlagen, die zur Versorgung des Triebwerkes mit Kraftstoff, die zu seiner Kühlung, Schmierung und Steuerung dienen, wurden ebenso wie einige andere Anlagen des Flugzeuges nicht in das Buch aufgenommen, da sie in speziellen Lehrfächern, wie »Triebwerksanlagen« und »Flugzeugausrüstung«, behandelt werden. In diesem Zusammenhang werden in dem Abschnitt »Triebwerksanlagen« nur Triebwerksgondeln, die Triebwerksbefestigung an Baugruppen der Zelle, Triebwerksverkleidungen sowie Kraftstoffbehälter in Rumpf und Tragflügeln behandelt.

Bei der Beschreibung einzelner Baugruppen des Flugzeuges wurden die Bedingungen, unter denen sie im Fluge belastet werden, sowie Rechenverfahren zur angenäherten Ermittlung ihrer Festigkeit aufgenommen, um den Studenten bei der Anfertigung von Beleg- und Diplomarbeiten die Möglichkeit zu geben, die Ausarbeitung von Baugruppen bis auf die Ermittlung von Querschnitten der Elemente des Festigkeitsverbandes durchzuführen. Besondere Aufmerksamkeit wurde der Auswahl von Illustrationsmaterial geschenkt. Dadurch konnten einerseits die Konstruktionen einzelner Baugruppen anschaulicher erläutert und andererseits die beschreibenden Texte wesentlich verkürzt werden. Neben der Beschreibung einzelner Baugruppen des Flugzeuges wurden auch kurze Bemerkungen zur geschichtlichen Entwicklung ihrer Konstruktion gemacht.

Am Ende jedes Abschnittes sind Fragen und Aufgaben vorhanden, die vor allem Fern-

und Abendstudenten erlauben, selbständig den Grad der Aneignung des Stoffes zu überprüfen. Der Aufbau des Lehrbuches und die Darlegung des Materials entsprechen dem Programm des Faches und der am Moskauer Luftfahrtinstitut praktizierten Methodik seiner Darlegung.

Die vorliegende Ausgabe des Buches »Flugzeugkonstruktion« wurde durch die Aufnahme neuen Materials im Austausch gegen veraltetes wesentlich überarbeitet und durch die Aufnahme der neuen Kapitel »Verbindungselemente der Flugzeugkonstruktion« sowie »Aeroelastizität und Vibrationsschwingungen der Konstruktion« erweitert. Außerdem wurde in ihm der überwiegende Teil der Bemerkungen und Hinweise zur 2. Ausgabe, die der Autor von Luftfahrtinstituten erhielt, berücksichtigt.

Der Autor drückt den Professoren A. A. Komarow, A. L. Gimmelfarb, den Dozenten Lebedinskij, N. F. Tschechonin, E. S. Woit und dem Oberlehrer S. A. Melik-Sarkisjan seine Ergebenheit und Dankbarkeit für die Hinweise zur Verbesserung des Manuskriptes aus.

Alle Hinweise zur 3. Ausgabe sind an folgende Adresse zu richten:

Moskau B 66, 1. Basmannij Pereulok 3
Verlag Maschinostrojenije

1. Allgemeine Bemerkungen über Flugzeuge und andere Fluggeräte

1.1. Flugcharakteristiken von Flugzeugen

Die Qualität eines Flugzeuges und die Effektivität seiner Nutzung als Transportmittel werden durch seine flugtechnischen Charakteristiken, durch seine Zuverlässigkeit, seine Sollbetriebszeit und seine Sicherheit bestimmt.

Zuverlässigkeit ist die Eigenschaft eines Flugzeuges, vorgegebene Aufgaben zu erfüllen und dabei seine Nutzungskennwerte in der Sollbetriebszeit in den gegebenen Grenzen zu halten. Unter Sollbetriebszeit versteht man die Arbeitsdauer oder den Arbeitsumfang des Flugzeuges, gemessen in Stunden, Kilometern oder anderen Einheiten.

Die letzten drei Kenngrößen zur Einschätzung der Qualität unterscheiden sich nicht von denjenigen anderer Transportmittel. Flugcharakteristiken haben dagegen ihre Besonderheiten.

Zu den Flugcharakteristiken gehören gewöhnlich die Geschwindigkeit, die Flugweite, die Flughöhe (Gipfelhöhe), die Steigleistung, Start- und Landeleistungen und die Nutzlast.

Diese Charakteristiken haben unterschiedliche Bedeutung für Flugzeuge mit verschiedenem Verwendungszweck. Für jedes Flugzeug kann man die wichtigsten Flugcharakteristiken hervorheben, die seine effektivste Verwendung, d. h. die bestmögliche Erfüllung der für dieses Flugzeug gestellten Aufgaben, gewährleisten. So sind für ein Abfangjagdflugzeug, dessen Hauptaufgabe im Abfangen und Vernichten gegnerischer Flugzeuge und anderer Luftkampfmittel in der Luft besteht, nicht nur die hohe Geschwindigkeit und große Flughöhe, sondern auch große Steigleistung und Manövrierfähigkeit von außerordentlicher Bedeutung.

Für Passagier- und Transportflugzeuge sind vor allem große Nutzlast und Flugweite wichtig sowie gute Start- und Landeeigenschaften, die es erlauben, das Flugzeug von allen vorhandenen Flugplätzen zu nutzen.

Im weiteren werden einige, in der technischen Literatur übliche Definitionen von Flugcharakteristiken aufgeführt.

Die maximale Fluggeschwindigkeit ist die Geschwindigkeit des stationären geradlinigen Horizontalfluges, die bei Nutzung der vollen Triebwerksleistung bzw. des vollen Triebwerksschubes erreicht wird. Die Geschwindigkeit ist eine der wichtigsten Kenngrößen zur Charakterisierung der Qualität eines Flugzeuges.

Die Flugweite ist die größte Strecke, die ein Flugzeug in einer Richtung ohne nachzutanken zurücklegen kann.

Wenn der Flug mit Rückkehr zum eigenen Platz durchgeführt wird, dann versteht man unter Flugweite den Aktionsradius, der der halben Gesamtflugstrecke entspricht.

Die Flugweite hängt entscheidend von der Flughöhe und Geschwindigkeit ab.
Die statische Gipfelhöhe ist die größte Flughöhe, die ein Flugzeug erreichen und in der es noch einen Horizontalflug durchführen kann. Jedoch kann es in dieser Höhe keinen Steigflug mehr durchführen, d. h., die Steiggeschwindigkeit erreicht den Wert Null. Diese Höhe bezeichnet man auch als **theoretische Gipfelhöhe,** da sie praktisch nicht nutzbar ist. Im Gegensatz dazu steht die **praktische Gipfelhöhe,** bei der das Flugzeug noch zu einem Steigflug mit einer willkürlich festgelegten Steiggeschwindigkeit in der Lage ist. Für Flugzeuge mit Kolbentriebwerken ist es üblich, diese Steiggeschwindigkeit mit 0,5 m/s, bei Flugzeugen mit Strahltriebwerken mit 5 m/s anzunehmen. Daneben gibt es noch den Begriff der **dynamischen Gipfelhöhe,** unter dem man eine Flughöhe versteht, die das Flugzeug nicht nur durch Nutzung der vollen Triebwerksleistung, sondern zusätzlich durch Nutzung der kinetischen Energie, die es im Beschleunigungsprozeß vor dem Steigflug gespeichert hat, erreicht. Die dynamische Gipfelhöhe ist bedeutend größer als die statische Gipfelhöhe eines Flugzeuges.
Unter **Steigleistung** versteht man die Zeit, in der ein Flugzeug eine vorgegebene Flughöhe erreicht. Die Steigleistung hängt von der Größe der Vertikalgeschwindigkeit während des Steigfluges ab.
Die Manövrierfähigkeit des Flugzeuges ist seine Fähigkeit, im Fluge verschiedenartige Manöver durchzuführen (Kurvenflug um 90° oder 180°, Beschleunigung bis auf Maximalgeschwindigkeit, Vollkreise, Spiralen, Kunstflugfiguren u. a. m.). Manöver werden gewöhnlich durch ihre Zeitdauer, die bei der Änderung der Flugbahn auftretenden Belastungen und andere Kenngrößen charakterisiert.
Als **Start- und Landecharakteristiken** bezeichnet man Charakteristiken, die es gestatten, Ausmaße und Klasse der Flugplätze zu bestimmen, auf denen das gegebene Flugzeug genutzt wird. Das sind vor allem die Anrollstrecke beim Start (vom Punkt, an dem die volle Triebwerksleistung erreicht wird, bis zu dem Punkt, an dem die Räder des Fahrwerkes vom Flugplatz abheben) sowie die Ausrollstrecke bei der Landung (vom Punkt, an dem die Räder den Boden berühren, bis zum vollständigen Stillstand des Flugzeuges).
Daneben sind hier solche Größen von Bedeutung wie die Abhebegeschwindigkeit, bei der die Räder beim Start vom Boden abheben, sowie die Landegeschwindigkeit (Aufsetzgeschwindigkeit), bei der die Räder im Landevorgang den Boden berühren.
Die Nutzlast (Tragfähigkeit) ist die Masse der Lasten, darunter auch der Passagiere, die durch das Flugzeug bei gegebener Abflugmasse und Kraftstoffreserve befördert werden können.
Die Entwicklung der Flugwissenschaft und -technik gestattete es, während der gesamten Entwicklungsgeschichte des Flugwesens ständig die Fluggeschwindigkeit, Flughöhe und Flugweite zu vergrößern. Das wird durch Geschwindigkeits-, Höhen- und Weitenrekorde von Flugzeugen anschaulich unterstrichen. Ungeachtet dessen, daß die meisten Rekorde durch spezielle Flugzeuge erzielt wurden, waren die erzielten Ergebnisse bald darauf schon Daten von Serienflugzeugen. So gesehen waren die Rekorde Richtwerte für die Entwicklung der Flugcharakteristiken in der darauffolgenden Zeit.
Bild 1.1 zeigt ein Diagramm der von 1930 bis 1970 erzielten Geschwindigkeits-, Höhen- und Weitenrekorde.

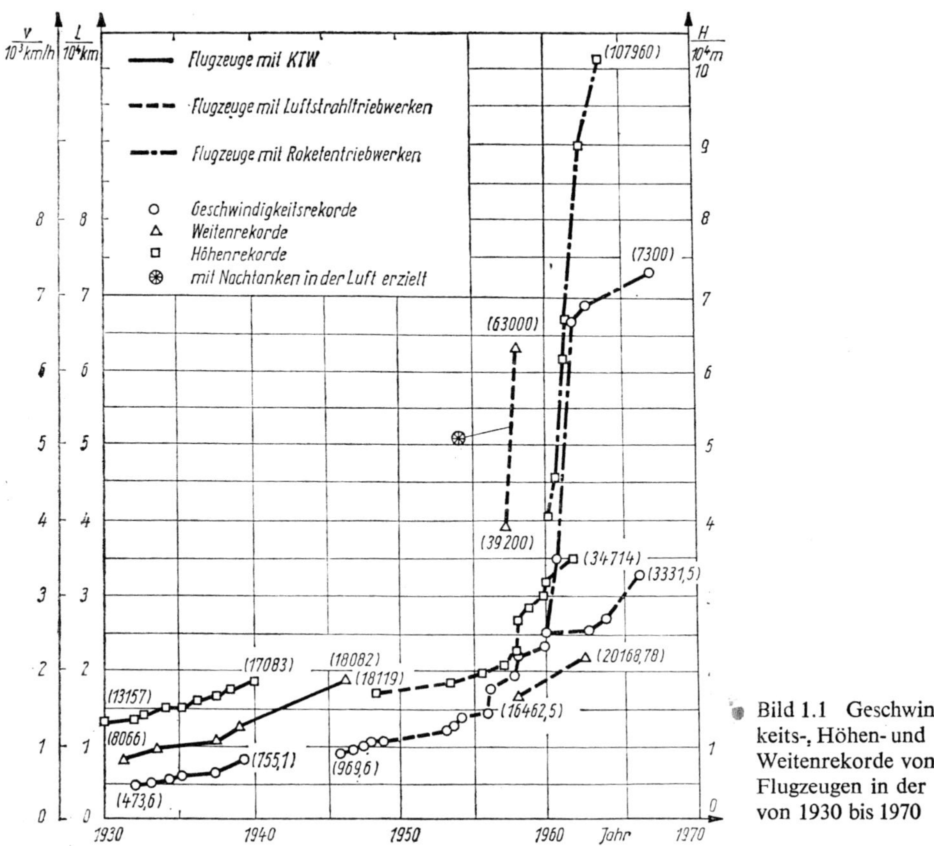

Bild 1.1 Geschwindigkeits-, Höhen- und Weitenrekorde von Flugzeugen in der Zeit von 1930 bis 1970

Wie aus dem Diagramm zu sehen ist, erzielten Flugzeuge mit Kolbentriebwerken (KTW) ihre Grenzgeschwindigkeit von 755,1 km/h bereits 1939. Eine weitere Erhöhung der Geschwindigkeit hätte, wie Berechnungen zeigten, eine enorme Erhöhung der Leistung und damit eine bedeutende Vergrößerung der Masse und der Maße der Triebwerke erfordert. Aus diesem Grunde wurde das Kolbentriebwerk für Flugzeuge in gewissem Sinne unrentabel. Außerdem wuchs mit Vergrößerung der Triebwerksleistung auch der Durchmesser der Luftschraube, so daß an ihren Blattenden bereits Überschallgeschwindigkeiten auftraten. Bei diesen Geschwindigkeiten wuchsen vor allem die vom Wellenwiderstand hervorgerufenen Verluste an den Luftschrauben, so daß ihr Wirkungsgrad rapide sank.

Es wurde ein prinzipiell neuer Typ von Triebwerken erforderlich, an dem bereits gearbeitet wurde. Als solches Triebwerk erwies sich das Turbinenluftstrahltriebwerk (TL) mit Gasturbine und Kompressor, das einen Schub ohne Anwendung einer Luftschraube lieferte. Mit Erscheinen des TL begann eine qualitativ neue Periode der Entwicklung der Flugcharakteristiken von Flugzeugen. Seit 1945 wurden alle Geschwindigkeitsrekorde durch Flugzeuge mit Strahltriebwerken aufgestellt.

Charakteristisch ist für diese Zeit, daß sowohl Jagd- und Bombenflugzeuge als auch Passagierflugzeuge die Schallgeschwindigkeit und sogar Überschallgeschwindigkeiten erreichten. Zu Beginn des Jahres 1969 wurde der erste Testflug mit dem ersten Überschallpassagierflugzeug, der TU 144, durchgeführt. Dieses Flugzeug erreicht eine Höchstgeschwindigkeit, die größer als die zweifache Schallgeschwindigkeit ist.

Wie aus Bild 1.1. zu sehen ist, hat sich für Flugzeuge mit Strahltriebwerken auch die Flugweite vergrößert. Während für Flugzeuge mit KTW der Rekord bei 18082 km stand, wurde er durch Flugzeuge mit Strahltriebwerken auf 20168 km erhöht.

Passagier- und Transportflugzeuge mit TL- und PTL-Triebwerken fliegen auf internationalen Flugstrecken 10000 und mehr Kilometer. Diese Flugzeuge sind in der Lage, bei 2 bis 4maligem Nachtanken in der Luft den Erdball am Äquator entlang zu umfliegen.

Die Höhenrekorde der Flugzeuge mit Strahltriebwerken sind sogar mehr als doppelt so groß wie die der Flugzeuge mit Kolbentriebwerken.

1.2. Hauptbaugruppen des Flugzeuges

Ungeachtet der Vielzahl verschiedener Flugzeugtypen haben doch alle die gleichen Hauptbaugruppen, die analoge Funktionen erfüllen. Unter Baugruppen versteht man im Flugwesen die wichtigsten Bestandteile des Flugzeuges, die eine funktionelle, konstruktive und technologische Einheit bilden. Solche Baugruppen sind z.B.: der Tragflügel, der Rumpf, das Leitwerk, das Fahrwerk und die Triebwerksanlage. Betrachten wir die Zweckbestimmung dieser Baugruppen und machen dazu einige Bemerkungen.

Der **Tragflügel** erzeugt bei der Bewegung

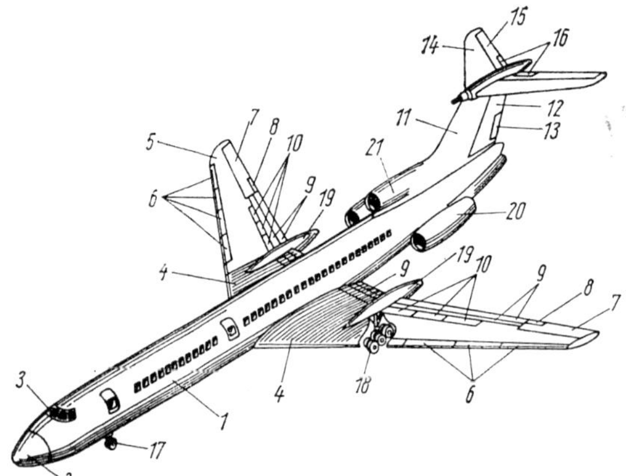

Bild 1.2 Hauptbaugruppen des Flugzeuges

Rumpf: 1 – Rumpf; 2 – Verkleidung der Funkmeßstation; 3 – Verglasung der Besatzungskabine (des Cockpits) Tragflügel: 4 – Zentralteil (Mittelstück); 5 – Außenteile (abnehmbar); 6 – Vorflügel; 7 – Querruder; 8 – Querrudertrimmer; 9 – Landeklappen; 10 – Interzeptoren (Störklappen) Seitenleitwerk; 11 – Seitenflossen; 12 – Seitenruder; 13 – Seitenrudertrimmer Höhenleitwerk: 14 – Höhenflosse; 15 – Höhenruder; 16 – Höhenrudertrimmer Fahrwerk: 17 – Bugfahrwerk; 18 – Hauptfahrwerk; 19 – Fahrwerksgondel Triebwerksanlage: 20 – Triebwerksgondel; 21 – Ansaugschacht

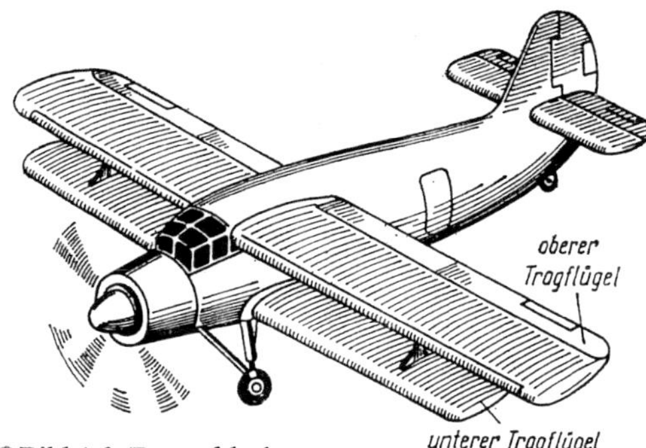

Bild 1.3 Doppeldecker

des Flugzeuges in der Luft die Auftriebskraft. Die Masse des Tragflügels beträgt etwa 10 bis 14% der Abflugmasse des Flugzeuges.

Neben der Erzeugung der Auftriebskraft gewährleistet der Tragflügel auch die Querstabilität und trägt Organe, die die Quersteuerbarkeit sichern – die Querruder. Am Tragflügel werden oft Triebwerke, Hauptfahrwerke, Kraftstoffzusatzbehälter und Teile der Bewaffnung befestigt. Im Tragflügel wird, soweit möglich, Kraftstoff untergebracht. Der Tragflügel stellt einen Träger komplizierter Konstruktion dar, der vor allem durch aerodynamische Flächenkräfte und Punktkräfte von Lasten belastet wird.

Flugzeuge mit einem Tragflügel (mit einer tragenden Fläche) werden als **Eindecker** bezeichnet, Flugzeuge mit zwei übereinanderliegenden Tragflügeln als **Doppeldecker** (siehe Bild 1.3). Die Tragflügel moderner Flugzeuge haben gewöhnlich Start- und Landeklappen, Vorflügel und andere Mittel zur Verbesserung der Start- und Landeeigenschaften der Flugzeuge.

Der **Rumpf** des Flugzeuges dient der Unterbringung der Besatzung, von Passagieren, von Lasten und manchmal von Triebwerken und des Bugfahrwerks. Er vereinigt alle Hauptteile des Flugzeuges zu einer Einheit. Der Massenanteil des Rumpfes an der Gesamtmasse des Flugzeuges beträgt etwa 6 bis 9%. Bei Wasserflugzeugen übernimmt ein Bootsrumpf diese Aufgaben und gewährleistet gleichzeitig den Start und die Landung auf dem Wasser.

Das **Höhenleitwerk** gewährleistet die Längsstabilität und -steuerbarkeit in der Ebene der x- und y-Achsen, d. h. in Bezug auf die z-Achse (Bild 3.1). Es besteht gewöhnlich aus der Kombination von feststehender oder begrenzt beweglicher **Höhenflosse** und beweglichem **Höhenruder.**

Das **Seitenleitwerk** gewährleistet die Kurs- oder Richtungsstabilität und -steuerbarkeit in der Ebene $x-z$, d.h. in bezug auf die y-Achse. Es besteht heute in der Regel aus einer oder zwei, selten drei **Seitenflossen** mit beweglichem **Seitenruder.** Vor allem bei Überschallflugzeugen stellt das Höhenruder, manchmal aber auch das Seitenruder ein, insgesamt drehbares, d. h. steuerbares **Flossenruder** dar. Der Massenanteil des Gesamtleitwerkes an der Masse des Flugzeuges beträgt 1,5 bis 3%.

Das **Fahrwerk** stellt ein System von Stützen auf Rädern oder Kufen dar, welches das An- oder Ausrollen bei Start und Landung sowie die Fortbewegung des Flugzeuges auf dem Flugplatz gewährleistet. In allen Fällen nimmt das Fahrwerk statische und dynamische Belastungen auf und bewahrt das Flugzeug vor Zerstörung.

Die Konstruktion des Fahrwerkes muß genügend elastische Elemente enthalten, die harte Schläge abfangen und die einen Teil der kinetischen Energie des Flugzeuges bei der Landung und beim Rollen am Boden aufnehmen.

Die Masse des Fahrwerkes beträgt 4 bis 7% der Masse des Flugzeuges. Heute be-

sitzen fast alle Flugzeuge ein einziehbares Fahrwerk.
Flugzeuge, die sowohl vom Festland als auch vom Wasser aus starten und auf diesen landen können, bezeichnet man als **Amphibienflugzeuge.** Solche Flugzeuge haben ein Radfahrwerk und einen Bootsrumpf sowie Schwimmer unter den Tragflügeln.
Die **Triebwerksanlage** dient der Erzeugung einer Schubkraft und besteht aus Triebwerken mit ihren Aggregaten, Systemen und Einrichtungen, die eine ordnungsgemäße Arbeit der Triebwerke unter den verschiedenen Flugbedingungen gewährleisten.
Die Schubkraft wird bei Kolbentriebwerken mit Hilfe des Propellers, bei Propeller-Turbinenluftstrahltriebwerken (PTL) mit Hilfe von Propellern und z.T. durch die Reaktionskraft des Gasstrahles und bei Turbinenluftstrahl- (TL) und Raketentriebwerken (RTW) nur durch die Reaktionskraft des Gasstrahles erzeugt.

1.3. Klassifizierung von Flugzeugen

Die Vielfalt der existierenden Flugzeugtypen sowie ihre Anwendung in der Volkswirtschaft und im Militärwesen machte es unerforderlich, die Flugzeuge nach verschiedenen Merkmalen zu klassifizieren, d.h. in Gruppen einzuteilen.

1.3.1. *Klassifizierung nach dem Verwendungszweck*

Unter den verschiedenen Klassifizierungsmerkmalen ist der Verwendungszweck das wesentlichste Merkmal. Dieses Merkmal bestimmt die flugtechnischen Charakteristiken, die Ausmaße und die Komposition, die Ausrüstung des Flugzeuges u.a.m.
Diesem Merkmal entsprechend kann man die Flugzeuge zuerst in Zivil- und Militärflugzeuge unterteilen; in jeder dieser Gruppen wieder nach den speziellen Aufgaben, die sie zu erfüllen haben. Je größer der Kreis dieser Aufgaben wird, desto notwendiger wird auch eine größere Spezialisierung der Flugzeuge.

1.3.1.1. Militärflugzeuge

Moderne Militärflugzeuge kann man, ungeachtet der Vielfalt zu erfüllender Kampfaufgaben, in folgende Gruppen einteilen: Jagd-, Bomben-, Aufklärungs-, Transport-Schul-, Spezial- und Hilfsflugzeuge.
Jagdflugzeuge haben die Aufgabe, Flugzeuge und andere Luftangriffsmittel des Gegners in der Luft zu vernichten. Sie erfüllen Aufgaben im Kampf gegen die Luftverteidigung der gegnerischen Landstreitkräfte, gegen ihre administrativen und industriellen Zentren. Da Jagdflugzeuge vor allem für den Luftkampf vorgesehen sind, müssen sie größtmögliche Horizontal- und Steigfluggeschwindigkeiten, große Gipfelhöhen, hohe Manövrierfähigkeit sowie eine effektive moderne Bewaffnung besitzen.
Nach der Art der zu erfüllenden Kampfaufgabe lassen sich Jagdflugzeuge in folgende Typengruppen einteilen:
Jagdflugzeuge der Luftverteidigung oder **Abfangjagdflugzeuge** zum Abfangen und

Vernichten gegnerischer Bomber und Raketenträger; **Frontjagdflugzeuge** zur Erringung der Luftherrschaft über dem Gefechtsfeld und in der taktischen Tiefe der Verteidigung; **Jagdbombenflugzeuge** zur Vernichtung lebender Kräfte des Gegners, seiner Militärtechnik und Befestigungsanlagen im Bereich der Kampfhandlungen und in der operativen Tiefe (Bild 1.4).

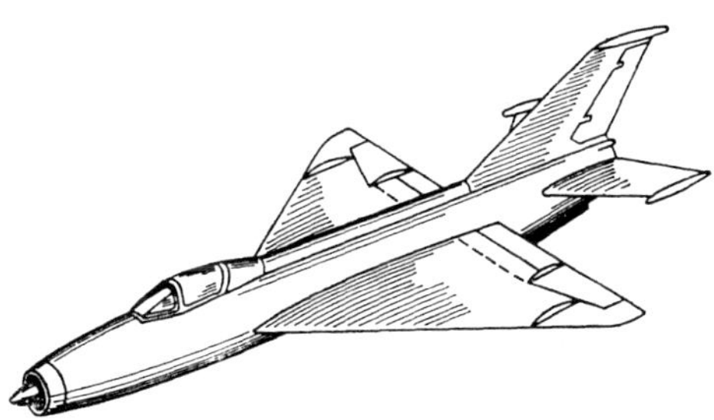

Bild 1.4 Jagdflugzeug

Jeder dieser Jagdflugzeugtypen hat seine spezifischen Besonderheiten.

So benötigt ein Abfangjagdflugzeug neben einer hohen Horizontalgeschwindigkeit eine große Steigfähigkeit, hohe Manövrierfähigkeit und große Gipfelhöhen, ein Jagdbombenflugzeug einen ausreichenden Aktionsradius und möglichst hohe Waffenzuladung, ein Frontjagdflugzeug möglichst große Manövrierfähigkeit.

Bombenflugzeuge oder **Raketenträger** dienen zur Zerstörung von Verkehrs-, Industrie- und energetischen Anlagen sowie anderer Ziele im gegnerischen Hinterland, die militärische Bedeutung besitzen. Sie dienen auch zur Bekämpfung von Truppen und Befestigungsanlagen. Man unterscheidet taktische und strategische Bombenflugzeuge (Bild 1.5).

Taktische Bombenflugzeuge, zu denen auch Jagdbombenflugzeuge gezählt werden können, sind für Angriffe gegen Land- und Seeziele gedacht, die in Entfernungen von der Frontlinie liegen, welche durch bestimmte Forderungen bedingt sind. In dieser Zone wirken gewöhnlich starke Luftverteidigungskräfte des Gegners, deshalb müssen Bombenflugzeuge Eigenschaften besitzen, die es ihnen gestatten, einer Vernichtung durch die Kräfte der gegnerischen Luftverteidigung zu entgehen. Im Notfalle müssen sie auch den Luftkampf aufnehmen. Deshalb benötigen sie eine hohe Horizontalfluggeschwindigkeit, die fast derjenigen von Jagdflugzeugen entspricht, große Flughöhen und eine starke Abwehrbewaffnung. Zu dieser Gruppe gehören auch Wasserflugzeuge gleichen Verwendungszweckes, die auf Fluß-, See- oder Meerflughäfen stationiert sind.

Strategische Bombenflugzeuge oder **Raketenträger** dienen dem Angriff auf die

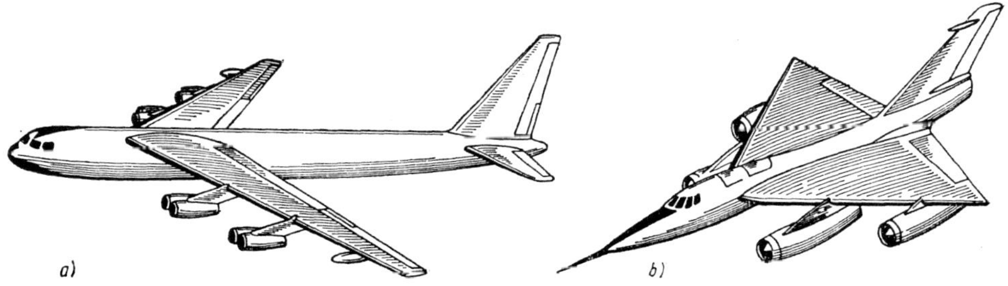

Bild 1.5 Strategisches Bombenflugzeug und Raketenträger
a, b – verschiedene aerodynamische Kompositionen (Formen)

wichtigsten militärischen Objekte und ökonomischen Zentren im tiefen Hinterland des Gegners, in großer Entfernung von der Frontlinie oder der Staatsgrenze. Entsprechend dieser Aufgabenstellung besitzen sie eine hohe Tragfähigkeit, was auch ihre großen Ausmaße bedingt.

Die Maximalgeschwindigkeit der strategischen Bombenflugzeuge muß ihnen die Möglichkeit geben, Zonen der gegnerischen Luftverteidigung zu überwinden. Moderne strategische Bombenflugzeuge und Raketenträger sind in der Lage, sowohl in geringen als auch großen Höhen langandauernde Flüge mit Überschallgeschwindigkeit durchzuführen, was ihre Ortung mit Funkmeßmitteln bedeutend erschwert. Außer Bomben tragen sie Raketen der Klasse »Luft-Boden«. Eine moderne Ausrüstung zum Finden von Zielen und zur Leitung der Raketen über große Entfernungen gestattet es ihnen, Angriffshandlungen zu führen, ohne in die Wirkungszone gegnerischer Luftverteidigung einzufliegen.

Aufklärungsflugzeuge sind vor allem Landflugzeuge, die eine spezielle Ausrüstung zur Aufklärung sowohl im Frontbereich als auch im gegnerischen Hinterland besitzen.

Militärtransportflugzeuge (Bild 1.6) dienen der Beförderung von Truppen und großer Teile der Kampftechnik, einschließlich Artillerie, Panzern und Raketenstartrampen, auf dem Luftwege. Zu diesem Zwecke werden heute strategische, taktische und Fronttransportflugzeuge in großer Zahl eingesetzt.

Alle diese Flugzeuge müssen sowohl zum Absetzen von Luftlandetruppen und ihrer Bewaffnung und Technik an Fallschirmen als auch zum Transport von Kraftstoffen, Kranken und Verwundeten und für andere Zwecke geeignet sein.

In Friedenszeiten können Militärtransportflugzeuge als Transportmittel für die Volkswirtschaft verwendet werden.

Gegenwärtig sind Transportflugzeuge mit Kurz- und Senkrechtstart- und -landeeigenschaften von besonderem Interesse.

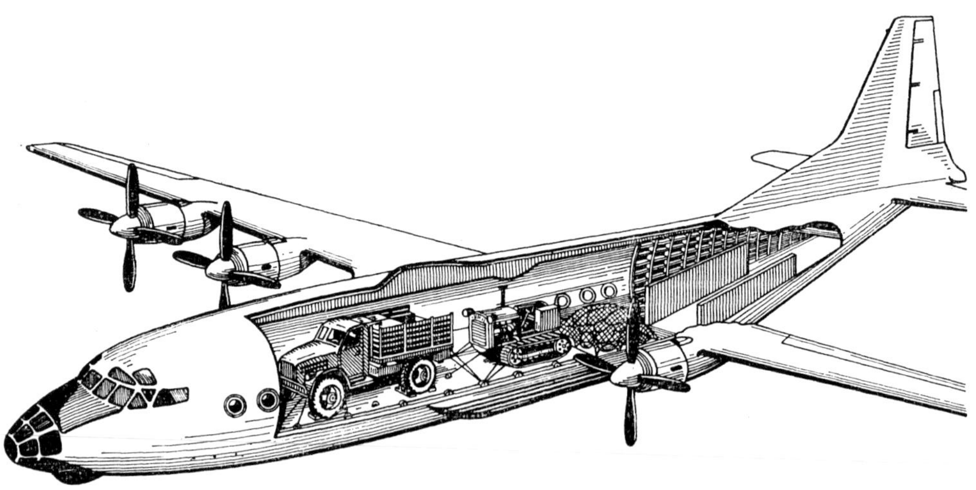

Bild 1.6 Militärtransportflugzeug

Spezialflugzeuge dienen der Erfüllung verschiedener Hilfsaufgaben, wie z. B. der Nachrichtenübermittlung (Kurierflugzeuge), der Luftbeobachtung, der Feuerleitung von Artillerieeinheiten u. a. m.

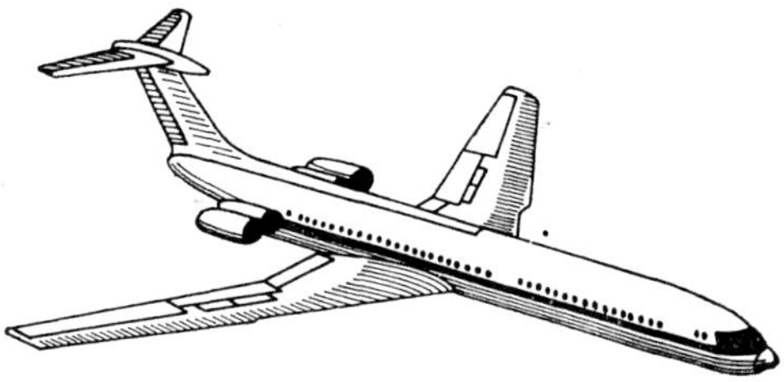

Bild 1.7 Langstrecken-Verkehrsflugzeug mit TL-Antrieb

Bild 1.8 Langstrecken-Verkehrsflugzeug mit PTL-Antrieb

1.3.1.2. Zivilflugzeuge

Hauptaufgabe von Zivilflugzeugen ist die Beförderung von Passagieren, Post und anderen Frachten sowie die Erfüllung verschiedenster volkswirtschaftlicher Aufgaben. Nach ihrer Zweckbestimmung unterscheidet man Passagier-, Transport-, Schul-, Experimental- und andere Spezialflugzeuge mit unterschiedlicher volkswirtschaftlicher Aufgabenstellung.

Verkehrsflugzeuge, zu denen Passagier- und Transportflugzeuge gehören, unterteilt man in Abhängigkeit von der Länge der beflogenen Strecken sowie von der Größe ihrer Nutzlast in folgende Klassen: Langstrecken-, Mittelstrecken- und Kurzstreckenflugzeuge.

Langstreckenflugzeuge (Bild 1.2; 1.7; 1.8) haben Reichweiten zwischen 4000 und 12000 km und kommerzielle Nutzmassen zwischen 12 und 20 t. Sie haben gewöhnlich drei und mehr Triebwerke (Turbinenluftstrahltriebwerke – TL; Propeller-Turbinenluftstrahltriebwerke – PTL oder Zweistrom-Turbinenluftstrahltriebwerke – ZTL). Dadurch wird vor allem die Flugsicherheit bei Ausfall einzelner Triebwerke erhöht. Flugzeuge, die an der oberen Grenze der genannten Reichweiten liegen, dienen vor allem dem Verkehr zwischen den Kontinenten (Europa–Afrika; Europa–Amerika; Europa–Asien u. a.) und können deshalb auch als **interkontinentale** Verkehrsflugzeuge bezeichnet werden.

Langstreckenflugzeuge, die im normalen Einsatz mit 100 bis 120 Passagieren fliegen, werden oft auf kürzeren Strecken mit weit größeren Passagierzahlen oder Nutzlasten geflogen. In den letzten Jahren galt die Aufmerksamkeit vieler Konstrukteure der Entwicklung von Großraumflugzeugen (sogenannten Airbussen) zur Beförderung von 300 bis 700 Passagieren zwischen den Städten, ähnlich wie das mit Kraftomnibussen organisiert ist.

Neben der Vervollständigung und Weiterentwicklung von Verkehrsflugzeugen mit Unterschallgeschwindigkeit werden heute auch Überschallverkehrsflugzeuge, wie z. B. die Tu 144, entwickelt.

Mittelstreckenflugzeuge haben Reichweiten zwischen 1500 und 4000 km sowie kommerzielle Nutzmassen von 9 bis 12 t, einschließlich etwa 100 Passagieren. Solche Flugzeuge haben gewöhnlich 2 bis 4 Triebwerke.

Kurzstreckenflugzeuge (Bild 1.9.) haben Reichweiten bis 1500 km. Sie haben kommerzielle Nutzmassen von 3 bis 5 t und

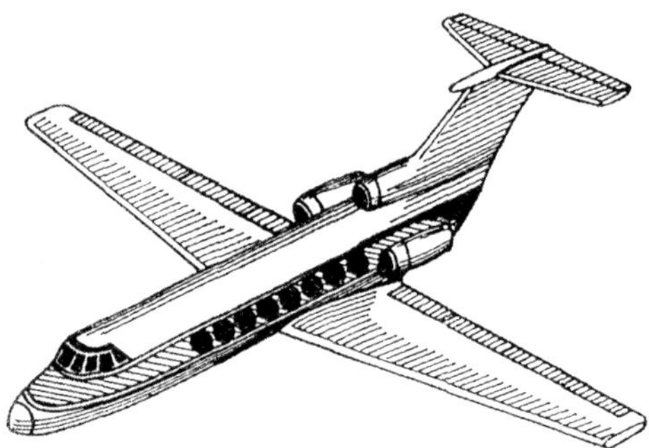

Bild 1.9 Kurzstrecken-Verkehrsflugzeug

Bild 1.10 Überschall-Verkehrsflugzeug TU 144

befördern dabei bis zu 50 Passagiere. In der Regel sind sie mit 2 bis 3 Triebwerken ausgerüstet (PTL oder ZTL) und können auf Rasenplätzen starten und landen.

Zu dieser Gruppe kann man auch Verkehrsflugzeuge für örtliche Fluglinien (Bild 1.11) mit Reichweiten bis 100 km, bei 4 bis 6 Passagieren, zählen. Solche Flugzeuge haben ein oder zwei Triebwerke (KTW oder PTL). In den letzten Jahren wurden im westlichen Ausland, vor allem in den USA, viele Flugzeuge mit 4 bis 8 Plätzen für Privatzwecke, sogenannte Geschäftsflugzeuge, auf den Markt gebracht.

Transportflugzeuge (Bild 1.6) dienen der Beförderung verschiedener Lasten. Dafür müssen sie vor allem große Räume im Rumpf besitzen, in denen man Lasten unterschiedlichster Form und Ausmaße unterbringen kann. Sie müssen eine große Wirtschaftlichkeit besitzen. Oft sind sie mit autonomen, d.h. bordeigenen Verladeausrüstungen versehen, die ein schnelles Be- und Entladen, unabhängig von Bodenmitteln, gestatten.

Ein typischer Vertreter dieser Klasse ist das sowjetische Flugzeug AN-22 (»Antäus«) des Flugzeugkonstrukteurs O.K. Antonow. Es ist in der Lage, drei große Omnibusse gleichzeitig zu transportieren.

Schulflugzeuge dienen der Schulung und dem Training des fliegenden Personals sowohl in zivilen als auch militärischen Flugschulen. Man unterscheidet Schulflugzeuge für Anfängerschulung sowie Trainingsflugzeuge (Trainer). Beide sind gewöhnlich zweisitzig (Instrukteur und Flugschüler). Trainingsflugzeuge dienen vor allem ausgebildeten Flugzeugführern zum Training im Interesse der Aufrechterhaltung und Weiterentwicklung ihrer Flugfertigkeiten. Sie dienen aber auch als Übergangstyp von der Anfängerschulung auf den im Einsatz befindlichen Grundtyp.

Spezialflugzeuge finden in verschiedenen Zweigen der Volkswirtschaft Verwendung, so als Landwirtschafts- oder Sanitätsflug-

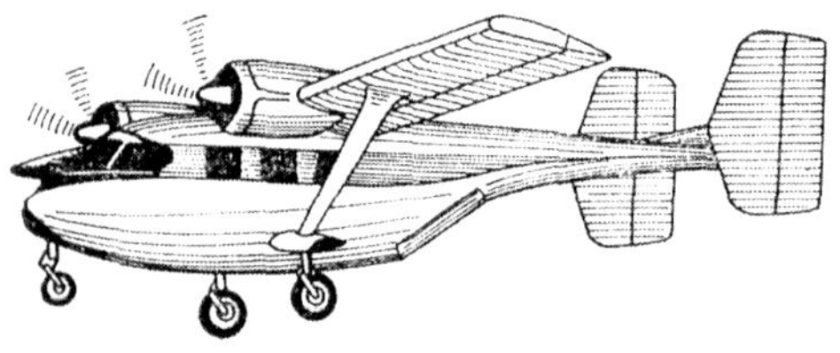

a)

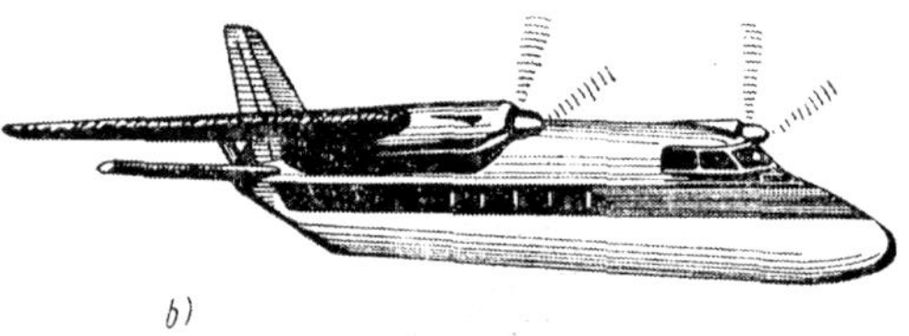

b)

Bild 1.11 Verkehrsflugzeuge für örtlichen Einsatz (Reiseflugzeuge)

zeuge, als Brandschutz- und Schädlingsschutzflugzeuge in der Forstwirtschaft, als Aufklärer in der Seewirtschaft zur Erkundung von Fischschwärmen oder zur Beobachtung des Eisganges, im Luftbilddienst für Kartographen, Geologen u.a.m.

Experimentalflugzeuge dienen verschiedenen Untersuchungen und Forschungsaufgaben. Sie werden auch zur Erzielung verschiedener Höchstleistungen im Flugwesen eingesetzt. So wurde z. B. das Flugzeug X-15 (USA) für hohe Geschwindigkeiten und große Flughöhen gebaut, womit bestimmte Probleme bei der Entwicklung von Raumgleitern gelöst werden konnten.

1.3.2. *Klassifizierung nach der aerodynamischen Komposition*

Die aerodynamische Komposition des Flugzeuges wird vor allem durch die Anzahl und gegenseitige Lage seiner tragenden Flächen charakterisiert.

Moderne Flugzeuge, in der Regel Eindecker, entsprechen gewöhnlich einer der drei folgenden Formen: der normalen (oder klassischen), der »Ente« oder dem »Nurflügel«.

1.3.2.1. Flugzeuge der normalen (klassischen) Form

Für dieses Schema (auch Drachenschema genannt) ist charakteristisch, daß das Höhenleitwerk hinter dem Tragflügel angeordnet ist (siehe Bild 1.2). Die meisten Flugzeuge entsprechen heute diesem Schema. Es ist gut erforscht und hat folgende Vorteile:

- vor dem Tragflügel gibt es keine Teile, in deren Windschatten er bei Änderung der Fluglage geraten könnte oder die den Luftstrom vor ihm stören könnten, wodurch seine Umströmung und damit seine aerodynamischen Eigenschaften verschlechtert würden;
- die Anbringung des Höhenleitwerkes hinter dem Tragflügel gestattet den Rumpfbug zu verkürzen, so daß die Sicht für die Besatzung besser wird und die Seitenleitwerksfläche verkleinert werden kann, da der Rumpfbug ein destabilisierendes Kursmoment erzeugt.

Neben den Vorteilen hat dieses Schema auch folgende Nachteile:

- das Höhenleitwerk wird durch einen vom Tragflügel abgelenkten und gebremsten Luftstrom umströmt. Deshalb kann der wahre Anstellwinkel des Leitwerkes negative Werte annehmen. Die Anströmgeschwindigkeit ist hier kleiner als am Tragflügel;
- bei fast allen Flugzuständen erzeugt das Höhenleitwerk eine negative Auftriebskraft. Dadurch verringert sich die Gesamtauftriebskraft des Flugzeuges, wobei die Auftriebsverluste bei Start und Landung besonders groß sind.

1.3.2.2. »Entenflugzeuge«

Das Entenschema (Bild 1.12) ist dadurch gekennzeichnet, daß das Höhenleitwerk am Rumpf vor dem Tragflügel liegt. Dieses Schema wurde bereits zu Beginn dieses Jahrhunderts für die Flugzeuge der Brüder Wright und des russischen Konstruk-

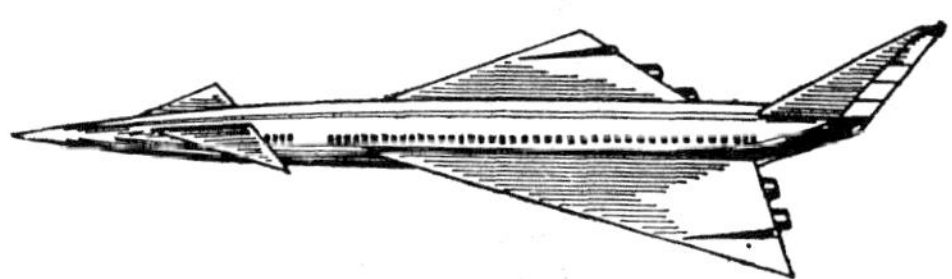

Bild 1.12 Flugzeugschema »Ente«

teurs A.W. Schiukow (»Kanar«; 1912) angewendet.

Bei diesem Schema

- wird die Umströmung des Höhenleitwerkes nicht durch den Tragflügel gestört;
- erzeugt das Höhenleitwerk einen positiven Auftriebswert;
- führt ein Abreißen der Strömung am Höhenleitwerk bei großen Anstellwinkeln automatisch zu einer Verringerung des Anstellwinkels am Gesamtflugzeug, so daß die Gefahr, daß der Tragflügel in den Bereich kritischer Anstellwinkel und das Flugzeug ins Trudeln gerät, verringert wird.

Die Rückverlagerung des Neutralpunktes beim Übergang zu Überschallgeschwindigkeiten ist bei Entenflugzeugen kleiner als bei Flugzeugen normaler Bauart. Deshalb ist auch das Anwachsen der statischen Längsstabilität für Entenflugzeuge geringer. Die Grafiken auf Bild 1.13 zeigen die Veränderung der statischen Längsstabilität in Abhängigkeit von der Fluggeschwindigkeit.

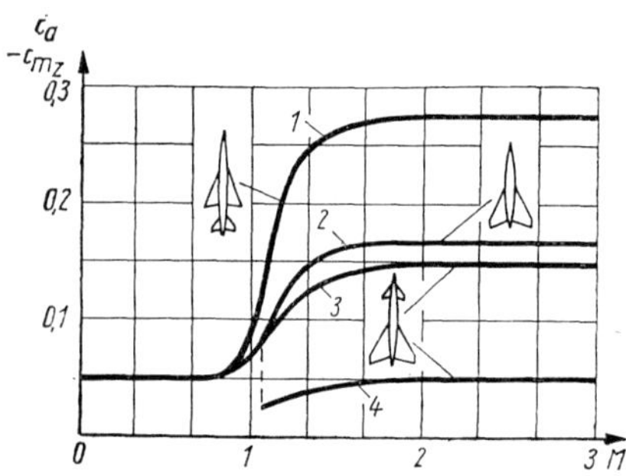

Bild 1.13 Größe des Kriteriums der statischen Längsstabilität ($C_{m_z}^{c_A}$) von Flugzeugen verschiedener Komposition in Abhängigkeit von der Fluggeschwindigkeit (Mach-Zahl)

1 – Flugzeug normaler (klassischer) Komposition (»Drachenflugzeug«); 2 – »Nurflügelflugzeug«; 3 – »Entenflugzeug«; 4 – Entenflugzeug mit »schwimmendem Höhenleitwerk« (Destabilisator)

Wenn man für Entenflugzeuge im Unterschallbereich ein schwimmendes (um die Querachse frei bewegliches) oder einziehbares Höhenleitwerksteil (einen sogenannten Destabilisator) verwendet, so kann eine Verschiebung des Neutralpunktes durch Fixierung des schwimmenden oder Ausfahren des einziehbaren Leitwerksteiles praktisch vermieden werden.

Einer der Nachteile des betrachteten Schemas besteht in der Verschlechterung der Kursstabilität durch das destabilisierende Moment, das der verlängerte Rumpfbug erzeugt, und durch den relativ kurzen Hebelarm, den die Kräfte haben, die am Seitenleitwerk wirken.

Ungeachtet der zeitigen Entwicklung dieses Schemas wird es bis heute nur selten verwendet.

1.3.2.3. »Nurflügelflugzeuge«

Nurflügelflugzeuge haben, wie die Bezeichnung bereits sagt, kein selbständiges Höhenleitwerk (Bild 1.14) und haben gegebenenfalls auch keinen Rumpf. Flugzeuge mit Rumpf, aber ohne Höhenleitwerk bezeichnet man manchmal auch als »schwanzlose« Flugzeuge. In der Sowjetunion wurden 1920 die ersten Segel- und Motorflugzeuge des Nurflügelschemas gebaut (Bild 1.15). Während ihrer Projektierung und ihres Baues wurden einige ihrer Besonderheiten erforscht, wie die Gewährleistung der Längsstabilität und -steuerbarkeit sowie ihr Start und ihre Landung.

Nurflügler haben geringsten Stirnwiderstand. Moderne Flugzeuge dieses Typs haben einen verlängerten Rumpfbug und ein etwas verkürztes Heckteil, auf dem das Seitenleitwerk angebracht ist.

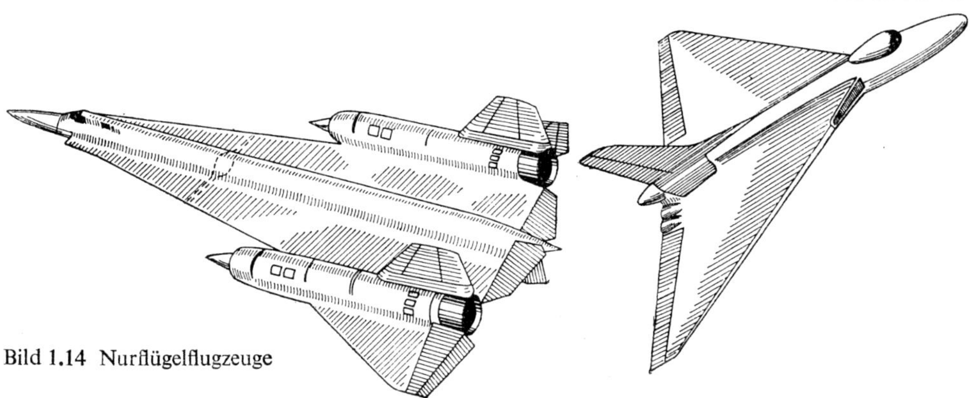

Bild 1.14 Nurflügelflugzeuge

Zu verschiedenen Zeiten wurden reine Nurflügler konstruiert, meist schwere Flugzeuge, die keinen Rumpf, aber einen so dicken Tragflügel hatten, daß man darin die Kabinen für Besatzung und Passagiere, die Triebwerke, Ausrüstung und Lasten unterbringen konnte. Bei solchen Flugzeugen konnte man offensichtlich am besten die entscheidenden Vorteile dieses Schemas verwirklichen, wie Verringerung des Stirnwiderstandes, der Baumasse u. a. m.

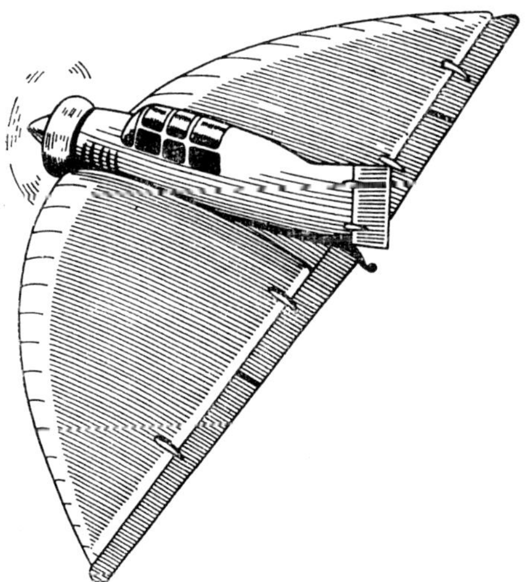

Bild 1.15 Das Flugzeug »Parabel« des sowjetischen Konstrukteurs B. I. Tscheranowski

Neben Vorteilen hat dieses Schema aber auch Nachteile:

- zur Herstellung des Gleichgewichtes am Flugzeug ist es bei bestimmten Flugzuständen erforderlich, einen Teil der Landeklappen nach oben auszuschlagen, wodurch der Auftriebsbeiwert herabgesetzt wird;
- kompliziert ist die Gewährleistung der Längssteuerbarkeit, die mittels Elevonen (kombinierte Quer- und Höhenruder) erreicht wird, weil hierbei die Hebelarme der Kräfte an den Elevonen in Bezug zur z-Achse relativ kurz sind;
- da ein Teil des Klappensystems am Tragflügelende zur Trimmung benötigt wird, ist es nicht immer möglich, diesen Teil als Start- und Landehilfe zu benutzen. Deshalb muß man für solche Flugzeuge zur Gewährleistung annehmbarer Landegeschwindigkeiten verringerte Tragflächenbelastungen* in Kauf nehmen.

$$^*\left(p_{\mathrm{TF}} = \frac{F_G}{A_{\mathrm{TF}}}\right)$$

Das Schema des Nurflüglers hatte lange Zeit für Flugzeuge wenig Bedeutung, jedoch ist das Interesse an diesem Schema bei der Projektierung von Überschallflugzeugen wieder gewachsen.

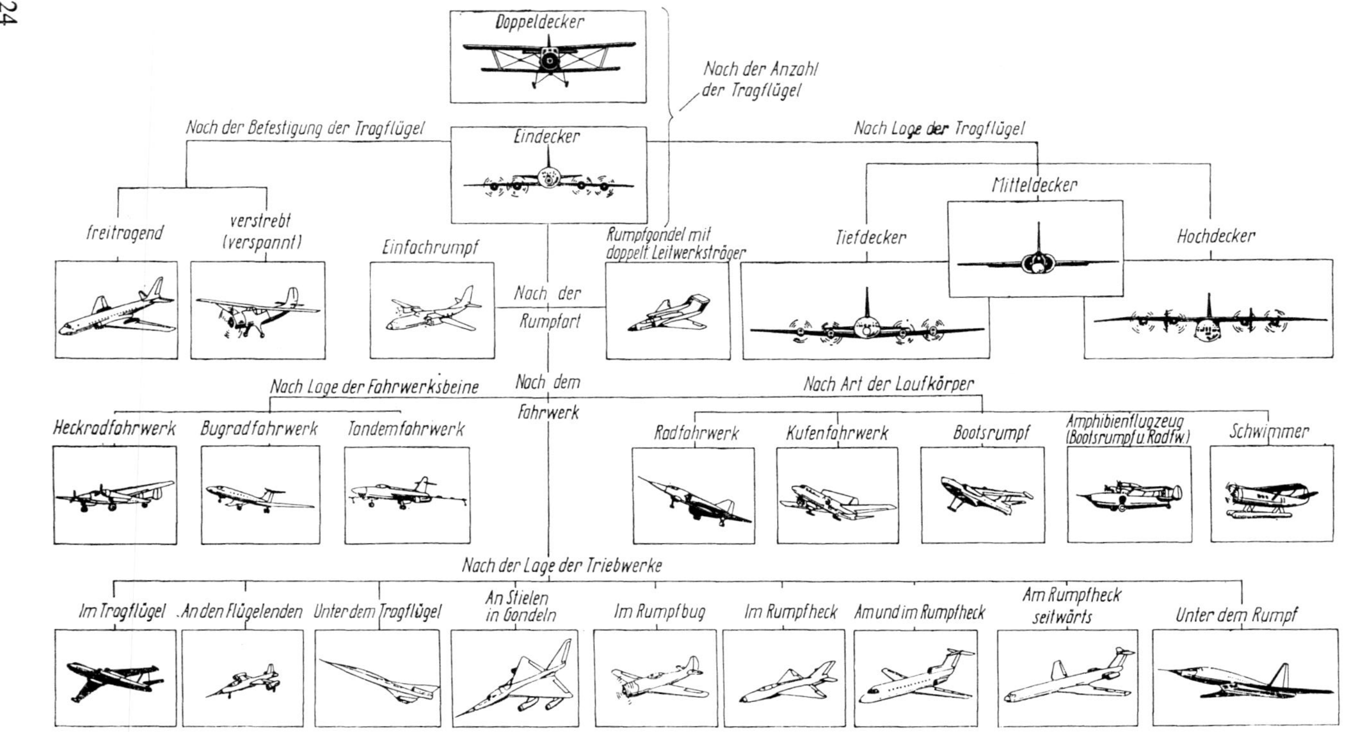

Bild 1.16 Klassifizierung der Flugzeuge nach konstruktiven Merkmalen

1.3.3. *Klassifizierung nach konstruktiven und anderen Merkmalen*

Aus der Vielzahl verschiedener konstruktiver Merkmale, nach denen eine Klassifizierung erfolgen kann, sollen die wesentlichsten genannt werden:

- Anzahl und Anbringung der Tragflügel
- Rumpfformen
- Triebwerksart, ihre Anzahl und Anbringung
- Fahrwerksart, d.h. Anzahl und Verteilung der Fahrwerksbeine.

Die Klassifizierung der Flugzeuge nach diesen Merkmalen ist im Schema auf Bild 1.16 dargestellt. Betrachten wir etwas näher die Besonderheiten der Flugzeuge, die sich aus der Anzahl und der Anbringung der Tragflügel ergeben.
Nach Anzahl der Tragflügel unterscheidet man **Eindecker** und **Doppeldecker.**
Als Eindecker bezeichnet man Flugzeuge mit nur einem Tragflügel (siehe Bild 1.16).

Das erste Flugzeug, das 1882–1884 von dem talentierten Offizier A.F. Moshajski in Rußland gebaut wurde, war ein Eindecker. Am 3. November 1881 erhielt Moshajski das »Privileg« (Patent), in dem gesagt wird, daß »...auf diese Erfindung vordem in Rußland an niemanden sonst ein Privileg vergeben wurde.«

Heute ist der Eindecker der Hauptflugzeugtyp.
Nach der Lage des Tragflügels in Bezug zum Rumpf unterscheidet man **Tief-, Mittel-** und **Hochdecker.**

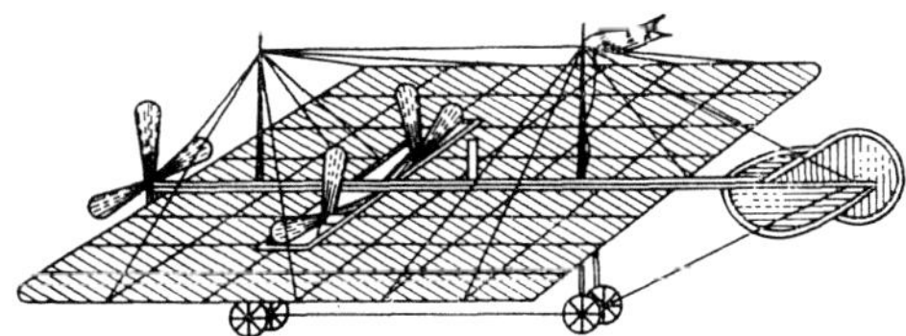

Bild 1.17 Flugzeug des russischen Konstrukteurs A.F. Moshajski

Ein **Tiefdecker** ist ein Flugzeug mit tief am Rumpf angebrachtem Tragflügel. Aus aerodynamischer Sicht ist der Tiefdecker nicht die günstigste Lösung, da in der Berührungszone von Tragflügel und Rumpf die Gleichmäßigkeit der Umströmung durch die gegenseitige Beeinflussung der Baugruppen, Interferenz genannt, gestört wird. Dadurch wird ein zusätzlicher Widerstand verursacht. Es gibt eine Reihe konstruktiver Möglichkeiten, den Interferenzwiderstand zu verringern. Dazu gehören:

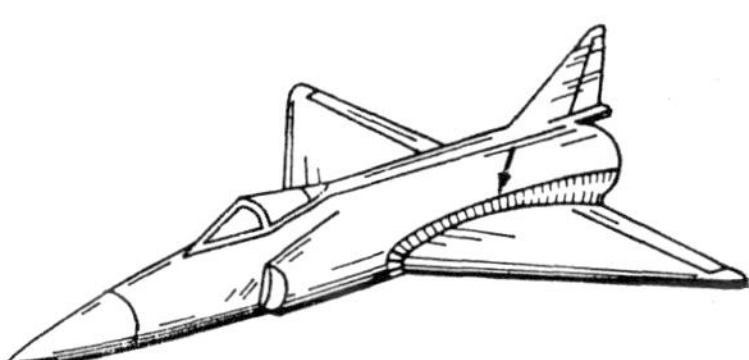

Bild 1.18 Spaltverkleidungen zur Verbesserung der Tragflügelumströmung an der Verbindungsstelle mit dem Rumpf

- Auswahl der günstigsten Lage des Tragflügels zum Rumpf;
- Anbringen von Spaltverkleidung an den Verbindungsnähten von Rumpf und Tragflügel (Bild 1.18), wodurch sich die Umströmung in diesem Bereich verbessert. Spaltverkleidungen verringern zwar den Interferenzwiderstand, können ihn aber nicht beseitigen, wie aus Bild 1.19 zu entnehmen ist.

Viele moderne Eindecker verschiedener Zweckbestimmung sind Tiefdecker. Charakteristisch ist dies vor allem für Passagierflugzeuge, was sich daraus erklärt, daß der Tiefdecker neben Nachteilen auch eine Reihe Vorteile besitzt:

- der Auftriebszuwachs infolge Bodeneffektes während der Landung ist größer als bei Mittel- oder Hochdeckern;

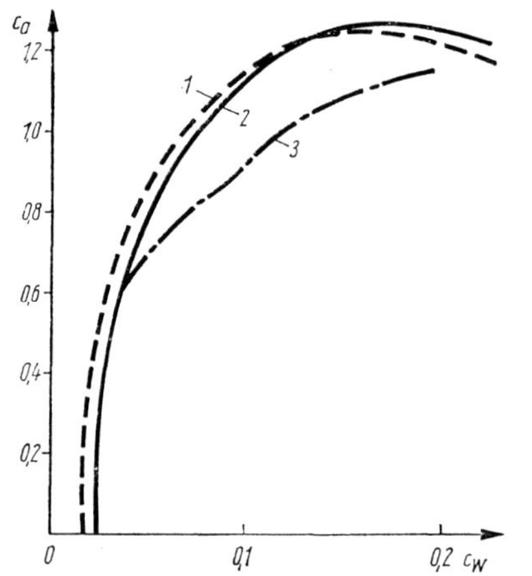

Bild 1.19 Der Einfluß der Spaltverkleidung auf den Widerstandsbeiwert des Tragflügels

1 – Tragflügel ohne Rumpf; 2 – Tragflügel mit Rumpf und Spaltverkleidung; 3 – Tragflügel mit Rumpf ohne Spaltverkleidung

- es besteht die Möglichkeit, den Rumpfteil zwischen den beiden Tragflügelhälften zur Anbringung zusätzlicher Auftriebshilfen (Landeklappen) zu nutzen;
- die Hauptfahrwerksbeine können wesentlich kürzer gehalten werden, was ihre Unterbringung beim Einfahren vereinfacht und ihre Masse bedeutend vermindert.
- die Gefahren für Besatzung und Passagiere sind bei Bruchlandungen geringer, da sie auf dem Tragflügel erfolgt; außerdem ist die Gefahr des Überschlagens gemindert.
- die Wartung der Triebwerke ist einfacher, sofern diese am Tragflügel angebracht sind;
- bei Notlandung auf dem Wasser bleibt eine gute Schwimmfähigkeit erhalten.

Neben dem oben erwähnten Nachteil des großen Interferenzwiderstandes gibt es noch andere. So gelingt es nicht, der Besatzung und den Passagieren eine gute Sicht nach unten zu gewährleisten. Ebenso besteht für Triebwerke an oder unter den Tragflächen bei der Arbeit am Boden die Gefahr des Ansaugens von Staub und Schmutz, durch den sie beschädigt werden können.

Mitteldecker (siehe Bild 1.16) sind Flugzeuge, bei denen der Tragflügel ungefähr in der Mitte der Rumpfhöhe befestigt ist. Daraus ergeben sich folgende Vorteile:

- der Interferenzwiderstand (vor allem bei hohen Geschwindigkeiten) wird wesentlich vermindert;
- konstruktiv ist es einfacher, die Hauptfahrwerksbeine in Triebwerksgondeln, sofern sich die Triebwerke an dem Tragflügel befinden, bzw. in besonderen Fahrwerksgondeln unter den Tragflügeln unterzubringen;
- im Rumpf lassen sich unter dem Tragflügel noch Frachträume anlegen.

Zu den Nachteilen des Mitteldeckers gehören:

- eine unvermeidliche Verschlechterung der Sicht der Besatzung nach hinten;
- konstruktive Schwierigkeiten bei der Unterbringung von Passagierkabinen im mittleren Teil des Rumpfes bei Flugzeugen mittlerer Größe.

Hochdecker sind Flugzeuge, deren Tragflügel im oberen Teil des Rumpfes angebracht sind. In diesem Falle ist die Interferenz minimal, außerdem:

- haben Besatzung und Passagiere eine gute Sicht nach unten;
- vereinfacht sich die Unterbringung von Passagier- oder Frachträumen im Rumpf, wobei gleichzeitig die Möglichkeiten zur Mechanisierung der Be- und Entladevorgänge, vor allem von sperrigen Gütern, verbessert werden.

Neben diesen Vorteilen hat dieses Schema folgende Nachteile:

- die Unterbringung von Fahrwerksbeinen am Tragflügel ist wegen der erforderlichen Bauhöhe dieser Beine kompliziert;
- die Wartung von Triebwerken, die am Tragflügel angebracht sind, ist erschwert;
- der untere Teil der Rumpfkonstruktion muß verstärkt werden.

Bei jeder der genannten Varianten kann der Tragflügel außer den Befestigungen am Rumpf oder Zentralteil zusätzliche Stützen haben. Danach unterscheidet man freitragende und verstrebte oder verspannte Eindecker.
Der freitragende Tragflügel ist als Konsole, d.h. als Kragträger zu betrachten, der verstrebte oder verspannte als Balken auf zwei Stützen mit Konsole.
Typische Darstellungen der Biegemomentenflächen (M_b) entlang der Spannweite sind für beide Typen in Bild 1.20 gezeigt. Wie zu sehen ist, ist das Biegemoment bei gleichen Ausmaßen und gleicher Belastung des Tragflügels für den verstrebten Eindecker bedeutend kleiner als für den freitragenden. Daraus folgt, daß der verstrebte Tragflügel bei gleichen Maßen und Belastungen leichter ausfällt als der freitragende. Dabei erzeugt jedoch die Verstrebung einen zusätzlichen Widerstand, und deshalb ist der verstrebte Tragflügel aerodynamisch ungünstiger als der freitragende. Das erklärt die breite Anwendung des freitragenden Eindeckers.

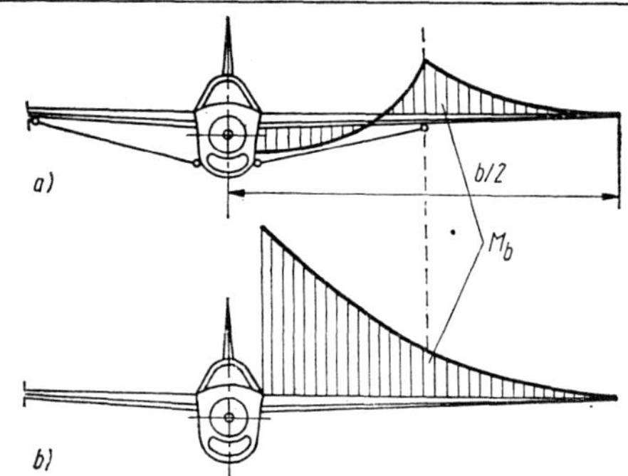

Bild 1.20 Typische errechnete Momentenfläche (M_b) über der halben Spannweite für verstrebte und freitragende Tragflügel von Eindeckern bei sonst gleichen Maßen und Belastungen

a) Eindecker mit abgestrebtem Tragflügel; b) Eindecker mit freitragendem Tragflügel

Als **Doppeldecker** bezeichnet man ein Flugzeug mit zwei übereinanderliegenden Tragflügeln (siehe Bilder 1.3 und 1.16).

Der erste Doppeldecker mit Kolbentriebwerk, der sich in die Lüfte erhob, wurde durch amerikanische Konstrukteure, die Brüder Orville und Wilbur Wright, 1903 gebaut (Bild 1.21).
Bald danach entwickelten die russischen Konstrukteure J.M. Gakkel, D.P. Grigorowitsch u.a. ein neues, vollkommeneres Doppeldeckerschema, das in der Folgezeit breite Verwendung fand.

Zur Verringerung des Interferenzwiderstandes zwischen dem unteren und dem

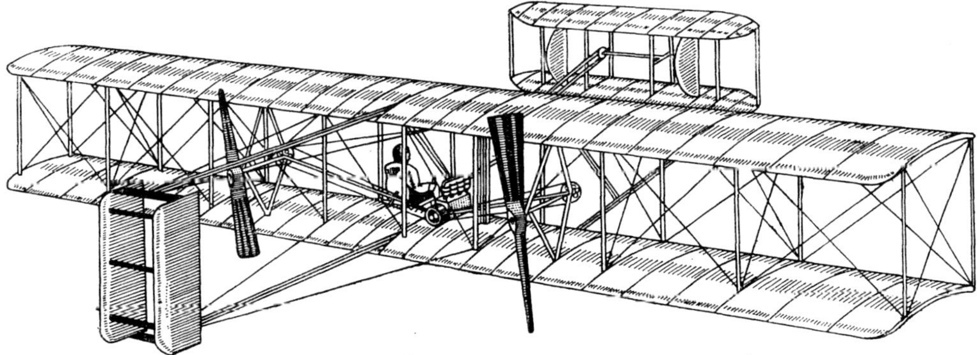

Bild 1.21 Der amerikanische Doppeldecker der Brüder O. und W. Wright (1903)

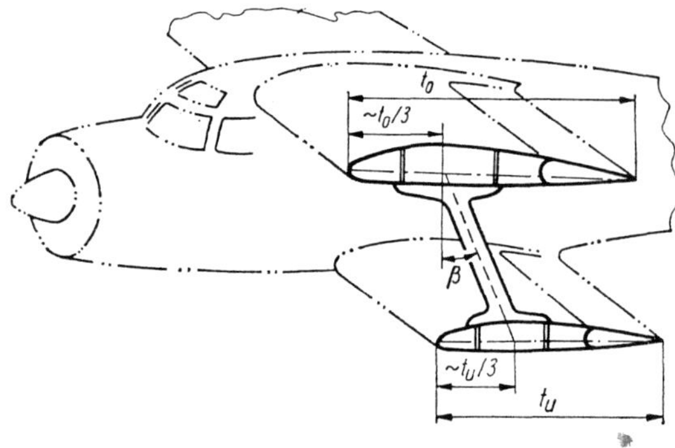

Bild 1.22 Stil eines Doppeldeckers (I-Form)

t_o, t_u – Profiltiefen des oberen und des unteren Tragflügels; β – Verschiebungswinkel des oberen Tragflügels gegenüber dem unteren

oberen Tragflügel, zur Gewährleistung der notwendigen Lastigkeit des Flugzeuges sowie der erforderlichen Sichtverhältnisse wird der obere gegenüber dem unteren Tragflügel nach vorne verschoben, wie das Bild 1.22 zeigt. Die Verschiebung der Tragflügel zueinander wird durch die Größe des Winkels β gekennzeichnet.

Um die erforderliche Festigkeit zu erreichen, werden die beiden Tragflügel gegeneinander verstrebt und verspannt, so daß ein Fachwerk aus Stielen entsteht. Die Anzahl der Stiele (Streben und Spannbänder in einer Ebene in Flugrichtung) hängt von der Spannweite der Tragflügel ab. Die Verbesserung des Doppeldeckerschemas bestand vor allem in dem Übergang von mehreren Stielen zu einem einzigen Stiel, wobei sich der Doppeldecker gleichzeitig in einen sogenannten Anderthalbdecker verwandelte, bei dem die Spannweite des unteren Tragflügels kleiner als die des oberen ist. Der Stirnwiderstand des Doppeldeckers ist bei sonst gleichen Bedingungen, selbst bei freitragenden Tragflügeln, um ein Vielfaches größer als beim Eindecker. Deshalb ist dieses Schema für hohe Geschwindigkeiten untauglich. Es wird jedoch sowohl in der Sowjetunion als auch in anderen Ländern auch heute noch für langsamfliegende Flugzeuge verwendet.

1.4. Flugzeuge mit Senkrechtstart- und -landeeigenschaften (VTOL-Flugzeuge)

Die Notwendigkeit, Flugzeuge mit Senkrechtstart- und -landeeigenschaften zu schaffen, ist heute allgemein anerkannt. Beim Start und bei der Landung moderner Hochgeschwindigkeitsflugzeuge sind nämlich teure betonierte Start- und Landebahnen von drei und mehr Kilometer Länge erforderlich. Für senkrecht startende und landende Flugzeuge sind solche Flugplätze mit ihrer komplizierten Ausrüstung nicht erforderlich.

Die Arbeiten zur Schaffung von VTOL-Flugzeugen wurden in den fünfziger Jahren unseres Jahrhunderts begonnen (VTOL – **V**ertical **T**ake-**o**ff and **L**anding; englische Bezeichnung für senkrechten Start und Landung).

Die Erfolge bei der Entwicklung von

Strahltriebwerken, intensive aerodynamische Forschungen und konstruktive Untersuchungen führten zu einem relativ schnellen Erscheinen von Versuchsflugzeugen mit Senkrechtstart- und -landeeigenschaften.

Wegen der Vorteile von VTOL-Flugzeugen und ihrer Notwendigkeit in der Volkswirtschaft und mehr noch für die Luftstreitkräfte begannen die Flugzeugkonstrukteure verschiedener Länder, solche Flugzeuge zu entwickeln. Einer der wichtigsten Vorzüge dieses Flugzeugtyps ist die Möglichkeit, bedeutend größere Geschwindigkeiten und Flugweiten zu erreichen als mit Hubschraubern, die ja auch über Senkrechtstart- und -landeeigenschaften verfügen.

Um einen Start auf einer vertikalen Flugbahn zu gewährleisten, muß die Triebwerksanlage einen Schub erzeugen, der größer als das Gewicht des Flugzeuges ist. Das heißt, daß das Verhältnis der vertikalen Schubkomponente zum Gewicht des Flugzeuges bei VTOL-Flugzeugen größer als eins sein muß:

$$\frac{F_{Sy}}{F_G} \approx 1{,}3 - 1{,}4 .$$

Der Senkrechtstart und die Senkrechtlandung können sowohl mit vertikal stehendem als auch mit horizontal liegendem Rumpf verwirklicht werden, wie auf Bild 1.23 gezeigt wird.

Bei der ersten Variante bleibt der Rumpf sowohl im Start- als auch im Landeprozeß in vertikaler Lage und wird beim Übergang zum oder vom Horizontalflug insgesamt gedreht (Bild 1.23a).

Bei der zweiten Variante (Bild 1.23b) behält der Rumpf des Flugzeuges während aller Etappen des Starts seine horizontale Lage bei. Die für den Start notwendige vertikale Schubkraftkomponente erhält man in diesem Falle auf verschiedenen Wegen:

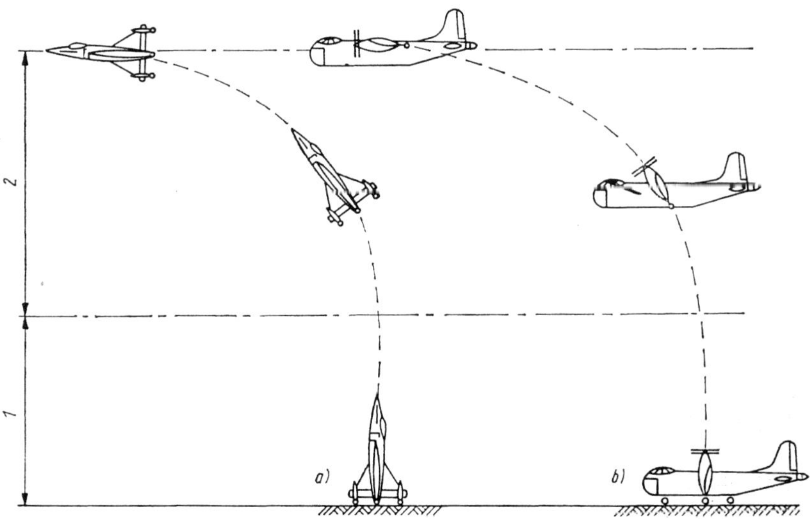

Bild 1.23 Verschiedene Arten des Senkrechtstarts

a) bei vertikaler Lage des Rumpfes; b) bei horizontaler Lage des Rumpfes; 1 – senkrechter Bahnabschnitt; 2 – Übergangsbahnabschnitt

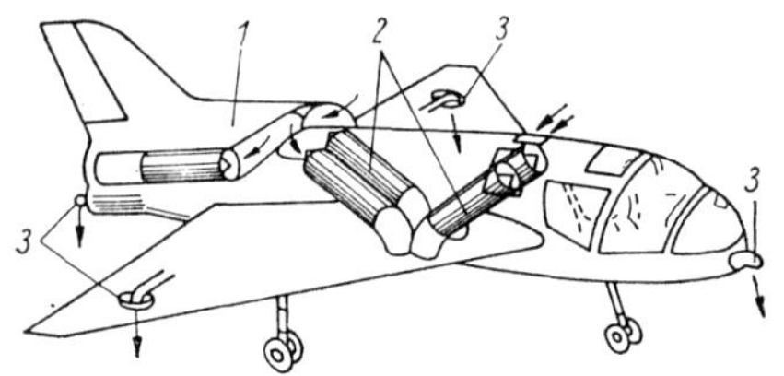

Bild 1.24 Schema eines Senkrechtstarters mit getrennten Marsch- und Hubstrahltriebwerken:

1 – Marschtriebwerk; 2 – Hubtriebwerk; 3 – Strahlruder

- durch die Drehung der Luftschrauben oder Triebwerke;
- durch die Drehung des gesamten Tragflügels mit den an ihm befestigten Triebwerken;
- durch Drehung der Schubdüsen der Triebwerke nach unten zur Richtungsänderung des Schubkraftvektors.
- durch Auslenkung des Gas- und Luftstrahles, der den Tragflügel umströmt, mit Hilfe kleiner Strahltriebwerke oder von Klappensystemen; und
- durch Anwendung reiner Hubtriebwerke (Bild 1.24).

Man kann die gebauten Experimental- und Versuchsflugzeuge mit Senkrechtstart- und -landeeigenschaften nach der Art von Start und Landung oder auch nach der Art der Schuberzeugung bei Start und Landung so klassifizieren, wie das Bild 1.25 zeigt. (Nach E. J. Rushitzki: Besaerodromnaja awiazia. M., Oborongis, Moskau 1959).

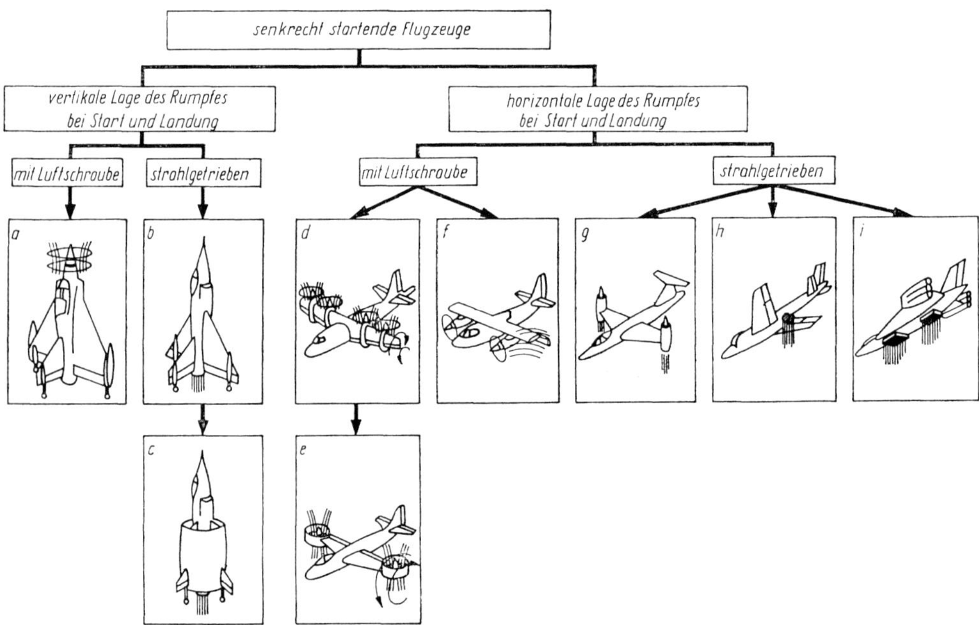

Bild 1.25 Klassifizierung senkrecht startender Flugzeuge

a) mit direkter Nutzung des Luftschraubenstrahles; b) mit direkter Nutzung des Schubes der Marschstrahltriebwerke; c) mit Ringflügel (Coleopter); d) mit drehbarem Tragflügel; e) mit Ventilatoren an den Tragflügelenden; f) mit Auslenkung des Luftschraubenstrahles; g) mit drehbaren Strahltriebwerken; h) mit Auslenkung des Gasstrahles der Marschtriebwerke; i) mit Hubtriebwerken

Für VTOL-Flugzeuge sind der vertikale Start und die vertikale Landung sowie der Übergang zum und vom Horizontalflug charakteristische Flugetappen. Während dieser Flugetappen werden spezielle Steuersysteme benötigt, weil herkömmliche aerodynamische Steuer- und Stabilisierungsorgane bei geringen Fluggeschwindigkeiten unwirksam sind.

Betrachten wir einige konstruktive Besonderheiten der VTOL-Flugzeuge, die sie von gewöhnlichen Flugzeugen unterscheiden. Auf Bild 1.25a ist das Schema eines VTOL-Flugzeuges mit PTL-Triebwerk und mit zwei gegenlaufenden Luftschrauben gezeigt. Die Verwendung gegenlaufender Luftschrauben auf einer Achse führte zur Beseitigung der Wirkung des Kreiselmomentes auf das Flugzeug.

Unter den VTOL-Experimentalflugzeugen sind in den letzten Jahren verstärkt solche mit Strahlantrieb zu finden. Die Steuerung derartiger Flugzeuge während des Starts und der Landung kann durch Auslenkung des Gasstrahles der Hub- oder der Marschtriebwerke oder durch ein System von Steuerdüsen gewährleistet werden. (Bild 1.26) Steuerdüsen sind Schubdüsen, die durch Luft gespeist werden, welche vom Verdichter der Strahltriebwerke abgenommen wird.

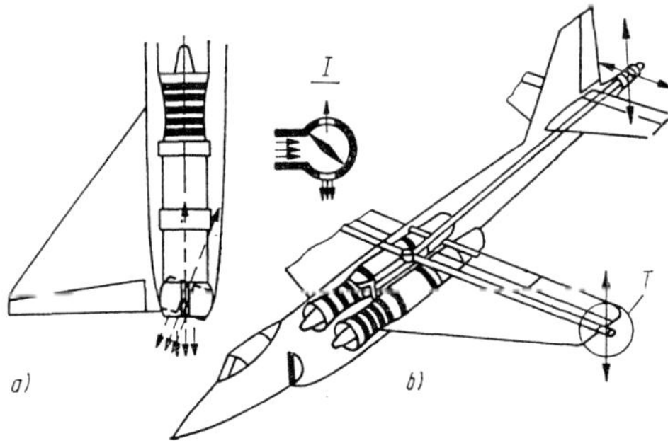

Bild 1.26 Steuermöglichkeiten für VTOL-Flugzeuge mit Strahltriebwerken während des Starts und der Landung:

a) mit Hilfe von Strahlklappen; b) mit Hilfe von Strahlrudern

Außer der Steuerung um die drei Achsen benötigen VTOL-Flugzeuge während des Starts und der Landung auch einen regulierbaren Triebwerksschub.

Bei Strahltriebwerken kann man eine vertikale Schubkomponente durch Auslenkung des Gasstrahles nach unten, mit Hilfe sogenannter Deflektoren, das sind drehbare Leitschaufeln, in der Schubdüse erzielen (Bild 1.27). In diesem Falle müssen zur Erzeugung des vertikalen Schubes weder das ganze Flugzeug noch die Triebwerksanlage gedreht werden, so daß sich die Konstruktion wesentlich vereinfacht.

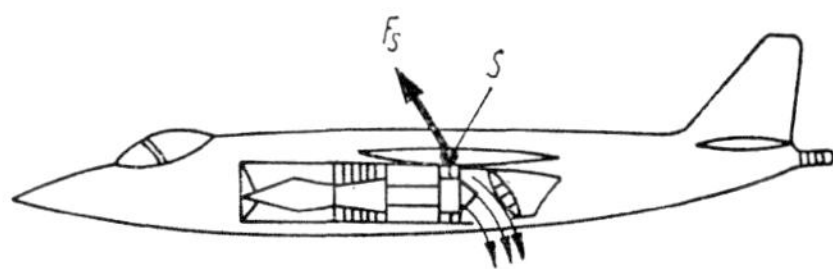

Bild 1.27 VTOL-Flugzeuge mit Marsch-Strahltriebwerken, deren Schubkraftvektor bei Start und Landung mit Hilfe eines Deflektors nach oben abgelenkt wird:

S – Schwerpunkt; F_S – Schubkraftvektor

Unabhängig von der Art, in der die vertikale Schubkomponente gewonnen wird, muß sie stets durch den Schwerpunkt des Flugzeuges verlaufen.

Gleichzeitig mit der Schaffung von VTOL-Flugzeugen wurde auch an der Entwicklung von Flugzeugen mit Kurzstart- und -landeeigenschaften (STOL-Flugzeuge) gearbeitet (STOL – Short Take-off and Landing; englische Bezeichnung für Kurzstart und -landung). Eine Verringerung der Start- und Landestrecken kann auf folgende Art erzielt werden:

1. durch Erhöhung des Auftriebsbeiwertes (c_A) des Tragflügels mit Hilfe

einer effektiven Tragflügelmechanisierung oder der Grenzschichtbeeinflussung;

2. durch Vergrößerung der Beschleunigung beim Start mit Hilfe spezieller Startbeschleuniger und durch Nutzung verschiedener Mittel zur Verkürzung der Landestrecke;
3. durch Schaffung einer vertikalen Schubkomponente mit Hilfe spezieller Vorrichtungen oder mit Hilfe zusätzlicher Hubtriebwerke.

1.5. Wasserflugzeuge

Wasserflugzeuge sind eine besondere Gruppe von Flugzeugen, deren Konstruktion Start und Landung auf dem Wasser erlaubt. Es gibt zwei Gruppen von Wasserflugzeugen, einmal Wasserflugzeuge mit Schwimmern und zum anderen Wasserflugzeuge mit Bootsrumpf (Flugboote).

Die erste Gruppe unterscheidet sich von Landflugzeugen nur dadurch, daß diese Flugzeuge anstelle eines Radfahrwerkes ein Schwimmerfahrwerk haben (Bild 1.28). Flugboote sind jedoch weiter verbreitet als Wasserflugzeuge mit Schwimmern. Im Unterschied zu Landflugzeugen stellt ihr Rumpf ein Boot dar, dessen Wasserverdrängung das Fluggewicht um das 3 bis 4fache übersteigt und dessen Form dem Flugzeug Seetüchtigkeit verleiht.

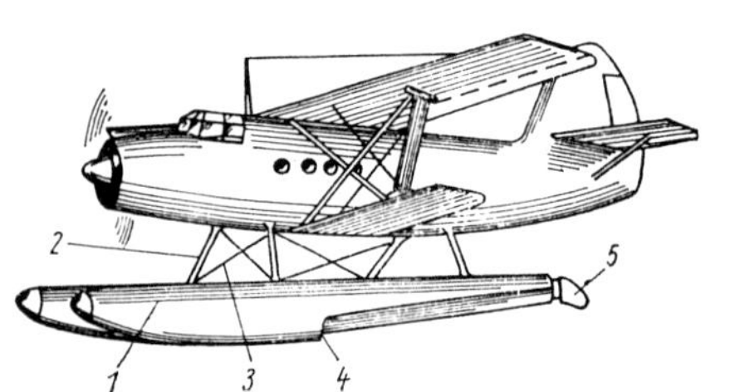

Bild 1.28 Flugzeug auf zwei Schwimmern

1 – Schwimmer; 2 – Fahrwerkbeine; 3 – Fahrwerkverspannung; 4 – Stufe; 5 – Wasserruder

Das erste Wasserflugzeug wude 1906 durch den französischen Konstrukteur Bleriot gebaut. 1914 baute der russische Konstrukteur D. P. Grigorowitsch das Flugboot M-5. Es wurde in der russischen Armee eingesetzt und diente lange Jahre als Vorbild für ähnliche Projekte. In der Sowjetunion arbeitete das Konstruktionsbüro unter der Leitung von G. M. Berijew lange Jahre erfolgreich an der Entwicklung eigener Flugboote verschiedener Zweckbestimmung.

Die Konstruktion eines Bootsrumpfes ist in vielen Fällen komplizierter als die Konstruktion eines gewöhnlichen Rumpfes. Das erklärt sich vor allem aus den schwierigen Start- und Landebedingungen für Flugboote.

Um die Wasserflugzeuge zu Wasser zu lassen oder an Land zu ziehen, werden sie auf einem speziellen Wagen befestigt, oder sie haben Befestigungspunkte für ein zusätzliches Transport-Radfahrwerk. Außerdem müssen diese Flugzeuge Vorrichtungen zur Verankerung, zur Befestigung am Kai sowie zum Schleppen durch Schlepper haben.

Wasserflugzeuge haben keine dämpfenden Vorrichtungen, die den Stoßdämpfern an den Fahrwerken von Landflugzeugen entsprechen. Zur Abschwächung der Stöße bei Start und Landung auf dem Wasser erhalten die Bootsrümpfe, ebenso wie die Schwimmer, eine besondere Form der Bodenfläche.

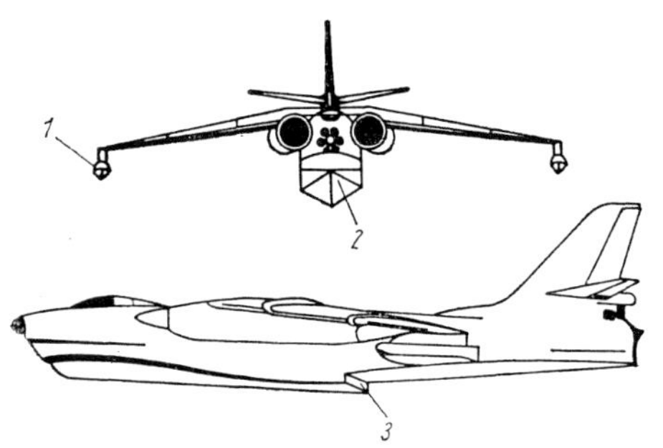

Bild 1.29 Flugboot mit TL-Antrieb

1 – Schwimmer unter den Tragflügeln zur Gewährleistung der Querstabilität (auf dem Wasser); 2 – Bootsrumpf; 3 – Stufe

Gewöhnlich haben Bootsrümpfe auf ihrer Unterseite einen oder zwei querverlaufende Absätze, die man Stufen nennt (Bild 1.29). Die Stufen dienen dazu, die bei der Bewegung durch Kohäsion am Boden haftenden Wassermassen loszureißen, wodurch der Wasserwiderstand bedeutend herabgesetzt wird. Ohne solche Stufen wären die Startzeiten und -strecken bedeutend länger.

Die Form des Bootsrumpfes muß dem Wasserflugzeug die erforderliche Längsstabilität auf dem Wasser geben. Zur Sicherung der Querstabilität dienen kleine Stützschwimmer an den Tragflügeln.

Unter Stabilität des Wasserflugzeuges wird hier seine Fähigkeit verstanden, die Gleichgewichtslage im Wasser wiederherzustellen, wenn die Wirkung von Kräften, die diese Lage gestört haben, aufgehört hat.

1.6. Hubschrauber

Hubschrauber sind eine Gruppe von Fluggeräten, die in der Lage sind, einen Flug sowohl in vertikaler als auch in horizontaler Richtung durchzuführen. Der Hubschrauber kann vom Platz weg senkrecht starten und ohne Ausrollstrecke landen, und er kann in der Luft auf der Stelle hängenbleiben.

Manchmal werden Hubschrauber auch als Helicopter bezeichnet (griechisch: helicos – Schraube und pteron – Flügel).

Das Grundschema eines Hubschraubers wurde bereits 1473 durch den berühmten italienischen Künstler und Gelehrten Leonardo da Vinci in Form eines Fluggerätes mit vertikaler Luftschraube vorgeschlagen. Im Jahre 1739 schuf der große russische Gelehrte M. W. Lomonossow ein flugfähiges Modell eines Hubschraubers. Einen großen Beitrag zur Entwicklung des Hubschrauberbaues leistete der sowjetische Akademiker B. N. Jurjew. Er entwarf im Jahre 1910 das Schema des Hubschraubers mit einer Trag- und einer Hecksteuerschraube, das auch heute noch am weitesten verbreitet ist.

Die Sowjetunion konnte im Hubschrauberbau große Erfolge erzielen. Es wurden verschiedene Hubschraubertypen entwickelt, vom leichten einsitzigen (»fliegendes Motorrad«) bis zum Großhubschrauber mit PTL-Antrieb, der in der Lage ist, bis 100 Passagiere zu befördern.

Es gibt einige grundlegende Schemata für Hubschrauber, die sich durch Lage und Anzahl der Tragschrauben voneinander unterscheiden:

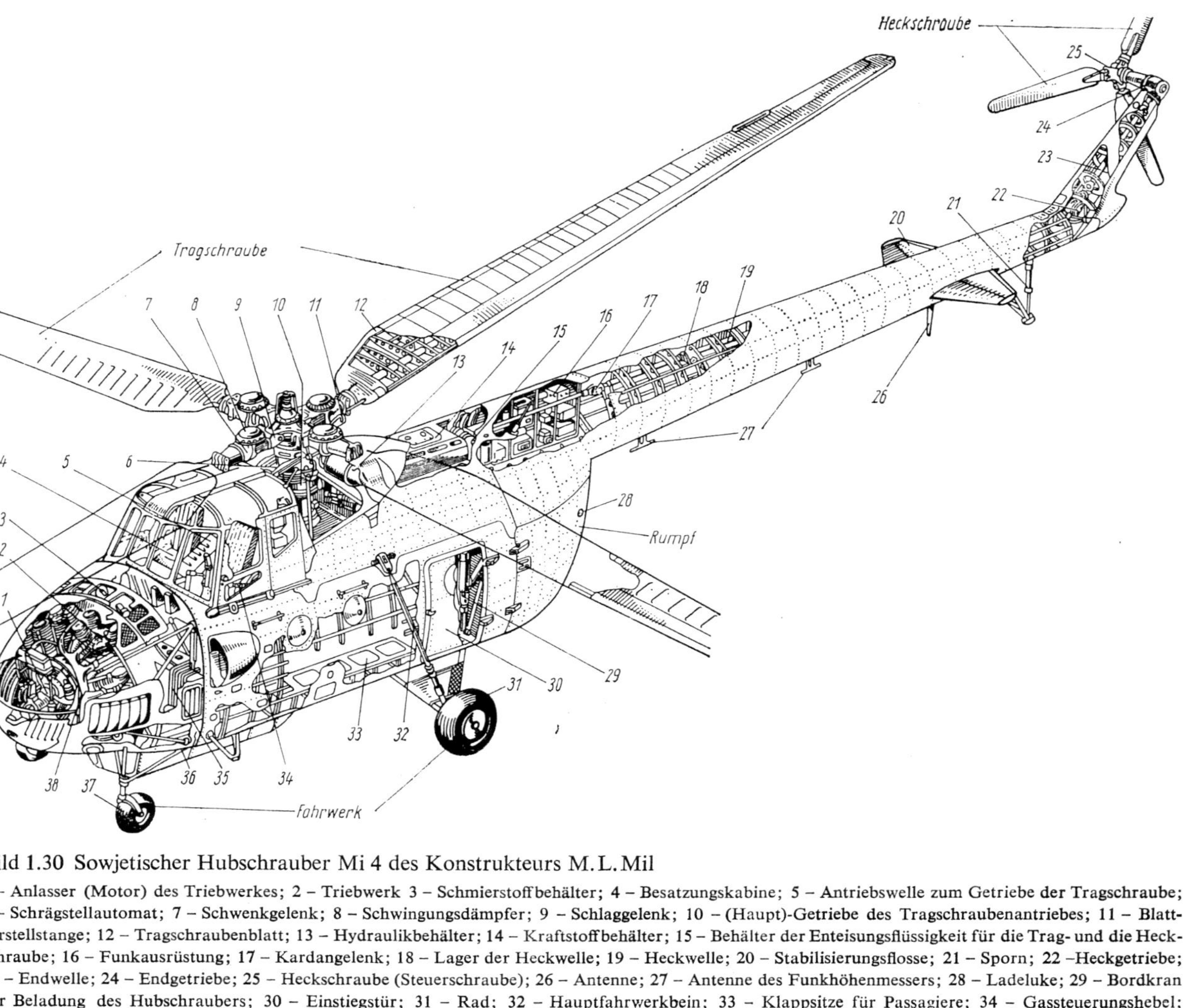

Bild 1.30 Sowjetischer Hubschrauber Mi 4 des Konstrukteurs M. L. Mil

1 – Anlasser (Motor) des Triebwerkes; 2 – Triebwerk 3 – Schmierstoffbehälter; 4 – Besatzungskabine; 5 – Antriebswelle zum Getriebe der Tragschraube; 6 – Schrägstellautomat; 7 – Schwenkgelenk; 8 – Schwingungsdämpfer; 9 – Schlaggelenk; 10 – (Haupt)-Getriebe des Tragschraubenantriebes; 11 – Blattverstellstange; 12 – Tragschraubenblatt; 13 – Hydraulikbehälter; 14 – Kraftstoffbehälter; 15 – Behälter der Enteisungsflüssigkeit für die Trag- und die Heckschraube; 16 – Funkausrüstung; 17 – Kardangelenk; 18 – Lager der Heckwelle; 19 – Heckwelle; 20 – Stabilisierungsflosse; 21 – Sporn; 22 – Heckgetriebe; 23 – Endwelle; 24 – Endgetriebe; 25 – Heckschraube (Steuerschraube); 26 – Antenne; 27 – Antenne des Funkhöhenmessers; 28 – Ladeluke; 29 – Bordkran zur Beladung des Hubschraubers; 30 – Einstiegstür; 31 – Rad; 32 – Hauptfahrwerkbein; 33 – Klappsitze für Passagiere; 34 – Gassteuerungshebel; 35 – Schmierstoff-Kühler; 36 – Steuermannsgondel; 37 – Bugrad; 38 – Auspuff

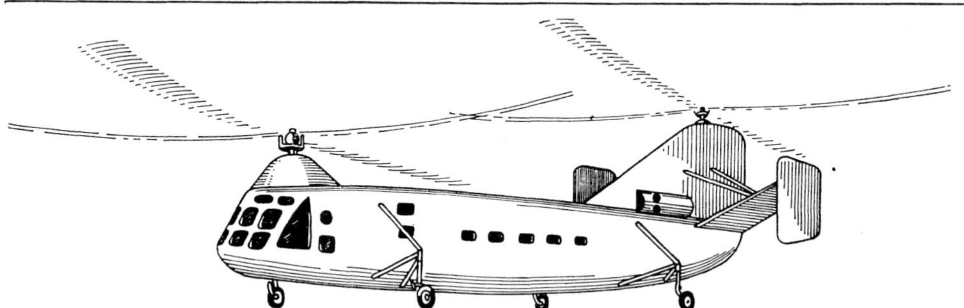

Bild 1.31 Hubschrauber mit 2 Tragschrauben in Tandemanordnung

- mit einer Tragschraube und einer Steuerschraube (Bild 1.30);
- mit zwei hintereinanderliegenden Tragschrauben (Tandemanordnung) (Bild 1.31);
- mit zwei nebeneinanderliegenden Tragschrauben (Parallelanordnung);
- mit zwei koaxial gegenlaufenden Tragschrauben.

Betrachten wir eines dieser Schemata – eine Tragschraube mit Heckschraube – etwas näher.

Ein solcher Hubschrauber hat einen Rumpf, in dem die Besatzung, Passagiere, Triebwerke und Lasten untergebracht werden. Über dem Rumpf ist die Tragschraube befestigt, die zur Erzeugung der Auftriebskraft benötigt wird. Bei Hubschraubern dieses Schemas wird das Rückdrehmoment der sich drehenden Tragschraube durch das Moment der Schubkraft der Steuerschraube, die gewöhnlich am Heck des Rumpfes angebracht ist (Heckschraube), ausgeglichen.

Die Tragschraube (Bild 1.32a), die aus der Nabe 1 und den Schraubenblättern 13 besteht, stellt eine spezifische Baugruppe des Hubschraubers dar. Die Schraubenblätter erinnern durch ihr Profil und ihre Konstruktion an Tragflügel von Flugzeugen. Sie werden über drei Gelenke mit der Hülse verbunden (Bild 1.32b): über das Axialgelenk 14, das Schwenkgelenk 15 und das Schlaggelenk 16.

Der Hubschrauber wird gesteuert durch Veränderung der Größe und Richtung der Schubkraft der Tragschraube. Zu diesem Zwecke wird ein besonderer Mechanismus – der Schrägstellautomat – benutzt. Der Automat hat eine starre Nabe 1, auf die kardanisch die Taumelscheibe, bestehend aus innerem Ring 8 und auf Kugeln gelagertem äußerem Ring 9, aufgesetzt ist. Der äußere Ring bewegt sich dank der Verbindung durch den Mitnehmer 6 gemeinsam mit der Nabe 1 der Tragschraube. Über die Blattverstellstangen 7 ist der äußere Ring 9 mit jedem Schraubenblatt so verbunden, daß eine Verschiebung oder Neigung des Ringes zu einer entsprechenden Änderung des Einstellwinkels jedes Blattes führt. Die kardanische Aufhängung gestattet es, mit Hilfe des Steuerknüppels im Hubschrauber den starren inneren Ring 8 zusammen mit dem sich drehenden äußeren Ring 9 unter einem bestimmten Winkel zu neigen. Bei Neigung des äußeren Ringes verändert sich der Einstellwinkel jedes Schraubenblattes zyklisch, d.h. mit jeder Umdrehung der Tragschraube einmal.

In den letzten Jahren fand der Hubschrauber eine breite und vielfältige Verwendung,

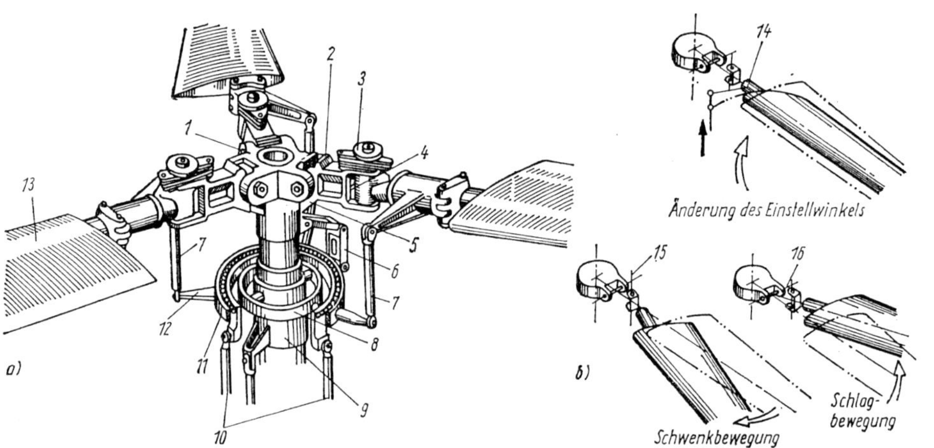

Bild 1.32 Der Schrägstellautomat

a) konstruktives Schema der Hülse und des Schrägstellautomaten der Tragschraube; b) konstruktives Schema der Gelenke und der Blattbewegung

1 – Nabe; 2 – oberer Anschlag des Schlaggelenkes; 3 – Schwingungsdämpfer; 4 – Anschlag des Schwenkgelenkes; 5 – unterer Anschlag des Schlaggelenkes; 6 – Mitnehmer; 7 – Blattverstellstange; 8 – innerer Ring der Taumelscheibe; 9 – äußerer Ring der Taumelscheibe; 10 – Gestänge zur zyklischen Veränderung des Einstellwinkels (Quer- und Längssteuerung); 11 – Gestänge zur kollektiven Veränderung des Einstellwinkels (Höhensteuerung); 12 – Anschluß der Blattverstellstange; 13 – Tragschraubenblatt; 14 – Axialgelenk; 15 – Schwenkgelenk; 16 – Schlaggelenk

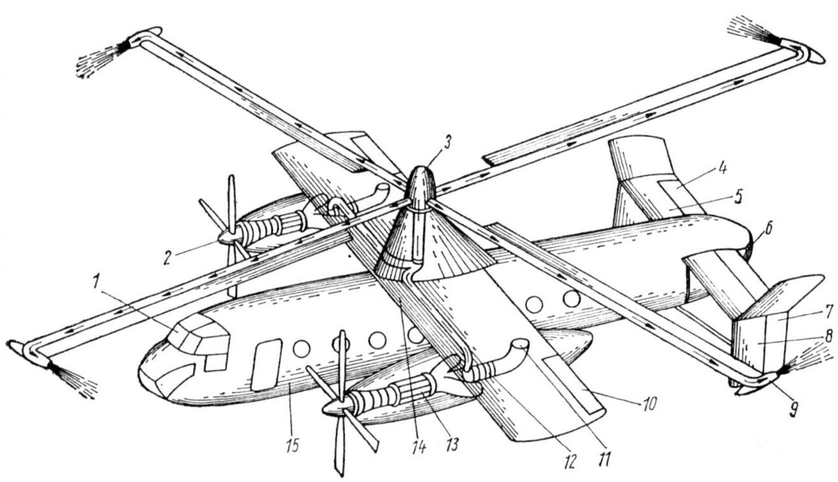

Bild 1.33 Schema eines schweren Kombinationsflugschraubers mit reaktivem Druckluftantrieb der Tragschraube

1 – Besatzungskabine; 2 – Luftschrauben; 3 – Tragschraubennabe; 4 – Höhenruder; 5 – Höhenflosse; 6 – Ladeluke; 7 – Korrekturruder (Seitenruder); 8 – Seitenflosse; 9 – Brenner; 10 – Querruder; 11 – Ansaugöffnung für den Hilfsverdichter; 12 – Hilfsverdichter; 13 – PTL-Triebwerk; 14 – Druckluftkanal; 15 – Passagierkabine

sowohl in der Volkswirtschaft als auch im Militärwesen, vor allem aber als Transportmittel in unbewegsamem, für andere Transportmittel schwer zugänglichem Gelände.

Entscheidende Nachteile des Hubschraubers sind seine relativ niedrigen Fluggeschwindigkeiten und Flughöhen. Die Schaffung von Kombinationsflugschraubern, die sowohl eine Tragschraube als auch Tragflügel und Marschtriebwerke (wie normale Flugzeuge) besitzen, gestattet es, die Fluggeschwindigkeiten, -höhen und -weiten zu vergrößern.

Bild 1.33 zeigt die Entwurfskizze eines Kombinationsflugschraubers, dessen Tragschraube einen reaktiven Druckluftantrieb besitzt (Blattspitzenantrieb). Der Flugschrauber hat einen hochgesetzten Tragflügel mit zwei an ihm befestigten PTL-Triebwerken. Die Triebwerke erzeugen durch ihre Luftschrauben den erforderlichen Vortrieb und treiben über ein hydraulisches Getriebe die Verdichter, die die Druckluft zum Antrieb der Tragschraube erzeugen.

An den Blattenden der Tragschraube befinden sich Brenner, in die außer der Druckluft Kraftstoff zugeführt und in denen der Kraftstoff auch gezündet und verbrannt wird, so daß eine Schubkraft entsteht, die die Tragschraube antreibt.

1.7. Luftkissenfahrzeuge

In den letzten Jahren wurde ein neues Transportmittel entwickelt, das Luftkissenfahrzeug. Solche Fahrzeuge können sich über Wasserflächen sowie über ebenes Festland ohne vertikale Hindernisse in einer Höhe bis zu 1 m fortbewegen.

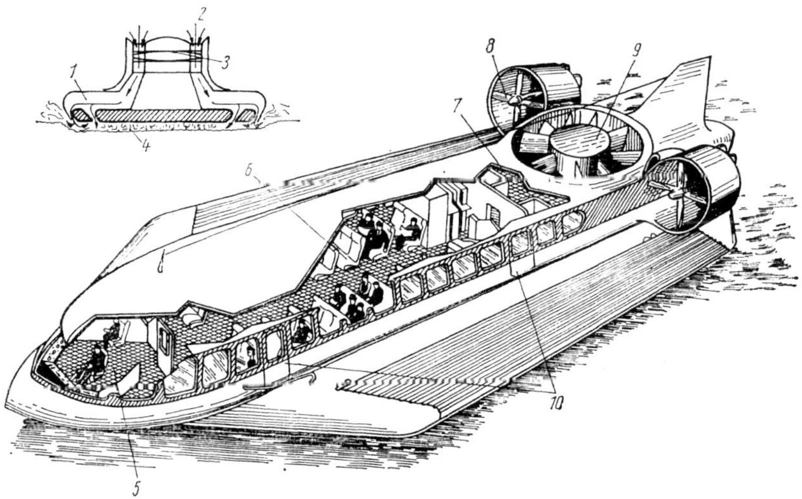

Bild 1.34 Luftkissenfahrzeug

a) schematische Darstellung der Erzeugung des Luftkissens; b) konstruktives Schema

1 – Leitkanal (Ressiver); 2 – Lufteintritt; 3 – Lüfter (Verdichter); 4 – Wasseroberfläche; 5 – Besatzungskabine; 6 – Passagierkabine; 7 – Frachträume; 8 – Luftschraube; 9 – Lüfter (Verdichter); 10 – Einstiegstüren

Die Luft gelangt durch große Ansaugöffnungen zu den Triebwerken, wird in deren Verdichtern komprimiert und unter das Fahrzeug gepreßt. Dabei wird unter dem Fahrzeug auf einer großen Fläche ein Überdruckgebiet geschaffen, das das Fahrzeug in einer geringen Höhe über der Erd- oder Wasseroberfläche hält. Die Vortriebskraft zur Vorwärtsbewegung des Fahrzeuges wird mit Hilfe von Luftschrauben mit verstellbarem Einstellwinkel erzeugt. Zur Verbesserung der Stabilität und Steuerbarkeit werden Luftkissenfahrzeuge mit Stabilisierungsflossen und Rudern versehen.
Bild 1.34 zeigt ein derartiges Luftkissenfahrzeug. Heute wird von Wissenschaftlern und Konstrukteuren daran gearbeitet, große Luftkissenfahrzeuge für zivile und militärische Zwecke zu schaffen.

In der UdSSR wurden erste Muster von Luftkissenfahrzeugen zu Beginn der dreißiger Jahre durch Prof. W. I. Lewkowoj geschaffen. In den Jahren 1938 bis 1942 arbeitete eine Gruppe von Konstrukteuren unter der Leitung von A. A. Nadiradse erfolgreich an diesem Problem.

1.8. Unbemannte Flugkörper

1.8.1. *Allgemeines*

In den Jahren des zweiten Weltkrieges wurden die flugtaktischen Charakteristiken der Jagdflugzeuge und der Bombenflugzeuge bedeutend verbessert. Das erforderte einerseits die Verstärkung der Luftverteidigung und andererseits eine wirksamere Bewaffnung von Jagd- und Bombenflugzeugen. Das alles führte zum Auftauchen unbemannter und während des Fluges lenkbarer Flugkörper (Raketen u.a.) für unterschiedliche Zwecke am Ende des zweiten Weltkrieges.
Die Sowjetarmee hat heute alle Typen unbemannter Flugkörper in ihrem Bestand. Es wurden meteorologische und geophysikalische Raketen geschaffen, mit denen die oberen Schichten der Atmosphäre und der kosmische Raum untersucht werden.
Unbemannte Flugkörper sind Geräte, die für den Flug im erdnahen Raum vorgesehen sind, die keine Besatzung haben und die entweder automatisch mit Hilfe von Bordanlagen oder aus der Ferne von einem Kommandopunkt aus gelenkt werden. Zur Nutzung solcher Geräte ist ein ganzer Komplex von Mitteln und Ausrüstungen erforderlich, zu dem das Gerät selbst sowie alle Mittel zur Startvorbereitung, zum Start und zu seiner Lenkung während des Fluges gehören.
Ein unbemannter Flugkörper beliebigen Verwendungszweckes hat immer die Aufgabe, eine Nutzlast – einen Gefechtskopf, wissenschaftliche Geräte, Fotoapparate u. a. m. – in das vorgesehene Ziel zu tragen. Diese Nutzlast wird in einem speziellen Teil des Flugkörpers untergebracht.
Die für die Bewegung des Flugkörpers erforderliche Schubkraft wird durch eine aus Triebwerk und Treibstoffsystem bestehende Triebwerksanlage erzeugt. Um den Flugkörper zu lenken, ihn in das Ziel oder an den vorgesehenen Punkt zu leiten, benötigt man ein aus vielen Anlagen und Geräten bestehendes Steuerungssystem.
Das Steuerungssystem kann vollständig im Flugkörper oder teilweise innerhalb

und teilweise außerhalb untergebracht sein. Die Startausrüstung besteht aus Transportmitteln, der Startanlage (Rampe usw.), dem Kontrollsystem und dem System zur Beobachtung des Flugkörpers während des Fluges.

In Abhängigkeit von der Größe der Nutzlast und von der Flugweite wird die erforderliche Treibstoffmenge ermittelt. Mit Vergrößerung der Nutzlast und der Flugweite erhöht sich auch die erforderliche Treibstoffmenge und somit auch die Startmasse des Flugkörpers.

Die Startmasse von Raketen läßt sich allerdings bedeutend reduzieren, indem diese mehrteilig (mehrstufig) gebaut werden. Jede Stufe hat ihr eigenes Triebwerk und ihre eigene Treibstoffanlage.

Der Hauptvorteil mehrstufiger Raketen besteht darin, daß die einzelnen Stufen nach Verbrauch ihres Kraftstoffvorrates von der Rakete getrennt werden und daß somit der Schub jeder Stufe nur zur Beschleunigung der gerade arbeitenden und der nachfolgenden Stufen verwendet wird. Auf diese Weise wird nur die letzte Raketenstufe mit der Nutzlast auf die erforderliche Höchstgeschwindigkeit beschleunigt. Durch Verwendung von Stufenraketen wurde es möglich, kosmische Geschwindigkeiten zu erreichen, was mit einstufigen Raketen bei Verwendung herkömmlicher Treibstoffe nicht möglich ist. Die Stufen einer Rakete können in Reihe (Tandemanordnung) oder parallel (Paketanordnung) zusammengebaut werden.

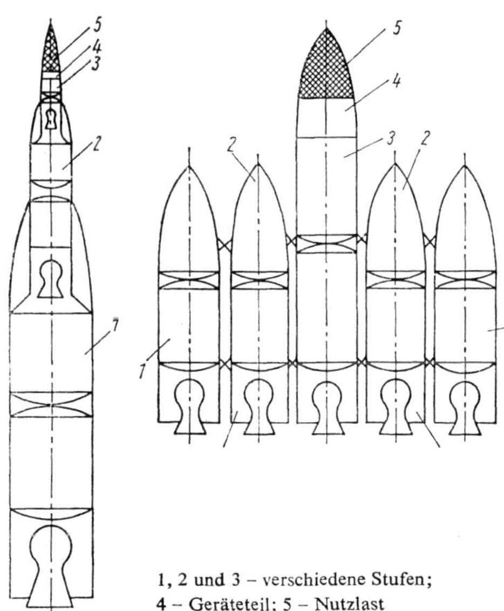

Bild 1.35 (links) Reihenkomposition mehrstufiger Raketen

Bild 1.36 Parallelkomposition mehrstufiger Raketen

1.8.2. *Klassifizierung von unbemannten Flugkörpern*

Unbemannte Flugkörper unterscheidet man nach ihrem Zweck, nach der Lage von Start- und Zielplatz, nach der Art ihrer Lenkung und nach anderen Gesichtspunkten.

Der Verwendungszweck und die Lage von Start- und Zielplatz bestimmen in bedeutendem Maße die Charakteristik, die Ausmaße, die Komposition und die Ausrüstung der unbemannten Flugkörper. Nach dem Verwendungszweck kann man vor allem Flugkörper für zivile und für militärische Zwecke unterscheiden.

Nach Lage des Start- und Zielplatzes unterscheidet man folgende Klassen (Bild 1.37):

Boden-Boden-Flugkörper, Boden-Luft-Flugkörper, Luft-Luft-Flugkörper und Luft-Boden-Flugkörper.

Zur Klasse »Boden-Boden« gehören unbemannte Flugkörper, deren Start- und Zielplatz auf dem Lande oder dem Wasser liegen.

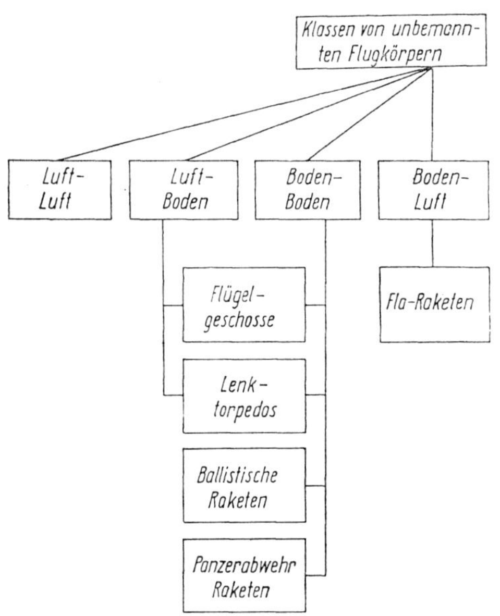

Bild 1.37 Klassifizierung von unbemannten Flugkörpern nach verschiedenen Merkmalen

Militärische Raketen dieser Klasse dienen vor allem der Vernichtung gegnerischer Ziele und lassen sich in taktische, operativ-taktische und strategische einteilen. Unbemannte Flugkörper lassen sich auch danach unterscheiden, ob ihre Flugbahn im wesentlichen in den unteren Luftschichten oder vor allem im luftleeren Raum verläuft. Zur letzteren Gruppe gehören hauptsächlich ballistische Raketen, deren Flugbahnen zu großen Teilen der Flugbahn eines frei geworfenen Körpers entsprechen, auf den Erdanziehungskraft und Luftwiderstand einwirken. Die Flugbahn einer ballistischen Rakete hat folgende Elemente (Bild 1.38):

- den **aktiven Abschnitt** der Flugbahn, auf dem das Triebwerk noch arbeitet. Die Flugweite der ballistischen Rakete hängt vor allem von der Richtung und der Größe des Geschwindigkeitsvektors am Ende des aktiven Abschnittes der Flugbahn, d. h. im Moment des Abschaltens des Triebwerkes, ab. Die Genauigkeit, mit der die vorgegebenen Parameter am Ende des aktiven Abschnittes eingehalten werden, bestimmt wesentlich die Treffgenauigkeit der Rakete;
- die **Freiflugbahn,** auf der die Rakete antriebslos fliegt. Wie die Berechnungen zeigen, ist die Flugbahn auf diesem Abschnitt Teil einer Ellipse. Für ballistische Raketen großer Reichweite ist die Freiflugbahn der größte Bahnabschnitt.

Beim Eintritt der Rakete in die dichteren Schichten der Atmosphäre wird sie durch den Luftwiderstand stark abgebremst, und ihre Konstruktionselemente werden intensiv aufgeheizt. Damit die Rakete ihr Ziel erreicht, ohne zu verbrennen, muß ihr Wärmeschutz gesichert sein. Bei

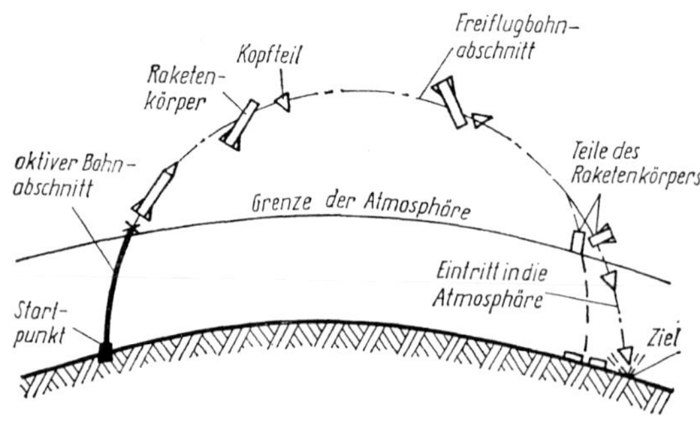

Bild 1.38 Flugbahn einer ballistischen Rakete mit abtrennbarem Kopfteil

Raketen großer Reichweite verwendet man abtrennbare Gefechtsköpfe. Der Wärmeschutz dieser relativ kleinen Gefechtsköpfe wird durch eine Isolierschicht oder durch ein Wärmeschutzschild gewährleistet. Interkontinentale ballistische Raketen sind komplizierte und kostspielige Konstruktionen.

Das Schema einer derartigen Rakete ist in Bild 1.39 gezeigt. Ballistische Raketen mit Tragflächen werden als Raumgleiter bezeichnet. Mit den Tragflächen und auf Kosten der großen kinetischen Energie kann ein Raumgleiter einen Gleit- oder Aufsetzflug in den dichteren Schichten der Atmosphäre durchführen, so daß seine Reichweite gegenüber einer ballistischen Rakete wesentlich größer wird. Taktische Raketen können gelenkt oder ungelenkt sein. Diese Raketen haben ein kleines Gewicht und werden von einfachsten Rampen gestartet. Ihre Reichweite ist nicht groß.

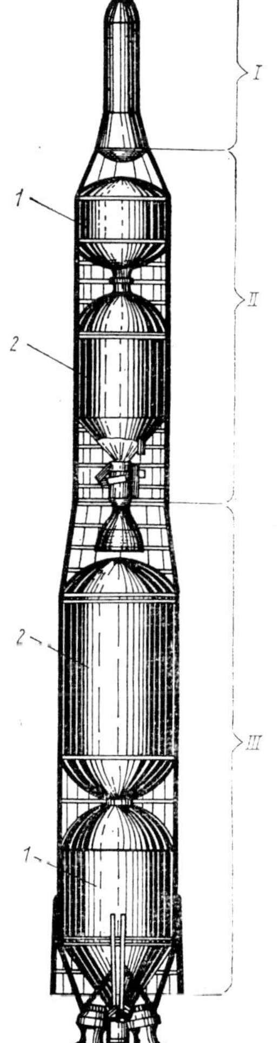

Bild 1.39 Schema einer mehrstufigen ballistischen Rakete
I – Kopfteil;
II – 2. Antriebsstufe;
III – 1. Antriebsstufe;
1 – Treibstoff;
2 – flüssiger Sauerstoff

Zur Klasse »Boden-Luft« gehören im militärischen Sinne alle Flugkörper, die vom Boden aus gestartet werden und die zur Vernichtung von Luftzielen dienen (z. B. Fla-Raketen). Als Luftziele sind vor allem Flugzeuge und Hubschrauber zu betrachten. Da die Geschwindigkeit der Ziele sehr groß sein kann, muß auch die Geschwindigkeit und die Flugweite von Fla-Raketen groß sein. Sie werden gewöhnlich als zweistufige Raketen ausgelegt (Bild 1.40). Die Triebwerke der ersten Stufe sind in den meisten Fällen Feststoffraketentriebwerke. Wenn die Flugweite nicht sehr groß ist, wird die zweite Stufe mit einem Flüssigkeitsraketentriebwerk ausgerüstet. Bei großen Flugweiten werden für die zweite Stufe Staustrahltriebwerke verwendet.

Zur Klasse »Luft-Boden« gehören alle Flugkörper, die von einem Flugzeug oder Hubschrauber zur Vernichtung beliebiger Ziele am Boden gestartet werden. Flugkörper dieses Typs mit einer Masse bis zu 600 kg sind Weiterentwicklungen von Fliegerbomben mit einer größeren Trefferwahrscheinlichkeit als diese. Hierzu gehören auch Lenkbomben ohne Triebwerk sowie Flugkörper, die eine exakte Vernichtung des Zieles auf große Entfernung zulassen, wobei das Flugzeug in einem relativ sicheren Abstand vom Ziel bleiben kann. Große Flugkörper dieses Typs mit einer Masse von mehreren Tonnen werden durch schwere Flugzeuge befördert und dienen der Vernichtung stark befestigter Ziele. Solche Flugkörper können mit einem Kernsprengkopf versehen und einige hundert Kilometer vor dem Ziel gestartet werden. Zur Klasse »Luft-Boden« gehören auch Flugkörper, die für die U-Boot-Bekämpfung bestimmt sind. Die letzte Stufe dieser Flugkörper ist ein selbstzielsuchender Torpedo, der sich von diesem löst und auf das U-Boot geleitet wird.

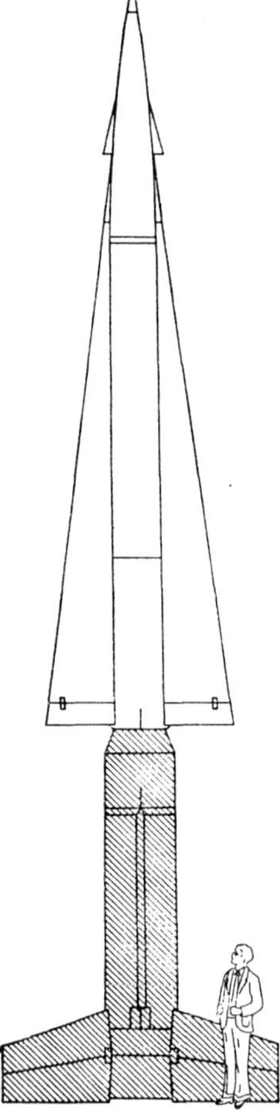

Bild 1.40 Zweistufiger Flugkörper der Klasse »Boden-Luft« (Fla-Rakete) vom Typ »Herkules« (USA) (erste Stufe gestrichelt dargestellt)

Flugkörper der Klasse »Luft-Luft« (meist Raketen) dienen der Vernichtung von Luftzielen und werden von Flugzeugen oder Hubschraubern aus gestartet. Solche Raketen sind gewöhnlich einstufig. Sie stellen Flugkörper mit Tragflügeln dar, die in den unteren Luftschichten eingesetzt werden.

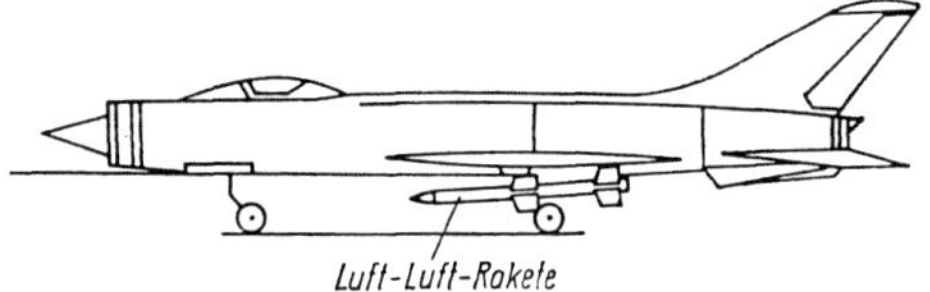

Bild 1.41 Anordnung einer Rakete der Klasse »Luft-Luft« an einem Flugzeug

1.8.3. *Die Lenkung unbemannter Flugkörper*

Das Lenksystem eines Flugkörpers umfaßt alle Bauteile und Geräte, die den Flug nach einem vorgegebenen Programm gewährleisten, d.h. die die Steuerkräfte und -momente entsprechend regeln.
Zur Lösung dieser Aufgabe führen Lenksysteme folgende Operationen aus:

1. ständiges Messen der Abweichung der Bewegungsparameter des Schwerpunktes vom geforderten (vorgegebenen) Gesetz;
2. Erarbeiten der Lenksignale und deren Weitergabe an die Lenkorgane in Abhängigkeit von der Größe der gemessenen Abweichung;
3. Winkelstabilisierung des Flugkörpers.

Die Flugbahnen bemannter Flugkörper können unterschiedlichste Formen haben, da sie willkürlich durch die Handlungen des Piloten bestimmt werden. Die Flug-

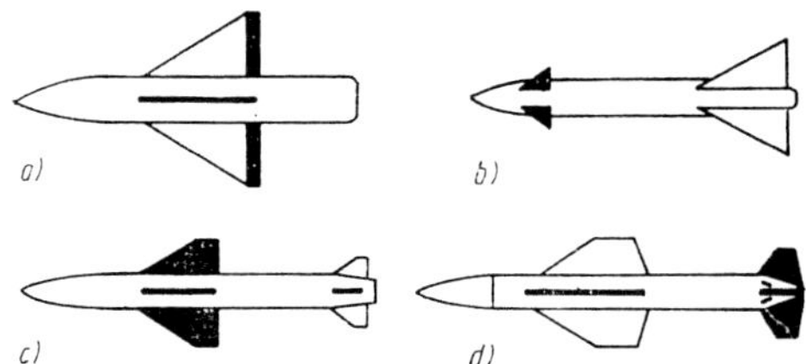

Bild 1.42 Aerodynamische Kompositionen von Flügelraketen mit unterschiedlicher Anordnung der Steuerflächen

a) Nurflügel-Schema mit Klapprudern; b) Enten-Schema mit Flossenrudern; c) bewegliche Lenkflügel (Tragflügel als Flossenruder); d) Flossenruder als Normalleitwerk

bahn unbemannter Flugkörper muß sich dagegen ganz bestimmten Gesetzmäßigkeiten unterordnen.

Die Methode zur Erzeugung der steuernden Kräfte und Momente und somit die Auswahl der Lenk- und Stabilisierungsorgane hängen vom Typ und dem konstruktiven Schema des Flugkörpers ab. Die Lenkung mit Hilfe von Steuerflächen (aerodynamischen Rudern) wird für Flugkörper mit Tragflügeln angewendet, die in der Erdatmosphäre bei Vorhandensein eines aureichenden Staudruckes fliegen. Die Anbringung von Steuerflächen an Flugkörpern verschiedener Formgebung ist in Bild 1.42 dargestellt. Für Flugkörper die sich in dünnen Schichten der Hochatmosphäre bewegen, sind aerodynamische Ruder wenig oder gar nicht wirksam. Die Lenkung solcher Flugkörper erfolgt entweder durch Auslenkung des Schubvektors der Haupttriebwerke oder mit Hilfe spezieller Steuertriebwerke. Die wichtigsten Methoden zur Erzeugung solcher Lenkimpulse sind in Bild 1.43 dargestellt.

In Abhängigkeit von Ort und Methode der Erzeugung eines Leitsignales sowie von den physikalischen Methoden zur Anpeilung und Koordinatenmessung des Zieles und des Flugkörpers lassen sich die Lenksysteme in folgende Klassen einteilen:

a) autonome Systeme, bei denen sich alle Geräte zur Erzeugung der Lenksignale an Bord des Flugkörpers befinden und während des Fluges keinerlei Information vom Ziel, vom Kommandopunkt oder aus einer anderen Quelle (z.B. Funkpeiler) erhalten; die Heranleitung an das Ziel erfolgt nach einem vorher festgelegten Programm.
   Zu den autonomen Systemen gehören: Kreisel-, Trägheits-, astronavigatorische, Doppler- und Funkmeßlenk-

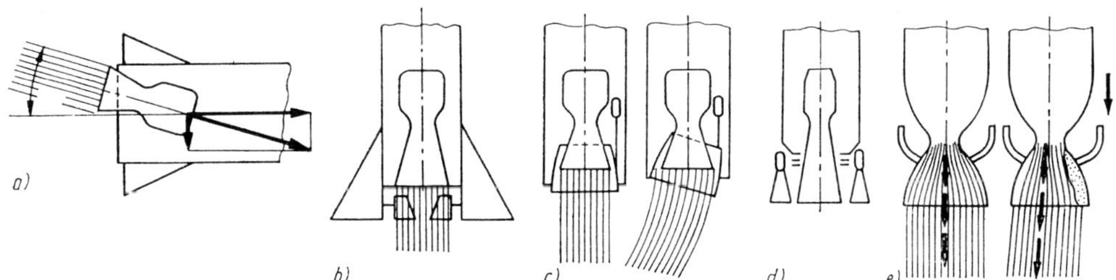

Bild 1.43 Methoden zum Erzeugen von Steuerkräften an Raketen:

a) durch Drehen des Triebwerkes in kardanischer Aufhängung; b) durch Verwenden von Klappenrudern im Gasstrahl; c) durch Auslenken des Gasstrahles mit Hilfe eines Deflektors oder einer neigbaren Schubdüse; d) durch Nutzung zusätzlicher Triebwerke (Vernier-Triebwerke); e) durch das Einblasen von Gas in den nachkritischen Teil der Schubdüse zur Auslenkung des Gasstrahles

systeme zur unmittelbaren Geländebeobachtung;

b) selbstzielsuchende Systeme, bei denen eine an Bord des Flugkörpers befindliche Ausrüstung dazu dient, das Ziel unmittelbar anzupeilen. Es erhält seine Information direkt vom Ziel. Man unterscheidet aktive, halbaktive und passive selbstzielsuchende Systeme. Passive Systeme können nach dem ihnen zugrunde liegenden physikalischen Prinzip in funktechnische, Wärme-, optische und akustische Systeme unterschieden werden. Halbaktive Systeme erfordern eine außerhalb des Flugkörpers befindliche Ausrüstung, eine Funkmeßstation o. ä., die der Bestrahlung (Ausleuchtung) des Zieles und manchmal auch der Formierung eines Trägersignales dient. Beim aktiven System befindet sich die Energiequelle zur Bestrahlung des Zieles an Bord des Flugkörpers.

c) Systeme der Funkfernlenkung, deren Bordgeräte Informationen (Kommandos und Trägersignale) von einer außerhalb des Flugkörpers liegenden Quelle, einer Leitstelle oder von Funkpeilern, jedoch nicht vom Ziel direkt erhalten. Zu diesen Systemen gehören die Lenkung durch einen Leitstrahl oder andere Kommandoüberträger. Oft werden kombinierte Leitsysteme, die aus mehreren Teilsystemen bestehen, verwendet.

1.8.4. *Triebwerksanlagen*

Zur Erzeugung einer Schubkraft muß dem aus einem Strahltriebwerk ausströmenden Arbeitsmedium eine möglichst große Geschwindigkeit verliehen werden. Diese Geschwindigkeit ergibt sich als Folge der Umwandlung der chemischen Energie des Treibstoffes in kinetische Energie des Arbeitsmediums.

Als Arbeitsmedium kann ein Gemisch aus Gas (den Verbrennungsprodukten) und atmosphärischer Luft verwendet werden. Zur Erzeugung des Gasstrahles können allerdings auch Verbrennungsprodukte benutzt werden, die sich aus einer chemischen Reaktion in der Brennkammer ohne Beteiligung von atmosphärischer Luft ergeben. Zur ersten Gruppe von Triebwerken, den Luftstrahltriebwerken, gehören:

a) Staustrahltriebwerke (SS);
b) pulsierende Staustrahltriebwerke LSTWTp);
c) Turbinen-Luftstrahltriebwerke (TL).

Zur zweiten Gruppe, den Raketentriebwerken, gehören Triebwerke, die auf der Grundlage fester Treibstoffe arbeiten, die Feststoffraketentriebwerke (PR), und solche, die mit flüssigen Treibstoffen arbeiten, die Flüssigkeitsraketentriebwerke (FR).

TL-Triebwerke, die für einige unbemannte Flugkörper verwendet werden, unterscheiden sich wenig von Flugzeugtriebwerken, jedoch werden sie unter Berücksichtigung dessen gebaut, daß sie nur ein einziges Mal verwendet werden. Deshalb sind sie einfacher und billiger.

Staustrahltriebwerke werden für unbemannte Flugkörper verwendet, die mit hohen Überschallgeschwindigkeiten ($M \geqslant 3$) fliegen. Staustrahltriebwerke benötigen zu ihrer Arbeit eine ganz bestimmte Anfangsgeschwindigkeit, deshalb müssen Flugkörper, die mit solchen Triebwerken ausgerüstet sind, Startbeschleuniger haben. Raketentriebwerke sind die einzigen, die ohne Beteiligung atmosphärischer Luft arbeiten können.

1.8.5. *Startanlagen*

Kein einziger moderner Flugkörper kann eine effektive Waffe sein, wenn seine Boden- und Startausrüstung nicht eine sichere Lagerung sowie einen schnellen und gefahrlosen Start gewährleistet.
Zum ganzen Komplex der Boden- und Startausrüstung von unbemannten Flugkörpern gehören Transport-, Lager- und Betankungsmittel, Geräte und Anlagen zur Überprüfung der Funktionstüchtigkeit der Flugkörper vor dem Start, die Startausrüstung sowie die Leiteinrichtung (für Flugkörper mit nichtautonomer Lenkung).
Die Startpositionen ballistischer Raketen großer Reichweite sind große und komplizierte ingenieurtechnische Anlagen. Die Raketen werden in tiefen betonierten unterirdischen Schächten in vertikaler Lage gelagert. Zum Start werden diese Raketen mit speziellen Hebevorrichtungen an die Erdoberfläche gebracht, oder sie werden direkt aus den Schächten gestartet.
Unter der Erde befinden sich in diesem Falle auch der Kommandopunkt, die Treibstoff- und Ersatzteillager, Kraftwerke und Werkstätten und a. m.
Die Vorbereitung und Überprüfung der Arbeitsbereitschaft der vielfältigen Teilsysteme eines unbemannten Flugkörpers ist eine wichtige und komplizierte Aufgabe. Zu diesem Zwecke werden verschiedene automatische und halbautomatische Anlagen verwendet, die die Arbeit der Ventilsysteme, die Einrichtung und Abstimmung der Geräte und der gesamten Leitanlage gewährleisten. Zur Startausrüstung gehören die Startvorrichtung und verschiedene zusätzliche Ausrüstungen. Die Art der Startvorrichtung hängt vom Typ des Flugkörpers ab, jedoch muß sie in jedem Falle die stabile Lage des Flugkörpers beim Start sowie dessen Anfangsflugrichtung gewährleisten. Manchmal wird der Transport- und Lagerbehälter des Flugkörpers auch als Startvorrichtung verwendet.

1.9. Kurzer Abriß der Entwicklung von Flugzeugschemata

Die ununterbrochene Entwicklung der aerodynamischen Komposition und Form des Flugzeuges, die durch die Forderung nach ständiger Verbesserung der Flugcharakteristiken bedingt ist, stellt einen der wichtigsten Faktoren zur Entwicklung des Flugzeugbaues dar.
Als erstes wurden zur Verringerung des Luftwiderstandes der Doppeldecker und verstrebten oder verspannten Eindecker alle im Luftstrom befindlichen Teile (Fahrwerk, Triebwerk u. a. m.) mit strömungsgünstigen Verkleidungen versehen; außerdem erhielten alle Ständer, Verstrebungen und Gestänge strömungsgünstigere Formen. Alle diese Veränderungen führten jedoch zu keiner prinzipiellen Verbesserung der aerodynamischen Qualitäten des Flugzeuges.
Es ist bekannt, daß die Auftriebskraft vor allem durch den Tragflügel des Flugzeuges erzeugt wird, während alle anderen im Luftstrom liegenden Teile vorwiegend schädlichen Widerstand erzeugen.

Jedes dieser Elemente hat einen Widerstand

$$F_{W_E} = c_{W_E} \frac{\varrho v^2}{2} A_E .$$

F_{W_E} – die Widerstandskraft;
c_{W_E} – der Widerstandsbeiwert;
ϱ – die Luftdichte;
A_E – eine charakteristische Fläche des Teiles (für Tragflügel, Höhen- und Seitenleitwerk die Grundfläche A_{TF} A_{HLW}, A_{SLW}; für den Rumpf und ähnliche Teile die größte Querschnittsfläche A_R usw.);
v – die wahre Fluggeschwindigkeit.

Es muß daran erinnert werden, daß der Gesamtwiderstand nicht gleich der Summe des Widerstandes aller Einzelteile ist, weil sich beim Zusammenbau der Teile aufgrund des zusätzlichen Interferenzwiderstandes gewöhnlich der Gesamtwiderstand erhöht.

Für ein mit konstanter Geschwindigkeit horizontal fliegendes Flugzeug kann man folgendes Gleichungssystem aufschreiben:

$$F_A = F_G = c_A \frac{\varrho v^2}{2} A_{TF} ;$$

$$F_S = F_W = (c_{W_{TF}} A_{TF} + c_{W_{HLW}} A_{HLW} + c_{W_{SLW}} A_{SLW} + c_{W_R} A_R + c_{W_{TW}} A_{TW} + c_{W_{FW}} A_{FW} + \Sigma c_{W_A} A_A + \varepsilon) \frac{\varrho v^2}{2}.$$

F_A – die Auftriebskraft des Flugzeuges;
F_G – das Fluggewicht des Flugzeuges;
c_A – der Auftriebsbeiwert;
A_{TF} – die tragende Fläche des Tragflügels (Flugzeuges);
F_S – die Schubkraft;
F_W – der Luftwiderstand des Flugzeuges;
$c_{W_{TF}}$, $c_{W_{HLW}}$, $c_{W_{SLW}}$, c_{W_R}, $c_{W_{TW}}$, $c_{W_{FW}}$, c_{W_A} – die Widerstandsbeiwerte des Tragflügels, des Höhen- und des Seitenleitwerkes, des Rumpfes, der Triebwerksanlage, des Fahrwerkes und anderer im Luftstrom liegender Teile;
A_{HLW}, A_{SLW}, ⋯ – die entsprechenden charakteristischen Flächen der Teile;
ε – ein Korrekturfaktor, der die gegenseitige Beeinflussung (Interferenz) der Teile berücksichtigt.

Zur Erreichung großer Geschwindigkeiten ist es unbedingt erforderlich, die Schubkraft der Triebwerksanlage zu vergrößern und die Produkte:

$c_{W_{TF}} A_{TF}$, $c_{W_{FW}} A_{FW}$,

$\Sigma (C_{W_A} A_A)$ und ε wesentlich zu verringern.

Die Entwicklung des Flugzeuges vollzog sich deshalb durch Verbesserung seiner aerodynamischen Eigenschaften und durch Erhöhung der Triebwerksleistung. Dem Fortschritt im Flugzeugbau dienten auch die Anwendung neuer Materialien und neuer Konstruktionsprinzipien.

Im Jahre 1912 bauten erstmals russische Konstrukteure, die Brüder Dubowskij, einen Eindecker mit dem Triebwerk »Kalep«, das sich stark von den zu jener Zeit gebauten Flugzeugen durch sein äußeres Aussehen hervorhob. Es besaß bereits Spaltverkleidungen an den Verbindungsstellen von Tragflügel und Leitwerk mit dem Rumpf, strömungsgünstige Verkleidungen der Bugkufe, der Fahrwerksbeine und Laufräder sowie eine Triebwerkshaube.

Der Übergang vom verspannten und verstrebten Doppeldecker zum freitragenden Eindecker mit einziehbarem Fahrwerk brachte eine Verringerung des Luftwiderstandes um das 2,5-fache (Bild 1.44).

Die weitere aerodynamische Vervollkommnung des freitragenden Eindeckers erfolgte in Richtung einer Suche nach neuen Tragflügel- und Leitwerksprofilen mit verbesserten Charakteristiken sowie der Verbesserung der Rumpfformen und in anderen Maßnahmen. In dieser Periode wurden Senkniete eingeführt; die weiche, leicht deformierbare Außenhaut wurde

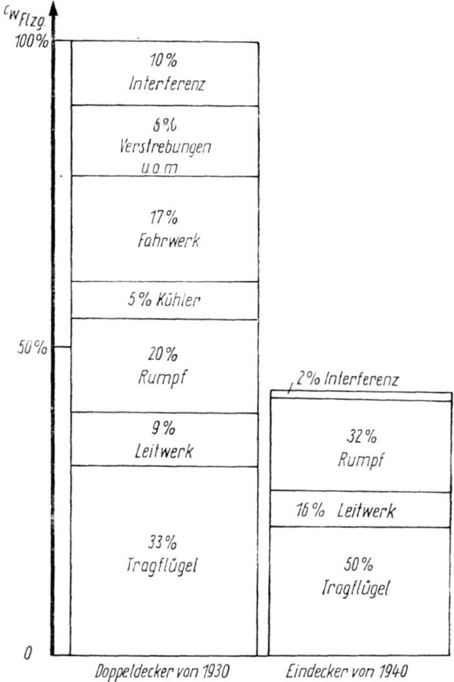

Bild 1.44 Veränderung des Luftwiderstandes beim Übergang vom Doppeldecker zum Eindecker (beide Flugzeuge haben gleiche Masse)

durch eine steife ersetzt, die ihre einmal gegebene Form sehr gut beibehielt; die Methoden der Lackierung und Polierung der Oberflächen wurden verbessert. Dadurch wurde der Reibungswiderstand, der gewöhnlich 60 bis 80% des Gesamtwiderstandes des Flugzeuges betrug, herabgesetzt.

Parallel zur Verringerung des Widerstandsbeiwertes verringerten sich die Ausmaße des Tragflügels, des Leitwerkes und teilweise des Rumpfes. Die Verringerung der Tragflügelfläche wurde durch seine Mechanisierung (Klappensysteme, Vorflügel usw.) ermöglicht, wodurch der maximale Auftriebsbeiwert $c_{A_{max}}$ wesentlich vergrößert wurde. Auf diese Weise und durch eine gewisse Erhöhung der Landegeschwindigkeit konnten die Ausmaße des Tragflügels um das 2 bis 3-fache verringert und seine spezifische Belastung (das Verhältnis aus Flugzeuggewicht und tragender Flügelfläche) in gleicher Weise vergrößert werden. Da die Leitwerksfläche in direkter Abhängigkeit zur Flügelfläche steht, verringerte sie sich ebenfalls dementsprechend.

Die maximale Querschnittsfläche des Rumpfes veränderte sich unbedeutend, und es ist auch kaum eine weitere Verringerung zu erwarten, da im Rumpf der größte Teil der Ausrüstung und der Lasten untergebracht werden, deren Ausmaße auch die Maße des Rumpfes bestimmen. Trotzdem hat sich das Produkt $c_{W_R} A_R$ wesentlich dadurch verringert, daß die aerodynamische Form des Rumpfes verbessert wurde.

Der Fortschritt in den flugtaktischen Leistungen der Flugzeuge war eng verbunden mit der Entwicklung der Kolbentriebwerke und der Verbesserung der Luftschrauben. Im Jahre 1930 wurde in die Konstruktion der Triebwerke der Drucklader eingeführt, wodurch sich vor allem die Höhenleistung wesentlich verbesserte, d.h. es gelang dadurch, die maximale Arbeitshöhe der Triebwerke zu vergrößern und gleichzeitig ihr Masse-Leistungs-Verhältnis zu senken.

Bei großen Fluggeschwindigkeiten gewinnen die äußeren Formen und besonders der maximale Querschnitt des Triebwerkes an Bedeutung, weil davon die Größe des Produktes $c_{W_{TW}} A_{TW}$ abhängt. Gleichzeitig mit dem Triebwerk und der Zelle des Flugzeuges wurde auch die Luftschraube verbessert. Im Einzelnen führte die Vergrößerung der Fluggeschwindigkeit der Flugzeuge und der Höhenleistung der Triebwerke zum Übergang von starren Zweiblattschrauben zu 3- und 4-Blatt-Schrauben mit veränderlicher Blatteinstellung (Verstell-Luftschrauben).

Eine anschauliche Vorstellung von den Ergebnissen der Form- und Konstruktionsverbesserung des Eindeckers mit Kolbentriebwerk in den Jahren 1925 bis 1940 gibt Bild 1.45a. Als Ausgangsmodell wurde ein Serienflugzeug mit einem Triebwerk von 850 PS Nennleistung (am Boden) genommen, dessen maximale Geschwindigkeit 280 km/h betrug. Wie Berechnungen und Versuche zeigten, hätte man mit diesem Flugzeug eine Geschwin-

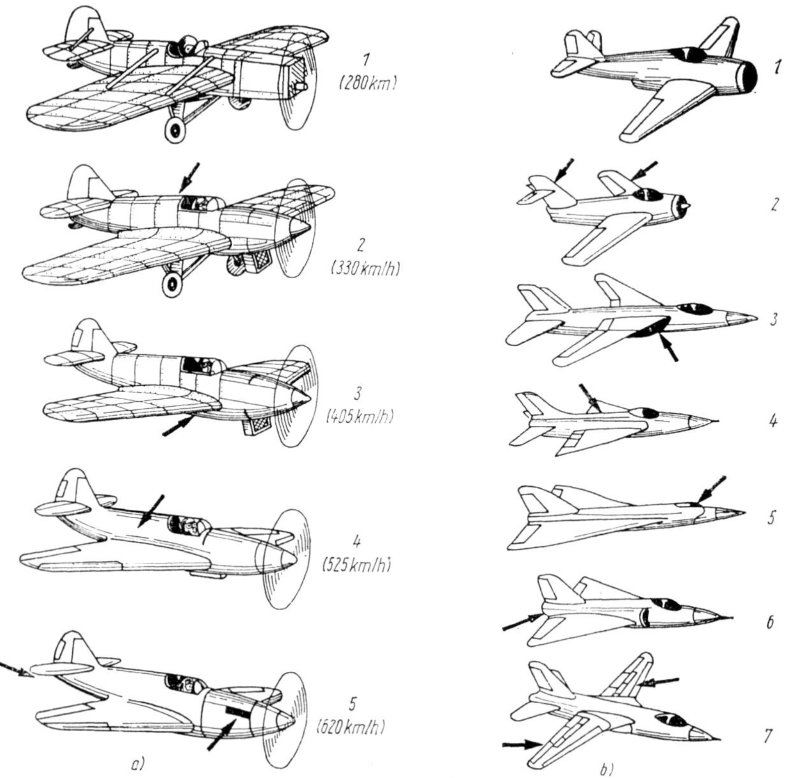

Bild 1.45 Die Vervollkommnung der Flugzeugformen

a) Flugzeug mit Kolbentriebwerken: 1 – Ausgangsmodell; 2 – Verstrebungen beseitigt, Rumpf erhielt fließende Form, Kabine geschlossen; 3 – Flügelfläche verringert (Mechanisierung angewendet), einziehbares Fahrwerk eingeführt; 4 – Schmierstoffkühler in einen Tunnel verlegt, alle umströmten Flächen sauber verarbeitet; 5 – Mechanisierung des Tragflügels verbessert, Konstruktion hermetisiert, Höhenleistung des Triebwerkes verbessert

b) Flugzeuge mit Strahltriebwerk: 1 – Ausgangsmodell mit reinen Unterschallformen (v = 650–750 km/h); 2 – Einführung gepfeilter Tragflügel und Leitwerke, Verringerung der relativen Profildicke; 3 – Hochgeschwindigkeitsprofile verwendet, Lufteintrittsteil und Rumpfform verbessert; 4 – dünner Dreiecktragflügel geringer Spannweite verwendet; 5 – Verwendung äußerer Formen, die einem kleinsten Widerstand bei Überschallgeschwindigkeiten entsprechen; 6 – Triebwerksleistung erhöht; 7 – Tragflügel veränderlicher Geometrie sowie System zur Beeinflussung der Grenzschicht verwendet

digkeit von 620 km/h, bei Erhöhung der Triebwerksleistung auf 9000 PS, erreichen können. Die gleiche Geschwindigkeit hätte sich jedoch auch ohne Veränderung der Triebwerksleistung allein durch seine aerodynamische Vervollkommnung sowie durch einige andere Verbesserungen erzielen lassen.

Die weitere Entwicklung der Flugzeuge begann Anfang der vierziger Jahre mit der Suche nach günstigeren äußeren Formen und konstruktiven Maßnahmen, die es erlauben würden, hohe Flugcharakteristiken bei schallnahen und bei Überschallgeschwindigkeiten zu erreichen (siehe Bild 1.45b).

Bei Geschwindigkeiten über 600 bis 700 km/h wurde der Einfluß der Kompressibilität der Luft auf die aerodynamischen Eigenschaften des Flugzeuges bereits bemerkbar.

Wie bekannt, ist die Größe der Machzahl $M = v/a$, d.h. das Verhältnis aus Fluggeschwindigkeit v und Schallgeschwindigkeit a, das Kriterium für die Berücksichtigung des Einflusses der Kompressibilität der Luft.

Diejenige Machzahl M_∞, die der Geschwindigkeit der anströmenden Luft entspricht, bei der an irgendeinem Punkt der Oberfläche des Körpers eine Geschwindigkeit erzielt wird, die gleich der Schallgeschwindigkeit ist, wird als **kritische Machzahl** M_{krit} bezeichnet. Bei Erreichung einer Fluggeschwindigkeit, die M_{krit} entspricht, beginnt ein intensives Wachstum des Widerstandsbeiwertes c_W aufgrund des Auftretens örtlicher Verdichtungsstöße und, damit verbunden, des Wellenwiderstandes. Bei Geschwindigkeiten, die größer sind als die kritischen, macht der Wellenwiderstand, dessen Größe von der relativen Profildicke, vom Pfeilwinkel und von der Streckung

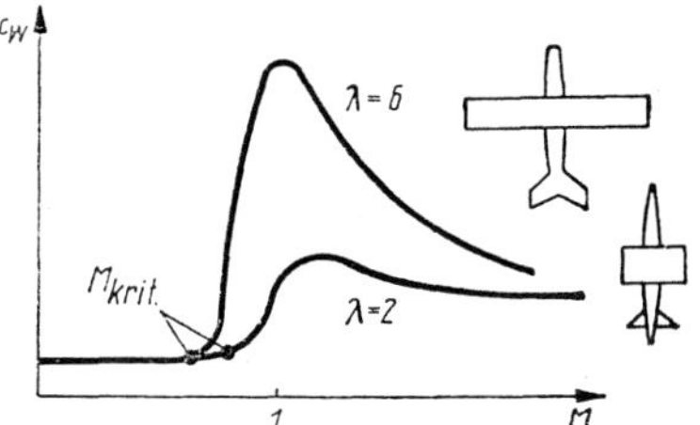

Bild 1.46 Abhängigkeit des Widerstandsbeiwertes c_W von der Machzahl M bei verschiedener Tragflügelstreckung

des Tragflügels abhängt, einen bedeutenden Teil des Gesamtwiderstandes aus. So führt eine Verringerung der Flügelstreckung zu einem Auftreten der Wellenkrisis bei höheren kritischen Machzahlen und zur Verringerung ihrer Intensität.

Die Größe des Wellenwiderstandes hängt in starkem Maße von der Pfeilung des Tragflügels ab. Mit Vergrößerung des Pfeilwinkels verringert sich der Wellenwiderstand im Bereich schallnaher und geringer Überschallgeschwindigkeiten be-

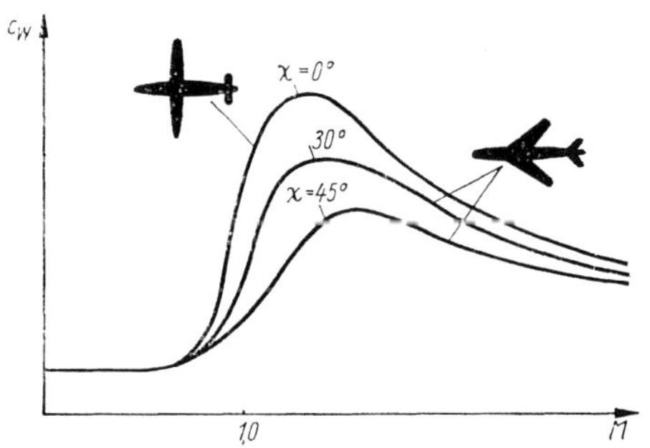

Bild 1.47 Einfluß des Pfeilwinkels auf den Wert c_W

deutend, und die Wellenkrisis beginnt ebenfalls wesentlich später (Bild 1.47).

Bei Flugzeugen mit Schall- und Überschallgeschwindigkeit hat die relative Profildicke des Tragflügels einen sehr

starken Einfluß auf die Größe des Wellenwiderstandes (Bild 1.48). Der Wellenwiderstand ist bei Überschallgeschwindigkeit proportional dem Quadrat der relativen Profildicke $\bar{d}$, deshalb darf diese für Tragflügel und Leitwerk nur einen geringen Wert haben ($\bar{d}$ = 3 bis 6%).
Um den Wellenwiderstand zu verringern und die Entstehung gerader Verdichtungsstöße zu verhindern, müssen die Formen des Rumpfes sowie von Triebwerksgondeln und Außenlasten am Tragflügel bestimmten Forderungen entsprechen: die

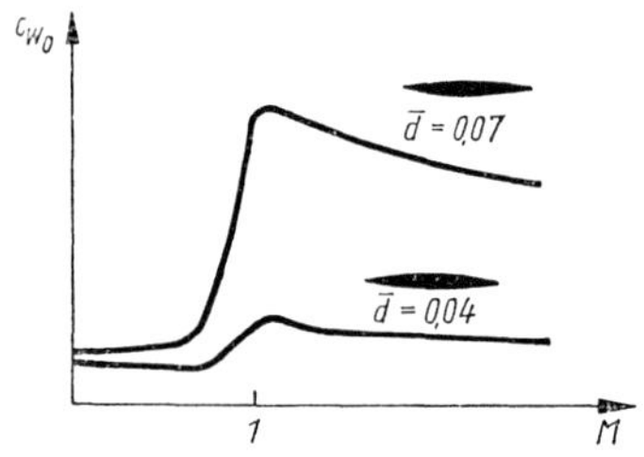

Bild 1.48 Einfluß der relativen Profildicke $\bar{d}$ auf den Wert c_{W_0}

Rumpfnase und die Kanten des Eintrittsteiles der Triebwerke müssen scharf sein, der Winkel der Kabinenfrontscheibe zur Flugzeuglängsachse muß klein gehalten werden, Kabinendächer müssen gleichmäßig nach hinten in den Rumpf auslaufen.
Gewöhnlich führen die Maßnahmen zur Verringerung des Wellenwiderstandes und zur Verringerung des Druckwiderstandes. Der Reibungswiderstand kann durch bessere Bearbeitung und durch Verkleinerung der umströmten Oberflächen verringert werden.
Bild 1.49 zeigt die Abhängigkeit des Widerstandsbeiwertes von der M-Zahl für ein Unterschall- und ein Überschallflugzeug. Wie aus der Abbildung folgt,

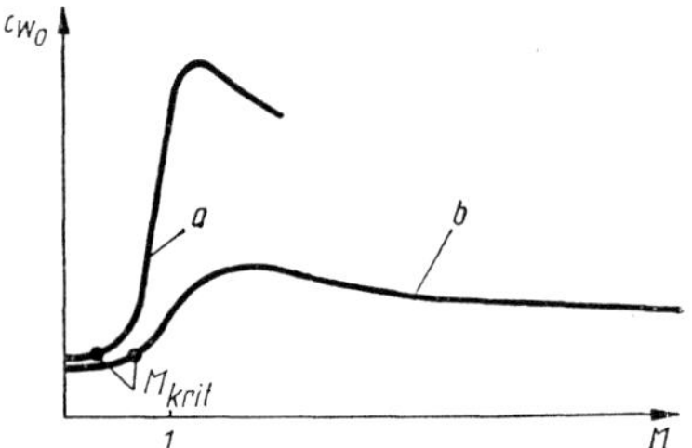

Bild 1.49 Charakteristische Änderung des Wertes c_{W_0} für ein Unterschallflugzeug a und ein Überschallflugzeug b

ändert sich der Widerstandsbeiwert des Überschallflugzeuges fließender und beginnt ab der M-Zahl M = 1,2 sogar zu sinken.
Die Errungenschaften der letzten Jahre im Bau von Flugzeugstrahltriebwerken und Raketentriebwerken haben es ermöglicht, Flugzeuge zu bauen, die im Horizontalflug Fluggeschwindigkeiten von M = 3 bis 3,5 erreichen.
Auf Bild 1.50 sind ein Jagdflugzeug des Jahres 1940 und ein moderner Überschalljäger gegenübergestellt. Der Jäger des Jahres 1940 hatte einen kurzen Rumpf mit einem schroff hervortretenden Kabi-

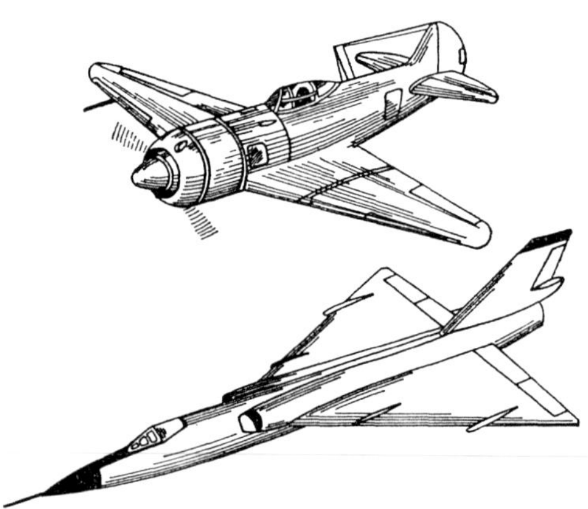

Bild 1.50 Jagdflugzeug aus dem Jahre 1940 und modernes Überschalljagdflugzeug

nendach und einen geraden Tragflügel mit einer relativen Profildicke von 12 bis 16 %.
Der moderne Überschalljäger hat einen langgestreckten Rumpf mit einer spitzen Nase und einem wenig herausragenden Kabinendach. Der Tragflügel geringer Streckung hat ein spezielles Profil geringer relativer Dicke von 3 bis 4 %, dessen Vorderkante einen kleinen Nasenradius hat.
Ein Weg zur Erreichung solcher Geschwindigkeiten war die Erhöhung des Schub-Masse-Verhältnisses des Flugzeuges. So erreichte dieses Verhältnis für Jagdflugzeuge in den Jahren 1965 bis 1970 Werte von 1,0–1,2 kp/kg, was es nicht nur gestattete, hohe Überschallgeschwindigkeiten im Horizontalflug zu erreichen, sondern auch die Steigzeiten und die Startstrecke zu verringern sowie die Gipfelhöhen zu vergrößern.
Wenn einerseits die Errungenschaften der Aerodynamik und des Triebwerkbaues die Entwicklung und Vervollkommnung der Flugzeugkonstruktionen stimulierten, so stellen letztere andererseits immer neue Forderungen an die Aerodynamik und an die Triebwerksanlagen.

1.10. Allgemeine Anforderungen an die Konstruktion eines Flugzeuges

Die modernen Errungenschaften der Luftfahrtwissenschaft und -technik sowie die großen Erfahrungen auf den Gebieten der Projektierung, Herstellung und Nutzung von Flugzeugen gestatten es, allgemeine Anforderungen an die Flugzeugkonstruktion zu formulieren. Es ist dabei zweckmäßig, diese Forderungen in allgemeingültige, die für alle Flugzeuge und ihre Baugruppen gelten, und in spezielle einzuteilen, die mit den Besonderheiten der Aufgabenstellung und der Nutzung einzelner Baugruppen verbunden sind.
Spezielle Forderungen werden in den jeweiligen Abschnitten des Lehrbuches dargelegt. Hier werden nur die allgemeinen Forderungen genannt, die unabhängig von der Aufgabe des Flugzeuges erfüllt werden müssen.

1. **Aerodynamische Forderungen**
   Für jedes Flugzeug müssen optimale Formen, Parameter und Kompositionen der Baugruppen gefunden werden, die es gestatten, die vorgegebenen Flug- sowie Start- und Landecharakteristiken zu erreichen.
   Jedes Flugzeug muß ausreichend flugstabil sein und über eine gute Steuerbarkeit bei allen Flugzuständen verfügen. Es muß eine hohe Sicherheit bei Start und Landung gewährleistet sein.

2. **Festigkeitsforderungen**
   Alle kräfteaufnehmenden Bauteile und Verbindungselemente müssen eine ausreichende Festigkeit haben, d.h., sie müssen die verschiedensten Lastfälle aushalten, die in den Festigkeitsvorschriften für die Belastung des Flugzeuges und seiner Baugruppen im Fluge sowie bei Start und Landung und bei der Bewegung am Boden vorgesehen sind.
   Es ist dabei erforderlich, die Art und Weise der Belastung zu berücksichtigen. Es ist bekannt, daß **statische Festigkeit** noch keine ausreichende Garantie für

die Zuverlässigkeit der Flugzeugkonstruktion darstellt. Während der Nutzung wirken auf das Flugzeug wechselnde Belastungen ein, was es erforderlich macht, die **Dauerbruchfestigkeit** der Teile zu berücksichtigen. Bei Überschallgeschwindigkeiten ist es außerdem erforderlich, den Einfluß der aerodynamischen Erwärmung zu berücksichtigen. Es ist danach zu streben, daß alle Bauteile eine gleichmäßige Festigkeit besitzen, d.h., daß die Spannungen in allen tragenden Elementen annähernd gleich sind.

3. **Forderung nach Steifheit der Konstruktion**
Es muß gewährleistet sein, daß alle Baugruppen ihre Form behalten, daß während des Fluges keine unzulässigen elastischen Deformationen (Durchbiegung und Verwindung, die zu gefährlichen Schwingungen der Bauteile führen können) und keine plastischen Veränderungen der Konstruktion auftreten. Unzureichende Steifheit der Konstruktion kann zu ihrer vorzeitigen Zerstörung führen.

4. **Forderung nach minimaler Baumasse**
Im Rahmen der gewählten Parameter eines Bauteiles kommt es darauf an, seinen konstruktiven Kräfteverband zweckmäßig auszuwählen. Für Tragflügel, Rumpf und Leitwerk gilt es hierbei, verstärkte Elemente des Längs- und des Querverbandes effektiv zu nutzen. Geringe Masse seiner Baugruppen ist eines der Hauptmerkmale für die Vollkommenheit einer Flugzeugkonstruktion. Die Masse einer Konstruktion kann man durch Einhaltung des Prinzips gleicher Festigkeit, durch Verwendung neuer Materialien, durch Verringerung der Anzahl nichttragender Elemente, durch die Erweiterung der Aufgaben, die jedes tragende Element zu erfüllen hat, durch Zusammenlegen technologischer und Wartungsverbindungsstellen sowie durch andere Maßnahmen verringern.

5. **Forderung nach Überlebensfähigkeit**
Unter Überlebensfähigkeit der Konstruktion einer Baugruppe versteht man ihre Fähigkeit, trotz teilweiser Beschädigung durch Geschosse, Splitter, Druckwellen oder andere Faktoren ihre Aufgaben weiter zu erfüllen, d.h. weiter Belastungen aufzunehmen, so daß der Flug nicht abgebrochen werden muß. Die Verwendung einer tragenden (verwindungssteifen) Außenhaut erhöht die Überlebensfähigkeit der Flugzeugzelle bedeutend.

6. **Wartungs- und Nutzungsanforderungen**
Diese Forderungen werden durch einen ganzen Komplex von Eigenschaften des Flugzeuges und seiner Baugruppen befriedigt. Dazu gehören:

a) die Zuverlässigkeit, d.h. die Eigenschaft des Flugzeuges, die ihm gestellten Aufgaben in den gegebenen Grenzen und in der geforderten Nutzungsperiode, unter Beibehaltung seiner Nutzungs- und Wartungskennwerte, zu erfüllen. Die Zuverlässigkeit wird durch die Festigkeit und Steifheit der Konstruktion von Baugruppen und Bauteilen des Flugzeuges, durch fehlerlose Arbeit seiner Systeme, Mechanismen und Ausrüstung gewährleistet. Eine Erhöhung der Zuverlässigkeit kann erreicht werden: durch Abdichtung der Kraftstoffbehälter mit selbstschließendem Material, durch Brandschutzmaßnahmen, durch Doublierung und Reserveschaltung von entsprechenden Systemen u. a. m.;

b) guter Zugang zu allen Bau- und Einzelteilen, die einer laufenden oder periodischen Beobachtung und Wartung unterliegen; Reparatureignung der Konstruktion; Eignung des Flugzeuges zur Nutzung unter freiem Himmel und bei unterschiedlichen meteorologischen Bedingungen;

c) die Komposition des Flugzeuges muß seinen spezifischen Aufgaben entsprechen; es muß eine schnelle Be- und Entladung möglich sein;

d) Austauschbarkeit der wichtigsten Baugruppen im Prozeß der Nutzung und Wartung des Flugzeuges;

e) für Passagier- und Transportflugzeuge sind hohe ökonomische Kennziffern erforderlich, d.h., sie müssen möglichst geringe Selbstkosten haben; sie müssen möglichst wenig Arbeitsaufwand und kurze Zeiten für die Flugvorbereitung und für Wartungs- und Reparaturarbeiten erfordern.

7. **Forderungen in technologischer und produktionstechnischer Hinsicht**
Die Konstruktion der Baugruppen muß auf die Anwendung modernster und ökonomischster technologischer Prozesse bei dem gegebenen Produktionsumfang berechnet sein.

Die Erfüllung einzelner Forderungen kann der Lösung mehrerer Aufgaben dienen. So z.B. kann eine Verstärkung der Behäutung eine bessere Qualität der Oberfläche mit sich bringen, wodurch der Widerstand verringert wird; es wird gleichzeitig die Herstellungstechnologie vereinfacht, die Festigkeit, Steifheit und Überlebensfähigkeit der Konstruktion erhöht. Charakteristisch ist jedoch eine andere Seite der Beziehungen zwischen den Forderungen, und zwar ihre Widersprüchlichkeit. So z.B. ist die Verringerung der relativen Profildicke vom Standpunkt der Verringerung des Luftwiderstandes aus gesehen günstig, andererseits führt sie jedoch, aufgrund der Verringerung der Bauhöhe, zu einer größeren Konstruktionsmasse und zu kleineren nutzbaren Innenräumen des Tragflügels. Die Vergrößerung der Festigkeit, Steifheit und Überlebensfähigkeit einer Konstruktion wird durch eine Erhöhung der Masse begleitet. Zur Erfüllung der Forderung nach Wartungsgerechtheit müssen die Baugruppen eine Vielzahl von Verbindungsstellen und Luken haben, was ihre Masse wesentlich vergrößert. In den Fällen, da durch die Erfüllung einer Forderung die Kennziffern des Flugzeuges wesentlich verbessert, aber seine Eigenschaften nur unwesentlich verschlechtert werden, gibt man den ersteren den Vorzug. So werden z.B. für Flugzeuge, die Schallgeschwindigkeit erreichen, Pfeilflügel verwendet, obwohl dabei die Masse etwas vergroßert und die Technologie komplizierter wird.

Wenn die Erfüllung einer Forderung den anderen Forderungen schroff widerspricht, geht man den Weg des Kompromisses, d.h., man erfüllt die Forderung nur in engen Grenzen und nimmt dabei eine gewisse Verschlechterung anderer Eigenschaften in Kauf.

Im Interesse der Forderungen der Technologie und der Nutzung nimmt man eine bestimmte Massenerhöhung der Konstruktion in Kauf. Charakteristisch ist folgendes Beispiel: Bei der Betrachtung der Forderungen nach Festigkeit und Steifheit der Konstruktion wurde gesagt, daß plastische Deformationen nicht auftreten dürfen. Aber die Erfüllung dieser Forderung ist für moderne und um so mehr für perspektivische Flugzeuge äußerst schwierig. Das ist dadurch bedingt, daß bei den hohen Temperaturen, die während des Fluges auftreten, plastische Deformationen, als Folge des Fließens des Materials, bereits bei relativ niedrigen Spannungen auftreten.

1.11. Die Technologiegerechtheit der Konstruktion im Flugzeugbau

Unter Technologiegerechtheit einer Flugzeugkonstruktion sowie der Konstruktion seiner Baugruppen versteht man die Summe ihrer Eigenschaften, die es gestatten, bei Beibehaltung der gegebenen Nutzungseigenschaften, einschließlich der Reparatureignung, die betrachtete Konstruktion mit geringstem Produktionsaufwand und in kürzester Zeit herzustellen.

Der Fortschritt im Flugzeugbau wird durch eine ständige Vervollkommnung der Flugzeugkonstruktion, durch Verbesserung der Materialeigenschaften sowie durch Entwicklung der Technologie gewährleistet. Der Konstrukteur ist bei der Projektierung eines Flugzeuges verpflichtet, nicht nur an hohe Flugleistungen des zukünftigen Flugzeuges zu denken, sondern auch an die Technologiegerechtheit.

Das Streben nach hoher Technologiegerechtheit der Konstruktion ist eines der Hauptkonstruktionsprinzipien moderner Flugzeuge geworden.

Man kann mit hinreichender Begründung behaupten, daß die Möglichkeiten, ein Flugzeug durch entsprechende Vervollkommnung der Konstruktion billiger zu machen, in den meisten Fällen nicht geringer sind als die Möglichkeiten, dasselbe durch Verbesserung der technologischen Prozesse zu erreichen. Der Umstand, daß die technologische Rationalisierung der Konstruktion, ohne große Mittel zu ihrer Verwirklichung zu benötigen, einen großen wirtschaftlichen Nutzen bringt, macht sie heute zu dem entscheidenden Faktor für das Wachstum der Arbeitsproduktivität.

Es ist offensichtlich, daß die Auswahl der wirtschaftlichsten und produktivsten technologischen Herstellungsverfahren für die gegebene Flugzeugkonstruktion eine ziemlich schwierige Aufgabe darstellt. Sie kann nur durch erfahrene Konstrukteurskollektive gelöst werden, die mit den Errungenschaften der modernen Technologie im Flugzeugbau ebenso vertraut sind wie mit der Ausrüstung und den Möglichkeiten der Betriebe der Flugzeugindustrie.

Der Grad der Technologiegerechtheit der Konstruktion kann eines der Kriterien für die Bewertung des Arbeitsentwurfes eines Versuchsflugzeuges sein.

Es ist nicht möglich, irgendwelche allgemeingültigen Empfehlungen zur Verbesserung der Technologiegerechtheit einer Konstruktion zu geben. Es kann jedoch auf eine Reihe von Maßnahmen verwiesen werden, die entscheidend die Technologiegerechtheit einer Konstruktion verbessern.

1. Standardisierung und Normierung

Die Standardisierung und Normierung gewährleisten die Austauschbarkeit von Baugruppen und Bauteilen und verbessern dadurch die Nutzungseigenschaften der Flugzeuge. Die Standardisierung der Ausrüstungselemente des Flugzeuges, seiner Geräte und der Verteilung der Kabinenausrüstung, der Kabinendächer und Rettungseinrichtungen usw. begünstigen ein schnelles Kennenlernen und eine schnelle Beherrschung neuer Flugzeugtypen durch das fliegende und das technische Personal.

In der Flugzeugkonstruktion gehören zu den standardisierten (genormten) Elementen: genormte Befestigungselemente (Bolzen, Schrauben, Unterlegscheiben, Muttern usw.); Armaturen der Kraft- und Schmierstoffsysteme (Ventile, Stutzen, Verschlüsse usw.) sowie viele andere Teile.

Neben der Nutzung von standardisierten und genormten Teilen ist es erforderlich, eine Unifizierung der Teile eines neu in die Produktion einzuführenden Flugzeuges mit den Teilen eines bereits in der Produktion befindlichen Flugzeuges zu erreichen, da hierdurch der Übernahmekoeffizient der Konstruktion des neu eingeführten Flugzeuges erhöht wird.

Der Übernahmekoeffizient einer neuen Konstruktion wird durch das Verhältnis der Anzahl der von einer älteren Konstruktion übernommenen Bauteile zur Gesamtzahl vorhandener Bauteile am neuen Flugzeug bestimmt.

2. Wenige Einzelteile

Verringerung der Anzahl und Nomenklatur der Einzelteile, aus denen sich Baugruppen, Schalen und Sektionen einzelner Hauptbaugruppen des Flugzeuges zusammensetzen.

3. Hinreichende Maßgenauigkeit

Auswahl rationeller Maßgenauigkeiten und Oberflächengüten auf der Grundlage streng begründeter technischer Untersuchungen, weil der Übergang zu höheren Genauigkeits- und Güteklassen unweigerlich eine Erhöhung des Arbeitsaufwandes und der Selbstkosten mit sich bringt. Im einzelnen muß die Oberflächengüte vor allem aus den Arbeitsbedingungen sich berührender Teile bestimmt werden. Eine unbegründete Erhöhung der Güteklasse ist mit zusätzlichen Handlungen und mit der Anwendung besonderer Werkzeugmaschinen verbunden.

Es muß angestrebt werden, die Zahl und die Ausdehnung der am Rohling zu bearbeitenden Oberflächen einzuschränken.

4. Auswahl technologisch günstiger Halbfabrikate

Die rationelle Auswahl von Technologien zur Herstellung von Halbfabrikaten muß unter Berücksichtigung dessen erfolgen, daß aus ihnen wirtschaftlich Teile hergestellt werden, die bestimmten Anforderungen an Festigkeit, Masse, Form und Ausmaß entsprechen müssen. Eine große Bedeutung hat dabei die Auswahl des Materials für die Halbfabrikate vom Standpunkt ihrer späteren mechanischen Bearbeitbarkeit, der Möglichkeit, sie zu schweißen und spanlos zu verformen. Außerdem ist nach einer maximalen Übereinstimmung der Formen des Halbfabrikates mit den späteren Formen des aus ihm gefertigten Teiles zu streben.

Betrachten wir einige wichtige moderne technologische Methoden zur Herstellung von Halbfabrikaten.

Das Walzen ist eine der wirtschaftlichsten und produktivsten Methoden zur Herstellung von Halbfabrikaten, besonders

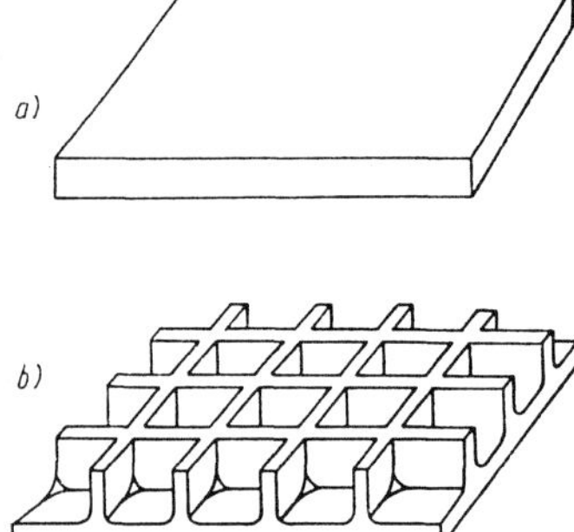

Bild 1.51 Integralschale
a – Rohmaterial; b – Schale

in Form bestimmter Profile. Moderne Walzstraßen gestatten die Herstellung verschiedenster Sorten von Profilen aus Stahl, Titan, Aluminium- und anderen Legierungen für die Flugzeugindustrie.

Heute können Profile mit veränderlichem Querschnitt gewalzt werden, was relativ leicht die Herstellung konstruktiver Elemente des Tragflügels, des Rumpfes und des Leitwerkes mit konstanter Festigkeit gestattet. Daneben wurde auch die Herstellung von Integralplatten mit versteifenden Längs- und Querelementen möglich (Bild 1.51). Die Herstellung warmgewalzter Integralplatten eröffnet diesen eine vielfältige Anwendung in verschiedenen Baugruppen des Flugzeuges.

Das Gesenkschmieden ist als ökonomische und produktive Herstellungsmethode für verschiedene Teile und Schalen weit verbreitet. Heute wird vor allem das Warmgesenkschmieden angewendet, was sich einmal aus der hohen Arbeitsproduktivität des Verfahrens, zum anderen aus den ausgezeichneten mechanischen Eigenschaften der erzeugten Bauteile erklärt. Die Vorteile des Gesenkschmiedens werden durch Bild 1.52 illustriert.

Das Kaltgesenkschmieden ist ebenfalls eines der fortschrittlichsten Herstellungsverfahren in den Vorbereitungshallen der Flugzeugwerke für Teile aus Blechen verschiedenen Materials.

Das Gießen ist oft die einzige Möglichkeit zur Herstellung komplizierter Teile und Schalen. Das Gießen gestattet die Herstellung von Teilen mit komplizierter äußerer Form, mit gewölbter Oberfläche und inneren Hohlräumen. Bei solchen Teilen wird die Anzahl nachzubearbeitender Flächen ebenso wie die Materialzugabe für die Nachbearbeitung auf ein Minimum reduziert.

Der Guß von Halbfabrikaten und Fertigteilen kann nach verschiedenen Gießtechniken erfolgen (Guß in Sandformen, Guß

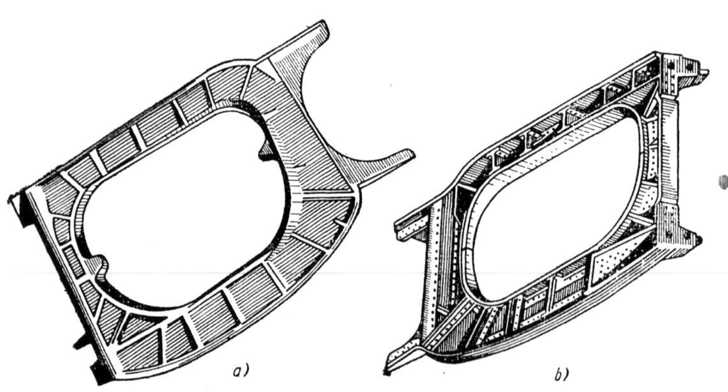

Bild 1.52 Rahmenmuster des Tragflügelmittelstückes eines schweren Flugzeuges
a) formgepreßt (Masse 118 kg); b) genietet (Masse 180 kg)

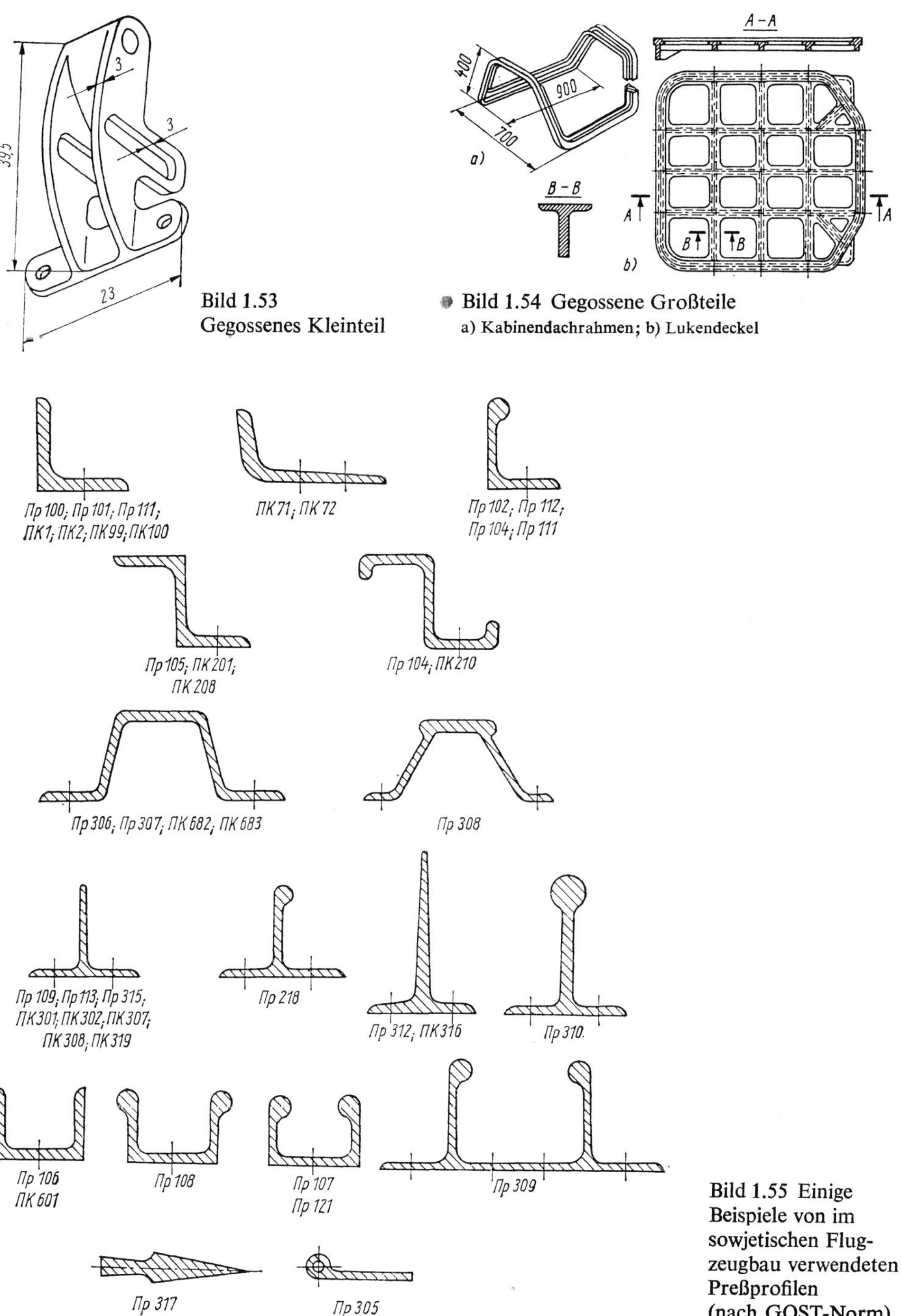

Bild 1.53
Gegossenes Kleinteil

Bild 1.54 Gegossene Großteile
a) Kabinendachrahmen; b) Lukendeckel

Bild 1.55 Einige Beispiele von im sowjetischen Flugzeugbau verwendeten Preßprofilen (nach GOST-Norm)

in Kokillen, Druckguß, Guß nach Ausschmelzverfahren, Schleuderguß usw.). Führen wir einige Beispiele an, die den Vorteil der Gießtechnik für die Herstellung komplizierter Teile unterstreichen. Auf Bild 1.53 ist ein Kleinteil mit einer Masse von 0,209 kg abgebildet, das gußtechnisch hergestellt wurde. Für das gleiche Teil würde bei mechanischer Herstellung ein Stahlblock mit einer Masse von 2,513 kg benötigt, wobei der Ausnutzungskoeffizient des Materials nur 0,06 betragen würde. Beim Gießen des Teiles nach einem ausschmelzbaren Modell erreicht der Materialausnutzungskoeffizient 0,77, die Zeiteinsparung bei der Fertigung eines Teiles betrug 5 Stunden, bei der Fertigung der gesamten Serie 237 Stunden (Bild 1.54).

Die Aneignung und Beherrschung vervollkommneter Gießtechniken erlaubt hochwertige Gußstücke beträchtlichen Ausmaßes herzustellen. Solche Möglichkeiten ergeben sich bei Anwendung des Druckgusses, bei dem das flüssige Metall unter hohem Druck in die Formen gepreßt wird.

Das Pressen (Stanzen) ist eine der im Flugzeugbau zur Herstellung von Profilen und Platten am weitesten verbreiteten Methoden. Heute wird die Massenherstellung gepreßter Profile verschiedenster Form, mit veränderlichem Querschnitt, aus Stahl und aus Buntmetallegierungen beherrscht (Bild 1.55). Neben der Herstellung gepreßter Profile wird auch die Herstellung von Rohlingen für Integralschalen und ganze Rumpfabschnitte in Preßtechnik beherrscht (Bild 1.56). Die Herstellung von Integralschalen und integraler Rumpfabschnitte mit großen Ausmaßen ermöglicht vervollkommnete Baugruppenkonstruktionen von Flugzeugen und anderen Flugkörpern.

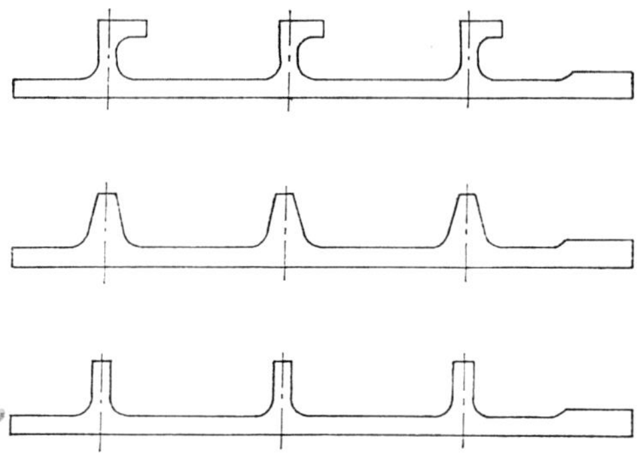

Bild 1.56 Beispiele von im Flugzeugbau verwendeten gepreßten Integralplatten

5. Auswahl rationeller Bearbeitungsmethoden für Rohlinge

Sie hat zum Ziel, die mechanisch zu bearbeitende Oberfläche möglichst klein zu halten. Das ist besonders für große Teile, die auf spanabhebenden Maschinen bearbeitet werden sollen, wichtig, da diese Prozesse sehr arbeitsaufwendig sind. Dazu muß noch gesagt werden, daß die Bearbeitung von Bauteilen mit sehr großen Ausmaßen auf spanabhebenden Maschi-

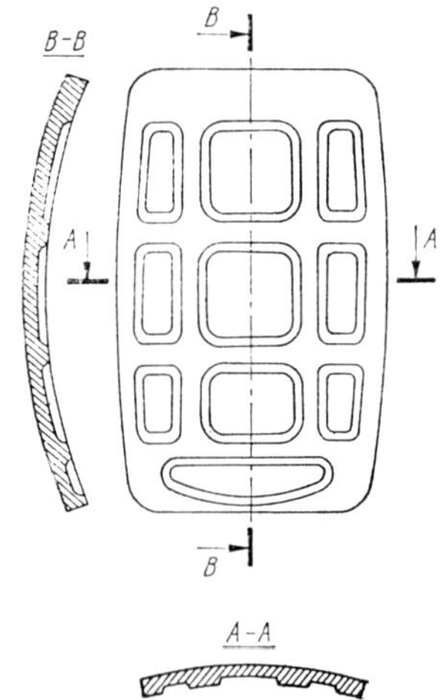

Bild 1.57 Platte, deren Vertiefungen durch chemische Abtragung hergestellt wurden

nen sehr erschwert und oft sogar unmöglich ist. Dieser Umstand fordert die Ausarbeitung neuer technologischer Verfahren und der dafür erforderlichen Ausrüstung. Eines dieser Verfahren ist die **chemische Abtragung** (Ätzung), deren Produktivität durch die Ausmaße der Ätzwannen und der erforderlichen Ätztiefe bestimmt wird.
Bild 1.57 zeigt eine Platte, die durch Tiefenätzung aus einem Rohling hergestellt wurde. In den letzten Jahren wird eine neue Methode zur Herstellung genauer Rohlinge erprobt, bei der eine räumliche Deformation des Rohlings durch Vibration (Veränderung der Form unter Druck in speziellen Matrizen) erreicht wird.

6. Rationelle Verbindung der Konstruktionselemente

Sie erleichtert den Zusammenbau der Baugruppen und erhöht die Produktivität der Montagearbeiten. Im Flugzeugbau werden die verschiedensten Verbindungsmöglichkeiten angewendet: Schraub-, Niet-, Schweiß-, Klebe-, Klebe-Schweiß-, Klebe-Niet-, Löt- und Schnelltrennverbindungen.
Schraubverbindungen sind am arbeitsaufwendigsten und am schwersten.
Von allen Verbindungsarten ist das Nieten die am weitesten verbreitete. Ihre Anwendung verlangt jedoch, vor allem auch im Hinblick auf Mechanisierungsmöglichkeiten der Nietarbeiten, zweiseitigen Zugang zur Verbindungsstelle.
Im Flugzeugbau werden ebenso häufig Schweißverbindungen genutzt, wobei Punkt- und Rollenschweißen sowie andere Schweißarten angewendet werden.
In den letzten Jahren geht man im Flugzeugbau immer mehr zu Klebe-, Klebe-Schweiß- und Klebe-Niet- sowie Lötverbindungen über. Die Eigenschaften der Klebstoffe, der Löte- und Flußmittel gestatten es, durch Kleben und Löten stabile Verbindungen von Stahl und Buntmetallen zu erhalten. So wird z.B. die Verbindung der Deckbleche mit dem Wabenfüllmaterial bei der Sandwichbauweise (Verbundplattenbauweise) vorwiegend durch Hartlöten in Öfen mit Schutzgasatmosphäre durchgeführt.

7. Einheit von Konstruktion und Fertigung

Die Verbindung der Konstruktion mit den Produktionsmöglichkeiten und der technologischen Ausrüstung hat eine kürzere Vorbereitungszeit für die Serienproduktion des Flugzeuges zum Ziel.
Die Konstruktion eines Flugzeuges, das für die Serienproduktion vorgesehen ist, muß möglichst vollständig der Forderung nach Mechanisierung und Automatisierung der Produktion entsprechen. Vom Standpunkt der Serienproduktion aus ist diejenige Konstruktion technologiegerecht, für die vor allem solche Teile verwendet werden, die entweder gewalzt, geschmiedet, gegossen oder auch auf halbautomatischen oder automatischen Werkzeugmaschinen hergestellt werden. Das alles erlaubt es, die Hauptarbeiten in die Vorbereitungsabteilungen zu verlegen und so die Montageabteilungen zu entlasten.

8. Organisation von Fließreihen und Gewährleistung einer hohen Austauschbarkeit und geringster Anpassungsarbeiten bei der Montage

Die Montagearbeiten umfassen 40 bis 60 % des Gesamtarbeitsaufwandes für ein Flugzeug. Deshalb führen moderne Montageverfahren zu einer bedeutend höheren Arbeitsproduktivität und zu niedrigeren Selbstkosten. Die Erfüllung der genannten Forderungen hängt entscheidend von einer vernünftigen Untergliederung des Flug-

zeuges und seiner Hauptbaugruppen in Baugruppen, Schalen, Sektionen und andere Montageeinheiten ab.
Eine gut durchdachte Unterteilung der Konstruktion mit Hilfe trennbarer und nicht trennbarer Verbindungsstellen verringert den Produktionszyklus des Flugzeuges bedeutend und führt zur Erhöhung der Arbeitsproduktivität.
Trennbare Verbindungen, die eine Demontage von Baugruppen ohne Zerstörung der verbundenen und verbindenden Elemente zulassen, werden mit Hilfe von Bolzen, Schrauben, Keilen, Splinten und Stiften hergestellt.
Trennbare Verbindungen verwendet man für konstruktive und Wartungstrennstellen, wobei sie zu einer Massenvergrößerung der Konstruktion führen.
Manchmal werden am Flugzeug spezielle Trennstellen zur Erleichterung des Transportes und der Reparatur unter feldmäßigen Bedingungen vorgesehen.
Nicht trennbare Verbindungen gestatten es nicht, die Konstruktion ohne Zerstörung der verbundenen Teile (bei Klebe- und Schweißverbindungen) oder der verbindenden Teile (bei Nietverbindungen) zu zerlegen.
Nicht trennbare Verbindungen, die man auch als technologische Trennstellen bezeichnet, werden ebenfalls zur Zerlegung der Konstruktion in Baugruppen, Schalen und Sektionen verwendet. Diese technologischen Trennstellen erhöhen die Masse der Konstruktion nicht oder nur unbedeutend.
Je nach Grad der Unterteilung kann die Flugzeugkonstruktion in Hauptbaugruppen, Sektionen oder Schalen untergliedert werden.
Der Aufbau eines Flugzeuges in Hauptbaugruppen gestattet es, diese (Rumpf, Tragflügel, Leitwerk, Triebwerk und Fahrwerk) zu demontieren und zu montieren.
Der Aufbau eines Flugzeuges in Sektionen gestattet eine weitere Demontage der Hauptbaugruppen in Sektionen (Unterbaugruppen).
Der Aufbau eines Flugzeuges in Schalen ist dann möglich, wenn einzelne Sektionen aus Schalen bestehen, die ein tragendes (kräfteaufnehmendes) Teil ihrer Oberfläche darstellen.
Im modernen Flugzeugbau ist die Untergliederung der Konstruktion in Sektionen und Schalen üblich. Sobald der Konstrukteur beginnt, die günstigste Variante der Unterteilung der Konstruktion in einzelne Montageeinheiten zu suchen, stößt er auf ernsthafte Widersprüche. Einerseits führt jede lösbare Verbindung zur Vergrößerung der Masse der Konstruktion und zur Erhöhung des Anteiles mechanischer Arbeit (aufgrund der erforderlichen zusätzlichen Bearbeitung der Verbindungsstellen); andererseits bringt eine möglichst weitgehende Untergliederung in Schalen und Unterbaugruppen eine wesentliche Verbesserung der Arbeitsbedingungen für die Montagearbeiter mit sich, verkürzt den Produktionszyklus und gestattet eine Verringerung der erforderlichen Produktionsfläche. Die günstigste Lösung kann in jedem konkreten Fall nur durch die exakte Gegenüberstellung der technisch-ökonomischen Kennziffern verschiedener Untergliederungsvarianten gefunden werden. Weil die Montagearbeiten zur Herstellung einer Hauptbaugruppe oder des gesamten Flugzeuges einen bedeutenden Teil der Arbeiten ausmachen, muß die Untergliederungsvariante vor allem nach dem erforderlichen Arbeitsaufwand und der Arbeitsproduktivität, unter Berücksichtigung der Arbeitsbedingungen und des Produktionsumfanges, beurteilt werden.

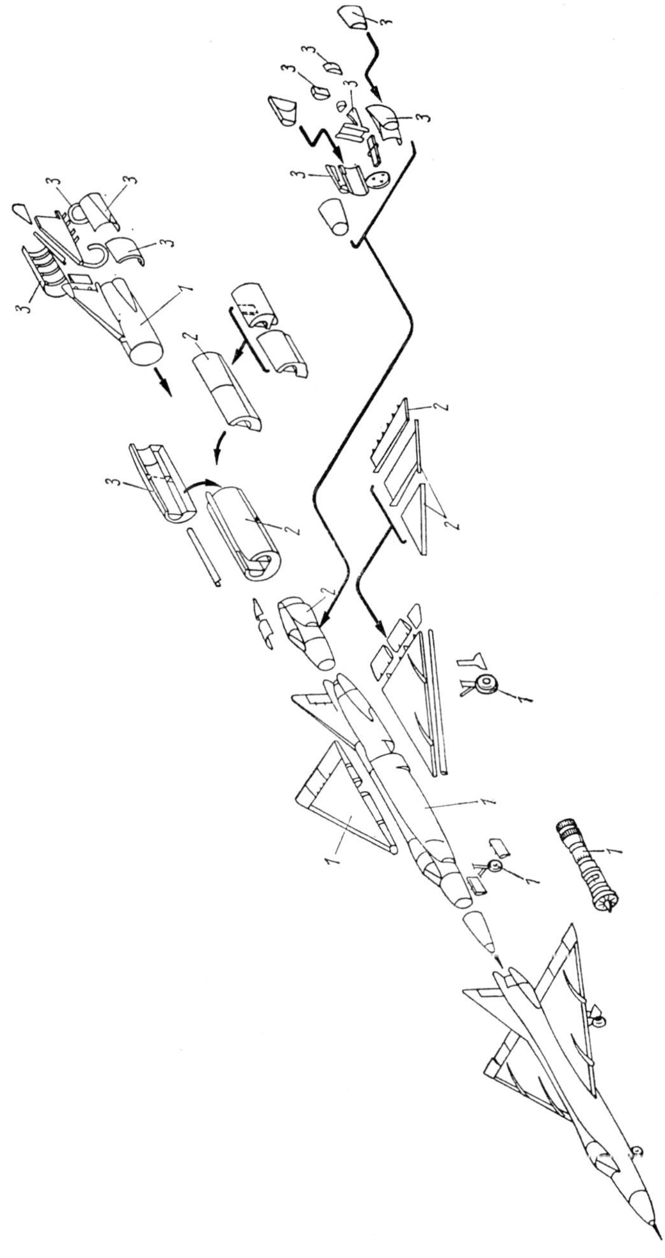

Bild 1.58 Untergliederung der Konstruktion in Hauptbaugruppen (1), Sektionen (2) und Schalen (3)

Neben der Forderung der Technologiegerechtheit einer Flugzeugkonstruktion erlangen die Forderungen nach guten Nutzungseigenschaften (Wartungs- und Nutzungsanforderungen) zunehmend an Bedeutung.
Diese Forderungen bestimmen die Eignung der Konstruktion für die technische Wartung und für die Reparatur des Flugzeuges in seiner Nutzungsperiode.
Die Erfüllung der Nutzungs- und Wartungsanforderungen gewährleistet Zuverlässigkeit und lange Lebensdauer des Flugzeuges, eine hohe Arbeitsproduktivität bei der Wartung, Verringerung der Nutzungskosten und Erhöhung der Nutzungseffektivität des Flugzeugparks.
Zur möglichst umfassenden Erfüllung der Nutzungs- und Wartungsanforderungen müssen folgende Probleme gelöst werden: gute Kontrollmöglichkeiten der wichtigsten Baugruppen und kräfteaufnehmenden Elemente, leichte Montagebedingungen und Austauschbarkeit der Hauptbaugruppen, Möglichkeiten zur automatischen Kontrolle des Zustandes der Baugruppen und Systeme des Flugzeuges, Möglichkeiten zur Nutzung bereits vorhandener Bodenausrüstung für die Wartung des Flugzeuges u.a.m.

1.12. Luftfahrtwerkstoffe

1.12.1. *Erforderliche Eigenschaften*

Die in Flugzeugkonstruktionen verwendeten Werkstoffe müssen folgende Eigenschaften besitzen:

- sie müssen ausgezeichnete mechanische Charakteristiken bei minimaler Dichte (Masse pro Volumeneinheit) sowohl bei normalen Temperaturen als auch unter den Bedingungen aerodynamischer Aufheizung haben;
- ihre Bearbeitung muß nach den verschiedensten im Flugzeugbau verwendeten Technologien möglich sein;
- sie müssen möglichst einfach gegen Korrosion zu schützen sein.

Bei der Auswahl des einen oder anderen Materials sind natürlich auch sein Preis und die benötigte Menge zu berücksichtigen. Die Bewertung der Nutzbarkeit eines Materials erfolgt mit Hilfe der sogenannten **spezifischen Festigkeit.** Unter der spezifischen Festigkeit (unter Zugbelastung) versteht man das Verhältnis der Bruchspannung eines Probestabes zur Dichte des Materials.
σ_B/ϱ. Dieser Begriff kann aus den bekannten Begriffen der Spannungsfläche und der Masse des untersuchten Materials abgeleitet werden:

$$A = \frac{F_B}{\sigma_B} \quad \text{und} \quad m = Al\varrho .$$

Setzt man A in den Massebegriff ein, erhält man

$$m = F_B \cdot l \frac{\varrho}{\sigma_B} = F_B l \left[\frac{\sigma_B}{\varrho}\right]^{-1} .$$

F_B – die Zugkraft bei Bruchbelastung;
σ_B – die Bruchspannung (Zugspannung) des Materials;
l – die Länge des Probestabes;
ϱ – die Dichte des untersuchten Materials.

Tabelle 1.1
Die spezifische Festigkeit im Flugzeugbau verwendeter Metalle und Legierungen

Zugbelastung $\left(\frac{\sigma}{\varrho} \Big/ \frac{\text{kpcm}}{\text{kg}}\right)$	Titan $22{,}6 \cdot 10^5$ $\left(\sigma_B = 10^4\right) \frac{\text{kp}}{\text{cm}^2}$	legierter Stahl $20{,}4 \cdot 10^5$ $\left(\sigma_B = 16000 \frac{\text{kp}}{\text{cm}^2}\right)$	nichtrostender Stahl $17{,}0 \cdot 10^5$ $\left(\sigma_B = 13000 \frac{\text{kp}}{\text{cm}^2}\right)$	Magnesiumlegierung $16{,}7 \cdot 10^5$ $\left(\sigma_B = 3000 \frac{\text{kp}}{\text{cm}^2}\right)$	Aluminiumlegierung $15{,}8 \cdot 10^5$ $\left(\sigma_B = 4400 \frac{\text{kp}}{\text{cm}^2}\right)$
Scherbelastung $\left(\frac{\tau_B}{\varrho} \Big/ \frac{\text{kpcm}}{\text{kg}}\right)$	Titan $14{,}4 \cdot 10^5$ $\left(\tau_B = 6500 \frac{\text{kp}}{\text{cm}^2}\right)$	legierter Stahl $12{,}8 \cdot 10^5$ $\left(\tau_B = 10000 \frac{\text{kp}}{\text{cm}^2}\right)$	nichtrostender Stahl $11{,}1 \cdot 10^5$ $\left(\tau_B = 8500 \frac{\text{kp}}{\text{cm}^2}\right)$	Magnesiumlegierung $10{,}6 \cdot 10^5$ $\left(\tau_B = 1900 \frac{\text{kp}}{\text{cm}^2}\right)$	Aluminiumlegierung $9{,}3 \cdot 10^5$ $\left(\tau_B = 2600 \frac{\text{kp}}{\text{cm}^2}\right)$
Biegung $\left(\frac{\sqrt[3]{\sigma_B^2}}{\varrho} \Big/ \frac{\text{cm}^{\frac{5}{3}}\,\text{kp}^{\frac{3}{2}}}{\text{kg}}\right)$	Magnesiumlegierung $10{,}5 \cdot 10^4$ $\left(\sigma_B = 3000 \frac{\text{kp}}{\text{cm}^2}\right)$	Aluminiumlegierung $9{,}2 \cdot 10^4$ $\left(\sigma_B = 4400 \frac{\text{kp}}{\text{cm}^2}\right)$	Titan $8{,}1 \cdot 10^4$ $\left(\sigma_B = 10000 \frac{\text{kp}}{\text{cm}^2}\right)$	legierter Stahl $8{,}1 \cdot 10^4$ $\left(\sigma_B = 16000 \frac{\text{kp}}{\text{cm}^2}\right)$	nichtrostender Stahl $7{,}18 \cdot 10^4$ $\left(\sigma_B = 18000 \frac{\text{kp}}{\text{cm}^2}\right)$
Knickung $\left(\frac{\sqrt{E}}{\varrho} \Big/ \frac{\text{cm}^2\,\text{kp}^{\frac{1}{2}}}{\text{kg}}\right)$	Magnesiumlegierung $3{,}64 \cdot 10^5$ $\left(E = 4{,}3 \cdot 10^5 \frac{\text{kp}}{\text{cm}^2}\right)$	Aluminiumlegierung $3{,}04 \cdot 10^5$ $\left(E = 7{,}5 \cdot 10^5 \frac{\text{kp}}{\text{cm}^2}\right)$	Titan $2{,}38 \cdot 10^5$ $\left(E = 1{,}1 \cdot 10^6 \frac{\text{kp}}{\text{cm}^2}\right)$	nichtrostender Stahl $1{,}84 \cdot 10^5$ $\left(E = 2{,}0 \cdot 10^6 \frac{\text{kp}}{\text{cm}^2}\right)$	legierter Stahl $1{,}80 \cdot 10^5$ $\left(E = 2{,}1 \cdot 10^6 \frac{\text{kp}}{\text{cm}^2}\right)$

Für Stäbe, die auf Biegung belastet werden, errechnet man die spezifische Festigkeit als

$$\frac{\sqrt[3]{\sigma_B^2}}{\varrho}$$

für den Fall der Knickung

$$\frac{\sqrt{E}}{\varrho}$$

Eine Vorstellung über den Wert der spezifischen Festigkeit für die wichtigsten Luftfahrtwerkstoffe gibt Tabelle 1.1. (nach GOST).

Die vorliegende Tabelle zeigt nur die Möglichkeiten, die dem Material innewohnen; jedoch gelingt es bei weitem nicht, in jeder Konstruktion diese Möglichkeiten auszuschöpfen.

Die Festigkeit und somit auch die spezifische Festigkeit sind stark temperaturabhängig (Bild 1.59). Für Hochgeschwindigkeitsflugzeuge, die einer aerodynamischen Aufheizung unterliegen, muß das Material unter Berücksichtigung der Temperaturabhängigkeit seiner Eigenschaften ausgewählt werden.

Wie aus Bild 1.59 zu sehen ist, können bei Temperaturen von 200 bis 500 °C für die Flugzeugkonstruktion Stahl- und Titanlegierungen verwendet werden. Bei höheren Temperaturen sind spezielle hochwarmfeste Stähle erforderlich. Zur Orientierung sind auf Bild 1.60 die Anwendungsbereiche für gebräuchliche Luftfahrtwerkstoffe gezeigt.

1.12.2. *Kurze Charakteristik der wichtigsten Luftfahrtwerkstoffe*

Für die Konstruktion moderner Flugzeuge werden verschiedenste Materialien verwendet: Leichtmetallegierungen, Stähle und Stahllegierungen, Holz (auch veredelt), Stoffe, Gummi, Kunststoffe u. a. m. Jedes Material hat seine physikalisch-mechanischen und chemischen Eigenschaften, die seine technologischen Eigen-

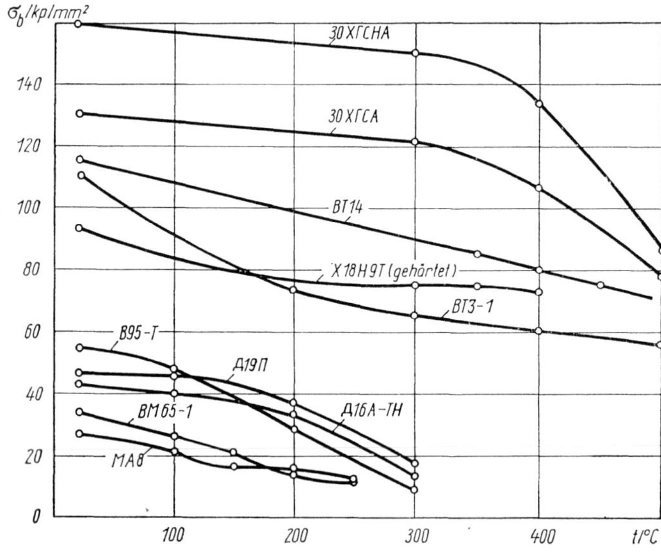

Bild 1.59 Einfluß der Temperaturerhöhung auf die Festigkeitsgrenze verschiedener Metalle und ihrer Legierungen

30 Ch GSNA, 30 Ch GSA – legierte Stähle; WT-14, WTS-1 – Titan; Ch 18 N 9 T – nichtrost. Stahl; W 95-T, D 19 P, D16A-TN – Aluminiumleg.; WM 65-1, MA-8 – Magnesiumlegierungen

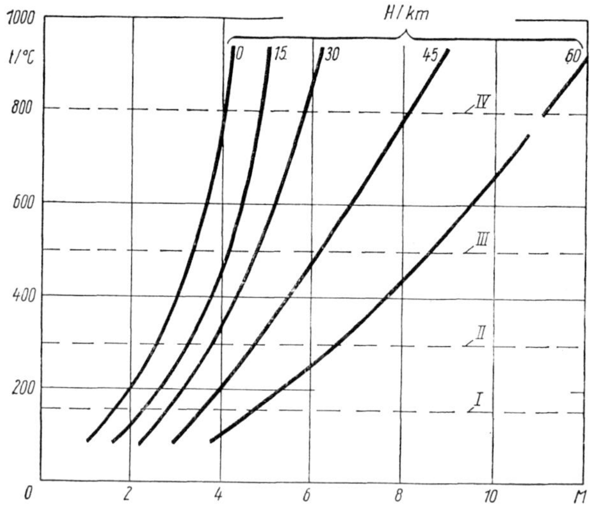

Bild 1.60 Anwendungsbereiche verschiedener Flugwerkstoffe in Abhängigkeit von der aerodynamischen Aufheizung bei hohen Fluggeschwindigkeiten in verschiedenen Flughöhen:

I – Grenze der Anwendung von Aluminiumlegierungen; II – Grenze der Anwendung von temperaturbeständigen Aluminiumlegierungen; III – Grenze der Anwendung von Titanlegierungen; IV – Grenze der Anwendung von nichtrostendem Stahl

schaften und sein Anwendungsgebiet bestimmen. Betrachten wir einmal die Charakteristiken der am meisten verwendeten Materialien.

Aluminiumlegierungen werden für Flugzeuge verwendet, die entweder im Unterschall- oder im gemäßigten Überschallbereich fliegen. Die weite Verbreitung der Aluminiumlegierungen erklärt sich vor allem aus ihrer hohen spezifischen Festigkeit und ihren guten technologischen Eigenschaften.

Aus Aluminiumlegierungen werden Bleche, Profile, Rohre, Rundmaterial und Drähte hergestellt. Die sowjetische Industrie stellt eine Reihe hochfester ($\sigma_B = 55$ bis 60 kp/mm^2) und warmfester Aluminiumlegierungen her. So z. B. behält die Legierung W-95 (B-95) auch bei Temperaturen von 100 bis 120 °C ausreichend gute mechanische Eigenschaften. Für Konstruktionselemente, die bei Temperaturen von mehr als 120 °C arbeiten, müssen andere Aluminiumlegierungen verwendet werden, wie z. B. D 16 A-TUN (Д 16 А-ТУН) oder D 19 (Д 19) für Temperaturen bis 150 bis 200 °C, oder die Legierung D 20 (Д 20) bis 300 °C.

Stähle findet man in der Regel in allen Flugzeugkonstruktionen unabhängig vom sonst verwendeten Grundmaterial. So werden gewöhnlich Schraubverbindungen, Verbindungsstellen zwischen Tragflügel, Rumpf und Leitwerk sowie kräfteaufnehmende Teile des Fahrwerkes und der Triebwerksbefestigung aus Stahl hergestellt.

Die Eigenschaften der Stähle, die in Flugzeugkonstruktionen Verwendung finden, können durch thermische Bearbeitung in weiten Grenzen verändert werden (durch Härten, Anlassen, Normalisieren, Glühen u. a. m.). So ändert sich die Bruchfestigkeit des in der sowjetischen Flugzeugindustrie weit verbreiteten Stahles 30 ChGSNA (30 ХГСНА) in Abhängigkeit von seiner Wärmebehandlung zwischen 70 und 200 kp/mm^2.

In den Tragflügel-, Rumpf- und Leitwerkskonstruktionen von Überschallflugzeugen werden auch hitzebeständige Stähle verwendet.

Magnesiumlegierungen haben neben einer hohen spezifischen Festigkeit nur eine relativ niedrige Festigkeitsgrenze. Deshalb werden sie vor allem zur Verringerung der Masse einer Konstruktion für Teile verwendet, die einer geringen Belastung unterliegen, wie z.B. Radfelgen, Steuerknüppel, Steuerpedale, Umlenkhebel, Armaturen und andere Teile.

Die Hauptmängel der Magnesiumlegierungen liegen in ihren relativ hohen Kosten, ihrer Korrosionsanfälligkeit und ihrer Entzündbarkeit. Doch ungeachtet dessen finden sie im Flugzeugbau immer breitere Anwendung.

Titan und seine Legierungen sind sehr feste und hitzebeständige Materialien. Im sowjetischen Flugzeugbau sind die Legierungen WT-1 (BT-1) und WT-6 (BT-6) verbreitet. Sie werden für Konstruktionselemente, die bei Temperaturen von 400 bis 450°C arbeiten, verwendet. Titanlegierungen haben eine hohe spezifische Festigkeit und eine hohe Festigkeitsgrenze bei Zugbelastung bei gleichzeitig geringer Dichte.

Es muß gesagt werden, daß alle angeführten Festigkeitswerte nur einer einmaligen statischen Belastung entsprechen. In Wirklichkeit unterliegen jedoch Teile einer Flugzeugkonstruktion sich ständig wiederholenden, wechselnden Belastungen, wodurch die Festigkeit der Metalle wesentlich verringert wird. Deshalb können Bauteile wegen Ermüdung des Materials bei wesentlich niedrigeren Belastungen zerstört werden als bei einmaliger statischer Belastung.

Vielfältige Experimente haben bewiesen, daß unterschiedliche Metalle verschieden schnell ermüden.

Holz wird als Flugwerkstoff, ungeachtet der großen natürlichen Reserven, nur noch selten verwendet. Seine geringe Dichte (z.B. 0,5 g/mm^3 für Kiefer) und die hohe spezifische Festigkeit bei Biegung gestatten in einigen Fällen die Anwendung von Holz als Konstruktionsmaterial für Flugzeuge, die in der Volkswirtschaft Verwendung finden. Die gute Bearbeitbarkeit des Holzes ist ebenfalls vorteilhaft. Daneben haben jedoch Holzkonstruktionen eine Reihe wesentlicher Mängel. Das Holz hat ungleichmäßige mechanische Eigenschaften in bezug auf den Faserverlauf (die Bruchgrenze bei Zugbelastung ist in Faserrichtung bedeutend höher als quer zur Faser). Außerdem verschlechtern sich die mechanischen Eigenschaften des Holzes mit der Luftfeuchtigkeit. Holzkonstruktionen können faulen und von verschiedenen Pilzkrankheiten befallen werden, so daß Schutzmaßnahmen notwendig sind (z.B. Oberflächenanstriche, Tränkung mit antiseptischen Mitteln, Belüftung von Hohlräumen). Weitere Nachteile bestehen in der Möglichkeit unkontrollierbarer Mängel im Inneren des Materials sowie in der Eigenschaft des Holzes, Feuchtigkeit aufzunehmen und zu quellen (Holz ist hygroskopisch). In Flugzeugkonstruktionen werden folgende Holzarten verwendet:

Kiefernholz zur Anfertigung von Rippen, Spanten, Stringern und von Holmgurten;

Sperrholz zur Anfertigung der Stege von Spanten und Holmen (Trägern) sowie der Behäutung, d.h. für Konstruktionselemente, die vorwiegend auf Schub belastet werden;

Furnier zur Anfertigung der Behäutung.

Delta-Holz zur Herstellung von Holmstegen; es entsteht aus Furnieren großer Härte und Festigkeit durch Zusammenkleben mehrerer Schichten unter hohem Druck.

Balinit-Material für verstärkte Holmstege und Trennwände im Tragflügel; es wird ebenso hergestellt wie Delta-Holz.

In Konstruktionen moderner Flugzeuge wird Holz als Hilfsmaterial verwendet.

Neben der Arbeit an den bestehenden Werkstoffen wird in allen industrialisierten Ländern die Neuentwicklung von vollkommeneren Metallegierungen, von Kompositions- und Plastwerkstoffen vorangetrieben. Heute wird vor allem den Kompositionswerkstoffen auf der Grundlage von Bor- oder Glasfasern Beachtung geschenkt. So wurde z.B. bekannt, daß am

Höhenleitwerk des amerikanischen Jagdflugzeuges F-111 der Firma General Dynamics die Behäutung aus einem epoxidharzgetränkten Borplast, die Holme aus glasfaserverstärktem Epoxidharz und das Waben-Füllmaterial aus Aluminium hergestellt werden. Nach Angaben der Firma gab die Verwendung dieser Materialien die Möglichkeit, die Masse des Höhenleitwerkes wesentlich zu verringern.

Im Flugzeugbau werden für wenig belastete Elemente, neben Metallen und Legierungen, solche Materialien wie Gummi, Schaumstoffe, Porolon, Plexiglas, verschiedene Plaste und andere Materialien verwendet, deren Charakteristiken hier nicht genannt werden sollen.

1.13. Kräfte, die auf das Flugzeug einwirken

Um sich die Belastungsbedingungen des Flugzeuges und seiner Baugruppen besser vorstellen und somit die Vorzüge dieser oder jener Konstruktionsvariante besser bewerten zu können, muß man die Kräfte betrachten, die im Flug auf verschiedenen Flugbahnen, beim Start und bei der Landung auf das Flugzeug einwirken.

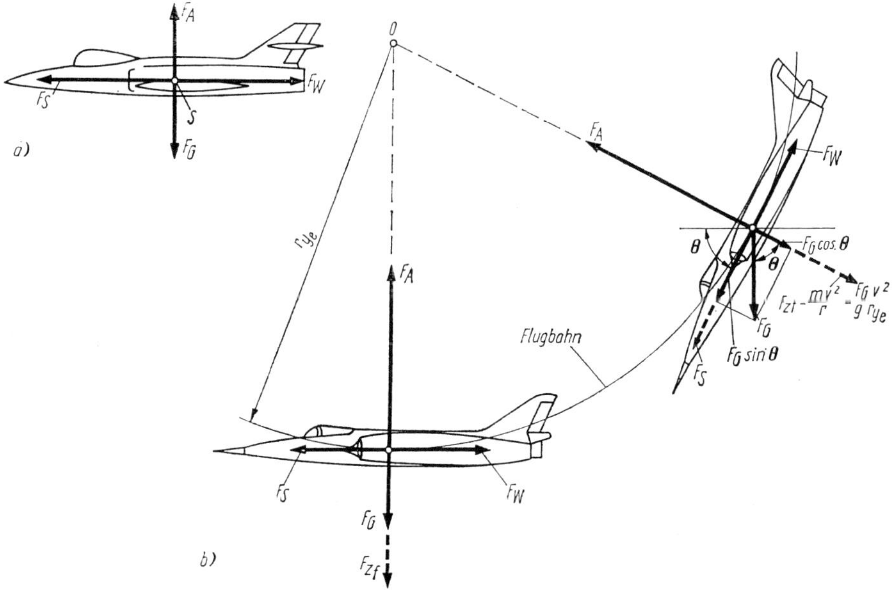

Bild 1.61 Darstellung der am Flugzeug in bestimmten Fluglagen wirkenden Kräfte:

a) im gleichförmigen geradlinigen Horizontalflug; b) im vertikalen Manöver

0 – örtlicher Mittelpunkt der Flugbahnkurve; r_{ye} – örtlicher Bahnradius in der vertikalen Ebene über der Erdoberfläche; S – Schwerpunkt des Flugzeuges; F_A – Auftriebskraft; F_W – Widerstandskraft; F_S – Schubkraft; F_G – Gewicht des Flugzeuges; F_{zf} – Zentrifugalkraft; Θ – Bahnneigungswinkel

1.13.1. *Der geradlinige Horizontalflug*

Im gleichförmigen geradlinigen Horizontalflug wirken auf das Flugzeug Kräfte, wie sie in Bild 1.61a dargestellt sind. Die Bewegung wird hierbei durch folgende bekannte Gleichungen beschrieben:

$$F_G = F_A = c_A \cdot \frac{\varrho v^2}{2} \cdot A_{TF}\,;$$

$$F_S = F_W = c_W \cdot \frac{\varrho v^2}{2} \cdot A_{TF}\,.$$

Es ist offensichtlich, daß diese Bedingungen für den gleichförmigen geradlinigen Horizontalflug (mit konstanter Geschwindigkeit) unbedingt eingehalten werden müssen.

1.13.2. *Die krummlinige Bewegung in der vertikalen Ebene (vertikales Manöver)*

Bei einer krummlinigen Bewegung in der vertikalen Ebene über der Erdoberfläche mit dem örtlichen Radius r_{y_e} (Bild 1.61b) wirken auf das Flugzeug im Prinzip die gleichen Kräfte wie im geradlinigen Horizontalflug, nur daß sie sich im Normalfalle nicht im Gleichgewicht befinden. Betrachten wir die Kräfte, die normal zur Flugbahn wirken: Befinden sich in dieser Richtung die äußeren Kräfte (Auftriebskraft und Gewichtskomponente) nicht im Gleichgewicht, so bildet ihre Differenz die Zentripetalkraft, die das Flugzeug in die krummlinige Flugbahn zwingt. Im flugzeugfesten Koordinatensystem entspricht ihr die gleichgroße, nach außen gerichtete Zentrifugalkraft $F_{Zf} = mv^2/r_{y\,e}$. Da beide Kräfte einander gleich sind, erhält man

$$F_A - F_G \cos\Theta = \frac{F_G}{g}\,\frac{V^2}{r_{y_e}}\,.$$

Aus dieser Gleichung läßt sich nach Umformung ableiten

$$\frac{F_A}{F_G} = \frac{V^2}{g r_{y_e}} + \cos\Theta = n_y\,.$$

Der Quotient aus Auftrieb und Gewicht, das Lastvielfache entlang der Hochachse des Flugzeuges n_y, zeigt, wievielmal die Auftriebskraft bei der krummlinigen Bewegung größer als im geradlinigen Horizontalflug ist. Für die gegebene Flugbahn wird das Lastvielfache n_y den größten Wert erreichen, wenn $\cos\Theta = 1$ wird, d.h. im tiefsten Punkt der Flugbahn. In diesem Falle ist

$$n_y = \frac{V^2}{g r_{y_e}} + 1\,.$$

Das Lastvielfache ist eine vektorielle Größe. Ihre Richtung fällt mit der Richtung der Summe aller äußeren Kräfte zusammen.

Die größte, bei einem bestimmten Flugzustand des Flugzeuges mögliche Auftriebskraft soll mit $F_{A_{Nutz}}$ bezeichnet werden. Dementsprechend gilt

$$n_{y_{Nutz}} = \frac{F_{A_{Nutz}}}{F_G}\,.$$

Für den geradlinigen Horizontalflug ist $n_y = n_{y_{Nutz}} = 1$, während für die krummlinige Bewegung $n_{y_{Nutz}} \neq 1$ gilt, weil die Schwerkraft durch die Trägheitskraft ergänzt wird, die der Beschleunigung entgegengerichtet ist.

Wenn die Belastung der Konstruktion verteilt wirkt, wie z.B. die Streckenlast der Tragflügelmasse q_{TF0}, so beträgt die wahre Belastung des Tragflügels durch seine Masse während der krummlinigen Bewegung $q_{TF} = q_{TF0} \cdot n_{y_{Nutz}}$.

Der theoretisch größtmögliche Wert von n_y beträgt:

$$n_{y_{\max}} = \frac{F_{A_{\max}}}{F_G} = c_{A_{\max}} \frac{\varrho v_{\max}^2}{2} \cdot \frac{A_{\mathrm{TF}}}{F_G}$$

$$= c_{A_{\max}} \frac{\varrho V_{\max}^2}{2} \frac{1}{p_{\mathrm{TF}}},$$

wobei p_{TF} die Tragflächenbelastung darstellt. Dieser Fall entspricht z. B. dem Ausleiten des Flugzeuges aus einem steilen Sturzflug mit großen Anstellwinkeln.

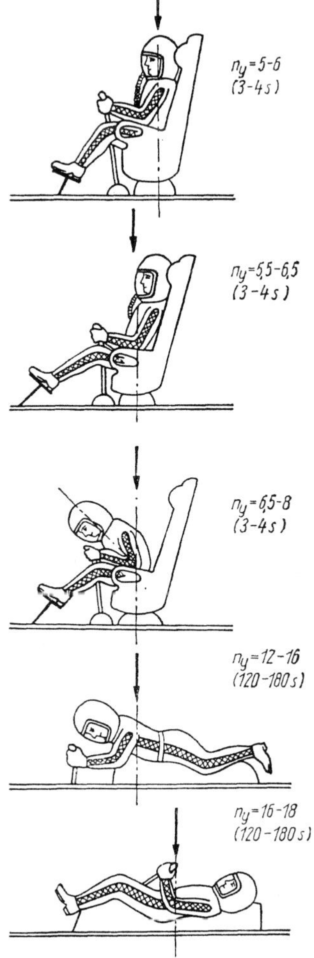

Bild 1.62 Für den Menschen maximal zulässige Lastvielfache und ihre Wirkungsdauer

Unter realen Bedingungen sind die Höchstwerte $n_{y_{\max}}$ praktisch nicht erreichbar, da der Übergang von c_A zu $c_{A_{\max}}$ bei hohen Geschwindigkeiten nicht plötzlich, sondern in einem bestimmten Zeitabschnitt vor sich geht, in dessen Verlauf sich die Geschwindigkeit auf der Flugbahn verringert. Das bedeutet, daß die in der Nutzung auftretende Auftriebskraft immer kleiner als $F_{A_{\max}}$ ist.

Neben dieser objektiven Begrenzung des maximalen Lastvielfachen gibt es noch subjektive Begrenzungen, die sich einmal aus den physiologischen Möglichkeiten der Flugzeugbesatzung (Bild 1.62), zum anderen aus der Festigkeit der Konstruktion des Flugkörpers ergeben. Diese Begrenzung wird als zulässiges Lastvielfaches bezeichnet ($n_{y_{\mathrm{zul}}}$). Die physiologische Grenze ist, wie viele Experimente gezeigt haben, sowohl von der Wirkungsrichtung als auch von der Wirkungsdauer des Lastvielfachen auf den Organismus abhängig.

1.13.3. *Die krummlinige Bewegung in der horizontalen Ebene (horizontales Manöver)*

Beim horizontalen Manöver muß der Tragflügel zur Schaffung einer zentripetalen Kraftkomponente in Richtung der Innenkurve geneigt sein. Das dementsprechende Kräfteschema ist in Bild 1.63 dargestellt.

Wird der Kurvenflug ohne Schieben sowie bei konstanter Geschwindigkeit und mit konstantem Schräglagewinkel γ durchgeführt, so spricht man von einer Normalkurve. Für sie gilt das Kräftegleichgewicht

$$F_A \cos\gamma = F_G$$

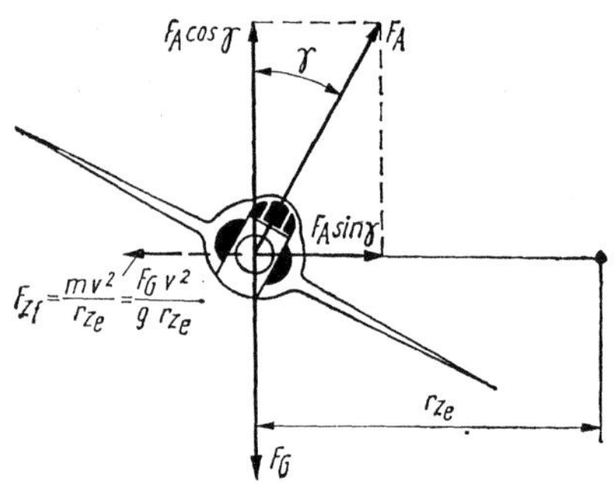

Bild 1.63 Kräftebild beim regulären horizontalen Kurvenflug

woraus sich ableitet, daß $n_{y_{\text{Nutz}}} = 1/\cos\gamma$ ist.

Der Kurvenradius wird durch die Größe der Zentripetalkraft $F_A \sin\gamma$ bestimmt, d. h. je größer die Kraftkomponente, desto kleiner ist der Radius. Die Größe der Kraftkomponente hängt wiederum von der Schräglage ab.

Für moderne Flugzeuge beträgt die maximale Schräglage bei der regulären horizontalen Kurve $\gamma = 75$ bis $80°$, wobei die größten Lastvielfachen $n_y = 4$ bis 6 erreichen.

1.13.4. *Die Landung*

Die Landung des Flugzeuges geht in folgender Weise vor sich. Das Flugzeug nähert sich mit auf Leerlauf gedrosseltem Triebwerk der Erde (Gleitflug) und wird bei Erreichen einer bestimmten Höhe aufgerichtet, d. h. es geht in einen Horizontalflug über, wobei es zu Beginn dieser Phase noch eine für diesen Flugzustand ausreichend große Geschwindigkeit besitzt. In dieser Phase wird die Verringerung der Geschwindigkeit zur Erhaltung des erforderlichen Auftriebes durch Vergrößerung des Anstellwinkels kompensiert, bis der Auftriebsbeiwert den Wert $c_{A_{\text{Aufsetz}}}$ erreicht. Bei weiterer Verringerung der Geschwindigkeit wird die Auftriebskraft kleiner als die Schwerkraft des Flugzeuges, so daß dieses bis zum Aufsetzen der Räder des Fahrwerkes auf die Landebahn durchsackt. Im Moment des Aufsetzens hat das Flugzeug eine bestimmte vertikale Geschwindigkeit, die in einem äußerst kleinen Zeitabschnitt entweder ganz oder doch teilweise getilgt wird. Folglich erfährt das Flugzeug beim Aufsetzen eine Belastung, die durch das Lastvielfache

$$n_{y_{\text{FW}}} = \frac{F_{\text{FW}}}{F_G}$$

gekennzeichnet ist.

F_{FW} – die Reaktionskraft, mit der die Erde auf das Fahrwerk und auf die ganze Konstruktion wirkt.

1.14. Rechenlastvielfache und ihre Normierung

1.14.1. *Bestimmung der Rechenlastvielfachen*

Die Festigkeitsberechnung beliebiger Maschinenbauerzeugnisse kann man nach folgenden zwei Methoden durchführen:

1. Entsprechend den Nutzungsbelastungen werden die Querschnittsmaße der Konstruktionselemente so bestimmt, daß die in ihnen auftretenden Spannungen gleich oder etwas kleiner sind als die zulässigen, die wiederum geringer

sind als die Bruchspannungen. Diese Methode wird im allgemeinen Maschinenbau angewendet. In diesem Falle ist der Sicherheitsfaktor

$$f_1 = \frac{\sigma_B}{\sigma_{zul}}.$$

2. Entsprechend den (errechneten) Bruchbelastungen werden die Querschnittsmaße der Konstruktionselemente so bestimmt, daß die in ihnen wirkenden Spannungen den Bruchspannungen gleich sind. Zur Gewährleistung des Überganges von den Nutzungsbelastungen zu den berechneten wird der Sicherheitsfaktor

$$f_2 = \frac{F_{err}}{F_{Nutz}}$$

eingeführt.
Diese Methode ist im Flugzeugbau üblich, und in der Regel stimmen die errechneten Werte weitgehend mit den in statischen Belastungsversuchen der Konstruktion ermittelten überein.

Bei Nutzungsbelastungen dürfen in der Konstruktion keine Restdeformationen entstehen. Deshalb dürfen die zulässigen Spannungen in ihren Elementen die Proportionalitätsgrenze des Materials nicht uberschreiten.
In diesem Falle beträgt der Sicherheitsfaktor

$$f_2 = \frac{\sigma_B}{\sigma_P},$$

σ_B – die Bruchgrenze;
σ_P – die Proportionalitätsgrenze des Materials.

Die Berechnungsergebnisse können durch statische Belastungsversuche an der Konstruktion bis zur Zerstörung überprüft werden, wobei die Belastung kontinuierlich vergrößert wird. Solche Baugruppen wie das Fahrwerk, Kraftstoffbehälter, Triebwerksrahmen u.a., die dynamischen Belastungen (Schlag, Vibration) unterliegen, werden nach den entsprechenden Berechnungen auch dynamischen Belastungsversuchen unterzogen. So z.B. werden Fahrwerke im Fallversuch getestet, wobei das komplette Fahrwerksbein mit Bereifung aus einer bestimmten Höhe fallengelassen wird und die Belastungen und Deformationen gemessen werden.
Die Festigkeitsberechnung der Flugzeugkonstruktion erfolgt also anhand errechneter Belastungen:

$$F_{A_{err}} = fF_A = n_{err} F_G$$

$$n_{err} = fn_{max}.$$

Die ermittelten Spannungen werden mit den Bruchspannungen des jeweiligen Elementes verglichen. Der Wert des Sicherheitsfaktors moderner Flugzeugkonstruktionen liegt zwischen 1,5 und 2,0 und wird für jeden Berechnungsfall festgelegt.
Bei hohen Temperaturen und Nutzung der Fließzone des Materials werden die Restdeformationen und die Bruchspannungen in der Konstruktion auch durch die Nutzungsdauer des Flugzeuges, d.h. durch die Gesamtwirkungszeit der Belastungen bestimmt.

1.14.2. *Normierung der Belastungen*

Die Flugzeugkonstruktion unterliegt in Abhängigkeit vom Flugzustand und von den Flugbedingungen nach Richtung und Größe unterschiedlichen Belastungen.
Es ist klar, daß aus der Vielzahl der Möglichkeiten diejenigen herausgelöst werden müssen, die den schwierigsten Arbeitsbedingungen der wichtigsten Bauteile des

Flugzeuges entsprechen. Solche Zustände werden als Belastungsfälle bezeichnet. Sie werden für jede Hauptbaugruppe des Flugzeuges in den Festigkeitsvorschriften festgelegt. Diese stellen eine Sammlung von unbedingt einzuhaltenden Bestimmungen dar, welche die für Berechnungen und Festigkeitstests am Flugzeug und seinen Baugruppen zu verwendenden Belastungen festlegen.

Die Festigkeitsvorschriften entwickeln sich unablässig auf der Grundlage der Erfahrungen bei der Nutzung der Flugzeuge, experimenteller Forschungen über die ganze Breite der Belastungsmöglichkeiten, von Versuchen mit bestehenden Konstruktionen sowie theoretischer und experimenteller Forschungen auf den verschiedenen Teilgebieten der Luftfahrtwissenschaften.

1.15. Kontrollfragen

1. Nennen Sie die wichtigsten Flugcharakteristiken des Flugzeuges und geben Sie deren Definition wieder!
2. Nennen Sie die letzten Geschwindigkeits-, Höhen- und Weitenweltrekorde!
3. Nennen Sie die Klassifizierung moderner Militärflugzeuge nach ihrem Verwendungszweck!
4. Nennen Sie die Klassifizierung moderner Zivilflugzeuge nach ihrem Verwendungszweck!
5. Nennen Sie aerodynamische Forderungen, die an ein Flugzeug gestellt werden!
6. Was bedeutet ausreichende Festigkeit und Steifheit einer Konstruktion?
7. Warum ist die Masse einer Konstruktion eines der Hauptkriterien für ihre Vollkommenheit?
8. Nennen Sie die Hauptforderungen, die sich aus der Nutzung ergeben!
9. Was versteht man unter Technologiegerechtheit einer Konstruktion?
10. Worin bestehen die Hauptforderungen, die an die Montage des Flugzeuges gestellt werden?
11. Wie wirkt sich der Produktionsumfang auf die Konstruktion und auf die Selbstkosten aus?
12. Nennen Sie die Forderungen, die an Luftfahrtwerkstoffe gestellt werden!
13. Was stellt die spezifische Festigkeit dar? Welchen Einfluß hat sie auf die Auswahl des Materials?
14. Nennen Sie die physikalisch-mechanischen Eigenschaften der im Flugzeugbau hauptsächlich verwendeten Materialien!
15. Welche Materialien werden für Überschallflugzeuge verwendet?
16. Welche Belastungen wirken im geradlinigen Horizontalflug, im Flug auf gekrümmter Bahn und bei der Landung auf das Flugzeug?
17. Wie werden Nutz- und Rechenlastvielfache ermittelt?
18. Bei welchen Flugbahnen werden maximale Werte des Lastvielfachen erreicht?

19. Nennen Sie die wichtigsten Belastungsfälle, die in den Festigkeitsvorschriften enthalten sind!
20. Nennen Sie die Hauptteile des Flugzeuges und ihre Aufgaben!
21. Welche Flugzeuge werden als Doppeldecker bezeichnet?
22. Welche Flugzeuge werden als Eindecker bezeichnet?
23. Nennen Sie die Vor- und Nachteile von Tief-, Mittel- und Hochdeckern!
24. Nennen Sie die Hauptkompositionsarten von Flugzeugen!
25. Was sind VTOL-Flugzeuge?
26. In welchen Hauptrichtungen entwickelten sich VTOL-Flugzeuge?
27. Nennen Sie charakteristische Besonderheiten von Wasserflugzeugen!
28. In welchen Hauptrichtungen wurde die Form des Flugzeuges entwickelt?
29. Nennen Sie die bestehenden Hauptklassen von unbemannten Flugkörpern und erläutern Sie deren Besonderheiten!

2. Der Tragflügel

2.1. Die Zweckbestimmung des Tragflügels und Forderungen, die an ihn gestellt werden

Die Hauptaufgabe des Tragflügels besteht in der Erzeugung des für den Flug erforderlichen Auftriebes.

Außerdem gewährleistet er die Querstabilität des Flugzeuges und trägt die Organe zur Gewährleistung der Quersteuerbarkeit, die Querruder. Am Tragflügel werden Mechanisierungselemente (Auftriebshilfen und aerodynamische Bremsen) und oft auch Fahrwerksbeine, Triebwerksgondeln sowie Trägerbalken für Raketen, Bomben oder Zusatzbehälter befestigt.

Die inneren Hohlräume des Tragflügels werden als Kraftstoffbehälter sowie zur Unterbringung von Ausrüstung und Kommunikationen verwendet. In der Tragflügelnase befinden sich oft Enteisungsanlagen.

Die äußeren Formen, die Flügelfläche, die Materialien, der Festigkeitsverband, die Massen- und anderen Parameter des Tragflügels werden bei der Projektierung des Flugzeuges auf der Grundlage entsprechender Berechnungen (aerodynamische, Festigkeits-, Massen- und andere Berechnungen) festgelegt.

Neben den allgemeinen Forderungen (siehe Punkt 1.) werden an den Tragflügel noch spezifische Forderungen gestellt, die sich aus seiner Aufgabenstellung ergeben:

1. möglichst geringer Wert des Produktes $c_W \cdot A_{TF}$ in den Hauptflugregimen, einschließlich des transsonischen Bereiches (Schallbereich);
2. möglichst großer Wert $c_{A_{max}}$ und folglich auch des Produktes $c_{A_{max}} \cdot A_{TF}$, was dem Flugzeug eine Landung mit ungefährlichen Geschwindigkeiten und einen Flug in großen Höhen gestattet;
3. hohe aerodynamische Qualität (Güte) $k = c_A/c_W$, was zur Erhöhung der Tragfähigkeit des Tragflügels unbedingt notwendig ist.

Der Widerstand des Tragflügels beträgt etwa 30 bis 40% des Widerstandes des ganzen Flugzeuges.

Eine Verringerung des Widerstandsbeiwertes des Tragflügels kann durch Auswahl rationeller äußerer Formen, durch Verringerung der relativen Dicke des Tragflügels, durch Verringerung der Oberflächenrauhigkeit und durch andere Maßnahmen erreicht werden.

Wichtigste Massencharakteristiken des Tragflügels sind: seine Einheitsmasse m_{ETF} – der Quotient aus Masse m_{TF} und Grundfläche A_{TF} des Tragflügels, d.h. $m_{ETF} = m_{TF}/A_{TF}$; und seine relative Masse ξ_{TF} – der Quotient aus der Masse des Tragflügels m_{TF} und der Masse des Flugzeuges m_0, d.h.

$$\xi_{TF} = \frac{m_{TF}}{m_0}.$$

Für Tragflügel von Unterschallflugzeugen gelten Werte von $m_{ETF} = 20$ bis $35\ \mathrm{kg/m^2}$ und $\xi_{TF} = 0{,}12$ bis $0{,}16$; für Trans-Schall- und Überschallflugzeuge ist $m_{ETF} = 35$ bis $45\ \mathrm{kg/m^2}$ und $\xi_{TF} = 0{,}08$ bis $0{,}16$.

Rationelle Auswahl des Materials, des Festigkeitsverbandes, der Anbringung von Triebwerken, Fahrwerken und anderen Teilen am Tragflügel, die Vergrößerung der Verjüngung u.a.m. verringern die Masse der Tragflügelkonstruktion.

2.2. Äußere Formen des Tragflügels

2.2.1. *Grundflächenform*

Die Grundflächenform des Tragflügels hat einen wesentlichen Einfluß auf die aerodynamischen, Massen- und konstruktiv-technologischen Charakteristiken des ganzen Flugzeuges.

Die Grundflächenform wird vor allem bestimmt durch die Streckung $\lambda = b^2/A_{TF}$, die Verjüngung $\eta = t_0/t_e$ und durch den Pfeilwinkel χ. Als Pfeilwinkel χ wird für Pfeilflügel (siehe auch Bild 2.1) gewöhnlich der Winkel zwischen der $t/4$-Linie und der Senkrechten auf die vertikale Symmetrie-

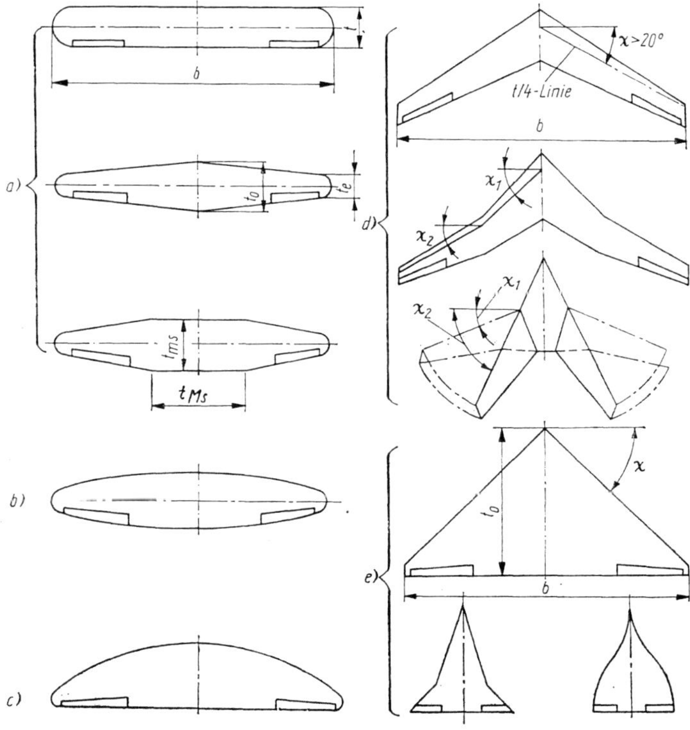

Bild 2.1 Verschiedene Grundflächenformen des Tragflügels

a) gerade Tragflügel (Rechteckflügel; Trapezflügel; Trapezflügel mit rechteckigem TF-Mittelstück; b) elliptischer Tragflügel; c) parabolischer Tragflügel; d) Pfeilflügel mit positiver Pfeilung (konstante Pfeilung, wechselnde Pfeilung, veränderliche Pfeilung); e) Dreieckflügel (konstante und wechselnde Pfeilung der Vorderkante, gotische Form)

ebene angegeben; bei Delta- oder Dreieckflügeln wird gewöhnlich an Stelle der $t/4$-Linie die Tragflügelvorderkante als Bezugslinie verwendet, deshalb verlangt die Angabe eines Pfeilwinkels auch die Angabe der Bezugslinie.

Mögliche Grundflächenformen sind in Bild 2.1 dargestellt. Aus der ganzen Vielfalt verschiedener Formen werden heute in der Hauptsache gerade, Pfeil- und Dreieckflügel verwendet.

Gerade Tragflügel ($\chi = 0$; $\eta = 1$) werden vorwiegend für Doppeldecker und verstrebte Eindecker verwendet. Sie sind auf Grund der einfachen Form produktionstechnisch günstig. Bei Verwendung gleicher Profile über die gesamte Spannweite tritt ein Ablösen der Strömung zuerst im mittleren Teil des Tragflügels auf. Deshalb behalten Querruder, die an den Tragflügelenden angebracht sind, sogar bei gewissen überkritischen Anstellwinkeln ihre Wirksamkeit (Bild 2.2).

Ein solcher Flügel hat jedoch auch entscheidende Mängel; geringer Wert der kritischen Machzahl (M_{krit}); schroffe Änderung der aerodynamischen Charakteristiken im Schallbereich; höherer Beiwert für den induzierten Widerstand (c_{W_i}) als bei Tragflügeln mit einer realen Verjüngung ($\eta > 1$) sowie eine größere Masse als Tragflügel anderer Form. Außerdem sind bei dieser Form die inneren Hohlräume weniger effektiv nutzbar.

Gerade Trapezflügel haben einen geringen Pfeilwinkel ($\chi = 5$ bis $15°$), der gewöhnlich durch die für den Flugzeugführer erforderlichen Sichtbedingungen und durch die Gewährleistung der erforderlichen Schwerpunktlage des Flugzeuges bestimmt wird. Der Hauptvorteil dieses Tragflügels im Vergleich zum geraden Tragflügel besteht in der geringeren Masse seiner Konstruktion. Vom Standpunkt einer möglichst geringen Masse aus ist es vorteilhaft, dem Trapezflügel eine starke Verjüngung zu geben, weil in diesem Falle trotz Beibehaltung der gleichen Streckung das maximale Biegemoment an der Tragflügelwurzel auf Grund der Verschiebung des Druckpunktes zur Wurzel hin kleiner ist. Außerdem wird hierbei die Tiefe des Tragflügels zur Wurzel hin größer, so daß bei konstanter relativer Dicke die absolute Dicke, d. h. die Bauhöhe vergrößert wird. Das gibt die Möglichkeit zur effektiveren Nutzung der tragenden Elemente und führt somit ebenfalls zur Verringerung der Masse des Tragflügels. Manchmal werden Trapezflügel mit geradem Tragflügelmittelstück verwendet, die konstruktiv zur Befestigung von Triebwerken und Fahrwerksbeinen, zur Unterbringung von Kraftstoffbehältern besser geeignet und die einfacher in der Fertigung sind.

Das Vorhandensein eines Tragflügelmittelstückes, bei gleichzeitig großen Tiefen und Bauhöhen, gewährleistet eine vollständigere Nutzung der inneren Hohlräume sowohl des abnehmbaren Flügelteiles als auch des Tragflügelmittelstückes und erleichtert auch die Unterbringung

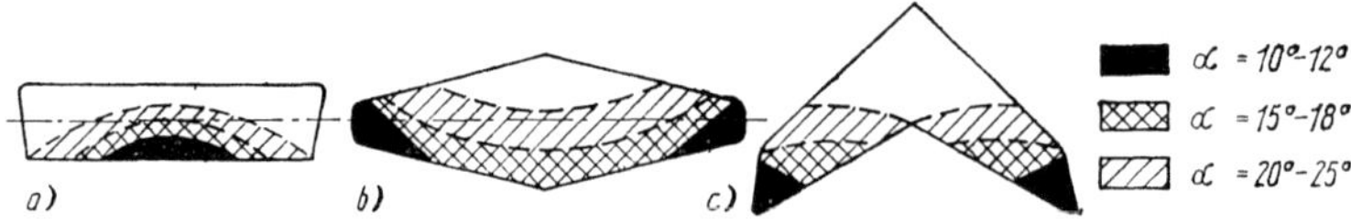

Bild 2.2 Ablösezonen der Tragflügelumströmung für Tragflügel unterschiedlicher Form bei großen Anstellwinkeln

a) gerader Rechteckflügel; b) gerader Trapezflügel; c) Pfeilflügel; rechts: Ablösezonen für verschiedene Anstellwinkel

von Fahrwerksbeinen und Triebwerksgondeln im Tragflügel. Bei der Wahl der Verjüngung muß man beachten, daß bei $\eta = 2$ der induktive Widerstand am geringsten ist und fast dem induktiven Widerstand des elliptischen Tragflügels entspricht. Vom Standpunkt einer Erhöhung des Auftriebsbeiwertes $c_{A_{max}}$ ist eine Verjüngung von $\eta = 2$ bis 2,5 vorteilhaft. Eine weitere Verjüngung verringert den maximalen Auftriebsbeiwert. Zu den Mängeln der Trapezflügel muß man die Verringerung der Querruderwirksamkeit bei großen Anstellwinkeln als Folge des Ablösens der Strömung zuerst an den Tragflügelenden (Bild 2.2), zählen. Dabei vergrößert sich noch das Abrißgebiet, bei Vergrößerung der Verjüngung.

In der Vergangenheit wurden elliptische Tragflügel verwendet, die, wie bereits erwähnt, den geringsten induktiven Widerstand haben. Jedoch hat dieser Vorteil gegenüber dem Trapezflügel kaum zur Verbesserung der Flugcharakteristiken des Flugzeuges geführt. Die konstruktiven und produktionstechnischen Schwierigkeiten, die mit der Herstellung elliptischer Tragflügel verbunden sind, führten dazu, daß sie für moderne Flugzeuge nicht mehr verwendet werden.

Für Schall- und Überschall-Fluggeschwindigkeiten fanden Pfeilflügel breite Anwendung. Sie gewährleisten ein »Hinausschieben« der Wellenkrisis, das heißt eine Vergrößerung des Wertes der kritischen Machzahl (M_{krit}).

Der Pfeilflügel kann eine positive oder eine negative Pfeilung besitzen. Von einer negativen Pfeilung spricht man, wenn die Tragflügelenden in Flugrichtung nach vorn gezogen sind. Am gebräuchlichsten ist jedoch eine positive Pfeilung mit nach hinten gezogenen Tragflügelenden.

Die Besonderheiten der Umströmung

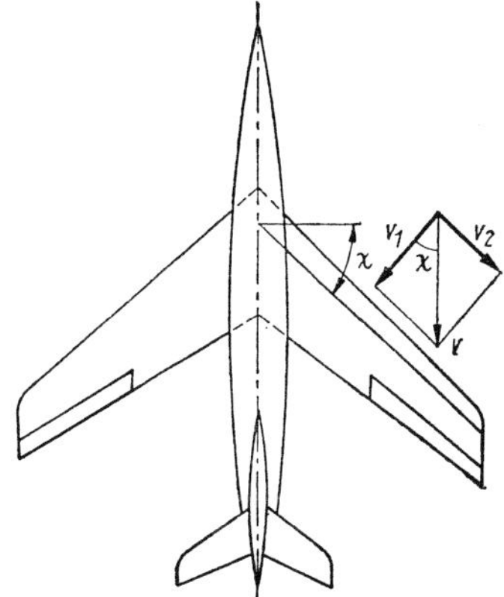

Bild 2.3 Geschwindigkeitskomponenten am Pfeilflügel

eines solchen Tragflügels (d. h. die Zerlegung der Anströmgeschwindigkeit des Luftstromes in eine normale und eine tangentiale Komponente) sowie die Veränderung der kritischen Machzahl in Abhängigkeit vom Pfeilwinkel χ wird durch die Bilder 2.3. und 2.4. gezeigt. Wie experimentelle Untersuchungen zeigen, beträgt

$$(M_{krit})_{\chi \neq 0} = (M_{krit})_{\chi = 0} \cdot \frac{2}{1 + \cos\chi},$$

d. h. daß der Pfeilflügel die kritische Machzahl auf das $2/(1 + \cos\chi)$fache im Vergleich zum geraden Tragflügel vergrößert. Flugzeuge mit Pfeilflügeln haben vor

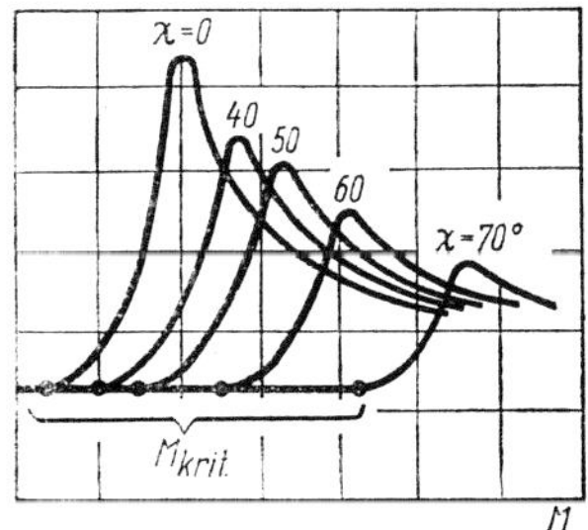

Bild 2.4 Einfluß des Pfeilwinkels χ auf die Abhängigkeit des Widerstandsbeiwertes von der M-Zahl

allem bei geringen Geschwindigkeiten einen Überschuß an Querstabilität, was ihre Quersteuerbarkeit verschlechtert und das normale Verhältnis zwischen Quer- und Richtungsstabilität stört. Zur Beseitigung dieses Mangels erhalten Pfeilflügel gewöhnlich eine negative V-Form, oder ihre Tragflügelenden werden nach unten geknickt. Eine negative Pfeilung des Tragflügels wird seltener angewendet, und dann vor allem zur Gewährleistung der notwendigen Schwerpunktlage des Flugzeuges. Ihr Einfluß auf die Entwicklung der Wellenkrisis ist gleich dem Einfluß der positiven Pfeilung.

Pfeilflügel sind, wie die Erfahrung zeigt, aufgrund ihrer aerodynamischen Charakteristiken gut für Flugzeuge mit Schall- und gemäßigten Überschallgeschwindigkeiten ($M = 0{,}8 \div 2{,}0$) zu verwenden. Sie haben jedoch auch eine Reihe von wesentlichen Mängeln: die Tragfähigkeit des Flügels hängt nicht direkt von der Fluggeschwindigkeit v, sondern von ihrer Komponente $v \cos \chi$ ab, deshalb ist die Auftriebskraft des Pfeilflügels kleiner als die des geraden Tragflügels (bei sonst gleichen Bedingungen); der Koeffizient $c_{A_{\max}}$ und der Gradient $\mathrm{d}c_A/\mathrm{d}\alpha$ sind ebenfalls geringer. Die Effektivität der Auftriebshilfen (Mittel der TF-Mechanisierung) bei großen Anstellwinkeln sinkt beträchtlich, wodurch sich die Start- und Landeeigenschaften des Flugzeuges verschlechtern. Bei trapezförmigen Pfeilflügeln tritt ein Ablösen der Strömung an den Tragflügelenden noch vor Erreichen kritischer Anstellwinkel durch den Tragflügel auf, d. h. bei relativ geringen Anstellwinkeln.

Diese Erscheinung wird durch das Gleiten des Luftstromes entlang des Tragflügels mit der Geschwindigkeit v_2 (Bild 2.3) begünstigt. Das Ablösen der Strömung an den Tragflügelenden verschlechtert die Stabilität und die Steuerbarkeit des Flugzeuges bei großen Anstellwinkeln aufgrund der Verringerung des Auftriebes des Tragflügels und der Querruderwirksamkeit. Durch Anwendung verschiedener konstruktiver Mittel, wie Grenzschichtzäune, Sägezahnvorderkante, Einschnitten in der Vorderkante (Nasenkerbe), aerodynamischer und geometrischer Schränkung des Tragflügels u. a. m., kann das Auftreten von Ablöseerscheinungen verschoben werden. Diese Mittel zielen vor allem auf eine Verhinderung des Abgleitens der Grenzschicht entlang des Tragflügels.

Ein anderer wesentlicher Nachteil des Pfeilflügels gegenüber dem geraden besteht in seiner größeren Masse (bei gleicher Streckung, Verjüngung und relativer Dicke). Die Vergrößerung der Masse erklärt sich einmal aus der Vergrößerung der Spannweite mit wachsendem Winkel χ bei unveränderter Streckung, zum anderen aus der erforderlichen größeren Verwindungssteifheit im Interesse der Erhaltung der Querruderwirksamkeit sowie aus der Kompliziertheit der Konstruktion im Bereich der Tragflügelbefestigung am Rumpf.

Dreieckflügel wurden bereits in den dreißiger Jahren sowohl in der UdSSR als auch in anderen Ländern für Versuchsflugzeuge verwendet. Heute haben sie für Überschallflugzeuge breite Anwendung gefunden.

Im Jahre 1937 wurde in der Sowjetunion durch den Konstrukteur A. S. Moskalew der Prototyp heutiger Überschallflugzeuge erfolgreich gebaut und erprobt. Das Flugzeug hieß »Strela« (Pfeil) und hatte einen Dreieckflügel mit starker Pfeilung und geringer Streckung.

Solche Tragflügel (Bild 2.1 e) haben gewöhnlich eine stark gepfeilte Vorderkante ($\chi \geqslant 60°$) und eine geringe Streckung ($\eta = 1{,}5$ bis $2{,}0$).

Ihre Hauptvorteile im Vergleich zu geraden Tragflügeln bestehen:

1. in geringerer Erhöhung des Wertes c_W beim Übergang von Unterschall- zu Überschallgeschwindigkeiten aufgrund der starken Pfeilung und geringen Streckung;
2. in vergleichsweise geringerem Stirnwiderstand bei Reisefluggeschwindigkeiten;
3. in der Möglichkeit, Profile geringer relativer Dicke (2 ÷ 3 %) im Interesse einer Verringerung des Wellenwiderstandes anzuwenden;
4. in einer hinreichend guten Nutzbarkeit der Hohlräume im Tragflügel in den rumpfnahen Abschnitten;
5. in einer wesentlich geringeren Masse der Konstruktion (bei gleicher Grundfläche).

Neben den genannten Vorteilen haben Dreieckflügel auch entscheidende Mängel:

1. die maximale Auftriebskraft wird bei so großen Anstellwinkeln erreicht, die praktisch nicht nutzbar sind, weil man dazu ein sehr hohes Fahrwerk benötigen würde. Im Vergleich zur Auftriebskraft des geraden Tragflügels (100 %) beträgt diese beim Dreieckflügel nur etwa 70 %;
2. bei gleicher Streckung und gleicher relativer Dicke ist, sowohl im Unterschall- als auch im Überschallbereich, die aerodynamische Qualität des Dreieckflügels geringer als diejenige des geraden Tragflügels;
3. bedeutend begrenzter sind die Möglichkeiten zur Anwendung sowie die Effektivität von Auftriebshilfen.

Über den Einfluß der Flächenform des Tragflügels auf die Polare sagt Bild 2.6. etwas aus.

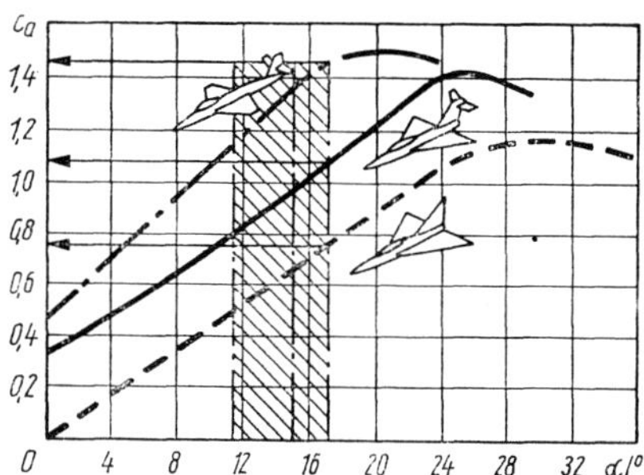

Bild 2.5 Nutzungsmöglichkeiten des Auftriebsbeiwertes bei der Landung von Flugzeugen mit verschiedenen Tragflügeln; gestreifter Bereich – normaler Anstellwinkel beim Aufsetzen des Flugzeuges

2.2.2. *Tragflügelprofil*

Als **Profil** bezeichnet man die Querschnittsfläche, die bei einem senkrechten Schnitt durch den Tragflügel längs seiner Sehne entsteht. Die aerodynamischen Charakteristiken des Profils, die von seinen geometrischen Parametern abhängen, bestimmen weitestgehend auch die aerodynamischen Charakteristiken des gesamten Tragflügels.

Die wichtigsten geometrischen Kenngrößen des Profils sind: seine Tiefe (Länge der Sehne im Profil) t; seine relative Dicke

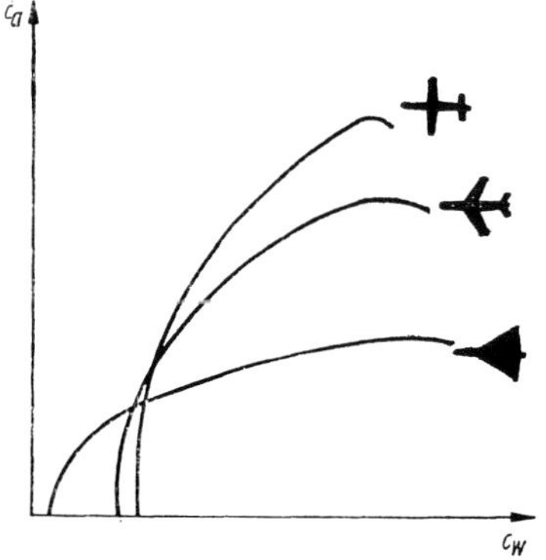

Bild 2.6 Typische Polaren von Flugzeugen mit Tragflügeln unterschiedlicher Grundflächenform

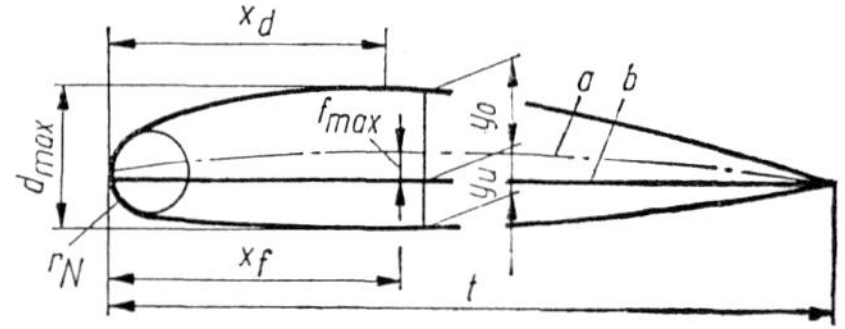

Bild 2.7 Geometrische Merkmale des Profiles
a) Profilmittellinie; b) Profilsehne (innere)

$\bar{d} = d_{max}/t$; die relative Profilwölbung $\bar{f} = f_{max}/t$ sowie die Lage der Werte $\bar{d}$ und $\bar{f}$ von der Profilnase aus (Bild 2.7), d.h. die Dicken- und die Wölbungsrücklage (x_d, x_f).

Entscheidenden Einfluß auf die aerodynamische Charakteristik des Profils hat die relative Dicke $\bar{d}$. Auf Bild 2.8 wird die Abhängigkeit des Widerstandsbeiwertes von M für verschiedene Werte der relativen Dicke gezeigt. Aus der Grafik ist zu ersehen, daß mit Verringerung der relativen Dicke der Widerstandsbeiwert geringer und die kritische Machzahl größer werden.

Die Werte M_{krit} und c_W hängen aber auch von der Profilwölbung, dem Nasenradius und der Dickenrücklage ab.

Beim Flug mit Überschallgeschwindigkeiten verhält sich der Wellenwiderstand

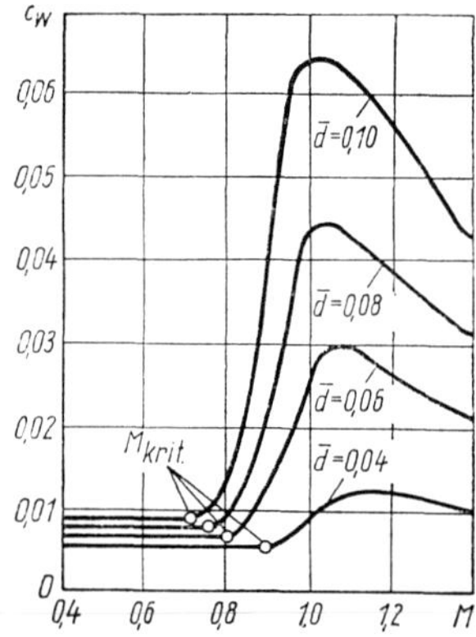

Bild 2.8 Abhängigkeit des Widerstandsbeiwertes c_W eines geraden Tragflügels von der M-Zahl bei verschiedenen relativen Dicken des Profiles d

ungefähr proportional dem Quadrat der relativen Dicke des Profils. Dieser Umstand bedingte eine breite Anwendung dünner Profile mit scharfer Vorderkante für Überschallflugzeuge.

In Abhängigkeit von der relativen Profildicke $\bar{d}$ unterscheidet man dünne ($\bar{d} < 6\,\%$), mittlere ($\bar{d} = 6$ bis $12\,\%$) und dicke ($\bar{d} > 12\,\%$) Profile.

Die Verwendung dünner Profile stößt auf eine Reihe von Schwierigkeiten: Es verringern sich die inneren Hohlräume und somit die Unterbringungsmöglichkeiten für Kraftstoff im Tragflügel, und es gibt große konstruktive Schwierigkeiten mit der Unterbringung der Fahrwerksbeine im Tragflügel (zu diesem Zwecke wurden deshalb bei einer Reihe von Flugzeugen an den Tragflügeln spezielle Gondeln angebracht). Bei geringer Profildicke ist es außerdem schwierig, die für den Tragflügel notwendige Festigkeit und Steifheit sowie eine einfache Montagetechnologie zu gewährleisten. Nicht zuletzt muß beachtet werden, daß dünne Profile einen geringeren maximalen Auftriebsbeiwert und somit größere Landegeschwindigkeiten für das Flugzeug mit sich bringen.

Auf Bild 2.9 sind verschiedene Profilformen für Tragflügel dargestellt. Betrachten wir kurz die allgemeinen Charakteristiken dieser Profile.

Unsymmetrische bikonvexe Profile ($\bar{f} \neq 0$) werden meistens für Unterschallflugzeuge verwendet, da sie einen relativ geringen Profilwiderstand und einen relativ hohen maximalen Auftriebsbeiwert haben.

Symmetrische bikonvexe Profile ($\bar{f} = 0$) werden für Flugzeuge, die im Schallbereich fliegen sowie in der Regel für Leitwerksflossen verwendet.

Linsen-, rhombus- und keilförmige Profile mit scharfer Nasenkante ($\bar{d} < 6\,\%$ bei $\bar{x}_d = 40 \div 50\,\%$) werden für Überschall-

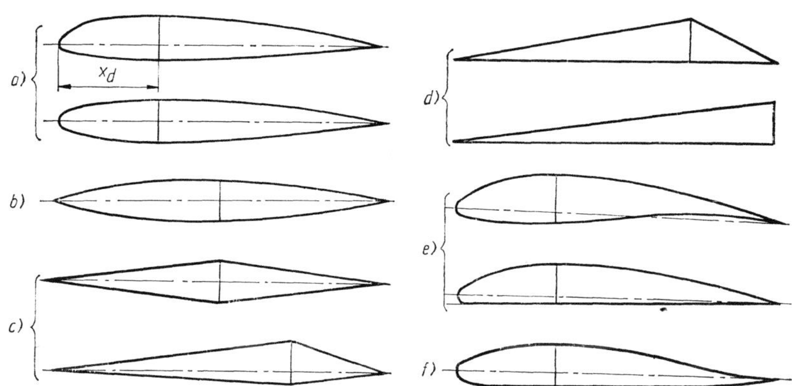

Bild 2.9 Profilformen für Tragflügel

a) bikonvexe (asymmetrisch und symmetrisch); b) linsenförmige; c) rhombusförmige; d) keilförmige; e) konvex-konkaves und konvexes mit flacher Unterseite; f) Profil mit S-Schlag

flügel verwendet. Der Hauptvorteil dieser Profile besteht in ihrem geringen Wellenwiderstand im Überschallbereich.

S-förmige Profile (unsymmetrische Profile mit S-Schlag, d. h., die Profilmittellinie hat eine Form, die an den Buchstaben S erinnert) haben den Vorteil einer relativ stabilen Druckpunktlage, unabhängig von der Anstellwinkeländerung (in bestimmten Grenzen). Der Wert $c_{A_{max}}$ ist für diese Profile geringer als für andere.

Konvexprofile mit flacher Unterseite sind aus konstruktiver Sicht vorteilhaft und haben mittlere aerodynamische Charakteristiken.

Konvex-konkave Profile haben einen großen Profilwiderstand und sind in konstruktiver Hinsicht, aufgrund relativ geringer Bauhöhe und der Krümmung im hinteren Teil, ungünstig. Außerdem wandert bei diesen Profilen der Druckpunkt bei Änderung des Anstellwinkels. Heute werden diese Profile für Flugzeuge nicht mehr verwendet.

2.2.3. *Längsschnittformen des Tragflügels*

Die Längsschnittform des Tragflügels (wenn man von vorn auf das Flugzeug schaut) wird durch den Winkel Ψ (den V-Winkel) bestimmt (Bild 2.10). Der Wert des V-Winkels liegt heute bei verschiedenen Flugzeugen im Bereich von $\Psi = -7°$ bis $\Psi = +7°$. Die V-Form

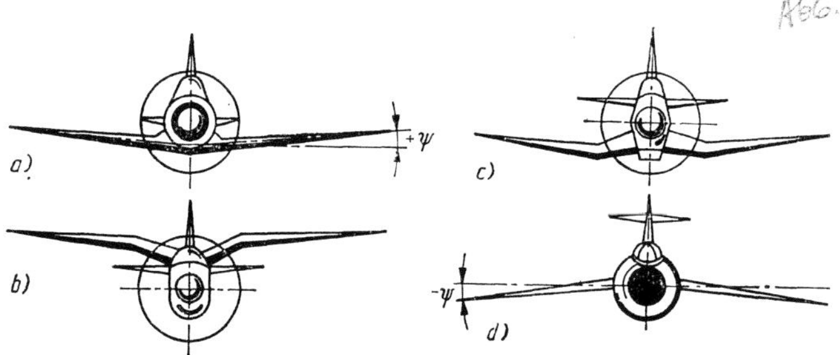

Bild 2.10 Längsschnittformen des Tragflügels (Ansicht von vorn)

a) positiver V-Winkel ($+\Psi$); b) geknickter Flügel mit zweifach positivem V-Winkel (»Mövenform«); c) geknickter Flügel mit innen negativem und außen positivem V-Winkel (Form »umgekehrte Möve«); d) negativer V-Winkel ($-\Psi$)

des Tragflügels bestimmt die Querstabilität des Flugzeuges; der Wert des Winkels Ψ wird dabei jedoch durch die notwendige Übereinstimmung der Quer- und Richtungsstabilität des Flugzeuges bestimmt. Bei zu großer Querstabilität neigt das Flugzeug zu ungedämpften Gier- und Rollschwingungen (Richtungs- und Querschwingungen; es tritt Schwingungsinstabilität auf); bei zu geringer Querstabilität neigt dagegen das Flugzeug zum Übergang in eine steile Spiralkurve beim Auftreten von Schiebewinkeln (Spiralinstabilität).

Der notwendige Wert der V-Form des Tragflügels hängt von der Pfeilung des Tragflügels und seiner Lage am Rumpf (nach der Höhe) sowie von der Fläche des Seitenleitwerkes und der Entfernung seines Druckpunktes vom Schwerpunkt des Flugzeuges ab.

Knickflügel (»Möwe« oder »umgekehrte Möwe«) verringern den Widerstand infolge Minderung der Interferenzerscheinungen zwischen Tragflügel und Rumpf, sind jedoch komplizierter in der Herstellung.

2.3. Die Belastung des Tragflügels

Die Belastungen, denen der Tragflügel unterliegt, sind äußerst vielgestaltig. Die richtige Bestimmung dieser Belastungen gestattet dem Konstrukteur die Auswahl eines rationellen Festigkeitsverbandes für den Tragflügel sowie die richtige Bestimmung der Spannungen in den einzelnen Konstruktionselementen.

Während des Fluges, des Startes und der Landung des Flugzeuges wirken auf den Tragflügel folgende äußeren Belastungen:

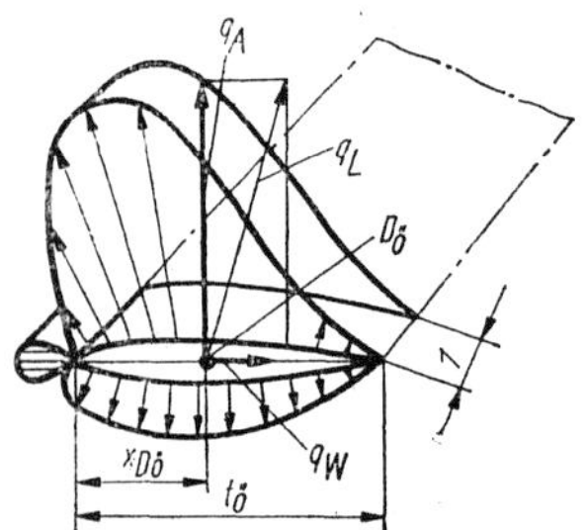

Bild 2.11 Aerodynamische Kräfte, die während des Fluges auf den Tragflügel einwirken:

q_A und q_W sind die Komponenten der aus der Luftkraft-resultierenden entstehenden Streckenlast q_L; $D_ö$ – ist der Druckpunkt des jeweils betrachteten örtlichen Profiles

1. die aerodynamische Flächenlast q_A durch die Wirkung der Luftkräfte (Bilder 2.11 und 2.12);
2. die Flächenlast q_{TF} durch die Eigenmasse der Tragflügelkonstruktion (Bild 2.12);
3. konzentrierte Belastungen F durch die Masse von im oder am Tragflügel befestigten Bauteilen und Ausrüstungsgegenständen (Bild 2.12);
4. konzentrierte Belastungen F durch andere Kräfte, die nicht an Masse gebunden sind, wie Triebwerksschub und Kräfte vom Fahrwerk bei der Landung u. a. m.

Während instationärer Flugzustände bei Manövern, beim Start und bei der Landung wirken neben dem Gewicht Trägheitskräfte von allen Teilmassen auf den Tragflügel. Zur Berechnung der Festigkeit eines Tragflügels ist es erforderlich, Größe, Richtung und Angriffspunkt konzentriert wirkender Kräfte (Punktkräfte) zu kennen. Von Flächen- und Raumkräften muß man außerdem ihre Ver-

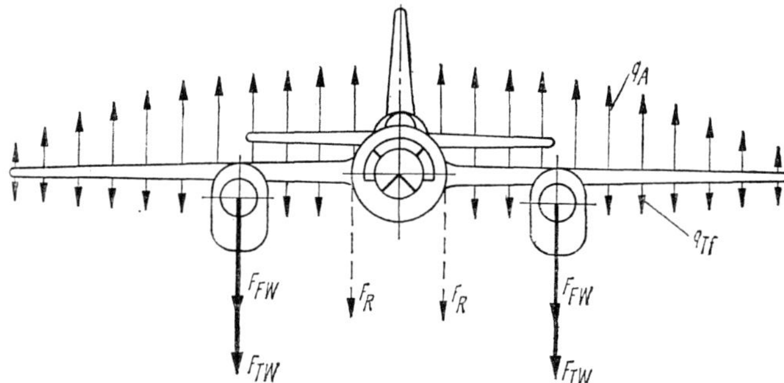

Bild 2.12 Belastungsschema des Tragflügels

q_A und q_{TF} – aerodynamische und Massen-Streckenlasten; F_{FW} und F_{TW} – punktförmige Massenlasten des Fahrwerkes und des Triebwerkes; F_R – Reaktionskräfte des Rumpfes an der Tragflügelbefestigung

teilung über die Tragflügelfläche, d.h. entlang der Sehnen und der Spannweite, kennen.

2.3.1. *Aerodynamische Belastungen*

Die Größe der Luftkraftresultierenden (F_L) aus der aerodynamischen Belastung läßt sich für die verschiedenen Rechenfälle (Belastungsfälle) nach der bekannten Formel ermitteln:

$$F_L = \frac{F_A}{\cos \xi} = \frac{n_{y_{\text{Nutz}}} \cdot f \cdot F_G}{\cos \zeta}$$

ζ – Winkel zwischen dem Auftriebsvektor und dem Vektor der Luftkraftresultierenden, $\zeta = \arctan (c_W/c_A)$;

$n_{y_{\text{Nutz}}}$ das Nutzlastvielfache

f – Sicherheitsfaktor

Die Beiwerte c_A und c_W werden der Tragflügelpolare für den Anstellwinkel entnommen, der dem Belastungsfall entspricht. Für Näherungsrechnungen im Ingenieurwesen kann, bei Berücksichtigung der Tatsache, daß bei kleinen Winkeln ζ der Wert $\cos \zeta \approx 1$ ist, angenommen werden, daß $F_L \approx F_A$ ist.

Die aerodynamische Streckenlast q_A stellt die Belastung eines Einheitsabschnittes 1 des Tragflügels durch die Luftkräfte dar (siehe Bild 2.11).

Sie wird nach folgender Formel ermittelt:

$$q_A = c_{A_ö} \cdot t_ö \left(\frac{\varrho v^2}{2} f\right).$$

$c_{A_ö}$ – der örtliche Auftriebsbeiwert im betrachteten Querschnitt;

$t_ö$ – die örtliche Profiltiefe.

Für Näherungsrechnungen kann man mit hinreichender Genauigkeit annehmen, daß $c_{A_ö} = c_A =$ konst. ist; somit erhält man

$$q_A \approx \frac{n_{y_{\text{Nutz}}} \cdot f \cdot F_G}{A_{\text{TF}}} t_ö,$$

weil

$$c_A = \frac{2\, n_{y_{\text{Nutz}}} \cdot F_G}{v^2 A_{\text{TF}}}$$

ist.

Diese Formel gibt für Trapezflügel mit einer Verjüngung $\eta \leqslant 3$ und einer Pfeilung bis 60° Werte, die nur gering von den exakten abweichen.

Für Näherungsrechnungen am Dreieckflügel kann man die Streckenlast q_A als konstant annehmen, d.h.

$$q_A \approx \frac{n_{y_{\text{Nutz}}} \cdot f \cdot F_G}{b}.$$

b – Spannweite des Tragflügels.

Der Vektor von q_A steht senkrecht auf der Fluggeschwindigkeit, wie auch die Auftriebskraft.

Es muß dabei berücksichtigt werden, daß neben F_A noch die zweite Komponente der Luftkraftresultierenden, die Luftwiderstandskraft wirkt, die ebenfalls eine Teilkraft in Richtung der Normalen zur Profilsehne geben kann.
Die Gesamtstreckenlast normal zur Profilsehne des Querschnittes q_N kann somit als Summe zweier Komponenten geschrieben werden, d.h.

$$q_N = q_A \cos\alpha + q_W \sin\alpha,$$

α – Anstellwinkel des Profils (des örtlichen Tragflügelquerschnittes).

Für kleine Anstellwinkel, die bei normalen Flugzuständen vorhanden sind, kann man annehmen

$$\sin\alpha \approx 0 \text{ und } \cos\alpha \approx 1.$$

Folglich wird in diesem Falle $q_N \approx q_A$.
Der Angriffspunkt der Streckenlast q_A, d.h. die Lage des örtlichen Druckpunktes, ist durch den Wert

$$x_{D_ö} = -\frac{c_{m_ö}}{c_{A_ö}} \cdot t_ö$$

bestimmt.

$c_{m_ö}$ – der örtliche Momentenbeiwert, bezogen auf die Nasenkante des Profils.

Der Wert $c_{A_ö}$ wird entsprechend dem betrachteten Belastungsfall ausgewählt.
Der Wert $c_{m_ö}$ wird in Abhängigkeit von $c_{a_ö}$ nach Angaben aus Windkanalversuchen mit dem entsprechenden Tragflügelmodell bestimmt. Wenn man in einigen Querschnitten entlang des Tragflügels die örtlichen Druckpunkte einzeichnet und diese miteinander verbindet, erhält man annähernd eine Gerade, die Druckpunktlinie des Tragflügels.

2.3.2. *Massenbelastungen*

Die Streckenlast der Konstruktion des Tragflügels q_{TF} verteilt sich analog der Masse. Angenähert kann man sagen, daß sich die Masse proportional zu den örtlichen Tiefen des TF verteilt. Folglich kann man schreiben:

$$q_{TF_{max}} = \frac{n_{y_{Nutz}} \cdot f \cdot F_{G_{TF}}}{A_{TF}} t_ö ,$$

wobei

$$F_{G_{TF}} = m_{TF} \cdot g$$

ist.
Der Angriffspunkt der Streckenlast q_{TF} befindet sich im Schwerpunkt des Tragflügelquerschnittes, d.h. bei etwa 40 bis 50% der örtlichen Tiefe. Die Wirkungsrichtung der Massenkräfte nimmt man als parallel zur Wirkungsrichtung der aerodynamischen Streckenlast q_A an. Die Verbindungslinie aller örtlichen Schwerpunkte wird auch als Schwerpunktlinie bezeichnet.
Die Belastung F_M durch konzentrierte Massen von Bauteilen und Ausrüstungsgegenständen im und am Tragflügel errechnet sich nach folgender Formel:

$$F_M = n_{y_{err}} \cdot F_{G_M} = f \cdot n_{y_{Nutz}} \cdot F_{G_M}$$

$F_{G_M} = m_M \cdot g$ – Gewicht des betrachteten Bauteiles oder Ausrüstungsgegenstandes.

2.3.3. *Querkräfte und Momente*

Zur Durchführung von Kräfteberechnungen wird der Tragflügel als Balken auf zwei Stützen mit zwei Konsolen betrachtet. Als Stützen sind die Befestigungsstellen des Tragflügels am Rumpf zu verstehen (Bild 2.13).

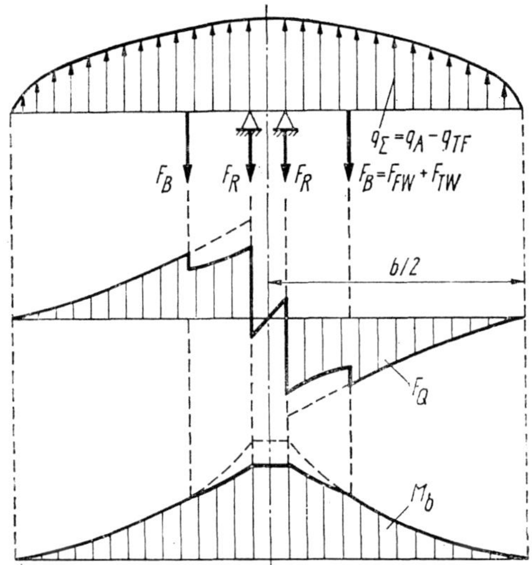

Bild 2.13 Querkraft- und Biegemomentenflächen am Tragflügel eines Flugzeuges (siehe Belastung des Tragflügels Bild 2.12)

Zur Berechnung des Tragflügels ist es erforderlich, die in jedem seiner Querschnitte wirkende Größe von Querkraft sowie Biege- und Torsionsmoment zu kennen.

Deshalb zeichnen wir über der Spannweite des Tragflügels als erstes die Streckenlast $q_\Sigma = q_A - q_{\text{TF}}$ und die Einzelkräfte F_M ein, die letzten Endes sowohl die Querkraft F_Q als auch das Biegemoment M_b hervorrufen. Indem wir die Streckenlast im Rumpfabschnitt auf den Rumpf selbst beziehen, erhalten wir für diesen Abschnitt

$$q = \frac{n_y\,(F_{G_{\text{Fl}}} - F_{G_{\text{TF}}})}{A_{\text{TF}}}\,t$$

Die in den Querschnitten des Tragflügels wirkende Querkraft hat den Wert

$$F_Q = \int_0^z q_\Sigma \,\mathrm{d}z + \Sigma F_M,$$

das entsprechende Biegemoment den Wert

$$M_b = \int_0^z F_Q \,\mathrm{d}z.$$

Hierbei ist z die laufende Koordinate, vom Tragflügelende aus gerechnet.

Zur Entwicklung der Momentenfläche des Torsionsmomentes muß zuerst die Torsionsmittelpunktlinie, d.h. die Verbindungslinie aller Schubmittelpunkte der einzelnen Querschnitte, gefunden werden. Um diese Linie, die auch als Torsionsachse bezeichnet wird, verdreht sich der Tragflügel bei Vorhandensein von unausgeglichenen Kräften außerhalb dieser Achse.

Die Lage des Schubmittelpunktes eines Querschnittes hängt von der Steifigkeit der Holme und anderer Längsträger ab. Die Werte a und b, die

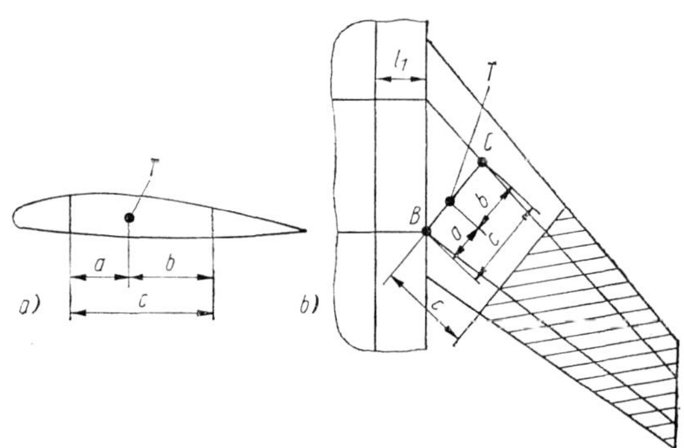

Bild 2.14 Bilder zur Erläuterung der Lage des Torsionsmittelpunktes (T) von Tragflügelquerschnitten:

a) gerader Tragflügel; b) gepfeilter Tragflügel

Koordinaten des Schubmittelpunktes darstellen, kann man angenähert nach folgenden Formeln ermitteln (Bild 2.14):

a) für gerade zweiholmige Tragflügel (Bild 2.14a) und auch für zweiholmige Pfeilflügel (Bild 2.14b) in Querschnitten, die einen Abstand zum Querschnitt $\overline{BC}$ von $\geq c$ haben, ist

$$a = \frac{J_h}{J_v + J_h} \cdot c,$$

$$b = \frac{J_v}{J_v + J_h} \cdot c,$$

wobei J_v und J_h die axialen Trägheitsmomente des vorderen und des hinteren Holmes darstellen;

b) für zweiholmige Pfeil- und Dreieckflügel gilt im Querschnitt $\overline{BC}$

$$a = \frac{J_h (1 + l_\lambda)}{J_v l_\lambda + J_h (1 + l_\lambda)} \cdot c,$$

$$b = \frac{J_v l_\lambda}{J_v l_\lambda + J_h (1 + l_\lambda)} \cdot c,$$

wobei

$$l_\lambda = \frac{l_1}{c} \frac{\cos^3 \chi}{\sin \chi} + \frac{1}{\tan \chi}$$

ist.

χ – Pfeilwinkel an der $t/4$-Linie.

Im Abschnitt auf der Länge c vom Querschnitt $\overline{BC}$ aus kann die Lage des Schubmittelpunktes durch Verbindung der Schubmittelpunkte der Querschnitte $\overline{BC}$ und $\overline{BC} + c$ gefunden werden (Bild 2.14b).

Für einholmige gerade und gepfeilte Flügel liegt der Schubmittelpunkt gewöhnlich auf der Holmachse. Für gerade und gepfeilte Tragflügel mit Torsionskasten wird die Lage der Schubmittelpunktlinie in gleicher Art wie für zweiholmige Tragflügel bestimmt.

Wenn bei der Durchführung der Berechnungen keine konkreten Angaben über die Trägheitsmomente der Holme vorhanden sind, so kann man grob annehmen, daß das Trägheitsmoment der Holme proportional dem Quadrat ihrer Höhe (H^2) ist und daß die Querschnittsfläche des Steges der Höhe des Holmes H entspricht.

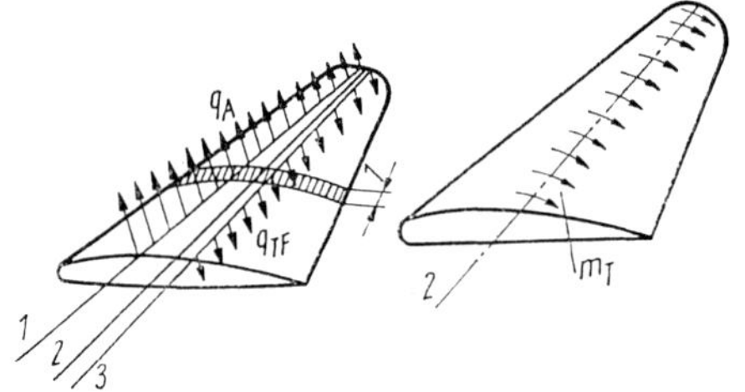

Bild 2.15 Streckenlasten und laufendes Torsionsmoment am Tragflügel

1 – Druckpunktlinie; 2 – Torsionsachse; 3 – Schwerpunktlinie

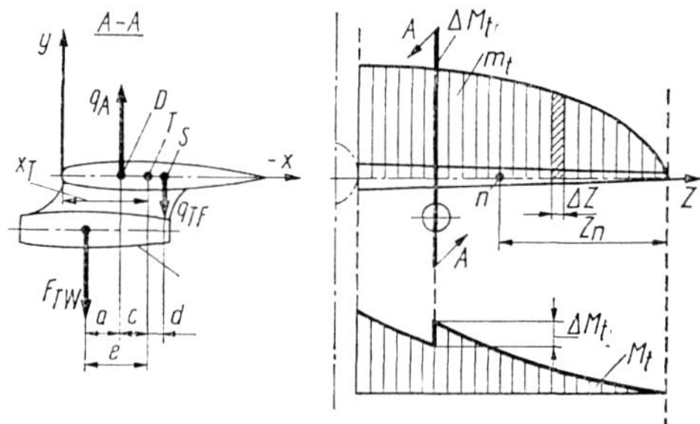

Bild 2.16 Kräftebild und Torsionsmomentenfläche am Tragflügel

D – Druckpunkt; *T* – Torsionsmittelpunkt; *S* – Schwerpunkt

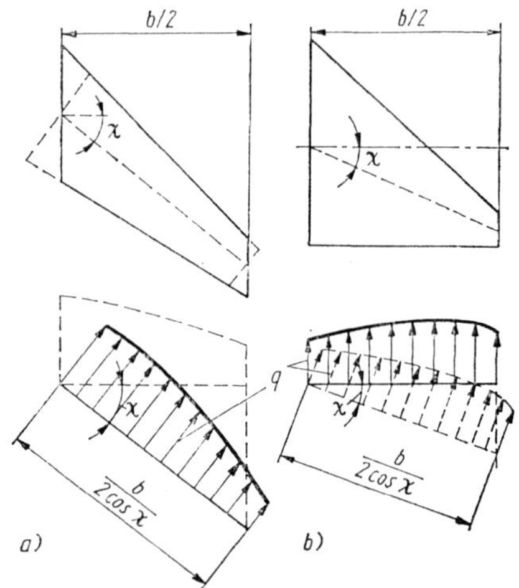

Bild 2.17 Verteilung der aerodynamischen Belastung entlang der wahren Länge des Tragflügels

a) Pfeilflügel; b) Dreieckflügel

Das laufende Torsionsmoment, das auf eine Einheit der Tragflügellänge wirkt, wie in Bild 2.15 dargestellt, beträgt

$$m_z = q_A \cdot c + q_{1F} \cdot d,$$

c – Abstand von Druckpunkt und Schubmittelpunkt;
d – Abstand von Schwerpunkt und Druckmittelpunkt.

Außer dem laufenden Torsionsmoment wirken auf den Tragflügel noch örtlich eingeleitete Torsionsmomente ΔM_{t_M} von Bauteilen und Ausrüstungsgegenständen im Tragflügel (Bild 2.16). Diese Momente lassen sich nach folgender Gleichung ermitteln:

$$\Delta M_{t_M} = n_{\text{err}} \cdot F_{G_B} \cdot e_M$$

e_M – Abstand des Schwerpunktes der Einzelmasse vom Schubmittelpunkt des entsprechenden Querschnittes.

Das Gesamttorsionsmoment beträgt demnach:

$$M_t = \int_0^z m_t \, d_z + \Sigma \Delta M_{t_M}.$$

Für Pfeilflügel ist es vorteilhaft, die Querkraft-, Biege- und Momentenflächen für die wahre Länge der Tragflügelhälften $b/2 \cos \chi$ zu entwickeln, wobei der Pfeilflügel durch einen geraden Flügel gleicher Grundfläche ersetzt wird (Bild 2.17a). Ebenso wird mit Dreieckflügeln verfahren (Bild 2.17b).

Die Querkraft-, Biege- und Momentenflächen sind am besten durch schrittweise grafische Integration zu ermitteln, wozu der Tragflügel in gleichgroße Abschnitte ΔZ zerlegt wird. Der Zuwachs ΔF_Q für jeden Teilabschnitt beträgt

$$\Delta F_{Q_i} = \frac{q_i + q_{i+1}}{2} \cdot \Delta Z,$$

q_i und q_{i+1} – Werte der Streckenlast am Anfang und am Ende des Abschnittes.

Die Addition der Teilkräfte ΔF_{Q_i} wird vom Tragflügelende in Richtung der Tragflügelwurzel durchgeführt. In jedem Querschnitt n erhält man die Querkraft

$$F_{Q_n} = \sum_{i=1}^{n} \Delta F_{Q_i}.$$

Bei der Entwicklung der Querkraftfläche werden Punktkräfte dort berücksichtigt, wo sie angreifen. Nach der Entwicklung der Querkraftfläche kann man mit Hilfe der beschriebenen Methode, d.h. in Schritten, nach folgender Formel auch den Biegemomentenzuwachs ermitteln:

$$\Delta M_{bi} = \frac{F_{Q_i} + F_{Q_{i+1}}}{2} \cdot \Delta Z.$$

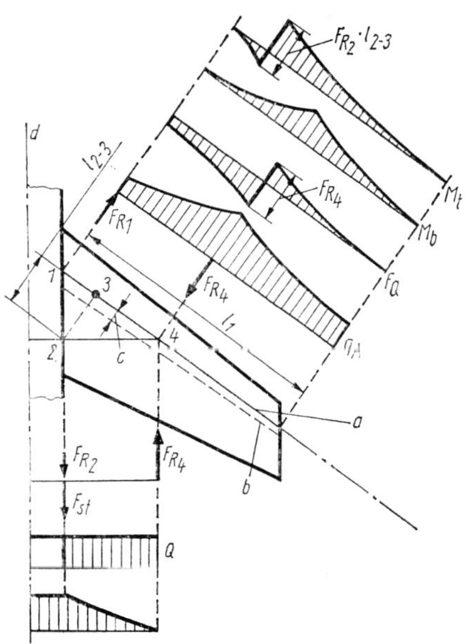

Bild 2.18 Querkraft-, Biegemomenten- und Torsionsmomentenflächen für einen einholmigen Pfeilflügel mit innerem Stützträger (2–4):
a) Holm- und Torsionsachse; b) Druckpunktlinie; c) Abstand zwischen Druckpunktlinie und Torsionsachse; d) Flugzeuglängsachse

Das Gesamtbiegemoment in einem beliebigen Querschnitt n beträgt dann

$$M_{b_n} = \sum_{i=1}^{n} \Delta M_{bi}.$$

Analog zu dieser Methode wird auch die Torsionsmomentenfläche entwickelt.
Für Pfeil- und Dreieckflügel ist die Entwicklungsmethode der Querkraft-, Biege- und Momentenflächen die gleiche wie für den geraden zweiholmigen Tragflügel.

Betrachten wir die Besonderheiten bei der Entwicklung der Belastungsflächen für einen einholmigen Pfeilflügel mit innerem Stützträger (Bild 2.18).
Die Fläche der Streckenlast tragen wir über der Hochachse an, die gleichzeitig auch Torsionsachse ist. Danach finden wir die Reaktionskraft F_{R_1} im Befestigungspunkt 1 am Rumpf und die Reaktionskraft F_{R_4} im Punkt 4 des Holmes aus der Gleichgewichtsbedingung für die am Holm angreifenden Kräfte. Das Torsionsmoment der Streckenlast q_A um die Torsionsachse wird durch die Kraft F_{R_2} mit dem Hebelarm l_{2-3} kompensiert. Daraus folgt:

$$F_{R_2} = \frac{\int_0^{l_1} q_A c \, dz'}{l_{2-3}}.$$

Betrachten wir den Stützträger als Kragträger, der im Rumpf verankert und durch die Kräfte F_{R_2} und F_{R_4} belastet wird, so finden wir seine Reaktionskraft als

$$F_{St} = -F_{R_4} + F_{R_2}.$$

Danach entwickeln wir die Querkraft- und Momentenflächen für den Holm und für den Stützträger.

2.4. Festigkeitsverbände von Tragflügeln

Der Festigkeitsverband von Tragflügeln besteht gewöhnlich aus Längs- und Querelementen und aus der Behäutung.
Vom Standpunkt der technischen Mechanik aus betrachtet ist der Tragflügel ein Balken, der durch Flächen- und Einzelkräfte belastet wird und der durch sie einer Biegung und Verdrehung (Torsion) unterliegt.
Eine dünnwandige Konstruktion aus Längs- und Querelementen sowie Behäutung entspricht am besten den Forderungen nach Festigkeit, Steifheit und minimaler Masse (Bild 2.19).

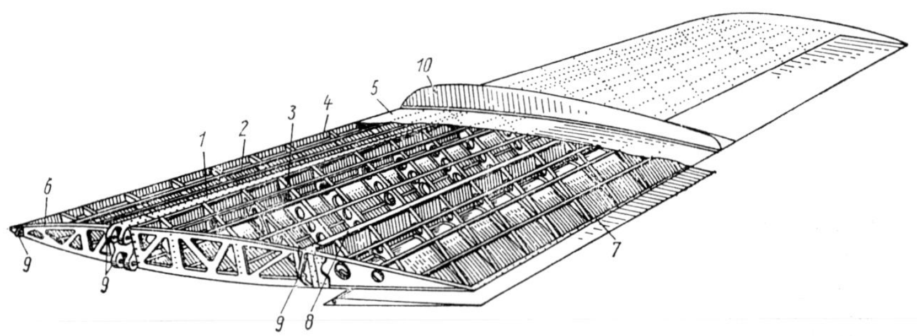

Bild 2.19 Konstruktion eines einholmigen Pfeilflügels:

1 – Hauptholm; 2 – Pfetten (Stringer); 3 – Normalrippen; 4 – Nasenholme; 5 – Behäutung; 6 – verstärkte Wurzelrippe; 7 – hintere Abschlußpfette; 8 – Endholm; 9 – Verbindungsstellen; 10 – Grenzschichtzaun

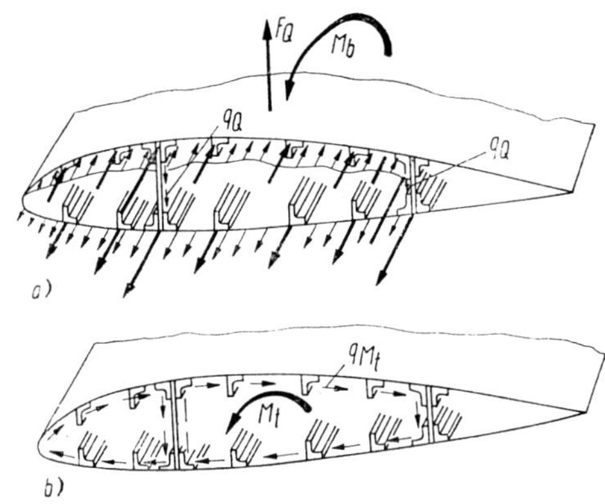

Bild 2.20 Kräfte, die die Konstruktionselemente des Tragflügels belasten:

a) Kräfte und ihre Momente, die das Biegemoment und die Querkraft ausgleichen; q_Q – Schubfluß als Folge der Querkraftwirkung; b) Kräfte und ihre Momente, die das Torsionsmoment ausgleichen; q_{M_t} – Schubfluß als Folge der Torsionsmomentenwirkung

Zum Längsverband gehören Holme (Träger) Hilfsholme und Pfetten (Stringer).

Als **Holm** wird ein kräftiger Längsträger (oder eine entsprechende Fachwerkkonstruktion) mit Ober- und Untergurt bezeichnet, der das gesamte Biegemoment (oder zumindest einen großen Teil davon) sowie die Querkraft des Tragflügels aufnimmt. Dabei arbeitet immer einer der Gurte auf Zug und der andere auf Druck (Bild 2.20a). Der Steg des Holmes nimmt die Querkraft sowie einen Teil des Torsionsmomentes am Tragflügel auf (Bild 2.20b). Dabei wird er auf Schub belastet. Bei einer Fachwerkkonstruktion werden die Gurte, Stäbe und Streben durch die Querkraft, das Biege- und das Torsionsmoment auf Zug und Druck beansprucht.

Als **Hilfsholm** (Stegholm) bezeichnet man Längselemente, die schwächer als Holme sind. Sie erstrecken sich über einen Teil oder die ganze Länge des Tragflügels und nehmen Querkräfte sowie einen Teil des Torsionsmomentes auf.

Nach Konstruktion und Lage entsprechen die Hilfsholme den Holmen, nur daß sie sehr schwache Gurte besitzen. Deshalb kann man sie auch als Stegholme bezeichnen.

In Holm- oder Kastenkonstruktionen von Tragflügeln benutzt man Hilfsholme gewöhnlich im Nasen- und im Endteil des Tragflügels. Durch Verbindung der Holme und Hilfsholme mit der oberen und unteren Behäutung entstehen in den Tragflügelquerschnitten geschlossene Konturen, die in der Lage sind, eine Torsion aufzunehmen. Außerdem dienen die Holme und die Hilfsholme als Widerlager für die Rippen und gewährleisten zusammen mit den anderen Elementen der Konstruktion ihre allgemeine Festigkeit und Steifheit.

Pfetten (Stringer) sind Längselemente, die gemeinsam mit den Gurten der Holme und Hilfsholme das Biegemoment aufnehmen. Außerdem übertragen sie die örtliche aerodynamische Belastung von der Behäutung auf die Rippen und verstärken die Behäutung, indem sie ihre kritischen Spannungen erhöhen und ihre Deformation durch die örtliche aerodynamische Belastung verringern. Pfetten sind gewöhnlich Profile mit Winkel-, Z-, T- und anderen Querschnittsformen.

Manchmal werden besonders zwischen zwei Holmen anstelle von Pfetten gewellte Bleche verwendet, wobei die Wellenberge und -täler in Längsrichtung des Tragflügels verlaufen. Bei Anwendung der Schalenbauweise fehlen Pfetten ganz und gar. Sie werden durch Versteifungsrippen in den Schalen ersetzt.

Der Querverband besteht gewöhnlich aus **Rippen,** die einen dünnwandigen Träger oder eine entsprechende Fachwerkkonstruktion darstellen. Die Rippen geben dem Tragflügel die erforderliche Profilform. Sie übertragen die örtliche aerodynamische Belastung auf die Holme und Hilfsholme, und sie verstärken die Pfetten und die Behäutung, indem sie ihre kritische Spannung erhöhen.

Der Abstand von Rippe zu Rippe ergibt sich aus den Festigkeitsberechnungen des Tragflügels und hängt von der Fluggeschwindigkeit, von der Tragflächenbelastung, von der Behäutungsdicke sowie vom gewählten konstruktiven Schema des Tragflügels ab. In Tragflügelkonstruktionen mit Verwendung von Stringern und einer Außenhaut, die sowohl Biege- als auch Torsionsmomente überträgt, beträgt der Abstand zwischen den Rippen 200 ÷ 300 mm, bei stringerlosen Konstruktionen 120 ÷ 200 mm.

Die **Behäutung** hermetisiert die Tragflügelkonstruktion und gibt ihr die vorgesehene äußere Form. Unebenheiten auf der Behäutung müssen auf ein Minimum reduziert werden. Die Behäutung nimmt vor allem die örtliche aerodynamische Belastung auf. In Abhängigkeit von der gewählten Tragflügelkonstruktion kann sie durch das allgemeine Biege- und das Torsionsmoment auf Zug und Druck sowie auf Schub beansprucht werden.

Die konstruktiven Schemata (Bauweisen) von Tragflügeln sind äußerst vielgestaltig. Die Art und Weise sowie der Grad der Nutzung der Behäutung und des Längsverbandes zur Aufnahme des Biege- und des Torsionsmomentes können als charakteristisches Merkmal zur Einschätzung des konstruktiven Schemas benutzt werden. Danach kann man im wesentlichen Holm-, Kasten- und Schalenbauweisen für Tragflügel unterscheiden (Bild 2.21).

Man spricht von einem **Holmflügel,** wenn das Biegemoment in der Hauptsache durch Holme mit starken Gurten aufgenommen wird. In Abhängigkeit von der Anzahl der Holme spricht man von ein-, zwei- oder mehrholmigen Konstruktionen.

Von einem **Kastenflügel** spricht man, wenn die Behäutung zusammen mit den ver-

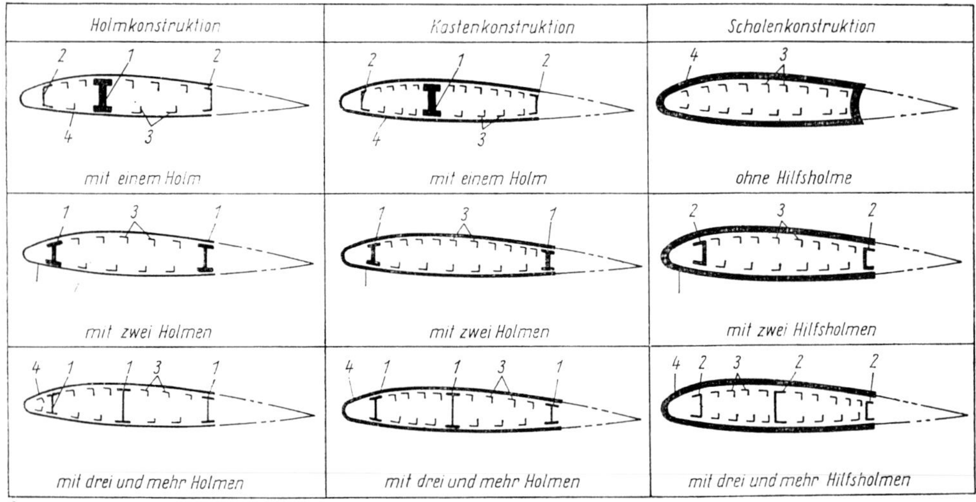

Bild 2.21 Konstruktive Bauweisen von Tragflügeln

1 – Holme; 2 – Hilfsholme; 3 – Pfetten; 4 – Behäutung

stärkenden Längselementen alle Arten von Belastungen aufnimmt, die auf den Tragflügel einwirken. Eine solche Konstruktion kann einen oder auch mehrere Holme mit geschwächten Gurten enthalten. Kastenflügel stellen eine Zwischenlösung zwischen dem Holm- und dem Schalenflügel dar.

Für den Schalenflügel ist die Ausnutzung der Behäutung als Hauptkonstruktionselement, das sowohl das Biege- als auch das Torsionsmoment voll aufnimmt, charakteristisch. Also bezeichnet man als **Schalenflügel** einen Tragflügel, bei dem die Längskräfte bei Biegebeanspruchung voll durch die Behäutung und die sie verstärkenden Pfetten (bzw. Stützrippen) über die gesamte Querschnittskontur aufgenommen werden. In Schalenkonstruktionen werden nur Hilfsholme verwendet.

In verschiedenen Fällen werden mehrere Bauweisen miteinander vermischt. So kann z.B. an der Tragflügelwurzel eine Holmkonstruktion vorhanden sein, die nach außen in eine Schalenkonstruktion übergeht. In solchen Fällen spricht man von einer gemischten Bauweise.

2.4.1. *Holmflügel*

Solche Tragflügel haben Holme sowie eine relativ dünne Behäutung, die durch Pfetten und Rippen verstärkt wird. Die Dicke der Behäutung und die Anzahl und Lage der sie versteifenden Elemente werden aus den Bedingungen der Schubbelastung durch das Torsionsmoment am Tragflügel bestimmt. Bei Biegung des Tragflügels hat die dünne Behäutung in der Druckzone eine geringe kritische Spannung (σ_{krit}). Deshalb begrenzt sich ihre Mitarbeit zur Aufnahme des Biegemomentes auf die Zugzone. Hier trägt sie zur Entlastung der entsprechenden Holmgurte bei.

Die Anzahl der eingebauten Holme ergibt sich aus der Größe und Form der Grundfläche des Tragflügels. Meistens werden ein- oder zweiholmige Konstruktionen verwendet. Bei Vorhandensein einer sehr großen Flügeltiefe kann es jedoch ratsam sein, eine mehrholmige Konstruktion vorzuziehen.

In einholmigen Tragflügeln befindet sich der Holm gewöhnlich an der Stelle des Tragflügelquerschnittes mit der größten Bauhöhe (für langsamfliegende Flugzeuge liegt diese bei 30 ÷ 40% der Tiefe, für Hochgeschwindigkeitsflugzeuge bei 45 ÷ 60%). Zur Herstellung einer geschlossenen Kontur, die in der Lage ist, Torsionsmomente zu übertragen, erhalten diese Tragflügel einen Endholm. Er dient auch als Basis zur Befestigung von Querrudern und mechanischen Auftriebshilfen. Manchmal erhalten solche Tragflügel noch einen Nasenholm. End- und Nasenholm sind in diesem Falle Hilfsholme.

Einholmige Tragflügelkonstruktionen besitzen einfache Verbindungsstellen zum Rumpf (oder Tragflügelmittelstück) und gestatten eine gute Nutzung der inneren Hohlräume. Dadurch wird ihre relativ weite Verbreitung im modernen Flugzeugbau verständlich.

Bild 2.22. zeigt ein Beispiel für einen einholmigen Tragflügel. Der Holm 1 liegt bei 40% der Flügeltiefe. Diese Lage wurde durch die Notwendigkeit bestimmt, ein Fahrwerksbein in den vorderen Teil des Tragflügels einzufahren. Die Querschnittsfläche der Holmgurte 3 wird zum Flügelende hin durch Verminderung der Profilbreite verringert.

Der Holmsteg ist aus einer Aluminiumlegierung hergestellt und durch gesenk-

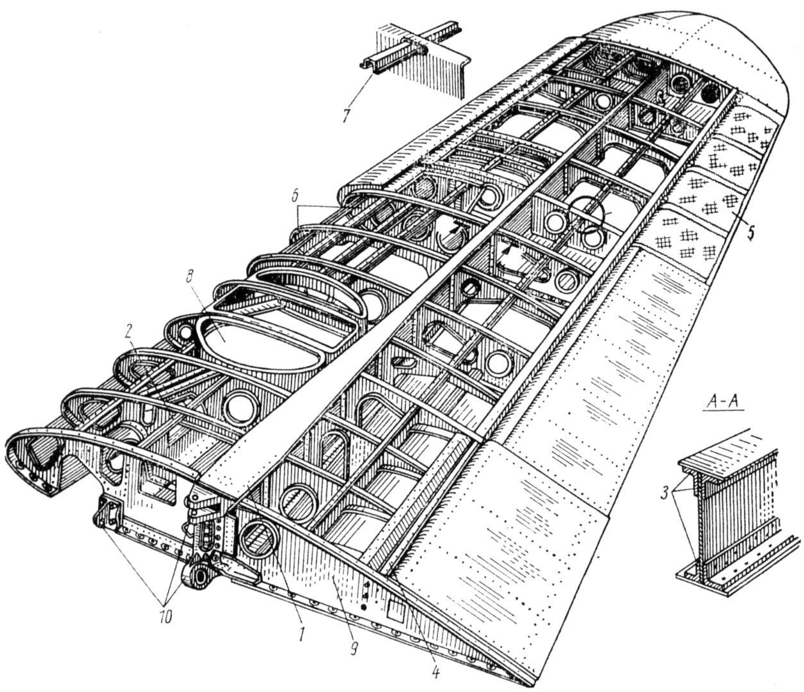

Bild 2.22 Einholmiger Tragflügel

– Holm; 2 – vorderer Hilfsholm (Nasenholm); 3 – Holmgurte; 4 – Endholm; 5 – Querruder; 6 – Rippen; 7 – Pfetten; – Fahrwerkschacht; 9 – Wurzelrippe; 10 – Befestigungspunkte

geschmiedete Stützrippen verstärkt, die gleichzeitig zur Befestigung der Profilrippen dienen.

Der Holm ist das Hauptelement zur Gewährleistung der Festigkeit. Er nimmt das Biegemoment auf, während die schwachen Pfetten mit offenem Querschnitt nur der Versteifung der Behäutung dienen. Zwischen der Wurzelrippe 9 und dem Radkasten 8 befindet sich der Nasenholm 2.

Im hinteren Teil des Tragflügels liegt der Endholm 4, der die obere Behäutung mit der unteren verbindet und an der die Querruder 5 und die Landeklappen befestigt werden.

Als charakteristische Besonderheit dieses Tragflügels ist die breite Anwendung offener gepreßter Profile zu nennen.

In zweiholmigen Tragflügeln befindet sich der vordere Holm gewöhnlich bei 15 ÷ 25 % der Tiefe und der hintere bei 60 ÷ 70 %. Dabei wird die maximale Bauhöhe nicht zur rationellen Nutzung des Materials verwendet, so daß zweiholmige Flügel bei sonst gleichen Bedingungen schwerer sind als einholmige. Auf Torsion arbeitet in diesem Falle die von unterer und oberer Behäutung sowie von den Stegen der beiden Holme gebildete Kontur.

Eine typische zweiholmige Tragflügelkonstruktion mit dünner Behäutung ist in Bild 2.23 gezeigt. Der Tragflügel hat keine Pfetten. Wie Belastungstests mit einem derartigen Tragflügel gezeigt haben, verlieren schwache Pfetten bei Vorhandensein starker Holmgurte bereits bei 50 ÷ 60 % der Bruchbelastung ihre Festigkeit. Dabei derformiert sich die Oberfläche des Tragflügels so stark, daß nach der Beseitigung der Belastung örtlich plastische Deformationen der Pfetten und der Behäutung bleiben.

Der Holmgurt dieser Konstruktion besteht aus einem Band 3 und einem kräftigen T-Profil 4, deren Querschnittsfläche sich zum Flügelende hin verringert. Diese Profilform ist sehr günstig, weil sie bei Druckbelastung bis zu kritischen Spannungen hin arbeitet, die nahe der Festigkeitsgrenze des Materials liegen.

Bild 2.23 b zeigt schematisch die Belastung der Konstruktionselemente des zweiholmigen Tragflügels. Man kann sagen, daß bei einem derartigen Tragflügel die Querkraft F_Q in den Stegen der Holme eine ihr entgegengesetzt wirkende Schubspannung τ_Q erzeugt. Den Wert dieser Spannung kann man nach folgender Formel ermitteln:

$$\tau_Q \approx \frac{F_Q}{H_1\delta_1 + H_2\delta_2}.$$

$H_1\delta_1$ – Querschnittsfläche des vorderen Holmsteges;

$H_2\delta_2$ – Querschnittsfläche des hinteren Holmsteges.

Das Torsionsmoment, das sich daraus ergibt, daß die Wirkungslinie der Resultierenden aus den Schubkräften in den Holmstegen nicht mit derjenigen der Querkraft übereinstimmt, erzeugt in der geschlossenen Kontur von Behäutung und Holm-

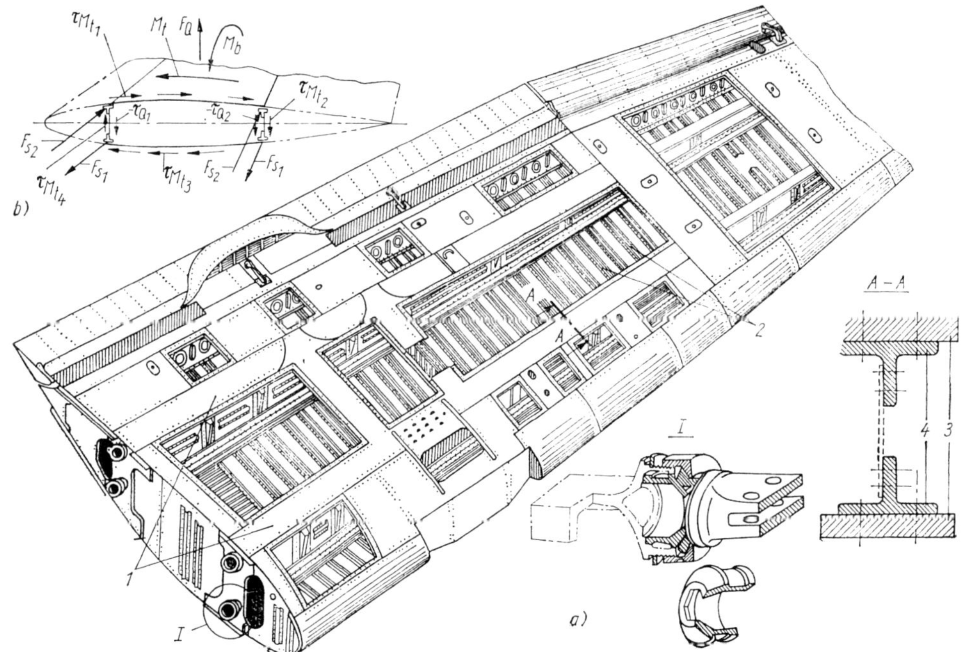

Bild 2.23 Zweiholmiger Tragflügel mit dünner Behäutung ohne Pfetten (Ansicht von unten):
a) Konstruktion; b) Kräfte- und Momentenschema
1 – Holme; 2 – Rippen; 3 – Bänder; 4 – Profile der Holmgurte

stegen ebenfalls eine Schubspannung, die dem Torsionsmoment entgegenwirkt. Diese Schubspannungen (τ_{M_t}) als Folge des Torsionsmomentes lassen sich mit Hilfe der Bredtschen Formel ermitteln:

$$\tau_{M_t} = \frac{M_t}{2 \cdot A_{\text{Kont}} \cdot \delta}.$$

A_{Kont} – die Fläche innerhalb der geschlossenen Kontur;
δ – die Blechstärke des betrachteten Elementes (Behäutung, Holmsteg).

Wenn der Tragflügel zwei Konturen hat, die das Torsionsmoment aufnehmen können, dann verteilt sich dieses proportional ihrer Verwindungssteifheit (Torsionssteifheit).
In den Holmstegen ergeben sich zusammengesetzte Spannungen:

$$\tau_{\Sigma} = \tau_Q + \tau_{M_t}$$

Das Vorzeichen von τ_{M_t} wird durch das Vorzeichen des entsprechenden Momentes bestimmt.
Da bei dieser Konstruktion die Behäutung und die Pfetten recht schwach sind, wird das gesamte Biegemoment durch die Holmgurte aufgenommen und verteilt sich zwischen ihnen proportional ihrer Steifheit. Für Näherungsrechnungen kann man die zwei Holme durch einen mit einer mittleren Bauhöhe ersetzen:

$$H_{\text{m}} = \frac{H_1 + H_2}{2}.$$

In diesem Falle wird $F_L = \pm M_b/H_m$;

$$\sigma_{\text{Zug}} = \frac{F_L}{A_1 + A_2} \leqslant \sigma_{\text{B}};$$

$$\sigma_{\text{Druck}} = \frac{F_L}{A_1' + A_2'} \leqslant \sigma_{\text{krit}};$$

F_L – die Längskraft in den Gurten;
A_1 und A_2 – die Querschnittsflächen der auf Zug beanspruchten Gurte;
A_1' und A_2' – die Querschnittsflächen der auf Druck belasteten Gurte;
σ_{krit} – die kritische Druckspannung.

In der Sowjetunion wendete A. N. Tupolew erstmals für die Flugzeuge TB-1 und TB-3 (ТБ-1 und ТБ-3) mehrholmige Ganzmetall-Tragflügel an. Diese Tragflügel hatten mehrere kräftige Holme, die das gesamte Biegemoment aufnahmen, und eine dünne Wellblechbehäutung aus einer Aluminiumlegierung, bei der die Wellenberge und -täler in Flugrichtung liefen und die dem Flügel eine gute Verwindungssteifheit und Festigkeit gaben.
Für die damalige Zeit war diese Konstruktion mit der dünnen Wellblechbehäutung, die nur auf Schub bei Verdrehung des Tragflügels arbeitete, hinreichend vorteilhaft, weil diese Art der Behäutung bei den relativ geringen Fluggeschwindigkeiten von 200 ··· 300 km/h nur unwesentlich den Luftwiderstand des Tragflügels erhöhte. Gleichzeitig wurde sie aufgrund ihrer geringen Masse und hohen Festigkeit gut ausgenutzt. Beim weiteren Anwachsen der Fluggeschwindigkeit erwies sich der Tragflügel mit der Wellblechbehäutung aufgrund seiner großen Reibungsoberfläche als aerodynamisch ungünstig und wurde deshalb durch Tragflügel mit glatter Oberfläche verdrängt.

Als Beispiel für mehrholmige Tragflügel kann der auf Bild 2.24 gezeigte dreiholmige Flügel betrachtet werden. Die Holme dieses Tragflügels sind dünne Träger in ⌶-Form mit sich veränderndem Querschnitt. Die Holmgurte haben ein kompliziertes Profil 7, das nach außen Aussparungen zur Befestigung der Behäutung 6 hat. Die Stege 8 der Holme sind an den Befestigungsstellen der Rippen durch Stützrippen 9 verstärkt. An der Tragflügelwurzel befinden sich die Befestigungspunkte mit dem Rumpf.
Am hinteren Holm sind das Hinterteil des Tragflügels sowie die Befestigungs-

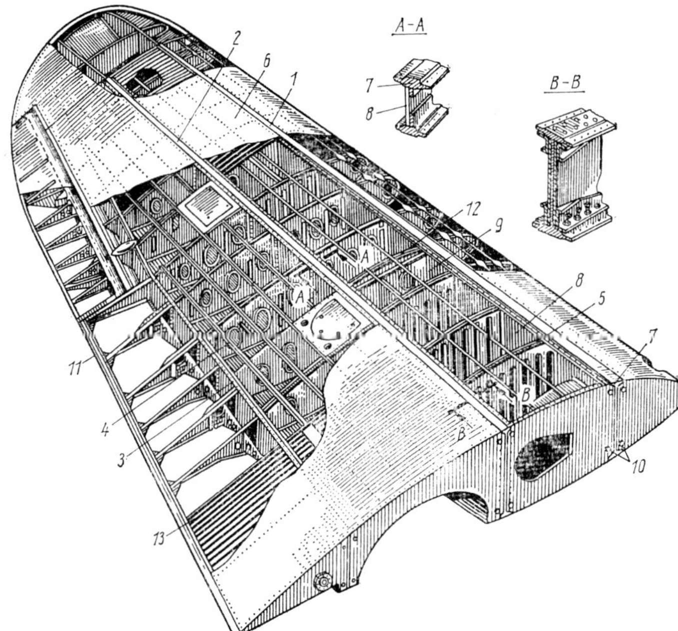

Bild 2.24 Dreiholmiger Tragflügel mit dünner Behäutung

1, 2, 3 – Holme; 4 – Pfetten; 5 – Rippen; 6 – Behäutung; 7 – Gurtprofil des Holmes; 8 – Holmsteg; 9 – Verstärkungsrippe am Holmsteg; 10 – Verbindungspunkte; 11 – hintere Abschlußpfette; 12 – verstärkte Rippe; 13 – Wellblechversteifung

punkte für Querruder und Landeklappe angebracht. Das Profil der Pfetten ist offen. Sie haben eine einfache Nietreihe. Die hintere Abschlußpfette (Endleiste) 11 verbindet die Enden der Rippen mit der unteren und oberen Behäutung.

Die Rippen sind aus Blech hergestellt und unten und oben zur Befestigung an der Behäutung abgekantet. Insgesamt sind sie aus vier Teilen zusammengesetzt, die große Aussparungen mit gebördelten Kanten zur Gewichtsverringerung sowie Sicken zur Versteifung haben. Dort, wo Punktkräfte in die Konstruktion eingeleitet werden, sind die Rippen durch Winkel verstärkt.

Die Behäutung ist durch Nieten an den Holmgurten, den Rippen und den Pfetten befestigt. Die Einteilung in kleine Felder, die sich durch die Auswahl des entsprechenden Längs- und Querverbandes ergab, gestattete die Verwendung einer relativ dünnen Behäutung. Zur Erhöhung der Festigkeit des Tragflügels im Bereich des Fahrwerkschachtes wurde die Behäutung zwischen den Holmen durch Wellblech verstärkt.

Die Verbindungsbolzen des Tragflügels zum Rumpf werden bei Biegung des Tragflügels auf Zug beansprucht.

Der auf Bild 2.25 dargestellte Tragflügel ist eine einholmige Konstruktion mit dünner Metallbehäutung, die nur aerodynamische Belastungen aufnimmt. Der Holm dieses Tragflügels stellt ein Rohr (Rohrholm) dar.

Die Normalspannungen im Holm bei Biegung des Tragflügels betragen

$$\sigma = \frac{M_b}{W} \leqslant \sigma_B$$

W – Flächenträgheitsmoment des Holmquerschnittes.

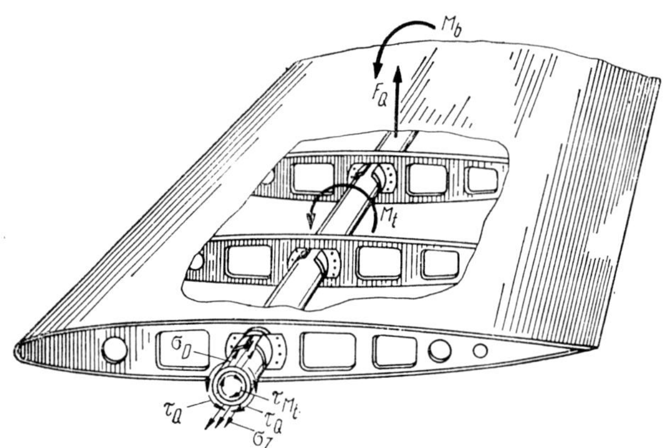

Bild 2.25 Tragflügel mit einem Rohrholm und einer dünnen Behäutung, die nur aerodynamische Kräfte aufnimmt

Bei einem Verhältnis von $D/\delta > 8$ (wobei D der Durchmesser des Rohres und δ seine Wandstärke sind), kann man sagen, daß $W \approx 0{,}8\, D_m^2 \delta$ und folglich

$$\sigma \approx \frac{M_b}{0{,}8\, D_m^2 \delta} < \sigma_B \quad \text{oder}$$

$$\sigma = \frac{M_b}{0{,}1\,(D^3 - d^3)} \leqslant \sigma_B$$

ist.

Die Tangentialspannungen (Schubspannungen) in den Rohrwänden, die sich aus der Querkraftwirkung ergeben, betragen

$$\tau_Q = \frac{2F_Q}{\frac{\pi}{4}(D^2 - d^2)}$$

und diejenigen, die sich aus dem Torsionsmoment ergeben,

$$\tau_{M_t} = \frac{M_t}{0{,}2\,(D^3 - d^3)}.$$

Die Gesamtschubspannung und somit die Festigkeitsbedingung ergibt sich als:

$$\tau_\Sigma = \tau_Q + \tau_{M_t} \leqslant \tau_B.$$

Aus den Gleichungen zur Bestimmung der Werte σ und τ_{M_t} folgt, daß der Rohrholm gut auf Torsion, jedoch wesentlich schlechter auf Biegung arbeitet, weil die äußeren Materialfasern nicht weit genug von der neutralen Linie des Holmes entfernt sind.

Unter Berücksichtigung dieser Besonderheit schlug die englische Firma Blackburn in den Jahren 1935 bis 1938 die Anwendung eines Rohrholmes vor, dessen Ober- und Unterseite durch Längssicken versteift wurde (Bild 2.26). Derartige Holme wurden für Tragflügel großer Dicke verwendet, wobei sie gleichzeitig als Kraftstoffbehälter dienten. Ähnliche Konstruktionen wurden in den dreißiger Jahren auch in der UdSSR und anderen Staaten verwendet.

Als weiteres Beispiel für die Anwendung von Rohren in Tragflügelkonstruktionen

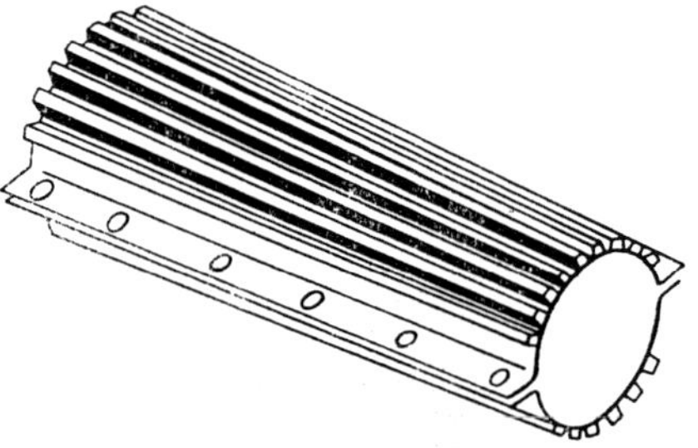

Bild 2.26 Rohrholm für Tragflügel, dessen Ober- und Unterseite durch Längssicken versteift wurden

kann der Tragflügel des sowjetischen Jagdflugzeuges I-16 (Bild 2.27) dienen. Dieser Tragflügel stellte eine zweiholmige Fachwerkkonstruktion dar. Sie bestand aus den Holmen 1, den Rippen 2 und den über Kreuz in zwei Ebenen angebrachten Verspannungen 3. Bei dieser Konstruktion wurde das Biegemoment am Tragflügel durch die thermisch bearbeiteten Chrom-Molybdän-Rohrgurte aufgenommen. An die Gurte wurden jeweils zwei Stege angenietet, zwischen denen sich an den Befestigungsstellen der Rippen Verstärkungsrippen befanden. Das Torsionsmoment wurde durch das räumliche Fachwerk aufgenommen, das aus den Holmen, verstärkten Rippen und jeweils zwei Spannbändern in der unteren und der oberen Ebene zwischen den Rippen bestand. Die Querkraft wurde in der Hauptsache durch die Holmstege übertragen. Da die Behäutung im Vorderteil des Tragflügels stärker belastet ist, wurde sie hier (auf der Oberseite bis 44,5 % der Tiefe und auf der Unterseite bis 14,5 %) aus 0,6 mm starkem Aluminiumblech hergestellt (im übrigen war der Tragflügel stoffbespannt). Die Blechplatten sind an verstärkten und an einfachen Rippen befestigt. Im Nasenteil des Tragflügels sind zur besseren Gewährleistung der Form noch zusätzliche Rippenteile 6 vorhanden.

Als charakteristisches Beispiel einer mehrholmigen Konstruktion, deren Behäutung nur aerodynamische Kräfte aufnimmt, kann auch der »geodätische« Tragflügel betrachtet werden.

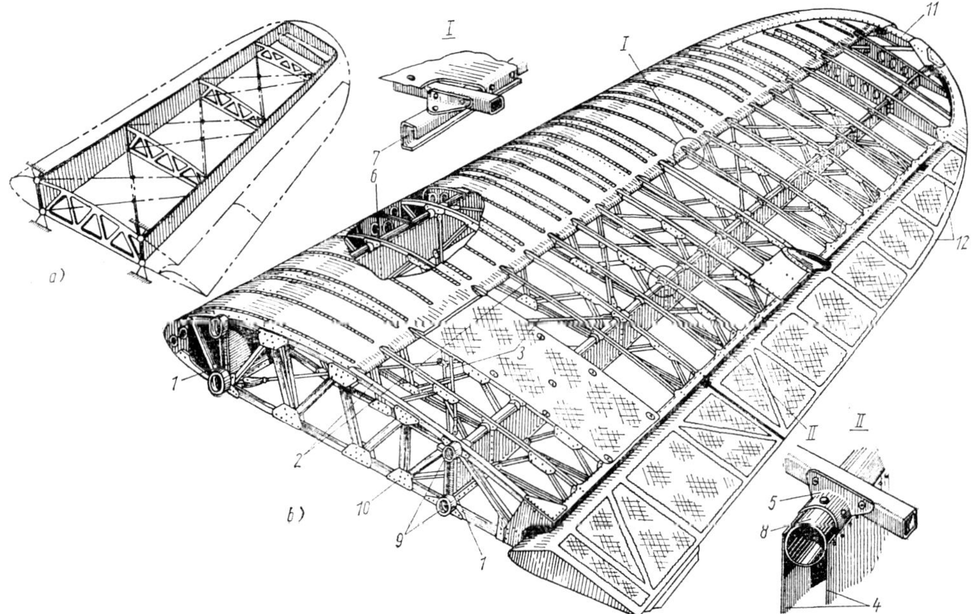

Bild 2.27 Zweiholmiger Tragflügel mit dünner Behäutung, die nur aerodynamische Kräfte aufnimmt:
a) konstruktives Schema; b) Konstruktion
1 – Holme; 2 – Rippen; 3 – Spannbänder; 4 – Stegbleche des Holmes; 5 – Verstärkungen zur Befestigung der Rippen an den Holmgurten; 6 – Teilrippe im Tragflügelvorderteil; 7 – Pfette; 8 – Holmgurt; 9 – Befestigungspunkte; 10 – Knotenblech; 11 – Randbogen des Tragflügels; 12 – Querruder

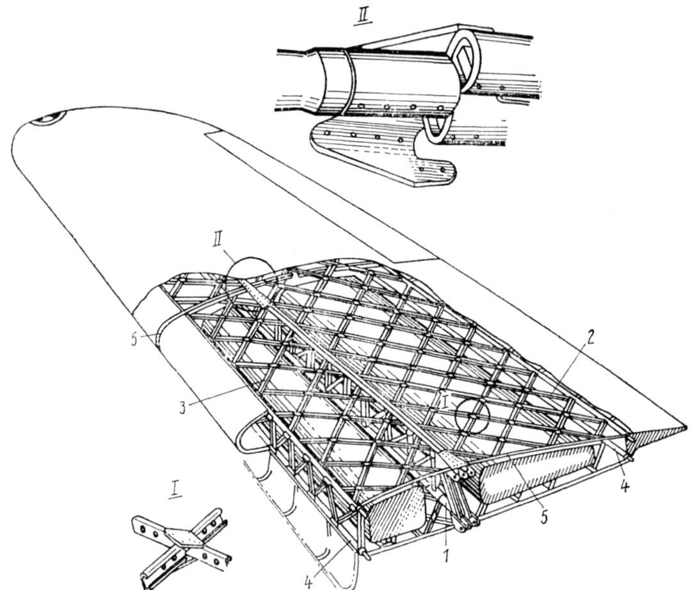

Bild 2.28 Geodätische Konstruktion eines Tragflügels

1 – Hauptholm; 2, 3 – Gitterelemente; 4 – Hilfsholme; 5 – Abstützelemente für den Gitterverband (Rippen)

Besonderheit dieser Konstruktion ist das Fehlen von typischen Pfetten und Rippen. Ihre Aufgaben werden durch ein Gitter von Diagonalelementen erfüllt, die entlang geodätischer Linien verlegt sind, d.h. entlang der kürzesten Verbindung zwischen zwei Punkten auf einer gewölbten Oberfläche. Somit sind die Holme und das geodätische Gitter die wichtigsten tragenden Elemente dieser Konstruktion. Bild 2.28 zeigt einen dreiholmigen Tragflügel solcher Bauart. Der Hauptholm 1 liegt im Bereich der größten Bauhöhe des Tragflügels und nimmt deshalb einen wesentlichen Anteil des Biegemomentes auf. Die beiden Hilfsholme 4 nehmen das Torsionsmoment und Längskräfte auf. Die Bespannung des Tragflügels bestand aus Leinen.

Die Diagonalelemente 2 und 3 liegen unter einem Winkel von 45° zur Flügelachse. Untereinander bilden die Diagonal-

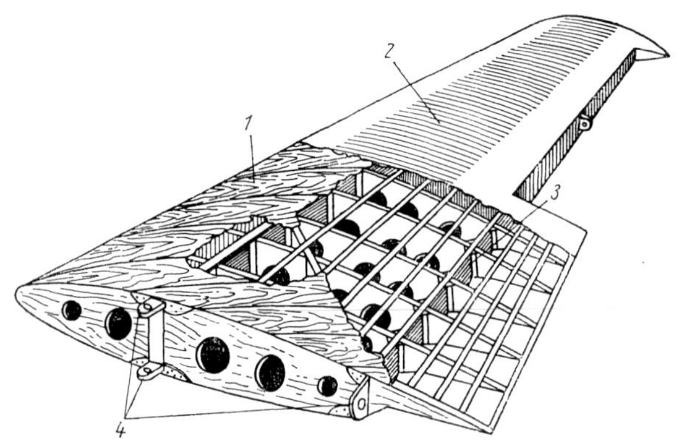

Bild 2.29 Einholmiger Holztragflügel mit verwindungssteifem Nasenkasten

1 – Nasenkasten; 2 – Leinenbespannung; 3 – Hilfsholm; 4 – Befestigungspunkte

elemente 2 und 3 einen Winkel von 90°. Der Innenraum des Tragflügels wird voll zur Unterbringung von Kraftstoff genutzt, weil Rippen, außer einigen kräfteaufnehmenden, fehlen. Hauptvorteil dieser Konstruktion ist ihr geringes Gewicht, ihr Hauptnachteil besteht in der Stoffbespannung. Das gestattet es nicht, diese Konstruktion für Hochgeschwindigkeitsflugzeuge zu verwenden, weil die Behäutung eine unzureichende Festigkeit besitzt. Der Austausch der Stoffbespannung gegen eine Metallbehäutung eröffnet der geodätischen Konstruktion neue Perspektiven.

Einige Flugzeuge haben auch heute noch einholmige Holztragflügel mit verwindungssteifem Nasenkasten (Bild 2.29). Solche Tragflügel haben meist eine glatte Sperrholzbeplankung, die durch Rippen versteift ist. Der Holm des Tragflügels nimmt das Biegemoment und die Querkraft auf, während der Nasenkasten zusammen mit den Rippen das Torsionsmoment aufnimmt. Natürlich kann auch dieser Tragflügel durch einen metallischen ersetzt werden.
Diese Tragflügel weisen jedoch auf Grund der Unterbringung des Holmes im Bereich maximaler Bauhöhe und geringer Behäutungsdicke über große Flächen eine effektive und rationelle Materialausnutzung auf.
Einholmige Tragflügel mit verwindungssteifem Nasenkasten und Stoffbespannung im hinteren Teil des Tragflügels erwiesen sich als rationellste Lösung beim Bau leichter Schul- und Sportflugzeuge und vor allem von Segelflugzeugen.

2.4.2. *Kastenflügel*

Mit Erhöhung der Fluggeschwindigkeit erwies sich die dünne glatte Behäutung als unzureichend fest und steif. Daraus ergab sich die Notwendigkeit, die Behäutungsdicke wesentlich zu erhöhen und gleichzeitig die Behäutung durch einen entsprechenden Längsverband zu versteifen. Eine solche Behäutung, die man auch als Schale bezeichnet, hat bereits eine relativ hohe kritische Spannung, d. h., sie ist in der Lage, bei der Aufnahme des Biegemomentes effektiv mit den Holmen zusammenzuarbeiten.
Angewendet auf zweiholmige Tragflügel heißt das, daß die Behäutung zwischen den Holmen durch Längspfetten oder durch Wellblech mit längslaufenden Sikken so versteift wurde, daß sie bei Verringerung der Gurtquerschnitte der Holme einen wesentlichen Teil des Biegemomentes aufnehmen konnte. Diese Bauweise erhielt den Namen Kastenbauweise.
Bei dieser Bauweise wird dadurch, daß die auf Zug und Druck arbeitenden Elemente relativ weit auseinander liegen (Nutzung der vollen Bauhöhe), das Material rationell genutzt, so daß ein Tragflügel dieser Konstruktion eine relativ geringe Masse aufweist. Außerdem sind seine inneren Hohlräume relativ gut nutzbar.
Bild 2.30 zeigt eine typische Kastenkonstruktion. An diesem Tragflügel sind die beiden Holme mit abgeschwächten Gurten in gleicher Weise untergebracht wie bei gewöhnlichen zweiholmigen Flügeln. Die Behäutung ist sowohl auf der Oberals auch Unterseite des Tragflugels durch eine Vielzahl von Pfetten verstärkt.
In Anbetracht dessen, daß die obere Schale des Tragflügels während der schwersten Belastungsfälle auf Druck belastet wird und daß die in diesem Falle durch sie aufgenommenen Kräfte durch die Größe der kritischen Spannungen in ihren Elementen (Pfetten und Behäutung) bestimmt werden, ist sie stärker ausgelegt als die untere Schale. Manchmal werden die Pfetten der oberen Schale durch ein Wellblech ersetzt.
Eine abnehmbare obere Schale, die durch

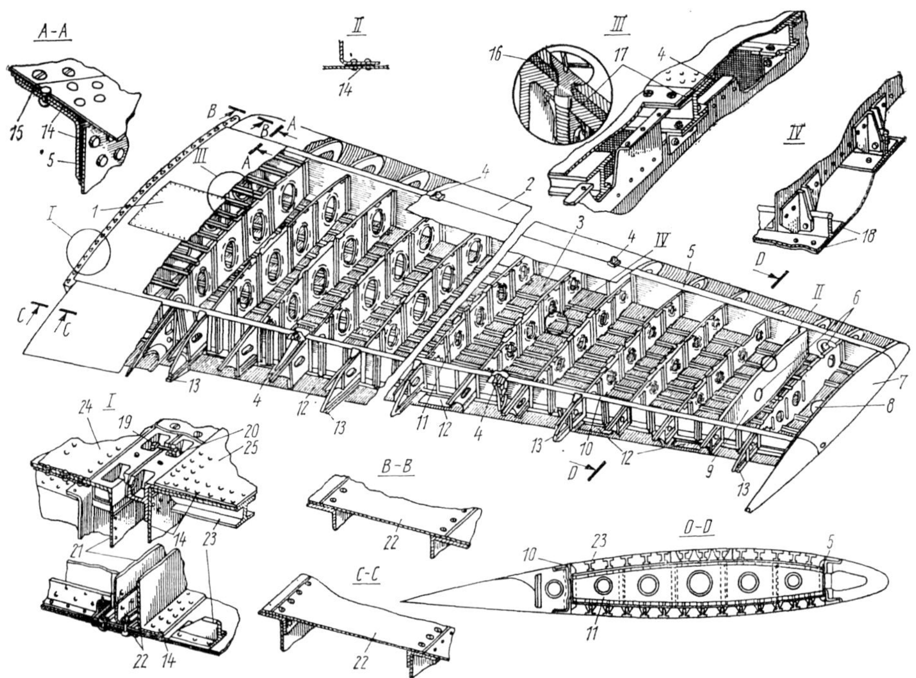

Bild 2.30 Außenflügel in Kastenbauweise

1 – abnehmbare Platte; 2 – Tragflügelnase; 3 – Kraftstoffbehälter; 4 – Transportösen; 5 – vorderer Holm; 6 – Luken; 7 – Endkappe; 8 – Luke; 9 – Abschlußrippe des Tragflügelkraftstoffbehälters; 10 – hinterer Holm; 11 – Rippe; 12 – Luken; 13 – Befestigungspunkte des Querruders; 14 – Abdichtungshaut; 15 – Enteisungsschicht; 16 – Dichtring; 17 – Dichtunterlage; 18 – Dichtanstrich; 19 – selbstsichernde Mutter; 20 – Bolzen; 21 – zerlegbare Rippe; 22 – Verbindungsbänder; 23 – Pfetten; 24 – Tragflügelmittelstück; 25 – Außenflügel

Schrauben und Annietmuttern befestigt wird, gestattet Durchsichten sowie Wartungs- und Reparaturarbeiten an der Tragflügelkonstruktion.

Der Tragflügel des sowjetischen Passagierflugzeuges IL-18 hat eine solche Konstruktion.

Charakteristisch ist für Kastenkonstruktionen von Tragflügeln eine horizontale Trennstelle, die den Tragflügel in eine obere und eine untere Schale unterteilt. Ebenso charakteristisch ist die Verwendung einer großen Anzahl gestanzter Teile. Die Möglichkeit, beide Schalen unabhängig voneinander anzufertigen, erleichtert wesentlich die Produktion und erhöht die Genauigkeit der Einhaltung der vorgegebenen Profilformen.

Zwischen den Holmen können Integralschalen verwendet werden, die entweder aus einem ganzen oder aus mehreren Streifen bestehen (Bild 2.32).

Die Anwendung von Integralteilen gestattet eine Verringerung des Arbeitsaufwandes bei der Montage des Tragflügels und verbessert die Oberflächengüte sowie die Dichtheit des Tragflügels.

Bei den weiter oben betrachteten Kastenflügeln haben die Holme noch relativ starke Gurte. Die weitere Entwicklung dieser Konstruktionen führte zur Anwendung noch stärkerer Behäutung und Pfetten.

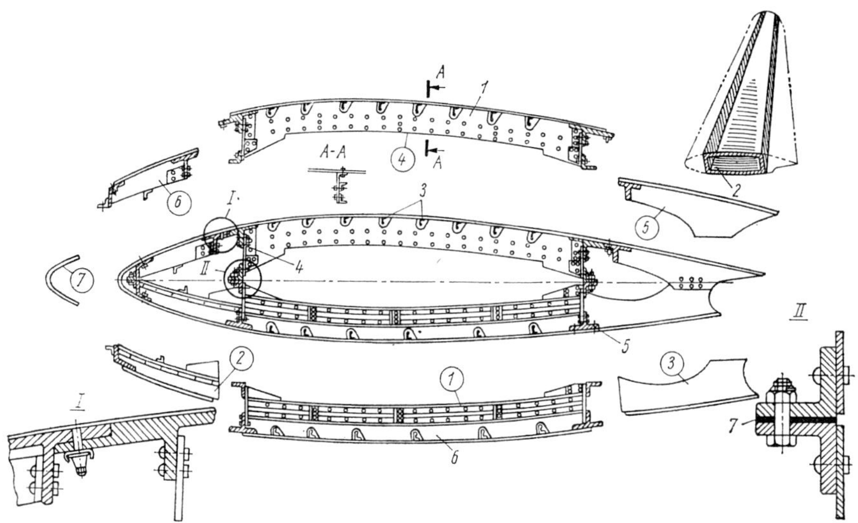

Bild 2.31 Kastentragflügel mit zerlegbarer Rippe (die Ziffern in den Kreisen zeigen die Reihenfolge des Zusammenbaues):

1 – obere Schale; 2 – Kastenabschnitt des Tragflügels; 3 – Pfetten; 4 – vorderer Holm; 5 – hinterer Holm; 6 – untere Schale; 7 – Zwischenlage

Im Ergebnis verwandelten sich die Holme in Hilfsholme. Die Behäutung wurde das Hauptelement des Kräfteverbandes, was bereits für die reine Schalenbauweise charakteristisch ist.

So lassen sich die Kastenflügel als Zwischenstufe zwischen Holm- und Schalenflügel einordnen.

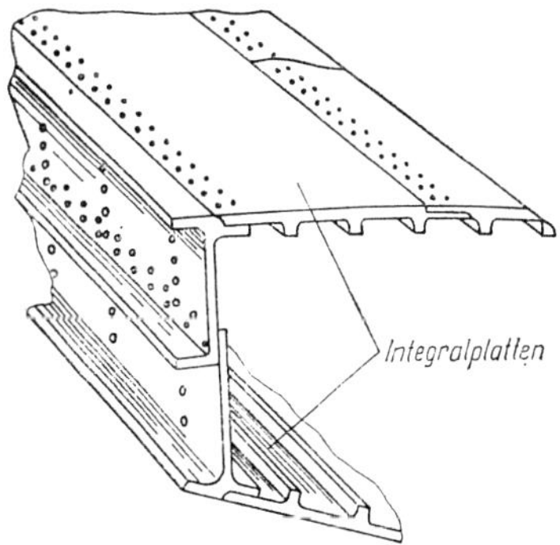

Bild 2.32 Integralplatten eines Kastenflügels, die aus mehreren Integralstreifen zusammengenietet sind

Die Arbeitsweise der Elemente eines Kastenflügels wird durch das Schema auf Bild 2.33 erläutert. Das Biegemoment M_b wird durch die Holmgurte, die Pfetten und die Behäutung aufgenommen, d.h. durch die obere und die untere Schale, welche analog zu den Holmgurten auf Zug und Druck belastet werden.

Die Längskraft F_L, die auf die Schale als Zug- oder Druckkraft wirkt, wird auf der gesamten Querschnittsfläche der Schale A_{Sch} wirksam:

$$A_{Sch} = A_{G_1} + A_{G_2} + nA_{Pf} + B\delta_{Beh}.$$

A_{G_1} – Querschnittsfläche des vorderen Holmgurtes;

A_{G_2} – Querschnittsfläche des hinteren Holmgurtes;

A_{Pf} – Querschnittsfläche einer Pfette;

n – Anzahl der Pfetten in der betrachteten Schale;

B – Breite der betrachteten Schale;

δ_{Beh} – Stärke der Behäutung.

Die erforderlichen Querschnittsflächen lassen sich für die auf Zug belastete Schale aus folgender Beziehung ermitteln, wenn alle Teile aus gleichem Material bestehen:

$$\sigma_Z = \frac{F_L}{A_{G_1} + A_{G_2} + nA_{PF} + B\delta_{Beh}} \leqslant \sigma_B .$$

Die auf Druck belastete Schale hat aufgrund örtlicher Festigkeitsverluste einen geringen kritischen Wert der Druckspannung. Da in diesem Falle die Behäutung

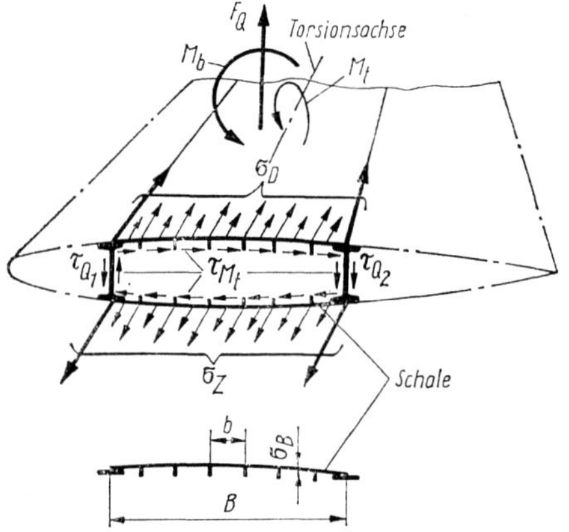

Bild 2.33 Schematische Darstellung der Belastung der Elemente eines Flügelkastens

nur teilweise Kräfte aufnimmt, wird die tragende Querschnittsfläche durch Multiplikation der tatsächlich vorhandenen Fläche mit dem Abminderungsfaktor $\varphi < 1$ bestimmt.

Dieser Faktor stellt das Verhältnis der wahren Spannung zu ihrem fiktiven Wert bzw. der reduzierten Querschnittsfläche zur realen dar. Er berücksichtigt die gemeinsame Arbeit der einzelnen Konstruktionselemente sowie die Unterschiedlichkeit der verwendeten Materialien oder Querschnittsformen der belasteten Elemente.

Wenn alle Längselemente der auf Druck belasteten Schale aus gleichem Material bestehen, so kann man die Querschnittsflächen aus folgender Beziehung ermitteln:

$$\sigma_D = \frac{F_L}{A_{G_1} + A_{G_2} + nA_{Pf} + \varphi B\delta_{Beh}} \leqslant \sigma_{krit} .$$

Dabei wurde angenommen, daß im Kastenflügel die Steifheit der Holmgurte und der Pfetten annähernd gleich ist, d.h. daß ihre kritischen Spannungen gleich sind. Deshalb werden ihre Querschnittsflächen ohne Berücksichtigung von Abminderungsfaktoren einfach addiert.

Je besser die Behäutung durch Pfetten versteift ist, desto höher ist der Wert des Abminderungsfaktors, d.h. je enger die Pfetten liegen, desto besser arbeitet die Behäutung unter Druckbelastung.

Es wurde theoretisch und experimentell nachgewiesen, daß bei einem Abstand zwischen den Pfetten $b < 40 \cdot \delta_{Beh}$ die Behäutung vollwertig mitarbeitet, d.h. daß der Faktor $\varphi = 1$ ist. Für Werte $b > 40 \cdot \delta_{Beh}$ können folgende Näherungswerte für φ ermittelt werden:

$\varphi \approx 40\,(\delta_{Beh}/b)$ – für eine Behäutung, die durch einreihig angenietete Pfetten verstärkt ist (Bild 2.34a) und

$\varphi \approx 40\,(\delta_{Beh}/b - d)$ – für eine Behäutung, die durch zweireihig angenietete Pfetten verstärkt ist (Bild 2.34b).

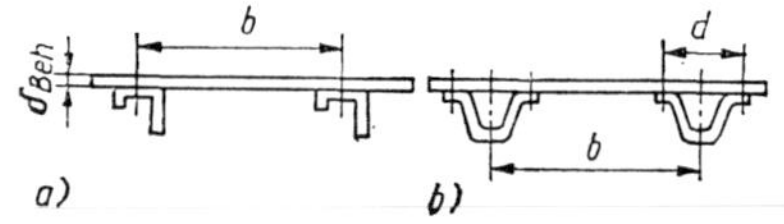

Bild 2.34 Darstellung zur Auswahl des Abminderungsfaktors φ:
a) einreihige Nietverbindung; b) zweireihige Nietverbindung

Wenn dabei $\varphi > 1$ ermittelt wird, so wird mit $\varphi = 1$ weitergerechnet.
In den Stegen der Holme sowie in der Behäutung der oberen und der unteren Schale werden durch die Querkraft F_Q und das Torsionsmoment M_t Tangentialspannungen hervorgerufen. Die Konstruktionselemente arbeiten in diesem Falle ebenso wie die entsprechenden Elemente des Holmflügels.

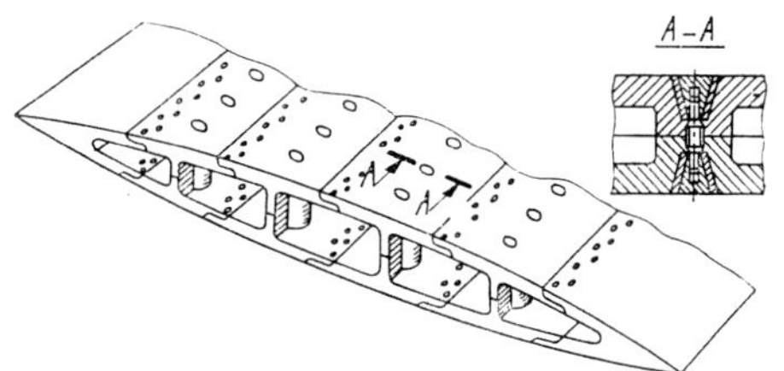

Bild 2.35 Konstruktion eines dünnen Schalenflügels ohne Pfetten und Rippen

2.4.3. *Schalenflügel*

Im Schalenflügel fehlen die Holme als stärkste Längselemente, deshalb werden das Biege- und das Torsionsmoment nur durch die Behäutung und die Pfetten aufgenommen.
Anstelle einer starken Behäutung und eines dichten Längs- und Querverbandes werden in solchen Flügeln oft Integralschalen verwendet, die sehr gut auf Biegung und Verdrehung arbeiten.
Die Querkraft wird durch zwei, drei und mehr Hilfsholme und teilweise durch die Behäutung aufgenommen.

Das Torsionsmoment wird durch die Behäutung und die Holmstege, die zusammen eine geschlossene Kontur bilden, aufgenommen. Letztere gewährleisten die Verwindungssteifheit des Tragflügels. Im Schalenflügel wird die vorhandene Bauhöhe effektiv genutzt. Außerdem hat dieser Tragflügel eine hohe Lebensfähigkeit im Falle teilweiser Beschädigung.
Für dünne Schalenflügel kann es sich als günstig erweisen, mächtige Integralschalen ohne Pfetten und Rippen anzuwenden (Bild 2.35).
Die Spannungen in den Querschnitten des Schalenflügels werden ebenso ermittelt wie für den Kastenflügel.

2.5. Die konstruktiven Besonderheiten von Pfeil- und Dreieckflügeln

2.5.1. *Pfeilflügel*

Charakteristische Besonderheit von Pfeilflügeln ist das Vorhandensein von konstruktiven Elementen in ihrem Wurzelteil, die das Dreieck ABC bilden. Damit verbunden ist die Änderung der Achsrichtung (die Knickung) der Elemente des Längsverbandes (der Holme und Pfetten) im Bereich des Rumpfes.
Das Wurzelteil des Pfeilflügels kann folgende konstruktive Formen haben:

a) mit Knickung der Längselemente an der Bordwand,
b) mit Knickung der Elemente auf der Rumpfmittelachse und
c) mit innerer Verstrebung (bei einholmigen Konstruktionen).

Bei einholmigen Pfeilflügeln arbeitet das Teil außerhalb der genannten Zone auf Biegung, Schub und Torsion wie ein gerader Tragflügel. Pfeilflügel können ihrer Konstruktion nach ein- oder zweiholmig,

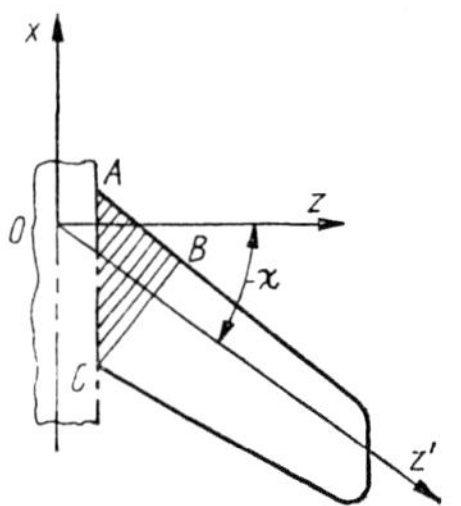

Bild 2.36 Zur Festigkeitsberechnung eines einholmigen Pfeilflügels

in Kasten- oder Schalenbauweise gebaut werden.

Die F_Q-, M_b- und M_t-Flächen können über den Achsen z oder z' entwickelt werden (Bild 2.36).

Im Pfeilflügel können die Rippen entweder parallel zum Luftstrom (Bild 2.37a) oder aber senkrecht zur $t/4$-Linie angeordnet werden (Bild 2.37b). Bei der ersten Variante läßt sich die erforderliche Profilform besser einhalten, aber die erforderliche Anpassung der Rippen an die Haupt- und Hilfsholme führt zu einer nicht unwesentlichen Komplizierung der Herstellung. Daneben sind auch noch einige Besonderheiten der Arbeit der Behäutung bei unterschiedlicher Lage der Pfetten zu berücksichtigen. So verliert z. B. die Behäutung bei der ersten Variante

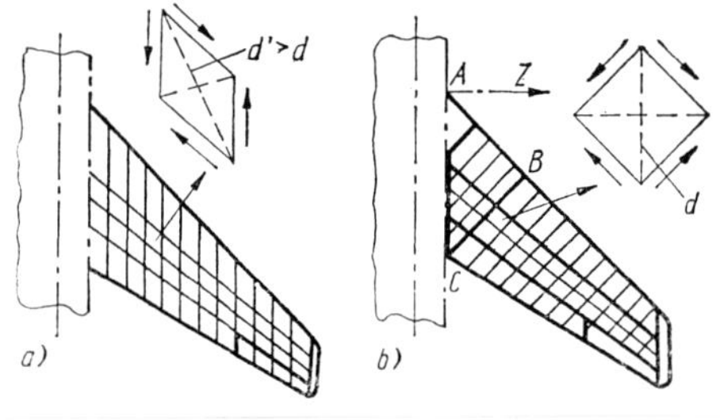

Bild 2.37 Mögliche Lage der Rippen im Pfeilflügel:

a) in Anströmrichtung; b) im rechten Winkel zur Achse des Hauptholmes (bzw. zur $t/4$-Linie)

ihre Festigkeit bereits bei geringeren Schubspannungen infolge eines Torsionsmomentes, das in Richtung einer Verkleinerung des Anstellwinkels wirkt. Das erklärt sich aus der größeren Diagonale, die auf Druck beansprucht wird ($d' > d$) (Bild 2.37a).

Die konstruktiven Besonderheiten der Pfeilflügel bestimmen die Art und Weise, in der die Kräfte vom Tragflügel an den Rumpf übertragen werden, und beeinflussen die Arbeitsbedingungen für die Elemente des Kräfteverbandes.

Untersuchen wir diese Besonderheiten für die oben genannten konstruktiven Hauptvarianten des Pfeilflügels.

2.5.1.1. Pfeilflügel mit Knickung der Elemente des Längsverbandes

Hier soll vor allem ein einholmiger Pfeilflügel betrachtet werden, dessen Längselemente an der Bordwand abgeknickt werden (Bild 2.38). Während für den geraden Tragflügel gilt, daß das Biegemoment vollständig durch den im Rumpf liegenden Teil des Tragflügels kompensiert wird, zerlegt sich das Biegemoment des Pfeilflügels im Verbindungspunkt zum Rumpf D in zwei Komponenten:

$$M_{DC} = M_b \sin \chi_H \quad \text{und} \quad M_{DD'} = M_b \cos \chi_H,$$

χ_H – Pfeilwinkel des Holmes, der annähernd mit dem Pfeilwinkel der $t/4$-Linie übereinstimmt.

Das Teilmoment M_{DD} wird durch ein Kräftepaar, das im Rumpfteil des Tragflügels entsteht, kompensiert. Das Teilmoment M_{DC} wird dagegen durch ein Kräftepaar in der Wurzelrippe DC des Tragflügels ausgeglichen. Von der Wurzelrippe wird das Moment als Kräftepaar auf die Befestigungspunkte D und C über-

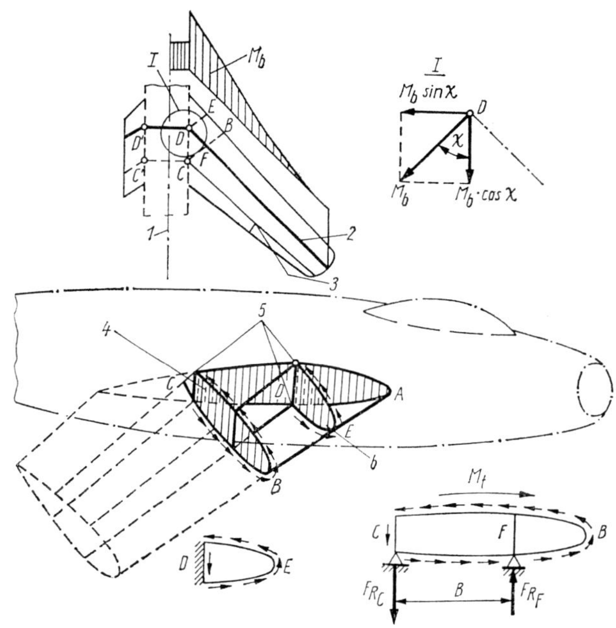

Bild 2.38 Schema der Kräfte und Momente im Wurzelteil eines Pfeilflügels:

1 – Rumpfmittelachse; 2 – Holm; 3 – Hilfsholm; 4 – verstärkte Rippe; 5 – Befestigungspunkte des Tragflügels am Rumpf; 6 – verstärkte Nasenrippe

tragen. Je größer der Pfeilwinkel des Tragflügels, desto größer ist auch die Biegemomentenkomponente M_{DC}. Daraus ergibt sich notwendigerweise eine Verstärkung der Wurzelrippe.

Die Querkraft Q ruft beim Pfeilflügel in den Punkten D und D′ die gleichen Reaktionskräfte hervor wie beim geraden Tragflügel.

Das Torsionsmoment wird hier von der Behäutung auf die Rippen CFB und DE übertragen, während es beim geraden Tragflügel über die Wurzelrippe auf den Rumpf übertragen wird.

Die Rippe CFB überträgt das Torsionsmoment in Form eines Kräftepaares F_{R_C} und F_{R_F} (Bild 2.38) auf die Stützpunkte C am Rumpf und F am Holm, d.h., die Kraft $F_{R_C} = M_t/B$ wird durch den Rumpf an der Befestigungsstelle C der Rippe am Rumpf und die Kraft $F_{R_F} = F_{R_C}$ durch den Holm an der Befestigungsstelle F der Rippe am Holm aufgenommen. Die Kraft F_{R_F} belastet den Holm zusätzlich und verstärkt sowohl die in ihm wirkende Querkraft als auch das Biegemoment.

Die Rippe DE stellt einen Kragträger dar, der durch eine Streckenlast von Seiten der Behäutung belastet und der in der Bordebene des Rumpfes befestigt ist.

Schlußfolgernd kann gesagt werden, daß die Übertragung der Kräfte vom Pfeilflügel auf den Rumpf infolge der Knikkung der Längselemente dazu führt, daß das Biegemoment M_b sich teilweise in ein Torsionsmoment verwandelt, während das Torsionsmoment M_t den Holm zusätzlich auf Biegung belastet.

Bild 2.39 zeigt eine Pfeilflügelkonstruktion mit in Strömungsrichtung liegenden Rippen. Der Längsverband dieses Tragflügels besteht aus einem Hauptholm, einem vorderen und einem hinteren Hilfsholm sowie einigen Pfetten. Der Haupt-holm hat keine Trenn- und Verbindungsstelle am Rumpfbord, deshalb sind die

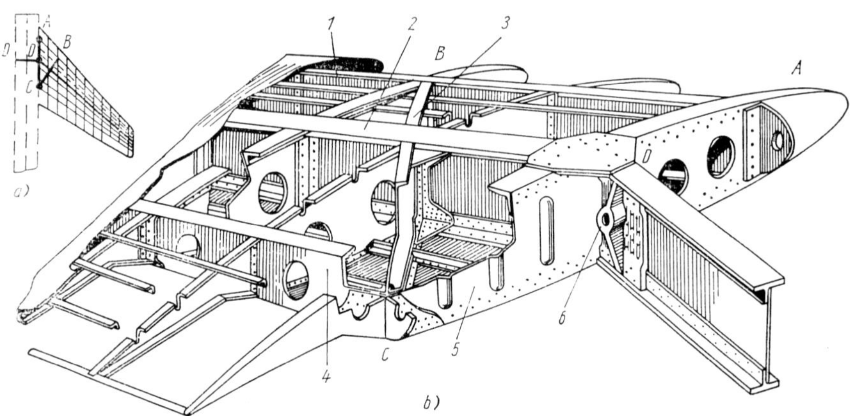

Bild 2.39 Einholmiger Pfeilflügel mit zwei Hilfsholmen und in Strömungsrichtung liegenden Rippen

a) konstruktives Schema; b) Konstruktion des Tragflügels im Bereich der Befestigung am Rumpf

1, 4 – vorderer und hinterer Hilfsholm; 2 – Hauptholm; 3 – Schrägrippe (BC); 5 – Wurzelrippe (AC); 6 – Zapfen für den Hauptbefestigungsbolzen

Gurte der Wurzelrippe ADC und der Schrägrippe BC verstärkt.

Auf Bild 2.40 ist ein zweiholmiger Tragflügel dargestellt, dessen Rippen senkrecht zur Richtung der Torsionsachse liegen. In diesem Tragflügel wird das Biegemoment, das auf den vorderen Holm wirkt, durch das Moment des Kräftepaares F_S kompensiert. Beide Momente wirken in einer Ebene. Indem nun die Kraft F_S in eine Komponente entlang des Holmteiles im Rumpf (senkrecht zur Rumpflängsachse F_{S_H}) und eine zweite Komponente in Richtung der Wurzelrippe ($F_{S_{WR}}$) zerlegt wird, zeigt sich, daß das Moment des Kräftepaares F_{S_H} den Rumpfteil des Holmes auf Biegung belastet, während das Moment des Kräftepaares $F_{S_{WR}}$ die Wurzelrippe belastet. In gleicher Weise läßt sich am Rumpfbord auch das Biegemoment des hinteren Holmes zerlegen. Im Ergebnis stellt sich her-

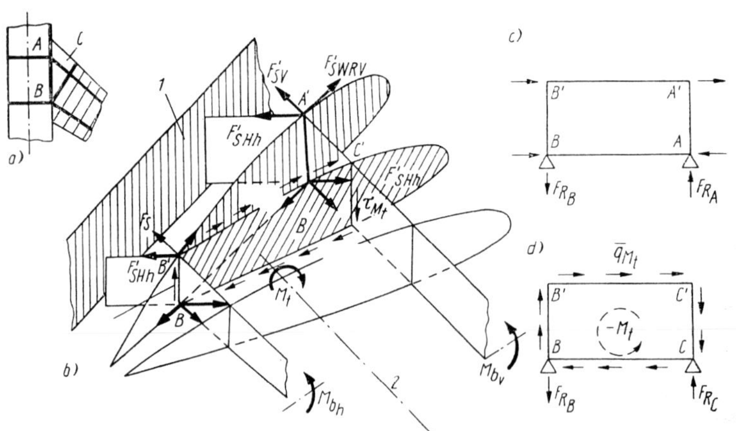

Bild 2.40 Schema der Kräfte und Momente, die auf die Konstruktionselemente des Wurzelteiles eines zweiholmigen Pfeilflügels wirken

a) konstruktives Schema; b) Kräfte und Momente im Wurzelteil; c) Kräfte an der Wurzelrippe (AB); d) Aufnahme des Torsionsmomentes durch die Rippe BC

aus, daß die Wurzelrippe, im Gegensatz zum geraden Tragflügel, beim Pfeilflügel durch ein großes Biegemoment belastet wird. Die Pfeilung hat auch einen Einfluß auf die Verteilung des Biegemomentes zwischen den Holmen. Da sich der Punkt B unmittelbar am Rumpf, der Punkt C jedoch in einem gewissen Abstand davon befindet, verändert sich bei Deformation des Tragflügels nur die Lage des Punktes C, und die Biegung des vorderen Holmes wird größer als die des hinteren. Das wiederum führt zur Erhöhung des auf den hinteren Holm wirkenden Biegemomentes.

Das Torsionsmoment M_t wird von der Behäutung auf die Rippe BC übertragen. Diese Rippe gibt das Torsionsmoment in Form eines Kräftepaares an die Befestigungspunkte B und C (Bild 2.40d) weiter. Die Kraft F_{R_C} ruft eine zusätzliche Biegebelastung des vorderen Holmes hervor, die Kraft F_{R_B} wirkt dagegen unmittelbar auf den Rumpf. Eine Knickung der Elemente des Längsverbandes am Rumpfbord erfordert den Einbau einer starken Wurzelrippe, was gewöhnlich nicht wünschenswert ist.

2.5.1.2. Pfeilflügel mit innerer Verstrebung

Die bisher untersuchten Pfeilflügel haben den Nachteil, daß die für sie notwendigen starken Wurzelrippen die Unterbringung der Beine des Hauptfahrwerkes in der Tragflügelwurzel und im Rumpf erschweren. Dieser Nachteil entfällt für den Pfeilflügel mit innerer Verstrebung (mit Stützträger), dessen konstruktiver Aufbau schematisch in Bild 2.41 dargestellt ist.

Der Holm dieses Tragflügels ist zweifach gelagert; einmal, und zwar im Punkt 5

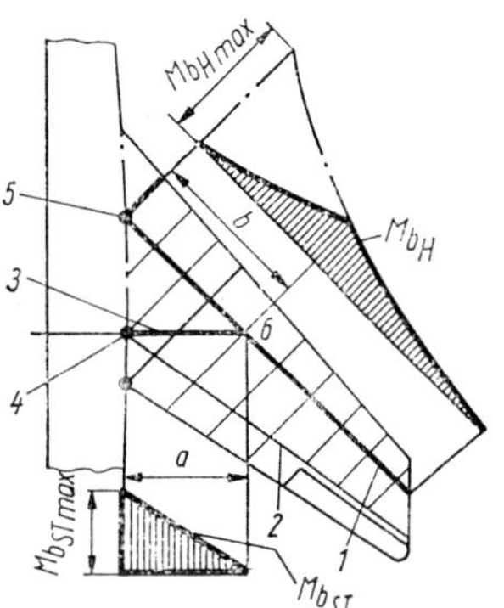

Bild 2.41 Schema eines einholmigen Pfeilflügels mit innerer Verstrebung

1 – Holm; 2 – Hilfsholm; 3 – innere Strebe (Stützträger); 4 – Befestigungspunkte des Stützträgers am Rumpf; 5 – Gelenkbefestigung des Holmes am Rumpf; 6 – Befestigungsstelle des Stützträgers am Holm

am Rumpf, erfolgt die Lagerung gelenkig, die zweite Lagerung erfolgt am Stützträger in Punkt 6. Das Biegemoment, das auf den Holm wirkt, wächst bis zum Punkt 6 an und fällt dann bis zum Punkt 5 auf den Wert Null ab.

Der Sützträger wird durch eine Einzelkraft in Punkt 6 belastet. Die Länge des Stützträgers bis zum Rumpfbord (von 6 bis 4) ist kleiner als die Länge des Holmteiles (von 6 bis 5), d. h. $a < b$, was wesentlichen Einfluß auf den Wert des maximalen Biegemomentes hat.

Wenn man die einholmigen Pfeilflügel der verschiedenen betrachteten Bauweisen miteinander vergleicht, so kann sich die Bauweise mit innerer Abstrebung als gewichtsmäßig vorteilhaft erweisen. Das ist sowohl durch das Fehlen der verstärkten Wurzelrippe als auch durch die Entlastung des Holmes begründet.

Einholmige Pfeilflügel mit innerer Verstrebung wurden in der Sowjetunion in den fünfziger Jahren entwickelt und verwendet. Bild 2.42 zeigt eine derartige Konstruktion von A. I. Mikojan.

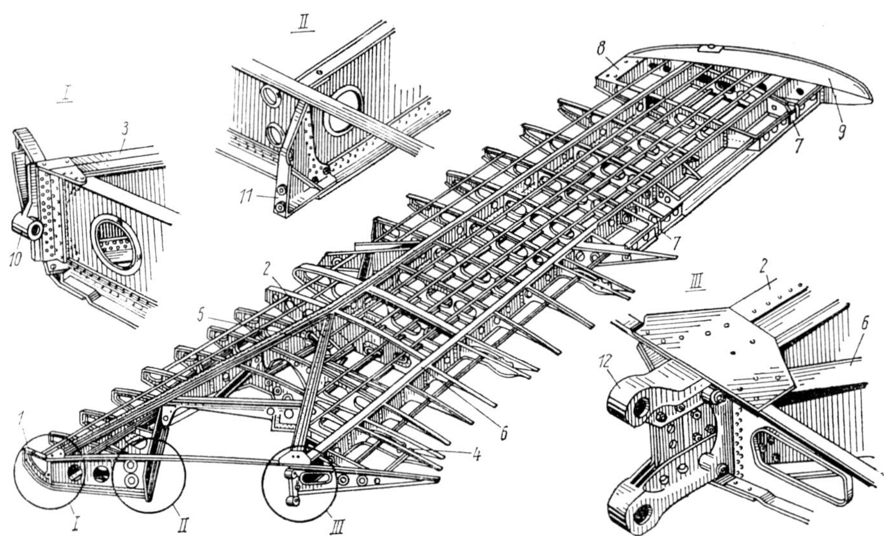

Bild 2.42 Gerippe eines einholmigen Pfeilflügels mit innerer Verstrebung (Rippen liegen senkrecht zum Holm)

1 – Rippe; 2 – Stützträger; 3 – Holm; 4 – Schienen der Landeklappe; 5 – Befestigungsstelle des Hauptfahrwerkbeines; 6 – Hilfsholm; 7 – Befestigungspunkte des Querruders; 8 – Flattergewicht; 9 – Endkappe; 10 – vorderer Befestigungspunkt des Tragflügels am Rumpf; 11 – mittlerer Befestigungspunkt; 12 – Hauptbefestigungspunkt des Tragflügels am Rumpf

2.5.1.3. Pfeilflügel in Kastenbauweise

Die Belastung der Konstruktionselemente bis zum Rumpf (oder bis zur Knickstelle des Längsverbandes) durch Biegung, Torsion und Schub trägt den gleichen Charakter wie beim geraden Tragflügel.

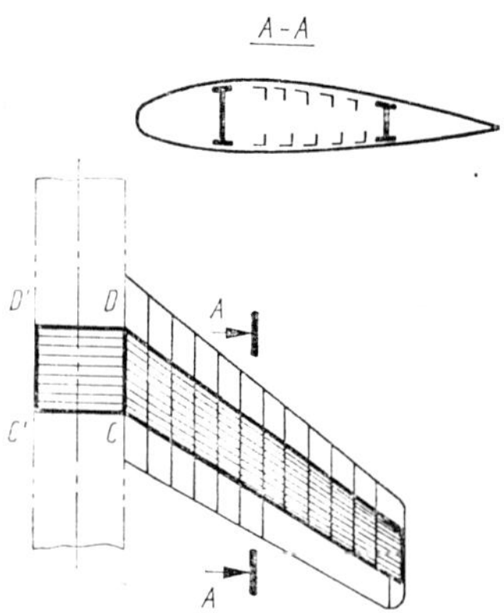

Bild 2.43 Pfeilflügel in Kastenbauweise mit in Strömungsrichtung liegenden Rippen

An Tragflügeln, mit in Strömungsrichtung liegenden Rippen (Bild 2.43), kann man die Belastung der oberen und der unteren Schale durch das Biegemoment in der Knickebene der Längselemente in zwei Bestandteile, einmal in Richtung dieser Elemente (D'D oder CC') und zum anderen in Richtung der Wurzelrippe CD, zerlegen. Das Torsionsmoment und die Querkraft werden in der Ebene der Wurzelrippe auf den Rumpf übertragen.

In Kastenflügeln mit senkrecht zur Torsionsachse liegenden Rippen wird das Biegemoment in der Knickebene der Längselemente ebenso an den Rumpf übergeben wie im vorher beschriebenen Fall. Die Übertragung des Torsionsmomentes erfolgt dagegen über die Rippen BC und DE. Die Rippe BC stützt sich auf

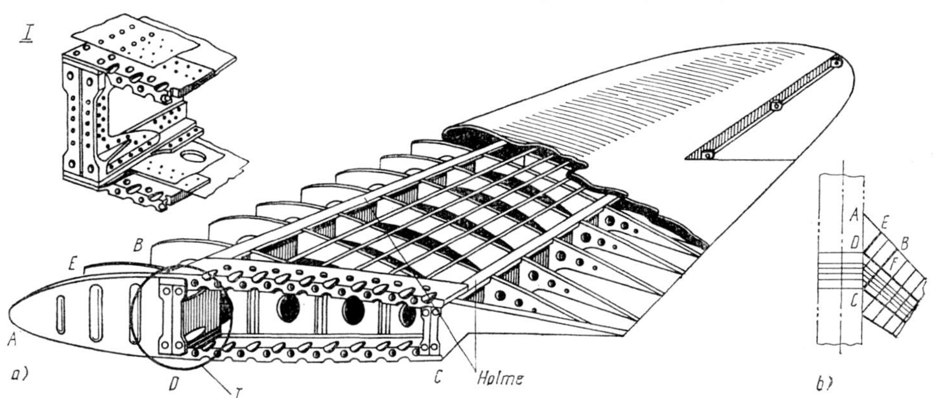

Bild 2.44 Pfeilflügel in Kastenbauweise mit senkrecht zur Torsionsachse liegenden Rippen (die Holme haben abgeschwächte Gurte, die Rippen DE, CD und CB sind verstärkt)
a) Konstruktion; b) konstruktives Schema

den Rumpf an der Befestigungsstelle C und auf den vorderen Holm im Punkt F. Die Reaktionskraft F_{R_F} erzeugt ein zusätzliches Biegemoment, das die Gurte des vorderen Holmes sowie die anliegenden Pfetten und Behäutung belastet. Die Rippe DE ist an der Wurzelrippe befestigt.

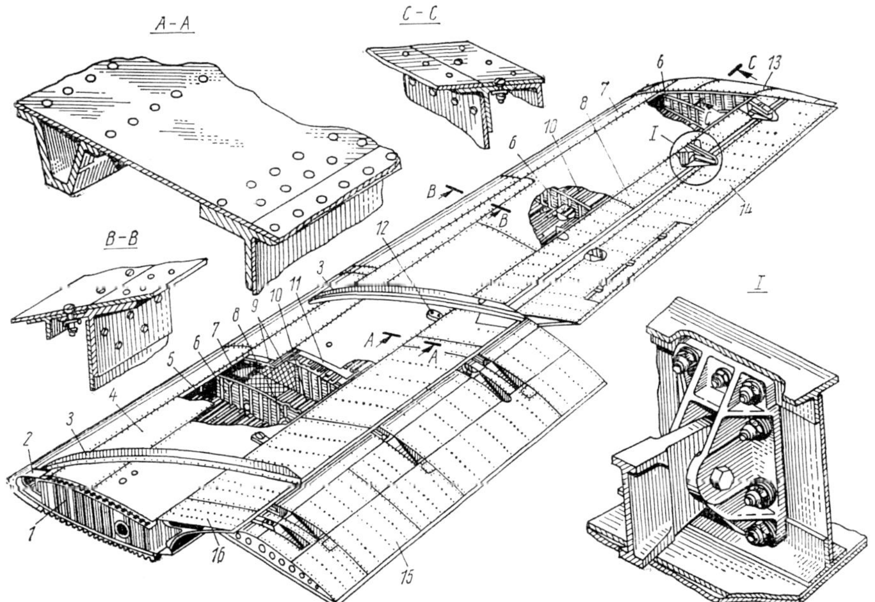

Bild 2.45 Abnehmbares Teil eines Pfeilflügels in Kastenbauweise
1 – Hauptkasten; 2 – Nasenkasten; 3 – Grenzschichtzaun; 4 – obere Schale; 5 – Pfette; 6 – Rippe; 7 – vorderer Holm; 8 – hinterer Holm; 9 – Antennenverkleidung aus glasfaserverstärktem Kunstharz; 10 – Pfetten; 11 – Band; 12 – Transportöse; 13 – Endkappe; 14 – Querruder; 15 – Landeklappe; 16 – Endkasten

Bild 2.45 zeigt die Konstruktion des abnehmbaren Teiles des Pfeilflügels in Kastenbauweise des sowjetischen Passagierflugzeuges Tu 104.

Der Hauptmangel aller zweiholmigen Pfeilflügel in Kasten- oder Schalenbauweise besteht in der Unmöglichkeit, den Holm oder den vorderen Teil des Kastens dort, wo der Tragflügel am stärksten belastet ist, d.h. an der Flügelwurzel, rationell zu nutzen. Daraus ergibt sich auch, daß diese Bauweisen gewichtsmäßig ungünstiger sind als einholmige Pfeilflügel, bei denen der Holm die größtmögliche Bauhöhe des Profils nutzt.

2.5.2. *Dreieckflügel*

Dreieckflügel können ebenso wie andere Tragflügel in Holm-, Kasten- oder Schalenbauweise gefertigt werden.

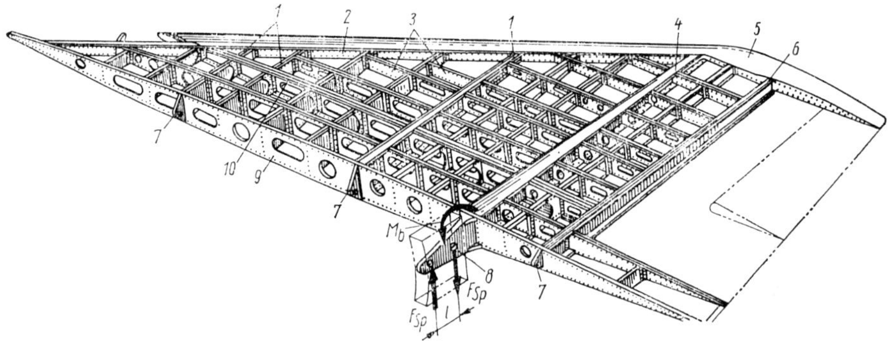

Bild 2.46 Einholmiger Dreieckflügel mit senkrecht zur Flugzeuglängsachse liegendem Längsverband

1 – Hilfsholme; 2 – Nasenholm; 3 – Rippen; 4 – Hauptholm; 5 – Behäutung; 6 – Endholm; 7 – Gelenkverbindungspunkte des Tragflügels zum Rumpf; 8 – Momentenverbindung des Hauptholmes zum Rumpf; 9 – Wurzelrippe; 10 – verstärkte Rippe

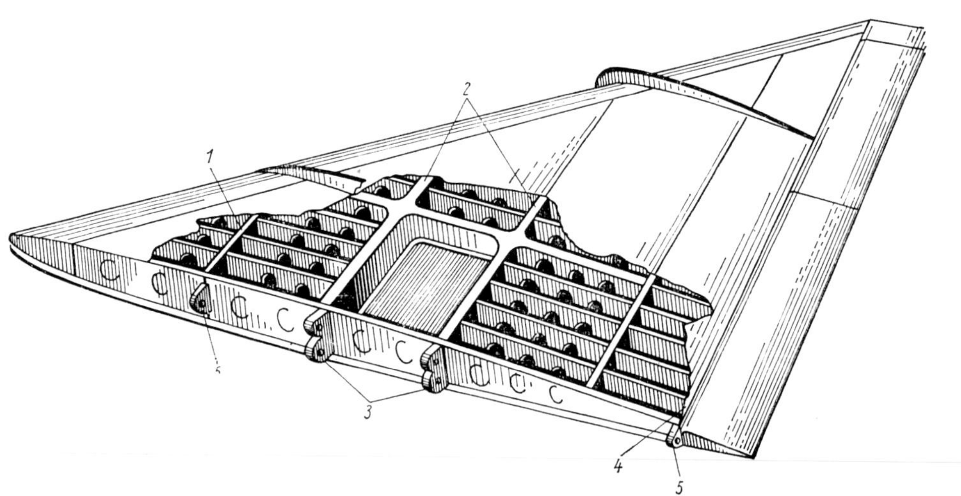

Bild 2.47 Zweiholmiger Dreieckflügel mit senkrecht zur Flugzeuglängsachse liegendem Längsverband

1, 4 – Hilfsholme; 2 – Holme; 3 – Befestigungsstellen der Holme zum Rumpf; 5 – Befestigungsstellen der Hilfsholme zum Rumpf

Die Rippen von Dreieckflügeln liegen meistens in Strömungsrichtung. Die kräfteaufnehmenden Elemente dieser Tragflügel arbeiten in gleicher Art und Weise wie die entsprechenden Elemente der weiter vorn betrachteten Tragflügel.

Dreieckflügel mit einem senkrecht zur Rumpfmittelachse liegenden Längsverband (Bild 2.46 und 2.47) sind leichter als solche mit in der Flügelgrundfläche geknicktem Längsverband (Bild 2.48), weil ihre Längselemente kürzer und die Verbindungsstellen zum Rumpf konstruktiv einfacher sind. Ein weiterer wesentlicher Nachteil der Dreieckflügel mit geknicktem Längsverband besteht in der Notwendigkeit, eine starke Wurzelrippe zu verwenden, wie das bereits bei den entsprechenden Pfeilflügeln gezeigt wurde.

Gegenwärtig werden auch einholmige Dreieckflügel mit innerer Verstrebung (Stützträger) verwendet (Bild 2.49), deren Konstruktion ähnlich derjenigen der entsprechenden Pfeilflügel ist.

Bei Verwendung von zwei- und mehrholmigen Dreieckflügeln erweist sich ein großer Teil des Rumpfes als mit dem TF-Mittelstück belegt, was die Nutzung der Rumpfinnenräume erschwert. Mehrholmige Dreieckflügel mit zum Flügelende

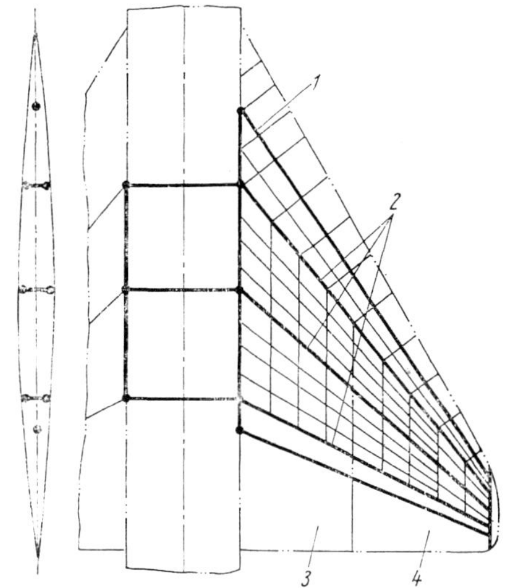

Bild 2.48 Konstruktives Schema eines dreiholmigen Dreieckflügels mit zu den Flügelenden zusammenlaufendem Längsverband

1 – Hilfsholme; 2 – Hauptholme; 3 – Landeklappe; 4 – Querruder

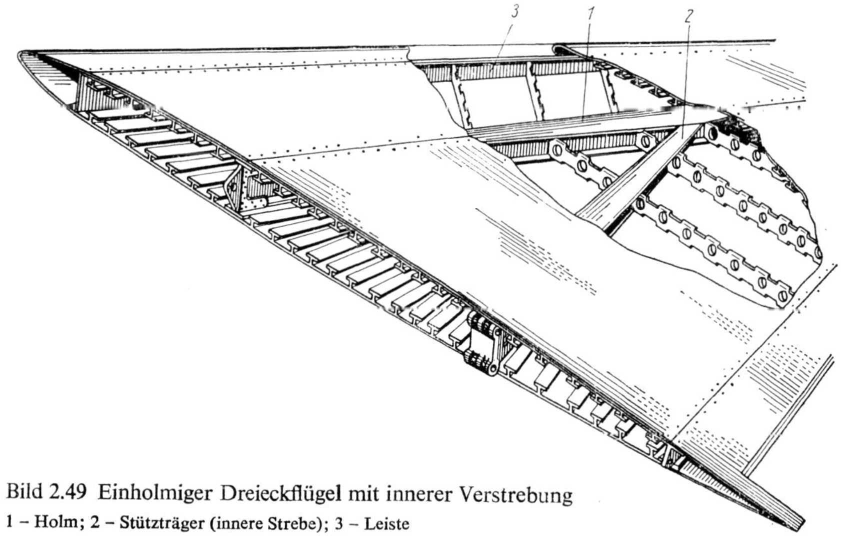

Bild 2.49 Einholmiger Dreieckflügel mit innerer Verstrebung

1 – Holm; 2 – Stützträger (innere Strebe); 3 – Leiste

zusammenlaufenden Holmen oder mit ebensolchen Hilfsholmen und Pfetten (Bild 2.48) sind in technologischer Hinsicht günstiger als Tragflügel mit senkrecht zur Rumpfachse liegendem Längsverband, weil ihre Längselemente einen konstanten Abschwächungsgradienten von der Wurzel bis zum Flügelende hin haben. Ihr Nachteil besteht jedoch, wie bereits erwähnt, in einem höheren Gewicht.

Dreieckflügel in Kasten- oder Schalenbauweise mit Knickung der Längselemente am Rumpfbord (Bild 2.50a) sind ebenfalls weniger günstig als solche ohne Knickung der Längselemente (Bild 2.50b).

Der Hauptmangel von Dreieckflügeln in Schalenbauweise besteht in der Belegung eines großen Teiles des Rumpfes mit dem TF-Mittelstück.

In Dreieckkonstruktionen sind die Schubspannungen in der Behäutung, die aus der Wirkung des Torsionsmomentes resultieren, ihrem Wert nach unbedeutend,

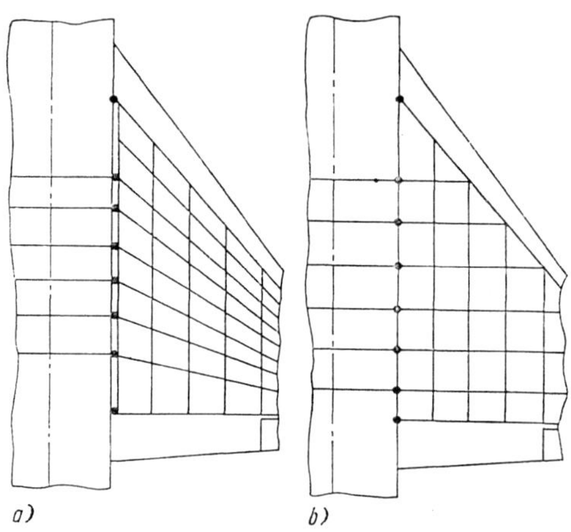

Bild 2.50 Konstruktive Schemen von Dreieckflügeln in Kastenbauweise

a) mit zum Flügelende zusammenlaufendem Längsverband; b) mit senkrecht zur Flugzeuglängsachse liegendem Längsverband

da die Behäutung eine geschlossene Kontur großer Oberfläche bildet. Bei großer Verjüngung kann deshalb über die gesamte Spannweite eine Behäutung gleicher Stärke verwendet werden.

2.6. Konstruktive Besonderheiten von Tragflügeln mit im Fluge veränderlichem Pfeilwinkel

Die Schaffung von Flugzeugen mit einer konstanten Tragflügelgeometrie, die für alle heute erforderlichen Geschwindigkeits- und Höhenbereiche sowie für Start und Landung gleich gute aerodynamische Eigenschaften aufweist, ist eine äußerst schwierige Aufgabe. Die Anwendung eines Tragflügels mit veränderlichem Pfeilwinkel (mit veränderlicher Geometrie) stellt eine Lösungsmöglichkeit dieses Problems dar. Bei der Projektierung von Flugzeugen mit solchen Tragflügeln entstanden jedoch aerodynamische, konstruktiv-kompositorische und festigkeitsmäßige Schwierigkeiten. Die wichtigsten davon sind:

die Erhöhung der Masse der Konstruktion um $4 \div 6\%$ der Abflugmasse, die Gewährleistung der erforderlichen Stabilität und Steuerbarkeit sowie einer ausreichenden Manövrierfähigkeit und die Begrenzung der Verluste an aerodynamischer Qualität bei der Herstellung des Gleichgewichtszustandes.

Auf der Grundlage bisher gesammelter Erfahrungen lassen sich einige Schlußfolgerungen aus verschiedenen konstruktiven Lösungen von Tragflügeln veränderlicher Pfeilung ziehen. Betrachten wir dazu zuerst die Kinematik von Schwenkvorrichtungen solcher Tragflügel. Wenn das Schwenklager der Außenflügel in der Nähe der Symmetrieachse des Flugzeuges liegt, verschiebt sich die Lage des Druckpunktes am Tragflügel bei Vergrößerung der Pfeilung nach hinten, wodurch sich die Längsstabilität unzulässig erhöht. In diesem Falle ist es günstig, bei Vergrößerung des Pfeilwinkels gleichzeitig den ganzen Tragflügel nach vorn zu verschieben (Bild 2.51 a) bzw. sein vorderes Wurzelstück auszufahren (Bild 2.52 b). Die konstruktive Lösung dieser Varianten ist äußerst schwierig. Eine günstigere Lösung stellt die Teilung des Tragflügels in ein unbewegliches TF-Mittelstück mit starker Vorderkantenpfeilung, in dem auch die Schwenklager untergebracht sind, und in schwenkbare Außenflügel dar. Es wird festgestellt, daß diese Lösung außerdem den geringsten Massenzuwachs mit sich bringt.

Eines der Hauptprobleme, die sich bei der Projektierung von Schwenkflügeln ergeben, ist die rationelle Konstruktion der Schwenkvorrichtung des Tragflügels. Diese Vorrichtung muß einerseits die Übertragung aller Kräfte vom Außenflügel auf das TF-Mittelstück im gesamten Schwenkbereich gewährleisten, andererseits darf sie nur solche Ausmaße haben, daß sie in den Tragflügel paßt.

Im weiteren folgen einige Bemerkungen dazu, was bei der Projektierung solcher Vorrichtungen zu berücksichtigen ist.

Vor allem muß diese Vorrichtung ein Lager besitzen, das in der Lage ist, sowohl das Biege- als auch das Torsionsmoment und die Querkraft vom Außenflügel zu übernehmen. Dieses Lager muß einen möglichst großen Durchmesser haben, was erforderlich macht, im Außenflügel einen großen Ausschnitt zur Unterbringung des Lagers anzubringen. Das Lager überträgt die Kräfte, die sich aus der Wirkung der Momente ergeben, vom Außenflügel auf das TF-Mittelstück. Andererseits gewährleistet ein Lager großen Durchmessers eine relativ geringe Bauhöhe, also die Anwendung eines Tragflügels geringer Dicke. Das wiederum kann ein entscheidender Faktor bei der Entschlußfassung für die Verwendung eines Schwenkflügels sein.

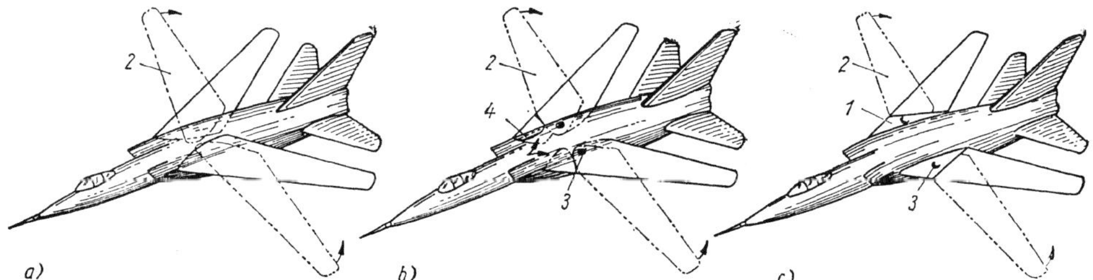

Bild 2.51 Darstellung der möglichen Kinematik zur Änderung des Tragflügel-Pfeilwinkels im Fluge:
a) mit Vorwärtsbewegung des Befestigungspunktes beim Anlegen des Tragflügels; b) mit ausklappbarem Verkleidungsteil zwischen Rumpf und Tragflügelwurzel; c) mit stark gepfeiltem, feststehendem Zentralteil des Tragflügels
1 – stark gepfeiltes Tragflügelmittelstück; 2 – geringe Pfeilung der Außenflügel; 3 – Drehpunkte der Außenflügel; 4 – Gelenk des ausklappbaren Verkleidungsteiles

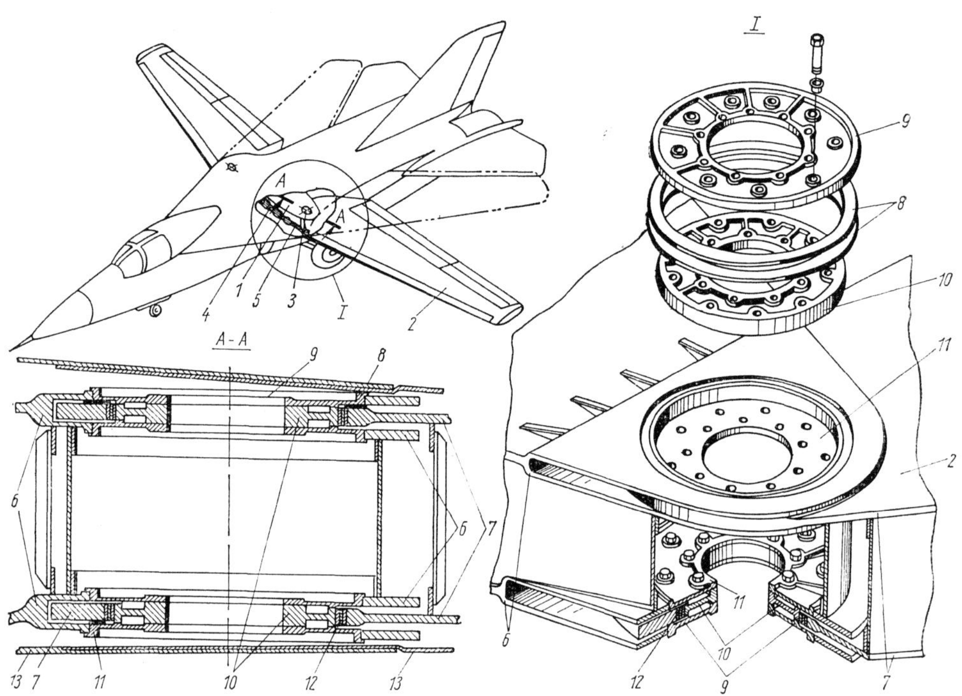

Bild 2.52 Konstruktion des Schwenklagers eines Tragflügels mit veränderlichem Pfeilwinkel

1 – Tragflügelmittelstück; 2 – schwenkbarer Außenflügel; 3 – Schwenklager (und gleichzeitig Tragflügelaufhängung); 4 – Betätigungsmotor des Schwenkmechanismus; 5 – Betätigungsgestänge; 6 – Gabel des Tragflügelmittelstückes; 7 – Gabel des Außenflügels; 8 – Teflon-Unterlagen; 9 – äußerer Flansch; 10 – mittlerer Flansch; 11 – innerer Flansch; 12 – Gleitlager; 13 – Behäutung

Als Beispiel ist auf Bild 2.52 die Konstruktion einer Schwenkvorrichtung gezeigt, bei der das Lager in zwei ineinandergreifenden Gabeln des Außenflügels und des TF-Mittelstückes untergebracht ist. Das Biege- und das Torsionsmoment werden durch die Augen in den Gabelenden übertragen, die als Widerlager dienen. Die Größe der auftretenden Reaktionskräfte hängt vor allem vom vertikalen Abstand zwischen dem unteren und dem oberen Widerlager ab, d.h. von der Dicke des Tragflügelprofils.

Auf Bild 2.53 ist eine andere konstruktive Lösung einer Schwenkvorrichtung gezeigt. Sie besteht aus dem Lager, der Leitschiene und den Gleitstücken.

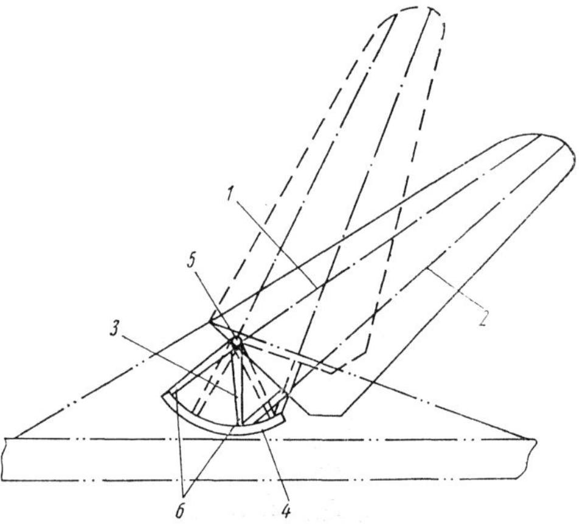

Bild 2.53 Schematische Darstellung der Schwenkkinematik

1 – vorderer Holm; 2 – hinterer Holm; 3 – Versteifungsstrebe; 4 – Leitschiene; 5 – Schwenklager; 6 – Gleitstücke

Durch diese Konstruktion wird die Übertragung der Kräfte vom Außenflügel auf das TF-Mittelstück vereinfacht. Das Vorhandensein der Leitschienen führt zu einer wesentlichen Entlastung des Lagers und gestattet die Verwendung eines dünnen Tragflügels. Jedoch wird bei diesem Schema die Steifheit der gesamten Schwenkvorrichtung verringert, die Reibung in der Vorrichtung wird durch die Bewegung der Gleitstücke in den Leitschienen erhöht, und die Möglichkeiten zur Nutzung des Innenraumes des TF-Mittelstückes werden geringer.

Eine weitere konstruktive Möglichkeit ist auf Bild 2.54 gezeigt. In dieser Vorrichtung sind zwei Halbachsen 4, die in der Gabel des Außenflügels 9 befestigt und durch Muttern 6 gesichert sind, durch die Muffe 5 miteinander verbunden.

In der Gabel 10 des TF-Mittelstückes ist das Gleitlager 7 eingesetzt, dessen ringförmige Schmiernut von einem Schmiernippel aus versorgt wird. Die Widerlagerfläche 13 ist sphärisch gewölbt. Neben dem Lager dienen ein oder mehrere Gleitstücke 11, die in einer Leitschiene 3 laufen, der Kräfteübertragung. Es ist zu beachten, daß derartige Gelenkverbindungen sehr große Einzelkräfte übertragen. Daraus folgt die Notwendigkeit, Material großer Festigkeit für sie zu verwenden.

Die Bauweisen von Tragflügeln veränderlicher Geometrie sind die gleichen wie für Pfeilflügel, nur mit dem Unterschied, daß

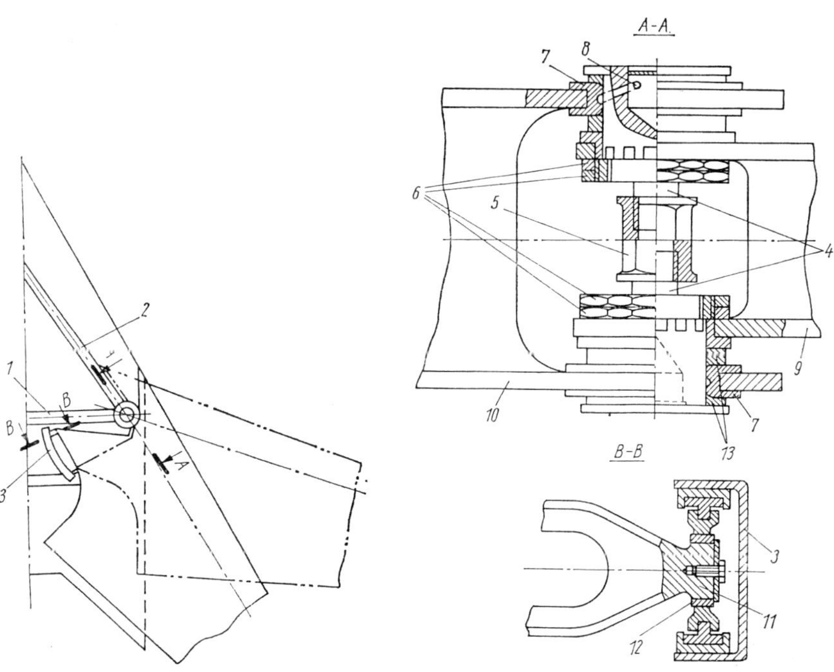

Bild 2.54 Konstruktives Schema einer Schwenkvorrichtung (siehe auch Bild 2.53, Pos. 1):

1 – innere Versteifungsstrebe; 2 – Holm; 3 – Leitschiene; 4 – Halbachsen; 5 – Muffe; 6 – Muttern; 7 – Lager; 8 – Schmiernippel; 9 – Gabel des schwenkbaren Außenflügels; 10 – Gabel des Tragflügelmittelstückes; 11 – Gleitstück; 12 – sphärisches Lager; 13 – sphärische Gleitflächen

für den Bereich, in dem die Schwenkvorrichtung untergebracht ist, einholmige oder Kastenkonstruktionen als günstig angesehen werden.
Im TF-Mittelstück muß Raum vorgesehen sein, in dem ein Teil des Außenflügels beim Schwenken Platz findet.
Die wichtigsten kräfteaufnehmenden Elemente des TF-Mittelstückes sind der innere Stützträger 1, der im rechten Winkel zur Symmetrieebene des Flugzeuges liegt, der Holm 2 mit dem Lager an der Rumpfbordwand, die Leitschiene 3 und eine dicke Behäutung (siehe Bild 2.54).
Die Verwendung mechanischer Auftriebshilfen ist auch für Tragflügel veränderlicher Geometrie nicht ausgeschlossen.
Bei der Konstruktion des Antriebes eines solchen Tragflügels sind unbedingt synchronisierende Vorrichtungen zur Gewährleistung eines gleichmäßigen Ausfahrens beider Außenflügel vorzusehen. Außerdem sind Notsysteme zum Ausfahren des Flügels in Landestellung bei Ausfall des Hauptsystems notwendig.

2.7. Vergleichende Bewertung von Tragflügeln verschiedener Bauweisen

Untersuchen wir, in welchem Grade Tragflügel unterschiedlicher Bauweise den an sie gestellten Forderungen gerecht werden.

2.7.1. *Aerodynamische Forderungen an den Tragflügel*

Mit den konstruktiven Besonderheiten der verschiedenen Bauweisen sind solche Defekte verbunden wie Unebenheit der Oberfläche, Abweichungen von der theoretischen Form u. a. m., die die aerodynamischen Kennwerte des Tragflügels wesentlich verschlechtern.
So z. B. wird sich eine dünne Behäutung ($0{,}5 \div 0{,}6$ mm Stärke), auch wenn sie bei der Herstellung keine Deformationen (Beulen und Falten) aufweist, was bei solchen Blechen schwer vollständig zu erreichen ist, im Fluge unter Wirkung der aerodynamischen Kräfte verformen. Deshalb wird eine solche Behäutung für moderne Hochgeschwindigkeitsflugzeuge nicht verwendet.
Eine dicke Metallbehäutung entspricht am besten den Forderungen der Aerodynamik an die Oberflächengüte der Tragflügel. Außerdem muß bemerkt werden, daß die geringste Abweichung in Form oder Lage einer Rippe Beulen oder Wellen in der Behäutung hervorrufen kann.
Die Anwendung einer Vielzahl von Längselementen in der Tragflügelkonstruktion führt zu einer Vielzahl von Nietreihen. Je mehr solcher Nietreihen vorhanden sind, desto größer wird aber ihr Einfluß auf die aerodynamischen Eigenschaften des Tragflügels. Außerdem können beim Vernieten der Behäutung mit den Längselementen leicht Störungen der Tragflügelform auftreten. Deshalb werden z. B. bei Konstruktionen ohne Pfetten die Rippen nur durch in Strömungsrichtung liegende Nietreihen mit der glatten Behäutung verbunden.
Den aerodynamischen Forderungen entsprechen am besten Integralschalen mit einem Mindestmaß an Nietverbindungen.

2.7.2. *Gewichtsmäßige Charakteristik der Tragflügelbauweisen*

Im einholmigen Tragflügel mit tragender Außenhaut wird das Material am effektivsten genutzt. Deshalb haben diese Tragflügel die beste Gewichtscharakteristik. Bei gleicher Belastung, gleichen Abmessungen, gleichem Material und gleichen sonstigen Parametern ist ein einholmiger Tragflügel leichter als ein zweiholmiger. Durch Verwendung eines momentenfreien Profils kann das Gewicht des einholmigen Tragflügels bedeutend verringert werden. Ungeachtet dessen, daß die als Kragträger am Holm befestigten Rippen eines solches Tragflügels unter schwierigeren Bedingungen arbeiten, wird dadurch das Gewicht nicht merklich vergrößert.

Allgemein ist die Anwendung einer verstärkten tragenden Behäutung bei Nutzung starker Holme mit mächtigen Gurten in gewichtsmäßiger Hinsicht ungünstig, weil dies zu einer Unterbelastung der Holmgurte führt. Eben aus diesem Grund wurde für den in Bild 2.30 dargestellten Tragflügel eine dünne Behäutung ohne Pfetten verwendet, die nur auf Schub bei Torsion des Tragflügels arbeitet. In zweiholmigen Tragflügeln wird im Fluge immer ein Holm nicht ausgelastet, d.h., ein Teil des Materials wird nicht effektiv genutzt.

In Schalenflügeln ist die Materialverteilung günstiger als in zweiholmigen Tragflügeln, aber auf Grund der geringen Stärken des Längsverbandes müssen die kritischen Spannungen der Elemente ungefähr um das Anderthalbfache gegenüber denjenigen in dickwandigen Profilen des einholmigen Tragflügels verringert werden. Für Tragflügel großer und mittlerer Dicke führt das zur Verschlechterung ihrer gewichtsmäßigen Kennwerte und somit zur Verringerung ihrer Vorzüge. Für Tragflügel geringer Dicke trifft das nicht zu, hier sind Schalenflügel eindeutig im Vorteil.

Die Verwindungssteifheit von Tragflügeln wird durch Vergrößerung des Produktes $F_G \cdot J_{TF}$ erreicht, indem die Behäutung verstärkt wird. Von diesem Gesichtspunkt aus ist eine einholmige Konstruktion mit dicker Außenhaut besonders zweckmäßig. Eine gute Verwindungssteifheit haben Kasten- und Schalenflügel, weil die durch Pfetten oder Wellblech verstärkte Behäutung eine gute Schubfestigkeit besitzt.

Ein wichtiger konstruktiver Faktor, der vor allem auf die kritische Geschwindigkeit Einfluß hat, bei der selbsterregende Flatterschwingungen des Tragflügels auftreten, ist die Lage der Schwerpunktlinie im Tragflügel. Je weiter vorn der Schwerpunkt des einzelnen Querschnittes liegt, desto höher ist die kritische Geschwindigkeit. Von den betrachteten Bauweisen entspricht am besten die Kastenbauweise, bei der die Schwerpunktlinie bei $35 \div 38\,\%$ der örtlichen Tiefe liegt, dieser Forderung.

In zweiholmigen Tragflügeln liegt diese Linie bei $43 \div 45\,\%$ und in Schalenflügeln bei $41 \div 43\,\%$ der Tiefe des Tragflügels.

2.7.3. *Nutzungsforderungen*

Vom Standpunkt der Nutzung aus sind ein- und zweiholmige Tragflügel am besten geeignet. Sie gestatten die bequemste Wartung der Konstruktion. In ihnen lassen sich relativ einfach Öffnungen in der Behäutung anbringen. Sollen jedoch innere Hohlräume als Kraftstoffbehälter genutzt werden, so sind Kastenkonstruktionen besser geeignet.

Austauschbarkeit der abnehmbaren Teile

des Tragflügels, wie mechanischer Auftriebshilfen und Querruder, ist am besten bei Tragflügeln mit starken Holmen großer Steifheit zu gewährleisten. Dünnwandige Konstruktionen mit einer auf Biegung und Torsion arbeitenden Behäutung haben eine hohe Lebensfähigkeit bei Beschädigung oder teilweiser Zerstörung. Kastenkonstruktionen haben eine größere Dauerfestigkeit gegen Ermüdungserscheinungen als andere Bauweisen.

2.7.4. *Produktionstechnische und ökonomische Forderungen*

Aus technologischer Sicht sind am besten Kasten- und Schalenflügel geeignet. Bei der Herstellung sind solche Tragflügel gut in Montageeinheiten zu zerlegen. Das gestattet eine Erhöhung der Arbeitsproduktivität durch Gewährleistung gleichzeitiger Arbeit an vielen Baugruppen, durch Anwendung mechanischer technologischer Prozesse, wobei gleichzeitig die Arbeitsbedingungen verbessert werden können. Außerdem schafft die Zerlegung des Tragflügels in Schalen Voraussetzungen, die die Fertigung von Integralschalen und die Anwendung produktivster und ökonomischster Produktionsverfahren für Tragflügel stimulieren. Für Holmflügel mit dünner Behäutung sind die Möglichkeiten zur Fertigung von Integralschalen äußerst begrenzt.

Zum Abschluß soll gesagt werden, daß es falsch wäre anzunehmen, man könne irgendeine Bauweise auswählen, die in allen Beziehungen für alle Flugzeuge die günstigste wäre. Beim Projektieren eines Flugzeuges muß jedesmal die zweckmäßigste Bauweise gefunden werden, wobei man sich auf die vorhandenen Erfahrungen stützen muß.

2.8. Die Konstruktion der wichtigsten Bauelemente des Tragflügels

2.8.1. *Holme*

Die Holme bilden 25 ÷ 50% der Tragflügelmasse bzw. 4 ÷ 5% der Abflugmasse des Flugzeuges. Das heißt, sie haben ungefähr die gleiche Masse wie das Fahrwerk und die zwei- bis dreifache Masse des Leitwerkes.

Die Hauptmasse der Holme liegt in ihren Gurten, die bei Biegung des Tragflügels

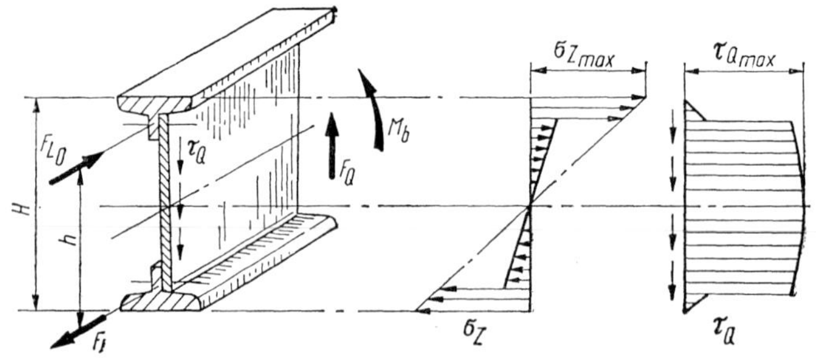

Bild 2.55 Verteilung der Normal- (σ) und Tangentialspannungen (τ_Q) eines durch Querkraft und Biegemoment belasteten I-Holmes

durch Längskräfte F_L belastet werden (Bild 2.55). Angenähert gilt:

$$F_{L_{Zug}} = F_{L_{Druck}} = \frac{M_b}{h}.$$

h – Abstand zwischen den Flächenschwerpunkten beider Gurtquerschnitte.

Die erforderliche Querschnittsfläche der Gurte läßt sich nach folgender Gleichung ermitteln:

$$A_G = \frac{F_L}{\sigma_{zul}},$$

wobei σ_{zul} die zulässige Spannung ist, d.h. bei Zug die Bruchspannung σ_B und bei Druck die kritische Spannung σ_{krit}. Der Spannungsverlauf für die Normalspannung ist in Bild 2.55 über der Holmhöhe dargestellt.

Form und Ausmaße der Gurte können sehr verschieden sein. Die ideale Querschnittsfläche eines Holmes ist durch das größte Widerstandsmoment W bestimmt. Ein Holm mit gleichem Ober- und Untergurt, die beide den maximal möglichen Abstand von der Holmmittellinie haben, hat theoretisch das maximale Widerstandsmoment

$$W_{max} = \tfrac{1}{2} A_G \cdot H$$

A_G – Querschnittsfläche der Gurte
H – maximale Holmhöhe.

Für einen realen Holm ermittelt man den geringeren Wert nach der Formel

$$W = \tfrac{1}{2} \eta A_G H,$$

η – Abminderungsfaktor zur Berücksichtigung der realen Verhältnisse ($\eta = W/W_{max}$).

Für charakteristische, im Flugzeugbau verwendete Holmprofile hat der Abminderungsfaktor den Wert $\eta = 0{,}70 \div 0{,}75$.

Der Koeffizient η charakterisiert lediglich die Zweckmäßigkeit der Querschnittsform des Holmes, dessen Flächen nach dem Hookschen Gesetz ermittelt wurden. Er berücksichtigt jedoch nicht die Eigenschaften des verwendeten Materials. Für die vergleichende Analyse von Querschnittsformen verschiedener Holmgurte verwendet man manchmal den Quotienten h/H (siehe Bild 2.55; h – Abstand zwischen den Flächenschwerpunkten beider Gurtquerschnitte). Dieser Quotient charakterisiert aber ebenfalls nur die Querschnittsform der Holme.

In modernen Tragflügelkonstruktionen verwendet man gewöhnlich Stegholme, seltener Fachwerkholme oder Holme in Gemischtbauweise (Bild 2.56).

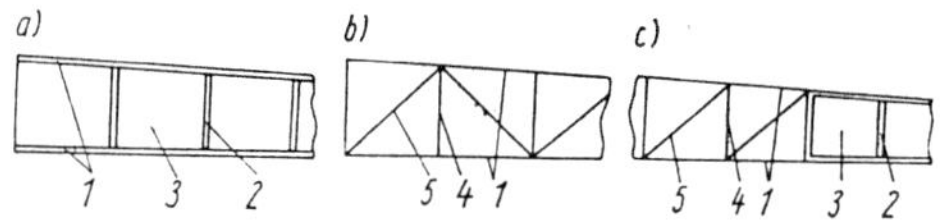

Bild 2.56 Bauweisen von Tragflügelholmen
a) Stegholm; b) Fachwerkholm; c) Holm in Gemischtbauweise
1 – Gurte; 2 – Stützrippe; 3 – Steg; 4 – Ständer (Stiele, Pfosten); 5 – Streben

Stegholme bestehen aus einem Ober- und einem Untergurt, die beide durch einen oder zwei Stege starr miteinander verbunden sind. Zur Erhöhung ihrer Festigkeit werden die Stege durch Stützrippen oder Diaphragmen verstärkt. Diese Holme benutzt man vor allem für Tragflügel geringer Bauhöhe, wie sie für moderne Flugzeuge üblich sind.

Fachwerkholme haben im Unterschied zu Stegholmen an Stelle des Steges Stäbe und Spannbänder (oder -drähte) als Verbindungselemente zwischen den beiden Gurten. Solche Holme werden für Tragflügel großer Bauhöhe verwendet.

Holme in **Gemischtbauweise** haben gewöhnlich ein Fachwerksteil an der Flügelwurzel und ein Stegteil zum Flügelende.

Hilfsholme sind dünnwandige Träger, deren Gurtquerschnitte sich nur wenig von den Pfettenquerschnitten unterscheiden.

2.8.1.1. Stegholme

Stegholme moderner Tragflügelkonstruktionen werden gewöhnlich aus Aluminiumlegierungen und hochwertigen Stählen und in den letzten Jahren auch aus Magnesiumlegierungen oder Titan gefertigt. Die Holmgurte fertigt man meistens aus dickwandigen Preß- oder Walzprofilen.

Einige Querschnittsformen von Holmgurten sind in Bild 2.57 dargestellt. Zur Verminderung ihrer Masse haben die Holmgurte einen über der Holmlänge sich von der Wurzel zum Ende hin verringernden Querschnitt.

Die Gurte 1 und 2, die aus gepreßten Winkelprofilen hergestellt sind, werden oft am Holmende bzw. an Hilfsholmen verwendet. Der Gurt 3 ist durch ein Band verstärkt, dessen Querschnitt über der Länge veränderlich ist, um gleiche Beanspruchung in allen Holmquerschnitten zu erreichen.

Für die Gurte 4 und 5 wurden integrale T-Profile verwendet. Solche Profile vereinfachen die Holmkonstruktion wesentlich. Das Vorhandensein zusätzlicher Flansche (5) zur Befestigung der Behäutung beseitigt die Schwächung der Gurte durch Nietbohrungen in den tragenden Flanschen. Integrale I-Träger (7) werden gewöhnlich für Tragflügel geringer Bauhöhe verwendet.

Die ausgleichende Auflage auf dem Holmgurt in Querschnitt 6 gewährleistet die erforderliche Form des Tragflügelprofils.

Zur Gewährleistung einer möglichst kleinen Gurtmasse muß bei gegebener Holmhöhe ein möglichst großer Abstand zwischen den Flächenschwerpunkten der Gurtquerschnitte angestrebt werden.

Mit Verringerung der Bauhöhen für die Holme dünner Tragflügel von Hochgeschwindigkeitsflugzeugen mußten die Gurte immer mehr aus dickwandigen Profilen gefertigt werden. In modernen Konstruktionen werden für die Holmgurte vorwiegend offene, meist sogar I-Profile verwendet.

Die Schubspannung im Holmsteg beträgt

$$\tau = \tau_Q + \tau_{M_t},$$

wobei τ_Q und τ_{M_t} die Schubspannungen aus der Wirkung der Querkraft und des Torsionsmomentes sind.

Damit der Steg nicht seine Festigkeit ver-

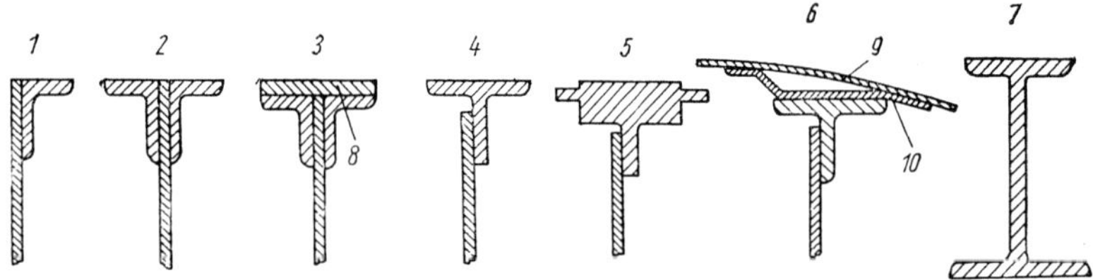

Bild 2.57 Querschnitte von Holmgurten

1 und 2 – mit Winkelprofil; 3 – mit Winkelprofilen und Band (8); 4 – mit T-Profil; 5 – Integralprofil; 6 – mit T-Profil und Ausgleichsprofil (10) zwischen Gurt und Behäutung (9); 7 – I-Holm

liert, muß offensichtlich folgende Bedingung erfüllt werden:

$\tau \leqslant \tau_{krit}$,

τ_{krit} – die kritische Schubspannung.

Die kritische Schubspannung des Steges wird nach folgender bekannter Formel ermittelt:

$$\tau_{krit} = \tau_B \frac{1 + \nu}{1 + \nu + \nu^2},$$

wobei

$$\nu = \frac{\tau_B}{\tau_{Euler}}$$

und

$$\tau_{Euler} = \frac{0{,}9\, k_\tau \cdot E}{\left(\frac{b}{\delta}\right)^2}$$

ist.
Für eine beweglich eingespannte Platte gilt

$\tau_B = 0{,}65\, \sigma_B$ und

$$k_\tau = 5{,}6 + \frac{3{,}8}{\left(\frac{a}{b}\right)^2},$$

wobei a und b die lange und die kurze Seite des Blechfeldes darstellen ($a/b > 1$).
Bei Festigkeitsverlust bilden sich im Blechfeld Falten, deren Berge und Täler unter einem Winkel von $40 \div 45°$ zur Holmachse verlaufen (Bild 2.58). Festigkeitsverlust führt bei einem Steg mit großer Blechdicke zu dessen Zerstörung.

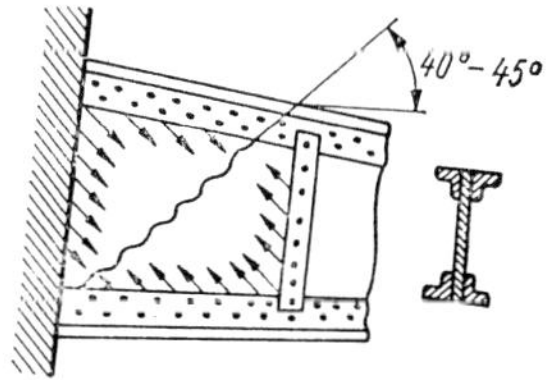

Bild 2.58 Charakteristische Deformation bei Festigkeitsverlust eines dünnen Stegbleches

Ein Blechfeld wird als dick bezeichnet, wenn ein Festigkeitsverlust bei Spannungen auftritt, die größer oder gleich der Proportionalitätsgrenze sind. Wenn das Blechfeld seine Festigkeit bei Spannungen verliert, die geringer als die Proportionalitätsspannung sind, wird es als dünn bezeichnet. Ob es sich um ein dünnes oder ein dickes Blechfeld handelt, hängt auch vom Verhältnis b/δ ab, wobei b die kurze Seite und δ die Dicke des Blechfeldes ist.

Ein dünnes Blechfeld, das auf Schub belastet wird, behält seine Arbeitsfähigkeit auch nach Auftreten des Festigkeitsverlustes, wobei sich die Differenz aus vorhandener und kritischer Tangentialspannung ($\tau_{vorh} - \tau_{krit}$) in eine normale Zugspannung im Blechfeld umwandelt, die entlang der sich bildenden Falten wirkt.
Man kann feststellen, daß eine Zerstörung des Blechfeldes bei einer Schubspannung

$\tau_{Zerstörg.} \leqslant 0{,}5\, \sigma_B$

auftritt.
Die Nutzung der vollen Arbeitsfähigkeit des Stegbleches auch nach Festigkeitsverlust bringt praktisch keinen Massevorteil, da in diesem Falle die Holmgurte zusätzlich auf Biegung belastet werden. Deshalb empfiehlt es sich, die Blechstärke des Steges aus folgender Beziehung zu ermitteln:

$$\delta = \frac{q}{\tau_{krit}},$$

wobei q der volle Schubfluß im Stegblech ist.
Zur Vergrößerung der kritischen Schubspannung τ_{krit} des Holmsteges wird dieser durch Stützrippen verstärkt. Als günstigste Variante haben sich Stützrippen mit einem Verhältnis $h/\delta \approx 80 \div 100$ er-

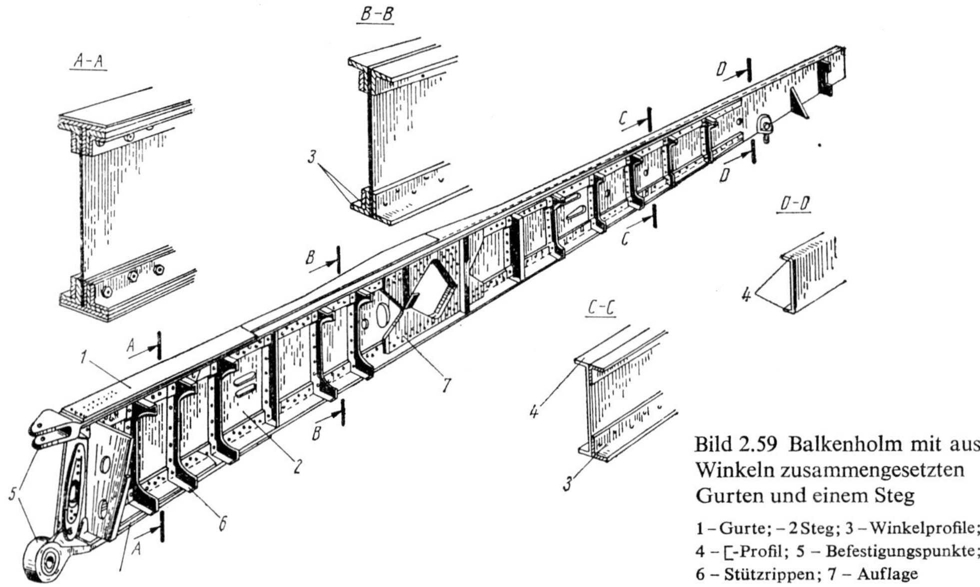

Bild 2.59 Balkenholm mit aus Winkeln zusammengesetzten Gurten und einem Steg

1 – Gurte; – 2 Steg; 3 – Winkelprofile; 4 – ⊏-Profil; 5 – Befestigungspunkte; 6 – Stützrippen; 7 – Auflage

wiesen, die bei maximal auftretenden Belastungen nicht ihre Festigkeit verlieren.

Bei der Auswahl des Stützrippenquerschnittes kann man von folgender Bedingung ausgehen:

$$\frac{A_{Str.}}{\delta \cdot l} \approx 0{,}5\,,$$

wobei $A_{Str.}$ die Querschnittsfläche der Stützrippe und l der Abstand zwischen diesen ist.

Der Holm einer typischen Tragflügelkonstruktion, der in Bild 2.59 dargestellt ist, besteht aus den Gurten 1 mit über der Holmlänge veränderlichem Querschnitt und aus dem Steg 2. Der Gurt in T-Form ist aus zwei Winkelprofilen 3 zusammengesetzt. Die Winkel sind durch zwei gegeneinander versetzte Nietreihen am Steg befestigt. Zum Ende des Tragflügels hin wird die Holmkonstruktion dadurch vereinfacht, daß die Gurte zuerst zum Teil und zum Schluß ganz durch Abkanten des Stegbleches gebildet werden, so daß letzten Endes der Holm durch ein einfaches ⊏-Profil gebildet wird (vergleiche die Schnitte A, B, C, D). Im Bereich der Befestigungsstellen des Tragflügels sind die Holmgurte zusätzlich verstärkt.

Ein I-Querschnitt, der im mittleren Teil des Holmes in einen ⊏-Querschnitt übergeht, findet heute in Tragflügelkonstruktionen breite Anwendung. Im Wurzelteil des Tragflügels sind die Gurte durch aufliegende Bänder 1 verstärkt. An den Stellen, wo sich Holm und Rippen treffen, befinden sich am Holm gepreßte Stützrippen 6, die gleichzeitig zur Verstärkung des Holmsteges und zur Befestigung der Rippen dienen. Eine Schwächung des Holmsteges im mittleren Teil durch einen Ausschnitt wird durch Anbringung massiver Auflagen 7 kompensiert.

Charakteristische Besonderheiten des in Bild 2.60 gezeigten Holmes sind die aus einem Ganzen gefrästen Gurte mit sich

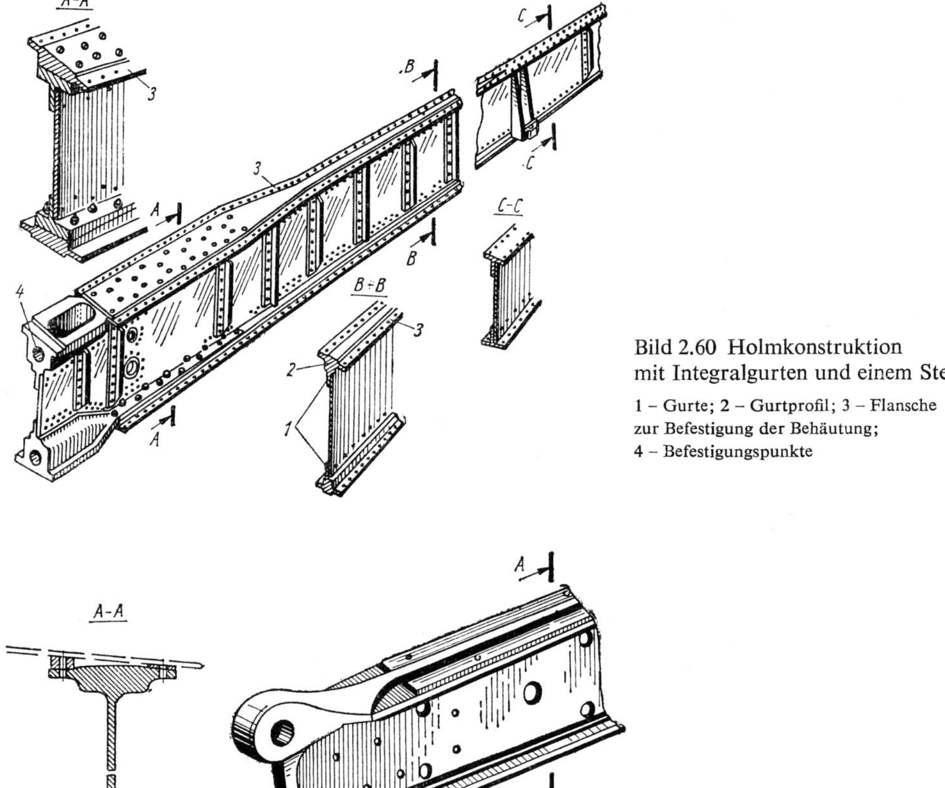

Bild 2.60 Holmkonstruktion mit Integralgurten und einem Steg

1 – Gurte; 2 – Gurtprofil; 3 – Flansche zur Befestigung der Behäutung; 4 – Befestigungspunkte

Bild 2.61 Integralholm

über der Länge veränderndem Querschnitt. Die Holmgurte 1 haben T-Form, wobei das Mittelteil 2 des Profilquerschnittes starke Verdickung besitzt. Zur Befestigung der Behäutung sind an den Flanschen Phasen angefräst, deren Tiefe der Dicke der Behäutung entspricht.

An der Befestigungsstelle dieses Holmes arbeiten die Befestigungsbolzen auf Zug.

Bei geringer Bauhöhe werden die Holme oft aus einem Ganzen hergestellt, d.h., Steg und Gurte bilden eine Einheit (Integralholm) (Bild 2.61).

Auf Bild 2.62 ist ein Holm gezeigt, dessen Steg der Länge nach geteilt ist, wobei das Ober- und das Unterteil mit Hilfe von Winkelprofilen verbunden werden.

Holzholme werden vorwiegend als Stegträger mit Kastenquerschnitt ausgeführt, wobei der Kasten durch die beiden Gurte und zwei Sperrholzstege gebildet wird.

Der Kastenholm des Tragflügels des sowjetischen Jagdflugzeuges Jak 1 stellt einen über die ganze Spannweite durchgehenden Balken dar (Bild 2.63). Der Holm besteht aus dem oberen (1) und dem unteren Gurt (2), den beiden Stegen (3) und dem inneren Verband.

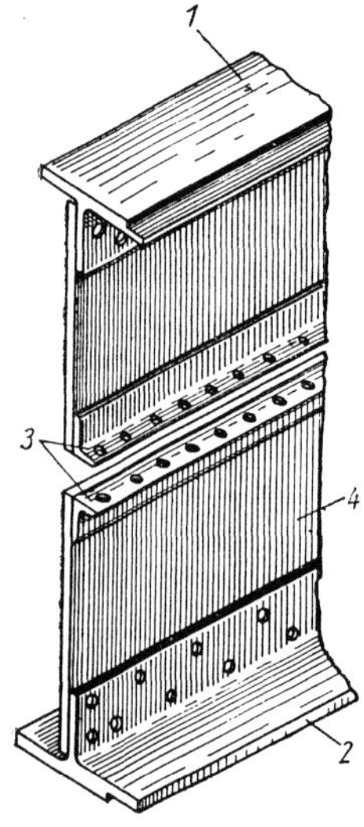

Bild 2.62 Holm mit Gurten aus T-Profilen und einem längsgeteilten Steg

1 – Obergurt; 2 – Untergurt; 3 – Winkelprofile zur Verbindung von Ober- und Unterteil des Steges; 4 – Steg

Die Querschnittfläche des oberen Holmes ist bedeutend größer als die des unteren, da der obere Holm bei Biegung des Tragflügels auf Druck belastet wird und das Holz, wie bekannt, auf Druck schlechter arbeitet als auf Zug. Die Gurte sind aus einer großen Anzahl von Kiefernleisten zusammengeklebt, wodurch eine große Gleichmäßigkeit und Festigkeit der Gurte erreicht wird. Die Verwendung geklebter Gurte anstelle von Gurten aus einem Stück macht die Holme billiger, da fehlerloses Material in der Größe der Holme selten angetroffen wird. Außerdem vermindert sich dabei die Gefahr des Auftretens von Verwerfungen und Rißbildungen.

Die Stoßstellen der Holzleisten, aus denen der Holm zusammengesetzt ist, sind über der Holmlänge auseinandergezogen, um eine Schwächung des Holmes durch Häufung der Stoßstellen zu vermeiden.

Die Sperrholzstege haben der Länge nach eine veränderliche Stärke. Die Fasern der äußeren Sperrholzlage liegen unter einem Winkel von 45° zur Holmachse, um die Widerstandsfähigkeit der Sperrholzstege gegen Scherkräfte zu vergrößern. Dort, wo Rippen den Holm kreuzen, hat dieser zwischen den Stegen eine Querverbindung (Diaphragma 7). Die Diaphragmen werden mit Hilfe von Winkeln aus Kiefernholz am Holm festgeklebt. Die Verbindungsstellen des Tragflügels zum Rumpf 4 und des Fahrwerkes zum Tragflügel 5 sind durch Holzklötze 6, die zwischen den Holmstegen eingeklebt sind, verstärkt. Die Belüftung der inneren Hohlräume des Holmes erfolgt durch die Öffnungen 9 in den Stegen und in den Diaphragmen 7. In Tragflügelkonstruktionen aus Holz bilden Hilfsholme mit der Behäutung geschlossene Konturen, die das Torsionsmoment am Tragflügel übertragen.

2.8.1.2. Fachwerkholme

Fachwerkholme werden vor allem bei großer Bauhöhe des Tragflügels verwendet.

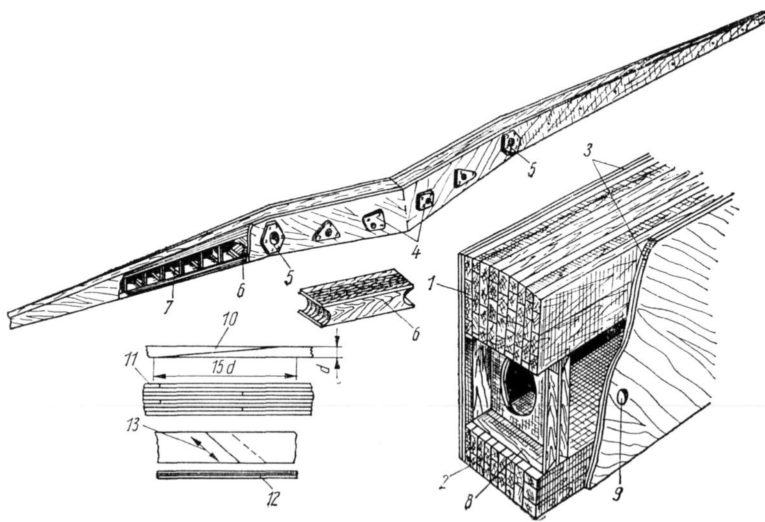

Bild 2.63 Holzholm mit Kastenquerschnitt

1 – Obergurt; 2 – Untergurt; 3 – Steg; 4 – Befestigungspunkte des Tragflügels am Rumpf; 5 – Befestigungsstellen der Hauptfahrwerkbeine am Tragflügel; 6 – Holzklotz; 7 – Diaphragma; 8 – Winkel; 9 – Belüftungsöffnungen; 10, 11 – Stöße der Gurtleisten des Holmes; 12 – Stoß der Stegplatten des Holmes; 13 – Faserverlauf in den äußeren Sperrholzlagen der Stege

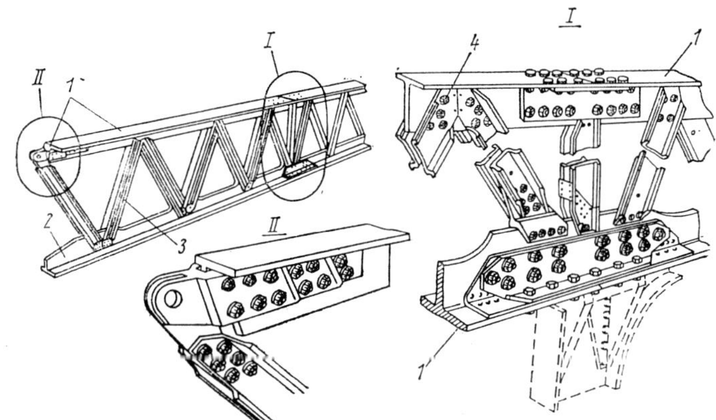

Bild 2.64 Aus Profilmaterial hergestellter Fachwerkholm:

1 Gurt; 2 Versteifungsrippe; 3 – Strebe; 4 – Bolzen

Man unterteilt sie in Konstruktionen mit nur schrägen Stäben (Streben) und solche mit schrägen und vertikalen Stäben (Ständer).

Erstere haben den Nachteil, daß immer ein Teil der Stäbe einer Knickbelastung unterliegt, was ihre Baumasse vergrößert. Außerdem müssen bei solchen Holmen an den Befestigungsstellen der Rippen meist zusätzliche vertikale Stützstreben verwendet werden.

Bei der zweiten Variante wechseln sich vertikale und schräge Stäbe ab, wobei die schrägen Stäbe so liegen, daß sie im schwierigsten Belastungsfall auf Zug beansprucht werden. Der Winkel zwischen Stab und Holmgurt beträgt 40 ÷ 45°.

Bild 2.64 zeigt einen typischen Fachwerkholm. Die Gurte 1 bestehen aus gepreßten T-Profilen, wobei die Versteifungsrippe des unteren Gurtes Ausnehmungen zur Gewichtsersparnis hat. Die Streben 3 sind

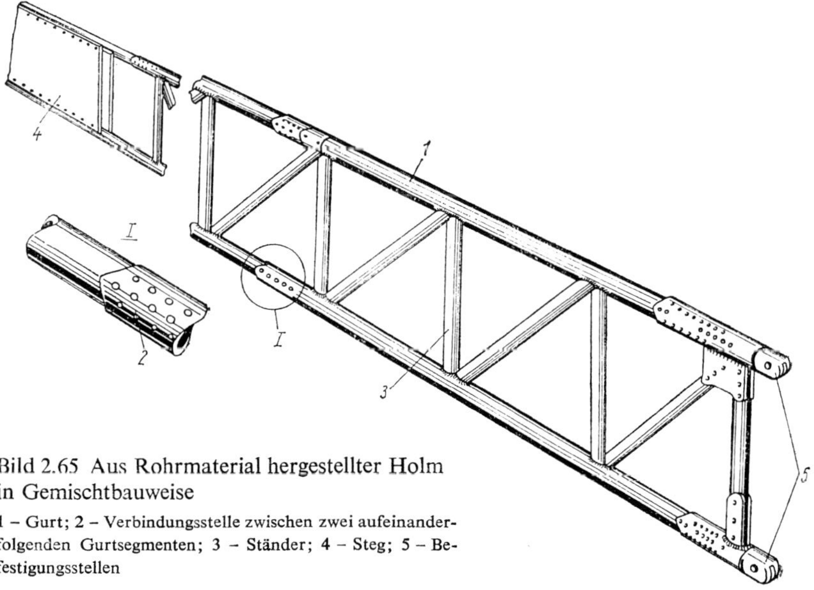

Bild 2.65 Aus Rohrmaterial hergestellter Holm in Gemischtbauweise

1 – Gurt; 2 – Verbindungsstelle zwischen zwei aufeinanderfolgenden Gurtsegmenten; 3 – Ständer; 4 – Steg; 5 – Befestigungsstellen

aus ⊔-Profilen mit Wulstversteifungen an den freien Seiten hergestellt und werden mit Hilfe von Bolzen oder Nieten mit den Gurten verbunden.
Bei der Verwendung von Rohrmaterial werden die Stäbe und Holmgurte meist mit Hilfe von Knotenblechen miteinander verbunden. In technologischer Hinsicht sind Fachwerkholme komplizierter als Stegholme.

Als charakteristisches Beispiel eines gemischten Fachwerk-Steg-Holmes mit Rohrgurten kann der Holm des sowjetischen Flugzeuges TB-3 (Bild 2.65) dienen. Die Rohrgurte bestehen der Länge nach aus 4 Teilen mit zum Holmende kleiner werdendem Querschnitt. Diese Teile sind teleskopisch durch Niete miteinander verbunden, wobei aus dem Rohrende mit dem größeren Querschnitt zwei Laschen herausgeschnitten sind, um einen fließenden Übergang des Gurtquerschnittes zu erreichen. Die Ständer 3 sind in diesem Falle direkt an die Gurte angeschweißt. Zum Ende des Tragflügels hin ist das Fachwerkgitter durch einen geschlossenen Steg ersetzt worden.

2.8.1.3. Hilfsholme

Ihrer Konstruktion nach entsprechen die Hilfsholme Holmen mit sehr schwachen Gurten (Bild 2.66). Die Konstruktion der Hilfsholme hat in den letzten Jahren kaum eine Änderung erfahren. Die Erprobung und Untersuchung solcher Hilfsholme hat erbracht, daß ein geschlossener, durch

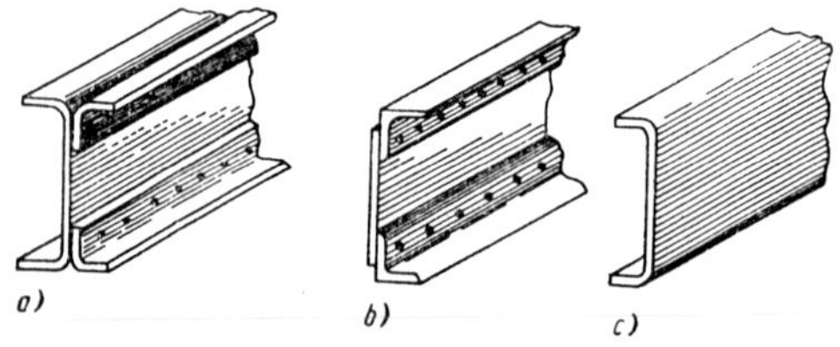

Bild 2.66 Hilfsholme verschiedener Konstruktion

a) – ⊏-Profil mit verstärkenden Winkelprofilen; b) – Steg mit Winkelprofilen; c) – ⊏-Profil

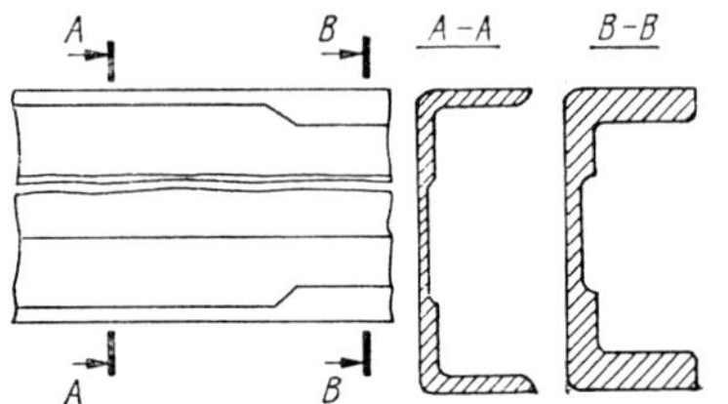

Bild 2.67 Integralbauweise von Hilfsholmen

Stützrippen verstärkter, dünner Steg (ohne Einschnitte und Aussparungen zur Verringerung des Gewichtes) sowohl die geringste Masse als auch die größte Schubsteifheit besitzt.
Heute werden oft integrale Hilfsholme verwendet. Bild 2.67 zeigt ein ⊏-Profil mit veränderlichem Querschnitt, das erfolgreich als Hilfsholm eingesetzt werden kann.
Die Festigkeitsberechnung erfolgt analog der Berechnung des Holmsteges von Hauptholmen.

2.8.2. *Pfetten (Stringer)*

Pfetten sind einfachste Konstruktionselemente des Längsverbandes von Tragflügeln. Die Masse aller Pfetten eines Tragflügels beträgt in Abhängigkeit von der Bauweise 5 ÷ 20% seiner Gesamtmasse.
Pfetten eines Tragflügels mit tragender Behäutung dienen:

- der Erhöhung der Festigkeit der Behäutung durch Vergrößerung ihrer kritischen Normal- und Tangentialspannungen bei Biege- und Torsionsbelastung des Tragflügels;
- der Übertragung der Querbelastung gemeinsam mit der Behäutung auf die Rippen, wobei sie selbst auf Querkraftbiegung arbeiten (Bild 2.68).

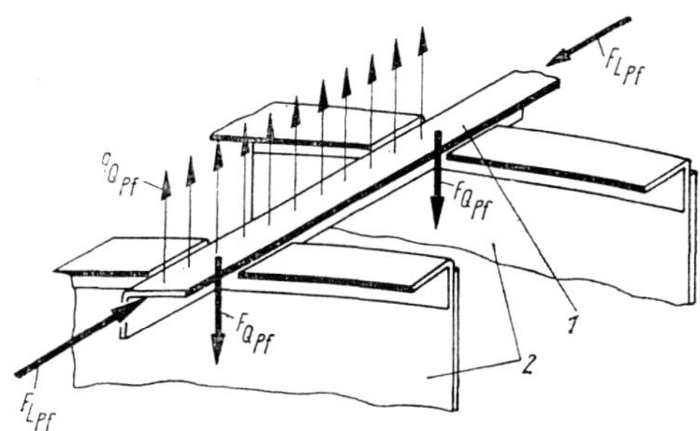

Bild 2.68 Schematische Darstellung der an der Pfette angreifenden Kräfte

1 – Pfette; 2 – Rippen

q_{QPf} – laufende Querbelastung auf die Pfette von Seiten der Behäutung; F_{LPf} – Längskraft (Zug- oder Druckkraft) auf die Pfette, die sich aus der Biegung des Tragflügels ergibt; F_{QPf} – Querkraft, die als Lagerkraft an den Befestigungsstellen der Pfette an den Rippen wirkt und das Gleichgewicht mit der laufenden Querbelastung herstellt

Die Pfetten verstärken die auf Schub und Druck belastete Behäutung. Gleichzeitig verstärkt die Behäutung die auf Druck belasteten Pfetten. Die gemeinsam arbeitenden Pfetten und Behäutung müssen hohe kritische Spannungen haben. Ausgehend von diesen geforderten Spannungen werden die rationellen Querschnittformen der Pfetten sowie die Abstände zwischen ihnen bestimmt.

Im modernen Flugzeugbau werden als Pfetten Profile verschiedenster Form angewendet (Bild 2.69). Bei gleichen Wandstärken und Ausmaßen verlieren gewalzte oder gefalzte Blechprofile der Formen

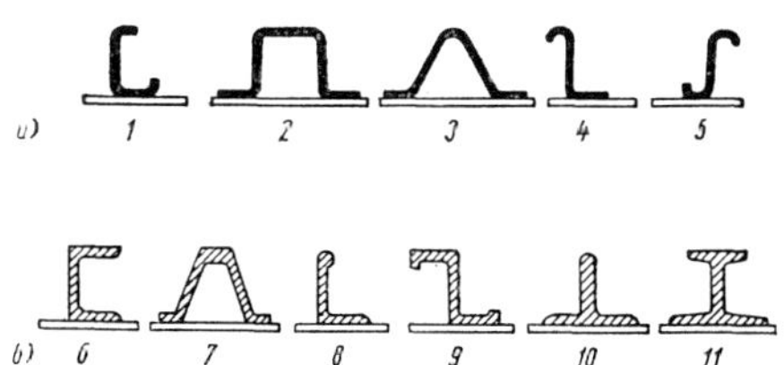

Bild 2.69 Typische Pfettenquerschnitte

a) aus Blech gefalzte oder gewalzte Profile; b) aus Halbzeug gepreßte oder gewalzte Profile

1, 4, 5 eher ihre Festigkeit ($\sigma_{krit} \approx 16 \div 18$ kp/mm²) als geschlossene Profile mit den Querschnittsformen 2 und 3. Eine durch Pfetten mit den Querschnitten 2 und 3 verstärkte Behäutung arbeitet besser als eine nicht verstärkte Behäutung, jedoch sind solche Profile produktionstechnisch ungünstig, weil zu ihrer Befestigung die doppelte Anzahl von Nieten benötigt wird. Außerdem ist es auf Grund der zweifachen Nietreihe schwieriger, bei solchen Profilen eine Deformation der Tragflügeloberfläche beim Nieten zu verhindern.

Preß- oder Walzprofile der Formen 6 bis 11 haben in jedem Falle höhere kritische Spannungen ($\sigma_{krit} \approx 26 \div 28$ kp/mm²) als

Bild 2.70 Querschnittformen von Endpfetten zur Verbindung der Rippenenden mit der Behäutung

Blechprofile gleicher Form. Deshalb werden sie diesen auch in modernen Konstruktionen vorgezogen. Die örtliche Festigkeit wird bei diesen Profilen durch starke Stege und durch Wülste an den Stegkanten erhöht. Experimentell ist nachgewiesen, daß das Profil 8 mit Wulst bei kürzeren Pfettenlängen (bis 150 ÷ 200 mm) besser arbeitet als bei größeren Längen.

Die Auswahl eines Pfettenprofils muß ausgehend von seinen Belastungsbedingungen erfolgen. In Holmflügeln verstärken die Pfetten die Behäutung bei deren Querbelastung durch die Luftkräfte und arbeiten dabei selbst unter Querkraftbelastung, wobei jedoch die auftretenden Spannungen gewöhnlich unwesentlich sind. Gleichzeitig sind sie Teil der tragenden Kontur, die zusammen mit der Behäutung auf Schub belastet wird. In Integraltragflügeln werden die Pfetten infolge der Biegebelastung des Tragflügels stark durch Längskräfte belastet. In diesem Falle empfiehlt es sich nicht, die Pfetten an den Befestigungsstellen des Außentragflügels mit dem Tragflügelmittelstück zu unterbrechen.

Rationelle Formen und Ausmaße von Pfetten werden vor allem durch die besonderen Forderungen an die Tragflügelkonstruktion und durch den Anteil der Belastung, den Holme und Behäutung tragen, bestimmt.

Neben den normalen Pfetten können im Tragflügel auch verstärkte Pfetten, Nasen- und Endleisten sowie Pfetten zur örtlichen Erhöhung der Festigkeit verwendet werden.

Verstärkte Pfetten sind Längselemente, die sich über die gesamte Länge des Tragflügels oder einen Teil davon (zwischen mehreren Rippen) erstrecken. Im letzteren Falle dienen sie der örtlichen Erhöhung der Festigkeit und Steifigkeit der Tragflügelkonstruktion.

Nasenleisten benutzt man manchmal zur Verbindung der Rippennasen untereinander und zur speziellen Formgebung für die Tragflügelvorderkante. In modernen Konstruktionen wird gewöhnlich an Stelle der Nasenleiste ein Hilfsholm verwendet, in Integralflügeln meist nur eine Versteifungsrippe.

Endleisten sind Längselemente, die entlang der Tragflügelhinterkante die Rippen und die Behäutung der Ober- und Unterseite des Tragflügels miteinander verbinden (Bild 2.70). Solche Endleisten gewährleisten die Steifigkeit der Tragflügelhinterkante.

In Integralschalen erfüllen spezielle längslaufende Versteifungsrippen, die mit der Behäutung aus einem Stück gefertigt sind, die Aufgaben der Pfetten.

2.8.3. *Rippen*

Nach der Konstruktion und den zu erfüllenden Aufgaben im Tragflügel unterscheidet man einfache und verstärkte Rippen. Erstere dienen vor allem der Formgebung des Tragflügels, aber auch der Aufnahme der örtlichen Belastung von Pfetten und Behäutung durch die Luftkräfte sowie der Weitergabe dieser Kräfte auf die Holme. Verstärkte Rippen dienen außerdem der örtlichen Verstärkung des Kräfteverbandes an Stellen, wo in die Konstruktion Einzelkräfte eingeleitet werden, wie z. B. vom Fahrwerk, von Triebwerksanlagen, von Bewaffnung usw. sowie dort, wo sich in der Behäutung große Öffnungen befinden, wo Längselemente ihre Laufrichtung ändern oder wo sich Verbindungsstellen zwischen Teilen der Längselemente befinden.

Der Massenanteil aller Rippen an der Gesamtmasse des Tragflügels beträgt, in Abhängigkeit von der Bauweise, 10 ÷ 14% und in Konstruktion ohne Pfetten bis zu 25%.

Nach der Bauweise (Bild 2.71) unterscheidet man Balkenkonstruktionen mit einem oder zwei Stegen, Rahmen-, Fachwerk- und gemischte Konstruktionen von Rippen.

Balkenrippen bestehen aus dem Rahmen und dem Steg.

Rahmenrippen bestehen aus einer oberen und einer unteren Hälfte, die nicht untereinander verbunden sind.

Fachwerkrippen stellen eine ebene Fachwerkkonstruktion dar, deren Bauteile der Rahmen, Ständer und Streben sind.

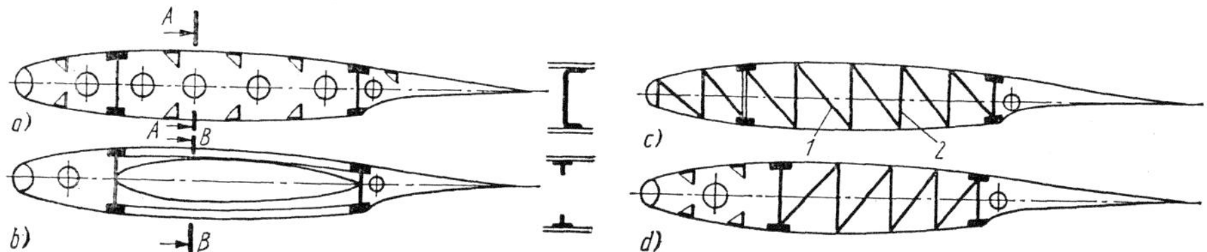

Bild 2.71 Bauweisen von Rippen

a) Stegrippe; b) Rahmenrippe; c) Fachwerkrippe; d) Rippe in Gemischtbauweise (Balken – Fachwerk)
1 – Strebe; 2 – Ständer

Die in modernen Tragflügelkonstruktionen verwendeten Rippen unterscheiden sich kaum voneinander.

2.8.3.1. Steg- und Rahmenrippen

Normale Stegrippen werden gewöhnlich aus Blechmaterial gestanzt. Ihre Stege haben bei geringer Dicke (0,8 ÷ 1,5 mm) eine große Festigkeitsreserve. Deshalb werden in die Stege große Öffnungen zur Gewichtseinsparung geschnitten. Diese dienen gleichzeitig zur Durchführung von Steuergestängen, Kraftstoffleitungen u. a. m. Zur Erhöhung der Steifigkeit des Steges werden die Ränder der Öffnungen gebördelt; außerdem werden in den Blechfeldern Sicken angebracht oder auch Stützrippen angenietet.

Die abgekanteten Außenkanten des Steges bilden den Rahmen, an dem die Behäutung befestigt wird. In verstärkten Rippen wird der Rahmen aus Walz- oder Preßprofil hergestellt.

Die typische Stegrippe, die auf Bild 2.72 dargestellt ist, besteht aus einem Nasen-, zwei Mittel- und einem Endteil. Jedes der Teile ist aus Blech gestanzt. Die Ränder sind abgekantet und bilden den Rahmen, an dem die Behäutung befestigt wird. Über der Kontur befinden sich Einschnitte 1 für die Durchführung der Pfetten, was für moderne Konstruktionen charakteristisch ist. An jedem Ausschnitt ist ein Blechwinkel 3 angebracht, an dem

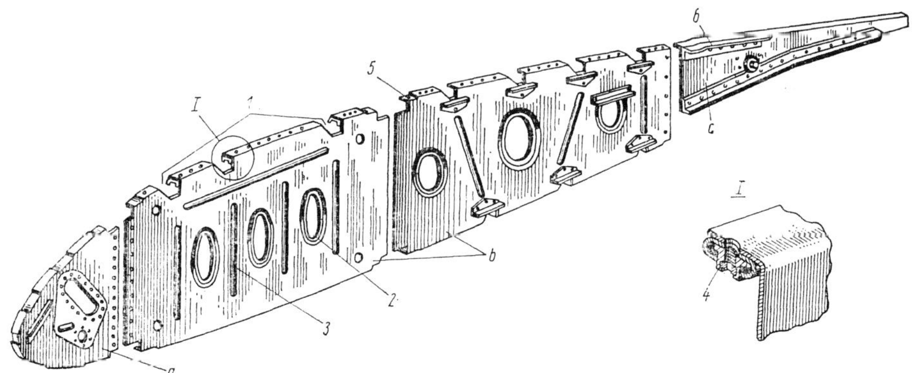

Bild 2.72 Konstruktion einer typischen einfachen Balkenrippe

1 – Einschnitt für die Pfetten; 2 – Absatz; 3 – Winkel zur Befestigung der Pfetten; 4 – Verstärkung; 5 – Aussparungen zur Massenverringerung; 6 – Sicken; 7 – Annietmutter

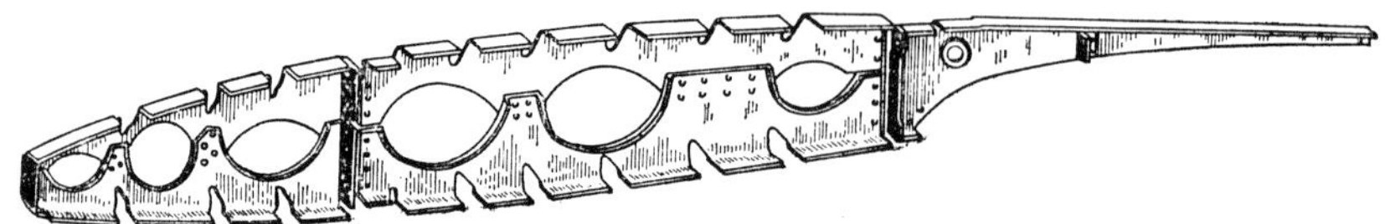

Bild 2.73 Tragflügelrippe mit horizontalen und vertikalen Trennstellen

die Pfette befestigt wird (außer im Bereich abnehmbarer Blechfelder der Behäutung). Zur Erhöhung der Steifigkeit haben die Stege gebördelte Aussparungen 5 und Sicken 6. Dort, wo abnehmbare Blechfelder an der Behäutung befestigt werden, sind am Rahmen innen spezielle Muttern (Annietmuttern) 7 angebracht. An den Befestigungsstellen der Rippenteile an den Holmen hat das Rahmenprofil Absätze 2. Der Rahmen ist am Endteil der Rippe durch zusätzliche Winkel 4 verstärkt.

Bild 2.73 zeigt eine Rippe, die sowohl vertikal als auch horizontal in mehrere Teile getrennt ist. Insgesamt besteht sie aus fünf Teilen. Das Nasen- und das Mittelteil bestehen jeweils aus zwei gestanzten Blechelementen, die zusammengenietet sind. Das Endteil mit Z-Profil hat unten einen profilierten Ausschnitt für die nach hinten ausfahrbare Landeklappe. Der Rahmen wird durch die abgekanteten Stegränder gebildet.

Rahmenrippen stellen flache Rahmen dar, die aus zwei nicht miteinander verbundenen Teilen bestehen. Das Fehlen des Steges bei solchen Rippen gestattet, den Innenraum des Tragflügels besser für die

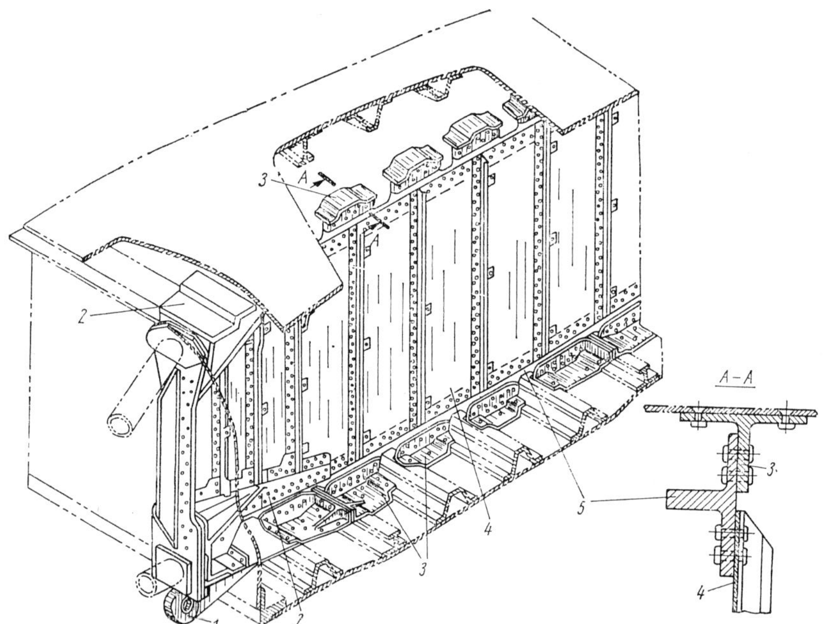

Bild 2.74 Verstärkte Balkenrippe

1 – Befestigungsstelle einer Strebe der Triebwerksgondel; 2 – Befestigungsstellen der Spannbänder; 3 – Knotenblech zur Verbindung mit der Rippe der Behäutung; 4 – Steg; 5 – Rahmen

Unterbringung von Kraftstoff zu nutzen. Rahmenrippen haben allerdings eine höhere Masse als gleichwertige Stegrippen, da jede ihrer Hälften allein wie ein Träger geringer Bauhöhe auf zwei Stützen arbeitet.

Verstärkte Rippen haben die gleiche Konstruktion wie einfache, jedoch ist gewöhnlich das Mittelteil (seltener das Nasenteil) verstärkt.

Bild 2.74 zeigt eine verstärkte Rippe aus dem Tragflügel des sowjetischen Transportflugzeuges AN-10. Der Rahmen dieser Rippe ist aus Preßprofilen mit T-Querschnitt hergestellt.

2.8.3.2. Fachwerkrippen

Fachwerkrippen werden heute nur noch selten und vorwiegend für Tragflügel großer Bauhöhe verwendet. Das Fachwerk der Rippen kann durch verschiedenartigste Anordnungen von Stäben gebildet werden.

Manchmal werden Fachwerkrippen durch Stanzen aus Blechfeldern gewonnen, wobei die Ränder der Streben zur Erhöhung der Steifigkeit abgekantet werden.

Bei großer Bauhöhe und geringer spezifischer Belastung des Tragflügels sind Fachwerkrippen leichter als gleichwertige Rippen anderer Konstruktion. In konstruktiver und technologischer Hinsicht sind sie jedoch bedeutend komplizierter.

Die charakteristische Konstruktion einer Fachwerkrippe aus mehreren Teilen ist in Bild 2.75 dargestellt. Das Nasen- und das Mittelteil sind aus Blech gestanzt, wobei die äußeren Ränder als Rahmen zur Befestigung der Behäutung abgekantet wurden. Das Fachwerk dieser beiden Teile entstand durch das Ausstanzen dreieckiger Öffnungen zur Massenersparnis. Die Ränder der Öffnungen sind ebenfalls abgekantet, wodurch die Streben versteift werden. Eine derartige Fachwerkkonstruktion verringert schlagartig die Anzahl der erforderlichen Einzelteile und gestattet die Anwendung fortschrittlicher Produktionsmethoden.

Der Abstand zwischen den Rippen ist im Tragflügel in weiten Grenzen veränderlich (120 ÷ 400 mm). Er hängt von der Stärke der Behäutung sowie vom Abstand und der Querschnittsfläche der Pfetten ab. Näherungsweise läßt sich der Abstand aus der Beziehung $a/b \approx 1 \div 1{,}5$ für Holmflügel und $a/b \approx 2 \div 4$ für Integralflügel bestimmen, wobei a der Abstand zwischen den Rippen und b der Abstand zwischen den Pfetten ist. Bei Tragflügelkonstruktionen ohne Pfetten stehen die Rippen dichter ($a = 120 \approx 150$ mm).

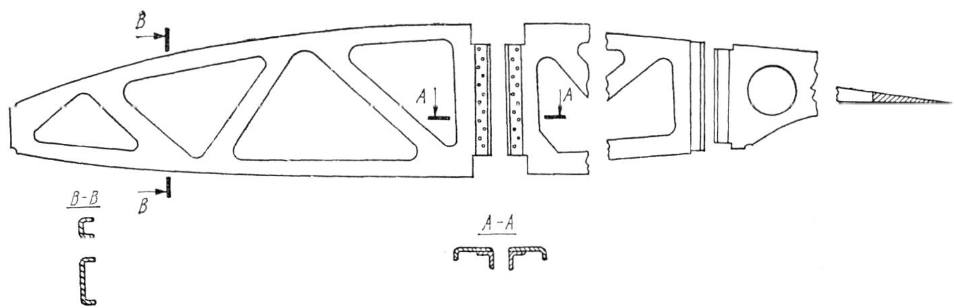

Bild 2.75 Gestanzte Fachwerkrippe

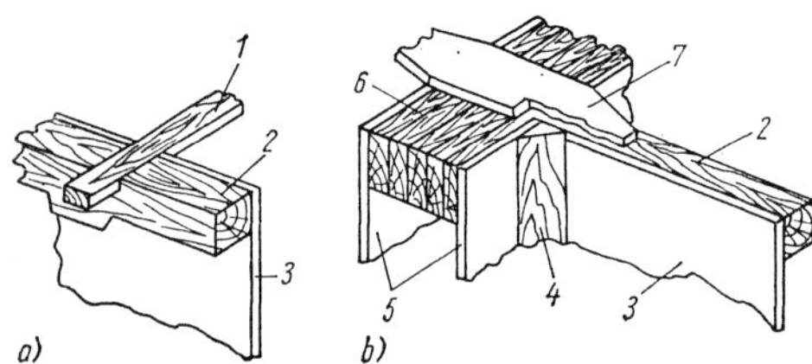

Bild 2.76 Verbindungsstellen der Elemente einer Stegrippe aus Holz

a) Verbindung von Rippenrahmen und Pfette;
b) Verbindung von Rippe und Holm;
1 – Pfette; 2 – Rippenrahmen; 3 – Rippensteg; 4 – Kantholz; 5 – Holmstege; 6 – Holmgurt; 7 – Sperrholzlasche

Im Nasenteil des Tragflügels werden oft zusätzliche Nasenrippen (Hilfsrippen) angebracht, da dieser Teil des Tragflügels großen aerodynamischen Belastungen unterliegt.

Einfache Rippen werden hauptsächlich durch verteilte aerodynamische Kräfte in ihrer Ebene belastet. Dabei arbeiten sie wie ein dünnwandiger Träger auf zwei Stützen auf Biegung. Als Stütze dienen die Stege der Haupt- und Hilfsholme sowie die Behäutung, deren tangentialer Schubfluß die Belastung der Rippe ausgleicht.

Die Hauptbelastung verstärkter Rippen besteht in Einzelkräften, die sie auf Biegung und Scherung belasten.

Die Methoden zur Festigkeitsberechnung von Rippenelementen sind die gleichen wie für die Berechnung von Holmelementen.

In Holzflügeln werden vorwiegend Stegrippen verwendet, in Tragflügeln von Segelflugzeugen meist Fachwerkrippen. **Stegrippen aus Holz** bestehen aus dem oberen und unteren Rahmen, die aus rechteckigen Leisten gefertigt sind, aus dem Sperrholzsteg und Stützrippen, die den Steg verstärken.

Bild 2.76a zeigt eine typische Klebeverbindung des Rippenrahmens mit den Pfetten. Die Befestigung einer geteilten Rippe mit dem Holm erfolgt durch Verbindung der Stege mit Hilfe von Kanthölzern dreieckigen Querschnittes sowie durch Verbindung des Rahmens mit den Holmgurten durch Sperrholzlaschen (Bild 2. 76 b).

Verstärkte Holzrippen unterscheiden sich von den einfachen durch stärkere Rahmenhölzer und durch die Verwendung von zwei Stegen.

Die Rippen des Tragflügels der sowjetischen Jagdflugzeuge MiG 3 bestanden aus den Kiefernholzrahmen 1, den Stützrippen 2 und dem Sperrholzsteg 3 (Bild 2. 77). Der Rahmen hatte außen Einschnitte 4 für die Pfetten. Die dadurch verursachte Schwächung des Rahmens wurde durch Anbringung von Holzklötzchen 5 an der Innen-

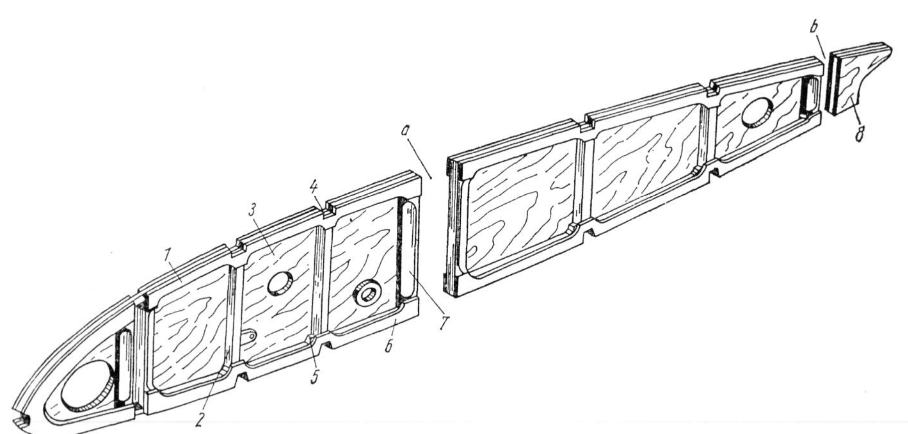

Bild 2.77 Konstruktion einer hölzernen Stegrippe

1 – Rahmen, 2, 7 – Stützrippen; 3 – Steg; 4 – Einschnitte für Pfetten; 5 – Klötzchen; 6 – Sperrholzleisten; 8 – Endteil der Rippe
a – Verbindungsstelle zum Hauptholm; b – Verbindungsstelle zum hinteren Hilfsholm

seite und durch die Stützrippen an dieser Stelle kompensiert. Außerdem ist der Rahmen von beiden Seiten durch angeklebte Sperrholzleisten 6 verstärkt. An den Befestigungsstellen des Rippensteges mit den Holmstegen befinden sich kräftigere gefräste Stützrippen 7. Das Endteil der Rippe hat zwei Stege.

Fachwerkrippen aus Holz können bei geringer Belastung des Tragflügels hinreichend einfach und leicht gebaut werden. In diesem Falle sind zur Verbindung der Fachwerkselemente (Rahmen, Stäbe und Streben) keine metallischen Beschläge erforderlich.

2.8.4. *Die Behäutung des Tragflügels*

2.8.4.1. Herkömmliche Behäutung

Hauptaufgabe der Behäutung ist die Bildung und Erhaltung der äußeren Form des Tragflügels sowie die Aufnahme der aerodynamischen Belastung. Außerdem ist die Behäutung an der Arbeit des Tragflügels unter Biegung und Torsion beteiligt.

Für Überschallflugzeuge wird die Behäutung meist aus Aluminium- oder Titanlegierungen sowie aus warmfesten Stählen hergestellt.

Die Oberfläche der Behäutung muß sehr glatt und poliert sein (Rauhigkeit kleiner als 5 μ). Während des Fluges darf sie sich nicht unter der Wirkung der Belastungen deformieren. Es muß beachtet werden, daß sich die Oberflächenrauhigkeit auf sandigen (staubigen) Flugplätzen schnell auf den 2 ÷ 3fachen Wert erhöhen kann. Unebenheiten der Oberfläche können durch Dellen an den Befestigungsstellen der Behäutung mit dem Gerippe sowie durch örtliche Restdeformationen auf Grund der Belastungen im Flug entstehen. Wenn die Dichtheit des Tragflügels an Verbindungsstellen der einzelnen Blechplatten oder im Bereich von Luken gestört wird, entsteht auf Grund des Druckgefälles zwischen Tragflügelinnerem und der Außenatmosphäre eine Luftströmung aus dem Tragflügel heraus, die den Widerstand des Tragflügels erhöht. Zur Hermetisierung des Tragflügels an Stellen, wo Ritze oder Spalten möglich sind (z. B. unter Lukendeckeln u. a. m.) werden spezielle Dichtungen angewendet.

Die Masse der Behäutung macht 30 ÷ 60% und bei Integralflügeln sogar noch mehr der Gesamtmasse des Tragflügels aus.

Die Stärke der Behäutung ist sowohl in der Tiefe als auch über der Spannweite des Tragflügels veränderlich. Eine stufenförmige Änderung der Blechstärke ist wenig rationell, da hierdurch keine gleichmäßige Belastung erreicht, aber eine höhere Masse verursacht wird. Deshalb besteht die beste Lösung in der Verwendung einer Behäutung veränderlicher Stärke.

Einzelne Platten der Behäutung werden auf folgende Art und Weise miteinander verbunden:

a) durch Überlappung und Abschrägen der Kanten;
b) einfach durch Überlappung;
c) auf Stoß;
d) durch Überlappung bei Kröpfung einer der Platten.

Die ersten beiden Varianten werden für langsamfliegende Flugzeuge verwendet, die dritte vor allem für Hochgeschwindigkeitsflugzeuge. Die einzelnen Platten werden durch eine oder zwei Nietreihen miteinander verbunden.

Die Blechfelder werden so gewählt, daß die einzelnen Platten an Rippen, Holmen oder Pfetten miteinander verbunden werden. Bild 2.78a zeigt die Spannungsverteilung in einer Schale aus Behäutung und Pfetten. Wird diese Schale gleichmäßig durch eine verteilte Druckkraft, bei der die Behäutung zwischen den Pfetten noch nicht ihre Festigkeit verliert, belastet, so ist die Druckspannung σ_D in der Behäutung und in den Pfetten gleich. Bei Erhöhung der äußeren Kraft verliert die Behäutung bei einem bestimmten Wert dieser Kraft ihre Festigkeit. Ist die Behäutung nicht mit den Pfetten verbunden, dann trägt die Behäutung nur die Belastung, die ihrer kritischen Spannung entspricht, während die darüber hinausgehende Belastung durch die Pfetten getragen wird.

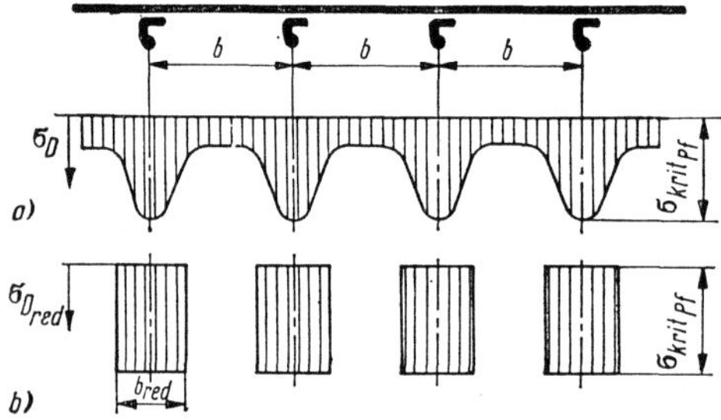

Bild 2.78 Spannungsverteilung unter Druckbelastung in einer aus Behäutung und Pfetten bestehenden Schale

a) reale kritische Spannungsverteilung; b) reduzierte Spannungsverteilung unter Berücksichtigung der gemeinsamen Arbeit von Pfetten und Behäutung

In realen Konstruktionen ist die Behäutung jedoch mit den Pfetten verbunden, und beide arbeiten gemeinsam. Da die Behäutung nicht in der Lage ist, die volle Belastung zu tragen, ersetzt man die wahre Breite b durch eine reduzierte Breite b_{red}, über der theoretisch die Behäutung die gleiche Spannung besitzt wie die Pfetten. Bild 2.78b zeigt diese fiktive Spannungsverteilung.

Wenn Pfetten und Behäutung aus gleichem Material bestehen, läßt sich die reduzierte Breite der tragenden Behäutung nach folgender Formel ermitteln.

$$b_{red} = 1{,}9\,\delta \sqrt{\frac{E}{\sigma_{krit\,Pf}}}\,.$$

δ – Blechstärke der Behäutung;
E – Elastizitätsmodul des Materials;
$\sigma_{krit\,Pf}$ – kritische Spannung der Pfetten.

Bestehen Behäutung und Pfetten aus unterschiedlichem Material, so hat die Formel folgendes Aussehen:

$$b_{red} = 1{,}9\,\delta \frac{E_{Beh}}{E_{Pf}} \sqrt{\frac{E_{Pf}}{\sigma_{krit\,Pf}}}\,,$$

wobei E_{Beh} und E_{Pf} die Elastizitätsmodule des Materials der Behäutung und der Pfetten bedeuten.

Der Abstand zwischen den Pfetten wird so gewählt, daß die mit ihnen zusammenarbeitende Behäutung in der Druckzone optimal genutzt wird.

Untersuchungsergebnisse zeigen, daß für versteifte Platten mit einer Blechdicke von 2 ÷ 3 mm der Abstand zwischen den Pfetten 120 ÷ 150 mm betragen soll. Geringste Masse wird durch Schalen aus dünner Behäutung und engstehenden Pfetten erreicht.

Bei der Projektierung von Schalen ist die Festigkeitsminderung durch die Nietreihen zu beachten. Der Abstand zwischen den Nieten übt einen wesentlichen Einfluß auf die Bruchspannung der Schale bei Druckbelastung aus. Unter dem Druck äußerer Kräfte verliert die Behäutung ihre Festigkeit zuerst zwischen den Nieten und wird dann vorzeitig zerstört. Der Abstand zwischen den Nieten ist aus der Bedingung $\sigma_{krit_{Beh}} \geqslant \sigma_{krit_{Pf}}$ zu bestimmen.

Untersuchungen zeigen, daß eine auf Druck belastete Behäutung der Dicke δ

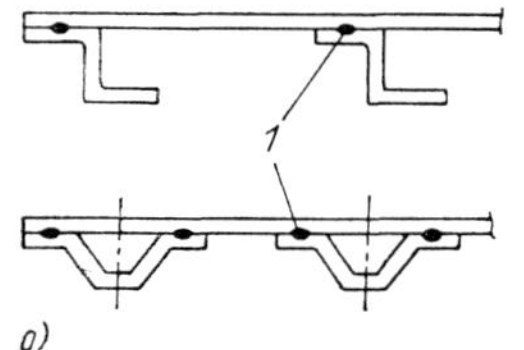

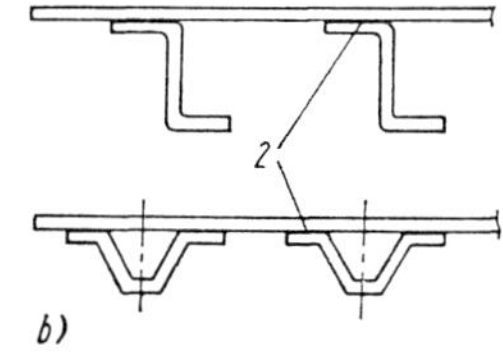

Bild 2.79 Typenverbindungen zwischen Behäutung und Pfetten

a) durch Punktschweißung; b) durch Kleben
1 – Schweißnaht; 2 – Klebeflächen

ihre Festigkeit behält, wenn der Abstand zwischen den Nieten t der Bedingung

$$t \leqslant 25\,\delta$$

entspricht.

Wenn sich die Materialien der Behäutung und der Pfetten gut verschweißen lassen, dann können sie durch Punkt-oder Rollenschweißen miteinander verbunden werden (Bild 2.79a).

In den letzten Jahren fanden Klebe- und Klebe-Schweißverbindungen immer weitere Verbreitung (Bild 2.79b). Sie gewährleisten eine sehr glatte Oberfläche und verringern den Arbeitsaufwand in der Produktion bedeutend.

2.8.4.2. Integralbehäutung

Bild 2.80 zeigt verschiedene Muster von Integralschalen, bei denen Behäutung und Pfetten aus einem Ganzen bestehen. Solche Schalen gestatten die beste Nutzung der mechanischen Eigenschaften des Materials, so daß die Konstruktion leicht wird. Gleichzeitig wird die Oberflächengüte verbessert und die Zahl der Stöße verringert, was besonders für hermetische Abschnitte wichtig ist. Es werden dabei die Masse des Dichtungsmaterials und die Anzahl der Arbeitsgänge zur Abdichtung der Konstruktion verringert.

Bei dünnen Tragflügeln geringer Bauhöhe sind genietete Schalen auf Grund der Verringerung ihres Flächenträgheitsmomentes (die Pfetten nähern sich der neutralen Linie des Tragflügels) uneffektiv. In diesem Falle gestatten Integralkonstruktionen eine effektivere Nutzung des Materials. Wie bekannt, wird die Behäutung beim Fluge mit großen Geschwindigkeiten stark aufgeheizt. Auch in diesem Falle ist eine Integralschale mit vielen Rippen vorteilhaft, weil sie geringere Temperaturdeformationen und eine bessere Wärmeableitung gewährleistet.

Integralschalen für die Behäutung können gewalzt, gegossen, gestanzt oder gepreßt sowie durch chemische oder mechanische Abtragung hergestellt werden. Bei der mechanischen Bearbeitung dicker Integralschalen sind der Arbeitsaufwand und die Materialverluste recht hoch. Die chemische Abtragung ist ebenfalls von hohen Materialverlusten begleitet. Aus diesem Grunde sind das Walzen, Stanzen und Pressen als progressivere Herstellungsmethoden für Integralschalen zu betrachten.

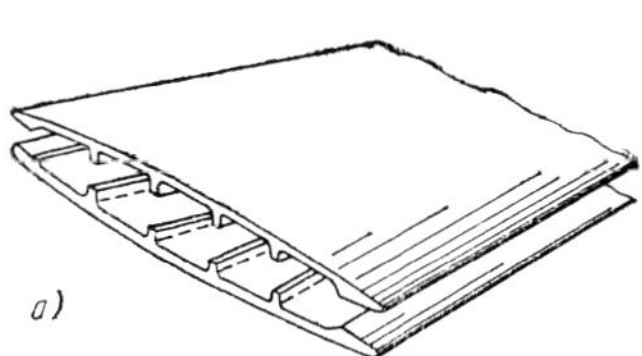

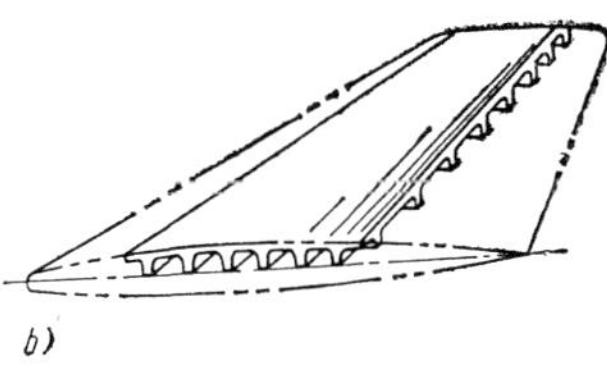

Bild 2.80 Integralschalen der Tragflügelbehäutung

a) Tragflügel, nur aus Ober- und Unterschale bestehend; b) Tragflügelkonstruktion, aus mehreren Integralschalen bestehend

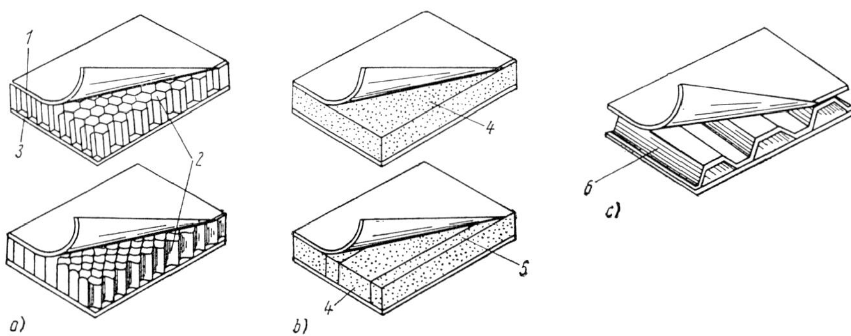

Bild 2.81 Sandwichschalen

a) mit Wabenkern; b) mit Schaumkern; c) mit gewelltem Füllmaterial
1 – Oberblech; 2 – Wabenfüllmaterial; 3 – Unterblech; 4 – Schaumfüllstoff; 5 – Armierung; 6 – Wellblech als Füllmaterial

2.8.4.3. Verbundplattenbehäutung (Sandwichbehäutung)

In den letzten Jahren werden Verbundplatten als Behäutung für Tragflügel breit verwendet. Verbundplatten bestehen aus zwei Platten, die durch ein Füllmaterial untereinander verbunden sind (Bild 2.81). Als Füllmittel wird Material mit Zell- oder Porenstruktur sowie Wellmaterial verwendet. Die für das Füllmaterial erforderlichen mechanischen Eigenschaften lassen sich durch Armierung erzielen, d. h. durch entsprechende Einlagen aus festerem Material.

Die Schaffung von Verbundplatten hoher Festigkeit aus Stahlplatten, aus Platten aus Aluminium- oder Titanlegierungen mit Glasfaser- oder Textilfaserwabenmaterial, mit Schaumstoff- oder Balsafüllmaterial wurde erst nach Entwicklung neuer Klebemittel und Klebeverfahren zur Verbindung verschiedenartiger Materialien möglich.

Leichte Füllmittel mit relativ geringen mechanischen Eigenschaften schützen lediglich die angeklebten oder angelöteten dünnen Platten vor Festigkeitsverlust.

Die Trennung der Behäutung in zwei tragende Schichten erhöht wesentlich ihre Beulfestigkeit, weil dadurch ihre kritische Druck- und Schubspannung vergrößert wird.

Das laufende Trägheitsmoment einer Verbundplattenschale beträgt

$$J_{\text{lauf}} = \frac{\delta h^2}{2}.$$

δ – Dicke der tragenden Schicht;
h – Abstand zwischen den tragenden Schichten (Bild 2.82).

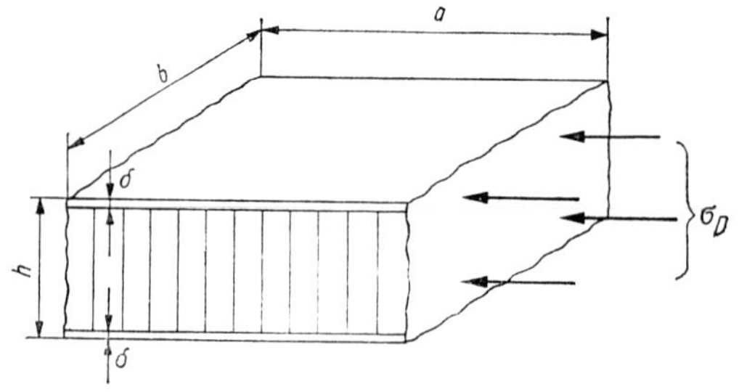

Bild 2.82 Zur Festigkeitsberechnung von Sandwichmaterial

Das Verhältnis der laufenden Trägheitsmomente einer Verbundplatte und einer einfachen Platte mit der Stärke 2δ beträgt $3(h/2\delta)^2$; bei $h/2\delta = 10$ heißt das $3(h/2\delta)^2 = 300$.

Die kritische Druckspannnung der dreischichtigen Schale ist

$$\sigma_{krit} = \frac{2{,}7\, k_\sigma \varepsilon}{(b/h)^2}.$$

Bei einem Seitenverhältnis $a/b > 1$ ist

$$k_\sigma = \frac{4}{(1+\xi)^2},$$

wobei

$$\xi = 5{,}4\, \frac{(h-\delta)\, \delta E}{b^2 \cdot G_{Füllm.}}$$

ein Faktor ist, der den Einfluß der Deformation des Füllmaterials auf die kritische Spannung σ_{krit} ausdrückt ($G_{Füllm.}$ – Gleitmodul des Füllmittels).

Die Sandwichbehäutung hat hohe kritische Druckspannungen, deshalb benötigt sie keinen stützenden Längsverband aus Pfetten und weniger Rippen, zwischen denen folglich der Abstand vergrößert werden kann.

Bei einer mittleren Dichte des Füllmaterials von $\varrho_{Füllm.} = 0{,}05 \div 0{,}10\ \mathrm{g/cm^3}$ und einem Verhältnis $2h/\delta = 10$ erreicht die Masse des Füllmaterials $18 \div 30\%$ der Gesamtmasse der Platte. Die Vergrößerung der kritischen Spannungen einer solchen Konstruktion ist ziemlich hoch, und in bezug auf die Masse ist sie sogar bei sehr geringer Dicke der Behäutung vorteilhafter als eine durch Pfetten verstärkte herkömmliche Schale. Die Verwendung dicker Platten mit großer eigener Festigkeit für Sandwichschalen ist unzweckmäßig.

Rationelle Methoden zur Befestigung der Ränder von Schichtmaterial (Bild 2.83) sind weitestgehend von der Konstruktion der Anschlußelemente, zur Befestigung der Platten untereinander und mit anderen Teilen des Tragflügels, abhängig.

Von den in Bild 2.83 gezeigten Randabschlüssen sind die Varianten *a*, *b* und *c* die technologiegünstigeren, da hier das Fräsen von Nuten für Einlagen entfällt. Bei diesen Varianten entfällt, im Vergleich zu den Varianten *d* und *e*, die Anpassung der Einsätze an die Abschlußprofile und im Vergleich zu den Varianten *f* und *g* die Notwendigkeit, die Deckplatten abzukanten.

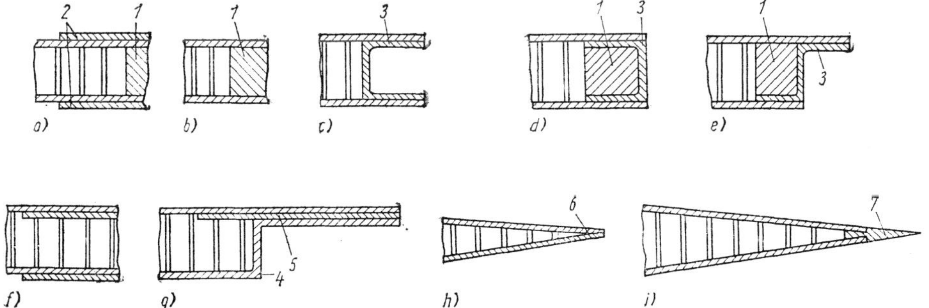

Bild 2.83 Varianten von Rand- und Endabschlüssen für Sandwichbauteile

a bis i – mögliche Formen

1 – Einsatz; 2 – Auflage; 3 – Profileinsatz; 4 – Abkanten der Deckbleche; 5 – Zwischenlage; 6 – Schweißnaht oder Falz; 7 – Abschlußpfette

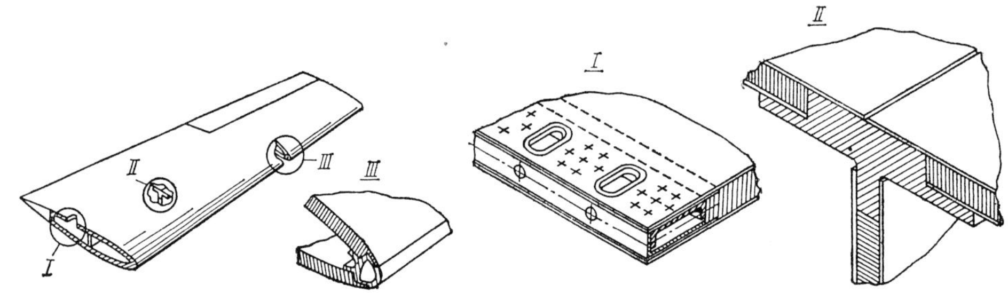

Bild 2.84 Anschlußstellen von Sandwichplatten

I – Randanschluß; II – Klebeverbindung der Platten mit dem Holmgurt; III – Klebeverbindung der Platten mit dem Nasenprofil des Tragflügels

Das Verschweißen oder Falzen der Randabschlüsse (Bild 2.83h) wird als zweckmäßige technologische Lösung betrachtet. Bei dieser Methode entfallen Endpfetten und Nietverbindungen, wodurch die Masse der Konstruktion und der Arbeitsaufwand verringert sowie die Oberflächengüte verbessert werden.

An Anschlußstellen von Verbundplatten wird die erforderliche Festigkeit durch Einlagen, Profile und Buchsen erreicht (Bilder 2.84 und 2.85).

Eine Sandwichbehäutung hat im Vergleich zur einfachen Behäutung folgende Vorteile:

- sie kann alle Belastungen, die in der Behäutungsebene sowie senkrecht zu ihr wirken, aufnehmen. Ein allgemeiner Festigkeitsverlust dieser Behäutung ist praktisch ausgeschlossen, und die kritischen Spannungen örtlichen Festigkeitsverlustes liegen bedeutend höher als die der tragenden Deckhaut;
- sie hat eine höhere Oberflächengüte, da Nietreihen fehlen;
- sie ist auf Grund geringerer Materialvielfalt und preisgünstigerer Technologien in der Herstellung billiger und weniger arbeitsaufwendig; und

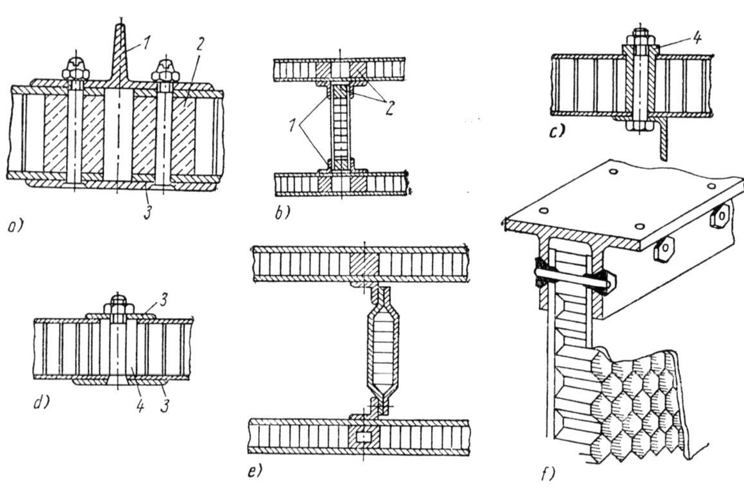

Bild 2.85 Typische Anschlüsse von Sandwichplatten in verschiedenen Varianten

1 – Winkel- u.a. Profile; 2 – Einsätze; 3 – Auflagen; 4 – Buchsen

- sie hat gute Wärme- und Schallisolationseigenschaften.

Zu ihren Nachteilen muß man folgende zählen:

- die Qualität der Verbindung zwischen den Schichten ist schwer überprüfbar;
- es ist schwierig, Stoßverbindungen zwischen Platten herzustellen;
- es ist notwendig, die Füllschicht zu verstärken, wenn Querkräfte, die senkrecht zur Schalenebene wirken, aufgenommen werden sollen, und
- es ergeben sich konstruktive Schwierigkeiten bei der Einleitung von konzentrierten Einzelkräften.

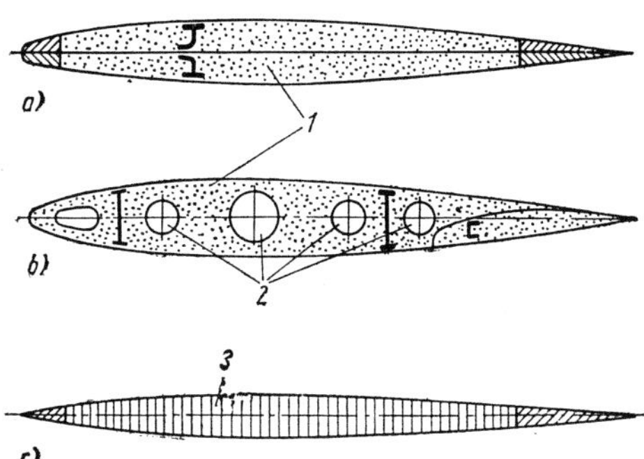

Bild 2.87 Sandwichkonstruktionen von Tragflügeln

a) Einholmer; b) Zweiholmer; c) ohne Gerüst
1 – Schaumstoffüllung; 2 – massenmindernde Aussparungen; 3 – Wabenfüllmaterial

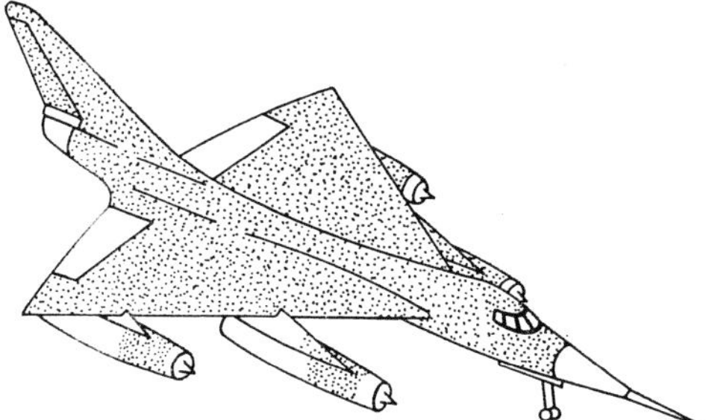

Bild 2.86 Bauteile des Flugzeuges B 58, bei denen Sandwichschalen verwendet werden

Heute werden Sandwichbehäutungen nicht nur für Versuchsflugzeuge, sondern auch für Serienflugzeuge breit angewendet. So z.B. bestehen am strategischen Überschall-Bombenflugzeug B 58 (USA) etwa 90% der Behäutung von Tragflügel, Rumpf, Leitwerk und Triebwerksgondeln aus Sandwichschalen (Bild 2.86).

Wenn Tragflügel oder Leitwerksteile äußerst geringe Bauhöhen haben, kann es sich als günstig erweisen, einfach die äußere Behäutung mit Stützmaterial auszufüllen. Solche Konstruktionen sind in Bild 2.87 dargestellt.

Allgemein wird die Sandwichbauweise heute für Landeklappen, Quer- und andere Ruder verwendet. Bild 2.88 zeigt eine Querruderkonstruktion unter Anwendung dieser Bauweise.

Zur Stoffbespannung. Das leichteste Behäutungsmaterial für Tragflügel ist Leinen- oder Baumwollgewebe. Außerdem ist diese Art von Behäutung billig und leicht zu reparieren. Sie kann jedoch nur geringe Luftkräfte aufnehmen. Die Richtung der Webkette des Stoffes muß 45° zur Flügelsehne betragen, damit die Behäutung zwischen den Rippen minimal durchhängt. Zur Erlangung einer besseren Oberflächengüte, sowie zur Straffung des Ma-

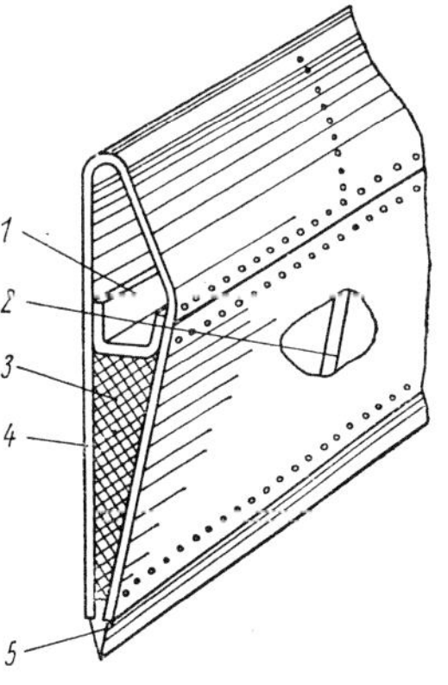

Bild 2.88 Querruderkonstruktion in Sandwichbauweise

1 – Holm; 2 – Rippe; 3 – Füllstoff; 4 – Behäutung; 5 – Endprofil

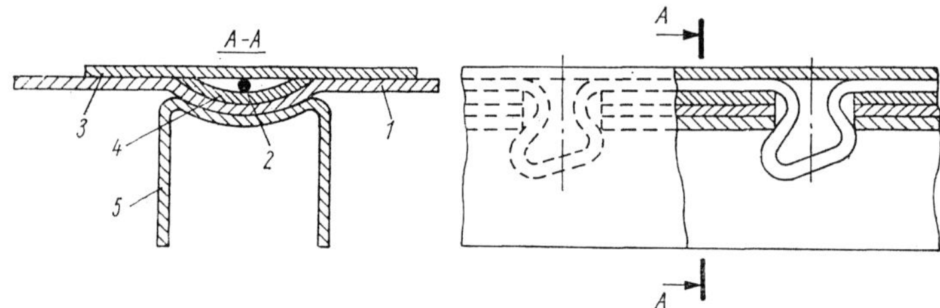

Bild 2.89 Befestigung einer Stoffbespannung mit Hilfe von Draht

1 – Stoff; 2 – Draht; 3 – Band; 4 – Unterlage; 5 – Rippe

terials, wird dieses mit speziellen Lacken bedeckt. Bild 2.89 zeigt eine originelle mechanisierte Methode, die Bespannung an einer Rippe anzunähen. Die Bespannung wird mit einem dünnen Draht angenäht. Dazu haben die Rippen Rillen und Durchbrüche, in die der Draht eingeführt und in denen er eine Schlaufe bildet. Diese Schlaufen halten auch nachdem sie auseinandergedrückt wurden die Bespannung.

Bild 2.90 zeigt die Befestigung der Bespannung an die Rippen mit Hilfe spezieller Profile und Bänder, die in die Profile eingesetzt werden. Diese Befestigungsmethode ist einfach und zuverlässig und gestattet es außerdem, bei Notwendigkeit die Bespannung leicht vom tragenden Gerippe zu lösen.

Zur Belüftung und für den Abfluß von Wasser, das in den Tragflügel gelangen kann, müssen in jedem Abschnitt zwischen zwei Rippen auf der Unterseite Drainageöffnungen vorhanden sein.

Für Holzkonstruktionen von Tragflügeln leichter Motorflugzeuge oder Segelflugzeuge wird **Sperrholzbeplankung** verwendet.

Die Untersuchung einer durch Pfetten verstärkten Sperrholzbeplankung zeigt, daß mit Erhöhung des Flächenanteiles der Pfetten an der Gesamtquerschnittsfläche der Beplankung ihre allgemeine Festigkeit erhöht wird. Eine Verstärkung der

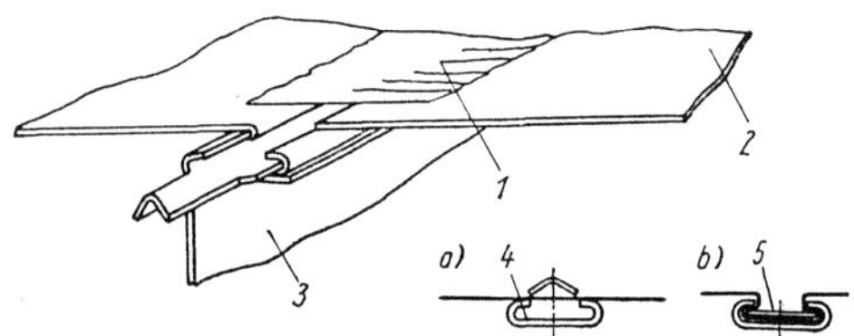

Bild 2.90 Befestigung der Bespannung an der Rippe mit Hilfe von Profil- und Metallband

a) vor dem Einsetzen des Bandes; b) nach dem Einsetzen des Metallbandes

1 – gezahntes Abdeckband; 2 – Bespannung; 3 – Rippe; 4 – Spezialprofil; 5 – Metallband

Sperrholzplatten führt dagegen zu einer Verringerung der spezifischen Festigkeit. Folglich ist die Masse der Beplankung um so geringer, je dünner die Planken sind und je dichter die Pfetten stehen.

Rationelle Konstruktionen aus Sperrholz sind solche mit dünnen Platten und vielen Pfetten, solche aus dicken Platten ohne Pfetten, die eine geringere Dichte haben als gewöhnliches Birken-Sperrholz, und solche aus zwei dünnen Platten mit einer Zwischenschicht aus leichtem Füllmaterial (Sandwich).

Die Verwindungssteifheit der Konstruktion wird erhöht, indem die Sperrholzplatten so angebracht werden, daß die Fasern ihrer äußeren Schichten

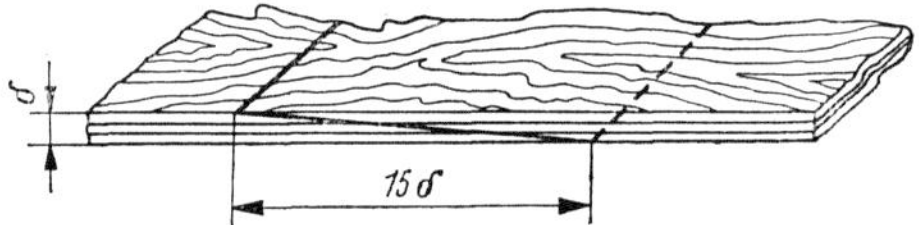

Bild 2.91 Schräger Stoß zur Verbindung von Sperrholzbeplankung untereinander

unter 45° zu den Rippen liegen. Sperrholzbeplankung wird gewöhnlich auf das tragende Gerippe aufgeklebt. Die einzelnen Platten werden mit schräger Überlappung aneinandergeklebt (Bild 2.91).

Die Elemente des Gerippes, an denen die Sperrholzplatten festgeklebt werden, müssen hinreichend steif sein, um eine gute Klebeverbindung zu gewährleisten.

Damit alle Platten glatt am Gerippe anliegen, müssen alle Pfetten mit großer Konturtreue gefertigt werden. Sind die Rippen aus einem Ganzen, so wird zwischen ihnen auf die Holmgurte ein ausgleichendes Band aufgelegt.

Heute wird anstelle von Sperrholz oft Schichtenmaterial auf Kunstharzbasis verwendet, da es höhere Festigkeit und bessere Oberflächen gewährleistet.

2.9. Tragflügeltrennstellen und Konstruktion der Anschlußelemente

Trennstellen zwischen Außenflügeln und Tragflügelmittelstück sowie Befestigungsstellen des Tragflügels am Rumpf komplizieren die Flügelkonstruktion und seine Fertigung wesentlich. In den Anschlußstellen entstehen Spannungskonzentrationen, die bei Berechnungen schwer zu erfassen sind. Das erfordert die Erhöhung der Sicherheitsfaktoren, was seinen Niederschlag in den Festigkeitsvorschriften findet, und führt unweigerlich zur Vergrößerung der Baumasse.

Die Lage der Trennstellen über der Spannweite kann sehr verschieden sein und hängt vor allem von dem Verwendungszweck des Flugzeuges und den sich daraus ergebenden Forderungen ab (Bild 2.92). Hat der Tragflügel ein Mittelstück, dann ist es zweckmäßig, die Trennstelle an die Verbindungsstelle von Mittelstück und Außenflügel zu legen. Sind Triebwerke im Tragflügel vorhanden, so werden gewöhnlich eine, manchmal auch zwei Trennstellen auf jeder Seite vorgesehen.

Der Tragflügel kann Trennstellen an der Rumpfaußenkontur haben (Bild 2.92b). In diesem Falle bildet das Tragflügelmittelstück eine konstruktive Einheit mit dem Rumpf. Bei Pfeilflügeln ist diese Lage der Trennstellen durch die Knickung des Längsverbandes beim Eintritt in den Rumpf bedingt.

Es ist möglich, eine einzige Trennstelle in der Symmetrieebene des Flugzeuges anzubringen, wenn gleichzeitig der Zugang für Kontrollen der Trennstelle bei periodischen Wartungsarbeiten gewährleistet wird. Diese Variante findet man insbesondere bei kleineren Flugzeugen mit am Rumpf tief liegendem Tragflügel.

Der unteilbare Tragflügel in Bild 2.92c hat kein Mittelstück und keine abnehmbaren Teile. Er ist leichter als ein zerlegbarer Flügel gleicher Form und Grundfläche. Ungeachtet dieses Vorteiles werden unteilbare Tragflügel nur bei kleineren Flugzeugen verwendet, da sie bei großen Ausmaßen unhandlich in der Produktion und Nutzung und für den Transport schlecht geeignet sind.

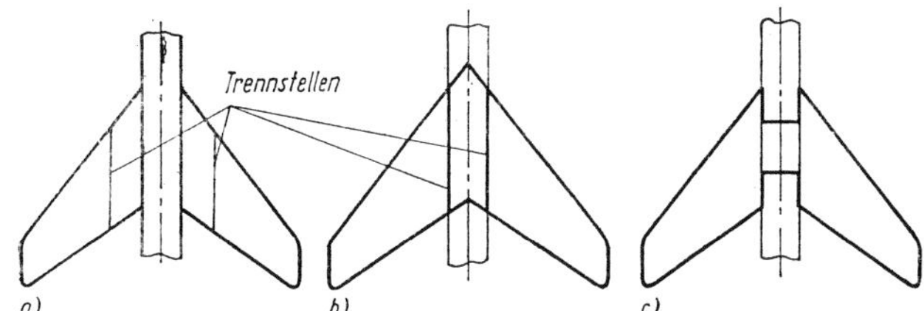

Bild 2.92 Lage von Tragflügeltrennstellen

a, b) Tragflügel mit Trennstellen; c) Tragflügel ohne Trennstellen

Die Beantwortung der Frage nach der notwendigen Anzahl und Lage von Trennstellen eines Tragflügels ist immer mit gewissen Schwierigkeiten verbunden.

Man unterscheidet momentenfreie und starre Anschlußstellen, wobei erstere nur Kräfte aufnehmen, während letztere Kräfte und Momente aufnehmen.

Die Auswahl der Anschlußkonstruktion wird vor allem durch das konstruktive Schema des Tragflügels bestimmt.

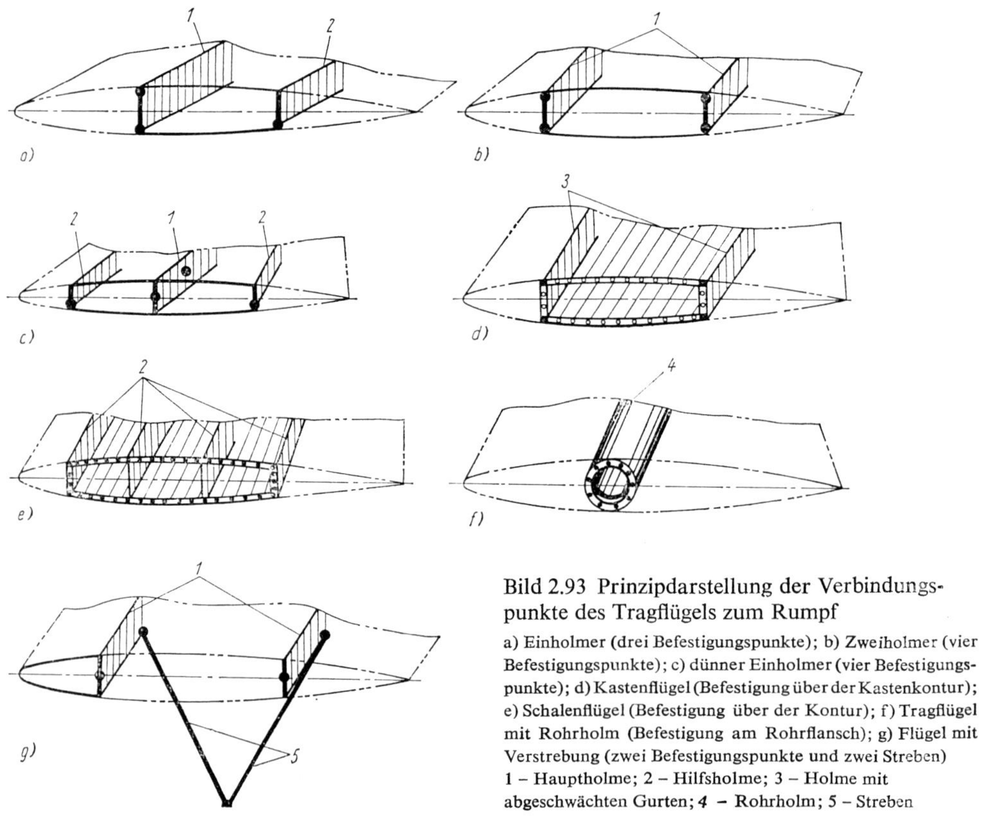

Bild 2.93 Prinzipdarstellung der Verbindungspunkte des Tragflügels zum Rumpf

a) Einholmer (drei Befestigungspunkte); b) Zweiholmer (vier Befestigungspunkte); c) dünner Einholmer (vier Befestigungspunkte); d) Kastenflügel (Befestigung über der Kastenkontur); e) Schalenflügel (Befestigung über der Kontur); f) Tragflügel mit Rohrholm (Befestigung am Rohrflansch); g) Flügel mit Verstrebung (zwei Befestigungspunkte und zwei Streben)
1 – Hauptholme; 2 – Hilfsholme; 3 – Holme mit abgeschwächten Gurten; 4 – Rohrholm; 5 – Streben

Bild 2.93 zeigt prinzipielle Lagemöglichkeiten von Anschlußstellen für Tragflügel verschiedener konstruktiver Bauweise.

Holmflügel haben Anschlußpunkte an den Hauptholmen und an den Hilfsholmen. Es können drei, vier und mehr Anschlußpunkte vorhanden sein. Typische Konstruktionen solcher Anschlußpunkte werden in Tabelle 2.1 gezeigt.

Für Holmflügel sind einfache und mehrfache Gabelverbindungen am weitesten verbreitet.

Mehrfache **Gabelverbindungen** gestatten eine Verringerung der Durchmesser der Augen und des Verbindungsbolzens, da letzterer in diesem Falle auf Scherung in mehreren Querschnitten arbeitet.

In diesem Falle hängt die Festigkeit des Verbindungsbolzens wenig von der Dauerfestigkeit des Materials ab.

Als Beispiel zeigt Bild 2.94 die Konstruktion einer Verbindungsstelle zum Rumpf, die für einholmige Tragflügel charakteristisch ist. Die Verbindung besteht aus dem vorderen momentenfreien Anschlußpunkt I und zwei hinteren starren Anschlußpunkten II und III. Der vordere Anschlußpunkt des Tragflügels wird mit Hilfe des Bolzens 2 mit dem Anschlußelement am Rumpf verbunden. Er besteht aus einem gegossenen Teil 1, das durch vier Bolzen 3 am Nasenholm und an der Wurzelrippe des Tragflügels befestigt ist.

Tabelle 2.1 Typische Konstruktionen von Anschlußelementen für Holmflügel

Bezeichnung	Skizze der Anschlußelemente
Kamm - Gabel - Anschluß	Gabel Kamm
Auge - Gabel - Anschluß	Gabel Auge
Fitting-Anschluß (Zugbolzen-Anschluß)	Fitting Fitting Fitting Fitting Fitting Fitting
Laschen-Anschluß	Einkerbungen Laschen Bolzenlöcher Holmgurt Laschen
Überlappungsanschluß	Holmgurt Überlappung

In der Augenöffnung des Anschlußteiles befindet sich eine Lagerbuchse und ein sphärischer Einsatz 4, der die Momentenfreiheit der Anschlußstelle gewährleistet. Die Berührungsfläche des Anschlußflansches und des Beschlages an Wurzelrippe und Nasenholm haben eine Stirnverzahnung 5.

Das hintere obere Anschlußelement III ist eine gestanzte Gabel, die am Obergurt des Holmes befestigt ist. Die Augen der Gabel liegen horizontal und haben vertikale Bohrungen. Durch den Fingerbolzen 7 wird dieses Element mit dem Gegenelement 6 am Rumpf verbunden.

Das aus Stahl gestanzte hintere untere Anschlußelement II ist mit Hilfe der Bolzen 8 und einigen Nieten am Untergurt des Holmes befestigt. Das Element besteht aus einem starken Auge 9, in dessen Öffnung der Lagerring 10 mit einem sphärischen Einsatz eingepreßt ist. Die Achse dieses Einsatzes fällt mit der Achse des vorderen Befestigungspunktes zusammen, so daß der Tragflügel bei Lösung der hinteren oberen Befestigung III um diese Achse nach oben und unten geschwenkt werden kann.

Besonderheit der betrachteten Verbindung ist die klare Abgrenzung der Funktionen zwischen den Anschlußpunkten in Hinsicht auf die Aufnahme der wirkenden Kräfte und Momente. Das Biegemoment M_b wird nur durch die Punkte II und III

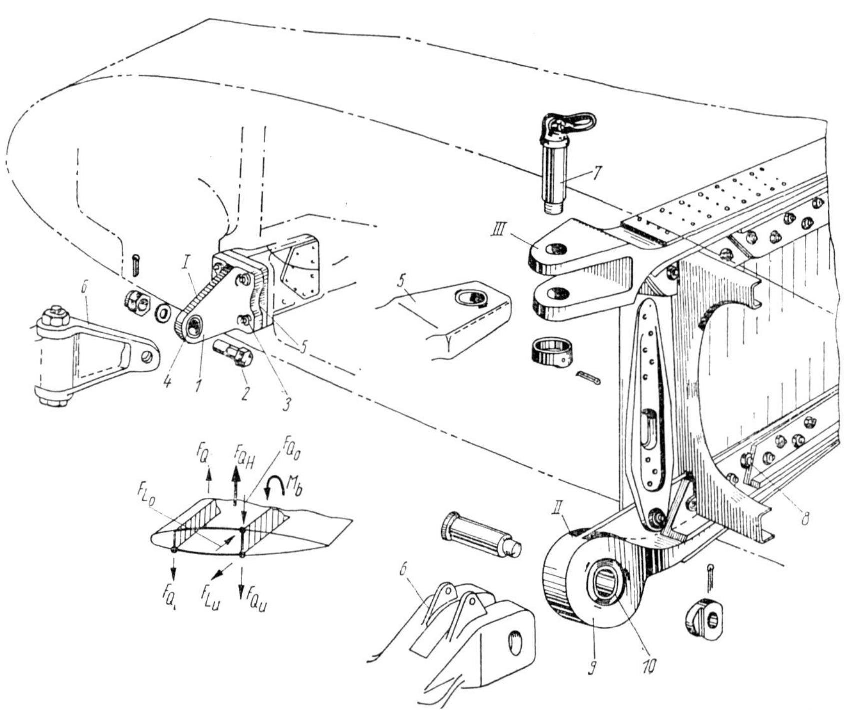

Bild 2.94 Tragflügelbefestigung mit vorderer Momentenaufhängung

I – vorderer Anschluß; II, III Anschlüsse hinten unten und oben

1 – Auge des vorderen Anschlusses; 2, 3, 8 – Bolzen; 4, 10 – sphärische Einsätze; 5 – Flansch mit Stirnverzahnung; 6 – Gegenlager am Rumpf; 7 – Paßbolzen; 9 – Auge des hinteren unteren Anschlusses

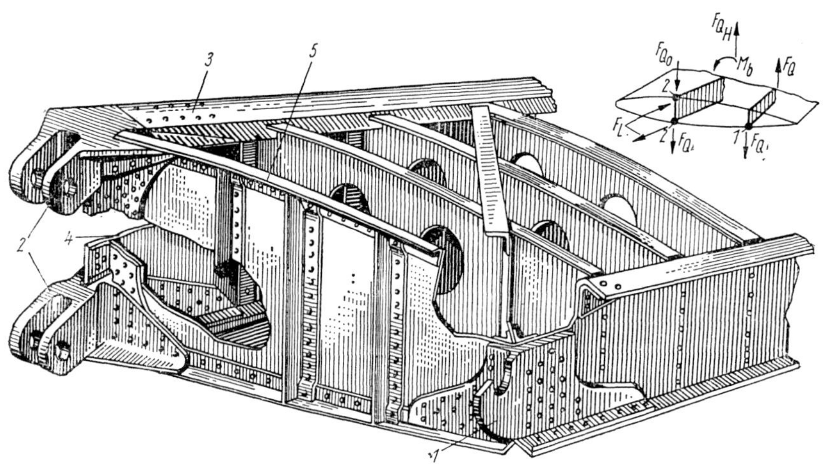

Bild 2.95 Befestigung eines Pfeilflügels mit hinterer Momentenaufhängung

1 – hinterer Anschluß; 2 – Anschlußgabeln des Holmes; 3 – Holmgurt; 4 – Steg; 5 – verstärkte Wurzelrippe

in Form des Kräftepaares F_L aufgenommen (siehe Bild 2.94). Die Querkräfte und das Torsionsmoment werden durch die Punkte I und II aufgenommen.

Ein anderes Beispiel für die Konstruktion von Anschlußstellen zeigt Bild 2.95. Es handelt sich dabei um die Befestigung eines einholmigen Pfeilflügels mit hinterem momentenfreiem Anschlußpunkt 1. Die Anschlußstelle des Holmes besteht aus zwei Gabeln 2, die mit den Gurten 3 und dem Steg 4 des Holmes verbunden sind. In der Ebene der Anschlußpunkte befindet sich die verstärkte Wurzelrippe 5, die infolge der Knickung der Längselemente des Tragflügels in dieser Ebene einen Teil des Biegemomentes mit übernehmen muß.

Die Anschlußstellen dünner Tragflügel mit geringer Bauhöhe haben oft durchgehende vertikale Verbindungsbolzen (Bild 2.96).

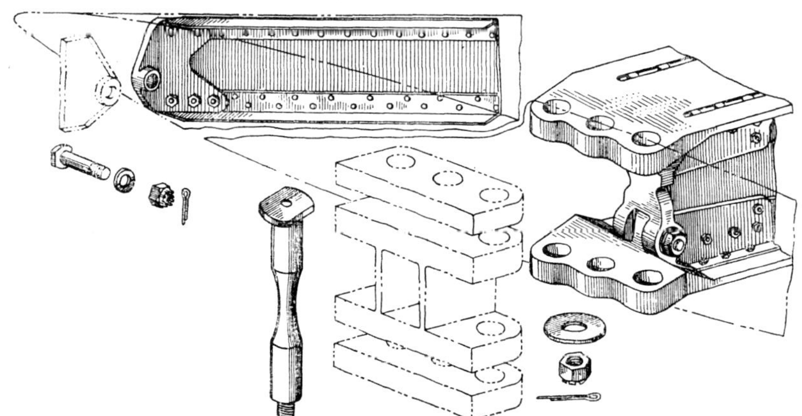

Bild 2.96 Tragflügelanschluß mit Hilfe von durchgängigen vertikalen Paßbolzen

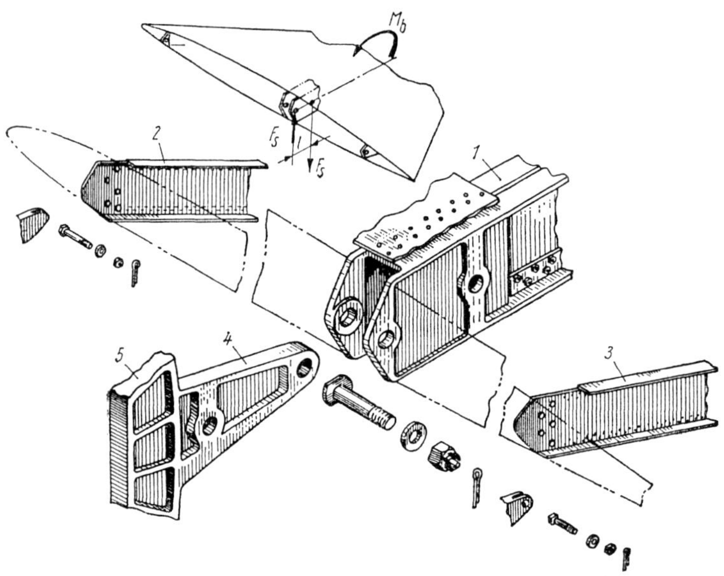

Bild 2.97 Anschluß eines dünnen Tragflügels (mit horizontaler Basis)

1 – Hauptholm; 2 – Nasenholm; 3 – Endholm; 4 – Gegenlager am Rumpf; 5 – verstärkter Rumpfspant

Bei sehr dünnen Tragflügeln verwendet man Anschlußelemente mit horizontaler Basis (Bild 2.97). In diesem Falle kann man die Basis 1 wesentlich vergrößern und somit die Kräfte $F_s = M_b/l$ bedeutend verringern.

Bild 2.98 zeigt die Anschlußstelle eines Tragflügels mit Rohrholm. In diesem Falle werden sowohl die Querkraft und das Torsionsmoment als auch das Biegemoment durch den Rohrholm übertragen. Der Rohrholm wird durch einen Flansch 1 an der Anschlußstelle befestigt.

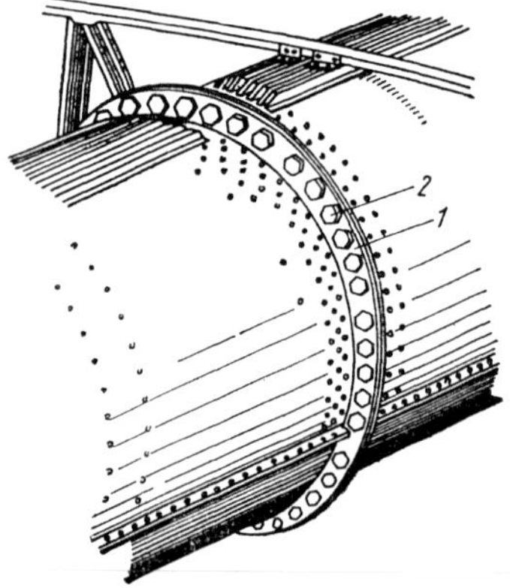

Bild 2.98 Anschluß eines Tragflügels mit Rohrboden

1 – Flansch; 2 – Verbindungsbolzen

Die Konstruktion der Anschlußstellen von Zwei- und Mehrholmflügeln entspricht derjenigen von Einholmern.

Bild 2.99 zeigt schematisch die Belastung der Anschlußelemente eines Zweiholmers. In diesem Schema bedeuten:

- F_{L^v} und F_{L_h} – das vordere und hintere Längskräftepaar, das sich aus der Wirkung des Biegemomentes M_b ergibt;
- F_{Q_v} und F_{Q_h} – der Querkraftanteil auf den vorderen und den hinteren Holmsteg;
- $F_{M_{tv}}$ und $F_{M_{th}}$ – die zusätzliche Querkraftwirkung im vorderen und hinteren Holmsteg aus der Wirkung des Torsionsmomentes.

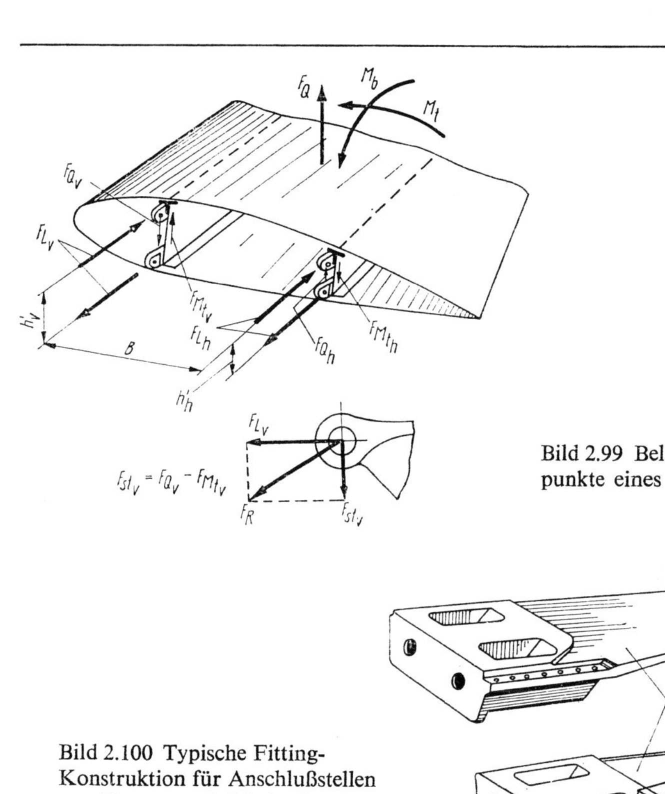

Bild 2.99 Belastungsschema der Anschlußpunkte eines zweiholmigen Flügels

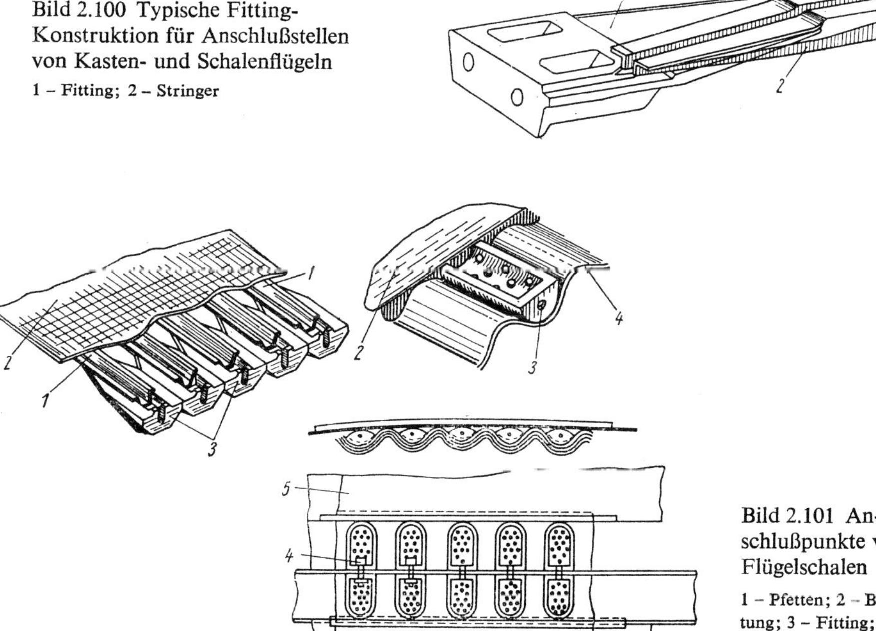

Bild 2.100 Typische Fitting-Konstruktion für Anschlußstellen von Kasten- und Schalenflügeln

1 – Fitting; 2 – Stringer

Bild 2.101 Anschlußpunkte von Flügelschalen

1 – Pfetten; 2 – Behäutung; 3 – Fitting; 4 – Wellblech; 5 – abnehmbarer Außenflügel; 6 – Tragflügelmittelstück

Die Längskräfte F_L, die in Richtung der Holmgurte wirken, lassen sich in folgender Weise bestimmen:

$$F_{L_v} = \frac{M_{b_v}}{h'_v}; \quad F_{L_h} = \frac{M_{b_h}}{h'_h}$$

Dabei sind M_{b_v} und M_{b_h} die Biegemomentenanteile der Holme in der Verbindungsebene. (Bei der Berechnung der Anschlußelemente wird der Koeffizient $k = 1{,}25$ eingeführt, d. h. $M_{b_{\text{Anschl.}}} = 1{,}25\, M_{b_{TF}}$). h'_v und h'_h sind der vordere und der hintere Abstand zwischen den oberen und den unteren Verbindungsbolzen der Holme.

Da $F_{M_{tv}} = F_{M_{th}} = F_{M_t} = M_t/B$ ist, beträgt die summarische Querkraft an jedem Holm $\sum F_Q$, z. B. für einen der vorderen Anschlußpunkte

$$\sum F_{Q_v} = \tfrac{1}{2}\left(F_Q \pm \frac{M_t}{B}\right)$$

Hierbei ist B der Abstand zwischen den Holmen.

Das Vorzeichen von M_t/B hängt von der Wirkungsrichtung des Torsionsmomentes ab.

Somit beträgt die Gesamtkraft, die durch einen Anschlußpunkt übertragen wird:

$$F_{R_v} = \sqrt{F_{L_v}^2 + F_{Q_v}^2}\,.$$

Kasten- und Schalenflügel werden gewöhnlich über der gesamten arbeitenden Kontur verbunden (siehe Bild 2.93 d, e). Die charakteristischste Verbindungsmethode ist dabei diejenige mit Hilfe von Fittingen (Bild 2.100), die an den Stirnseiten der Schalen im Trennbereich (Bild 2.101) mit den Pfetten 1 und der Behäutung 2, manchmal auch mit dem Füllmaterial (Wellblech 4) verbunden sind. Bei Verwendung von Integralschalen haben diese spezielle Anschlußstellen, die auch

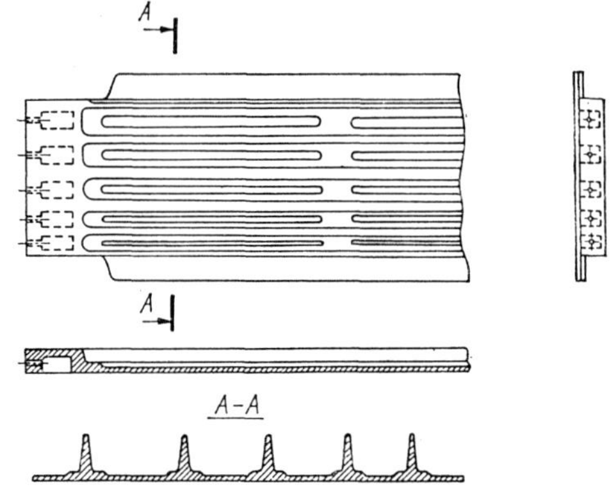

Bild 2.102 Randabschluß einer Integralschale mit Anschluß durch Längsbolzen

als Integralfitting bezeichnet werden (Bild 2.102). Im Interesse einer gleichmäßigen Übertragung der Druckkräfte müssen die Berührungsflächen der Fittinge, besonders der oberen Schalen, gut bearbeitet sein, so daß sie glatt aneinander anliegen.

Die Zugkräfte in den unteren Schalen werden mit Hilfe der Bolzen übertragen, die die Fittinge miteinander verbinden. Durch spezielle Vertiefungen in den Fittingen werden die Bolzen in eine Nut gelegt oder in eine Öffnung gesteckt (Bild 2.103). Die Verbindung der unteren Schalen kann auch einfach durch Verbindungsbänder ohne Fittinge erfolgen (siehe Bild 2.30). In diesem Falle erhöht sich die Dauerfestigkeit der Anschlußelemente.

Anstelle der Fittinge werden auch Winkelprofile als Anschlußelemente verwendet (Bild 2.104).

Wenn die Winkelprofile am Tragflügel außen liegen, führt das zu einer starken Vergrößerung des Widerstandes. In diesem Falle wird zur Verringerung des Widerstandes die Verbindungsrippe 3 durch ein profiliertes Band 4 überdeckt. Anschlußwinkel, die unter der Oberfläche

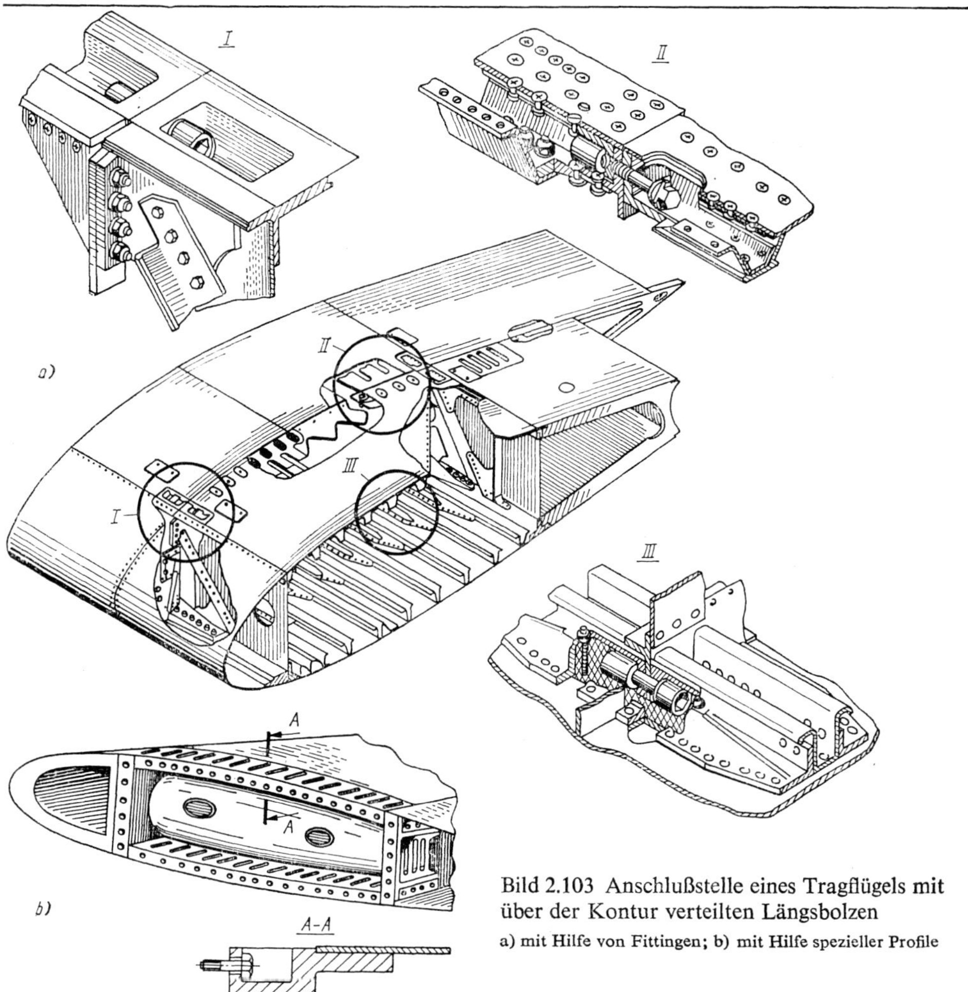

Bild 2.103 Anschlußstelle eines Tragflügels mit über der Kontur verteilten Längsbolzen
a) mit Hilfe von Fittingen; b) mit Hilfe spezieller Profile

liegen, erhöhen zwar nicht den Widerstand, erfordern jedoch Zugänge zu den Verbindungsbolzen, um sie zu lösen und verbinden zu können und um eine periodische Kontrolle zu gewährleisten.

Man findet auch Anschlüsse durch Integralbänder mit auf Scherung arbeitenden Bolzen (Bild 2.105). Die große Anzahl von Verbindungspunkten und die Notwendigkeit, die Berührungsflächen genau zu bearbeiten, erschweren wesentlich die Herstellung und Wartung von Anschlüssen, die über die gesamte Kontur verteilt sind.

Die auf eine derartige Anschlußstelle wirkende Belastung läßt sich nach den Festigkeitsberechnungen für den Tragflügelquerschnitt in der Nähe der Anschlußstelle ermitteln. Wenn man die Kräfte und Momente im entsprechenden Querschnitt kennt, kann man die Belastung jedes einzelnen Anschlußbolzens ermitteln.

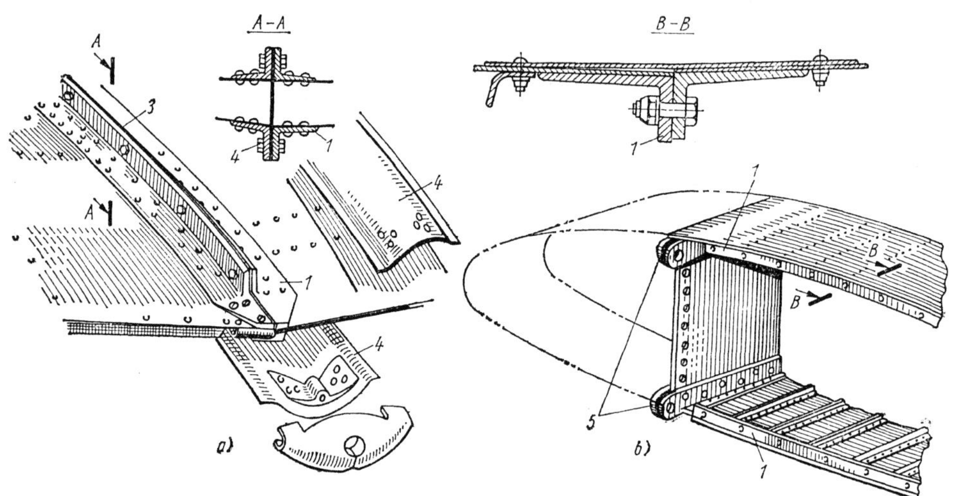

Bild 2.104 Tragflügelanschluß mit Hilfe von Winkelprofilen über der gesamten Kontur
a) Winkelprofile auf der Außenfläche; b) Winkelprofil unter der Behäutung
1 – Winkelprofil; 2 – Bolzen; 3 – Anschlußrippe; 4 – profilierte Abdeckbänder; 5 – Anschlußpunkte

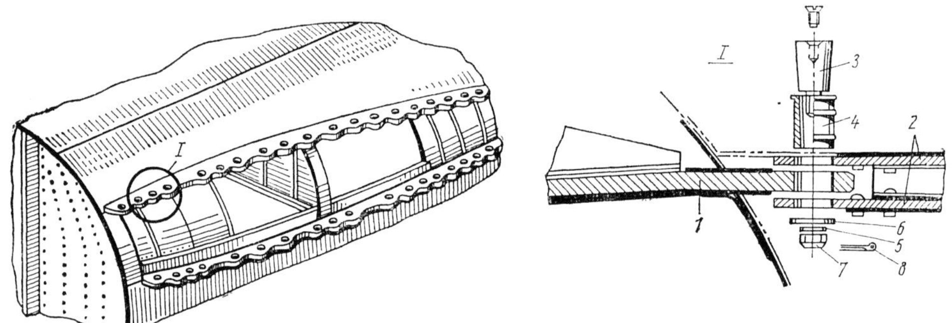

Bild 2.105 Anschlußmöglichkeit eines Kastenflügels, bei der die Verbindungsbolzen auf Scherung arbeiten
1 – Anschlußleiste des Tragflügelmittelstückes; 2 – Anschlußleiste des Außenflügels mit Gabelung; 3 – konischer Bolzen; 4 – Hülse; 5 – Scheibe; 6 – Ring; 7 – Kronenmutter; 8 – Splint

2.10. Lukendeckel und spezielle Umströmungskörper

Luken (Öffnungen) sind in der arbeitenden Behäutung unumgänglich. Sie gewährleisten den Zugang zu im Tragflügel liegenden Ausrüstungsgegenständen, die Montage von Elementen der Steuerung und auch den Zusammenbau des Tragflügels. Die meisten Tragflügel haben deshalb sowohl auf der Oberseite als auch auf der Unterseite technologische und Wartungsluken.

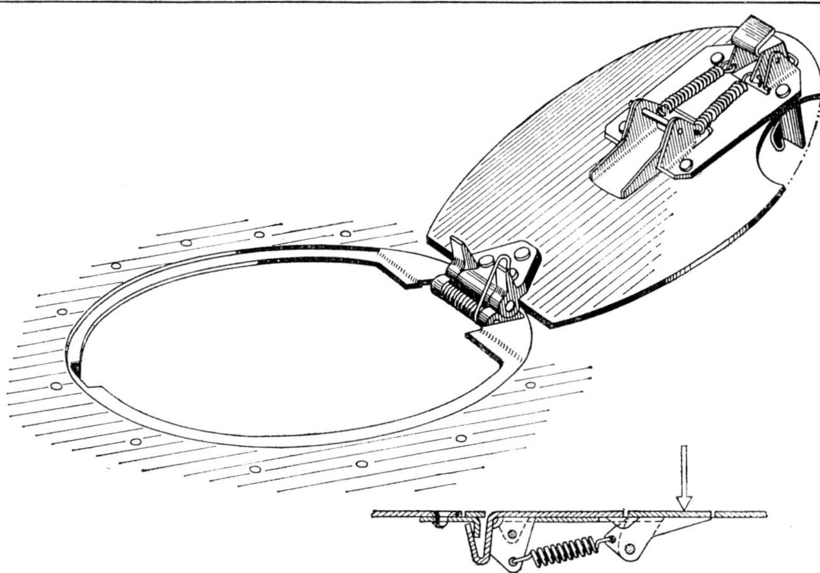

Bild 2.106 Konstruktion eines Lukendeckels mit Schnellverschluß

Solche Luken werden durch Deckel verschlossen, die mit der Behäutung zusammen eine glatte Oberfläche bilden. Zur Gewährleistung der notwendigen Festigkeit sind die Lukenränder vom Tragflügelinneren her durch Blechstreifen oder auf andere Weise versteift.

Die Bauweise von kräfteaufnehmenden Lukendeckeln, die gemeinsam mit der Behäutung arbeiten, entspricht derjenigen einer abgesteiften Behäutung. Diese Lukendeckel werden über der gesamten Kontur durch eine große Anzahl von Bolzen oder Schrauben befestigt, so daß sie mit der Behäutung gemeinsam arbeiten können.

Außer großen Luken gibt es kleinere für die Sichtkontrollen, das Abschmieren und die Montage von im Tragflügel liegenden Mechanismen. Die Deckel dieser Luken müssen einfache, leicht und schnell zu bedienende Verschlüsse besitzen. Es gibt eine Vielzahl verschiedener Konstruktionen von Lukendeckeln und Schnellverschlüssen. Bild 2.106 zeigt eine derartige Konstruktion, deren Schloß sich durch Fingerdruck öffnen und schließen läßt.

Wie bereits im Kapitel I gesagt wurde,

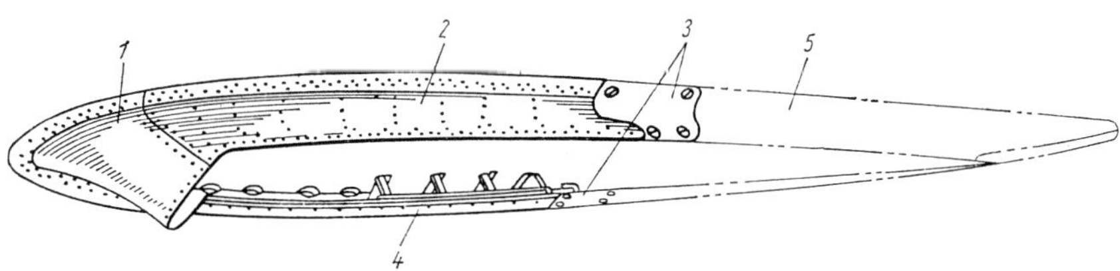

Bild 2.107 Spaltverkleidung eines Tragflügelanschlusses am Rumpf

1 – abnehmbares Nasenteil; 2 – abnehmbares vorderes Oberteil; 3 – Luken; 4 – abnehmbares vorderes Unterteil; 5 – am Rumpf angenietetes Hinterteil

erhalten Tragflügel zur besseren Umströmung der Anschlußstellen (Verringerung des Interferenzwiderstandes) spezielle Umströmungskörper – Spaltverkleidungen. Bild 2.107 zeigt eine aus vier Teilen bestehende Verkleidung eines Tragflügelanschlusses am Rumpf. Das Vorderteil 1 sowie die beiden Mittelteile (2 oben und 4 unten) sind abnehmbar und werden an Rumpf und Tragflügel angeschraubt. Das hintere Teil 5 ist fest am Rumpf angenietet. Spaltverkleidungen werden gewöhnlich aus legierten Alu-Blechen hergestellt. Zur Gewährleistung der erforderlichen Form und der Festigkeit werden sie oft innen durch Stege und Winkel verstärkt. Die dargestellte Verkleidung hat zwei Luken 3, die zur Kontrolle der Tragflügelbefestigung dienen.

2.11. Tragflügelnasen und Enteisungssysteme

Die Tragflügelnase wird aerodynamisch stark belastet, und daraus ergeben sich spezielle Forderungen an ihre Konstruktion. Durch zusätzliche Teilrippen (Nasenrippen), durch Verwendung einer stärkeren Behäutung und durch andere Maßnahmen wird sie verstärkt.

Bild 2.108 zeigt einen abnehmbaren Nasenkasten, der durch Schrauben und Annietmuttern am Nasenholm befestigt wird. Annietmuttern werden dort verwendet, wo kein Zugang zur Herstellung einer stabilen Nietverbindung bzw. zum Schweißen vorhanden ist.

Bei Überschallgeschwindigkeiten tritt eine intensive Aufheizung der Tragflügelkonstruktion auf. Besonders erhöht sich jedoch die Temperatur in dünnen Tragflügelnasen, so daß ein Hitzeschutz erforderlich wird.

Flugzeuge mit hohen Unterschall- und mit Überschallfluggeschwindigkeiten haben heute gewöhnlich Anlagen zur Enteisung der Vorderkante von Tragflügeln

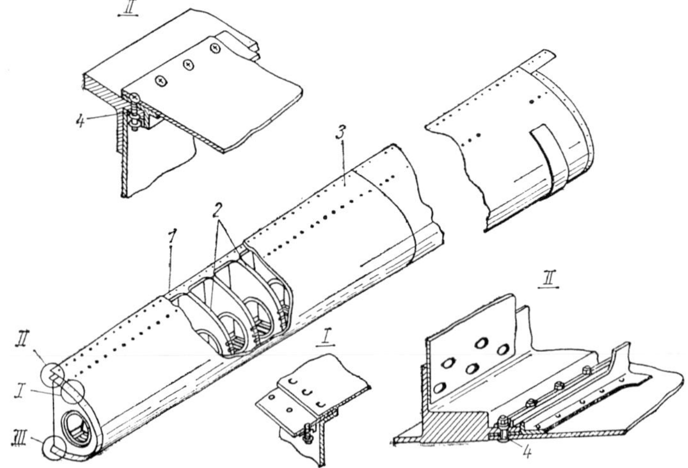

Bild 2.108 Konstruktion einer abnehmbaren Tragflügelnase

1 – Randprofil; 2 – Nasenrippen; 3 – Behäutung; 4 – Annietmuttern

und Leitwerksflossen, wenn diese sich bei bestimmten meteorologischen Bedingungen mit einer Eisschicht bedecken.

Die Ablage von Eis erfolgt sehr schnell und breitet sich von der Vorderkante her über einen großen Teil der Leitwerk- oder Flügelfläche aus. Die Eisschicht kann an der Vorderkante eine Stärke von 5 ÷ 8 cm erreichen.

Die Eisablagerungen verändern die Profilform und die gesamte Umströmung des betroffenen Teiles. Als Folge davon verschlechtert sich die aerodynamische Qualität des Profils, so daß bei schwierigen meteorologischen Bedingungen ein Flug sogar unmöglich werden kann.

Es gibt gegen Vereisung von Tragflügeln thermische, chemische und mechanische Schutzmaßnahmen.

Am weitesten verbreitet sind heute **thermische Enteisungsanlagen.** Ihr Funktionsprinzip besteht darin, daß die betroffenen Teile im Bedarfsfalle periodisch durch zugeführte Warmluft erwärmt werden. Die Warmluft wird entweder von Triebwerken abgenommen oder durch spezielle elektrische Heizelemente erzeugt. Bild 2.109 zeigt eine Warmluftenteisungsanlage eines Flugzeuges, wobei die Warmluft von den Verdichtern der Triebwerke abgenommen und zur Enteisung der Tragflügelvorderkante sowie der Leitwerkvorderkanten verwendet wird. Die Warmluft zirkuliert in Kanälen, die durch die

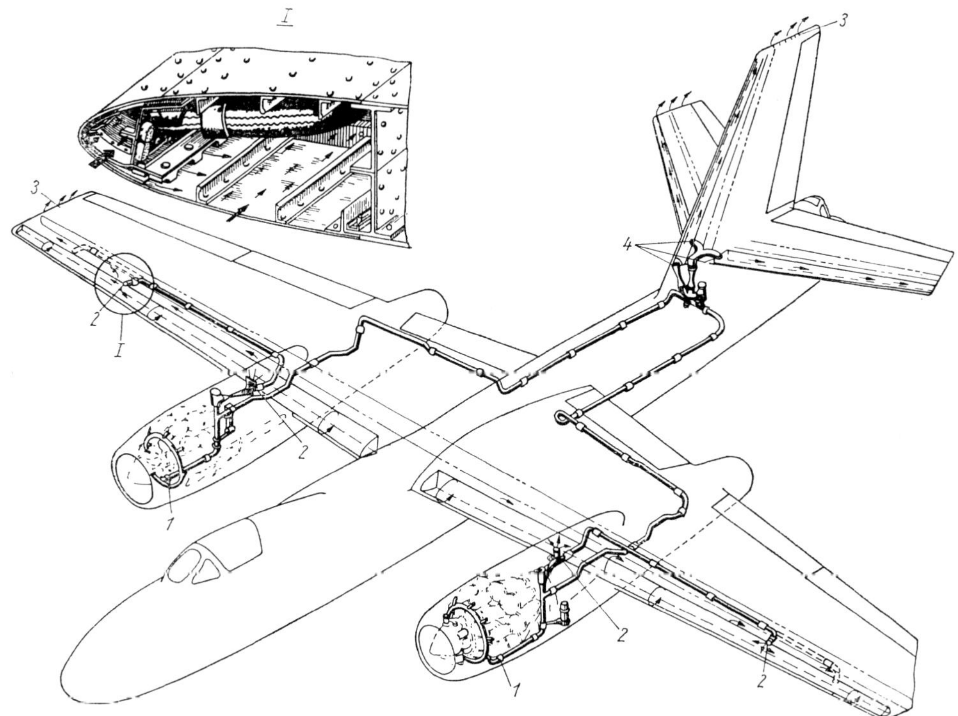

Bild 2.109 Thermische Enteisungsanlage auf Warmluftbasis

1 – Warmluftsammler an den Verdichtern der Triebwerke; 2 – Verteiler der Warmluft in den Nasenkästen der Tragflügel; 3 – Austrittsöffnungen für die Luft an den Tragflügelenden; 4 – Verteiler der Warmluft im Leitwerk

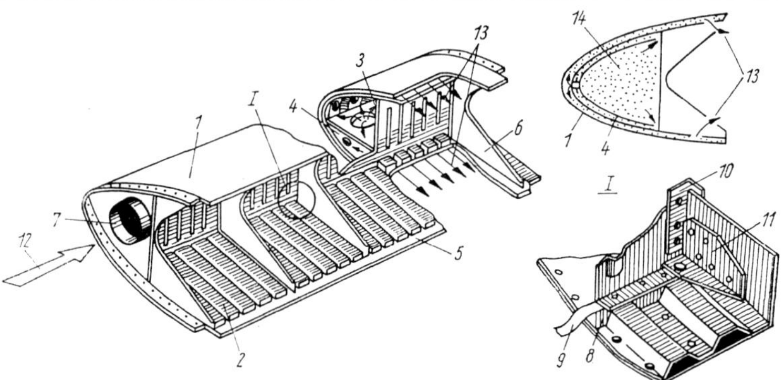

Bild 2.110 Konstruktion einer Tragflügelnase mit Warmluftenteisung

1 – Behäutung; 2 – Winkelblech; 3 – Nasenleisten; 4 – Leitblech; 5 – Randprofil; 6 – Nasenrippe; 7 – Anschlußstutzen für die Warmluftzuleitung; 8 – Kammblech; 9 – Hermetisierungsband; 10 – Winkelprofil zur Befestigung der Nasenrippe an der Nasenleiste; 11 – Beschlag; 12 – Warmlufteintritt; 13 – Warmluftaustritt; 14 – Warmluftführung im Nasenkasten

Behäutung und die Wellen des Innenbleches gebildet werden.

Die in Bild 2.110 gezeigte Konstruktion eines Tragflügelnasenkastens mit thermischer Enteisung besteht aus der Behäutung 1, angenietetem Winkelblech 2, dem Nasenholm 3, der inneren Verkleidung 4, dem oberen und unteren Randprofil sowie dem Querverband an den Nasenrippen 6.

Die Wellen des Winkelbleches verlaufen entlang der Nasenkante. Die Kanäle und Kammern für die Warmluft werden im Inneren des Nasenkastens durch das Kammblech 8 zwischen dem Winkelblech und den Winkeln des Nasenholmes gebildet. Mögliche Ritzen zwischen Winkelblech, Kammblech und Nasenholm werden durch das Hermetisierungsband 9 abgedichtet.

Bild 2.111 zeigt eine **elektrothermische** Anlage, die aus einem mehrschichtigen Band besteht, das unter der Behäutung entlang der Vorderkante des Tragflügels angeklebt ist. Die elektrische Energie wird über entsprechende Anschlüsse einer leitenden Schicht zugeführt, die sich bei Durchfluß des Stromes erwärmt. Die Wärme wird auf die Behäutung übertragen. Elektrothermische Anlagen dienen auch zur Enteisung von Luftschrauben.

Chemische Enteisungsmethoden beruhen

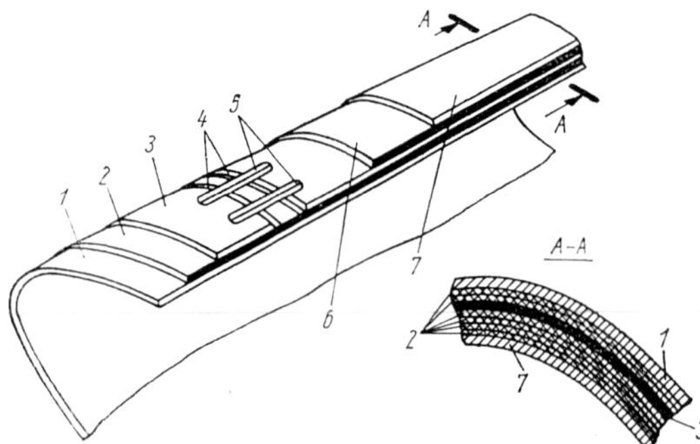

Bild 2.111 Tragflügelnase mit elektrothermischer Enteisung

1 – Innenbehäutung; 2, 6 – Glasfaserstoff; 3 – Heizschicht; 4 – Kupferschiene; 5 – Kupferlaschen zur Einleitung der elektrischen Energie von der Kupferschiene in die Heizschicht; 7 – Außenbehäutung

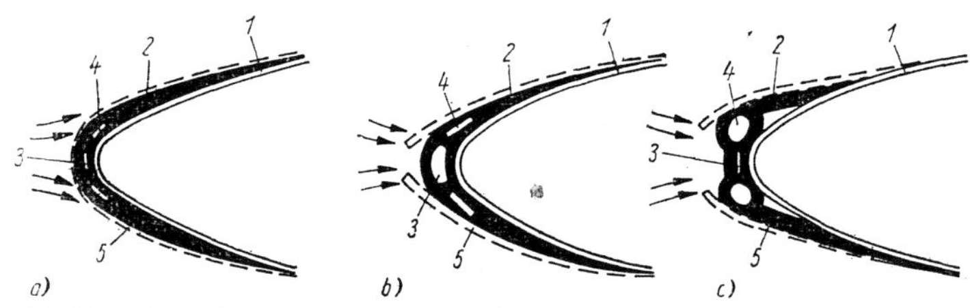

Bild 2.112 Tragflügelnase mit mechanischer Enteisung
a, b und c) neutrale Stellung und Arbeitsstellung der Enteisungsanlage
1 – Behäutung der Tragflügelnase; 2 – Enteisungsschlauch; 3 – mittlere Kammer; 4 – äußere Kammern; 5 – Eisschicht

auf der Tatsache, daß bestimmte Flüssigkeiten erst bei sehr geringen Temperaturen gefrieren. Mit solchen Flüssigkeiten werden entweder die gefährdeten Stellen im Moment der Vereisung besprüht, oder diese Stellen sind mit Material bedeckt (z.B. Leder), das mit dieser Flüssigkeit getränkt wurde.
Die chemische Methode wird auch zur Enteisung von Luftschrauben und von Kabinenverglasungen angewendet.

Für eine **mechanische Enteisung** werden Gummischläuche verwendet, die an der gefährdeten Stelle angeklebt sind und bei Vereisung durch Druckluft aufgeblasen werden. Dabei wird die sich bildende Eisschicht zerstört und durch den Luftstrom abgetragen. Bild 2.112 zeigt die Konstruktion einer mechanischen Enteisungsanlage mit einem aus drei Kammern bestehendem Schlauch, der periodisch durch Druckluft aufgeblasen wird.

2.12. Mechanisierungsmittel am Tragflügel

Als Mechanisierungsmittel des Tragflügels werden Vorrichtungen bezeichnet, die dazu dienen, seine aerodynamischen Kennwerte während des Fluges, beim Start und bei der Landung zu verändern.

Bereits 1910 schlug der russische Akademiker S.A. Tschaplygin die Mechanisierung des Tragflügels vor. Er schlug vor, am Tragflügel mehrere Schlitze in Richtung der Spannweite anzubringen. Bei großen Anstellwinkeln müßte durch diese Schlitze ein Luftstrom fließen, der die Grenzschicht mit Energie anreichert. Dadurch würden der kritische Anstellwinkel und damit der maximal mögliche Auftriebsbeiwert vergrößert.

Die Verwendung verschiedener Mechanisierungsmittel an Tragflügeln führte vor allem bei Anstellwinkeln, die für Start und Landung charakteristisch sind, zu einer wesentlichen Verbesserung der Tragfähigkeit dieser Tragflügel.
Die Vorteile, die sich aus der Verwendung von Mechanisierungsmitteln ergeben, bestehen in folgendem:

- es wird eine Verringerung der Flügelfläche möglich, ohne daß sich dabei die Landegeschwindigkeit erhöhen würde;
- die Start- und Landerollstrecken können verkürzt werden.

Bei Verwendung einiger Mechanisierungsmittel ergibt sich neben der Erhöhung des Auftriebs auch eine Vergrößerung des

	Bezeichnung	Skizze	$\frac{Ca + Ca_{\max 0}}{Ca_{\max 0}} 100\,\%$	$\frac{\alpha^0 \text{ entspricht}}{Ca_{\max}}$
	1	2	3	4
	Mittel zur Erhöhung von $Ca_{\max} \cdot A_{TF}$		%	Grad
Änderung der Profilwölbung	1. Wölbungsklappe $t_{kl} = 0{,}3\; t_{TF}$ $\delta_{kl} = 45°$	1 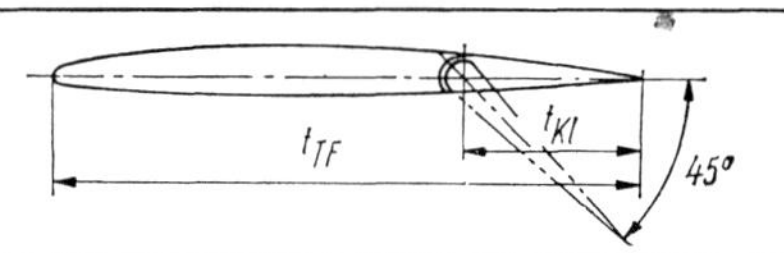 t_{TF} t_{Kl} 45°	145 ··· 155	12
	2. Spreizklappe $t_{kl} = 0{,}3\; t_{TF}$ $\delta_{kl} = 45°$	2 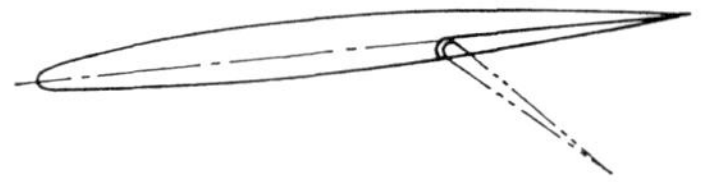	165 ··· 175	14
Grenzschichtbeeinflussung	3. Vorflügel über der gesamten Länge	3 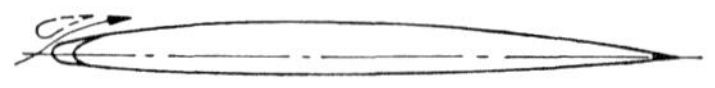	135 ··· 140	26
	4. Anblasen der Grenzschicht	4 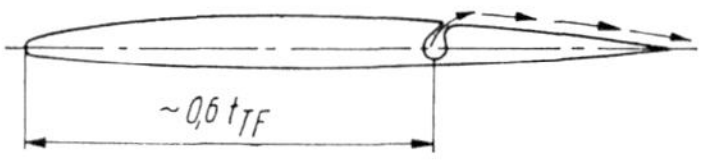 $\sim 0{,}6\; t_{TF}$	300 ··· 400 (bei großem Massendurchsatz an Gas pro Sekunde)	
	5. Absaugen der Grenzschicht	5 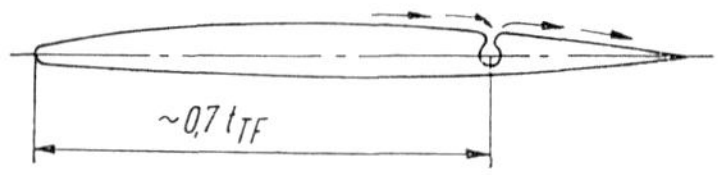 $\sim 0{,}7\; t_{TF}$		
Kombinierte Mittel	6. Wölbungsklappe mit Anblasen der Grenzschicht	6 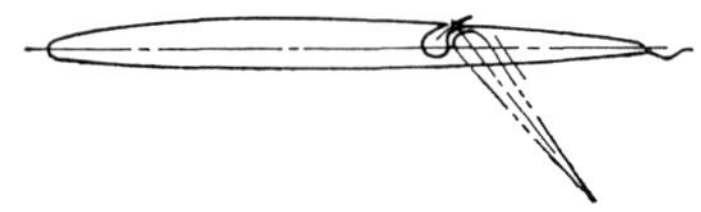	250 ··· 300	–
	7. Spaltklappe $t_{kl} = 0{,}3\; t_{TF}$ $\delta_{kl} = 45°$	7 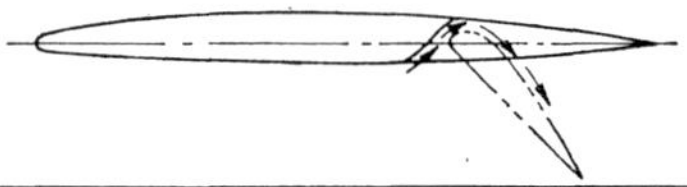	150 ··· 160	12
	8. Spreizklappe mit gleitender Achse $t_{kl} = 0{,}3\; t_{TF}$ $\delta_{kl} = 45°$	8. 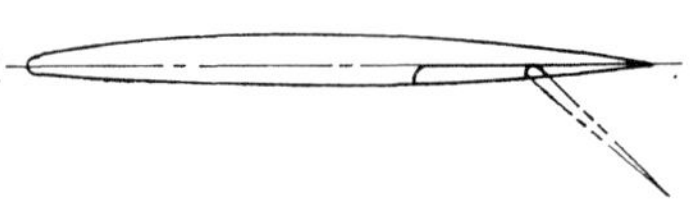	175 ··· 185	13
Kombinierte Mittel (Mehrfachspaltklappen)	9. Fowlerklappe $t_{kl} = 0{,}3\; t_{TF}$ $\delta_{kl} = 40°$	9 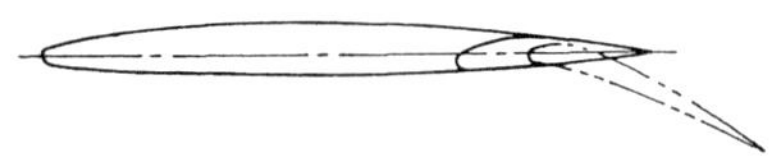	215 ··· 225	13
	10. Doppelspaltklappe $\delta_{kl} = 40°$	10 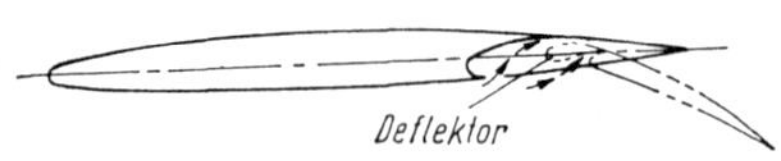 Deflektor	240 ··· 250	13
	11. Dreifachspaltklappe	11 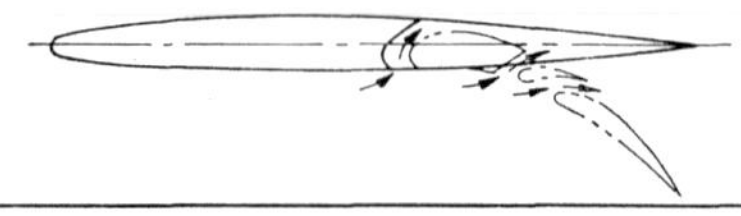	300 ··· 400	–

Bild 2.113 Klassifizierung von Mechanisierungsmitteln am Tragflügel

Bezeichnung		Skizze	$\frac{Ca + Ca_{\max 0}}{Ca_{\max 0}}$ 100 %	α^0 entspricht $Ca_{\max}$
1		2	3	4
Mittel zur Erhöhung von $Ca_{\max} \cdot A_{TF}$			%	Grad
Kombinierte Mittel (mit Vorflügel oder Kippnase)	12. Vorflügel und Wölbungsklappe $t_{kl} = 0{,}3\,t_{TF}$ $\delta_{kl} = 45°$	12 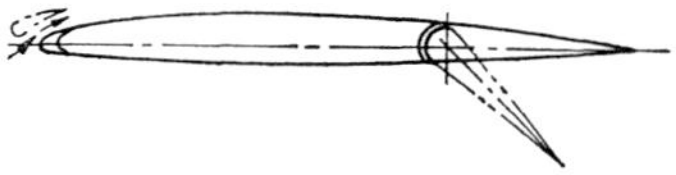	155 ··· 165	20
	13. Vorflügel und Spaltklappe $t_{kl} = 0{,}3\,t_{TF}$ $\delta_{kl} = 45°$	13 	175 ··· 185	18
	14. Vorflügel und Fowlerklappe $t_{kl} = 0{,}3\,t_{TF}$ δ_{kl} 40°	14 	255 ··· 265	16
	15. Vorflügel und Zweifachspaltklappe $\delta_{kl} = 40°$	15 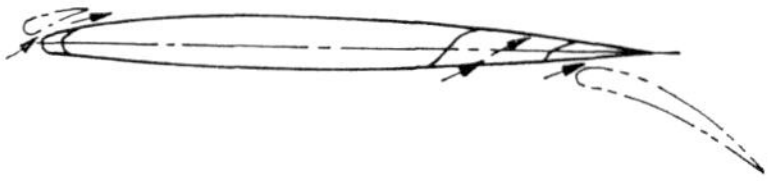	280 ··· 320	–
	16. Kippnase und Wölbungsklappe $t_{kl} = 0{,}3\,t_{TF}$ $\delta_{kl} = 45°$ $t_{KN} = 0{,}15\,t_{TF}$ $t_{KN} = 10 \cdots 15°$	16 	150 ··· 160	–
Strahlklappen	17. Reine Strahlklappe	17 	800–1000 (bei großem Gasdurchsatz)	
	18. Wölbungsklappe mit Strahlklappe	18 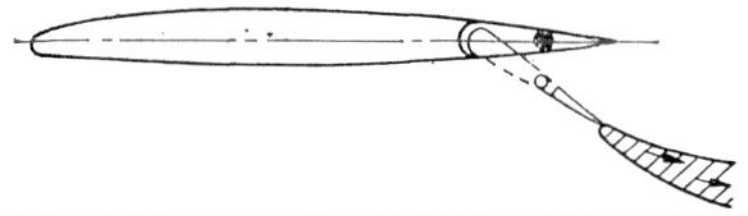	800–1000 (bei großem Gasdurchsatz)	
Mittel zur Vergrößerung des Luftwiderstandes ($C_W \cdot A_{TF}$)				
Bremsklappen	19. Bremsklappe Typ »Krokodil«	19 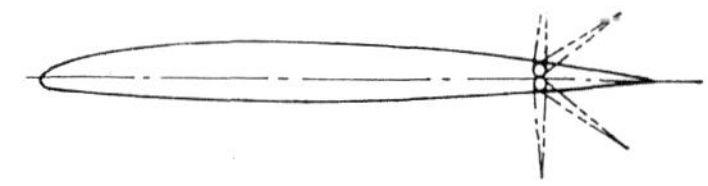	–	–
	20. Kombinierte Brems- und Wölbungsklappe	20 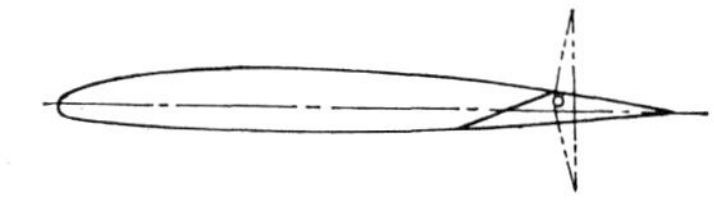	–	–

Luftwiderstandes, was zur Vergrößerung des Gleitwinkels genutzt wird. Mechanisierungsmittel werden gewöhnlich genutzt:

a) um einen möglichst großen Auftriebszuwachs bei unbedeutender Vergrößerung des kritischen Anstellwinkels zu erreichen;
b) um bei unvollständiger Nutzung dieser Mittel während des Starts die aerodynamische Qualität zu erhöhen;
c) zur Erhöhung der Querstabilität und -steuerbarkeit bei großen Anstellwinkeln;
d) zur Verbesserung der Manövriereigenschaften des Flugzeuges im Fluge.

Wie der Tragflügel selbst, müssen auch die Mechanisierungsmittel leicht, fest, stabil und zuverlässig sein.

2.12.1. *Arten von Mechanisierungsmitteln*

Nach den Hauptaufgaben, die sie zu erfüllen haben, unterscheidet man folgende Gruppen von Mechanisierungsmitteln (Bild 2.113):

1. Mechanisierungsmittel zur Erhöhung der Tragfähigkeit des Tragflügels, sogenannte Auftriebshilfen;
2. Mechanisierungsmittel zur Vergrößerung des Widerstandes des Tragflügels; dazu gehören Bremsklappen, Interzeptoren (Spoiler) u. a. m.

Außerdem unterscheidet man diese Mittel auch nach dem physikalischen Prinzip der Kennwertbeeinflussung (siehe auch Bild 2.113) in:

a) Mittel zur Änderung der Profilwölbung;
b) Mittel zur Änderung der tragenden Fläche;
c) Mittel zur Beeinflussung der Grenzschicht und
d) Mittel zur gleichzeitigen Änderung oder Beinflussung verschiedener Größen.

Eine Änderung der Profilwölbung wird vor allem durch **Wölbungs- und Spreizklappen** erreicht. Bei deren Ausschlag nach unten vergrößert sich die Profilwölbung, wodurch sowohl die Auftriebskraft als auch der Luftwiderstand vergrößert werden. Gleichzeitig verringert sich bei diesen Mitteln der kritische Anstellwinkel ein wenig (Bild 2.114). Diese Mittel werden gewöhnlich beim Start um 15° ··· 20° und bei der Landung um 40° ··· 50° nach unten ausgeschlagen.

Eine Beeinflussung der Grenzschicht erfolgt durch den **Vorflügel,** der bei neutraler Stellung dicht an der Tragflügelnase anliegt und der im abgehobenen Zustand einen (profilierten) Spalt freigibt (Bild 2.113, 3).

Durch diesen Spalt strömt Luft mit hoher Geschwindigkeit. Der Geschwindigkeitsvektor ist tangential zur Tragflügeloberfläche gerichtet und verschiebt den Ablösepunkt der Grenzschicht zur Tragflügelhinterkante. Dabei erhöht sich sowohl

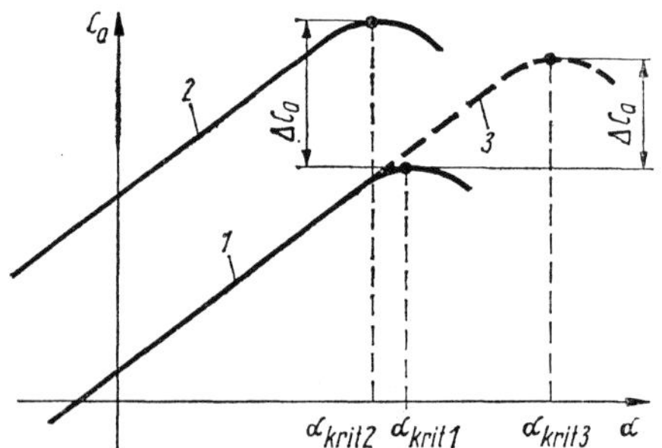

Bild 2.114 Funktion $c_A = f(\alpha)$ für einen Tragflügel mit Spreizklappe und Vorflügel

1 – Tragflügel ohne Mechanisierung; 2 – Tragflügel mit ausgefahrener Spreizklappe; 3 – Tragflügel mit ausgefahrenem Vorflügel

der maximale Auftriebsbeiwert als auch der kritische Anstellwinkel (Bild 2.114). Oft wird ein solcher Vorflügel an den Tragflügelenden zur Erhöhung der Querruderwirksamkeit bei großen Anstellwinkeln verwendet (Bild 2.115).

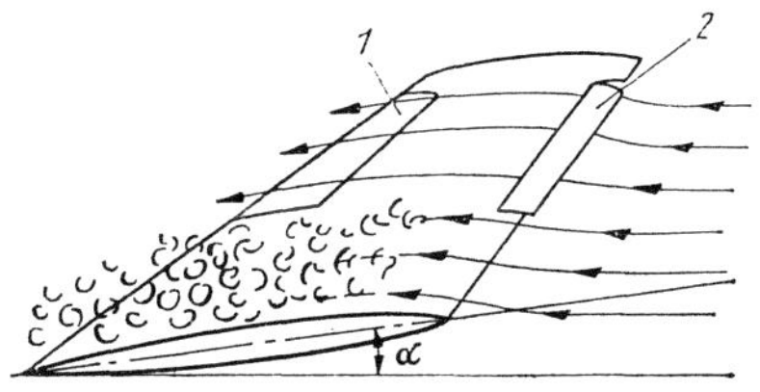

Bild 2.115 Vorflügel im Bereich des Querruders
1 – Vorflügel; 2 – Querruder

Vorflügel können durch den Flugzeugführer oder automatisch betätigt werden. Eine automatische Betätigung des Vorflügels erfolgt unter der Wirkung der aerodynamischen Kräfte. Bei kleinen Anstellwinkeln drückt die Luftkraftkomponente F_{VF} den Vorflügel an den Tragflügel, bei großen Anstellwinkeln hebt die gleiche Komponente durch Änderung ihrer Wirkungsrichtung den Vorflügel vom Tragflügel ab (Bild 2.116).

Durch einen aus einer tangentialen Öffnung auf der Tragflügeloberseite austretenden Gasstrahl kann die Grenzschicht angeblasen, d.h. mit Energie angereichert werden (Bild 2.113, 4).

Das Absaugen der Grenzschicht ergibt den gleichen Effekt wie das Anblasen. Das Prinzip besteht darin, daß mit Hilfe spezieller Ventilatoren die Grenzschicht durch Schaffung eines Unterdruckes in das Tragflügelinnere abgesaugt wird (Bild 2.113, 5).

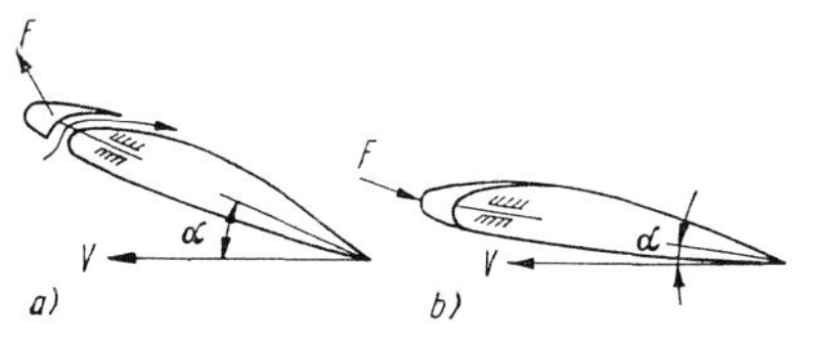

Bild 2.116 Funktionsprinzip des automatischen Vorflügels
a) großer Anstellwinkel; b) kleiner Anstellwinkel

Besondere Aufmerksamkeit verdient die Wölbungsklappe mit Anblassystem für die Grenzschicht (Bild 2.113, 6). Der Wirkungsgrad dieser Auftriebshilfenkombination ist sehr groß, jedoch erfordert sie einen großen Luft- oder Gasdurchsatz pro Zeiteinheit.

Für kombinierte Auftriebshilfen werden verschiedene Funktionsprinzipien vereinigt.

Die **Spaltklappe** (Bild 2.113,7) bringt eine Erhöhung des Auftriebes sowohl auf Grund der Veränderung der Profilwölbung als auch auf Grund der Grenzschichtbeeinflussung durch die Luft, die durch den profilierten Spalt von der Tragflügelunterseite auf seine Oberseite überströmt und dort die Grenzschicht anbläst, wodurch ein Ablösen der Strömung erst bei größeren Ausschlagwinkeln der Spaltklappe auftritt.

Eine **Spreizklappe** mit nach hinten verschiebbarer Achse (Bild 2.113, 8) bringt sowohl eine Vergrößerung der Profilwölbung als auch der tragenden Fläche des Flügels.

Die **Fowler-Klappe** (Bild 2.113,9) stellt eine nach hinten unten ausfahrbare Klappe an der Tragflügelhinterkante dar (verbesserte Spaltklappe). Dabei werden die Profilwölbung und die Flügelfläche vergrößert und gleichzeitig der am Spaltflügel auftretende Effekt der Grenzschichtbeeinflussung genutzt.

Diese Art von Auftriebshilfen ist die heute am weitesten verbreitete. Zur Erhöhung der Effektivität werden häufig mehrfache Schlitze erzeugt (Bild 2.113, 10 und 11).

Solche Auftriebshilfen werden auch als Zwei-, Drei- oder Mehrfachspaltklappen bezeichnet.

Oft werden Vorflügel mit verschiedenen Klappensystemen kombiniert (Bild 2.113, 12, 13, 14 und 15).

Für dünne Tragflügel mit scharfer Vorderkante wurde es erforderlich, diese bei größeren Anstellwinkeln, d.h. vor allem bei Start und Landung, nach unten abzuklappen, um ein Abreißen der Strömung zu verhindern (Bild 2.113, 16). Dabei vergrößert sich $c_{A_{max}}$. Die Tiefe des abklappbaren Nasenteiles beträgt etwa 15% der Flügeltiefe. Da gleichzeitig der

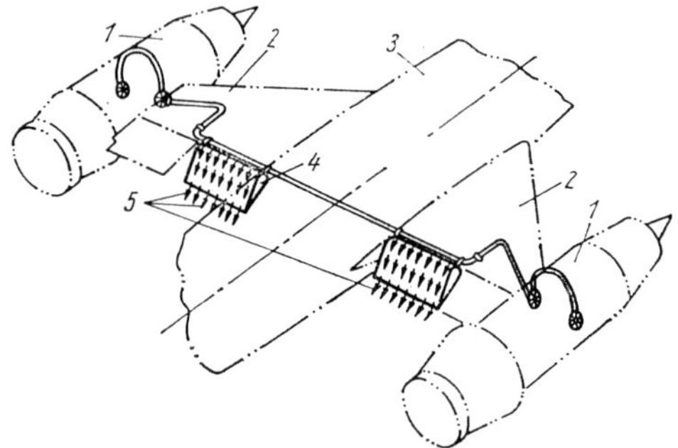

Bild 2.118 System zum Anblasen der Grenzschicht an Wölbungsklappen mit Hilfe von am Triebwerk entnommener Druckluft

1 – Triebwerke; 2 – Tragflügel; 3 – Rumpf; 4 – Wölbungsklappe; 5 – an der Klappenoberseite austretender Luftstrom

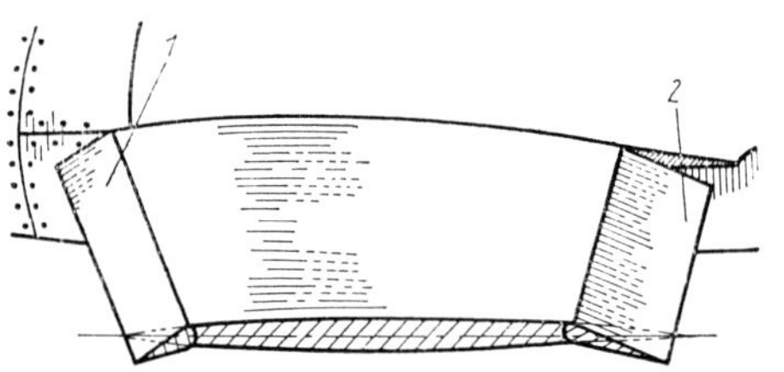

Bild 2.117 Tragflügel mit Kippnase (1) und Wölbungsklappe (2)

kritische Anstellwinkel α_{krit} wesentlich vergrößert wird, kombiniert man die abklappbare Flügelnase mit einer Wölbungsklappe an der Tragflügelhinterkante (Bild 2.117).

Weitere Arbeiten im Interesse einer Erhöhung der Wirksamkeit von Auftriebshilfen sieht vor allem das **Anblasen der Grenzschicht** im Bereich von Wölbungsklappen vor (Bild 2.118 und 2.113, 17, 18). In diesen Systemen wird gewöhnlich entweder Druckluft von den Verdichtern der Triebwerke oder ein Teil ihrer Abgase als Arbeitsmedium verwendet.

Wie experimentelle Untersuchungen zeigen, läßt sich eine maximale Auftriebserhöhung durch einen Gasstrahl erreichen, der unter einem bestimmten Winkel nach unten durch einen schmalen Spalt am Tragflügel- oder Klappenende ausströmt (Bild 2.113.17, 18). Ein solcher Gasstrahl wirkt wie ein mechanisches Ruder. Deshalb wird diese Art der Auftriebshilfe auch oft als **Strahlklappe** bezeichnet.

Die Anwendung der Strahlklappe ermöglicht eine Vergrößerung des Auftriebsbeiwertes auf das Zehnfache und mehr, jedoch wird hierzu ein sehr großer Gasdurchsatz benötigt.

Die Effektivität von Mechanisierungsmitteln am Tragflügel hängt von verschiedenen Faktoren ab. So von ihrer Ausdehnung über der Spannweite, von ihrer relativen Tiefe ($t_{Mech} = t_{Mech}/t_{TF}$), von der relativen Dicke und der Pfeilung des Tragflügels und von ihrer Lage am Tragflügel.

Klappensysteme nehmen meist 60 ··· 70% der Spannweite einschließlich des Tragflügelmittel- oder -rumpfstückes ein und liegen meist zwischen den Querrudern und dem Rumpf. Ihre Tiefe beträgt 25 bis 30% der Tragflügeltiefe.

Beim Anblasen und beim Absaugen der Grenzschicht hängt der Beiwertzuwachs

Δc_A von der Größe des Impulskoeffizienten C_μ des Gasstromes ab:

$$C_\mu = \frac{\dot{m}_G v_G}{\frac{\varrho v^2}{2} A_{\text{Mech.}}}$$

$\dot{m}_G$ – die je Sekunde ausströmende oder abgesaugte Gas- oder Luftmasse;

v_G – Geschwindigkeit des Gasstromes im Spaltquerschnitt

$A_{\text{Mech.}}$ – Fläche des durch das Anblas- oder Absaugsystem beeinflußten Teiles des Flügels oder der Klappe.

Der Zuwachs des Auftriebsbeiwertes beträgt dann

$$\Delta c_A = K_A C_\mu .$$

Der Proportionalitätsfaktor K_A erreicht für Pfeilflügel bei Ausschlag der Wölbungsklappe um 50 ··· 60° Werte von $K_A = 18 \cdots 20$.

Heute wird das Anblasen in Verbindung mit Wölbungsklappen bereits breit angewendet.

Bei einem Wert von $C_\mu \approx 0{,}04 \cdots 0{,}05$ ist es möglich, den Auftrieb fast um das Doppelte gegenüber der Verwendung einer einfachen Klappe zu erhöhen. Im Interesse einer Erhöhung des Auftriebes werden manchmal auch kombinierte Querruder-Wölbungsklappen verwendet, d.h. Querruder, die auch beide gleichzeitig nach unten ausgeschlagen werden können.

Erste Flugzeuge mit mechanisierten Tragflügeln wurden Ende der zwanziger, Anfang der dreißiger Jahre gebaut. Seit 1935 bis 1937 erhalten fast alle Flugzeuge solche Tragflügel. Bis zum zweiten Weltkrieg wurden vor allem Wölbungs- und Spreizklappen verwendet. Heute werden meist unterschiedliche Konstruktionen von Spalt- oder Fowlerklappen benutzt.

Die Effektivität von Mechanisierungsmitteln ist an Pfeil- und Dreieckflügeln bedeutend niedriger als an geraden Trapezflügeln.

Zu Mechanisierungsmitteln, die nur den Stirnwiderstand erhöhen, gehören vor allem Bremsklappen (Bild 2.113, 19 und 20). Sie dienen der schnellen Verringerung der Geschwindigkeit im Horizontalflug und der Verkürzung der Ausrollstrecke nach der Landung.

2.12.2. *Bauweisen von Mechanisierungsmitteln am Tragflügel*

Ihrer Konstruktion nach stellen Mechanisierungsmittel des Tragflügels dünnwandige Balken dar, die in den Aufhängepunkten am Tragflügel gestützt werden. Im Fluge werden sie durch aerodynamische Kräfte belastet und unterliegen einer Biegung und Torsion (Verdrehung).

Zur Aufnahme des Biege- und des Torsionsmomentes haben Mechanisierungsmittel in der Regel einen oder mehrere Holme, an denen Aufhänge- und Betätigungselemente angebracht sind. Es gibt Konstruktionen, bei denen diese Elemente an verstärkten Rippen befestigt sind.

Das Torsionsmoment wird durch eine geschlossene Behäutungskontur, durch einen Rohrholm oder durch eine geschlossene Kontur aus Holmsteg und Behäutung aufgenommen.

In Anbetracht der großen Belastungen haben Klappen eine starke, schubsteife Behäutung, die Luftkräfte und Torsionsmomente aufnimmt.

Insgesamt sind die Konstruktionen von Mechanisierungsmitteln recht einförmig.

Betrachten wir einige Konstruktionen und den Charakter der Belastung ihrer Elemente.

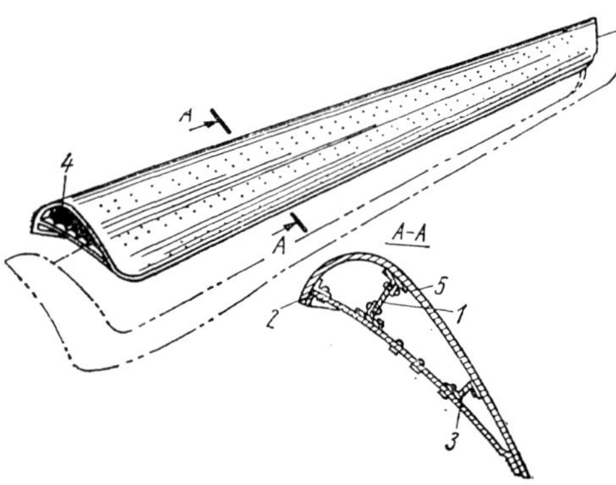

Bild 2.119 Konstruktion eines Vorflügels mit mechanischer Betätigung

1 – Holm; 2 – Nasenpfette; 3 – hintere Leiste; 4 – Rippe; 5 – Behäutung

Der in Bild 2.119 dargestellte **Vorflügel** besteht aus dem Holm 1, der Nasenpfette 2, der Endleiste 3, den Rippen 4 und der Behäutung 5. Alle Bauteile sind aus dünnwandigen Profilen und aus Blech hergestellt.

Die Aufhängung des Vorflügels stellt einen Gelenkhebelmechanismus dar (Bild 2.120a). Mit Hilfe des senkrecht liegenden viergliedrigen Gelenkmechanismus wird der Vorflügel ohne Seitwärtsbewegung nach vorn ausgefahren. Diese Konstruktion ist einfach und erfordert keine weiteren Erläuterungen. Dieser Mechanismus läßt sich selbst in relativ dünnen Tragflügeln vollständig unterbringen.

Bild 2.120b zeigt einen Vorflügel, der an einer Stange befestigt ist, die mit Hilfe eines Gewindetriebes und einer im Flügelinneren liegenden Leitvorrichtung bewegt wird. Das gleiche Bild zeigt auch die Enteisung des Vorflügels und der Flügelnase mit Hilfe von Warmluft.

Bild 2.121 zeigt die Konstruktion einer **Wölbungsklappe,** die einen Teil der Hinterkante des Tragflügels darstellt. Sie besteht aus dem Rohrholm 1, den Rippen 2 und der Behäutung 3. Der Holm liegt in Nasennähe der Klappe und ist sein hauptkräfteaufnehmendes Element, an dem auch die Aufhängeelemente 4 und die Rippen befestigt sind. Manchmal werden in solchen Klappen auch Pfetten verwendet, die die gleiche Aufgabe und Konstruktion haben wie die Pfetten des Tragflügels, nur daß ihr Querschnitt kleiner ist. Die Rippen in Stegbauweise sind aus Blech gestanzt und liegen senkrecht zur Holmachse der Klappe.

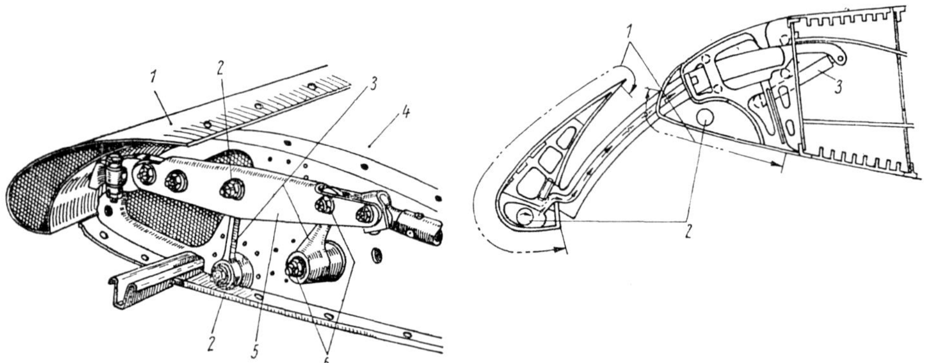

Bild 2.120 Aufhängung und Betätigung von Vorflügeln

a) Gelenkhebelaufhängung: 1 – Vorflügel; 2 – Kugelgelenk; 3 – Hebel; 4 – Tragflügel; 5 – Traverse; 6 – Kugellager; 7 – Betätigungsgestänge – b) Leitschienenaufhängung: 1 – zur Enteisung erwärmte Bereiche; 2 – Warmluftleitungen; 3 – Gewindetrieb zur Betätigung des Vorflügels

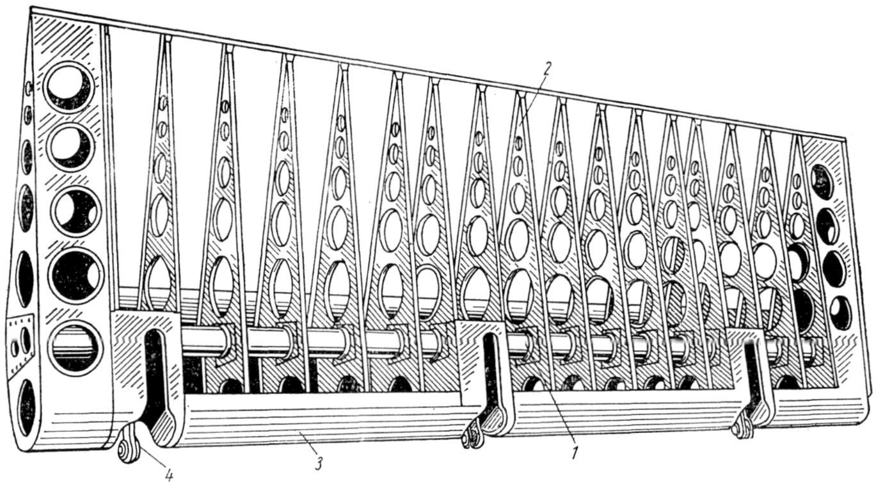

Bild 2.121 Konstruktion einer Wölbungsklappe

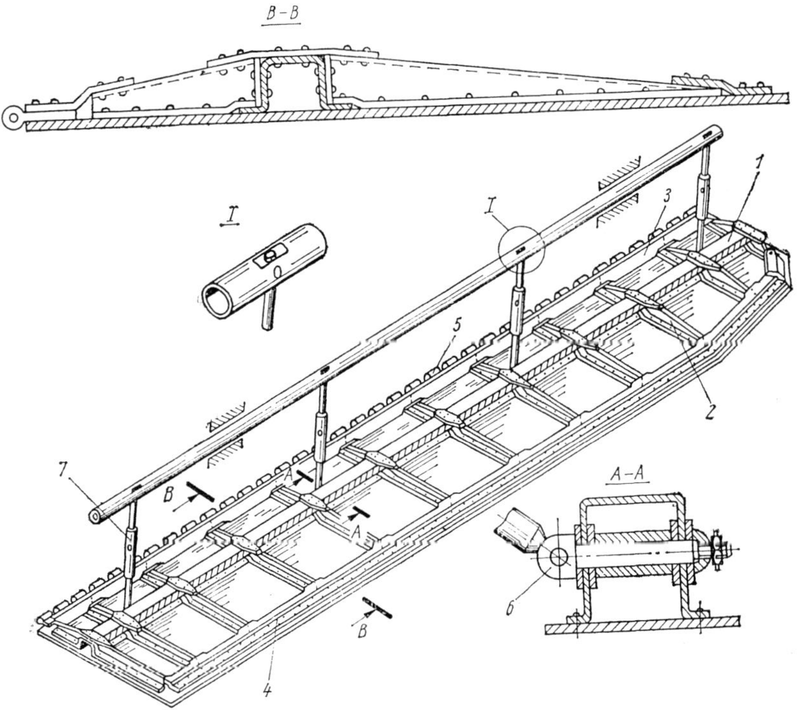

Bild 2.122 Konstruktion einer Spreizklappe

1 – Holm; 2 – geteilte Rippe; 3, 4 – vordere und hintere Pfette; 5 – Schlaufen; 6 – Gabel; 7 – Betätigungsgestänge

Spreizklappen sind die einfachsten Mechanisierungsmittel des Tragflügels. Es gibt zwei Arten von Spreizklappen, einmal mit feststehender Achse, zum anderen mit gleitender Achse.

Bild 2.122 zeigt eine typische Spreizklappenkonstruktion. Ihr Gerippe besteht aus dem Holm 1, den zweiteiligen Rippen 2, der vorderen Pfette 3 und der Endpfette 4; von außen ist hieran die Behäutung befestigt. Hauptelement ist der Holm. An ihm sind die Gelenke der Betätigungsgestänge befestigt. Die schubsteife Behäutung ist sowohl am Quer- als auch am Längsverband befestigt. Die Klappe wird mit Hilfe der Schlaufen 5, die an der Klappenvorderkante angenietet sind, am Tragflügel befestigt.

Wenn die Klappe ausgeschlagen ist, wird sie durch aerodynamische Kräfte belastet. Unter Einfluß dieser Belastung arbeitet die Klappe als Balken auf mehreren Stützen, der auf Schub, Biegung und Verdrehung belastet ist.

Die Spannungen in der Behäutung erweisen sich als gering, deshalb beträgt die erforderliche Blechstärke nur 0,6 ÷ 0,8 mm für langsamfliegende und 1 ÷ 1,2 mm für Hochgeschwindigkeitsflugzeuge.

Die Rippen der Klappe sind unter Wirkung der örtlichen aerodynamischen Belastung auf Festigkeit zu berechnen. Die auf die Klappe wirkende Kraft beträgt:

$$F_{\mathrm{Kl}} = 3{,}56\, c_{W_{\mathrm{KL}}} A_{\mathrm{KL}} \frac{\varrho v_{\min}^2}{2}.$$

$c_{W_{\mathrm{Kl}}}$ – Widerstandsbeiwert der Klappe in Abhängigkeit vom Ausschlagwinkel der Klappe δ_{KL} (bei $\delta_{\mathrm{KL}} \approx 50°$ ist $c_{W_{\mathrm{Kl}}} \approx 1{,}2$);
A_{KL} – Fläche der Klappe;
$v_{\min}$ – minimale Horizontalfluggeschwindigkeit des Flugzeuges.

Die Streckenbelastung der Klappe beträgt dann

$$q_{\mathrm{Kl}} = \frac{F_{\mathrm{Kl}}}{l_{\mathrm{Kl}}}.$$

l_{Kl} – Länge der Klappe.

Somit ergibt sich als Belastung einer Rippe

$$F_{\mathrm{Rl}} = q_{\mathrm{Kl}} \cdot a,$$

wenn

a – der Abstand zwischen den Rippen ist.

Die Belastung verteilt sich über der Klappentiefe entsprechend dem Dreiecksgesetz, d. h.

$$p_{\mathrm{Kl}} \approx \frac{q_{\mathrm{Kl}}}{t_{\mathrm{Kl}}},$$

p_{Kl} – Druck auf die Klappe
t_{Kl} – die Tiefe der Klappe.

Fowler-Klappen entsprechen in ihrer Konstruktion den Tragflügeln. Bild 2.123 zeigt eine solche Klappe, die weite Verbreitung gefunden hat. Ihre Konstruktion besteht aus zwei Holmen in [-Profil und aus Rippen, die (außer den beiden Randrippen) zweigeteilt sind. Die Klappe ist in speziellen Vorrichtungen an Tragflügelrippen befestigt. Die Vorrichtungen bestehen aus Leitschienen und in ihnen laufenden Wagen, an denen die Klappe unmittelbar befestigt ist. Die Schienen bestehen aus zwei [-Profilen aus Stahl.

Zweifach-Spaltklappen oder **Spaltklappen mit Deflektoren** können klappbar oder ausfahrbar konstruiert sein (Bild 2.124 und 2.125). Deflektoren sind starr mit der Nase der Spaltklappe verbunden. Zwischen dem Deflektor und der Klappe befindet sich ein profilierter Spalt, der zur Verbesserung der Aerodynamik des Tragflügels bei ausgefahrener Klappe beiträgt.

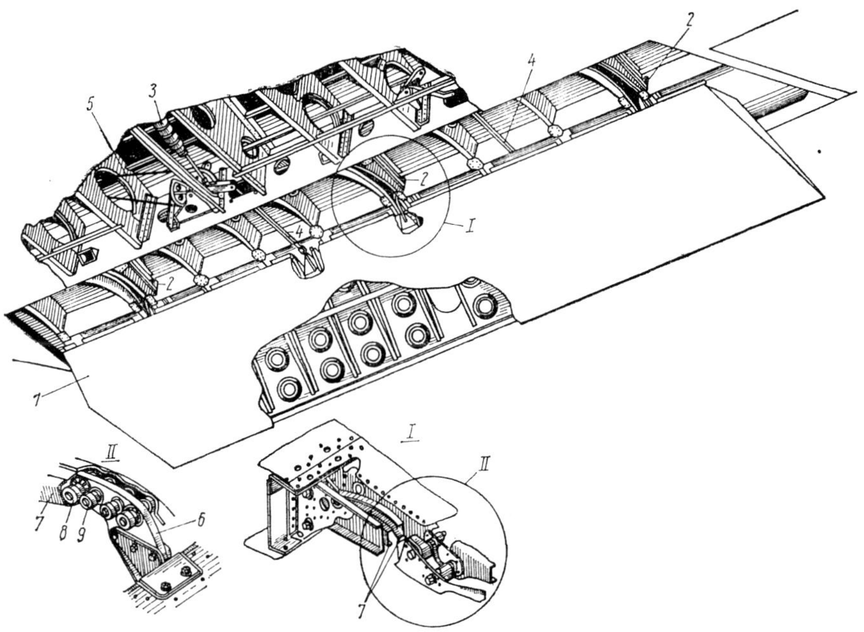

Bild 2.123 Konstruktion einer Fowler-Klappe

1 – Klappe; 2 – Betätigungsgestänge der Klappenschlösser; 3 – Betätigungszylinder der Klappe; 4 – Betätigungsgestänge der Klappe; 5 – Synchronisationsseil zur Gewährleistung des gleichmäßigen Ausfahrens beider Klappen; 6 – Wagen; 7 – Schiene; 8 – Rollen

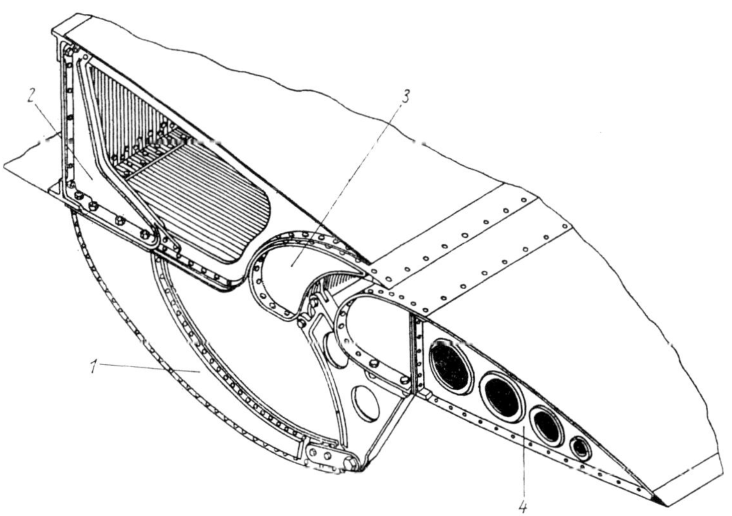

Bild 2.124 Anhängung einer Doppelspaltklappe am Tragflügel

1 – Konsole; 2 – Fitting; 3 – Deflektor; 4 – Klappe

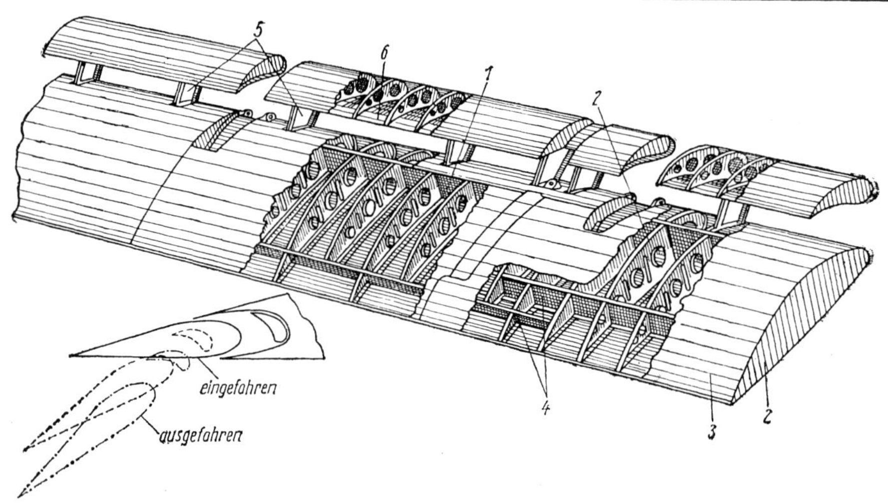

Bild 2.125 Konstruktion einer Doppelspaltklappe
1 – Hauptholm; 2 – Rippe; 3 – Behäutung; 4 – Hilfsholme; 5 – Verbindungsstege; 6 – Deflektor

Die Mechanisierungsmittel zur Vergrößerung des Luftwiderstandes, d.h. **Bremsklappen am Tragflügel,** haben unterschiedliche Konstruktionen.
Bild 2.126 zeigt eine Bremsklappe, die am Tragflügel eines Strahlflugzeuges angebracht ist. Bei der Landung wurde diese Klappe als Landeklappe benutzt.
Wenn sich am Tragflügel andere Mechanisierungsmittel befinden, dann werden Bremsklappen am Rumpfhinterteil seitwärts oder aber am Tragflügel vor den Auftriebshilfen angebracht (Bild 2.127).

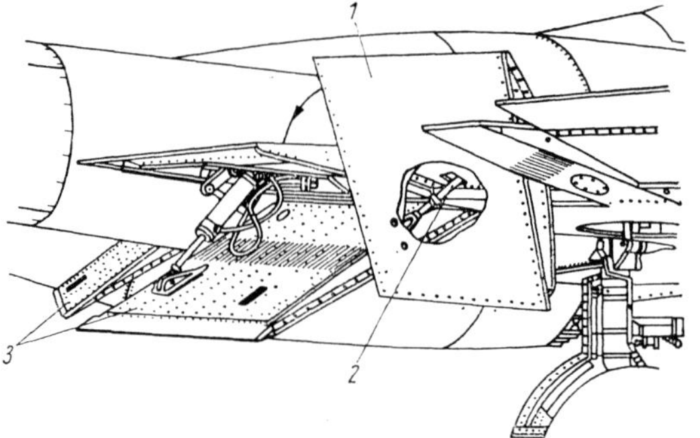

Bild 2.126 Bremsklappe am Tragflügel
1 – Bremsklappe; 2 – Betätigungszylinder der Bremsklappe; 3 – Spreizklappe

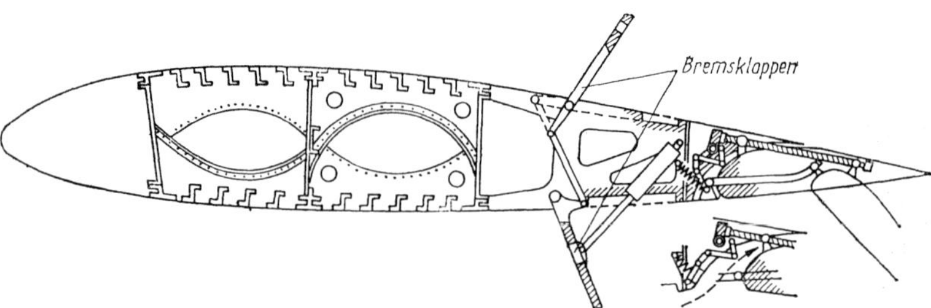

Bild 2.127 Bremsklappensystem »Krokodil« am Tragflügel

2.13. Kontrollfragen

1. Welche Anforderungen werden an Tragflügel moderner Flugzeuge gestellt?
2. Welche äußeren Formen besitzen Tragflügel in Abhängigkeit von der Fluggeschwindigkeit?
3. Welche Belastungen wirken während des Fluges und während der Landung auf den Tragflügel?
4. Wie werden die am Tragflügel wirkenden Kräfte, die Streckenlasten, Querkräfte, Biege- und Torsionsmomente ermittelt?
5. Wie werden die Elemente des Tragflügelfestigkeitsverbandes belastet?
6. Welche konstruktive Besonderheit haben Holm-, Kasten- und Schalenflügel?
7. Welche Vorteile haben Pfeil- und Dreieckflügel gegenüber geraden Tragflügeln? Nennen Sie ihre wesentlichsten Nachteile!
8. Wie wird die Festigkeit eines auf Biegung und Torsion belasteten Kastenflügels berechnet?
9. Welche Anschlußmöglichkeiten von Holm-, Kasten- und Schalenflügeln gibt es?
10. Welche konstruktiven Besonderheiten haben Haupt- und Hilfsholme, Rippen, Nasen- und Endkasten sowie die Behäutung von Tragflügeln?
11. Welche Belastungen wirken in den Anschlußelementen eines Holmflügels?
12. Erläutern Sie die Aufgaben und nennen Sie Formen moderner Mechanisierungsmittel des Tragflügels!

3. Leitwerk und Querruder

3.1. Die Zweckbestimmung von Leitwerk und Querrudern und die an sie gestellten Forderungen

Als **Leitwerk** des Flugzeuges werden tragende Flächen bezeichnet, die dazu dienen, das Längs- und Kursgleichgewicht sowie Längs- und Kursstabilität und -steuerbarkeit (um die z- und die y-Achse des Flugzeuges) zu gewährleisten (Bild 3.1).

Querruder sind Ruderflächen am Tragflügel, die dazu dienen, das Gleichgewicht und die Quersteuerbarkeit (um die X-Achse) des Flugzeuges zu gewährleisten.

Unter **Herstellung des Gleichgewichtes** versteht man, daß die Summe der Momente aller am Flugzeug wirkenden Kräfte gleich Null wird.

Flugstabilität ist die Eigenschaft des Flugzeuges, bei Störung des Gleichgewichtszustandes durch eine äußere Kraft, diesen nach Beendigung der Krafteinwirkung selbständig wieder herzustellen.

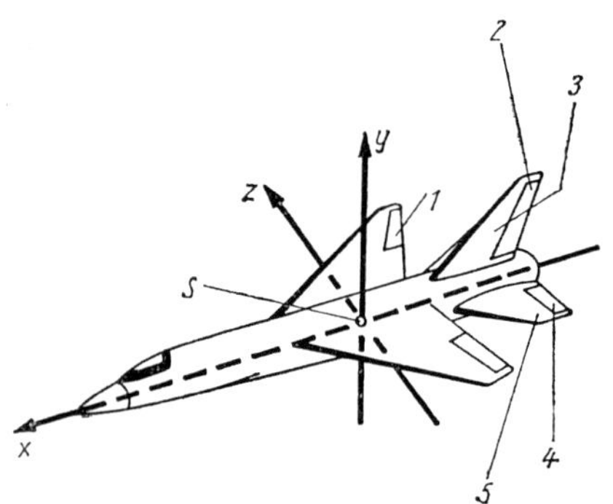

Bild 3.1 Leitwerk und Querruder normaler Anordnung

1 – Querruder; 2 – Seitenruder; 3 – Seitenflosse; 4 – Höhenruder; 5 – Höhenflosse (oder Flossenruder)

Steuerbarkeit ist die Fähigkeit des Flugzeuges, auf Ruderausschläge mit entsprechenden Lage- und Bewegungsänderungen im Raum zu antworten. In diesem Sinne hat die Steuerung des Flugzeuges die Aufgabe, es zu zwingen, aus einem Flugzustand in einen anderen überzugehen.

In den neunziger Jahren des vorigen Jahrhunderts erforschte S. S. Neshdanowskij an Drachen und Gleitflugmodellen deren Längs- und Kursstabilität und schlug im Ergebnis vor, an Flugzeugen ein Höhen- und ein Seitenleitwerk zu verwenden.

Flugzeuge mit normaler (»klassischer«) Komposition sowie Flugzeuge des »Ententyps« haben sowohl ein Höhen- als auch ein Seitenleitwerk.

Das **Höhenleitwerk** ist das Teil des Gesamtleitwerkes (siehe Bild 3.1), das der Gewährleistung des Längsgleichgewichtes, der Längsstabilität und Längssteuerbarkeit dient.

Bei Unterschallflugzeugen besteht das Höhenleitwerk gewöhnlich aus einer nicht oder nur begrenzt beweglichen Flosse und einem beweglichen Klappenruder.

Die bewegliche Flosse und das Ruder sind jeweils um ihre Achsen drehbar. Bei Ausschlag (Drehung) des Höhenruders um einen bestimmten Winkel entsteht am Höhenleitwerk eine zusätzliche aerodynamische Kraft und folglich ein zusätzliches Moment um den Schwerpunkt des Flugzeuges. Im Unterschallbereich sind Klappenruder ausreichend wirksam und gewährleisten die erforderliche Steuerbarkeit. Wenn jedoch während des Fluges eine starke Schwerpunktwanderung auftritt, oder wenn die Ruderwirksamkeit stark verringert wird (z.B. im Überschallflug), dann ist es vorteilhafter, Flossenruder, d.h. in ihrer Gesamtheit drehbare Leitwerkflächen, zu verwenden.

Bei Unterschallgeschwindigkeiten ergibt sich der Auftriebskraftzuwachs nicht nur als Ergebnis der Druckänderung über der ausgeschlagenen Ruderfläche, sondern auch dadurch, daß sich das gesamte Druckverteilungsbild des Leitwerkes ändert (Bild 3.2a).

Bei Überschallgeschwindigkeit verringert sich die Wirksamkeit des Klappenruders, weil die Druckänderung nur hinter dem Verdichtungsstoß an der Rudernase (Bild 3.2b; Linie BAC) wirksam wird und sich nicht über das gesamte Leitwerk nach vorn ausbreiten kann. Daher hat

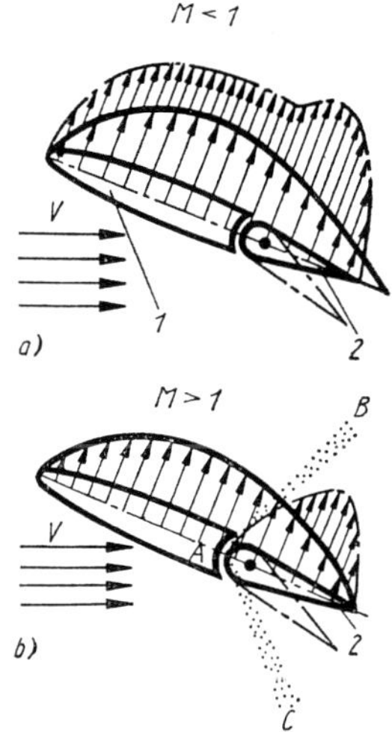

Bild 3.2 Druckverteilungsbilder am normalen Höhenleitwerk bei verschiedenen M-Zahlen

1 – Höhenflosse; 2 – Höhenruder

der Ruderausschlag keinen Einfluß auf das Druckverteilungsbild der Höhenflosse. Deshalb wird für Überschallflugzeuge das Flossenruder verwendet. Es gestattet eine größere Wirksamkeit des Höhenleitwerkes im schallnahen und im Überschallbereich und vor allem in großen Höhen.

Heute wird das Flossenruder manchmal auch gleichzeitig für die Quersteuerung verwendet, d.h., die beiden Leitwerkhälften werden bei Längssteuerung gleichartig und bei Quersteuerung differenziert ausgeschlagen.

Das **Seitenleitwerk** ist das Teil des Leitwerkes, das zur Gewährleistung des Kursgleichgewichtes, der Kursstabilität und der Kurssteuerbarkeit dient (Bild 3.1). Gewöhnlich besteht es aus der starren Seitenflosse und einem Klappenruder. Für Flugzeuge, die in großer Höhe mit hohen Überschallgeschwindigkeiten fliegen, werden auch hier Flossenruder, d.h. drehbare Flossen verwendet.

Bei Festlegung der Komposition und der Ausmaße des Leitwerkes muß man folgendes beachten:

- Das Leitwerk muß im gesamten Geschwindigkeits- und Höhenbereich, bei allen Flugzuständen ausreichend wirksam sein. Außerdem muß es die Herstellung des Gleichgewichtes auch bei Auftreten unsymmetrischer Kräfte gewährleisten, wie bei einseitigem Ausfall von Triebwerken, bei Landung mit Seitenwind u.ä.m.;
- durch die Konstruktion und die Komposition des Leitwerkes müssen Schwingungserscheinungen, wie das Flattern oder das Buffeting, ausgeschlossen sein.

3.2. Form und Lage des Leitwerkes

Die möglichen Formen des Höhenleitwerkes entsprechen denen des Tragflügels in Draufsicht, Vorderansicht und Profil (Bild 3.3 und 3.4).

Die Vor- und Nachteile verschiedener Formen des Tragflügels, wie sie im Abschnitt 2.2 dargelegt worden sind, gelten voll und ganz für analoge Formen des Höhenleitwerkes.

Für Flugzeuge fanden gerade und gepfeilte Trapezflächen für Höhenleitwerke die weiteste Verbreitung.

Die Vorderansicht des Höhenleitwerkes ist durch den V-Winkel Ψ_{HLW} gekennzeichnet (Bild 3.4). In der Regel liegt sein Wert in den Grenzen $\pm 10°$.

Manche Flugzeuge haben ein V-Leitwerk mit großem Winkel Ψ_{LW} (Bild 3.5). Dieses ersetzt sowohl das Höhen- als auch das Seitenleitwerk, weil es beide Funktionen gleichzeitig erfüllt.

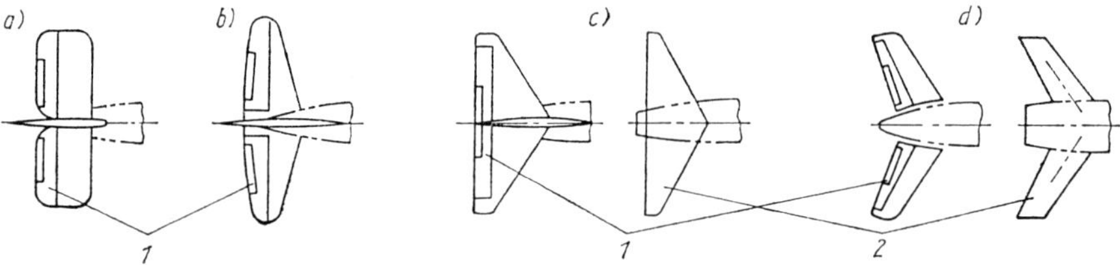

Bild 3.3. Höhenleitwerksformen in der Draufsicht

a) rechteckiges; b) trapezförmiges (oder elliptisches); c) dreieckige; d) gepfeilte Leitwerke
1 – mit Flosse und Ruder; 2 – als Flossenruder

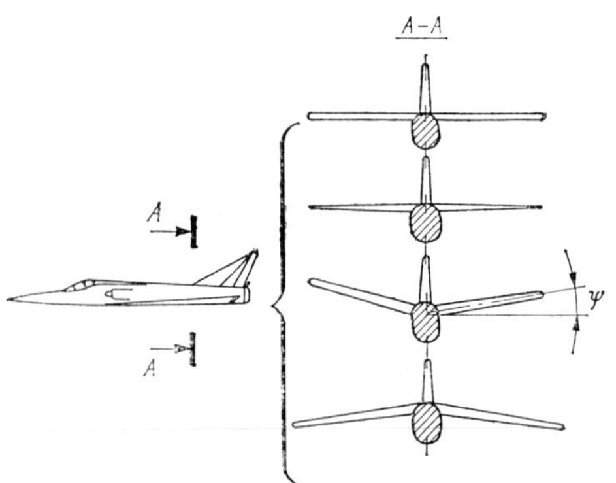

Bild 3.4 Höhenleitwerksformen in der Vorderansicht

In der Sowjetunion erschien das V-Leitwerk zu Beginn der dreißiger Jahre. Es wurde durch den Flugzeugkonstrukteur D.P. Grigorowitsch für das Flugzeug R 5 entwickelt.

Dieses Leitwerk stellt zwei symmetrische Flächen dar, die unter einem bestimmten Winkel zur vertikalen Symmetrieebene am Rumpfende angebracht sind. Jede der Flächen besteht aus Flosse und Ruder. Bei gleichzeitigem Ausschlag der Ruder nach oben oder unten wirken sie als Höhenruder (Bild 3.5b). Die dabei entstehenden zusätzlichen Kräfte F_{LW} lassen sich in zwei Komponenten, eine vertikale F_v und eine horizontale F_h, zerlegen. Die horizontalen Komponenten heben sich gegenseitig auf, die vertikalen dagegen summieren sich und ergeben multipliziert mit dem Abstand zwischen ihrem Angriffspunkt und dem Schwerpunkt des Flugzeuges ein Moment M_z.

Bei unterschiedlichem Ausschlag der Ruder wirken sie wie Seitenruder (Bild 3.5c). In diesem Falle wirken die Komponenten F_h in eine Richtung und ergeben ein Moment M_y. Die vertikalen Komponenten F_v sind entgegengesetzt gerichtet

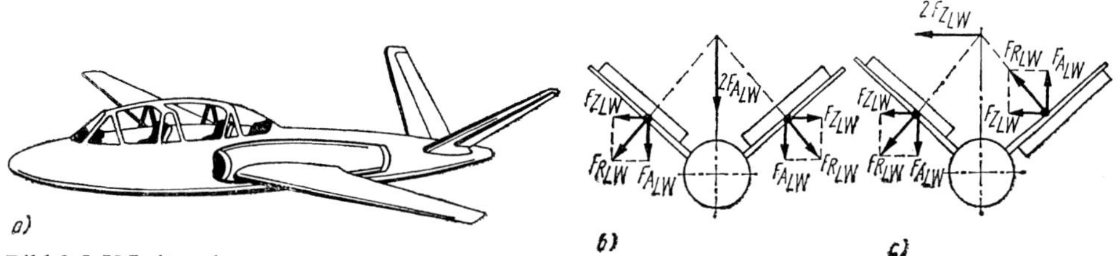

Bild 3.5 V-Leitwerk

a) Lage des Leitwerkes am Flugzeug; b) Entstehung des Längsmomentes ($M_z = 2F_{\mathrm{ALW}} \cdot l_{\mathrm{LW}}$); c) Entstehung des Kursmomente (bei gleichzeitiger Wirkung eines bedeutenden Quermomentes)
($M_y = 2F_{z_{\mathrm{LW}}} \cdot l_{\mathrm{LW}}$; $M_x = 2F_{z_{\mathrm{LW}}} \cdot h_{\mathrm{LW}}$)

und bilden ein Querneigungsmoment M_x, das durch Querruderausschlag kompensiert werden muß. Bedeutende Torsionsmomente, die von diesem Leitwerk auf den Rumpf übertragen werden, die Kompliziertheit der Steuerungskinematik und der Befestigung der Leitwerksflächen am Rumpf sowie erhöhte Interferenzerscheinungen führten dazu, daß diese Leitwerksform nur begrenzt Anwendung für Flugzeuge fand.

Die relative Profildicke des Höhenleitwerkes beträgt 4 ··· 10% (der kleinere Wert gilt hierbei für Hochgeschwindigkeitsflugzeuge). Es muß dazu gesagt werden, daß eine weitere Verringerung der Profildicke ungerechtfertigt ist, weil die dadurch erreichte Verringerung des Widerstandes in keiner Weise die sich ergebenden Schwierigkeiten bei der Unterbringung von Kompensationsmitteln des Ruders und bei der Gewährleistung der Steifigkeit der Konstruktion sowie die damit verbundene Erhöhung der Masse kompensiert.

Für das Höhenleitwerk werden gewöhnlich symmetrische Profile verwendet.

Der Pfeilwinkel des Höhenleitwerkes wird aus den gleichen Bedingungen ermittelt wie für den Tragflügel, d.h., er dient dazu, die Wellenkrisis am Leitwerk bei höheren M-Zahlen und mit geringerer Intensität auftreten zu lassen.

Die Form des Seitenleitwerkes wird durch seine Seitenansicht (Bild 3.6) und sein Profil bestimmt. Die Form des Seitenleitwerkes in der Seitenansicht wird genauso bestimmt wie die Form des Höhenleitwerkes in der Draufsicht.

Die Form des Seitenleitwerkes wird im wesentlichen durch seine Verjüngung η_{SLW} und seine Pfeilung χ_{SLW} bestimmt. Das Seitenleitwerk (auch als Kiel bezeichnet) hat manchmal eine Vorfläche (Vorkiel). Diese gestattet es, seine Fläche A_{SLW} und seine Streckung λ_{SLW} zu verringern. Außerdem dient dieser Vorbau zur Unterbringung von Elementen der Steuerung und der Elektro-, Funk- oder Funkmeß- und anderer Ausrüstung des Flugzeuges.

Die relative Profildicke des Seitenleitwer-

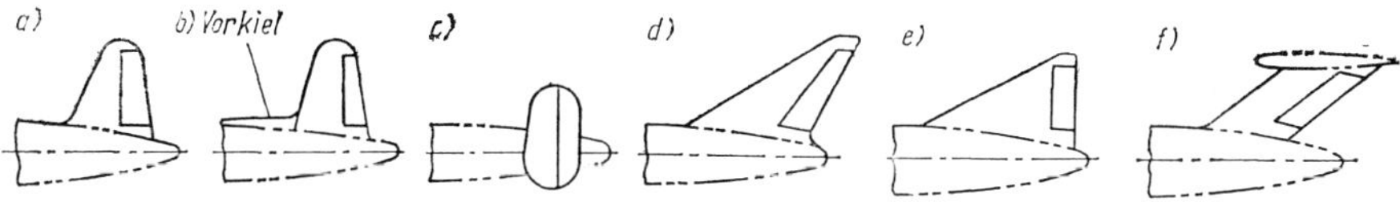

Bild 3.6 Seitenleitwerksformen in der Seitenansicht

a, c) gerade trapezförmige oder elliptische; d) pfeilförmiges mit veränderlicher Tiefe; e) pfeilförmiges mit konstanter Tiefe; f) dreieckiges Seitenleitwerk

kes beträgt 4 ··· 8 %. Das Profil ist immer symmetrisch.

Es gibt heute noch keine exakten Rechenverfahren zur Ermittlung der Ausmaße des Leitwerkes und seiner Ruder. Sie werden auf der Grundlage vorhandenen statistischen Materials und technischer Bedingungen vorgegeben und dann in aerodynamischen Prüfanlagen getestet. Die Ausmaße der Ruder werden durch die Kennwerte der Stabilität und Steuerbarkeit bestimmt.

Gewöhnlich legt man als erste Näherung relative Flächengrößen des Leitwerkes und der Ruder fest, und zwar:

a) für das Höhenleitwerk

$$\bar{A}_{HLW} = \frac{A_{HLW}}{A_{TF}} \quad \text{und} \quad \bar{A}_{HR} = \frac{A_{HR}}{A_{TF}};$$

b) für das Seitenleitwerk

$$\bar{A}_{SLW} = \frac{A_{SLW}}{A_{TF}} \quad \text{und} \quad \bar{A}_{SR} = \frac{A_{SR}}{A_{TF}}.$$

Die Größe der relativen Flächen muß anhand der konstanten Koeffizienten zur Ermittlung der statischen Momente des Leitwerkes überprüft werden:

$$K_{HLW} = \frac{A_{HLW} \cdot l_{HLW}}{A_{TF} \cdot t_{MAS}} \quad \text{und}$$

$$K_{SLW} = \frac{A_{SLW} \cdot l_{SLW}}{A_{TF} \cdot b}.$$

K_{HLW} – der Koeffizient des statischen Momentes des Höhenleitwerkes; für Flugzeuge mit geradem Tragflügel gilt $K_{HLW} = 0{,}50 \cdots 0{,}55$, mit gepfeiltem oder Dreieckflügel $0{,}35 \cdots 0{,}45$;

K_{SLW} – der Koeffizient des statischen Momentes des Seitenleitwerkes; für Flugzeuge mit geradem Tragflügel beträgt er $0{,}040 \cdots 0{,}055$, mit Pfeil- oder Dreieckflügel $0{,}075 \cdots 0{,}14$;

t_{MAS} – die Tiefe der mittleren aerodynamischen Sehne des Tragflügels;

l_{HLW} und l_{SLW} – die Hebelarme des Höhen- bzw. Seitenleitwerkes, d. h. theoretisch der Abstand zwischen den Druckpunkten der entsprechenden Flächen und dem Schwerpunkt des Flugzeuges; praktisch wird als Begrenzungspunkt an den Leitwerkflächen meist deren geometrischer Schwerpunkt oder deren Drehpunkt (bei Flossenrudern) verwendet. (Bild 3.7). In der Regel gilt $l_{HLW} \approx l_{SLW} = (2 \cdots 3{,}4)\, t_{MAS}$. Für Flugzeuge mit Dreieckflügel geringer Streckung beträgt $l_{HLW} = (1{,}2 - 1{,}5)\, t_{MAS}$.

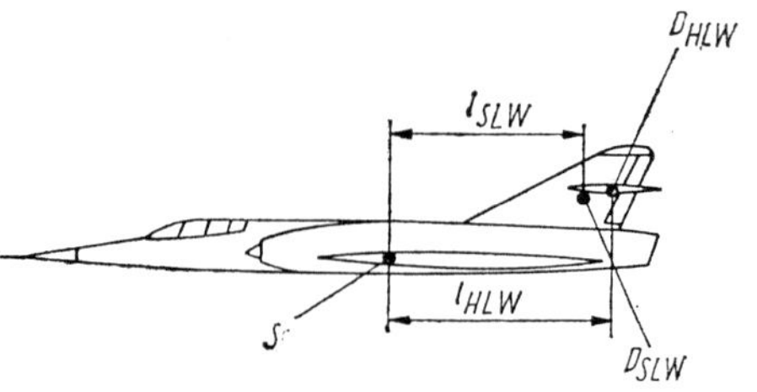

Bild 3.7 Zur Bestimmung der Hebelarme für die Momentenwirkung der Kräfte am Seitenleitwerk (l_{SLW}) und am Höhenleitwerk (l_{HLW}); S – Schwerpunkt des Flugzeuges; D_{SLW} und D_{HLW} – Druckpunkt von Seiten- und Höhenleitwerk

Die Pfeilung der Leitwerkflächen vergrößert die Hebelarme. Die Tabellen 3.1 und 3.2 enthalten die wichtigsten statistischen Angaben für das Höhen- und das Seitenleitwerk.

Eine besondere Bedeutung hat die Lage des Höhenleitwerkes in bezug auf den Tragflügel. Das liegt daran, daß die vom Tragflügel abgehende stark verwirbelte Strömung bei großen Anstellwinkeln das

Tabelle 3.1 Statistische Angaben zu den Hauptkenngrößen des Höhenleitwerkes

Geschwindigkeitsbereich des Flugzeuges	A_{HLW}/A_{TF}	A_{HR}/A_{HLW}	η_{HLW}	λ_{HLW}	χ_{HLW}	$\bar{d}_{HLW}$
Unterschallbereich	0,15 ··· 0,20	0,35 ··· 0,45	1,0 ··· 3,0	3,0 ··· 5,0	0 ··· 15°	8 ··· 10%
Schall- und Überschallbereich	0,20 ··· 0,30	0,30 ··· 1,0[1])	2,0 ··· 3,0	1,5 ··· 3,0	30 ··· 60°[2])	4 ··· 6%

[1]) Flossenruder;
[2]) dreieckiges Höhenleitwerk

Tabelle 3.2 Statistische Angaben zu den Hauptkenngrößen des Seitenleitwerkes

Geschwindigkeitsbereich des Flugzeuges	A_{SLV}/A_{TF}	$A_{SR}A/_{SLW}$	η_{SLW}	λ_{SLW}	χ_{SLW}	$\bar{d}_{SLW}$
Unterschallbereich	0,08 ··· 0,12	0,35 ··· 0,45	2,0 ··· 2,5	1,2 ··· 1,5	0 ··· 25°	6 ··· 8%
Schall- und Überschallbereich	0,15 ··· 0,20	0,20 ··· 0,30	1,5 ··· 3,0	1,0 ··· 2,0	35 ··· 60°[1])	4 ··· 6%

[1]) dreieckiges Seitenleitwerk

Höhenleitwerk erreichen kann. In diesem Falle ist dessen Wirkung nicht mehr stabil, das Flugzeug kann seine Längsstabilität und -steuerbarkeit verlieren, oder es können am Leitwerk Schwingungen in Form des Buffeting auftreten. Um diese Erscheinungen auszuschließen, wird das Leitwerk entweder höher oder tiefer als der Tragflügel angebracht.

Bei Anbringung des Höhenleitwerkes im oberen Teil des Seitenleitwerkes wird sowohl die Konstruktion der Anschlußelemente kompliziert (auf Grund der geringen Basis) als auch ihre Masse wesentlich erhöht. Gleichzeitig wird jedoch die Effektivität des Leitwerkes wesentlich verbessert und gleichzeitig der Hebelarm l_{HLW} vergrößert.

Das Seitenleitwerk wird gewöhnlich am Rumpfende aufgesetzt (Bild 3.6 bis 3.8). Dadurch wird eine einfache Leitwerkkonstruktion hoher Steifigkeit sowie eine relativ geringe Masse der Anschlußelemente zum Rumpf erreicht.

Viele moderne Flugzeuge haben aus verschiedenen Gründen einen verlängerten Rumpfbug (Rumpfnase). Dadurch wird ihre Kursstabilität wesentlich verschlechtert. In gleicher Weise können sich auch Triebwerksgondeln an Stegen unter dem Tragflügel auswirken. Für solche Flugzeuge beträgt $\bar{A}_{SLW} \approx 0{,}25$.

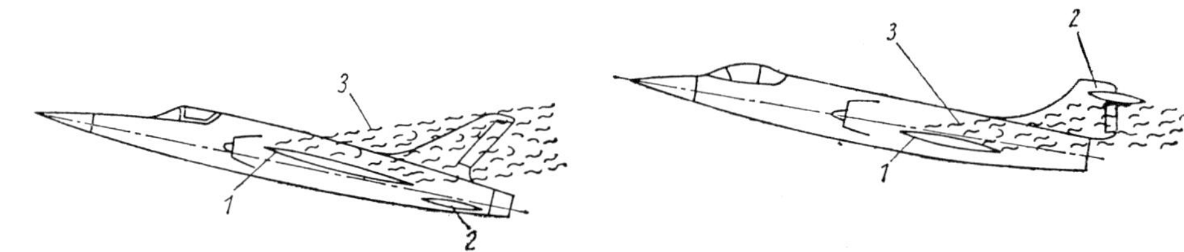

Bild 3.8 Zur Anbringung des Höhenleitwerkes in der Höhe
1 – Tragflügel; 2 – Höhenleitwerk; 3 – vom Tragflügel beeinflußte Strömung

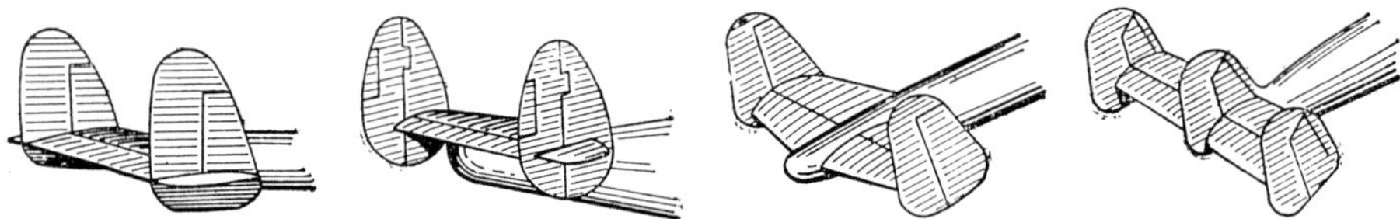

Bild 3.9 Mehrteilige Seitenleitwerke

Flugzeuge mit mehrfachem Propellerantrieb (KTW oder PTL) haben oft ein doppeltes oder sogar dreifaches Seitenleitwerk, dessen einzelne Flächen im Strahl der Triebwerke liegen (Bild 3.9). Nurflügel- oder Entenflugzeuge können ein Seitenleitwerk aus zwei am Tragflügel befestigten Teilen haben (Bild 3.10). Vor allem für Entenflugzeuge gewährleistet das doppelte Seitenleitwerk bei geringen Geschwindigkeiten eine bessere Seitenstabilität als ein einfaches.

An Flugzeugen, die mit hoher Überschallgeschwindigkeit in großen Höhen fliegen, wird oft ein Teil des Seitenleitwerkes unter dem Rumpf angebracht, um die Wirkung kombinierter Momente (Roll-Gier- und Wende-Roll-Moment u. a.) zu verringern.

Manche Flugzeuge haben hinter dem Rumpf oder seitwärts von ihm getrennte Leitwerkträger.

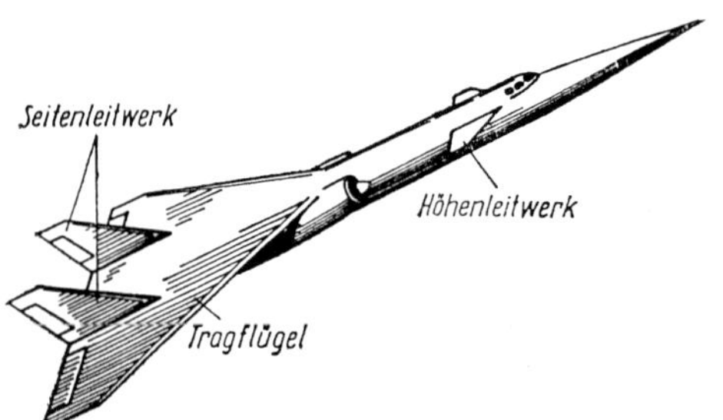

Bild 3.10 Mehrteiliges Seitenleitwerk am Tragflügel

Das Höhenleitwerk von Entenflugzeugen (Bild 3.10) erfüllt die gleichen Aufgaben wie bei Flugzeugen mit normalem Höhenleitwerk, d. h., es gewährleistet das Längsgleichgewicht sowie die Längsstabilität und -steuerbarkeit. Daneben erzeugt es jedoch bei fast allen Flugzuständen einen positiven Auftriebsanteil.

Das Seitenleitwerk solcher Flugzeuge befindet sich entweder am Rumpfheck oder an den Tragflügeln.

Nurflügelflugzeuge haben kein separates Höhenleitwerk. Das Seitenleitwerk befindet sich, wie bei den anderen Typen, am Rumpfheck oder an den Tragflügeln. Die Längsstabilität dieser Flugzeuge wird durch die Lage des Schwerpunktes vor dem Neutralpunkt des Tragflügels (einschließlich Rumpf) erreicht. Zur Gewährleistung der Längssteuerbarkeit werden entweder spezielle Ruder an der Flügelhinterkante oder sogenannte Elevone verwendet.

Elevone sind kombinierte Quer- und Höhenruder, die sich sowohl in einer Richtung als auch entgegengesetzt ausschlagen lassen.

Querruder sind Organe zur Quersteuerung des Flugzeuges (um die x-Achse). Am weitesten verbreitet sind Querruder in Form normaler Klappenruder, die an der Hinterkante beider Tragflügelenden angebracht sind (Bild 3.11).

Die relative Querruderfläche beträgt

$$\bar{A}_{QR} = \frac{A_{QR}}{A_{TF}} = 0{,}05 \cdots 0{,}08\,;$$

ihre relative Spannweite

$$\bar{b}_{QR} = \frac{b_{QR}}{b} = 0{,}30 \cdots 0{,}40$$

und ihre relative Tiefe

$$\bar{t}_{QR} = \frac{t_{QR}}{t} = 0{,}25 \cdots 0{,}30\,.$$

Die Querruderkinematik ist so ausgelegt, daß bei Ausschlag des Steuerknüppels nach links oder rechts beide Querruder entgegengesetzt ausschlagen. Dadurch erhalten wir an einem Tragflügel einen Auftriebskraftzuwachs und am anderen eine Auftriebskraftverminderung. Die Auftriebsdifferenz an beiden Flügelhälften erzeugt das querneigende Moment, unter dessen Wirkung sich das Flugzeug um die x-Achse in Richtung des hochgeschlagenen Querruders dreht.

Die Praxis zeigt, daß Flugzeuge nur bei relativ geringen Anstellwinkeln über eine gute Quersteuerbarkeit verfügen. Mit Vergrößerung des Anstellwinkels verschlechtert sich die Quersteuerbarkeit und kann unter bestimmten Bedingungen sogar verlorengehen.

Bei großen Anstellwinkeln wächst der Widerstand des Tragflügels mit nach unten geklapptem Querruder stärker als der des Tragflügels mit hochgeklapptem Querruder. Die sich daraus ergebende Widerstandsdifferenz erzeugt ein Moment My_{QR} um die y-Achse, das eine Kursänderung entgegengesetzt der Querneigung hervorruft.

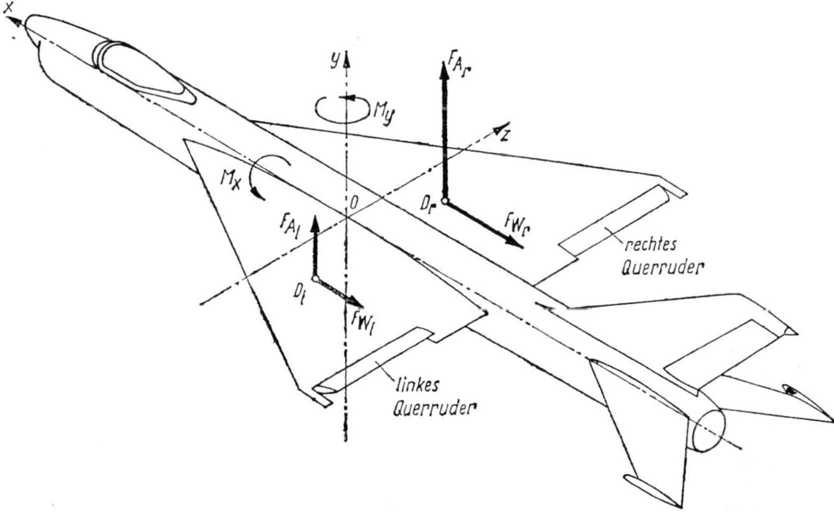

Bild 3.11 Schematische Darstellung der Kräfte und Momente am Flugzeug bei Ausschlag der Querruder

Zur Verringerung des Momentes My_{QR} werden Differentialquerruder verwendet.

Differentialquerruder haben eine Kinematik, die gewährleistet, daß das nach oben ausgeschlagene Querruder einen größeren Ausschlagwinkel hat als das nach unten ausgeschlagene. Bei solchen Querrudern beträgt der maximale Ausschlag nach oben 20 ··· 25° und nach unten nur 10 ··· 15°.

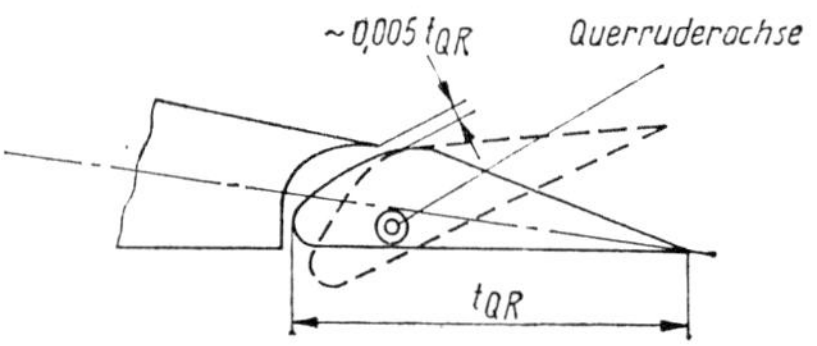

Bild 3.12 Eine mögliche Form der Querrudernase moderner Flugzeuge

Bild 3.12 zeigt ein nach oben geklapptes Querruder, bei dem die Querrudernase nach unten in den Luftstrom austritt. Da bei entgegengesetztem Ausschlag des Querruders (nach unten) diese Erscheinung nicht auftritt, wird durch diese Konstruktion ebenfalls ein Ausgleich der Widerstandserhöhung und somit eine Verringerung des Momentes $M\hat{y}_{QR}$ erreicht.

Zur Verbesserung der Quersteuerbarkeit bei großen Anstellwinkeln werden am Tragflügel verschiedene Vorrichtungen angebracht, zu denen Vorflügel, Grenzschichtzäune, Sägezahnvorderkante und verschiedenartige Störklappen (Interzeptoren, Spoiler) gehören.

Vorflügel im Bereich der Querruder verzögern das Abreißen der Strömung bei großen Anstellwinkeln und verbessern somit die Umströmung und damit die Wirksamkeit der Querruder unter diesen Bedingungen.

Grenzschichtzäune und Sägezahnvorderkanten verhindern das Abwandern der Grenzschicht zum Flügelende hin und somit das vorzeitige Ablösen der Strömung an den Flügelenden, wodurch ebenfalls die Querruderwirksamkeit verbessert wird.

Störklappen (Bild 3.13) werden aus dem Tragflügel quer zum Strom ausgefahren oder hochgeklappt. Dadurch rufen sie ein intensives Strömungsablösen hervor, der zu einer starken Verringerung des Auftriebes führt. Auf Grund der auftretenden Ablöseverzögerung finden Störklappen selten selbständige Verwendung, sondern werden meist in Verbindung mit Querrudern angewendet. Die Störklappe wird in diesem Falle nur bei Ausschlag des Querruders nach oben in den Luftstrom gebracht, während sie sonst im Tragflügel untergebracht ist. Diese synchronisierte Funktionsweise führt zu einer Addition der Wirkung von Querruder und Störklappe als Mittel der Quersteuerung.

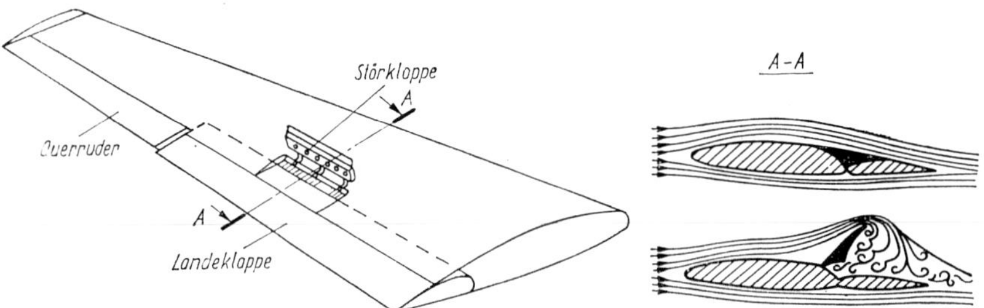

Bild 3.13 Störklappe am Tragflügel

3.3. Die Belastung von Leitwerk und Querrudern

Während des Fluges wirken auf das Leitwerk und die Querruder aerodynamische und Massekräfte, deren Größe und Verteilung vom Flugzustand abhängen.

Die Massekräfte sind hierbei relativ gering und können bei Festigkeitsberechnungen vernachlässigt werden.

Aerodynamische Belastungen werden in Übereinstimmung mit den Belastungsfällen der Festigkeitsvorschriften ermittelt.

Die Belastung des Höhenleitwerkes kann man in Belastungen zur Herstellung des Gleichgewichtes, in Manöverbelastung und in Belastung beim Flug in unruhiger Luft unterteilen.

Die Belastung zur Herstellung des Gleichgewichtes wird aus dem Gleichgewicht der Momente um die z-Achse, d.h. aus der Gleichheit des Höhenrudermomentes mit dem Moment des Flugzeuges ohne Höhenleitwerk, bestimmt:

$$M_{z_{\text{o.HLW}}} = M_{z_{\text{HLW}}}$$

In diesem Falle beträgt die Belastung des Höhenleitwerkes

$$F_{\text{HLW}} = C'_{m_z} q A_{\text{HLW}} \frac{t_{\text{MAS}}}{l_{\text{HLW}}},$$

wobei C'_{m_z} der Momentenbeiwert des Flugzeuges ohne Höhenleitwerk (im Windkanal ermittelt) bei ungünstigster Schwerpunktlage ist. Beim Ausschlag des Höhenruders über den zur Herstellung des Gleichgewichtes erforderlichen Wert hinaus entsteht eine zusätzliche, die sogenannte Manöverbelastung. Dabei gibt es zwei Sonderfälle in Abhängigkeit von der Größe der Manöverbelastung. Im ersten Falle ist die Belastung zur Herstellung des Gleichgewichtes (F_{GG}) vergleichbar der Manöverbelastung (ΔF_{Man}). Die Gesamtbelastung des Höhenleitwerkes beträgt dann

$$F_{\text{HLW}} = F_{\text{GG}} + \Delta F_{\text{Man}},$$

wobei

$$\Delta F_{\text{Man}} = \pm K_1 n_{y_{\text{Nutz Man}}} \frac{F_{\text{G}}}{A_{\text{TF}}} A_{\text{HLW}}.$$

$n_{y_{\text{Nutz Man}}}$ – das beim betrachteten Manöver maximal auftretende Nutzlastvielfache;

K_1 – Koeffizient, der die Besonderheiten des Manövers berücksichtigt.

Im zweiten Falle ist die Manöverbelastung um ein Vielfaches größer als die ausgleichende Belastung, so daß letztere vernachlässigt werden kann. Die Gesamtbelastung entspricht dann ungefähr der Manöverbelastung, d.h.

$$F_{\text{HLW}} = F_{\text{Man}} = \pm K_2 n_{y_{\text{Nutz Man}}} \frac{F_{\text{G}}}{A_{\text{TF}}} A_{\text{HLW}}.$$

wobei $K_2 > K_1$ ist.

Die Belastung beim Flug in unruhiger Luft beträgt

$$F_{\text{HLW u.L.}} = F_{\text{GG}} \pm \Delta F_{\text{u.L.}}$$

Hierbei ist $\Delta F_{\text{u.L.}}$ der Belastungszuwachs durch eine Bö. Gewöhnlich rechnet man

$$\Delta F_{\text{u.L.}} = 1{,}5\, v_{\text{HLW max}} A_{\text{HLW}}$$

wobei $v_{\text{HLW max}}$ – die Anströmgeschwindigkeit am Höhenleitwerk ist.

Die Belastung des Seitenleitwerkes besteht ebenfalls aus der ausgleichenden und der Manöverbelastung. Die ausgleichende Belastung ist diejenige, die bei der Herstellung des Kursgleichgewichtes ($M_y = 0$) auftritt. Sie wird analog zur ausgleichenden Belastung des Höhenleitwerkes ermittelt.

Die Manöverbelastung beträgt

$$F_{SLW} = \pm K_{Man} q A_{SLW},$$

wobei K_{Man} ein Koeffizient ist, der die Besonderheiten des Manövers berücksichtigt und nach den Festigkeitsvorschriften bestimmt wird.

Bei einseitigem Ausfall von Triebwerken an mehrmotorigen Flugzeugen entsteht am Seitenleitwerk ebenfalls eine unsymmetrische Belastung.

In den Festigkeitsberechnungen ist auch der Fall gleichzeitiger Belastung von Höhen- und Seitenleitwerk vorgesehen. Dieser Fall kann als Ausgangspunkt zur Festigkeitsberechnung des Rumpfes dienen. Dabei wird gewöhnlich angenommen, daß jedes Leitwerkteil mit 75% seiner maximalen Belastung belastet wird.

Die Belastungsverteilung entlang der Spannweite oder Höhe des Leitwerkes nimmt man proportional zur örtlichen Profiltiefe an.

Die Belastung der Querruder hat vor allem aerodynamischen Ursprung. Sie wird nach folgender Gleichung ermittelt:

$$F_{QR} = K f A_{QR} q_{QR},$$

wobei K ein Koeffizient ist, der durch die Festigkeitsvorschriften festgelegt ist, und f ein Sicherheitsfaktor.

Die aerodynamische Belastung des Querruders pro Flächeneinheit kann annähernd mit Hilfe folgender Beziehung ermittelt werden:

$$p_{QR} = 0{,}64\, q_{max}.$$

q_{max} – der für das Flugzeug maximal zulässige Staudruck. Über der Tiefe des Querruders verteilt sich die Belastung trapezförmig (Bild 3.14).

Die Belastung über der Spannweite verteilt sich proportional zur örtlichen Tiefe des Querruders. Danach ist

$$q_{QR} = \frac{p_{QR} + \frac{1}{3} p_{QR}}{2} t_{QR} = \tfrac{2}{3} p_{QR} t_{QR}.$$

Ruder kann man bei der Festigkeitsberechnung als Balken auf mehreren Stützen betrachten, die durch verteilte

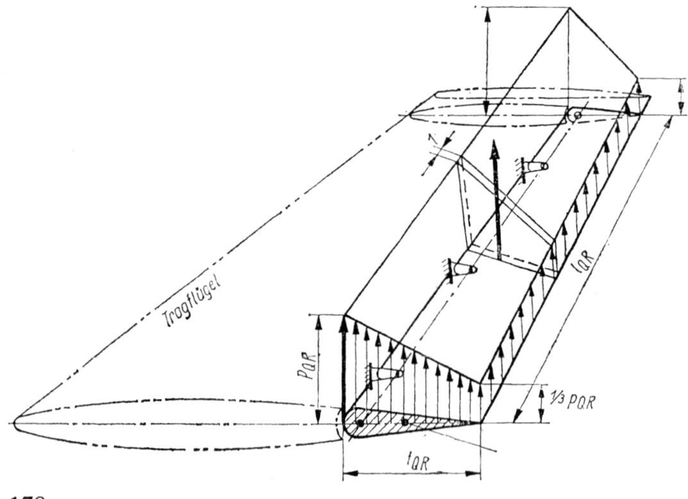

Bild 3.14 Schematische Darstellung der Querruderbelastung

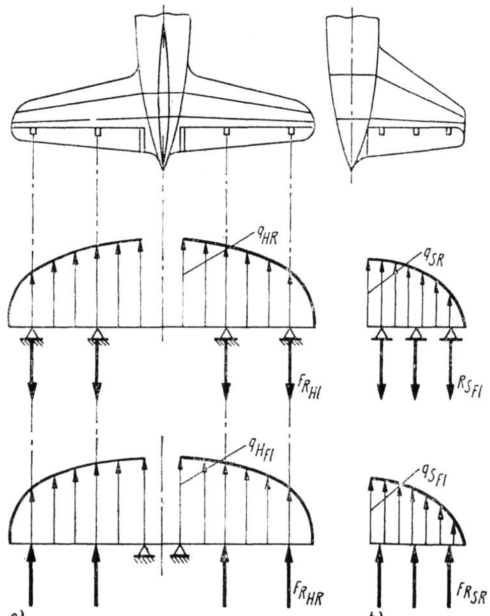

Bild 3.15 Die Belastung des Höhen- und des Seitenleitwerkes eines Flugzeuges

a) Höhenleitwerk aus Höhenflosse und Höhenruder;
b) Seitenleitwerk aus Seitenflosse und Seitenruder

Zur Festigkeitsberechnung der Bauteile des Leitwerkes oder der Querruder ist es erforderlich, den Verlauf der Querkraft, des Biege- und des Torsionsmomentes der Teile zu ermitteln.

Bild 3.16 zeigt den typischen Querkraft- und Biegemomentenverlauf an einem dreifach gelagerten Querruder. Solche Grafiken werden für Seiten- und Höhenleitwerke in gleicher Art wie für den Tragflügel abgeleitet.

Zur Ermittlung der Torsionsbeanspruchung des Querruders wird das laufende Drehmoment zur Achse des Querruders errechnet:

$$m_{t_{QR}} = q_{QR}\, r,$$

q_{QR} – die weiter oben ermittelte aerodynamische Streckenlast am Querruder;

r – der örtliche Abstand zwischen Drehachse und Druckpunktlinie des Querruders.

Die Torsionsbelastung von Querrudern oder anderen Rudern ist für den Fall zu

aerodynamische Kräfte (Streckenlast q_{ae}) belastet werden.

Die Anzahl der Stützen und die Konstruktion der Anschlußpunkte hängen von Form und Ausmaßen des Ruders ab.

Das Flossenruder stellt gewöhnlich einen Balken auf zwei Stützen dar, der durch die aerodynamische Streckenlast und die Reaktionskräfte in den Lagerstellen belastet wird. Die Seitenruderflosse stellt einen Kragträger dar, der fest mit dem Rumpf verbunden ist und durch aerodynamische Kräfte sowie Widerlagerkräfte an den Befestigungspunkten des Seitenruders belastet wird.

Als Beispiel sind Belastungsvarianten eines Querruders sowie eines Höhen- und Seitenleitwerkes in den Bildern 3.14 und 3.15 dargestellt.

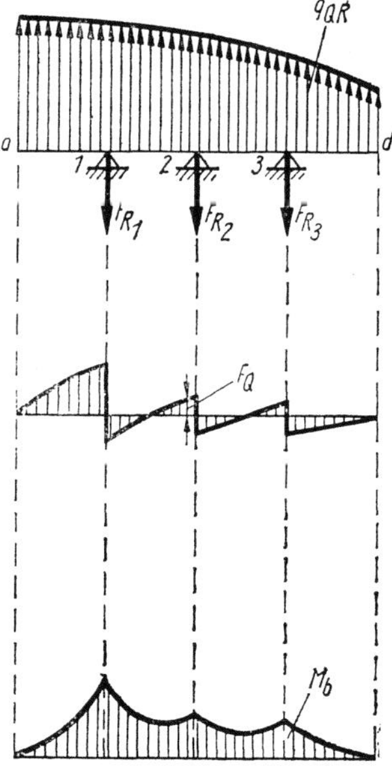

Bild 3.16 Querkraft- und Biegemomentenflächen am Querruder

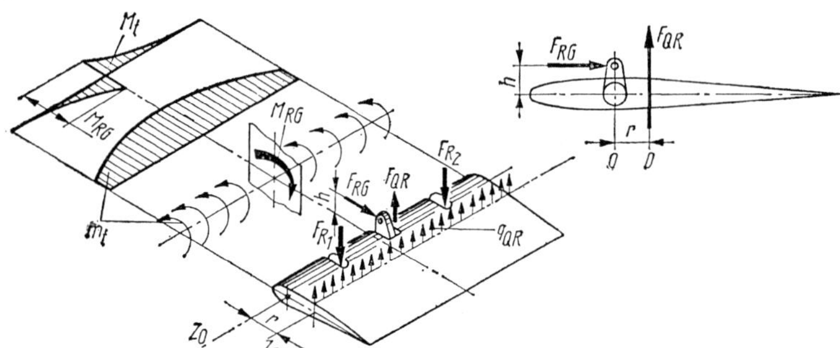

Bild 3.17 Die Torsionsbelastung eines Querruders (oder analog dazu auch eines Höhenruders)

O – Drehachse des Ruders; D – Druckpunktlinie des Ruders

untersuchen, daß sie in einem Querschnitt durch das Steuergestänge gegen Drehung festgemacht sind. In diesem Querschnitt ist das Torsionsmoment am größten (Bild 3.17). Die Summe aller Belastungen um die Drehachse des Ruders wird als **Rudergelenkmoment** bezeichnet. Dieses wird durch die Momentenwirkung der Kraft im Rudergestänge ausgeglichen:

$$M_{RG} = F_{RG} h.$$

F_{RG} – die Kraft im Rudergestänge;
h – der Abstand des Gestängeanschlusses von der Drehachse.

Bild 3.18 zeigt die Darstellung der Torsionsmomente an einer Höhenflosse.

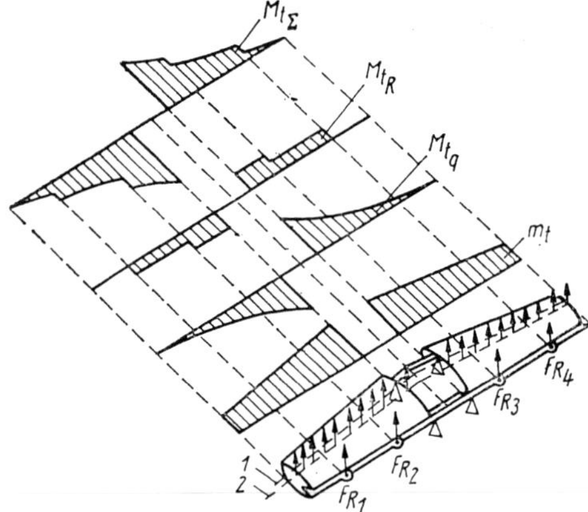

Bild 3.18 Torsionsmomentenflächen an der Höhenflosse

1 – Torsionsachse; 2 – Druckpunktlinie

Betrachten wir kurz die Querkraft- und Momentenflächen eines Flossenruders, dessen Belastung in Bild 3.19 dargestellt

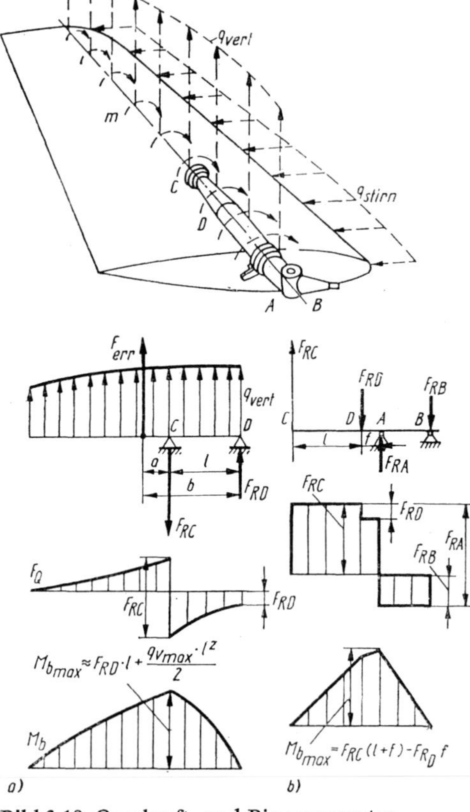

Bild 3.19 Querkraft- und Biegemomentenbelastung eines Flossenruders

a) Belastung des Ruders; b) Belastung der Ruderachse

ist. Wird bei Vorhandensein des Streckenlastverlaufes q das Flossenruder als Balken mit den Stützen C und D betrachtet, so können wir in diesen Punkten die Reaktionskräfte ermitteln:

$$F_{RC} = F_{err}\frac{b}{l} \quad \text{und} \quad F_{RD} = F_{err}\frac{a}{l}.$$

Weiter werden die Querkraft- und Momentenflächen durch Summierung der aerodynamischen Belastung mit den Reaktionskräften ermittelt (Bild 3.19). Die Achse des Flossenruders kann als Balken betrachtet werden, der in den Punkten A und B gestützt und in den Punkten C und D durch die den ermittelten Reaktionskräften entgegenwirkenden gleichgroßen Kräfte belastet wird.

Das Flossenruder kann starr mit der Achse verbunden sein. In diesem Falle dreht sich die Achse gemeinsam mit dem Ruder in Lagern, die innerhalb des Rumpfes liegen.

Bei starrer Verbindung des Ruders mit der Achse werden alle Belastungen durch die Verbindungsbolzen (Bild 3.37), die das Ruder mit der Achse verbinden, aufgenommen. Das Biege- und das Torsionsmoment werden durch die vertikalen Bolzen übertragen, die hierbei auf Scherung belastet werden. Die Querkraft wird von den Holmen über starke Rippen auf die Achse übertragen.

Die Torsionsmomentenfläche wird für das Flossenruder in gleicher Weise konstruiert wie für Klappenruder.

Die Übertragung der Belastungen auf Bauteile sowie die Festigkeitsberechnungen der Elemente erfolgen ebenso wie beim Tragflügel.

3.4. Aerodynamische Kompensation von Rudern (Ruderausgleich)

Der Flugzeugführer muß beim Steuern des Flugzeuges zur Bewegung der Bedienungselemente der Steuerung (Steuerknüppel, Steuersäule oder Pedale) Kräfte aufwenden, deren Größe (bei Fehlen von hydraulischen oder anderen Verstärkern) von der Größe der Scharniermomente abhängt (Bild 3.20). Diese Kräfte, die mit wachsendem Ruderausschlag größer werden, werden aus der Bedingung gleicher Arbeit durch den Flugzeugführer bei der Betätigung des Bedienelementes und der aerodynamischen Kräfte bei Bewegung des Ruders ermittelt. So z. B. leistet der Flugzeugführer bei Bewegung des Steuerknüppels mit der Kraft F_{St} um den Wert dx nach vorn die Arbeit F_{St} dx. Die aerodynamischen Kräfte am Ruder leisten hierbei die Arbeit M_{RG} dδ, wobei $M_{RG} \cdot$ dδ das Rudergelenkmoment und ein elementarer Winkelausschlag des Ruders ist.

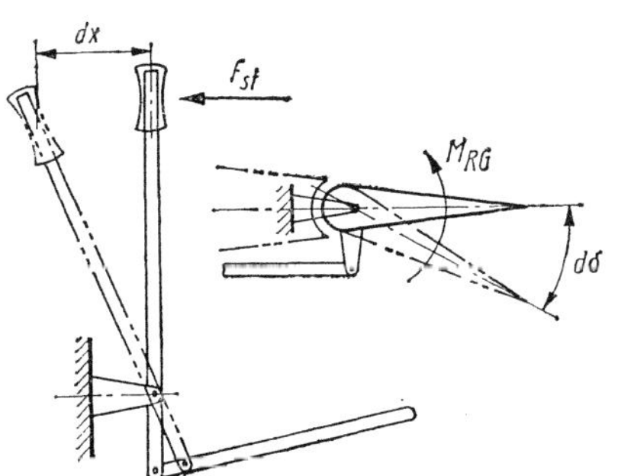

Bild 3.20 Schematische Darstellung der Wechselwirkung zwischen Rudergelenkmoment und Steuerknüppelbelastung

Aus der Gleichheit dieser Arbeiten ergibt sich für die erforderliche Kraft am Bedienelement:

$$F_{ST} = M_{RG} \frac{d\delta}{dx}$$

Wie aus der Gleichung ersichtlich, ist die erforderliche Kraft proportional dem Rudergelenkmoment.

Der Wert $d\delta/dx$ wird als Übertragungszahl (Übersetzungsverhältnis) der Steuerung bezeichnet.

Das Rudergelenkmoment kann auch in folgender Form geschrieben werden

$$M_{RG} = C_{m_{RG}} \cdot \frac{\varrho v^2}{2} \cdot A_R t_R,$$

$C_{m_{RG}}$ – der Momentenbeiwert;
A_R und t_R – die Fläche und die Tiefe des Ruders;
$\varrho v^2/2$ – der Staudruck am Ruder.

Das Rudergelenkmoment wächst mit Vergrößerung der Ruderfläche und des Staudruckes bedeutend. Folglich wachsen auch die erforderlichen Steuerkräfte an den Bedienelementen der Steuerung (F_{St}). Bei schnellfliegenden Flugzeugen kann diese Kraft die Möglichkeiten menschlicher Muskelkraft übersteigen.

Die Kraft F_{St} kann verringert werden, indem durch die Verwendung einer **aerodynamischen Kompensation** das Rudergelenkmoment durch eine Gegenkomponente verringert wird.

Es gibt verschiedene Möglichkeiten der aerodynamischen Kompensation: Hornausgleich, axialer Flächenausgleich, innerer aerodynamischer Ausgleich, Flettnerruder und Ausgleichsruder.

Der **Hornausgleich** wird dadurch erreicht, daß ein Teil der Ruderfläche vor der Drehachse am äußeren Rand des Ruders liegt (Bild 3.21). Die aerodynamische Kraft dieser Fläche gibt eine Komponente des Rudergelenkmomentes, die der normalen Hauptkomponente entgegengesetzt ist. Die Größe der Ausgleichfläche beträgt gewöhnlich 8 ··· 12 % der gesamten Ruderfläche.

Der Ausschlag eines Ruders mit Hornausgleich führt zur Bildung eines Spaltes am Ruder, der eine starke Verwirbelung und somit Vergrößerung des Widerstandes hervorruft. Trotz dieses Nachteiles wird der Hornausgleich wegen seiner konstruktiven Einfachheit auch heute noch für langsamfliegende Flugzeuge verwendet.

Die **axiale Flächenkompensation** erfolgt wie bei der Hornkompensation mit Hilfe einer vor der Drehachse des Ruders lie-

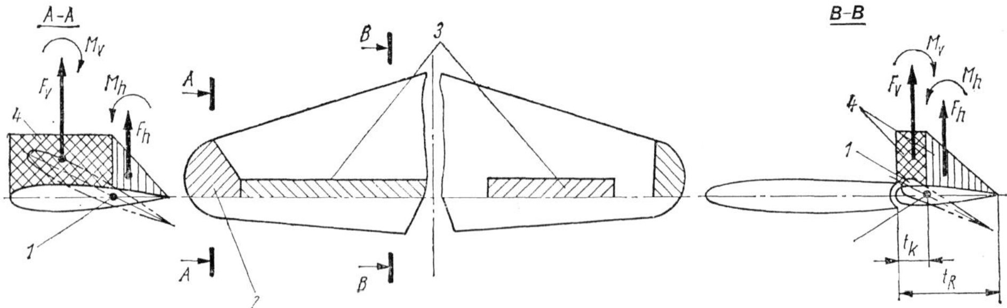

Bild 3.21 Hornausgleich und axiale Ausgleichsfläche

1 – Drehachse des Ruders; 2 – Hornausgleichsfläche; 3 – axiale Ausgleichsfläche; 4 – schematische Darstellung der Belastung (Kräfte und Momente)

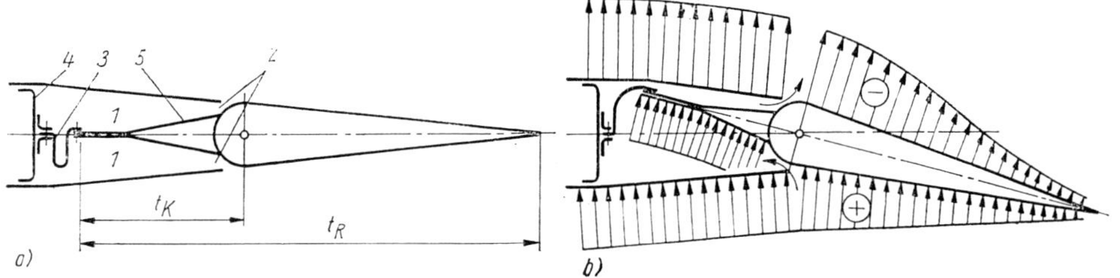

Bild 3.22 Schematische Darstellung der inneren aerodynamischen Kompensation
a) konstruktives Schema; b) Wirkungsweise der Kompensation

genden Ausgleichfläche, die sich hier über die gesamte oder einen wesentlichen Teil der Ruderlänge erstreckt (Bild 3.21).

Die Größe der Fläche beträgt zwischen 10 und 30 % der Gesamtfläche des Ruders. Eine starke Vergrößerung der Ausgleichfläche kann leicht zur sogenannten »Überkompensation« führen, wobei die Drehrichtung des Rudergelenkmomentes umgekehrt wird, was im Interesse eines sinnrichtigen Steuergefühls des Flugzeugführers unzulässig ist.

Bei großem Ausschlag eines Ruders mit axialer Kompensation kann durch das Austreten der Rudervorderkante aus der Leitwerkkontur ein plötzliches Anwachsen des kompensierenden Momentes bis zur Überkompensation auftreten. Diese Erscheinung ist um so wahrscheinlicher, je schärfer die Rudervorderkante ist. Diese Erscheinung muß durch richtige Abstimmung der Profilform des Leitwerkes (oder des Tragflügels), der Ruderform und des Ruderausschlages verhindert werden. Als normal wird angesehen, wenn die Rudernase bei einem Ruderausschlag von ±20° nicht aus der Profilkontur heraustritt.

Die axiale Kompensation ist die am weitesten verbreitete Art der aerodynamischen Kompensation.

Die **innere aerodynamische Kompensation** wird vorwiegend für Querruder verwendet. Sie stellt eine axiale Kompensation mit relativ großer Kompensationsfläche dar, die sich in der Kammer 1 mit engen Spalten 2 bewegt (Bild 3.22a). Die Kammer 1 ist durch eine elastische Trennwand 3, die einerseits mit der Rudernase und andererseits mit der Kammerwand 4 (Holmsteg) verbunden ist, in zwei Räume geteilt. Die Querrudernase 5 befindet sich bei dieser Konstruktion unter dem Einfluß der statischen Druckdifferenz zwischen Tragflügelober- und -unterseite, wie sie sich für den gegebenen Flugzustand in der Kammer 1 aufbaut. Die erforderliche Kompensation kann zum Teil erst bei einer Fläche von 40 % der Querruderfläche erreicht werden, wodurch natürlich die möglichen Ausschlagwinkel stark eingeschränkt werden. Der Hauptvorteil dieser Konstruktion besteht im minimalen Widerstandszuwachs.

Das **Flettnerruder** (Servokompensator) stellt einen Teil des Ruders dar, der an der Hinterkante des Ruders angebracht ist und der gleichzeitig mit diesem, aber in entgegengesetzter Richtung, ausgeschlagen wird (Bild 3.23).

Das Flettnerruder 1 ist über den Hebel 2 und die Stange 3 mit der unbeweglichen Konsole 4 verbunden. Beim Ausschlag des Ruders in eine Richtung bewirkt das

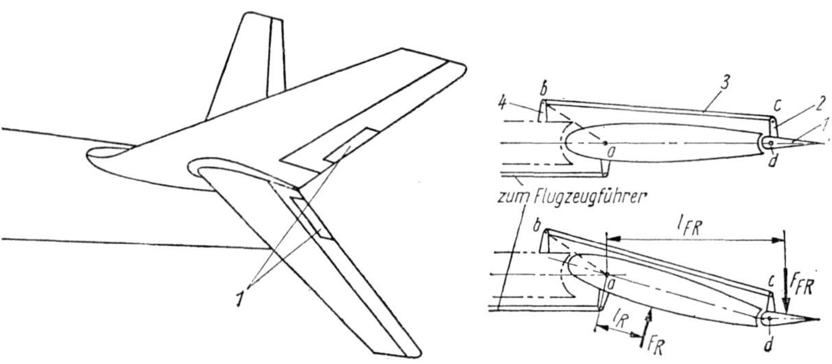

Bild 3.23 Schematische Darstellung eines Flettnerruders

1 – Flettnerruder; 2 – Hebel des Flettnerruders; 3 – Betätigungsgestänge des Flettnerruders; 4 – Konsole am feststehenden Teil der Konstruktion (Tragflügel, Höhen- oder Seitenruderflosse)

Parallelogramm abcd, daß das Flettnerruder in entgegengesetzter Richtung ausschlägt.

Die Fläche des Flettnerruders beträgt 6 ··· 8 % der Ruderfläche, und das Verhältnis seines Ausschlages zum Ruderausschlag 0,5 ··· 0,6. Sein maximaler Ausschlag soll nicht mehr als 15° betragen. Zur Erfüllung dieser Forderung wird die Länge des Hebels cd entsprechend ausgewählt.

Neben ihren Vorteilen, wirksamer Ausgleich und geringer Widerstandzuwachs, haben Flettnerruder auch ihre Nachteile.

1. wird die Wirksamkeit des Ruders verringert, da die Kraft am Hilfsruder der Kraft am Hauptruder entgegengesetzt ist,
2. kann das Flettnerruder unter bestimmten Bedingungen zur Ursache für Schwingungserscheinungen werden.

Aus diesen Gründen wird das Flettnerruder gewöhnlich nicht als Hauptkompensationsmittel, sondern als zusätzliches verwendet. In diesem Falle wird eine axiale Kompensation (18 ··· 20 %) zusammen mit einem Flettnerruder verwendet.

Eine originelle Sonderform des Flettnerruders stellt der **federgesteuerte Servokompensator** (Federkompensator) dar (Bild 3.24). Der Servokompensator 1 ist über die Stange 2 mit dem Winkelhebel 3

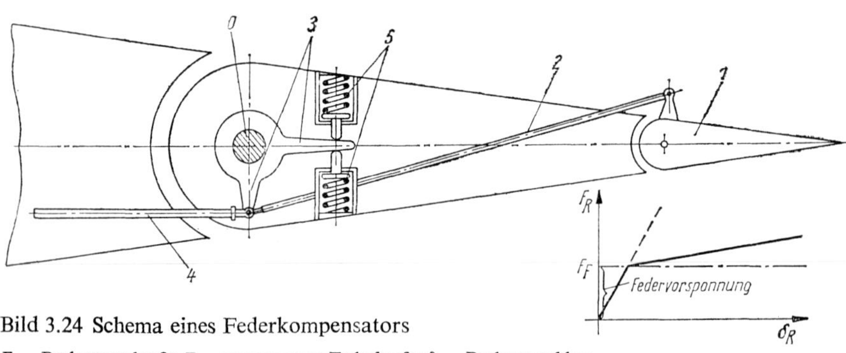

Bild 3.24 Schema eines Federkompensators

F_R – Rudersteuerkraft; F_F – vorgespannte Federkraft; δ_R – Ruderausschlag

verbunden, an dem auch das Steuergestänge 4 angeschlossen ist. Der Winkelhebel 3 kann sich auf seiner Achse, die gleichzeitig Achse des Hauptruders ist, drehen. Während an einem Hebelarm des Winkelhebels das Steuergestänge 4 und die Betätigungsstange 2 des Servokompensators befestigt sind, ist der andere Hebelarm zwischen zwei Federn 5 mit einer gewissen Vorspannung eingespannt. Solange die Belastung im Steuergestänge nicht die Federvorspannung übersteigt, dreht sich der Winkelhebel 3 zusammen mit dem Hauptruder um den gleichen Winkel, und der Servokompensator wird nicht ausgeschlagen. Erst wenn die Belastung im Steuergestänge größer wird als die Federvorspannung, beginnt sich der Winkelhebel gegenüber dem Ruder zu drehen, so daß der Servokompensator entgegengesetzt dem Ruder ausgeschlagen wird, wodurch das Rudergelenkmoment verringert wird.

Somit ist die Entlastung, die vom Servokompensator ausgeht, proportional der Belastung im Steuersystem und nicht proportional dem Ruderausschlag, wie das beim einfachen Flettnerruder der Fall ist. Diese Eigenschaft ist besonders für Flugzeuge wertvoll, bei denen mit Erhöhung der Fluggeschwindigkeit selbst bei kleinen Ruderausschlägen die Steuerkraft sehr stark ansteigt.

Der einzige Nachteil des federgesteuerten Servokompensators besteht in seiner Empfindlichkeit gegen Schwingungserscheinungen bei geringer Federvorspannung. Bild 3.25 zeigt eine konstruktive Lösung für eine Seitenrudersteuerung mit Federkompensator.

Als **Servoruder** wird ein Hilfsruder ähnlich dem Flettnerruder bezeichnet, das der Flugzeugführer betätigt und das seinerseits das Hauptruder betätigt, bis die Momente von Haupt- und Ausgleichsruder im Gleichgewicht sind. Somit steuert in diesem Falle der Flugzeugführer das Flugzeug durch Betätigung des Hilfsruders.

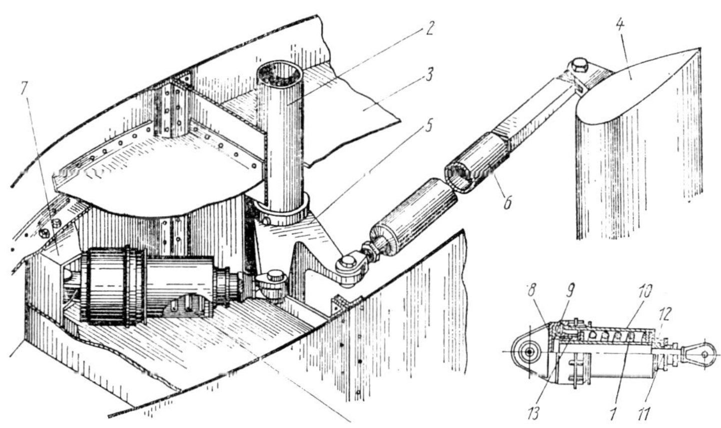

Bild 3.25 Konstruktion eines Federkompensators

1 – Feder; 2 – Achse des Ruders; 3 – Seitenruder; 4 – Flettnerruder; 5 – Winkelhebel; 6 – Betätigungsstange; 7 – Konsole; 8 – Gehäuseboden; 9 – Anschlag; 10 – Gehäuse; 11 – Gleitstück; 12 – Endstück; 13 – Becher

3.5. Mittel zur aerodynamischen Trimmung des Flugzeuges

Um die Arbeit des Flugzeugführers zu erleichtern, ist es erforderlich, bei stationären Flugzuständen die Belastung von den Bedienelementen der Steuerung zu nehmen. Dazu ist es notwendig, das Flugzeug aerodynamisch auszutrimmen, d.h. das Momentengleichgewicht bei neutraler Lage der Bedienelemente der Steuerung herzustellen. Dazu ist es möglich,

a) das Flossenruder mit Hilfe eines Mechanismus für Trimmereffekt bei Neutralstellung des Steuerknüppels bis zur Herstellung des Längsgleichgewichtes auszuschlagen;
b) das Flugzeug um jede beliebige Achse mit Hilfe von Trimmrudern auszutrimmen.

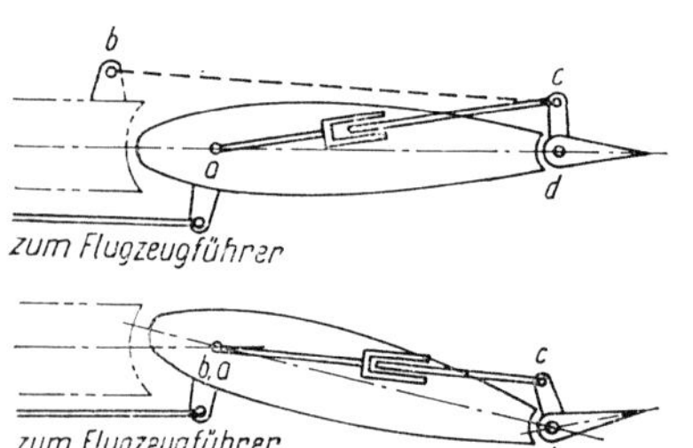

Bild 3.26 Kinematisches Schema einer Trimmrudersteuerung (im Unterschied zum Flettnerruder)

Der Trimmer unterscheidet sich von dem vorher behandelten Flettnerruder da-

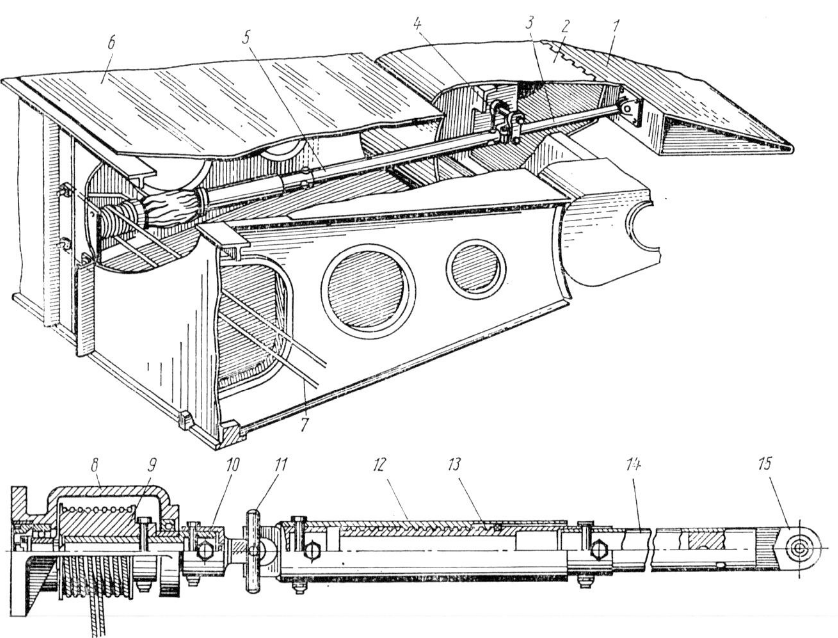

Bild 3.27 Trimmermechanismus eines Querruders

1 – Trimmruder; 2 – Querruder; 3, 14 – Betätigungsstange; 5 – Schraubtrieb; 6 – Tragflügel; 7 – Seil; 8 – Trommelgehäuse; 9 – Seiltrommel; 10 – Trommelwelle; 11 – Gelenkverbindung; 12 – Schraubhülse; 13 – Spindelstange; 15 – Gabelanschluß

durch, daß er prinzipiell durch den Flugzeugführer bedient wird.

Zur Trimmung des Flugzeuges wird das Trimmruder solange entgegengesetzt dem Ruderausschlag betätigt, bis die Belastung vom Bedienelement genommen ist, d.h. bis das Rudergelenkmoment durch das Trimmergelenkmoment annähernd ausgeglichen wird.

Das kinematische Schema eines Trimmruders (Bild 3.26) kann aus demjenigen eines Flettnerruders (Bild 3.33) abgeleitet werden, indem die Lagerstellen *a* und *b* in einem Punkt vereinigt werden. Zur Gewährleistung eines Trimmruderausschlages muß dann das Gestänge *a-c* eine gesteuerte veränderliche Länge erhalten. Die Steuerung kann mechanisch oder elektrisch erfolgen. Bild 3.27 zeigt die Trimmerkonstruktion eines Querruders, bei der der Trimmer eine mechanische Seilbetätigung hat. Die Trimmvorrichtung besteht aus dem Gehäuse 8, in dem auf der Welle 10 die Seiltrommel 9 läuft. Auf der Trommel sind zur Mitte hin zwei Drahtseile aufgewickelt, die außen an der Trommel befestigt sind. An einem Ende der Welle ist über eine Gelenkverbindung 11 eine Schraubhülse 12 befestigt. Wird diese Hülse durch den Seilzug gedreht, führt das zu einer Längsbewegung der in der Hülse laufenden und gegen Verdrehung gesicherten Spindelstange 13. Diese ist ihrerseits über die Verlängerung 14, die Gabel 15, die Führung 4 und die Stange 3 mit dem Trimmruder verbunden. Die Gabel 15 ist in der Führung 4, die bereits im Querruder liegt, mit der Stange 3 verbunden.

Moderne Flugzeuge haben vorwiegend elektrisch angetriebene Trimmer.

Die Funktionen des Trimmers und des Flettnerruders können in einer Anlage vereinigt sein (Bild 3.28). Das kinematische Schema dieser Anlage erhält man aus demjenigen eines einfachen Flettnerruders, indem man den Lagerpunkt *b* in Richtung der Ruder- oder Flügelsehne beweglich und steuerbar macht (Bild 3.23). Ist das Gelenk *b* festgestellt, und wird das Ruder bewegt, dann wirkt die Anlage wie ein Flettnerruder; ist jedoch das Ruder festgestellt und wird dabei der Hebel *b* bewegt, so wirkt sie wie ein Trimmer. Bei

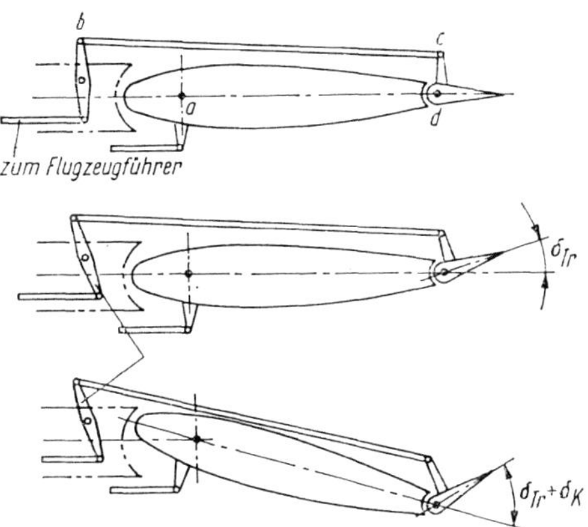

Bild 3.28 Kinematisches Schema eines kombinierten Trimm- und Flettnerruders

δ_{Tr} – Trimmausschlag des Hilfsruders; δ_K – Kompensationsausschlag des Hilfsruders

gleichzeitiger Bewegung des Ruders und des Hebels *b* kann es zu großen Trimmerausschlägen kommen, was seine Wirksamkeit verschlechtert.

Die Trimmerfläche beträgt gewöhnlich 4 ··· 8 % der Ruderfläche.

Jedes Ruder muß auch einen **Massenausgleich** haben. Dieser Massenausgleich, dessen Ziel es ist, die Schwerpunktlinie mit der Drehachse des Ruders zu vereinigen, um zusätzliche Momente durch Massenkräfte zu vermeiden, wird durch Ausgleichsmassen erreicht, die im Nasenteil des Ruders oder vor diesem angebracht sind (Bild 3.29a und b).

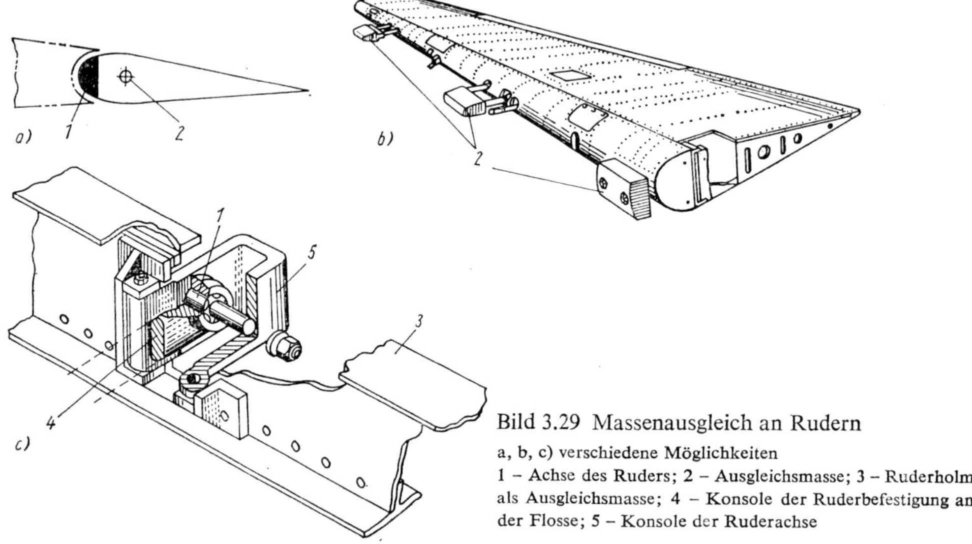

Bild 3.29 Massenausgleich an Rudern
a, b, c) verschiedene Möglichkeiten
1 – Achse des Ruders; 2 – Ausgleichsmasse; 3 – Ruderholm als Ausgleichsmasse; 4 – Konsole der Ruderbefestigung an der Flosse; 5 – Konsole der Ruderachse

Wenn die Achse des Ruders hinter seinem Holm angebracht ist, kann dieser als Ausgleichsmasse wirken (Bild 3.29c).

Der Massenausgleich von Rudern verhindert Flattererscheinungen am Leitwerk oder am Tragflügel (siehe auch Abschnitt 9).

3.6. Bauweisen von Leitwerken

Das Leitwerk wird, wie auch der Tragflügel, im allgemeinen durch Flächen- und durch Einzelkräfte belastet.
Die äußeren Formen und auch die Art der Belastung von Leitwerken und Tragflügeln sind sich sehr ähnlich, weshalb auch ihre Bauweisen einander sehr ähneln.

3.6.1. *Höhen- und Seitenleitwerkflossen*

Die Konstruktion von Höhen- und Seitenleitwerkflossen bestehen aus dem Längsverband (Holme, Hilfsholme und Pfetten), dem Querverband (Rippen) und der Behäutung.

Gewöhnlich werden Höhen- und Seitenleitwerkflossen in Holmbauweise mit zwei Holmen oder in Kastenbauweise konstruiert, weil hierbei relativ einfach die erforderliche Festigkeit und Steifigkeit gewährleistet wird.
Die Biegebeanspruchung wird entweder durch die Holmgurte oder durch die Pfetten, zusammen mit der Behäutung, aufgenommen, die Querkräfte vor allem durch die Stege der Holme und die Torsionsbeanspruchung durch die geschlossene Kontur aus Behäutung und Holmstegen.
Höhenruderflossen können aus einem ganzen oder aus zwei Teilen bestehen.

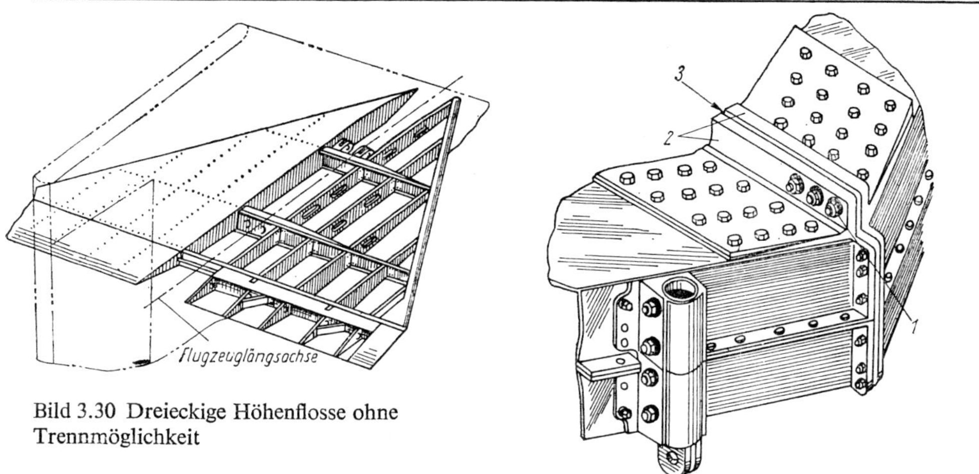

Bild 3.30 Dreieckige Höhenflosse ohne Trennmöglichkeit

Bild 3.31 (rechts) Trennstelle einer gepfeilten Höhenflosse in der Symmetrieebene des Flugzeuges
1 – Bolzen; 2 – Winkelp ofile; 3 – Stoßflächen

Auf Grund relativ geringer Fläche und geringer Spannweite werden sie meistens als ein ganzes Bauteil konstruiert, was die Konstruktion vereinfacht und eine bestimmte Verringerung der Masse bewirkt.

Bild 3.30 zeigt die Konstruktion einer nicht trennbaren Höhenflosse, die an der Seitenflosse des Leitwerkes befestigt ist. Wenn eine Trennung der Flosse aus technologischen oder anderen Gründen erforderlich ist, dann wird die Trennstelle entweder in der Symmetrieebene des Flugzeuges oder am Rumpf- oder Seitenflossenaußenbord angeordnet.

Bild 3.31 zeigt die Trennstelle einer gepfeilten Höhenflosse in der Rumpfsymmetrieebene. Die Verbindung beider Teile erfolgt mit Hilfe der Bolzen 1 und der

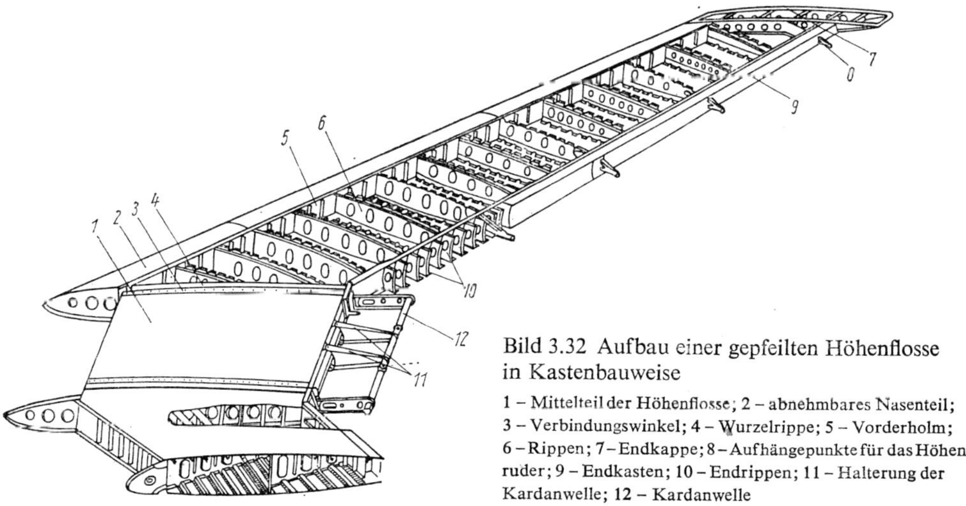

Bild 3.32 Aufbau einer gepfeilten Höhenflosse in Kastenbauweise
1 – Mittelteil der Höhenflosse; 2 – abnehmbares Nasenteil; 3 – Verbindungswinkel; 4 – Wurzelrippe; 5 – Vorderholm; 6 – Rippen; 7 – Endkappe; 8 – Aufhängepunkte für das Höhenruder; 9 – Endkasten; 10 – Endrippen; 11 – Halterung der Kardanwelle; 12 – Kardanwelle

Winkelprofile 2, die oben und unten an beiden Hälften angeschraubt sind. Dieses Bild zeigt auch das Anschlußelement des Leitwerkes am Rumpf.

Bild 3.32 zeigt die Kastenkonstruktion der am Rumpfbord trennbaren Höhenflosse des Flugzeuges Tu 104. Die abnehmbaren Außenteile werden mit Hilfe der Winkel 3 und der Fittinge auf den Holmen mit dem Zentralteil 1 verbunden, das starr am Rumpf befestigt ist. An den Stellen, wo die Holme ihre Richtung än-

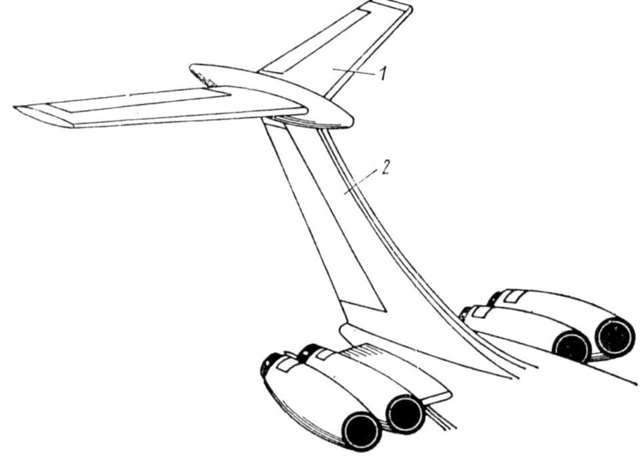

Bild 3.33 Modernes Leitwerk in T-Form, bei dem das Höhenleitwerk 1 auf das Seitenleitwerk 2 oben aufgesetzt ist

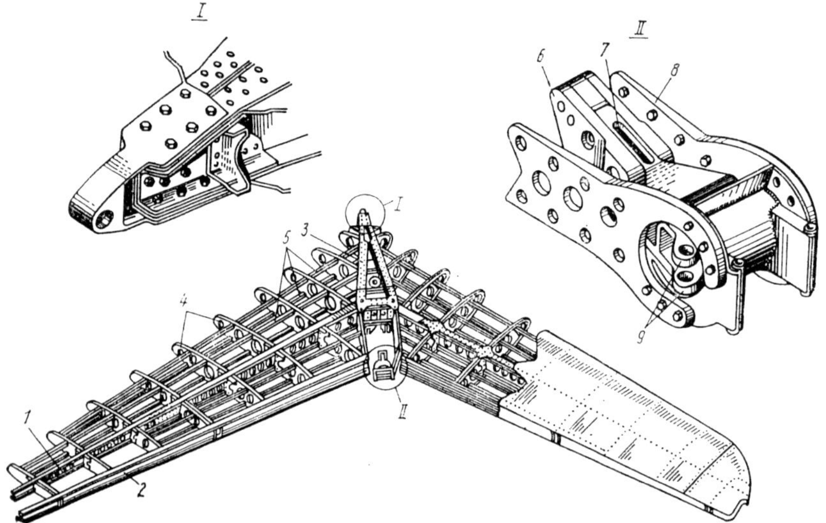

Bild 3.34 Aufbau einer gepfeilten, zweiholmigen Höhenflosse

I – vordere Anschlußstelle; II – zentrale Anschlußstelle der beiden Höhenruderhälften und der Ausgleichsmasse

1 – Hauptholm; 2 – hinterer Hilfsholm; 3 – verstärkte Wurzelrippe; 4 – Rippen; 5 – Pfetten; 6 – Ausgleichsmasse; 7 – Befestigungsstelle für das Steuergestänge des Höhenruders; 8 – Halterung der zentralen Anschlußstelle von Höhenruder und Ausgleichsmasse; 9 – Befestigungsstelle für den Höhenruderkardan

dern, befinden sich starke Wurzelrippen 4. Die Verbindung mit dem Rumpf erfolgt über zwei vordere und zwei hintere Anschlußpunkte.

Bei zweiholmigen Höhenflossen erfolgt die Verbindung mit dem Rumpf entweder durch Anschlußpunkte an den Holmen des Mittelstückes oder an verstärkten Spanten.

Das Höhenleitwerk moderner Flugzeuge wird oft auf das Seitenleitwerk aufgesetzt, so daß es mit diesem eine T-förmige Konstruktion bildet (Bild 3.33).

Die Konstruktion der Höhenflosse, die in Bild 3.34 dargestellt ist, besteht aus den Holmen 1 und 2, zwei verstärkten Rippen 3, den einfachen Rippen 4, den Pfetten 5 und der Behäutung. Der Anschluß

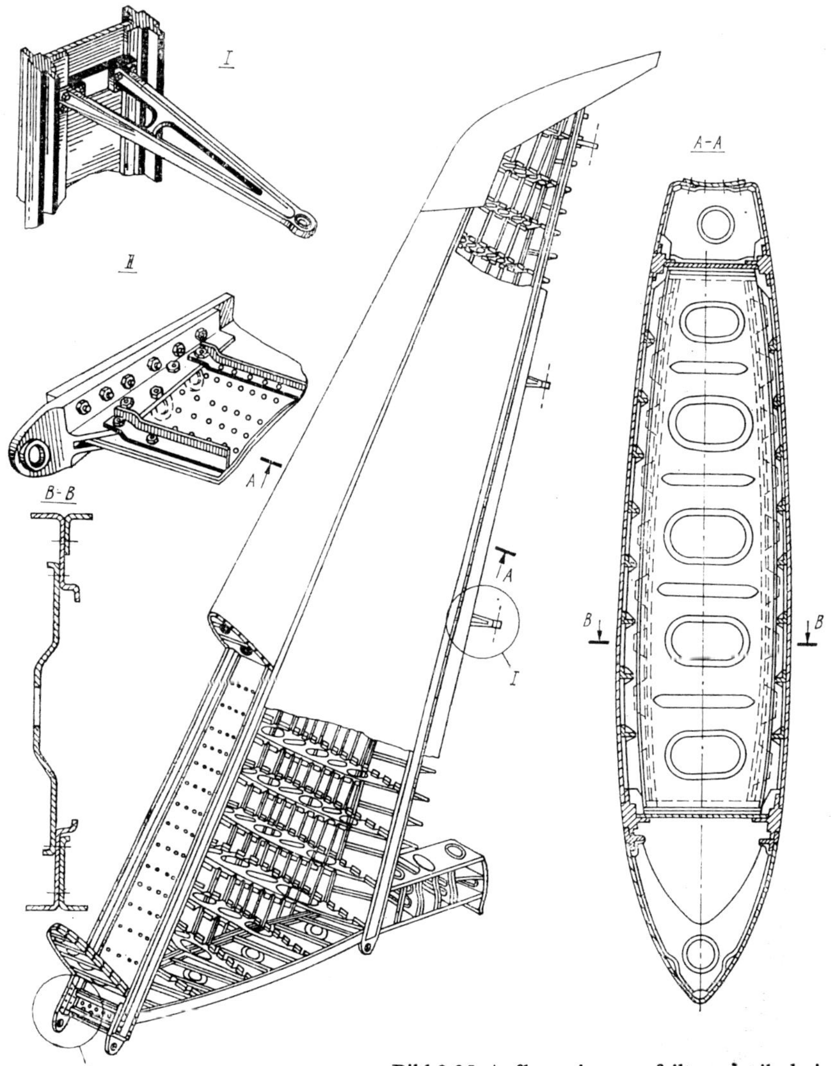

Bild 3.35 Aufbau einer gepfeilten, zweiholmigen Seitenflosse

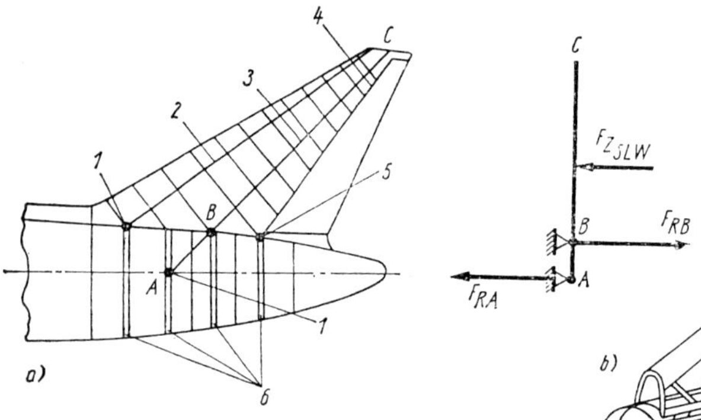

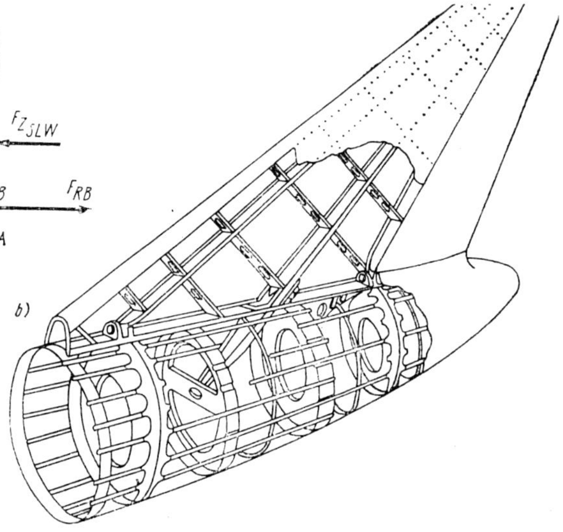

Bild 3.36 Seitenflosse geringer relativer Dicke

a) schematisch; b) konstruktiv

1 – Scharniergelenk; 2 – Nasenholm; 3 – Hauptholm; 4 – Endholm; 5 – starre Verbindung (Momentenanschluß); 6 – verstärkte Spanten

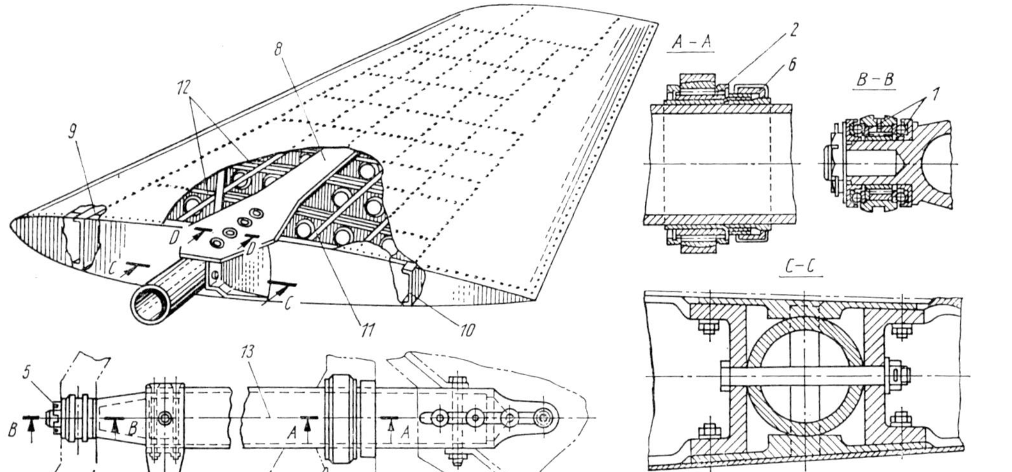

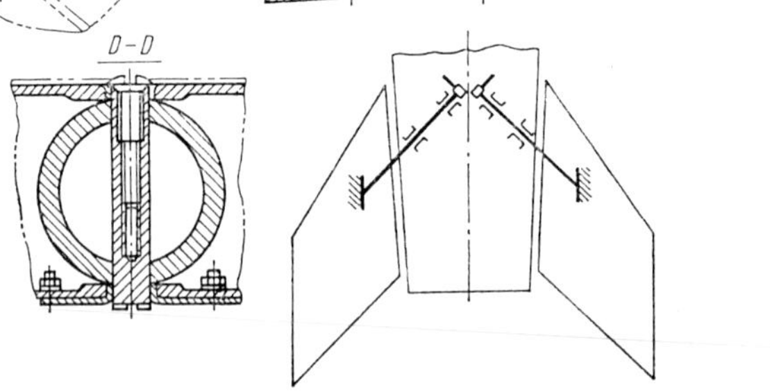

1 – Axiallager; 2 – Nadellager; 3, 4 – verstärkte Spanten; 5 – Mutter; 6 – Überwurfmutter; 7 – Anschlußhebel für Steuergestänge; 8 – Haupthholm; 9 – Nasenholm; 10 – Endholm; 11 – Pfetten; 12 – Rippen; 13 – Drehachse des Flossenruders

Bild 3.37 Aufbau eines Höhenflossenruders mit starrer, im Rumpf gelagerter Achse:

der Höhenflosse am Seitenleitwerk erfolgt über spezielle Verbindungselemente.
An einigen Flugzeugen ist eine Veränderung des Einstellwinkels der Höhenflosse vorgesehen, wodurch das Trimmen des Flugzeuges bei verschiedenen Beladungsvarianten und bei Änderung der Schwerpunktlage ermöglicht wird.
Seitenflossen mit gerader oder gering gepfeilter Trapezform werden gewöhnlich in Zweiholm- oder in Kastenbauweise ausgelegt.
Bild 3.35 zeigt eine Seitenflosse in Zweiholmbauweise. Die zwischen den Holmen liegenden relativ kräftigen Schalen entlasten die Holmgurte stark, so daß die Konstruktion einer Kastenbauweise nahekommt. Die Verbindung der Seitenflosse mit dem Rumpf erfolgt über die Anschlußpunkte an den Holmen. Die verstärkte Wurzelrippe nimmt in diesem Falle die Belastung von den Schalen auf.
Wenn die Seitenflosse ein relativ dünnes Profil hat, dann genügt die Bauhöhe der Holme nicht zur Befestigung der Flosse am Rumpf. In diesem Falle kann eine Konstruktion gewählt werden, wie sie in Bild 3.36 gezeigt wird. Bei dieser Bauweise wird der Holm der Seitenflosse an zwei verstärkten Spanten des Rumpfes befestigt.
Wie bereits erwähnt, werden für Überschallflugzeuge drehbare Flossen (Flossenruder) als Ruder verwendet.
Bild 3.37 zeigt als Beispiel ein Höhenflossenruder, das fest mit der Drehachse verbunden ist. Die Achse stellt einen Balken auf zwei Stützen dar. Diese Achse hat

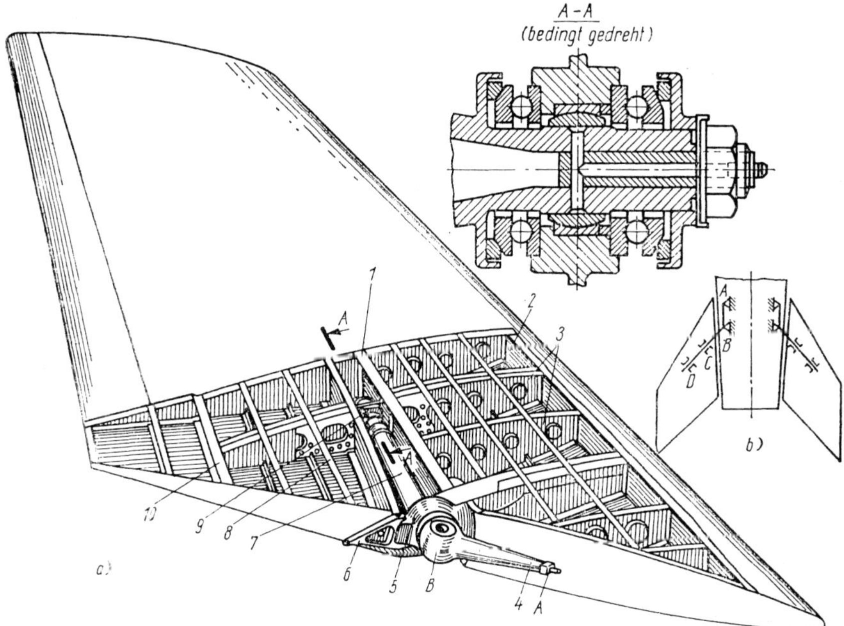

Bild 3.38 Höhenflossenruderaufhängung mit Achslagern

a) Konstruktive; b) schematische Darstellung

1 – Hauptholm; 2 – Nasenholm; 3 – verstärkte Rippen; 4 – Achshorn zur Befestigung der Achse im Rumpf an verstärkten Spanten in den Punkten A und B; 5 – Lagerstelle C; 6 – Anschlußhebel für Steuergestänge am Flossenruder; 7 – Drehachse; 8 – Hilfsträger; 9 – Lagerstelle D; 10 – Endholm

an einem Ende ein Axiallager 1 und in einigem Abstand davon ein Nadellager 2. Beide Lager sind in verstärkten Spanten 3 und 4 im Rumpfhinterteil befestigt.

Zur Beseitigung eines möglichen Längsspieles in den Lagern ist am Ende der Achse die Mutter 5 vorgesehen. Zur Beseitigung von Radialspiel ist das Nadellager 2 in eine halbierte konische Hülse eingesetzt, deren Teile durch die Mutter 6 zusammengezogen werden.

Zwischen den Lagern ist auf der Achse der Betätigungshebel des Flossenruders befestigt. An diesem Hebel ist das Steuergestänge, das die Kräfte auf den Hydraulikverstärker überträgt, angeschlossen.

Die Befestigung der Achse am Ruder ist in Bild 3.37 dargestellt. Diese Befestigung gewährleistet die Übertragung aller am Ruder wirkenden Kräfte auf die Achse.

Konstruktiv besteht das Flossenruder aus dem Hauptholm 8, den vorderen 9 und hinteren 10 Hilfsholmen, einigen Pfetten 11 und dünnwandigen Rippen 12. Die Wurzelrippe ist verstärkt.

Bild 3.38 zeigt ein Flossenruder, das in zwei Lagern auf der starren Achse befestigt ist. Die Lager liegen in verstärkten Rippen des Ruders.

Die Achse ist mit Hilfe eines Querhornes in den Punkten A und B am Rumpf befestigt.

3.6.2. *Höhen-, Seiten- und Querruder*

Alle Ruder sind sich konstruktiv sehr ähnlich. Sie stellen Balken dar, die in den Anschlußpunkten befestigt und durch aerodynamische Kräfte belastet sind.

Gewöhnlich werden Ruder als Einholmer mit torsionssteifem Nasenkasten konstruiert. Der Holm hat dabei meist T- oder [-Form. Er nimmt Querkräfte und Biegemomente auf. Zur Aufnahme der Torsionsbelastung ist die Nasenbehäutung relativ dick und bildet zusammen mit dem Holmsteg einen geschlossenen Torsionskasten.

Bild 3.39 zeigt die typische Konstruktion des Höhenruders eines schweren Flugzeuges mit gepfeiltem Höhenleitwerk. Der I-Holm 1 geht an der Ruderwurzel in ein Rohr 2 über. Das Rohr endet in der Kardangabel, mit deren Hilfe beide Ruderhälften mit der Kardanbetätigungswelle verbunden werden. Zur Konstruktion gehören außer dem Holm gestanzte Rippen, die sich aus einem Nasenteil 3 und einem Endteil 4 zusammensetzen. Die Aufhängung der Höhenruderhälften erfolgt an den Punkten 8 am Holm und an den Rippen. Das Höhenruder besitzt Ausgleichsmassen 5 und 6, eine axiale aerodynamische Kompensation und ein Trimmruder 7.

Bild 3.40 zeigt den Höhenruderaufbau eines gepfeilten Höhenleitwerkes. Das Höhenruder besteht aus einem Holm 9 mit [-Profil, den Rippen 11, den Aufhängungspunkten 4 und der metallischen Behäutung. Die Verbindung beider Hälften erfolgt mit Hilfe der Kardangelenke 8.

Die Aufhängung und die Betätigung gepfeilter Höhenruder zeigen einige Besonderheiten, die sich aus dem relativ großen Pfeilwinkel χ_{HR} ergeben (Bild 3.41).

Die Betätigung von Höhenrudern, deren Achsen sich unter einem bestimmten Winkel schneiden, erfolgt oft mit Hilfe eines Hebels 3, der sich in der Symmetrieebene des Flugzeuges befindet. In diesem Falle muß die Verbindung zwischen dem Hebel 3 und den Ruderholmen 2 über ein Kardangelenk erfolgen (Bild 3.41).

Die Winkelgeschwindigkeit, mit der sich der Hebel 3 um die Achse 4 dreht, kann

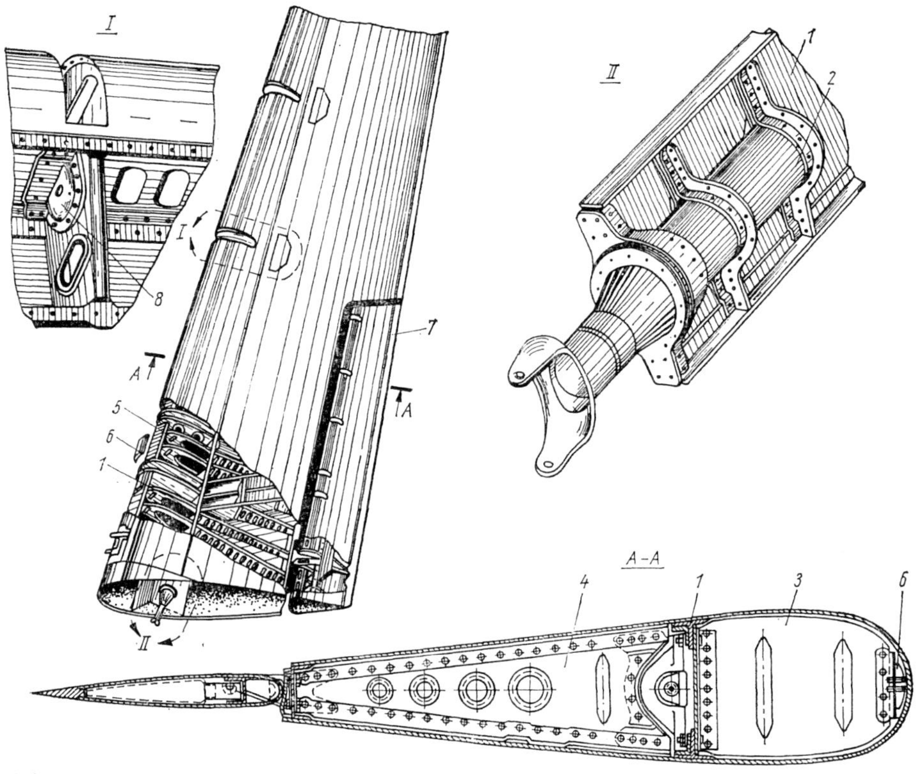

Bild 3.39 Aufbau des Höhenruders eines schweren Flugzeuges mit gepfeiltem Höhenleitwerk

1 – Holm; 2 – Anschlußrohr; 3, 4 – Nasen- und Endrippe; 5, 6 – Ausgleichsmassen; 7 – Trimmruder; 8 – Aufhängepunkt

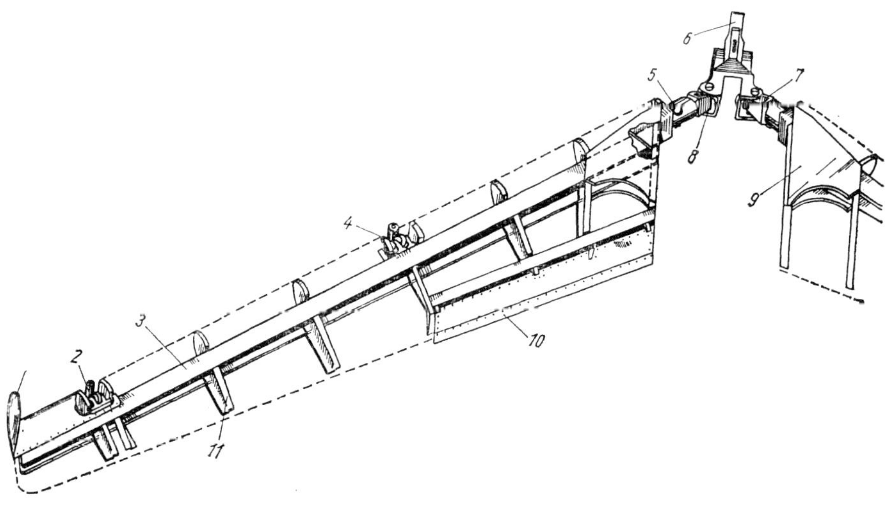

Bild 3.40 Aufbau eines gepfeilten Höhenruders

1, 6 – Ausgleichsmassen; 2 – Auglasche zur Befestigung des Ruders an der Flosse im Aufhängepunkt; 3 – Holm; 4 – Aufhängepunkt; 5 – Anschlußrohr des Holmes mit Anschlußgabel 7; 8 – Kardangelenk; 9 – Knotenblech; 10 – Trimmer; 11 – Rippen

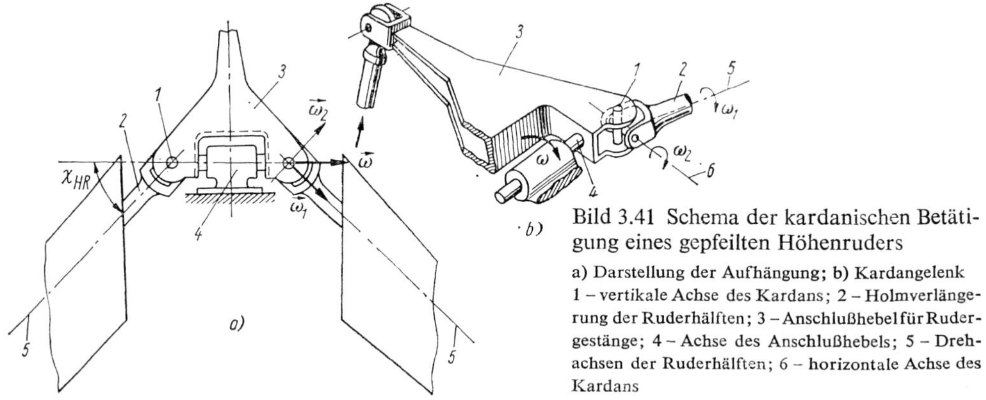

Bild 3.41 Schema der kardanischen Betätigung eines gepfeilten Höhenruders

a) Darstellung der Aufhängung; b) Kardangelenk
1 – vertikale Achse des Kardans; 2 – Holmverlängerung der Ruderhälften; 3 – Anschlußhebel für Rudergestänge; 4 – Achse des Anschlußhebels; 5 – Drehachsen der Ruderhälften; 6 – horizontale Achse des Kardans

durch den Vektor $\vec{\omega}$ dargestellt werden. Diesen Vektor kann man für beide Gelenke in zwei Bestandteile $\vec{\omega}_1$, die Winkelgeschwindigkeit um die Achsen 5 der Ruderhälften und $\vec{\omega}_2$, die Winkelgeschwindigkeit um die Kardanachse 6, zerlegen. Im Ergebnis können sich beide Ruderhälften um ihre sich schneidenden Achsen drehen.

Bild 3.42 zeigt die Verbindung zweier Ruderhälften, wenn das Höhenleitwerk am Rumpf befestigt ist.

Die geringe Bauhöhe von Leitwerksprofilen erforderte die Einführung spezieller Füllmittel in ihre Konstruktion.

Zur Erhöhung der Festigkeit werden in die Füllmittel zusätzliche Stegrippen eingesetzt. Um dabei die Masse nicht zu vergrößern, werden im Füllmittel zwischen den Rippen Hohlräume geschaffen. Die Behäutung wird über der gesamten Fläche mit einem Spezialkleber am Füllmittel festgeklebt. Im Wurzelteil ist entlang der Holmachse ein Rohr befestigt, an dem der Betätigungshebel zur Rudersteuerung angebracht ist. Neben Schaum-

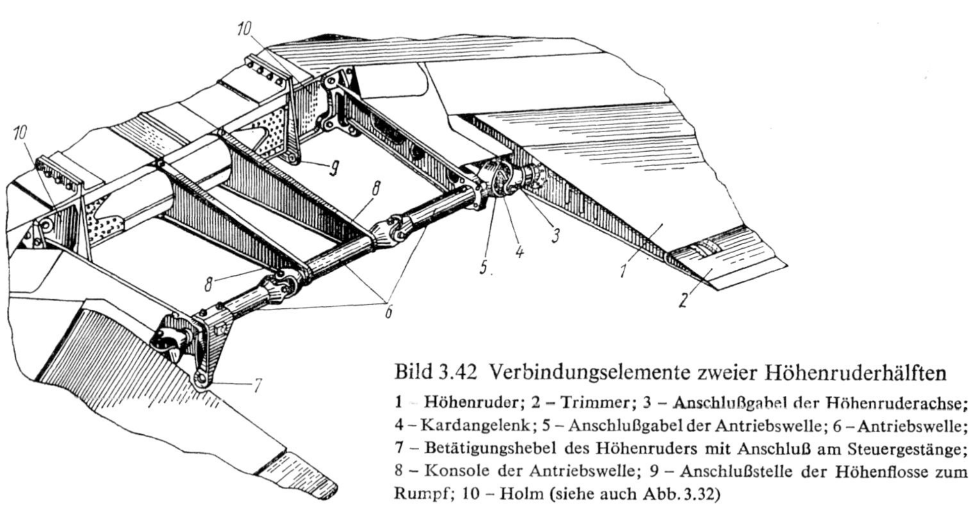

Bild 3.42 Verbindungselemente zweier Höhenruderhälften

1 – Höhenruder; 2 – Trimmer; 3 – Anschlußgabel der Höhenruderachse; 4 – Kardangelenk; 5 – Anschlußgabel der Antriebswelle; 6 – Antriebswelle; 7 – Betätigungshebel des Höhenruders mit Anschluß am Steuergestänge; 8 – Konsole der Antriebswelle; 9 – Anschlußstelle der Höhenflosse zum Rumpf; 10 – Holm (siehe auch Abb. 3.32)

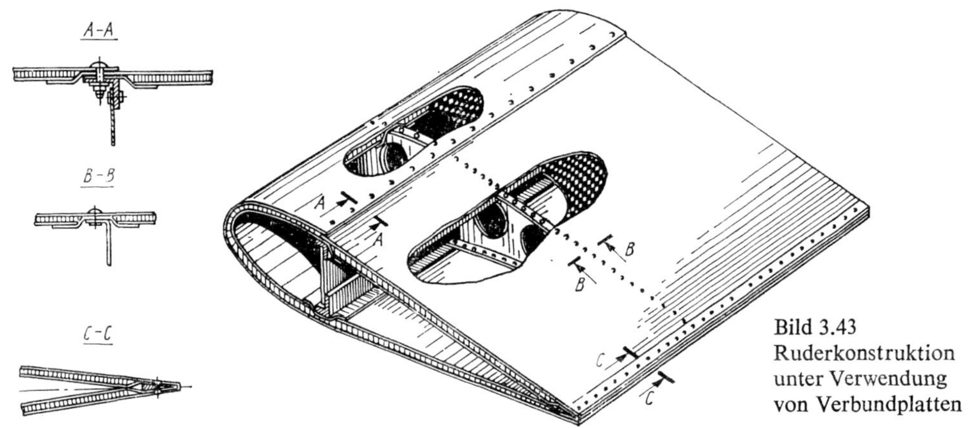

Bild 3.43
Ruderkonstruktion
unter Verwendung
von Verbundplatten

stoff findet man als Füllmittel häufig Wabenmaterial. Bild 3.43 zeigt eine Ruderkonstruktion aus Verbundplatten (Sandwichplatten), die aus einem dünnen Oberblech, einem dünnen Unterblech und dem Wabenmaterial dazwischen bestehen. Eine solche Konstruktion erweist sich um 12 ··· 16 % leichter als eine genietete Konstruktion gleicher Festigkeit.

Die Aufhängepunkte von Rudern, außer bei zentraler Abstützung, sind sehr gleichförmig und bestehen aus der Halterung (Konsole), die an Rippen oder Holmen der Flossen befestigt ist, aus Auglaschen und Bolzen. Die Zahl der Aufhängepunkte hängt von der Länge des Ruders und von der Größe der auf das Ruder einwirkenden aerodynamischen Kräfte ab. Gewöhnlich werden in den Aufhängepunkten Kugellager verwendet.

Bild 3.44 zeigt den Aufbau einer zentralen Aufhängung eines Höhenruders. Sie be-

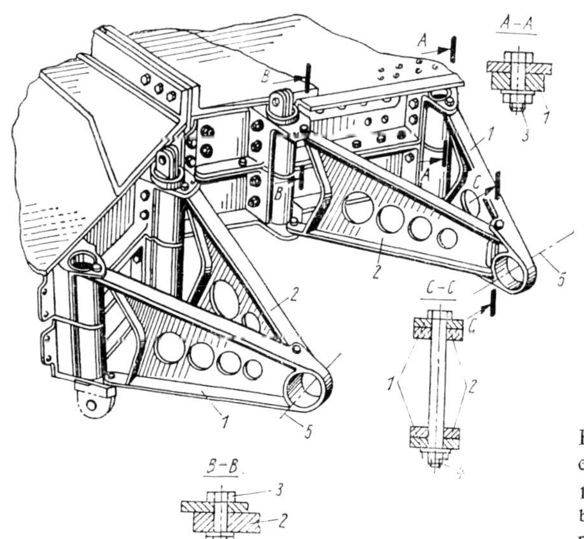

Bild 3.44 Zentrale Aufhängung eines Höhenruders

1, 2 – Konsolenelemente; 3, 4 – Verbindungsbolzen; 5 – Drehachsen der Höhenruderhälften

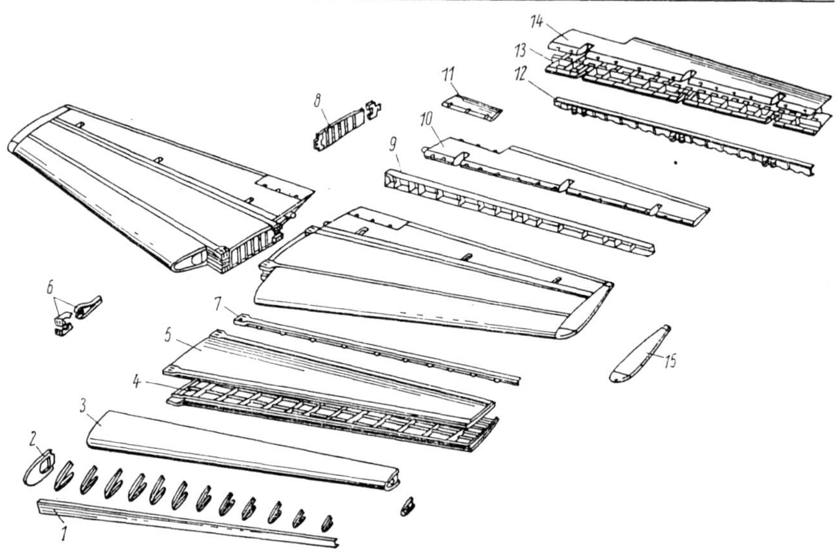

Bild 3.45 Beispiel für die Zerlegung eines Höhenleitwerkes in seine Bauteile

1 – Nasenholm; 2 – Nasenrippen; 3 – abnehmbares Nasenteil der Höhenflosse; 4 – Unterschale; 5 – Oberschale; 6 – Aufhängeelemente; 7 – Oberteil des Holmes; 8 – Wurzelrippe; 9 – Endkasten der Höhenflosse; 10 – Höhenruder; 11 – Trimmer; 12 – Oberteil des Ruderholmes; 13, 14 – Ruderschalen; 15 – Endkappe der Flosse

steht aus den Konsolen 1 und 2, die am Holm der Höhenflosse befestigt sind. Die Konsole 1 hat am freien Ende ein Auge für die Achse des Höhenruders. Die zentrale Aufhängung des Höhenruders sowie die untere Befestigung des Seitenruders nehmen zusätzlich die axialen Kräfte von den Rudern auf.

In den Rudernasen werden Ausschnitte zur Befestigung der Halterungen angebracht, was im entsprechenden Querschnitt die Schubsteifheit des Ruders verringert und eine Verstärkung der übrigen Elemente erforderlich macht. Wenn die Ruder sehr lang sind, werden sie unterteilt, um eine Verklemmung zu verhindern. Die einzelnen Teile werden dann kardanisch miteinander verbunden.

Um den Forderungen nach Technologiegerechtheit zu entsprechen, werden Höhen- und Seitenleitwerke in einzelne Untergruppen aufgeteilt (Bild 3.45).

Querruder haben gewöhnlich über die gesamte Länge eine geschlossene Kontur (Bild 3.46). Der Längsverband eines solchen Ruders besteht aus einem Holm 1, dem Hilfsholm 2, der vor dem Holm liegt, und der Endleiste 3. Der Querverband besteht aus einer großen Anzahl von mehrteiligen Rippen 4. Am Holm sind drei Aufhängepunkte des Querruders befestigt, am Hilfsholm die Ausgleichsmassen 5. An Ausschnitten in der Rudernase für Aufhängepunkte und im Endteil wird die Kontur durch Knotenbleche verstärkt. Dieses Querruder ist aerodynamisch ausgeglichen.

Bild 3.47 zeigt eine veränderte Querruderkonstruktion. Ihr Gerüst besteht aus dem Holm mit I-Querschnitt, den Nasen 2 und Endteilen 3 der Rippen sowie dem Endholm 4. Ein Teil der Querrudernase erfüllt die Aufgabe einer inneren aerodynamischen Kompensation. An der Nase ist

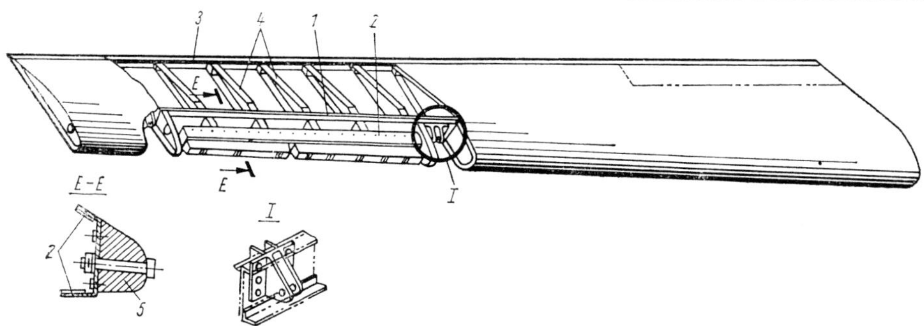

Bild 3.46 Querruderaufbau eines modernen Hochgeschwindigkeitsflugzeuges

1 – Holm; 2 – Hilfsholm; 3 – Endleiste; 4 – Rippen; 5 – Ausgleichsmasse

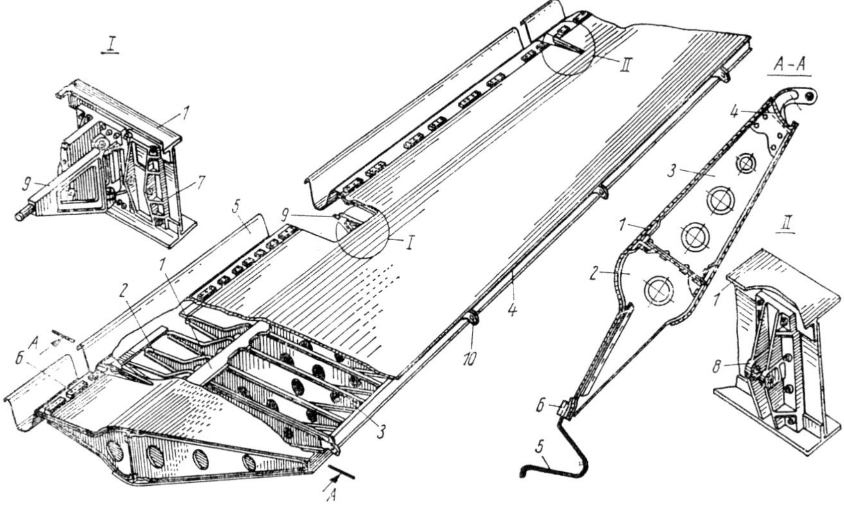

Bild 3.47 Aufbau eines Querruders mit innerer aerodynamischer Kompensation

1 – Holm; 2 – Rippennase; 3 - Rippenende; 4 – Endholm; 5 – Leinwand; 6 – Ausgleichsmassen; 7, 8 – Aufhängekonsole am Querruder; 9 – Betätigungshebel; 10 – Trimmeraufhängung

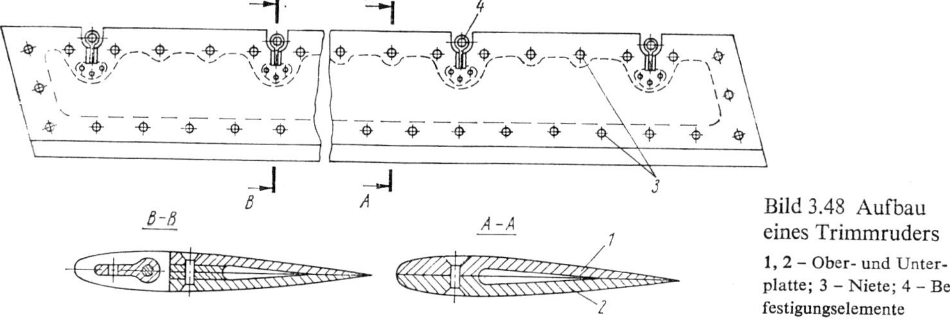

Bild 3.48 Aufbau eines Trimmruders

1, 2 – Ober- und Unterplatte; 3 – Niete; 4 – Befestigungselemente

eine gummierte Trennwand 5 aus Leinen angenietet. Entlang der Vorderkante des Kompensators sind Ausgleichsmassen 6 angebracht.

3.6.3. *Trimmruder*

Trimmruder sind Ruderflächen kleiner Abmessungen und geringer Dicke.
Bild 3.48 zeigt die typische Konstruktion eines Trimmruders, welches aus zwei Platten (1, 2) besteht, die zusammengenietet werden. Zur Verringerung der Masse sind in beide Platten Ausnehmungen gefräst. Das Trimmruder wird an den Elementen 4 aufgehängt, die in Ausschnitten des Trimmruders befestig sind.
Bild 3.49a zeigt eine einfache genietete Konstruktion eines Trimmruders. Sie besteht aus den beiden Behäutungsblechen 1, der Endleiste 2, der Befestigungsschlaufe 3 und dem Holm 4.
Bild 3.49b zeigt daneben ein Preßprofil, das nach einer geringen mechanischen Bearbeitung als Trimmruder in Integralbauweise dienen kann.

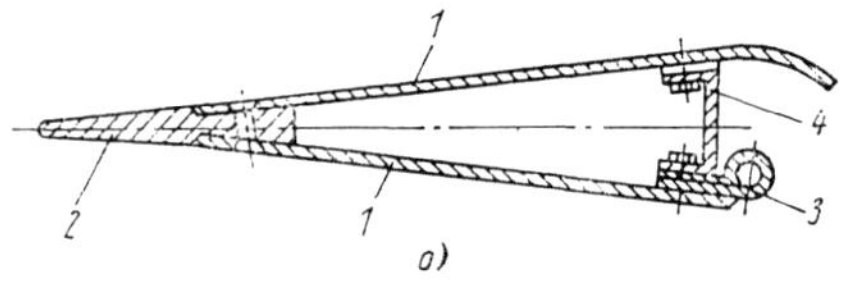

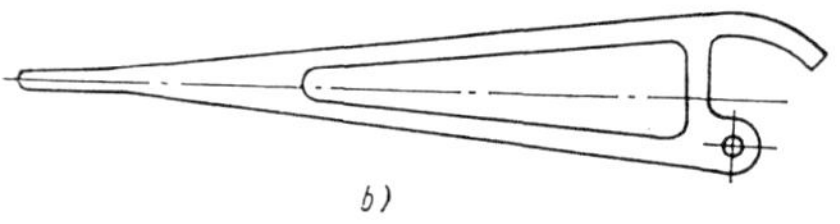

Bild 3.49 Trimmruder in genieteter (a) und in Integralbauweise (b)
1 – Behäutung; 2 – Endleiste; 3 – Befestigungsschlaufe; 4 – Holm

3.7. Kontrollfragen

1. Welche Aufgaben erfüllt das Leitwerk, und welchen Forderungen muß es entsprechen?
2. Welche Leitwerkformen werden für moderne Flugzeuge verwendet?
3. Erläutern Sie den Aufbau sowie die Vor- und Nachteile des V-Leitwerkes!
4. Welche Unterschiede charakterisieren die Leitwerke von Normal- (Drachen-), Enten- und Nurflügelflugzeugen?
5. Erläutern Sie die Zweckbestimmung der areodynamischen Kompensation (des aerodynamischen Ruderausgleiches); nennen Sie die verschiedenen konstruktiven Möglichkeiten!
6. Was sind Trimmruder, und wie arbeiten sie?
7. Welchen Belastungen ist das Leitwerk ausgesetzt?
8. Wie sind die Belastungen des Leitwerkes zu ermitteln und die Querkraft-, Biegemomenten- und Torsionsmomentenflächen zu bestimmen?
9. Welche Bauweisen werden für Seiten- und Höhenruderflossen verwendet?
10. Welche Bauweisen sind für Höhen-, Seiten- und Querruder charakteristisch?
11. Erläutern Sie die Besonderheiten im Aufbau von Flossenrudern!
12. Welche Bauweisen sind für Servokompensatoren und Trimmruder charakteristisch?

4. Der Rumpf

4.1. Zweckbestimmung des Rumpfes und Forderungen, die er erfüllen muß

Der Rumpf stellt das Hauptteil eines Landflugzeuges dar. Er dient der Unterbringung der Besatzung, von Passagieren, Lasten und Ausrüstung. Am Rumpf werden Tragflügel, Leitwerk und oft Triebwerke oder andere Baugruppen des Flugzeuges befestigt. Einige Flugzeuge haben ein Leitwerk, das an separaten Trägern befestigt ist. In diesem Falle spricht man von einer Rumpfgondel.

Wasserflugzeuge haben einen Rumpf in Bootsform, der den Start vom Wasser bzw. die Landung auf dem Wasser (das Wassern) gestattet. Der Bootsrumpf muß dem Flugzeug Seetüchtigkeit verleihen und unterscheidet sich deshalb wesentlich von der Rumpfform der Landflugzeuge.

An den Rumpf werden gewöhnlich folgende spezifische Anforderungen gestellt:

- minimale Verringerung des Widerstandes durch Interferenz, was durch eine glückliche Komposition des Rumpfes mit Tragflügel und Leitwerk erreicht werden kann;
- rationelle Formen, Ausmaße und Bauweisen sind zu wählen, um im Rumpf die Besatzung, Passagiere, Ausrüstung und Lasten unterzubringen; dabei ist für die Besatzung ein gutes Blickfeld zu gewährleisten und bei Transportflugzeugen eine mechanisierte Be- und Entladung zu ermöglichen.
- bei der Rumpfkonstruktion muß zur Gewährleistung normaler Bedingungen für Besatzung und Passagiere die Hermetisierung sowie eine Schall- und Wärmeisolation der Kabinen vorgesehen werden;
- die Komposition von Lasträumen muß die Einhaltung eines bestimmten Bereiches der Schwerpunktlage des Flugzeuges gewährleisten.

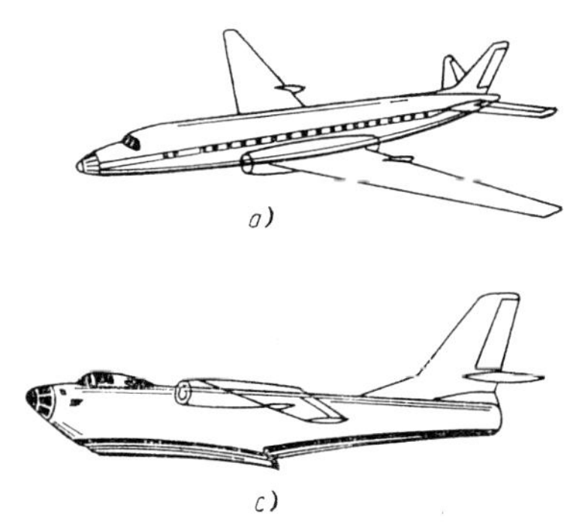

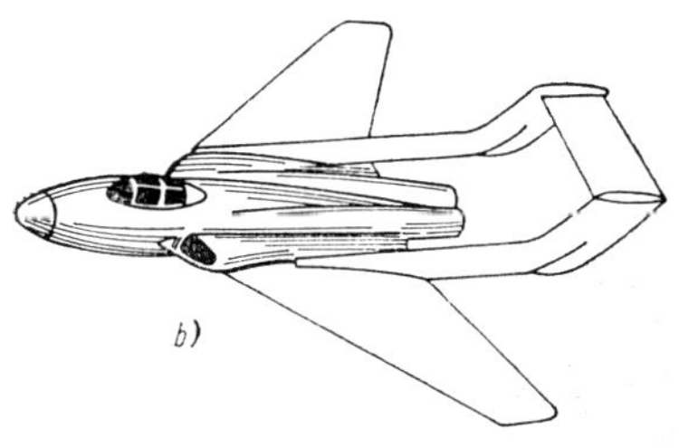

Bild 4.1 Rumpfarten von Flugzeugen
a) Normalrumpf; b) Bootsrumpf; c) Rumpfgondel

4.2. Äußere Formen des Rumpfes

Die notwendige Verringerung des Luftwiderstandes erfordert eine Verringerung des größten Rumpfquerschnittes sowie eine ständige Vervollkommnung der Rumpfformen überhaupt. Diese Forderungen widersprechen gewöhnlich den notwendigen Bedingungen zur Unterbringung von Lasten, Kraftstoff oder Passagieren im Rumpf. Außerdem wird die Länge des Rumpfes oft durch die erforderlichen Hebelarme l_{HLW} und l_{SLW} zur Gewährleistung der Stabilität undSteuerbarkeit des Flugzeuges begrenzt.
Wie die Erfahrung lehrt, sind Rumpfformen mit symmetrischem Querschnitt, deren Parameter der Fluggeschwindigkeit angepaßt sind, am günstigsten.
Die Rumpfform wird vor allem durch das Verhältnis der Rumpflänge L_R zum größten Durchmesser $D_{R\,max}$ charakterisiert, d.h. durch die Rumpfstreckung

$$\lambda_R = \frac{L_R}{D_{Rmax}}.$$

Ist der Rumpfquerschnitt nicht rund, so tritt an die Stelle des normalen Durchmessers ein äquivalenter Wert, der Durchmesser einer Kreisfläche, die dem gegebenen größten Querschnitt beliebiger Form entspricht.

$$\lambda_R = \frac{L_R}{D_{R\,ä}}.$$

Moderne Flugzeuge haben eine Rumpfstreckung von $\lambda_R \approx 8 \ldots 15$.
Tabelle 4.1. zeigt typische Querschnittsformen.

Betrachten wir kurz die Vor- und Nachteile der aufgeführten Formen:

- Rechteckige Querschnitte sind aerodynamisch ungünstig, da sie einen großen Stirnwiderstand ergeben; sie sind jedoch sehr günstig für die Unterbringung von Besatzung und Lasten. Da die Oberflächen des Rumpfes bei diesen Querschnitten immer nur in einer Richtung gekrümmt sind, läßt sich die Behäutung sehr leicht anfertigen.
- Ovale Querschnitte mit geraden Flanken oder rechteckige Querschnitte mit abgerundeten Ecken werden heute für einige Transportflugzeuge verwendet.
- Elliptische Querschnitte vereinen gewöhnlich die Vorteile der rechteckigen und der runden Querschnitte. Besonders die vertikale Ellipse zeichnet sich durch kleinen Widerstand und gute Ausnutzung der Innenräume aus.
- Ovale, oben zusammenlaufende (eiförmige) Querschnitte führen bei Tief- und Mitteldeckern auf Grund der stumpfen Stoßwinkel zwischen Rumpf und Tragflügel zu kleinem Interferenzwiderstand. Die zweifache Krümmung der Oberflächen erhöht die Festigkeit der Behäutung. Kabinen solcher Rümpfe gewährleisten eine gute Unterbringung und gute Sichtbedingungen für die Besatzung.
- Der runde Querschnitt kann vom Standpunkt der Unterbringung der Besatzung, Passagiere und Lasten nicht als der günstigste Querschnitt angesehen werden. Er ist jedoch der günstigste für Rümpfe mit hermetischen Abschnitten, die beim Flug in großen Höhen großen Belastungen unterliegen. Die Behäutung eines Rumpfes mit rundem Querschnitt arbeitet unter innerem Überdruck auf Zug. Manchmal wird der Rumpfquerschnitt durch zwei ineinandergreifende Kreisquerschnitte unterschiedlichen Durchmessers gebildet. Diese Querschnittsform gestattet es, den größten Rumpfdurchmesser gegenüber einem kreisrunden Querschnitt zu verringern.

Die Rumpfform hängt auch von der Zweckbestimmung des Flugzeuges sowie von der Lage der Triebwerke und der Ansaugschächte ab. Für moderne Flugzeuge werden heute oft Rümpfe verwendet, bei denen das Kabinendach der Besatzungs-

Tabelle 4.1 Typische Rumpfquerschnitte

Querschnitt	Bezeichnung
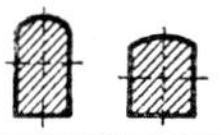	Rechteckig mit obenliegendem Bogen
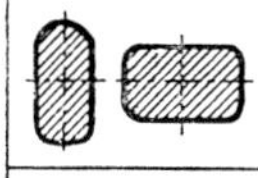	Oval mit geraden Flanken
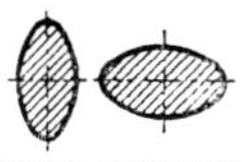	Elliptisch
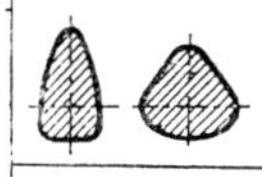	Oval; nach oben zusammenlaufend
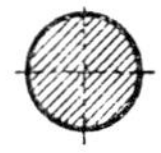	Kreisförmig
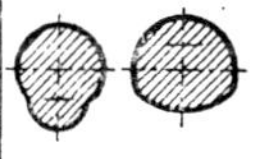	Querschnitt aus zwei Kreisen mit unterschiedlichem Durchmesser

kabine aus der allgemeinen Rumpfkontur heraustritt. Für Überschallflugzeuge werden spitze Rumpfnasen und ein fließender Übergang zu den Kabinendachumrissen verwendet. In diesem Falle verringern die am Rumpf entstehenden schrägen Verdichtungsstöße den Wellenwiderstand des Flugzeuges.

An einigen Überschallflugzeugen wurde im Interesse einer Verringerung des Stirnwiderstandes das Kabinendach in die Rumpfkontur einbezogen.

4.3. Kräfte, die auf den Rumpf einwirken

Die verschiedenen Kräfte, die im Fluge oder bei der Landung auf den Rumpf einwirken, kann man in folgenden Gruppen zusammenfassen (Bild 4.2):

1. Kräfte, die von anderen am Rumpf befestigten Baugruppen (Tragflügel, Leitwerk, Fahrwerk u. a. m.) auf den Rumpf übertragen werden;
2. Trägheitskräfte von Bauteilen, Lasten und Ausrüstungsgegenständen, die im Rumpf untergebracht sind;
3. die laufenden Massenkräfte der Rumpfkonstruktion (vereinfacht als Streckenlast zu betrachten);
4. die über der Rumpfoberfläche wirkenden Luftkräfte;
5. Kräfte, die sich aus der Differenz zwischen dem Druck in hermetischen Abschnitten im Rumpf und dem Außendruck ergeben.

Die Wirkung dieser Kräfte wird vorrangig in der vertikalen Symmetrieebene

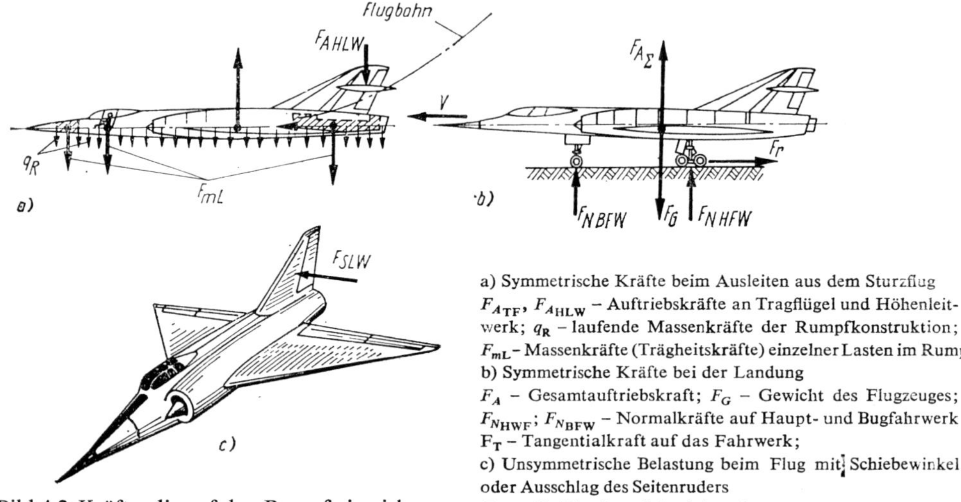

Bild 4.2 Kräfte, die auf den Rumpf einwirken

a) Symmetrische Kräfte beim Ausleiten aus dem Sturzflug
$F_{A_{TF}}$, $F_{A_{HLW}}$ – Auftriebskräfte an Tragflügel und Höhenleitwerk; q_R – laufende Massenkräfte der Rumpfkonstruktion; F_{mL} – Massenkräfte (Trägheitskräfte) einzelner Lasten im Rumpf
b) Symmetrische Kräfte bei der Landung
F_A – Gesamtauftriebskraft; F_G – Gewicht des Flugzeuges; $F_{N_{HWF}}$; $F_{N_{BFW}}$ – Normalkräfte auf Haupt- und Bugfahrwerk
F_T – Tangentialkraft auf das Fahrwerk;
c) Unsymmetrische Belastung beim Flug mit Schiebewinkel oder Ausschlag des Seitenruders
F_{SLW} – Luftkraft am Seitenleitwerk

des Flugzeuges (symmetrische Belastungen) und in einer im rechten Winkel dazu in der Horizontalen liegenden Ebene (unsymmetrische Belastung) betrachtet. Als Beispiel symmetrischer Belastung eines Rumpfes können die Belastungen beim Ausleiten des Flugzeuges aus dem Sturzflug (Bild 4.2a) oder bei der Landung (Bild 4.2b) dienen. Eine unsymmetrische Belastung entsteht zum Beispiel beim Ausschlag des Seitenruders im Fluge (Bild 4.2c).

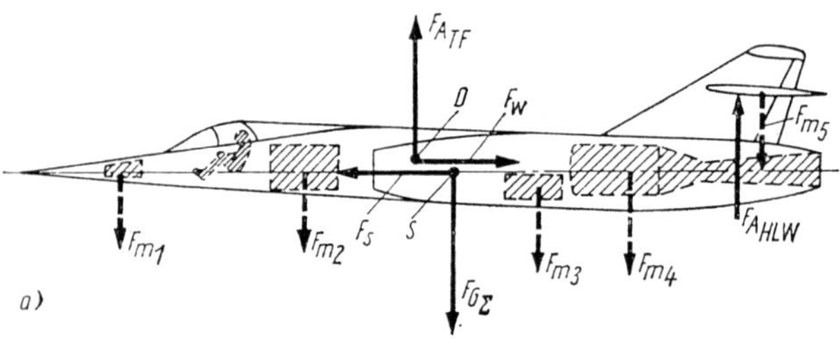

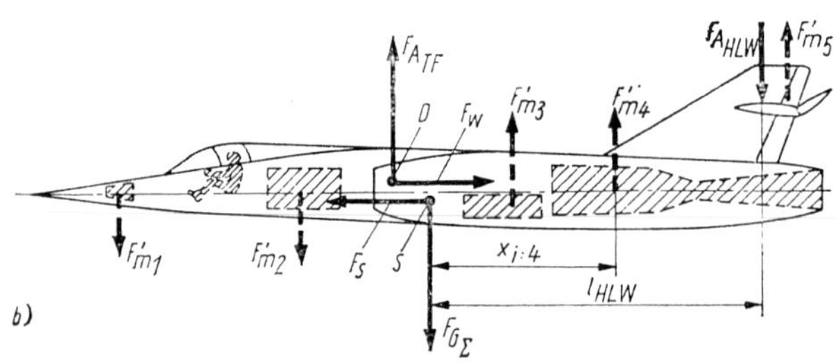

Bild 4.3 Schema der Kräfte am Rumpf während des Fluges:
a) bei Momentengleichgewicht der Luftkräfte von Tragflügel und Höhenleitwerk ($n_{y_s} = n_{y_i}$); b) bei einem vertikalen Manöver ($n_{y_i} \neq n_{y_s}$)

Für einen stationären Flugzustand werden die am Rumpf angreifenden Kräfte aus den statischen Gleichgewichtsbedingungen bestimmt. So zum Beispiel wird die Kraft am Höhenleitwerk aus der Bedingung des Momentengleichgewichtes um die Querachse bestimmt.

Bei schroffem Ausschlag des Höhenruders oder im Moment des Auftretens einer vertikalen Bö wird die Gleichgewichtsbelastung durch eine Manöverbelastung ergänzt, die eine Drehung des Flugzeuges um die z-Achse mit einer Winkelgeschwindigkeit ω_z hervorruft.

Bild 4.3 zeigt schematisch die am Rumpf angreifenden Kräfte, wenn die am Höhenleitwerk wirkende Kraft dazu dient, das Längsgleichgewicht (Nickgleichgewicht) herzustellen (a), und (b) wenn sie dazu dient, in vertikales Manöver einzuleiten.

Bei fehlender Manöverbelastung beträgt das Lastvielfache entlang der Hochachse im Schwerpunkt des Flugzeuges

$$n_{y_S} = \frac{F_{A\,TF} \pm F_{A\,HLW}}{F_G},$$

$F_{A\,TF}$ und $F_{A\,HLW}$ – Auftriebskomponenten des Tragflügels und des Höhenleitwerkes;

F_G – Gewicht des Flugzeuges.

Die zur Herstellung des Gleichgewichtes am Höhenleitwerk erforderliche Auftriebskraft läßt sich folgendermaßen ermitteln:

$$F_{AHLW} = \frac{M_{z\,o.\,HLW}}{l_{HLW}},$$

$M_{z.oHLW}$ – Längsmoment am Flugzeug ohne Höhenleitwerk.

Bei einem vertikalen Manöver ergibt sich aus den auftretenden Längs- und Winkelbeschleunigungen eine zusätzliche Belastung. Diese zusätzliche Belastung in einem beliebigen Punkt i auf der Längsachse wird durch eine Komponente des Lastvielfachen ausgedrückt:

$$\Delta n_{y_i} = \frac{\Delta F_{A\,HLW}}{F_G} \pm \frac{\omega_{z\,i}\,X_i}{g};$$

$\Delta F_{A\,HLW}$ – die für das Manöver erforderliche Auftriebskraftänderung am Leitwerk;

ω_{zi} – Nickgeschwindigkeit im Punkt i;

X_i – Abstand des Punktes i vom Schwerpunkt des Flugzeuges;

g – Erdbeschleunigung.

Das Gesamtlastvielfache in Richtung der y-Achse im Punkt i auf der x-Achse beträgt

$$n_{yi} = n_{y\,i_{transl}} + n_{y\,i_{rot}} = \frac{F_{A\,TF} \pm F_{A\,HLW} \pm \Delta F_{A\,HLW}}{F_G} \pm \frac{\omega_{z\,i}}{g}.$$

$n_{y\,i_{transl}}$ und $n_{y\,i_{rot}}$ – die Komponenten des Lastvielfachen, die sich aus der Translations- (Vorwärts-) und der Rotations- (Dreh-) Bewegung des Flugzeuges ergeben.

Die Trägheitskraft, mit der ein beliebiger Gegenstand, der sich in Punkt i befindet, auf die Flugzeugkonstruktion einwirkt, beträgt:

$$F_{mi} = n_{yi} F_{Gi} = n_{yi} m_i g,$$

Kräfte, die in der vertikalen Symmetrieebene wirken, biegen den Rumpf in dieser Ebene; Kräfte, die im rechten Winkel zu dieser Ebene wirken, biegen ihn in der horizontalen Ebene und führen zusätzlich zu seiner Verdrehung. Somit arbeitet der Rumpf in der Regel auf Biegung in der vertikalen und der horizontalen Ebene sowie auf Verdrehung (Torsion).

Zur Ermittlung der Querkraft-, Biegemomenten- und Torsionsmomentenflächen muß das Berechnungsschema (der schematische Aufbau) des Rumpfes bekannt sein. In der Mehrzahl der Fälle wird der Rumpf als Balken betrachtet, der in den Befestigungspunkten der Tragflügelholme gelagert ist.

Zur Berechnung teilt man den Rumpf sodann in folgende Teile: das Vorderteil von der Rumpfspitze bis zur Befestigung des vordersten Tragflügelholmes; das Mittelteil zwischen dem vordersten und dem hintersten Tragflügelholm; das Hinterteil vom hintersten Befestigungspunkt bis zum Rumpfende (Bild 4.4) .

Entsprechend den Forderungen der Bauvorschriften ist der Rumpf für alle Fälle zu berechnen, für die eine Übertragung von Kräften von anderen Baugruppen vorgesehen ist. Außerdem gibt es einige zusätzliche, nur für den Rumpf spezifische Berechnungsfälle.

Weiterhin wird die Konstruktion des Rumpfes auf Festigkeit in Havariefällen, die zum Beispiel bei der Landung auftreten können, sowie auf örtlich hohe Belastungen (zum Beispiel im Bereich des Kabinendaches) berechnet.

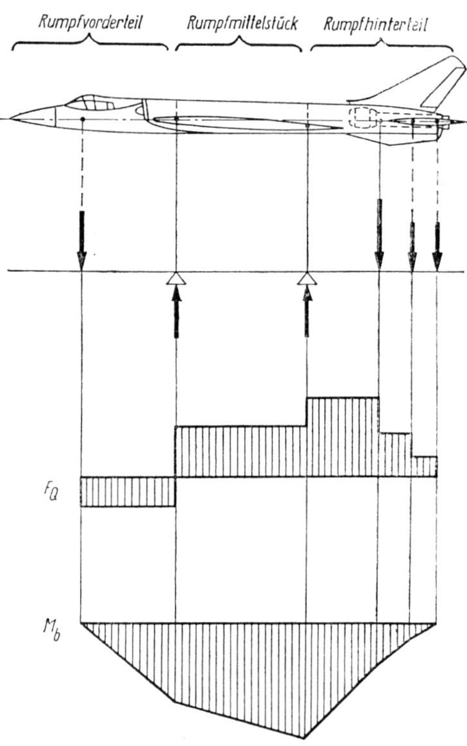

Bild 4.4 Belastungsschema des Rumpfes für den Belastungsfall (A_R)

4.4. Bauweisen des Rumpfes und Belastung der Bauelemente

Der Rumpf stellt insgesamt einen Balken dar, dessen Festigkeitsverband aus einem Längs- und einem Querverband sowie der Behäutung besteht.

Ungeachtet der vielen verschiedenen konstruktiven Einzelheiten kann man von folgenden grundlegenden Bauweisen für Rümpfe sprechen (Bild 4.5):

1. Balkenrümpfe, die aus dem Längs- und dem Querverband und einer tragenden Behäutung bestehen;
2. Fachwerkrümpfe, die aus einem tragenden räumlichen Fachwerk und einer leichten Behäutung bestehen und keine tragende Funktion ausüben.

Die Rümpfe mancher Flugzeuge haben eine gemischte Bauweise, zum Beispiel ein Rumpfvorderteil in Fachwerkbauweise und ein Rumpfhinterteil in Balkenbauweise.

Die weiteste Verbreitung für Flugzeuge fanden Balkenrümpfe. Es gibt aber auch heute noch Rümpfe in Fachwerk- oder Gemischtbauweise.

Die Hauptelemente von Balkenrümpfen sind Träger (Holme, Gurte), Pfetten (Stringer), Spanten und die Behäutung.

Fachwerkrümpfe haben folgende Hauptelemente: Holme (Fachwerkträger, Gurte), Ständer (Stiele, Pfosten) und Streben in den vertikalen Ebenen; Stiele und Streben (Zug- und Druckstäbe) in den horizontalen Ebenen, Spanndrähte oder -bänder (anstelle von Zugstäben) sowie die Behäutung.

Neben den genannten konstruktiven Hauptelementen hat jeder Rumpf eine Vielzahl von Bauteilen mit Hilfscharakter wie Kabinenböden, Halterungen (Konsolen), Türen, hermetische oder Brandschutzwände (Brandspanten), Luken und Lukendeckel u. a. m.

Art und Größe der Belastung einzelner Elemente hängen stark von der gewählten Bauweise ab.

Bei Balkenkonstruktionen werden die Biegemomente durch die Holme, durch Pfetten und Behäutung aufgenommen, Querkräfte und Torsionsmomente durch die Behäutung.

In Fachwerkkonstruktionen nehmen vor allem die Holmgurte Biegemomente auf; Querkräfte werden durch Ständer und Streben aufgenommen, Torsionsmomente durch vier zu einer geschlossenen Kontur vereinigte ebene Fachwerke.

Auf Grund bestimmter konstruktiver Auslegungen gibt es verschiedene Arten von Balken- und Fachwerkbauweisen.

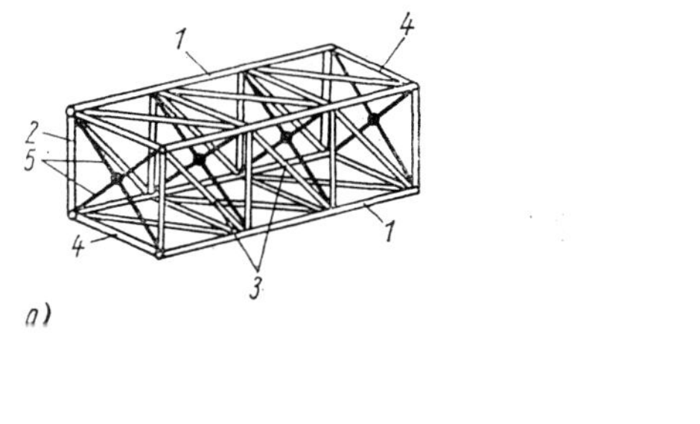

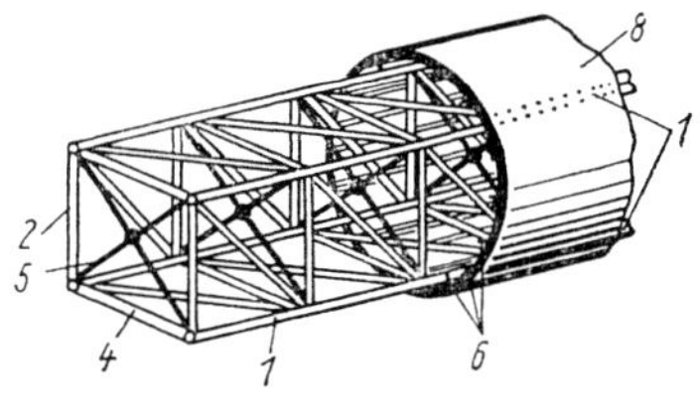

b)

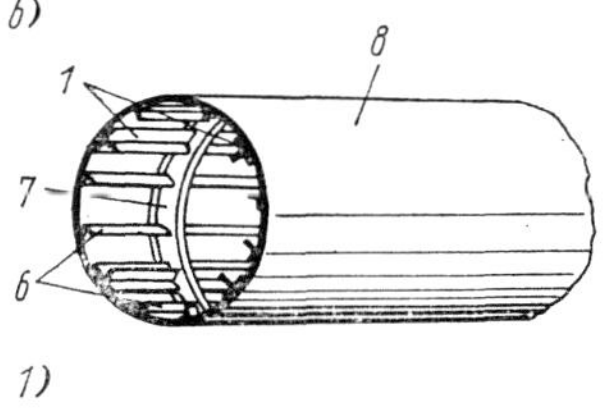

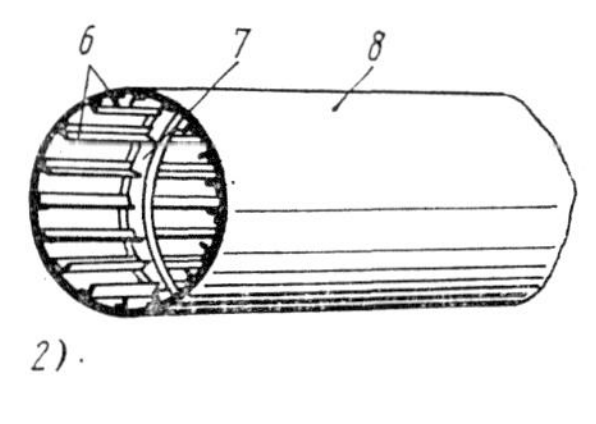

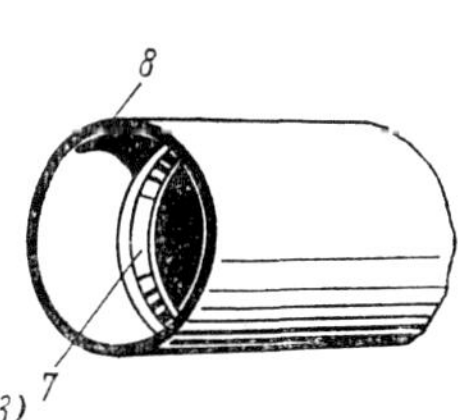

Bild 4.5 Rumpfbauweisen

a) Fachwerkbauweise; b) Balkenrümpfe in 1) Trägerbauweise, 2) Pfettenbauweise, 3) Schalenbauweise; c) Gemischtbauweise (Fachwerk-Balken)

1 – Holme; 2 – Ständer; 3 – Streben; 4 – Querstäbe; 5 – Spannbänder; 6 – Pfetten (Stringer); 7 – Spanten; 8 – Behäutung

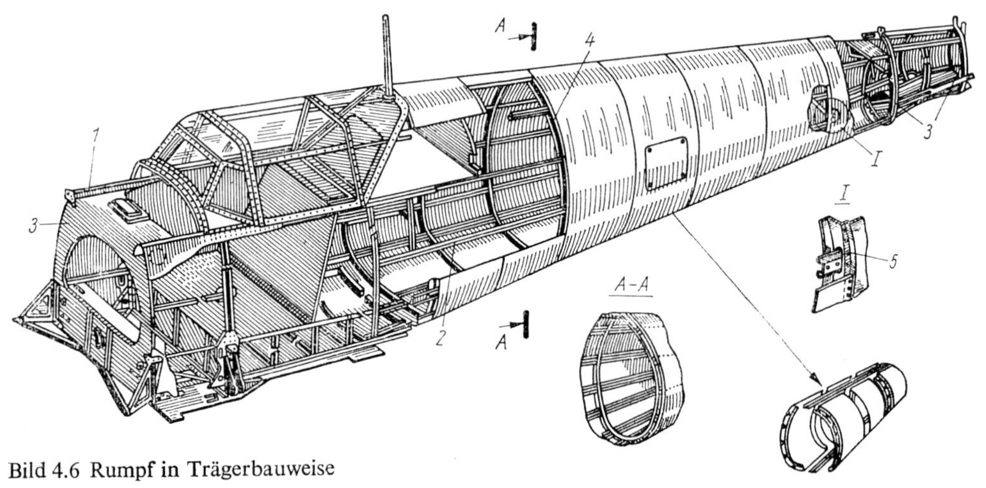

Bild 4.6 Rumpf in Trägerbauweise
1 – Holm; 2 – Pfette; 3 – verstärkter Spant; 4, 5 Normalspanten

So zum Beispiel gibt es verstrebte, verspannte und gemischte Fachwerke oder auch Fachwerke, die durch eine tragende Außenhaut verstärkt sind.

4.4.1. *Balkenrümpfe*

4.4.1.1. Bauweisen von Balkenrümpfen

Man unterscheidet drei Hauptarten von Balkenrümpfen:

- Rumpf in Träger- oder Holmbauweise mit mächtigen Trägern, schwachen Pfetten, Spanten und dünner Behäutung, die auf Schub durch Querkräfte und Torsionsmomente arbeitet;
- Rumpf in Pfettenbauweise (manchmal auch als aufgelöste Schalenbauweise betrachtet) mit einer tragenden Behäutung, einem stark entwickelten Netz von gleichstarken Pfetten (Quer- und Längspfetten) und Spanten;
- Rumpf in Schalenbauweise mit einer dicken Behäutung, die lediglich durch Spanten gestützt wird.

In der Sowjetunion wurden Balkenrümpfe Ende der dreißiger Jahre durch die Konstrukteure D. P. Grigorowitsch, N. I. Polikarpow und A. N. Tupolew erstmals erfolgreich angewendet.

Betrachten wir einige typische Balkenrümpfe.

Rümpfe in Trägerbauweise wurden ursprünglich für Flugzeuge mit einem Triebwerk in der Rumpfnase entwickelt. Die Holme im oberen und unteren Teil des Rumpfquerschnittes gestatten es, eine günstige Aufhängung des Triebwerkes im Rumpf zu finden. Diese Bauweise erwies sich auch für Flugzeuge mit einem Strahltriebwerk im Rumpfheck als brauchbar.

Bild 4.6 zeigt eine typische Trägerkonstruktion eines Rumpfes, die aus vier Holmen 1, einigen Pfetten 2 sowie aus verstärkten und einfachen Spanten 3 und 4 besteht.

Einige Rümpfe in Trägerbauweise haben Längsbalken (Bimse) zur örtlichen Verstärkung der Konstruktion. Solche Balken befinden sich gewöhnlich auch am Boden des Bootsrumpfes von Wasserflugzeugen, unter dem Lastboden von Transportflug-

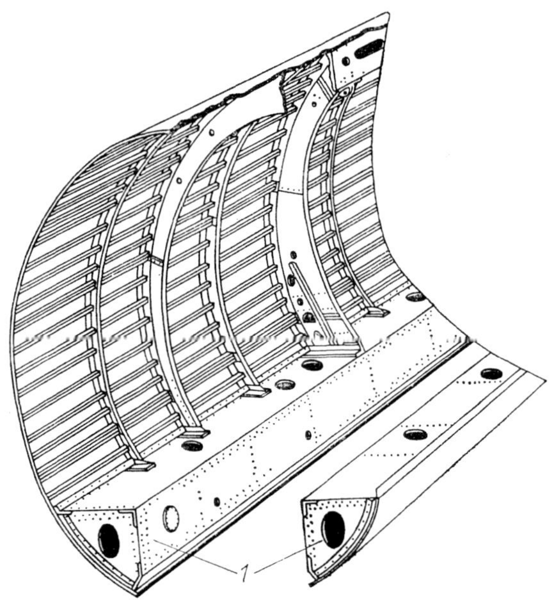

Bild 4.7 Ausschnitt eines Pfettenrumpfes mit Längsträgern (Bimse 1) zur Versteifung eines Ausschnittes (Luke) auf der Rumpfunterseite

zeugen und am Rahmen großer Ausschnitte in Flugzeugrümpfen (Bild 4.7).
Die Festigkeit von Rümpfen in Trägerbauweise wird ebenso berechnet wie diejenige von Tragflügeln in Holmbauweise. Betrachten wir eine solche Rechnung für einen Querschnitt im Rumpfhinterteil. Im allgemeinsten Falle wird dieser Querschnitt durch folgende Kräfte und Momente belastet:

- durch das Biegemoment der vertikalen Kräfte am Leitwerk (M_{b_v});
- durch die Querkraft der vertikalen Kräfte am Leitwerk (F_{Q_v});
- durch das Biegemoment der horizontalen Kräfte am Leitwerk (M_{b_h});
- durch die Querkraft der horizontalen Kräfte am Leitwerk (F_{Q_h});
- durch das Torsionsmoment der horizontalen Kräfte am Seitenleitwerk und der Kraftdifferenz bei ungleichmäßiger Belastung beiderHöhenleitwerksflächen (M_t).

Die schematische Darstellung der Belastung des betrachteten Querschnittes zeigt Bild 4.8. Wir nehmen an, daß die Biegemomente im Rumpf nur durch die Holme aufgenommen werden, in denen Längskräfte F_L entstehen.
Bei Biegung in der vertikalen Ebene haben die Längskräfte in den Holmen folgenden Wert:

$$F_{L_v} \approx M_{b_v}/2\,H_H;$$

bei Biegung in der horizontalen Ebene:

$$F_{L_h} \approx M_{b_h}/2\,B_H.$$

H_H und B_H – Abstände zwischen den Holmen.

Die Zug- bzw. Druckspannungen in den Holmen haben folgende Werte:

$$\sigma_z = F_L/A_{Hz}; \quad \sigma_d = F_L/A_{Hd}$$

A_{Hz} und A_{Hd} – Querschnittsflächen der auf Zug oder Druck beanspruchten Holme.

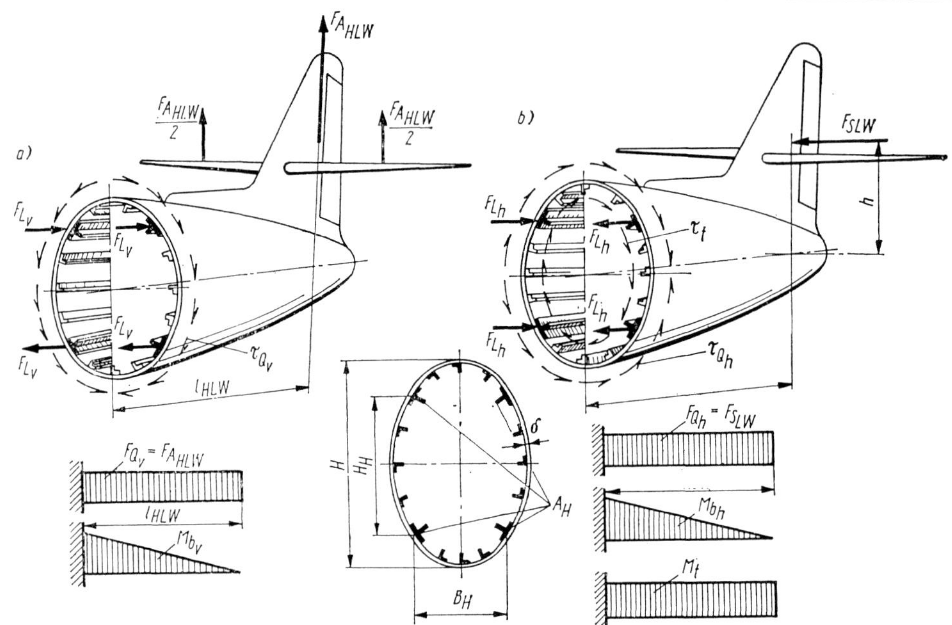

Bild 4.8 Belastungsschema eines Rumpfhinterteiles in Trägerbauweise
a) durch Kräfte am Höhenleitwerk und b) durch Kräfte am Seitenleitwerk

Die Gegenüberstellung der errechneten Spannungen mit der Bruchspannung des Materials σ_B und der kritischen Spannung des auf Druck beanspruchten Holmes σ_{krit} gestattet eine Bewertung der Festigkeit und Steifigkeit der Holme.

Offensichtlich muß die Spannung in den Holmen folgenden Bedingungen entsprechen:

$$\sigma_z \leqslant \sigma_B \quad \text{und} \quad \sigma_d \leqslant \sigma_{krit}.$$

Die kritische Spannung für allgemeinen Festigkeitsverlust durch den Holm kann aus Grafiken mit der Darstellung der Abhängigkeit $\sigma_{krit} = f(\lambda)$ entnommen werden, wobei $\lambda = l/i$ der Schlankheitsgrad, l der Abstand zwischen zwei benachbarten Spanten (freie Länge des Holmes) und i der Trägheitsradius des Holmquerschnittes darstellen.

Außerdem müssen die Holme auch auf die Möglichkeit örtlichen Festigkeitsverlustes geprüft werden.

Schub und Torsion werden durch die Behäutung aufgenommen, die durch Holme, Pfetten und Spanten versteift wird. So zum Beispiel wird der Querkraftschub als Folge vertikaler Kräfte vor allem durch die Seitenschalen über der Höhe H_H aufgenommen (siehe Bild 4.8 a). Hierbei betragen die Schubspannungen in der Behäutung

$$\tau_{Qv} = \frac{F_{Qv}}{A_{Sch}} \approx \frac{F_{Qv}}{2\,H_H\delta},$$

A_{Sch} – Querschnittsfläche der Schale;
δ – Stärke der Behäutung.

Die errechnete Spannung muß stets kleiner als die entsprechende Bruchspannung sein, d. h.

$$\tau_{Qv} < \tau_B.$$

Der entsprechende Querkraftschub in der oberen und unteren Schale als Folge horizontaler Kräfte beträgt:

$$\tau_{Qh} \approx \frac{F_{Qh}}{2\,B_H\,\delta}$$

Zu den Querkraftschubspannungen muß die Torsionsschubspannung hinzugerechnet werden, die durch die Kraft F_{SLW} mit Hilfe des Hebels h erzeugt wird;

$$\tau_t = \frac{M_t}{2\,A_t\,\delta}$$

Hierbei ist A_t die Fläche, die durch die mittlere (oder äußere) Linie der Rumpfkontur eingeschlossen wird.

Das gemeinsame Wirken der Schubspannungen führt in einzelnen Schalen zur Vergrößerung, in anderen zur Abnahme der Gesamtspannung (siehe Bild 4.8b).

Die Gesamtspannung muß folgender Bedingung entsprechen:

$$\tau = \tau_Q + \tau_t \leqslant \tau_B.$$

Von gewissem Interesse sind auch heute noch Rumpfkonstruktionen aus Holz in Trägerbauweise wie sie in Bild 4.9 dargestellt ist. Der Längsverband dieser Konstruktion besteht aus den Holmen 1 und einer Reihe von Pfetten mit über der Rumpflänge veränderlichem Querschnitt.

Der Querverband besteht aus Spanten und Halbspanten 3. Am verstärkten Halbspant 4 und den Holmen 1 ist der Triebwerkrahmen befestigt. Das Oberteil des verstärkten Spantes 5 schützt den Rumpf vor Zerstörung im Falle eines Überschlagens des Flugzeuges (bei Flugzeugen mit Heckradfahrwerk und Kolbenmotor in der Rumpfnase eine relativ häufige Erscheinung).

Die verstärkten Spanten 6 und 7 dienen der Befestigung der Höhenflosse und Spant 8 der Befestigung des hinteren Tragflügelholmes.

Alle Holzteile des Rumpfes, einschließlich der Behäutung, sind geklebt. Die Behäutung ist aus 0,5 mm starken Birkenfurnieren zusammen-

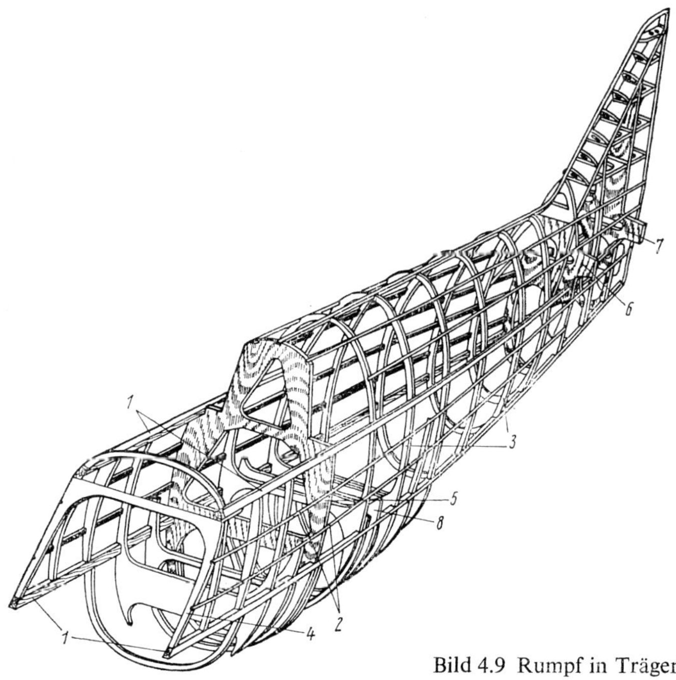

Bild 4.9 Rumpf in Trägerbauweise aus Holz

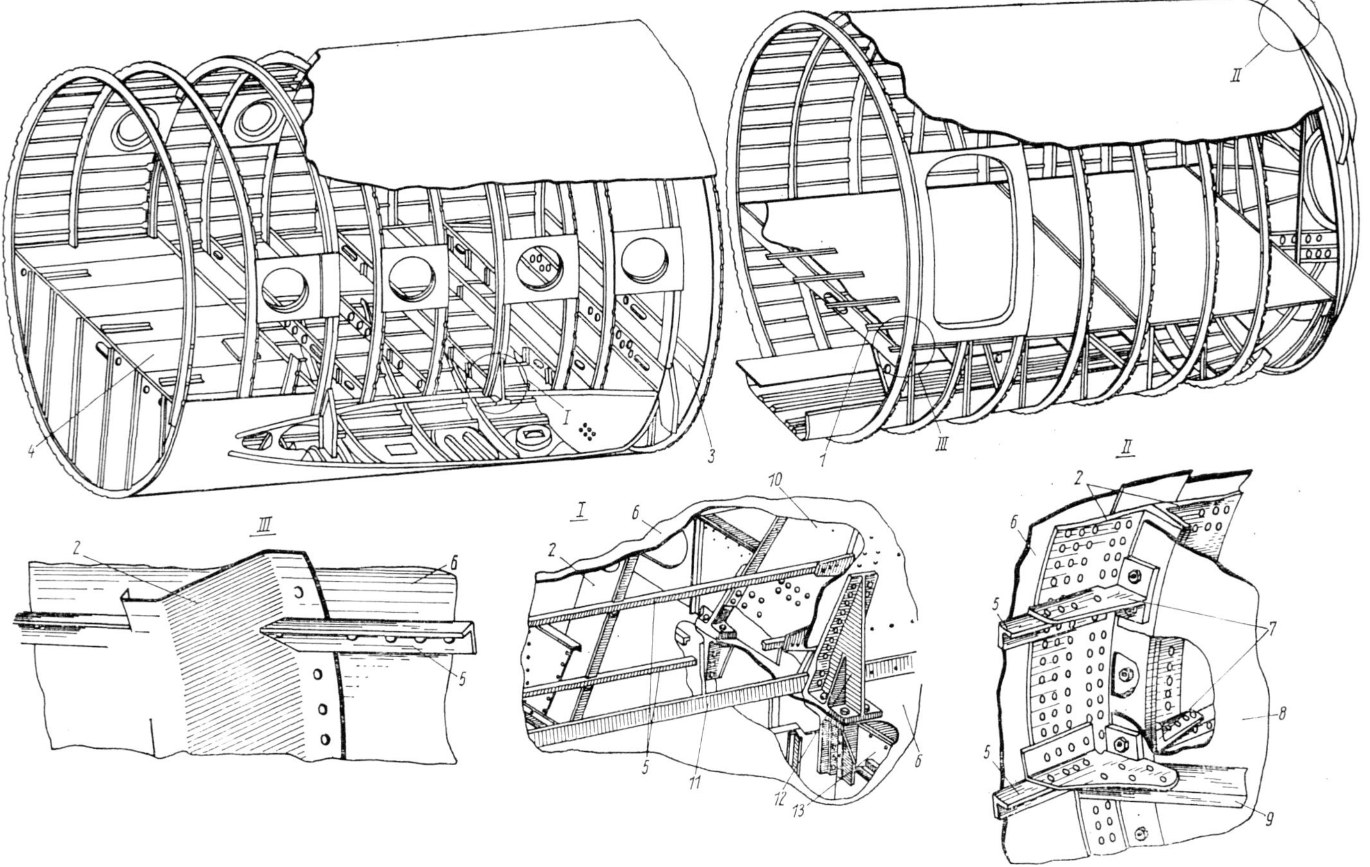

Bild 4.10 Rumpf eines modernen Passagierflugzeuges in Pfettenbauweise

1 – Längsträger des Kabinenbodens; 2 – Spant; 3 – Querträger des Kabinenbodens; 4 – Bodenschale; 5 – Pfette; 6 – Behäutung; 7 – Anschlußprofile; 8 – sphärischer Abschlußdeckel der hermetischen Kabine; 9 – Versteifungsprofil; 10 – verstärkter Spant; 11 – Winkelprofil; 12 – Knotenprofil am Spant; 13 – Mittelholm des Tragflügelmittelstückes

geklebt und von außen mit Stoff überzogen. Die Stärke der Behäutung ist über der Rumpflänge veränderlich.

Solche Rumpfkonstruktionen waren in den Jahren 1935 bis 1945 für sowjetische Jagdflugzeuge, zum Beispiel I 16, LaGG 3 und La 5, weit verbreitet.

Die Pfettenbauweise ist vor allem bei modernen Flugzeugen verbreitet (Bild 4.10). In solchen Rümpfen sind gewöhnlich einzelne Abschnitte hermetisiert. Meist erfolgt eine Trennung in ein hermetisiertes Vorderteil und ein nicht hermetisiertes Hinterteil. Das Vorhandensein einer Rumpftrennstelle gibt die Möglichkeit, das hermetisierte Teil und das nicht hermetisierte Teil getrennt herzustellen und anschließend miteinander zu verbinden.

Einfache Spanten sind aus Blech gestanzt und haben einen *z*-förmigen Querschnitt. Verstärkte Spanten haben Befestigungspunkte für den Tragflügel, das Leitwerk und das Bugfahrwerkbein. Jeder Spant des hermetischen Abschnittes hat einen horizontal liegenden Querbalken, der zur Befestigung des Kabinenbodens dient.

Die Pfetten sind aus Preßprofilen mit Winkel- und zum Teil, im unteren Rumpfabschnitt, mit T-Querschnitt hergestellt. Die Behäutung ist an den Pfetten und Spanten angenietet. Im hermetischen Abschnitt liegen zwischen den vernieteten Teilen Dichtungsbänder. Außerdem werden die Nietreihen in diesem Abschnitt im Rumpfinneren mit einer hermetisierenden Schicht überzogen.

Bei Balkenrümpfen spielt die über die Konstruktion verteilte Einleitung konzentrierter Anschlußkräfte eine große Rolle. Bei verteilter Einleitung der Kräfte erhöht sich die Dauerbruchfestigkeit der Konstruktion wesentlich. Die beschriebene Rumpfkonstruktion wurde unter Berücksichtigung der Möglichkeiten zur Schalenmontage und der Anwendung des Preßnietens entworfen.

Die Holme des Tragflügelmittelstückes haben Verbindungselemente zur Befestigung an verstärkten Spanten des Rumpfes (Bild 4.10 – Ausschnitt I).

Der hermetische Abschnitt des Rumpfes wird nach hinten durch eine sphärische Wand abgeschlossen, die ausgezeichnet Überdrücken standhält, wenn das Flugzeug in größere Höhen aufsteigt.

Weit verbreitet ist die Aufteilung der Rumpfkonstruktion in einzelne Schalen. An den Verbindungslinien der Schalen befinden sich verstärkte Pfetten (Bild 4.11), wofür meist Preßprofile mit T-Querschnitt verwendet werden. Verstärkte Pfetten werden auch dort verwendet, wo sich in der Behäutung Ausschnitte für Wartungsluken, Fenster und Türen befinden.

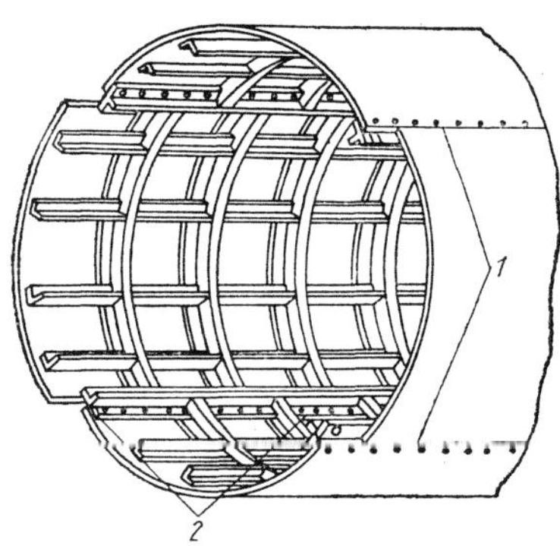

Bild 4.11 Genietete Befestigung von Schalen
1 – technologische Trennstellen; 2 – verstärkte Pfetten

Das Heckteil eines Rumpfes in Pfettenbauweise hat ein Gerüst aus einfachen und verstärkten Pfetten und Spanten (Bild 4.12). Der Hauptholm der Seitenflosse ist an einem in der Holmebene liegenden schrägen verstärkten Spant 6 befestigt. Dieser Aufbau gestattet die unmittelbare Übertragung der am Leitwerk wirkenden Kräfte

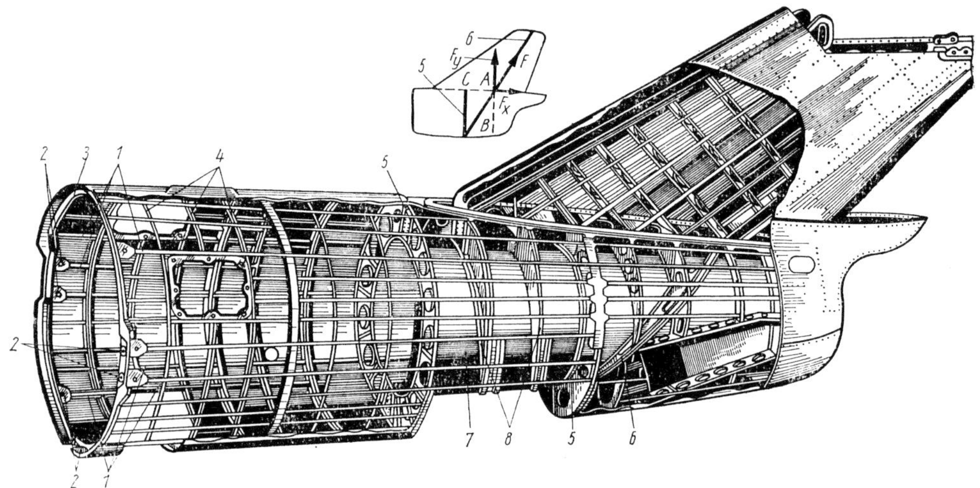

Bild 4.12 Aufbau eines Rumpfhinterteiles in Pfettenbauweise

1 – verstärkte Pfetten; 2 – Anschlußpunkte; 3 – Trennspant; 4 – Normalspanten; 5 – verstärkte Spanten; 6 – verstärkter Schrägspant; 7 – Mantelverkleidung des Verlängerungsrohres des Triebwerkes; 8 – Halbspanten

auf den schrägen Spant und von diesem auf die Behäutung des Rumpfes. Würde der schräge Spant 6 entfernt, dann müßten an seine Stelle ein verstärkter vertikaler Spant *AB* und ein starker horizontaler Balken AC treten, die die Teilkräfte F_y und F_x der Gesamtkräfte F aufnehmen müßten, wie dies in Bild 4.12 dargestellt ist.

Die Spannungen und Deformationen einzelner Konstruktionselemente eines Rumpfes in Pfettenbauweise hängen vor allem vom Charakter und von der Einleitungsweise der äußeren Kräfte ab.

Das Biegemoment in der vertikalen Ebene wird gewöhnlich durch die Pfetten und die Behäutung im oberen und unteren Teil der Rumpfkontur aufgenommen, wobei diese auf Zug oder Druck belastet werden (Bild 4.13).

In den Pfetten und der Behäutung, die auf Höhe der Rumpflängsachse liegen, sind die Biegespannungen am kleinsten. Vernachlässigt man diese Spannungen, dann kann man angenähert annehmen, daß die paarweise wirkenden Kräfte F_L mit dem Abstand $\frac{2}{3}H$ die obere und untere Teilkontur, bestehend aus der Behäutung und den Pfetten dieses Bereiches, belasten (dabei ist $\frac{2}{3}H$ hier der ungefähre Abstand zwischen den Schwerpunkten der beiden Teilkonturen). Die Höhe der tragenden Teilkonturen (Konturbögen) beträgt für elliptische und runde Rumpfquerschnitte etwa 0,25 *H*.

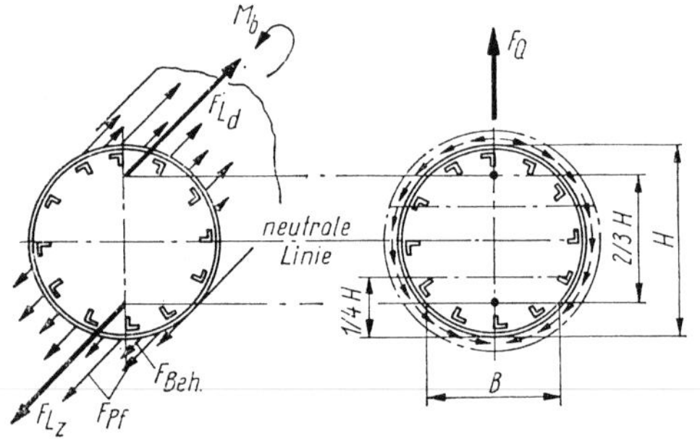

Bild 4.13 Belastungsschema der Bauteile eines Rumpfes in Pfettenbauweise

Somit ergibt sich für den auf Zug beanspruchten Konturbogen

$$\sigma_z = \frac{F_{L_z}}{A_{KB}} = \frac{F_{L_z}}{n A_{Pf} + A_{Beh}} < \sigma_B;$$

A_{KB} – Querschnittsfläche des Konturbogens;

A_{Pf} und A_{Beh} – die Querschnittsflächen einer Pfette und der Behäutung;

n – Anzahl der Pfetten.

Für den auf Druck beanspruchten Konturbogen gilt:

$$\sigma_{Pf} = \sigma_{max_{Beh}} = \frac{F_{Ld}}{A_{red.\,KB}}$$

$$= \frac{F_{Ld}}{n\,(A_{Pf} + \varphi A_{Beh})} < \sigma_{krit.\,Pf};$$

σ_{Pf} und $\sigma_{max_{Beh}}$ – die in den Pfetten wirkende Spannung und die maximale Spannung in der Behäutung;

$A_{red.\,KB}$ – die reduzierte Fläche des Konturbogens;

φ – der Reduzierfaktor der Behäutung, der den Festigkeitsverlust der Behäutung berücksichtigt ($\varphi \approx 40\,\delta/b$);

δ – die Dicke der Behäutung;

b – der Abstand zwischen den Pfetten;

A_{Beh} – die Querschnittsfläche der Behäutung zwischen zwei benachbarten Pfetten ($A_{Beh} = b\delta$);

$\sigma_{krit.\,Pf}$ – die kritische Spannung der Pfetten.

Schub und Torsion werden durch die Behäutung aufgenommen, die durch Pfetten und Spanten versteift ist.

Der Querkraftschub bei Wirkung vertikaler Querkräfte F_{Qv} beträgt in den Seitenschalen des Rumpfes

$$\tau_{Qv} = \frac{F_{Qv}}{A_{Sch}} \approx \frac{F_{Qv}}{2 \cdot \frac{2}{3} H\delta} \approx \frac{3\,F_{Qv}}{4\,H\delta},$$

H und δ – Maße der Seitenschale.

Der Querkraftschub durch horizontale Querkräfte F_{Qh} beträgt im unteren und oberen Konturbogen

$$\tau_{Qh} = \frac{F_{Qh}}{A_{sch}} \approx \frac{F_{Qh}}{2\,B\delta}.$$

B – die Breite des Konturbogens (oder der Schale) (für runde Rumpfquerschnitte gilt $B \approx 2/3\,D$).

Die Torsionsschubspannungen sowie die Gesamtspannungen durch Querkraft und Torsion werden ebenso bestimmt wie für Rümpfe in Trägerbauweise.

Rümpfe in Schalenbauweise bestehen aus einer dicken Behäutung aus einfachen und verstärkten Spanten.

Bei der betrachteten Konstruktion nimmt die Behäutung des Rumpfes alle auf ihn einwirkenden Belastungen auf. Um die Steifigkeit der Behäutung gegenüber Druck- und Schubspannungen zu erhöhen, vergrößert man die Stärke der Be-

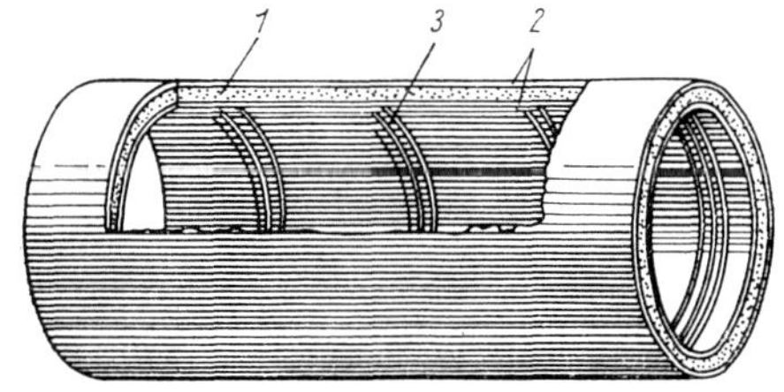

Bild 4.14 Rumpfabschnitt in Schalenbauweise unter Verwendung von Sandwichschalen

1 – Füllmaterial; 2 – dünne Behäutung; 3 – Spant

häutung, was zu einer Erhöhung der Masse der Konstruktion führt. Die Verwendung einer Sandwichbehäutung (Verbundplattenbehäutung) erhöht die Festigkeit, d. h. die kritischen Spannungen der Behäutung (Bild 4.14).

Einige Flugzeuge haben Rümpfe in Gemischtbauweise, d. h., es werden verschiedene Bauweisen für einzelne Abschnitte verwendet. Bild 4.15 zeigt einen Rumpf, bei dem die Rumpfnase bis zur Flugzeugführerkabine in Schalenbauweise und der übrige Teil des Rumpfes in Pfettenbauweise ausgelegt wurden. Kontrolle und Wartung des Triebwerkes, das im Rumpfhinterteil untergebracht ist, werden durch eine große Luke zwischen den Spanten 2 und 4 gewährleistet. Diese Luke wird durch einen leicht abnehmbaren Deckel verschlossen. Die davorliegende Luke, zwischen den Spanten 1 und 2, dient der Kontrolle und der Wartung von Kraftstoffbehältern und -leitungen.

Hauptspant des Rumpfes ist der Spant 2, an dem sich der vordere Befestigungspunkt des Tragflügels befindet. Der hintere Befestigungspunkt des Tragflügels befindet sich am Spant 3.

Die Stärke der Behäutung eines Rumpfes in Schalenbauweise wird ebenso ermittelt wie für Rümpfe in Pfettenbauweise.

4.4.1.2. Konstruktion der Hauptelemente von Balkenrümpfen

Die Hauptbauteile von Balkenrümpfen sind: Träger (Holme), Bimse, Pfetten, Spanten und Behäutung.

Die Querschnittformen der Längselemente entsprechen in der Regel den von der Industrie hergestellten Profilformen (Winkel-, Z-, [-, T- u. a. Profile), oder sie stellen eine Kombination mehrerer Profile dar.

Träger oder Holme teilt man im Rumpf in Haupt- und Hilfsträger, von denen die Hauptträger vor allem die Biegebeanspruchung des Rumpfes in Form von Zug- und Druckkräften aufnehmen, während Hilfsträger vor allem der Aufnahme örtlich wirkender Kräfte dienen. Hauptträger verlaufen gewöhnlich über die gesamte Rumpflänge, während Hilfsholme die Konstruktion örtlich, zum Beispiel an großen Ausschnitten (Luken) in Kabinen, Frachträumen usw. verstärken.

Solche Hilfsträger im Bereich großer Ausschnitte werden auch als Bims bezeichnet. Sie arbeiten auf Zug und Druck, aber auch auf Biegung, indem sie die Torsionsbelastung des Rumpfes im Bereich des Ausschnittes übertragen.

Bei Vorhandensein einer großen Anzahl von Längselementen werden nur diejeni-

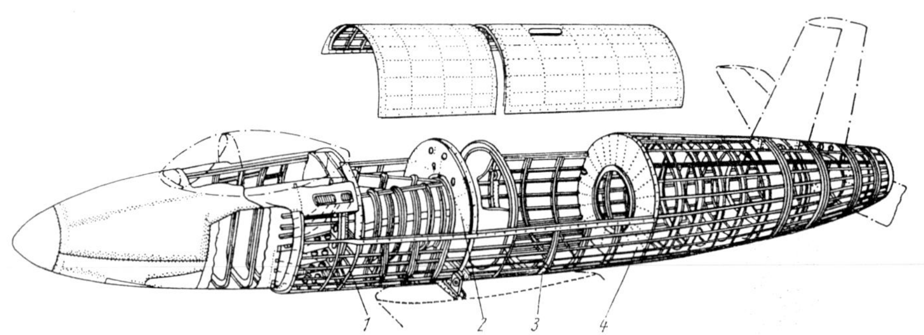

Bild 4.15 Rumpf in Gemischtbauweise

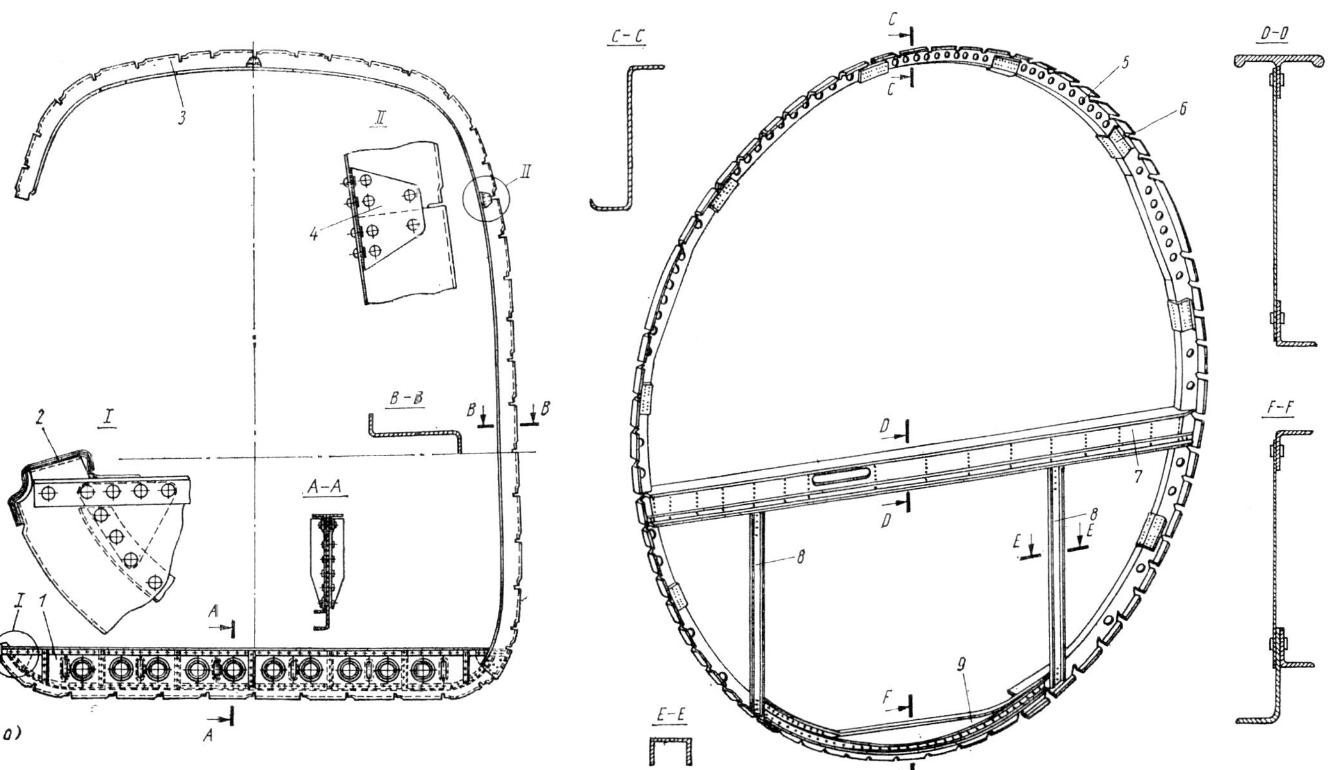

Bild 4.16 Typische Normalspanten

a, b) verschiedene Ausführungen

1 – Unterteil des Spantes; 2 – Türschwelle; 3 – Spantbogen; 4 – Knotenblech; 5 – Spantsteg; 6 – Knotenblech; 7 – Querträger des Kabinenbodens; 8 – Stützpfosten; 9 – Querträger des Frachtraumbodens

gen als Träger bezeichnet, die in der Lage sind, den entscheidenden Teil der Biegebelastung des Rumpfes aufzunehmen.

Pfetten unterteilt man ebenso wie die Träger in Haupt- und Hilfspfetten. Hauptpfetten nehmen zusammen mit der Behäutung einen Teil der Längskräfte bei Biegung des Rumpfes auf. Sie sind Hauptelemente des Festigkeitsverbandes und verlaufen gewöhnlich über die gesamte Rumpflänge. Hilfspfetten dienen der Umrandung von Wartungsluken, der Befestigung von Ausrüstungsgegenständen u. a. m.

Pfetten werden in der Regel aus Normprofilen, meist Winkelprofilen, hergestellt.

Spanten unterteilt man in einfache und verstärkte. Einfache Spanten (manchmal auch als Querpfetten bezeichnet) haben eine einfache Konstruktion und dienen einmal der Formgebung für den Rumpf und zum anderen der örtlichen Versteifung der Behäutung. Verstärkte Spanten (Kraftspanten) erfüllen die gleiche Funktion, nehmen jedoch zusätzlich örtlich in den Rumpf eingeleitete Kräfte auf.

Einfache Spanten bilden den Hauptteil des Querverbandes im Rumpf. Ihre Anzahl und Lage werden durch eine möglichst rationelle Nutzung der Behäutung im Interesse der Festigkeit des Rumpfes bestimmt.

Einfache Spanten von Passagierflugzeugen (Bild 4.16) werden aus Preß- oder Biegeprofilen, die der Form der äußeren Rumpfkontur entsprechen, hergestellt

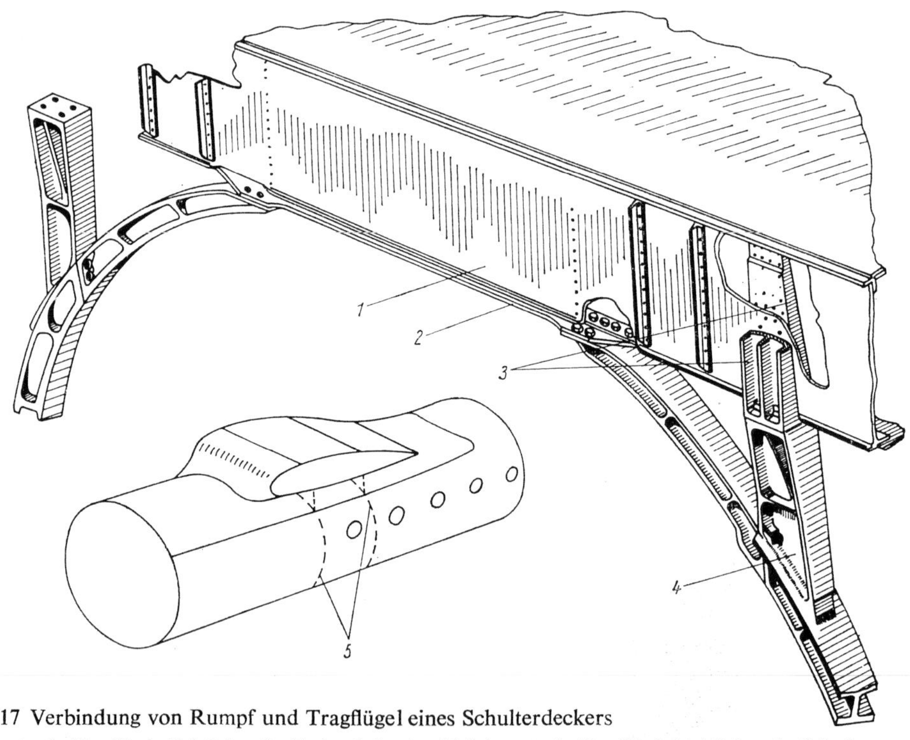

Bild 4.17 Verbindung von Rumpf und Tragflügel eines Schulterdeckers

1 – Holmsteg des Tragflügelmittelstückes; 2 – Zugband; 3 – Anschlußelemente des Tragflügelmittelstückes; 4 – Seitenbogen des Spantes; 5 – verstärkte Spanten

und bestehen gewöhnlich aus mehreren Teilen.

Verstärkte Spanten werden dort eingesetzt, wo sich im Rumpf Ausschnitte befinden oder wo am Rumpf Tragflügel, Leitwerke oder andere Baugruppen befestigt sind. Die Konstruktion der Befestigungsstellen des Tragflügels am Rumpf hängt von der Bauweise des Tragflügels, der Konstruktion der Anschlußelemente und von der Lage der Holme und Spanten zueinander ab. Liegt der Tragflügel tief oder hoch am Rumpf, so können die Holme des Tragflügelmittelstückes durch den Rumpf hindurchgehen, oder sie können einen verstärkten Spant nach unten oder oben abschließen und so ein Stück dieses Spants darstellen (Bild 4.17).

Bei mittlerer Lage des Tragflügels zum Rumpf spielt gewöhnlich ein verstärkter Ringspant die Rolle des Tragflügelmittelstückes. Manchmal wird aber auch der Holm des Tragflügels durch den Rumpf geleitet (Bild 4.18).

Bei all diesen Verbindungsvarianten werden die Biegemomente der beiden Außenflügel am Tragflügelmittelstück ausgeglichen. Die Anschlußstellen der Tragflügelholme an die Rumpfspanten werden nur durch Querkräfte belastet, die von den Holmen auf die Spanten übertragen werden.

Die Anzahl verstärkter Spanten muß im Interesse einer geringen Masse der Zelle möglichst klein gehalten werden. Deshalb ist eine Rumpfkonstruktion nur dann rationell, wenn auf jeden verstärkten Spant Einzelkräfte von mehreren anderen Baugruppen eingeleitet werden.

Die **Behäutung** (Beplankung) von Balkenrümpfen besteht aus Blechplatten (Metallplanken) und ist Teil ihres Festigkeitsverbandes. Deshalb muß sie im Bereich von Ausschnitten (für Luken, Fenster,

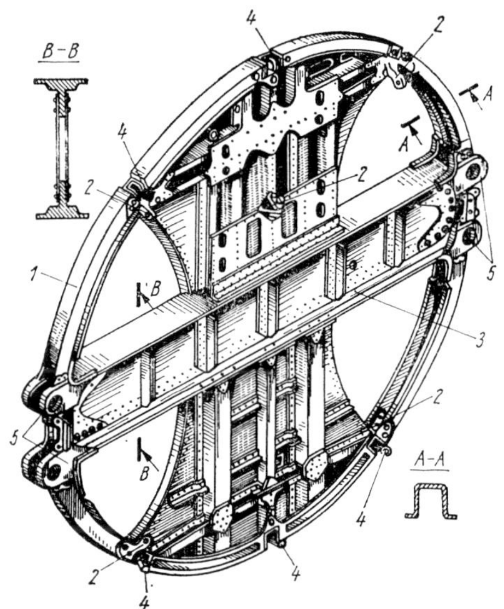

Bild 4.18 Verstärkter Rumpfspant mit Anschlußstellen für den Tragflügel und das Triebwerk

1 – Spantprofil; 2 – Anschlußpunkte des Triebwerkes; 3 – Holm des Tragflügelmittelstückes; 4 – Anschlußstellen der Pfetten; 5 – Anschlußgabeln des Tragflügels

Türen, Kabinendächer usw.) örtlich verstärkt sein. Die Befestigung der Behäutung am Längs- und am Querverband hängt von der Lage der Längselemente (Holme und Pfetten) zu den Querelementen (Spanten) ab. Diese kann folgendermaßen aussehen:

- die Pfetten liegen außerhalb der Spanten; in diesem Falle wird die Behäutung nur an den Pfetten befestigt (Bild 4.19a);
- die Pfetten liegen innerhalb der Spanten; die Behäutung wird nur an den Spanten befestigt (Bild 4.19b). Eine solche Anordnung wird selten gewählt, da sie die Arbeit der Behäutung erschwert;
- die Pfetten sind an der Außenseite der Spanten in deren Kontur eingeschnitten, und die Behäutung wird an Spanten und Pfetten befestigt (Bild 4.19c und d).

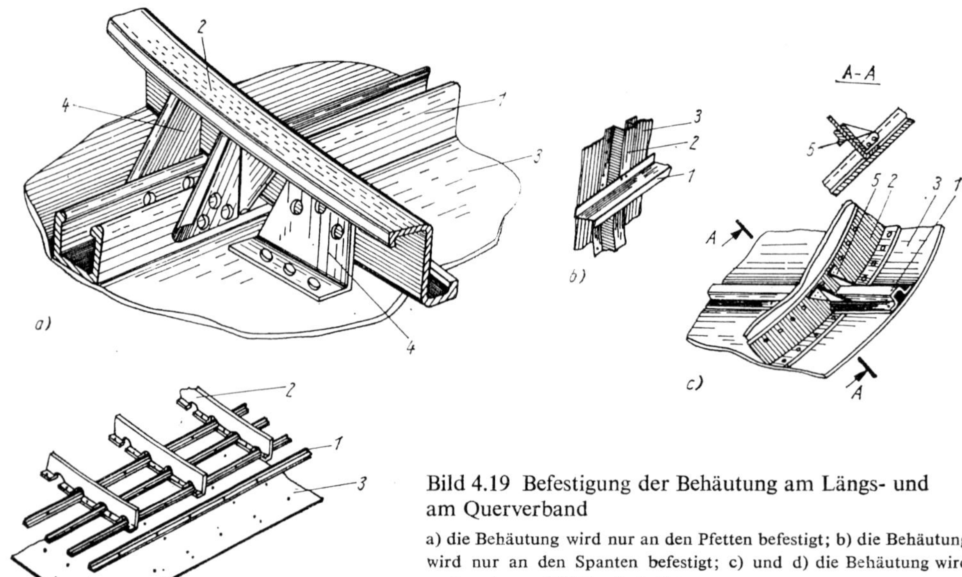

Bild 4.19 Befestigung der Behäutung am Längs- und am Querverband

a) die Behäutung wird nur an den Pfetten befestigt; b) die Behäutung wird nur an den Spanten befestigt; c) und d) die Behäutung wird an Spanten und Pfetten befestigt
1 – Pfette, 2 – Spant; 3 – Behäutung; 4 – Kompensator; 5 – Knotenblech

In den ersten beiden Fällen wird die Behäutung nur ungenügend als Element des Festigkeitsverbandes genutzt. Die erste Variante kann sich jedoch bei großer aerodynamischer Aufheizung der Zelle als günstig erweisen.

Am häufigsten wird die dritte Variante genutzt. In diesem Falle arbeitet die Behäutung auf Grund der Längs- und Querversteifung am rationellsten.

Sind die Pfetten in die Spanten eingelassen, so müssen beide aus technologischen Gründen miteinander verbunden werden. Bei Schalenkonstruktionen besteht keine Notwendigkeit für solche Verbindungselemente.

Manchmal wird die Behäutung zur Verringerung von eventuell auftretenden Temperaturspannungen über Kompensatoren mit den Spanten verbunden (Bild 4.19).

Zur Vereinfachung der Fertigungstechnologie der Rümpfe werden diese gewöhnlich mit Hilfe technologischer Trennstellen in mehrere Abschnitte unterteilt. Jeder dieser Abschnitte wird einzeln hergestellt und danach der Rumpf zu einem Ganzen montiert.

An Flugzeugen, die ein Triebwerk im Rumpfheck besitzen, hat der Rumpf gewöhnlich eine Wartungstrennstelle für den Ein- und Ausbau sowie die Wartung dieses Triebwerkes.

Die Konstruktion der Trennstellen ist von der Bauweise des Rumpfes abhängig. Bei der Trägerbauweise erfolgt die Verbindung beider Rumpfteile gewöhnlich in einzelnen Anschlußpunkten an den Holmen (Trägern) (Bild 4.20), bei der Pfetten- und der Schalenbauweise über der gesamten Kontur mit Hilfe von Anschlußwinkeln, Fittingen oder Flanschen (Bilder 4.21 und 4.22).

Die Längskräfte werden bei der Trägerbauweise von einem Rumpfteil auf das andere über die Anschlußstellen der

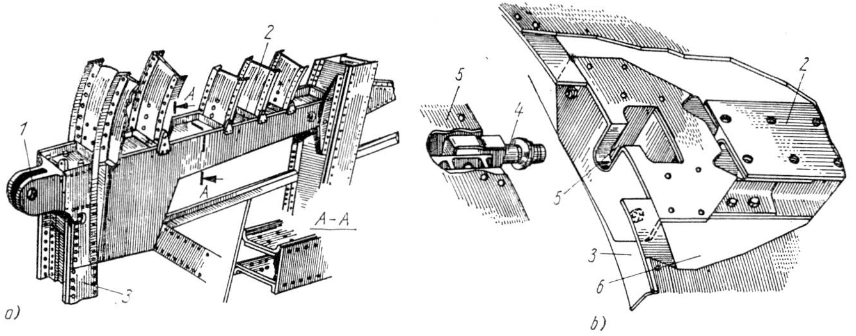

Bild 4.20 Trennstellen von Rümpfen in Trägerbauweise

a, b) verschiedene Ausführungen

1 – Anschlußpunkte; 2 – Holme; 3 – verstärkte Spanten; 4 – Kippbolzen; 5 – Rumpfvorderteil; 6 – Rumpfhinterteil

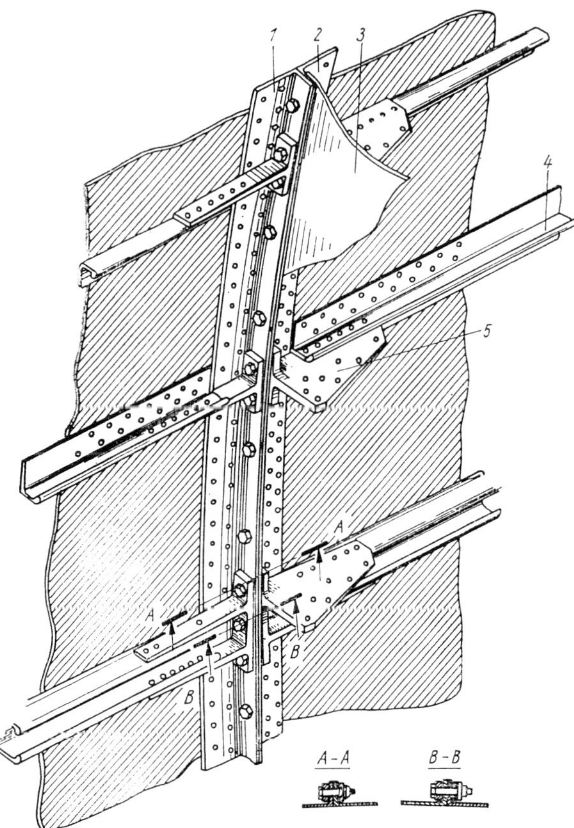

Bild 4.21 Trennstellen von Rümpfen in Pfettenbauweise

1, 2 – verstärkte Spanten; 3 – hermetischer Schlußspant der Kabine; 4 – Pfetten; 5 – Fitting

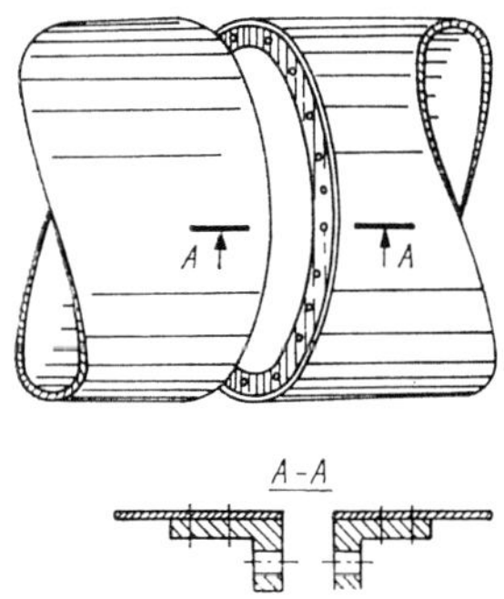

Bild 4.22 Trennstelle eines Schalenrumpfes mit Flanschen

Holme übertragen. Die Belastungen werden von der Behäutung und den Pfetten auf die Trennspanten übertragen. In Pfetten- und Schalenkonstruktionen werden alle Belastungen über die Konturanschlüsse übertragen.

4.4.1.3. Allgemeine Charakteristik der Balkenrümpfe

Balkenrümpfe zeigen am deutlichsten das Bestreben, eine sinnvolle Materialverteilung über den gesamten Umfang zu erreichen, damit es bei allen auftretenden Belastungen effektiv genutzt wird. Ein idealer Balkenrumpf besteht aus einem dünnwandigen Rohr mit rundem oder ovalem Querschnitt, dessen Wandstärke über der Länge veränderlich ist und das eine aerodynamisch günstige Form besitzt.

Diesem Ideal kommt eine Schalenkonstruktion am nächsten, bei der ja die Behäutung Hauptelement des Festigkeitsverbandes ist.

Zur Erhöhung der Steifheit der Konstruktion und zur Versteifung der Behäutung, d.h. zur Gewährleistung einer beständigen Form des Rumpfes werden Spanten eingesetzt. Bei solchen Rümpfen kann der gesamte Innenraum effektiv genutzt werden. Außerdem haben solche Rümpfe eine hohe Lebensfähigkeit.

Geschichtlich wurden die Fachwerkrümpfe alter Flugzeuge durch Trägerrümpfe abgelöst. Das Vorhandensein starker Träger im Rumpf, die mit einer schwachen Behäutung zusammenarbeiten, gestattete keine effektive Nutzung der Behäutung. Andererseits gestattete jedoch diese Bauweise eine relativ einfache Verstärkung der Konstruktion im Bereich großer Ausschnitte in der Behäutung. Relativ einfach gestalteten sich auch Anschlußstellen im Rumpf.

Die Gegenüberstellung der Vor- und Nachteile verschiedener Bauweisen führte die Konstrukteure zur Verwendung gemischter Bauweisen, so zum Beispiel der Trägerbauweise für Abschnitte des Rumpfes mit großen Ausschnitten und der Pfettenbauweise für alle übrigen Abschnitte. Schalenrümpfe fanden bisher noch keine allgemeine Verbreitung, weil die Gewährleistung der Festigkeit und Steifheit der Konstruktion eine Behäutung großer Dicke sowie die Anwendung verschiedener Elemente zur Versteifung der notwendigen Ausschnitte im Rumpf erfordert. Die Einführung der Verbundplattenherstellung in die Produktion rückte jedoch in den letzten Jahren die Schalenbauweise immer mehr in den Gesichtskreis der Konstrukteure.

4.4.2. *Fachwerkrümpfe*

In der Zeit des 1. Weltkrieges wurden für Flugzeuge nur Fachwerkrümpfe verwendet. Sogar noch viel später, nach Entwicklung der Trägerbauweise, wurden noch Fachwerkkonstruktionen, trotz ihrer eindeutigen Nachteile gegenüber den Trägerkonstruktionen, als Haupttyp verwendet.

Erst Ende der dreißiger Jahre begann eine schnelle Verdrängung der Fachwerkbauweise, und heute wird sie nur noch für kleine Flugzeuge mit geringer Unterschallgeschwindigkeit verwendet. Manchmal werden auch noch einzelne Rumpfabschnitte in Fachwerkbauweise konstruiert. Es gibt Meinungen, die voraussagen, daß die Konstrukteure zur Fachwerkbauweise zurückkehren werden, wenn sie deren Vorzüge berücksichtigen, die sie in bezug auf die Kompensation von Temperaturspannungen als Folge der aerodynamischen Aufheizung bei hohen Überschallgeschwindigkeiten haben.

Als typische Konstruktion kann der Fachwerkrumpf des sowjetischen Jagdflugzeuges Jak 1 (1940–45) dienen, der aus thermisch bearbeiteten Stahlrohren zusammengeschweißt war (Bild 4.23). Der Motorrahmen bildete hier eine Einheit mit

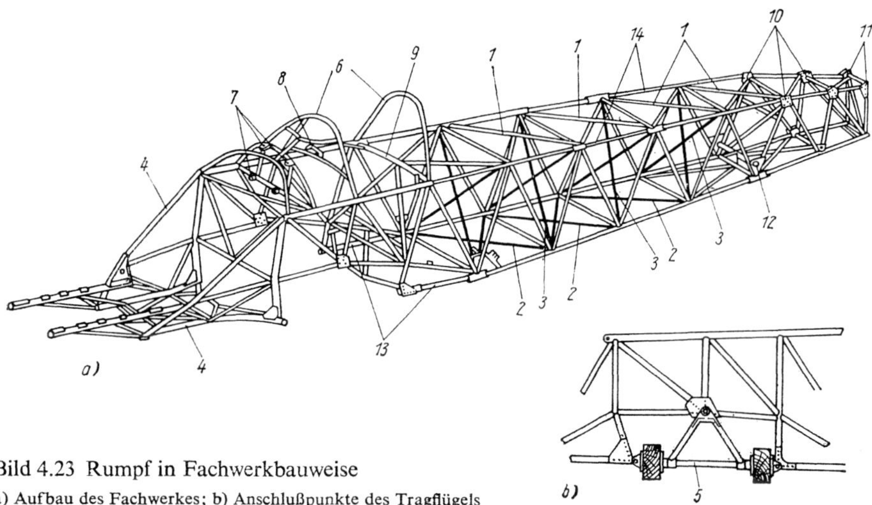

Bild 4.23 Rumpf in Fachwerkbauweise

a) Aufbau des Fachwerkes; b) Anschlußpunkte des Tragflügels

1 – doppelte Spannbänder; 2, 3 – einfache Spannbänder; 4 – Triebwerks-Befestigungsrahmen; 5 – Spreizstab der Tragflügelbefestigung; 6 – Kabinendachrahmen; 7 – Halterung der Gerätetafel; 8 – Halterung des Visiers; 9 – verstärkter Querverband zur Befestigung des Sitzes; 10 – Anschlußpunkte der Höhenflosse; 11 – Anschlußpunkte für den Endholm der Seitenflosse; 12 – Rohr zum Anheben des Rumpfhinterteiles; 13 – untere Holme; 14 – obere Holme

dem Rumpf. Im Bereich, wo der Rumpf und der Tragflügel miteinander verbunden wurden, fehlten die unteren Holme und waren durch Spreizstäbe des Tragflügels aus Rohrmaterial ersetzt. An die oberen Holme war im Bereich der Kabine der ebenfalls aus Rohren bestehende Kabinenrahmen angeschweißt.

Die Höhenflosse wurde in 4 Punkten an den Rumpf angeschlossen, der hintere Holm der Seitenflosse an das hinterste querliegende ebene Fachwerk des Rumpfes.

Der obere und untere Umströmungskörper des Rumpfhinterteiles bestanden aus Holzrahmen, die mit Sperrholz beplankt waren. Die seitliche Behäutung des Rumpfes bestand am Vorderteil aus einer Aluminiumbeplankung, am Hinterteil aus Leinenbespannung.

Am stärksten belastet waren die ebenen Seitenfachwerke, weniger stark belastet dagegen die ebenen Fachwerke auf der Rumpfober- und -unterseite. Die Seitenfachwerke waren diagonal verstrebt, während das obere und untere sowie die ebenen Querfachwerke mit Hilfe von Stahlbändern diagonal verspannt waren. Die Verstrebungen gaben der Rumpfkonstruktion eine sehr hohe Festigkeit und Steifheit.

Bild 4.24 zeigt einen Fachwerkrumpf geodätischer Konstruktion. Der Festigkeitsverband dieses Rumpfes besteht aus den Spanten 1–6, die durch die Holme 7 und das geodätische Gitter 8 miteinander verbunden sind. Das geodätische Gitter besteht aus gekrümmten Elementen (siehe Ausschnitte I und II) unterschiedlicher Länge und Krümmung, die durch Formwalzen aus Metallbändern hergestellt werden.

Die Besonderheit der geodätischen Konstruktion besteht darin, daß die tragende Behäutung durch das geodätische Gitter und eine dünne Stoff- oder Blechbehäutung ersetzt wurde.

Die Ausarbeitung der geodätischen Konstruktion und ihre Vervollkommnung förderten die Weiterentwicklung der Fachwerkbauweise und den Übergang zur dünnwandigen Balkenbauweise.

In Tabelle 4.2 sind einige Angaben zur vergleichenden Bewertung von Balken- und Fachwerkrümpfen an Hand der an sie gestellten Grundforderungen aufgeführt.

Aus der Tabelle ist zu ersehen, daß der Balkenrumpf in bezug auf die meisten Forderungen vorteilhafter ist. Hieraus erklärt sich auch seine weite Verbreitung.

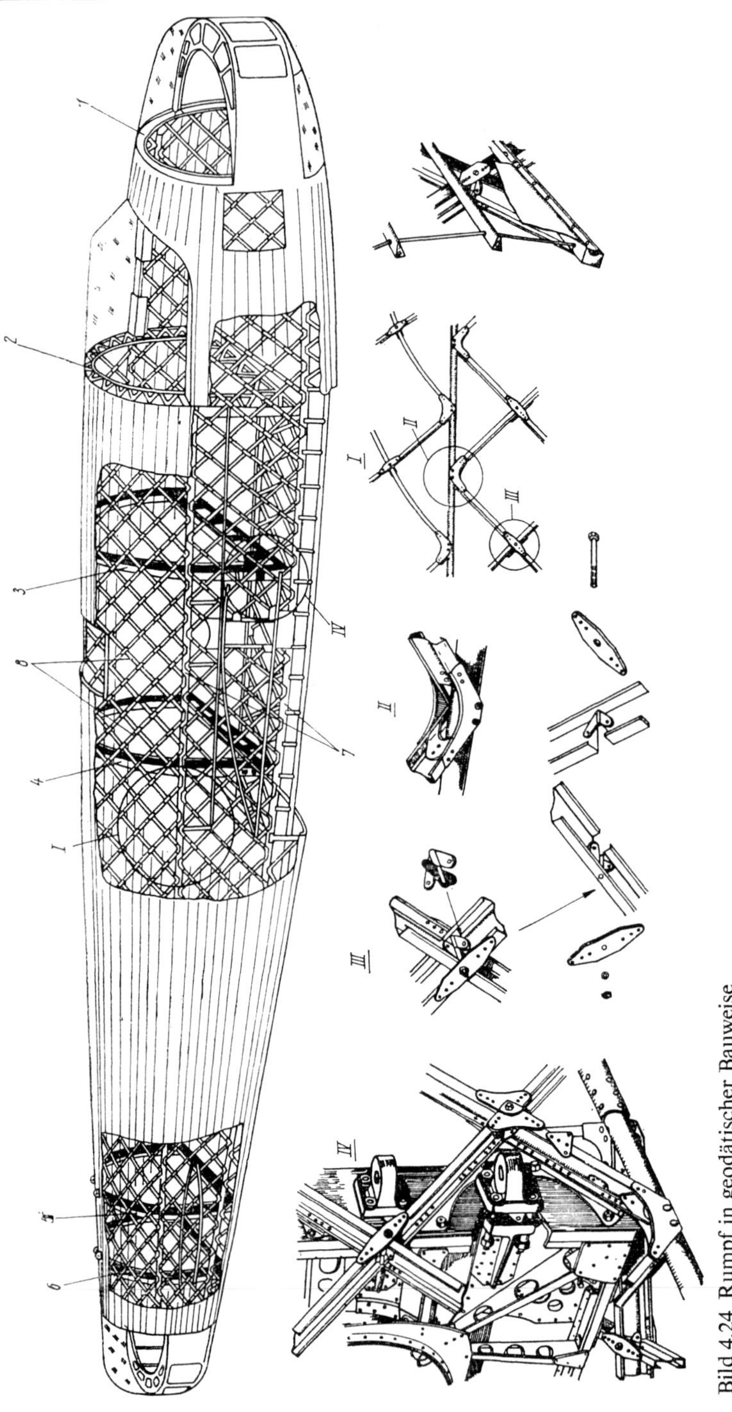

Bild 4.24 Rumpf in geodätischer Bauweise

Tabelle 4.2

Lfd. Nr.	Forderungen	Rumpfbauweise Balkenrumpf	 Fachwerkrumpf
1.	Gewährleistung der vorgegebenen Form	Jede beliebige Form wird durch die Elemente des Festigkeitsverbandes gewährleistet.	Die Form wird nur mit Hilfe zusätzlicher Bauteile (Umströmungskörper, Leitbleche) gewährleistet.
2.	Ausreichende Festigkeit	Wird durch die gleichen Bauteile gewährleistet, die auch die Form geben (das Material wird effektiv genutzt).	Wird durch das Fachwerk gewährleistet, welches wenig zur Formgebung genutzt wird (weniger effektive Nutzung des Materials).
3.	Ausreichende Steifheit	Bleibt während der Nutzung konstant. Wird nicht nur durch Hauptbauteile, sondern auch durch Hilfsbauteile gesichert.	Verändert sich während der Nutzung auf Grund des Vorhandenseins dehnbarer Bauteile (z. B. Spannbänder). Das erfordert eine periodische Nachregulierung.
4.	Minimale Baumasse	Gewährleistet durch rationelle Belastung aller Elemente des Festigkeitsverbandes.	Ein großer Teil von Elementen ist nicht belastet, was die Baumasse erhöht. Je größer das Flugzeug, desto größer dieser Mangel.
5.	Lebensfähigkeit	Bei örtlichen Beschädigungen und Zerstörungen der Konstruktion bleibt die Festigkeit erhalten.	Die Festigkeit geht verloren, wenn auch nur ein Element des Fachwerkes zerstört wird.
6.	Optimale Nutzung des Innenraumes	Wird gewährleistet, da im Innenraum keine Querwände vorhanden sind.	Unzureichend gewährleistet, da zur Versteifung der Konstruktion ebene Querfachwerke erforderlich sind.

4.5. Kabinen

4.5.1. *Forderungen an Kabinen*

Als Kabinen werden einzelne Abschnitte des Rumpfes bezeichnet, die dazu dienen, die Besatzung, Passagiere und verschiedene Bedarfslasten (Bordküchen, Toiletten, Garderoben, Handgepäck u. ä.) aufzunehmen.

Kabinen können nicht hermetisierbar (für geringe Höhen) oder hermetisierbar (für große Höhen) sein. Moderne Flugzeuge haben gewöhnlich hermetische Kabinen.

An Kabinen für die Besatzung werden folgende Forderungen gestellt:

- gute Sicht (gutes Blickfeld) für die Besatzung. Für den Flugzeugführer werden bei Fluglage des Flugzeuges folgende Blickwinkel empfohlen: nach vorn unten $-15°$, nach vorn oben $+30°$, nach beiden Seiten $\pm 90°$;

- rationelle Verteilung der Arbeits- und Passagierplätze sowie der Ausrüstung in den Kabinen; größtmögliche Bequemlichkeit für den Flug;
- rationelle Wahl der Türen und Notluken zum Verlassen des Flugzeuges im Havariefall;
- Gewährleistung des erforderlichen Luftdurchsatzes durch die Kabine zur Aufrechterhaltung der erforderlichen Lebens- und Arbeitsfähigkeit von Besatzung und Passagieren;
- Gewährleistung der Höhentauglichkeit der Kabine (Druck, Temperatur, Luftfeuchtigkeit);
- Anwendung von Schutzmaßnahmen für den Fall eines zufälligen Enthermetisierens der Kabine.

An Passagierkabinen werden außer den genannten noch zusätzliche Forderungen gestellt:

- Gewährleistung eines Mindestraumes pro Passagier (0,9 m^3), rationelle Verteilung der Sitze, ausreichende Beleuchtung, Möglichkeit für jeden Passagier, die Ventilation zu nutzen;
- qualitativ hochwertige Innenausstattung;
- ausreichender Lärm- und Vibrationsschutz;
- gut ausgerüstete Bordküchen, Toiletten, Garderoben usw.

An Lastkabinen und Gepäckräume werden folgende Forderungen gestellt:

- Luken, die eine mechanisierte Be- und Entladung gestatten;
- Auswahl von Räumen für das Handgepäck der Passagiere, so daß die erforderliche Schwerpunktlage des Flugzeuges gewährleistet ist, besonders dann, wenn das Flugzeug nicht voll besetzt ist;
- Vorrichtungen zum Festmachen der Lasten in gewünschter Lage.

4.5.2. *Besatzungskabinen*

In der Besatzungskabine werden die Arbeitsplätze der Besatzung sowie verschiedene Ausrüstung untergebracht.
Für ein- und zweisitzige Flugzeuge war die Kabine lange Zeit offen und hatte lediglich eine Schutzscheibe zur Abweisung des Luftstrahles. Mit Erhöhung der Fluggeschwindigkeit konnte die offene Kabine nicht mehr die erforderlichen Arbeitsbedingungen für die Besatzung gewährleisten und erzeugte einen zusätzlichen Luftwiderstand. Es wurde die geschlossene Kabine mit verglastem Oberteil, das als Kabinendach bezeichnet wird und die Besatzung vor dem Luftstrom schützt, eingeführt.
Das Kabinendach stellt einen Aufbau dar, der gewöhnlich aus der Rumpfkontur heraustritt und den Luftwiderstand des Flugzeuges erhöht. Die Suche nach der günstigsten Form des Kabinendaches, die sich in die Rumpfkontur einfügt, stellt eine schwierige Aufgabe für die Konstrukteure dar, die bis heute noch nicht völlig gelöst ist.
Moderne Flugzeuge haben geschlossene Kabinen mit einem Kabinendach, dessen Konturen relativ fließend in die Rumpfkontur übergehen. Für Überschallflugzeuge kann zur Verbesserung der Sichtverhältnisse für die Besatzung während des Gleitfluges und der Landung die Flugzeugnase nach unten abkippbar sein (Kippnase), wie das auf Bild 4.25 dargestellt ist.
Die Kabinendachverglasung besteht aus organischem Glas oder aus Silikatglas, dessen physikalisch-mechanische Eigenschaften auch bei aerodynamischer Aufheizung erhalten bleiben.
Auf der Grundlage langjähriger Erfahrungen in der Nutzung und Projektierung

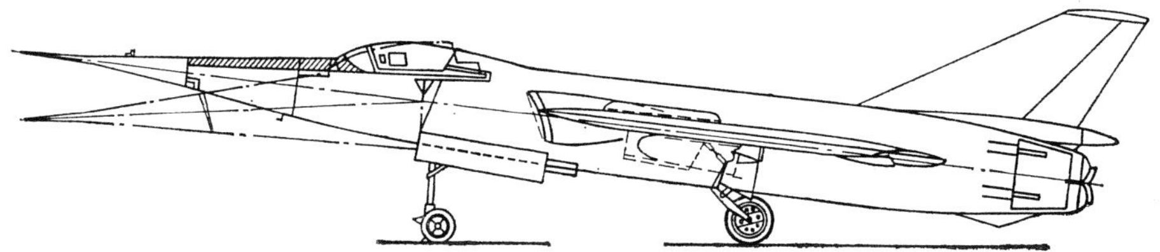

Bild 4.25 Kippnase des Rumpfes zur Verbesserung der Sicht für die Besatzung bei der Landung

von Flugzeugen gibt es Empfehlungen für die Ausmaße der Kabine sowie für die Verteilung der Geräte, Bedienelemente, Signallampen und anderer Ausrüstung.

Um die Beobachtung der Geräte zu erleichtern, sind diese entsprechend ihrer Bedeutung gruppiert und in bestimmter Reihenfolge an Gerätetafeln befestigt. Gewöhnlich werden in der Mitte der vorderen Gerätetafel die Flugüberwachungs- und Navigationsgeräte und rechts von ihnen die Triebwerküberwachungsgeräte angebracht.

Steuerelemente für die verschiedenen Teile des Flugzeuges sind in der Kabine in Gruppen entsprechend ihrer Aufgabe und der Notwendigkeit, sie zu nutzen, angebracht.

An der rechten Bordwand der Kabine liegen meist die Steuerelemente, die während des Fluges nur selten durch den Flugzeugführer benutzt werden. Dazu gehören die Steuerelemente für das Anlassen der Triebwerke, für die Funkausrüstung, für Notsysteme und anderes mehr.

Alle Steuerelemente (Hebel, Knöpfe, Schalter usw.) sind so angebracht, daß die Besatzungsmitglieder sie von ihren Arbeitsplätzen aus ohne große Mühe betätigen können.

Besonders wichtige Steuerelemente werden in bestimmten Farben gestrichen, um die Aufmerksamkeit der Besatzung auf sie zu lenken.

Die große Anzahl der in der Kabine vorhandenen Geräte und Ausrüstungsgegenstände, die der Flugzeugführer ständig beobachten muß, erschwert seine Arbeit sehr und führt zu seiner schnellen Ermüdung. Deshalb sind die Konstrukteure bestrebt, Kontrollfunktionen auf Automaten zu übertragen.

Die Besatzungskabine großer Flugzeuge unterscheidet sich wesentlich von der bisher beschriebenen, da sie weit mehr Geräte und Steuerelemente beherbergt, die außerdem oft noch für Pilot und Copilot doppelt vorhanden sind.

Bild 4.26 zeigt eine Besatzungskabine mit Arbeitsplätzen für zwei Flugzeugführer (Piloten), einen Steuermann, einen Funker und einen Bordmechaniker.

Die meteorologischen Bedingungen in Höhen über 10000 ··· 12000 m sind für Flüge sehr günstig: es gibt nur eine geringe Wolkenbildung, die Winde wehen mit gleichmäßiger Stärke aus gleichbleibender Richtung, und es besteht kaum die Gefahr der Vereisung. Außerdem sind Flüge in diesen Höhen hinsichtlich des Kraftstoffverbrauches ökonomischer.

Jedoch tritt bei Flügen in Höhen über 3000 bis 4000 m die sogenannte Höhenkrankheit auf, weil der Sauerstoffpartialdruck in der Atmosphäre immer geringer wird, so daß es zu Sauerstoffmangel für die menschliche Atmung kommt. Größere Flughöhen ohne Schutzmaßnahmen führen zum Tode des Menschen. Im Zusammenhang damit ergab sich die Not-

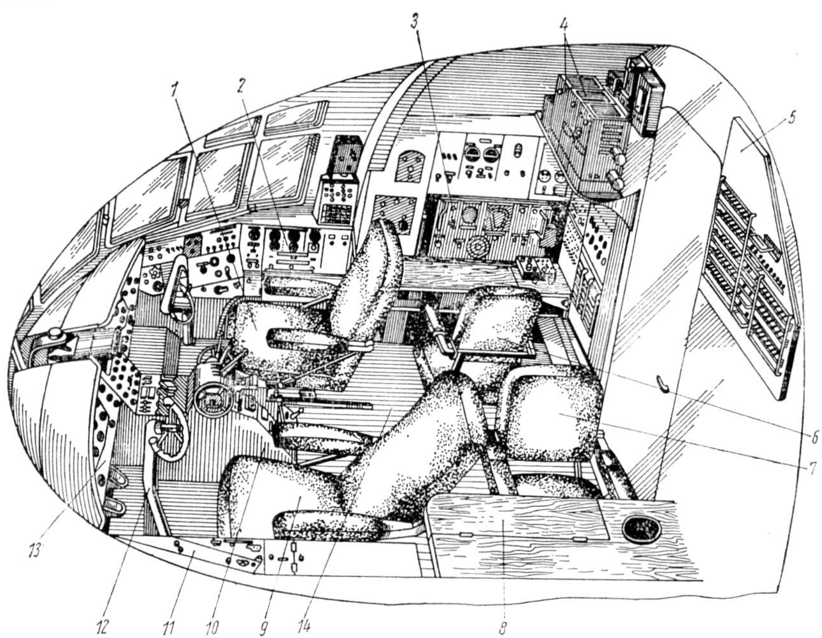

Bild 4.26 Besatzungskabine eines modernen Passagierflugzeuges

1 – Sitz des rechten (zweiten) Piloten (Flugzeugführers); 2 – rechtes Steuerpult; 3 – Arbeitsplatz des Funkers; 4 – Funkausrüstung; 5 – Funksteuerpult des Steuermannes; 6 – Sitz des Funkers; 7 – Sitz des Steuermannes; 9 – Sitz des linken (ersten) Piloten; 10 – zentrales Steuerpult; 11 – linkes Steuerpult; 12 – linke Steuersäule; 13 – Gerätetafeln; 14 – Platz für den Sitz des Bordmechanikers

wendigkeit, die Kabinen zu hermetisieren, um die für den Menschen notwendigen Bedingungen an Druck, Temperatur, Feuchtigkeit und chemischer Zusammensetzung der Kabinenatmosphäre zu gewährleisten.

Heute gibt es zwei Grundtypen hermetischer Kabinen:

Ventilations- und **Regenerationskabinen.** In Ventilationskabinen wird der erforderliche Luftdruck durch Einblasen von Luft erreicht, die entweder von den Kompres-

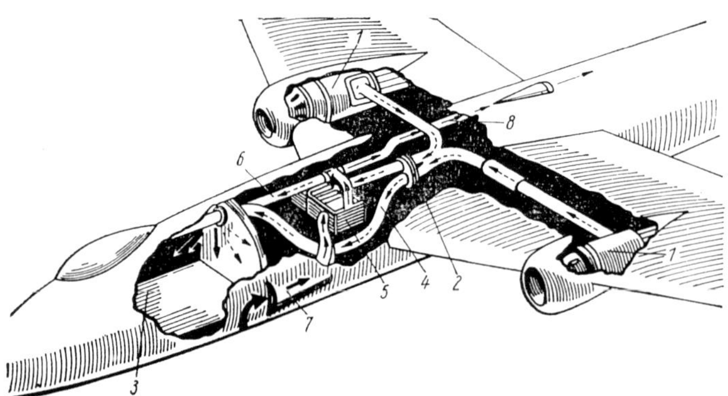

Bild 4.27 Konstruktives Schema einer Belüftungsanlage für eine hermetische Ventilationskabine

1 – Verdichter der Triebwerke; 2 – Verteilerhahn; 3 – Besatzungskabine; 4, 6 – Rohrleitungen; 5 – Luft-Luft-Kühler; 7 – Kühlluftstufen für den Luft-Luft-Kühler; 8 – Ableitung der Kühlluft

soren der Triebwerke oder von einer speziellen Anlage geliefert wird.

Bild 4.27 zeigt das prinzipielle Schema einer Belüftungsanlage für eine hermetische Ventilationskabine. Die komprimierte und erwärmte Luft aus den Triebwerksverdichtern 1 gelangt über den Verteilerhahn 2 in die Kabine 3. Die Lufttemperatur wird automatisch über den Verteilerhahn 2 reguliert. Ist die Temperatur zu hoch, so wird ein Teil zur Kühlung über den Luft-Luft-Kühler 5 zur Kabine geleitet. Die beiden Strömungen, d. h. die wärmere aus Leitung 4 und die kältere aus Leitung 6, vereinigen sich vor Eintritt in die Kabine. Die Kühlung der Versorgungsluft im Luft-Luft-Kühler erfolgt mit Hilfe kalter atmosphärischer Luft, die über den Stutzen 7 in den Kühler gelangt und dann nach Wärmeaustausch erwärmt über Leitung 8 wieder in die Atmosphäre ausgeblasen wird. Der erforderliche Druck in der Kabine wird automatisch über ein Ventilsystem gewährleistet.

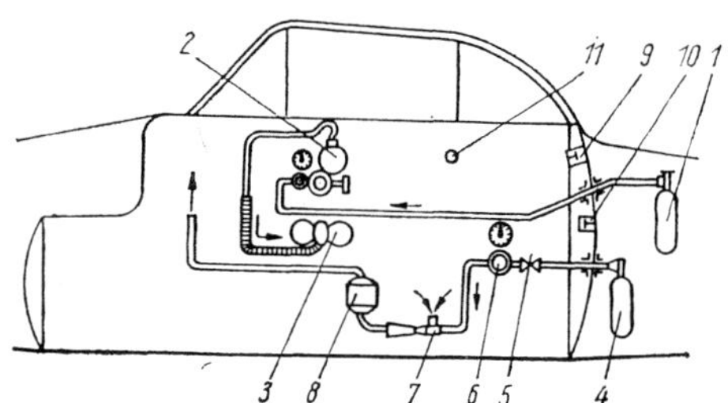

Bild 4.28 Prinzipielles Schema der Belüftungsanlage einer Regenerationskabine

1 – Sauerstoffflasche; 2 – Sauerstofflunge; 3 – Sauerstoffmaske; 4 – Druckluftflasche; 5 – Absperrventil; 6 – Behälter; 7 – Ejektor; 8 – Regenerationspatrone; 9 – Überdruckventil; 10 – Rückschlagventil; 11 – Handventil

In einer Regenerationskabine werden der erforderliche Druck und die notwendige Zusammensetzung der Kabinenatmosphäre mit Hilfe einer Regenerationsanlage und einer Reserve an gasförmigem oder flüssigem Sauerstoff in Druckbehäl-

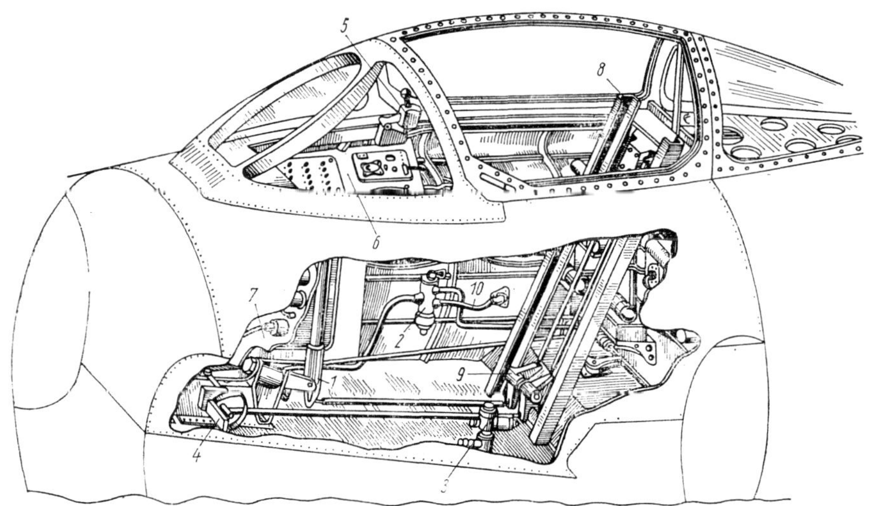

Bild 4.29 Hermetische Flugzeugführerkabine eines Jagdflugzeuges

1 – Steuerknüppel; 2 – Kabinenversorgungshahn; 3 – Druckautomat; 4 – Pedale der Seitensteuerung; 5 – Kabinendachschloß; 6 – rechtes Steuerpult; 7 – Gerätetafel; 8 – Leitschienen des Katapultsitzes; 9 – Umlenkhebel der Höhen- und Querrudersteuerung; 10 – Rohr des Luftaufnahmestutzens

tern an Bord des Flugzeuges gewährleistet. In der Regenerationsanlage wird die Kabinenluft von Atmungsprodukten, d.h. von Kohlenoxid und Wasserdampf gereinigt. Zur Aufrechterhaltung des Druckes wird ständig aus den Druckbehältern Sauerstoff zugeführt.

Ventilationskabinen sind vor allem für Flugzeuge mit Flughöhen von 25 bis 30 km gebräuchlich, Regenerationskabinen dagegen für Flugzeuge mit noch größeren Flughöhen.

In modernen Flugzeugen, die in großen Höhen fliegen, sind gewöhnlich hermetische Rumpfabschnitte als Kabine gestaltet (Bild 4.29). Auf diese Weise wird eine Masseneinsparung erreicht, weil die Kabinenkonstruktion außer den Druckdifferenzen auch alle anderen Belastungen aufnimmt, die in diesem Abschnitt auf den Rumpf einwirken.

Hermetische Kabinen können auch als selbständige Baugruppe ausgelegt sein, die in den Rumpf eingesetzt ist. In diesem Falle nimmt die Kabinenkonstruktion nur die Belastungen auf, die sich aus der Druckdifferenz zwischen der inneren und äußeren Atmosphäre ergeben. Solche Kabinen werden heute nur noch höchst selten verwendet.

Die rationellste Kabinenform, vom Standpunkt der Gewährleistung einer ausreichenden Festigkeit gegen die vorhandene Druckdifferenz bei minimaler Masse, ist die Kugel oder ein Zylinder mit Kugelböden.

Bild 4.30 zeigt eine Reihe von Möglichkeiten zur Gewährleistung der hermetischen Dichtheit von Nietreihen zur Verbindung der Behäutung mit dem Quer- und dem Längsverband der Kabine.

Hermetische Kabinen erschweren die Verglasung von Kabinendächern sehr. Der Rahmen des Kabinendaches besteht gewöhnlich aus einzelnen gestanzten oder gegossenen Abschnitten, die mit mehrschichtigem, organischem oder Silikatglas verglast sind. Jede Scheibe muß die volle Druckdifferenz aushalten.

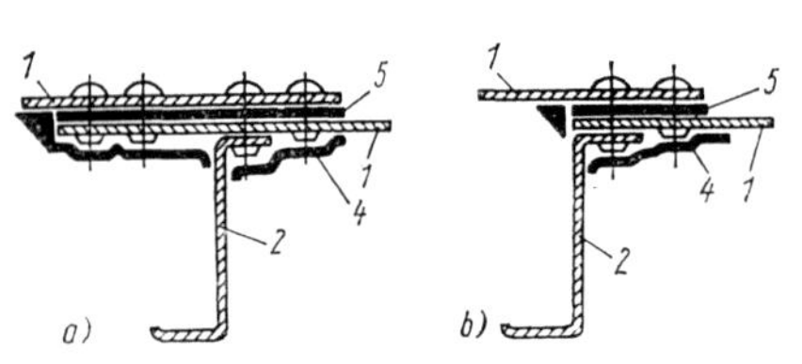

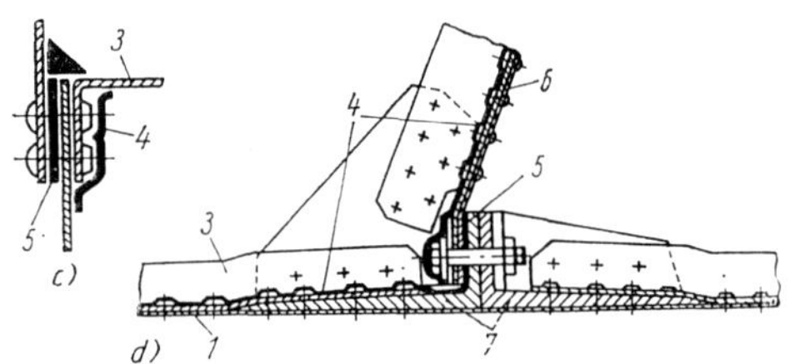

Bild 4.30 Hermetische Verbindungen von Bauteilen des Rumpfes

a) in der auf Zug beanspruchten Zone der Behäutung; b) in der auf Druck beanspruchten Zone der Behäutung; c) in Querstößen der Behäutung; d) am Kabinenboden;

1 – Behäutung; 2 – Spanten; 3 – Pfetten; 4 – Dichtpaste; 5 – Dichtungsbänder; 6 – Rückwand der hermetischen Kabine; 7 – verstärkte Spanten

Bild 4.31 zeigt ein typisches Kabinendach der Flugzeugführerkabine von Jagdflugzeugen. Besondere Schwierigkeiten bestehen bei dieser Konstruktion stets in der Befestigung der Verglasung sowie in der Gewährleistung der hermetischen Dichtheit zwischen Kabinenrahmen und beweglichem (verschiebbarem, abklappbarem) Teil des Kabinendaches. Der hermetische Einsatz der Verglasung erfolgt auf gewöhnliche Weise mit Hilfe von Dichtungsbändern, -schläuchen, -pasten u.ä. Die Hermetisierung des beweglichen Tei-

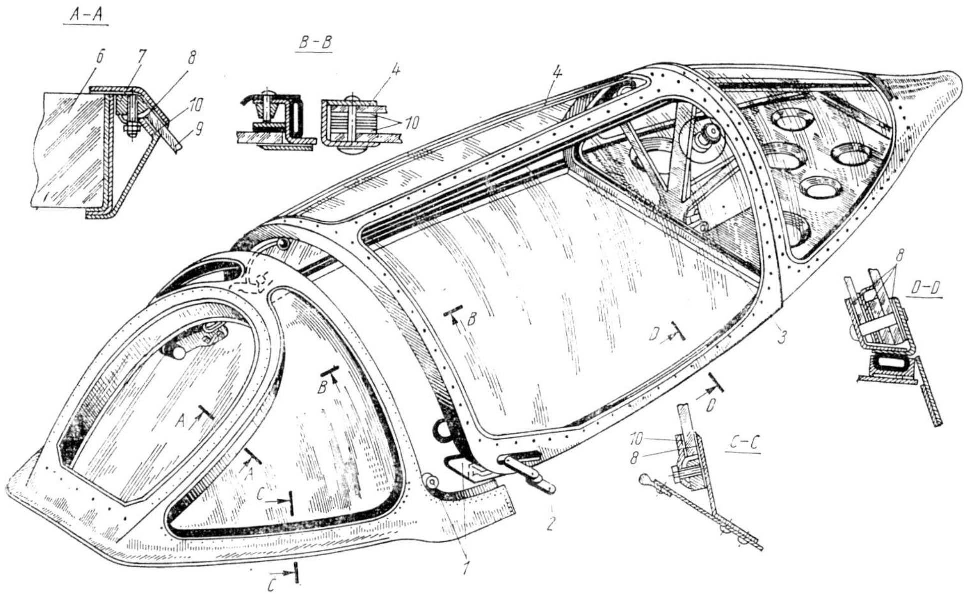

Bild 4.31 Kabinendach eines Jagdflugzeuges
1 – vorderes Dachschloß; 2 – Betätigungsgriff des Schlosses; 3 – Rollen; 4 – bewegliches Teil des Daches (nach hinten verschiebbar); 5 – Schloß der Dachverriegelung; 6 – vordere Panzerscheibe; 7 – Rahmen; 8 – Dichtungsband; 9 – Seitenscheibe; 10 – Zwischenlage

les des Kabinendaches erfolgt gewöhnlich mit Hilfe eines aufblasbaren Schlauches, wie dies in Bild 4.31, Schnitt D-D, dargestellt ist.

In Bild 4.32 ist die Kabinendachkonstruktion der Besatzungskabine eines Passagierflugzeuges dargestellt. Die einzelnen Scheiben werden mit Dichtungsscheiben von innen in die Rahmensegmente eingesetzt und durch einen Metallrahmen angedrückt. Das Einsetzen der Scheiben von innen erhöht ihre hermetische Dichtheit, weil die Scheiben durch den inneren Überdruck in den Rahmen gedrückt werden. Zur Erhöhung der Festigkeit werden die Elemente des Kabinenrahmens oft aus Doppelprofilen hergestellt, von denen jedes die berechnete Belastung aufnimmt. Schwierigkeiten gibt es bei der Hermetisierung der verschiedensten Durchführungen durch die Kabinenwand, wie von Hydraulik-, Druckluft-, Elektro- und anderen Leitungen, besonders aber von beweglichen Teilen der Steuerung des Flugzeuges (Gestänge, Seile). Rohrleitungen werden durch spezielle hermetische Übergangsstücke mit elastischen Dichtungsscheiben durch die Kabinenwand hindurchgeführt (Bild 4.33).

Der Hermetisierungsgrad einer Kabine wird durch den Druckabfall pro Zeiteinheit als Folge von Druckluftverlusten durch Undichtheiten gekennzeichnet. Der erforderliche Hermetisierungsgrad ist für jedes Flugzeug in Abhängigkeit von seiner Zweckbestimmung vorgegeben und wird regelmäßig überprüft. Viele Flugzeuge haben für den Fall eines plötzlichen starken Druckabfalles eine Notvorrichtung, die den entstehenden Luftverlust durch

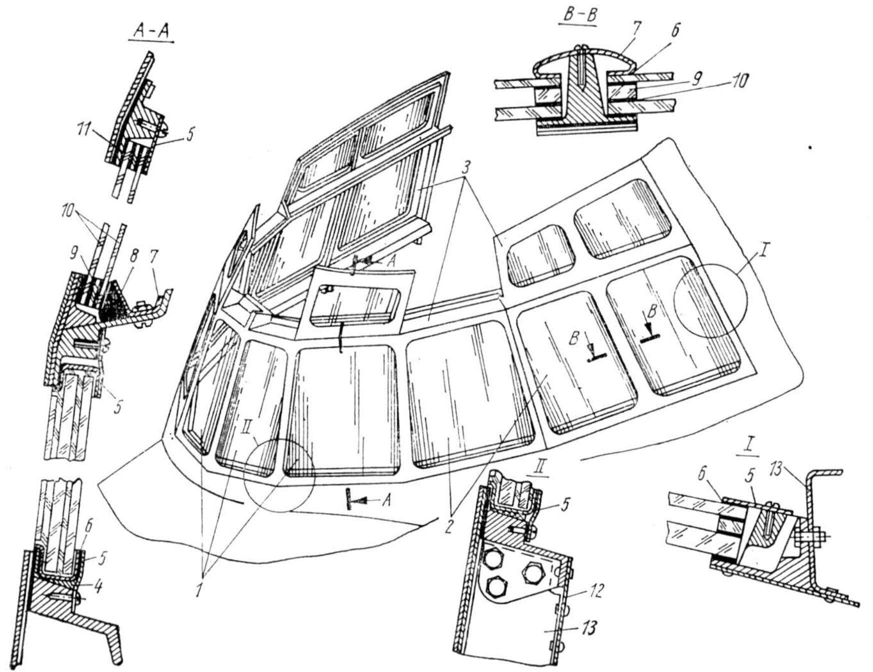

Bild 4.32 Verglasung der Besatzungskabine eines Passagierflugzeuges

1 – Frontscheiben mit elektrischer Beheizung; 2 – Seitenscheiben; 3 – Rahmenteile des Kabinendaches; 4 – Keil; 5 – Scheibenrahmen; 6 – Dichtungsband; 7 – Profile; 8 – Gummieinsatz; 9 – Zwischenlage; 10 – Scheiben; 11 – Gummiband; 12 – Knotenblech

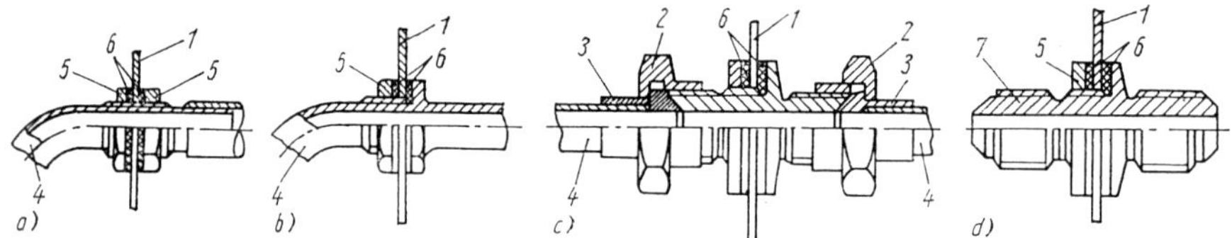

Bild 4.33 Konstruktive Lösungen hermetischer Durchführungen von Rohrleitungen durch Kabinenwände

a bis d) verschiedene Lösungen;

1 – Kabinenwände; 2 – Überwurfmuttern; 3 – Rohrnippel; 4 – Rohrleitungen; 5 – Muttern; 6 – Dichtungsscheiben; 7 – Anschlußstutzen; 8 – Anschlußstutzen mit Flansch

ständiges Nachfüllen ausgleicht, sowie eine zusätzliche Sauerstoffreserve. Für Militärflugzeuge stellen Skaphander (Schutzanzüge), die aus einem luftdichten Material gefertigt sind und eine entsprechende Ausrüstung zur Gewährleistung des Druckes und des erforderlichen Sauerstoffgehaltes bis in große Höhen haben, das effektivste Mittel zur Rettung der Besatzung bei Beschädigung der hermetischen Kabine in großen Höhen dar. Die Besatzungskabinen werden mit Sitzen ausgerüstet, die bequeme Arbeit und Erholung gestatten.

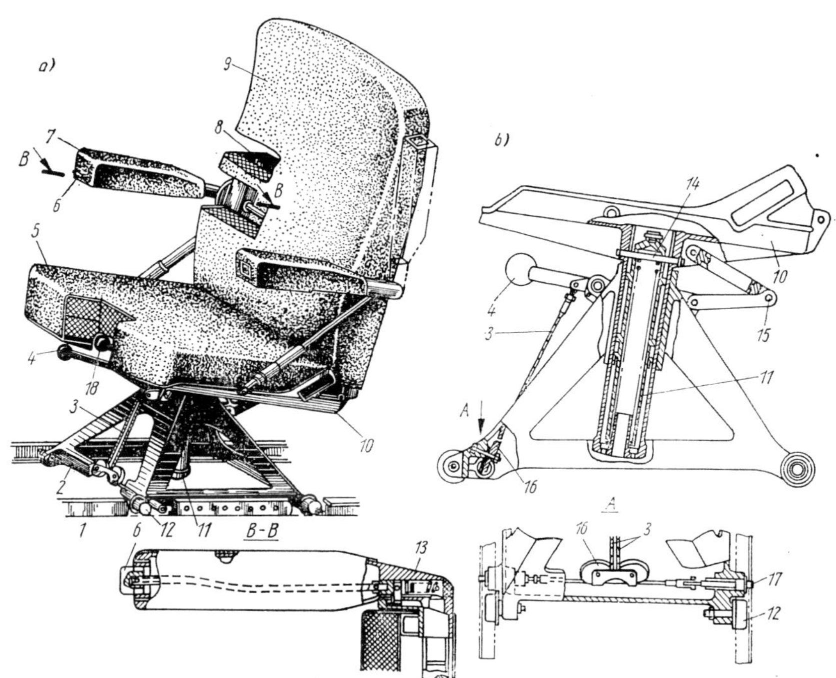

Bild 4.34 Flugzeugführersitz eines Passagierflugzeuges

a) Sitz; b) Fahrgestell des Sitzes;

1 – Leitschienen; 2 – Fahrgestell; 3 – Seile zum Verriegelungsmechanismus; 4 – Verriegelungsgriff für die Vor- und Rückwärtsbewegung des Sitzes; 5 – Sitzkissen; 6 – Löseknopf für die Verriegelung der Armstützen; 7 – Armstütze; 8 – Rahmen der Rückenlehne; 9 – Rückenpolsterung; 10 – Sitzwanne; 11 – Federung; 12 – Rollen; 13 – Verriegelungsmechanismus der Armlehnen; 14 – Befestigungsachse des Federpaketes; 15 – Führungsgelenk; 16 – Rolle; 17 – Verriegelungsstift des Fahrgestelles; 18 – Hebegriff des Sitzes

Bild 4.34 zeigt den Flugzeugführersitz eines Passagierflugzeuges.

Der Sitz kann in der Höhe um 100 mm verstellt und in Flugrichtung um 270 mm in Schienen am Kabinenboden verschoben werden. Die Rückenlehne kann bis 15° nach hinten und bis 5° nach vorn geneigt werden, so daß der Flugzeugführer eine bequeme Lage einnehmen kann.

Der Sitz des Steuermannes und des Funkers (Bild 4.35) ist in der Höhe um 100 ··· 150 mm verstellbar. Er unterscheidet sich in gewisser Weise vom Sitz des Flugzeugführers, indem er seitwärts drehbar und manchmal auch zusammenklappbar ist.

Mit Vergrößerung der Fluggeschwindigkeit wird das Verlassen des Flugzeuges in Havariefällen immer komplizierter, weil der Mensch physisch nicht mehr in der Lage ist, die auf ihn wirkenden Überbelastungen und den Luftwiderstand beim Verlassen der Kabine zu überwinden.

Militärflugzeuge haben zur Erhöhung der Flugsicherheit Katapultsitze. Unter Katapultieren versteht man hier das Herausschleudern des Sitzes aus der Kabine mit Hilfe spezieller Abschußvorrichtungen.

Der Katapultsitz muß unter Einhaltung

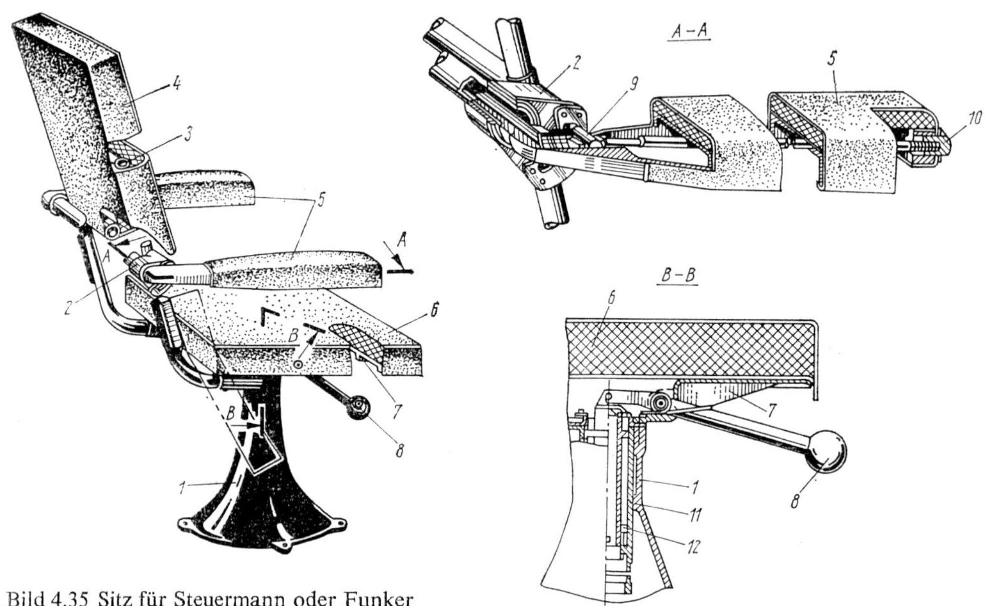

Bild 4.35 Sitz für Steuermann oder Funker

1 – Sitzfuß zur starren Befestigung am Kabinenboden; 2 – Halterung der Armlehnen; 3 – Rahmen der Rückenlehne; 4 – Rükkenpolster; 5 – Armlehne; 6 – Sitzpolster; 7 – Sitzwanne; 8 – Hebel für die Vertikalverstellung des Sitzes; 9 – Verriegelungsmechanismus der Armlehne; 10 – Löseknopf für die Verriegelung der Armlehne; 11 – Führungsrohr; 12 – Achse

verträglicher Beschleunigungen gewährleisten, daß der Mensch beim Katapultieren vor dem Luftstrom geschützt wird und daß seine Flugbahn über das Seitenleitwerk hinweg führt, um einen Zusammenstoß beider zu vermeiden.

Das Katapultieren kann mit dem Sitz aus dem Rumpf nach oben oder auch nach unten erfolgen.

Bild 4.36 zeigt einen typischen Katapultsitz. Beim Katapultieren werden die Füße des Menschen mit Hilfe der Fußerfassung 6 auf den Rasten 4 fixiert. Der Katapultsitz hat Armbegrenzer, die eine Seitwärtsbewegung der Arme und ihr Hängenbleiben an Teilen der Kabine beim Katapultieren verhindern. Bis zum Verlassen der Kabine wird die Bewegung des Sitzes im Katapultiervorgang durch Leitschienen geführt. An der Rückwand des Sitzes befindet sich der Abschußmechanismus, der die Schubkraft zur Beschleunigung des Sitzes während des Katapultiervorganges erzeugt. Um zu verhindern, daß sich der Sitz mit dem Menschen nach Verlassen der Kabine ungeordnet im Raum überschlägt, sind am Sitz Stabilisierungsflächen 3 angebracht. Der abgebildete Katapultsitz hat zum Schutz des Menschen vor dem Luftstrom einen Gesichtsschutz, der vor dem Katapultieren mit dem Griff 9 vor das Gesicht gezogen wird, womit gleichzeitig der Katapultiervorgang ausgelöst werden kann.

Als günstigste Rettungsmöglichkeit beim Flug in großen Höhen und mit hoher Überschallgeschwindigkeit wird das Lösen der gesamten Kabine vom Flugzeug betrachtet. Die Besatzung kann sich noch während des Niedergehens der Kabine

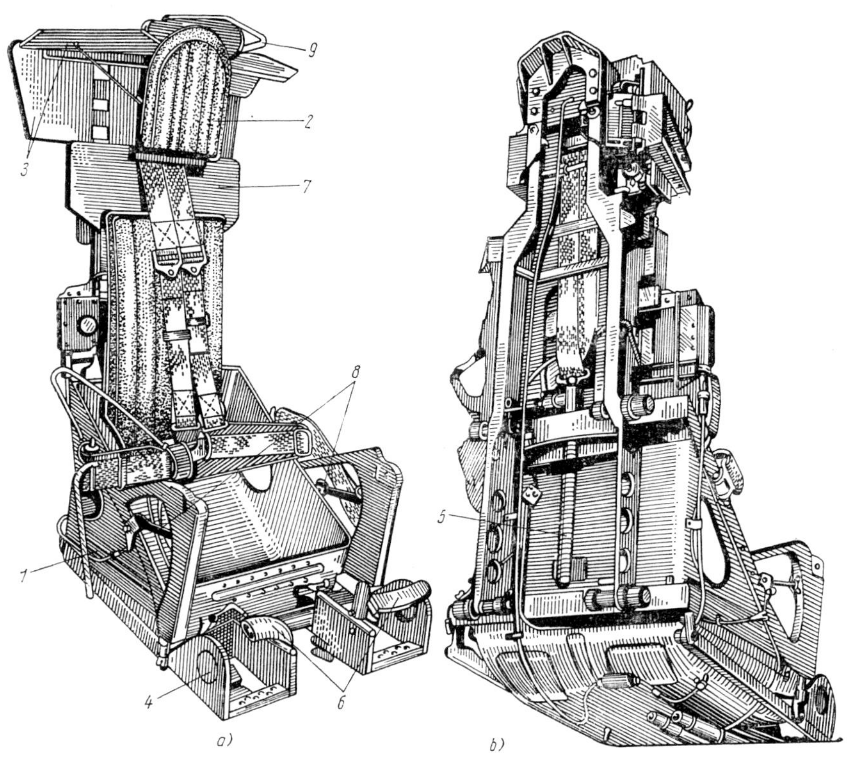

Bild 4.36 Katapultsitz

a) Ansicht von vorn (Stabilisierungsflächen ausgefahren); b) Ansicht von hinten (Stabilisierungsflächen zusammengeklappt)
1 – Sitzgerüst mit Sitzwanne; 2 – Kopfstütze; 3 – Stabilisierungsflächen; 4 – Fußrasten; 5 – Spannvorrichtung der Schultergurte; 6 – Fußerfassungsbügel; 7 – Panzerplatte; 8 – Auslösegriffe; 9 – Griff des Gesichtsschutzes

herauskatapultieren. Diese Art von Kabinen gewährleistet am besten die notwendigen Überlebensbedingungen für die Besatzung.

4.5.3. *Passagierkabinen*

Ausmaß und Ausrüstung von Passagierkabinen werden durch die Größe des Rumpfes und die Zweckbestimmung des Flugzeuges bestimmt. So zum Beispiel haben Passagierflugzeuge für örtliche Linien (Reiseflugzeuge) Kabinen für 3 ··· 8 Passagiere, die gewöhnlich eine Einheit mit der Besatzungskabine bilden (Bild 4.37).

Bei großen Flugzeugen stellt die Passagierkabine einen selbständigen Abschnitt

Bild 4.37 Passagierkabine eines Reiseflugzeuges

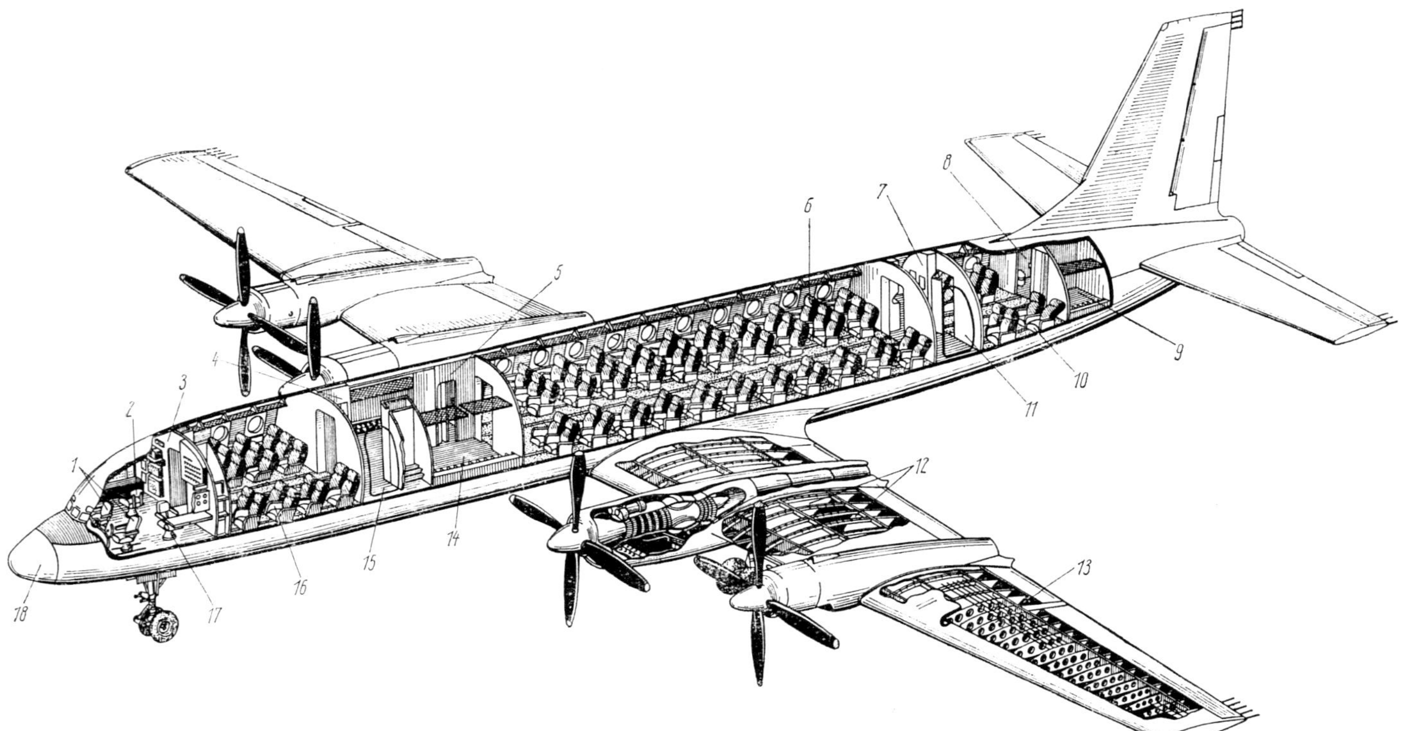

Bild 4.38 Ausrüstung und Passagiersitze des Flugzeuges IL-18

1 – Flugzeugführersitz; 2 – Sitz des Funkers; 3 – Besatzungskabine; 4, 5 – Toiletten; 6 – mittlerer Passagierraum; 7 – Bordküche; 8 – Toilette; 9 – hintere Garderobe; 10 – hinterer Passagierraum (Luxusklasse); 11 – hintere Einstiegstür; 12 – Kraftstoffbehälter; 13 – Integral-Kraftstoffbehälter; 14 – vordere Garderobe; 15 – vordere Einstiegstür; 16 – vorderer Passagierraum; 17 – Navigatorsitz; 18 – Verkleidung der Funkmeßantenne (Radarnase)

des Rumpfes dar (Bild 4.38). Ihre Ausmaße werden durch die Anzahl zu befördernder Passagiere und die Ausmaße der erforderlichen Bedienungsräumlichkeiten wie Küche, Toilette und Garderobe bestimmt.

Passagierkabinen von Langstreckenflugzeugen werden in folgende Klassen unterteilt (Bild 4.39):

a) »Luxusklasse« mit höchstem Komfort; sie ist für lange Flüge ohne Zwischenlandung vorgesehen (Raumanteil je Passagier ~ 2 m³);
b) »Erste Klasse« mit einer dichteren Anordnung der Passagiersitze als bei der »Luxusklasse«, aber mit der Möglichkeit, in halbliegender Stellung in den Sitzen zu ruhen (Raumanteil je Passagier ~ 1,8 m³);
c) »Touristenklasse« mit noch dichterer Anordnung der Passagiersitze, wobei sich die Rückenlehnen immer noch um einen kleinen Winkel nach hinten neigen lassen (Raumanteil je Passagier ~ 1,5 m³);
d) »Ökonomik-Klasse« mit größtmöglicher Passagieranzahl (Raumanteil je Passagier 0,9 ··· 1,2 m³).

Da der Passagierstrom stark von der Jahreszeit abhängt, ist eine Umrüstung von Kabinen unter Flugplatzbedingungen zu Passagier-Last-Kabinen ökonomisch vertretbar.

Passagierkabinen werden gewöhnlich mit Hilfe spezieller Trennwände in mehrere hintereinander liegende Abschnitte unterteilt.

Passagierkabinen moderner Flugzeuge sind gewöhnlich in Pfettenbauweise konstruiert. Der Abstand zwischen den Spanten beträgt hierbei 400 ··· 500 mm und zwischen den Pfetten 120 ··· 250 mm. Entweder wird eine dünne Behäutung (1,0 bis 1,5 mm) mit einem starken Gerippe oder

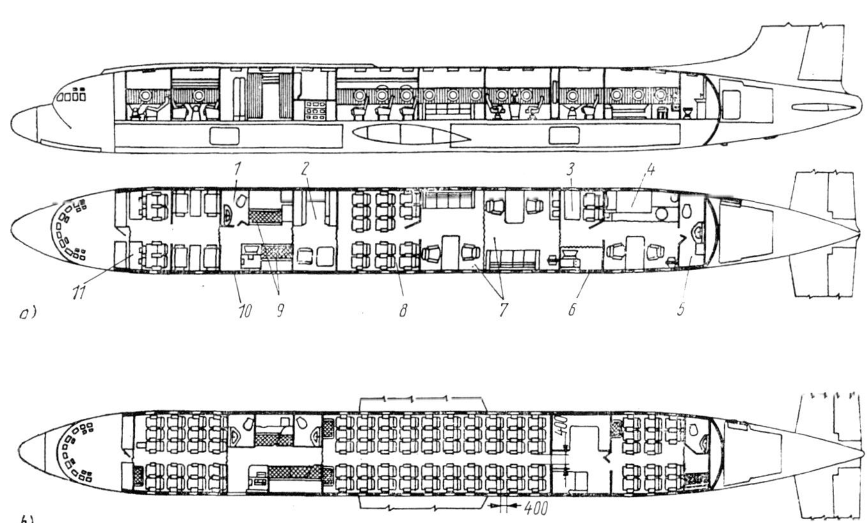

Bild 4.39 Typische Gestaltung einer Passagierkabine in der Luxusklasse (a) und in der Touristenklasse (b)
1 – Toilette; 2 – Bordküche; 3 – hinterer Passagierraum; 4 – Schlafraum; 5 – Toilette; 6 – hintere Einstiegstür; 7 – Aufenthaltsräume; 8 – mittlerer Passagierraum; 9 – Garderoben; 10 – vordere Einstiegstür; 11 – vorderer Passagierraum

eine dicke Behäutung (1,5 ··· 3 mm) mit einem schwächeren Gerippe als Festigkeitsverband verwendet.

Bei der ersten Variante müssen Maßnahmen gegen vorzeitige Ermüdungserscheinungen vorgesehen sein.

Die Vergrößerung der Ermüdungsfestigkeit des Materials und somit die Verlängerung der Lebensdauer hat für Passagierflugzeuge eine besonders große Bedeutung. Deshalb wird heute jede Konstruktion neben statischen Tests auch Ermüdungstests unterzogen. Dabei wurden folgende Faktoren gefunden, die zur Verringerung der Ermüdungserscheinungen führen:

- Verringerung der Spannungen in den tragenden Elementen der Konstruktion;
- Verteilung von konzentrierten Belastungen an Anschlußstellen der Tragflügel, der Triebwerke, Fahrwerke usw. auf eine möglichst große Fläche der Behäutung;
- Vermeidung von Spannungskonzentrationen im Bereich von Ausschnitten in der Behäutung.

Untersuchungen zeigen, daß die Ermüdungsfestigkeit einer Konstruktion stark wächst, wenn statt Nietverbindungen Klebe- und Klebe-Schweiß-Verbindungen angewendet werden.

Die Bilder 4.40 und 4.41 zeigen konstruktive Varianten für Bodengerippe von Last- und von Passagierkabinen. Die Längs- und Querträger dieser Konstruktionen spielen die Rolle von Stützen. Querträger werden, wenn sie eine größere Länge aufweisen, durch vertikale Streben abgestützt. Längsträger werden oft als spezielle Leitschienen ausgebildet, in denen die Halterungen der Passagiersitze befestigt und an die die Bodenplatten angeschraubt werden.

Die Bodenplatten sind zum Teil fest, zum Teil leicht abnehmbar am Gerüst befestigt. Die äußeren Schichten der Platten bestehen oft aus Sperrholz, das Füll-

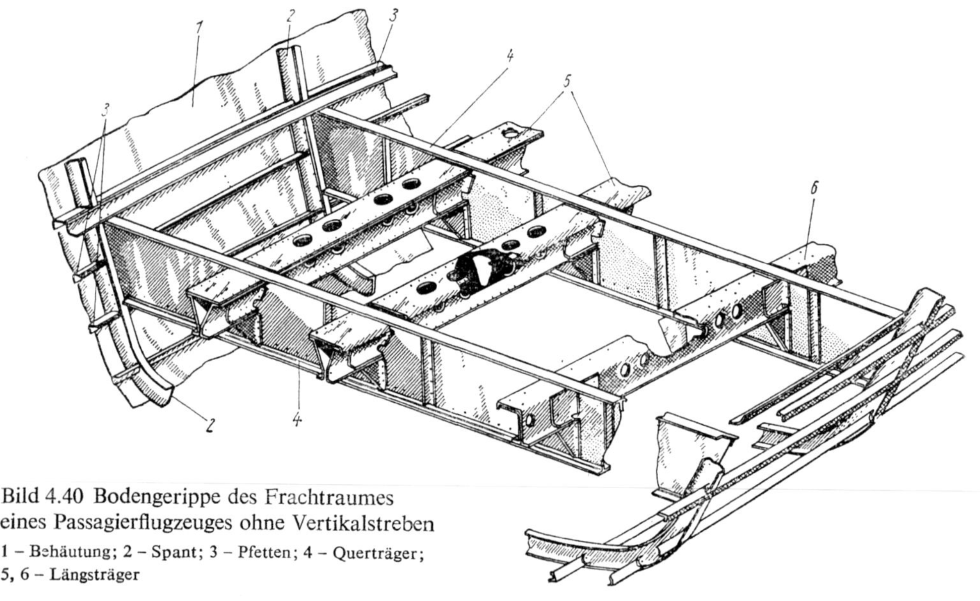

Bild 4.40 Bodengerippe des Frachtraumes eines Passagierflugzeuges ohne Vertikalstreben

1 – Behäutung; 2 – Spant; 3 – Pfetten; 4 – Querträger; 5, 6 – Längsträger

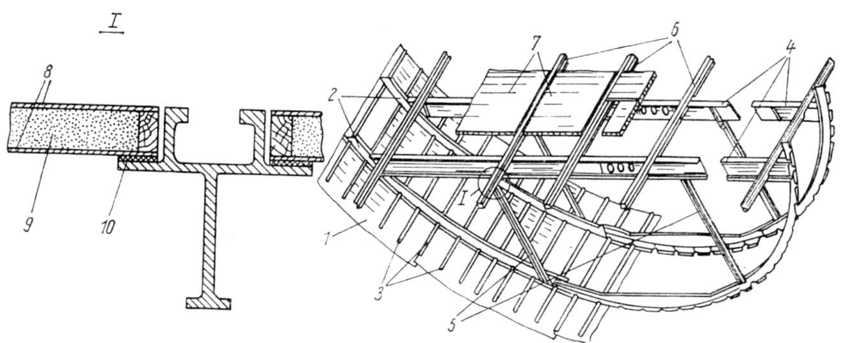

Bild 4.41 Bauweise eines Kabinenbodens mit Vertikalstreben

1 – Behäutung; 2 – Spanten; 3 – Pfetten; 4 – Querbalken; 5 – Vertikalstrebe; 6 – Längsträger (Schienen zur Sitzbefestigung); 7 – Bodenplatten; 8 – Sperrholzbehäutung; 9 – Füllmaterial; 10 – Gummiunterlage

material aus Schaumstoffen, Balsa oder Metallwaben.

Unter dem Überdruck im Inneren der Kabine werden die Böden stark deformiert. Dies begründet die Zweckmäßigkeit einer gelenkigen Aufhängung der Querträger an den Spanten (Bild 4.42a) und der Längsträger an den Vollspanten des vorderen und hinteren Kabinenabschlusses (Bild 4.42b).

4.5.4. *Gepäck- und Lasträume*

Passagierflugzeuge haben zur Beförderung des Gepäcks und kommerzieller Lasten spezielle Gepäck- und Lasträume. Langstreckenflugzeuge haben solche Räume unter dem Kabinenboden oder in ganzen Rumpfabschnitten, Kurzstreckenflugzeuge gewöhnlich in Rumpfabschnitten. Jeder Gepäck- und Lastraum muß

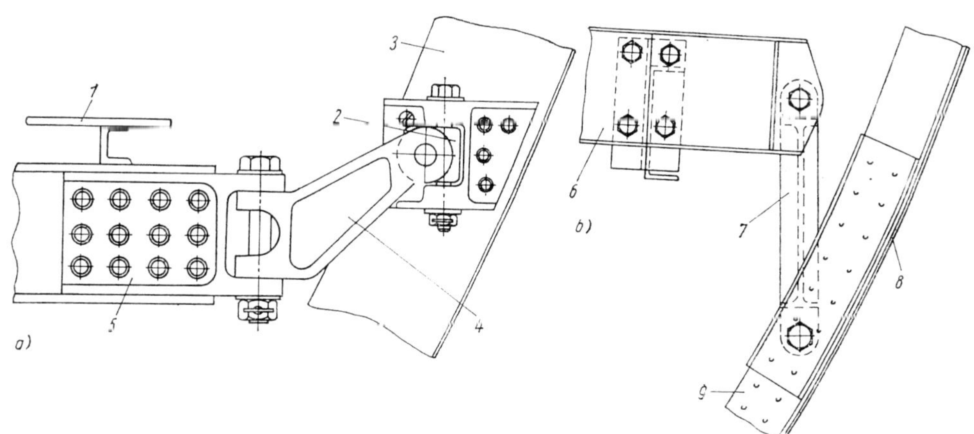

Bild 4.42 Gelenkige Aufhängung des Kabinenbodens

a) Querträger am Spant; b) Längsträger an den Vollspanten des vorderen und hinteren hermetischen Kabinenabschlusses
1 – Kabinenboden; 2 – Zapfen; 3 – Normalspant; 4 – Verbindungshebel; 5 – Anschlußelement des Querträgers; 6 – Längsträger; 7 – Verbindungsglied; 8 – Vollspant; 9 – Versteifungsprofil des Vollspantes

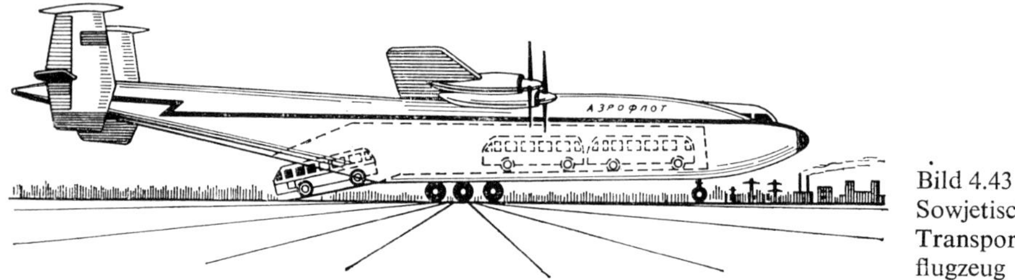

Bild 4.43
Sowjetisches Transportflugzeug

Ladeluken und Befestigungsmöglichkeiten für die Lasten haben. Zu diesen Möglichkeiten gehören leicht abnehmbare Quernetze, die alle Meter gespannt sind, sowie Befestigungspunkte. In größeren Lasträumen werden die Lasten in speziellen Wagen bewegt, die in Schienen am Kabinenboden laufen.

Die Mechanisierung der Be- und Entladung von Flugzeugen mit Gepäck und

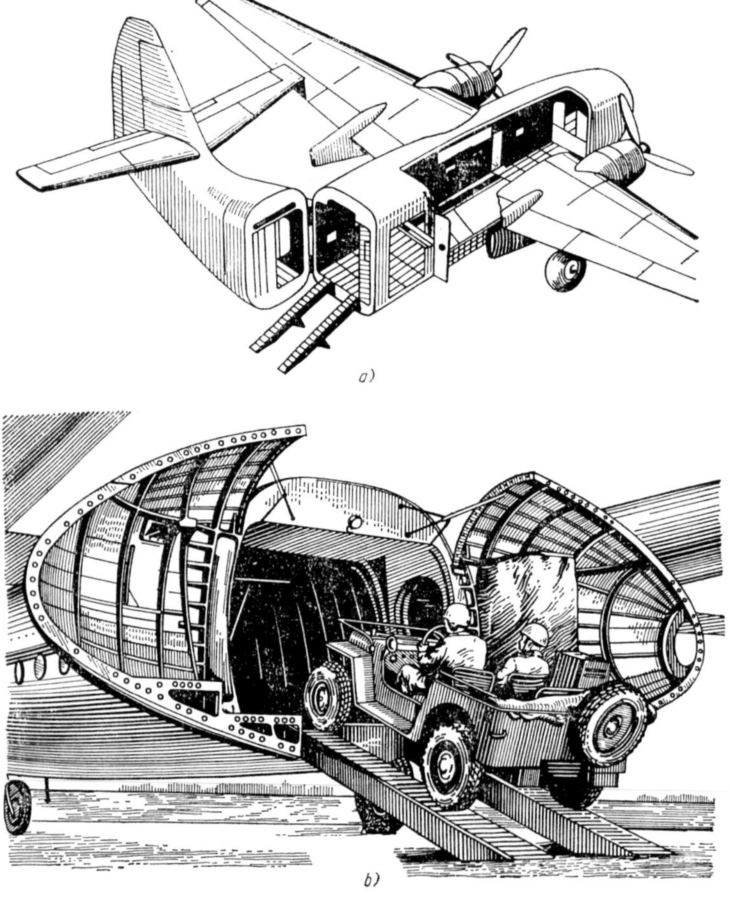

Bild 4.44
Be- und Entladeluken von Transportflugzeugen

Lasten ist ein aktuelles Problem des modernen Lufttransportes, mit dem sich viele Konstrukteure beschäftigen. Transportflugzeuge großer Tragfähigkeit haben Lastkabinen, die einen Rumpfabschnitt großer Ausmaße darstellen (Bild 4.43). Für solche Flugzeuge spielt die Be- und Entladezeit eine sehr große Rolle.

Bild 4.44 zeigt Transportflugzeuge, die Vorrichtungen zur schnellen Be- und Entladung selbst großer (sperriger) Frachten haben.

Charakteristisch für die Konstruktion von Frachträumen ist die Verstärkung des Bodens mit Hilfe des Längs- und des Querverbandes und das Vorhandensein verschiedenartiger Befestigungspunkte sowie Hebe- und Transportmittel.

4.5.5. *Ausrüstung von Passagierkabinen*

4.5.5.1. Belüftung und Heizung

Die Aufrechterhaltung normaler Lebensbedingungen für Besatzung und Passagiere erfordert die Einhaltung folgender Bedingungen:

- konstante Temperatur von 20°C;
- ausreichende Ventilierung (20 bis 30-malige Erneuerung der Luft je Stunde). Außerdem ist es wünschenswert, eine individuelle Belüftung und Regulierung der Temperatur der zugeführten Luft zu gewährleisten;
- Änderung des Kabinendruckes in Abhängigkeit von der Flughöhe nach vorgegebenem Programm;
- Einhaltung der vorgesehenen relativen Luftfeuchtigkeit (nicht weniger als 40%).

Alle genannten Bedingungen werden automatisch durch eine Klimaanlage erfüllt. Um die notwendige Flugsicherheit zu gewährleisten, sind die wichtigsten Geräte, die die Höhen- und Temperaturbedingungen gewährleisten, doubliert.

Bild 4.45 zeigt das Schema einer Klimaanlage für die Passagierkabine eines Flugzeuges mit geringer Flughöhe. Zur Ventilierung und Erwärmung der Kabine wird

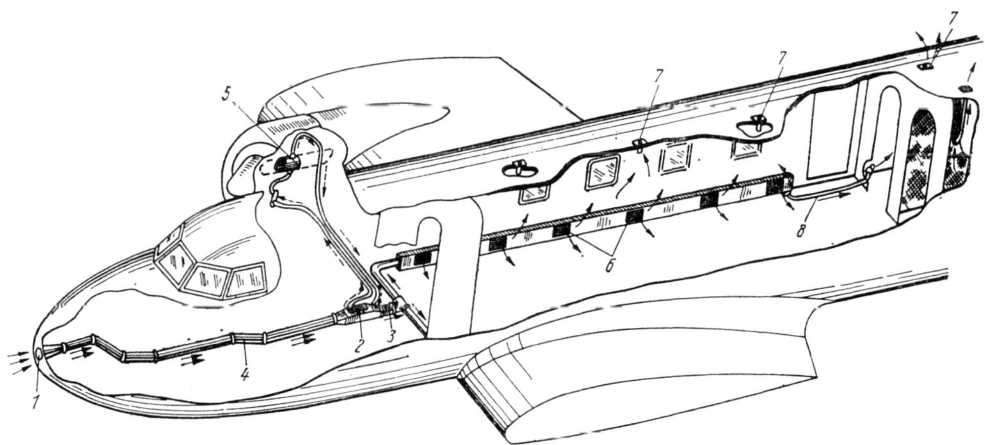

Bild 4.45 Belüftungsanlage der Passagierkabine eines Flugzeuges mit geringer Flughöhe

1 – Eintrittsöffnung der Belüftungsleitung; 2 – Wärmetauscher; 3 – Filter; 4 – Frischluftzuführung; 5 – Warmwasserbehälter; 6 – Lufteintritt in die Kabine; 7 – Luftaustritt in die Atmosphäre; 8 – Frischluftleitung

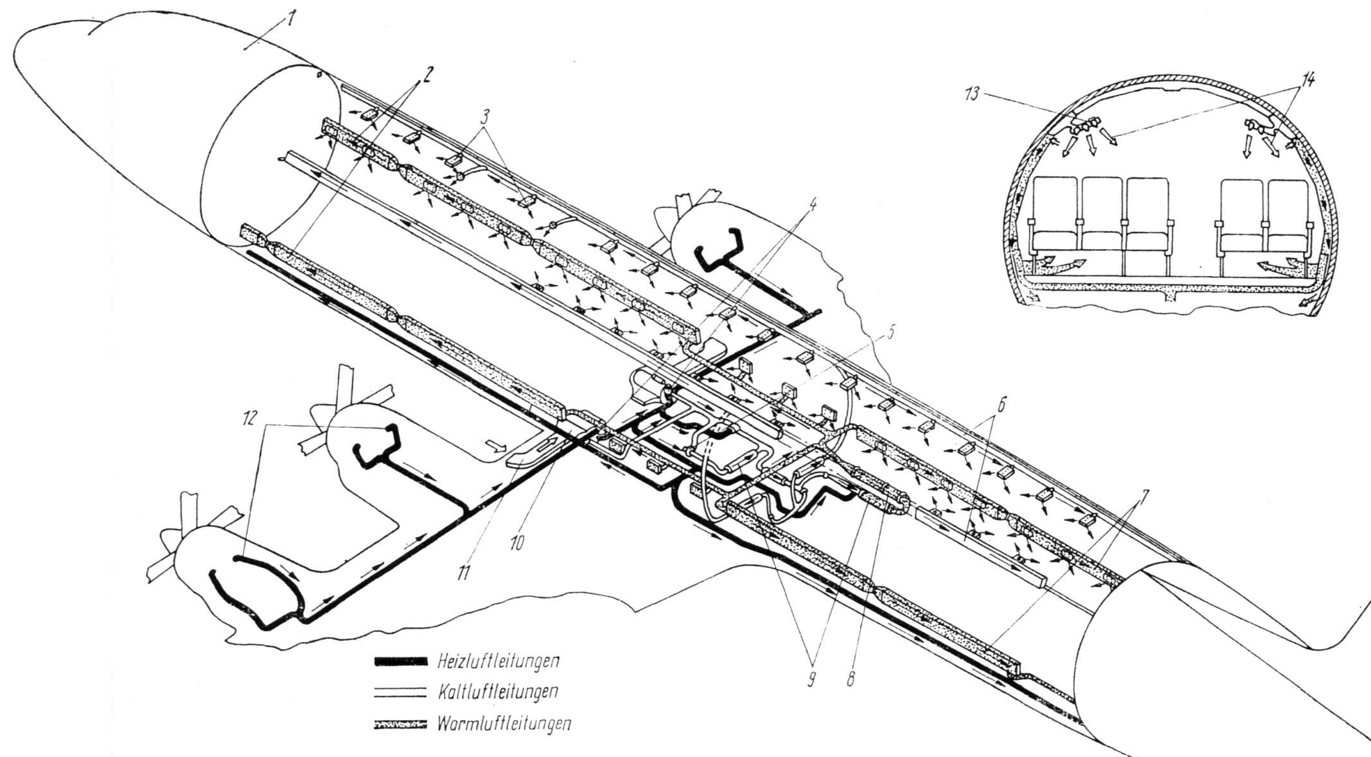

Bild 4.46 Schematische Darstellung der Klimaanlage einer modernen Passagierkabine

1 – Besatzungskabine; 2, 7 – Heizkanäle; 3 – individuelle Luftduschen; 4 – Druckbegrenzer; 5 – Turbokühler; 6 – Kanäle für die individuelle Belüftung; 8 – Feuchtigkeitsregler; 9 – Schalldämpfer; 10 – Luft-Luft-Kühler; 11 – Kühlluftstutzen; 12 – Heißluftentnahme von den Verdichtern der Triebwerke

atmosphärische Luft benutzt, die in einem Wärmeaustauscher auf 60 ··· 80 °C erwärmt und dann in die Kabine geleitet wird.
Eine moderne Klimaanlage für hermetische Kabinen ist in Bild 4.46 dargestellt. Die von den Verdichtern der Triebwerke abgenommene Luft wird in die Kabine geleitet. Diese Anlage arbeitet komplex und gewährleistet den erforderlichen Druck, die Heizung, die Lüftung und die notwendige Luftfeuchtigkeit in der Kabine.

4.5.5.2. Wärme- und Schallisolierung der Kabine

Die Lärmbelästigung in Passagierkabinen moderner Langstreckenflugzeuge sollte unter 90 ··· 100 db, für Mittel- und Kurzstreckenflugzeuge unter 110 db liegen. Länger wirkende Lärmbelästigungen über 100 db führen zu starker Ermüdung, über 120 db zu Schmerzempfindungen.
Die wichtigsten Lärmquellen von Flugzeugen sind die Triebwerke selbst, der Abgasstrahl von Strahltriebwerken, die Luftschrauben, schwingende (vibrierende) Teile des Flugzeuges und seiner Ausrüstung. In die Kabine gelangt der Lärm über die Bauteile durch Spalte in Kabinendächern, Fenstern und Türen sowie auch durch die Ventilationsleitungen der Klimaanlage. Auch die Zelle des Flugzeuges und ihre Ausrüstung erzeugen Lärm infolge von Schwingungen, die im Ergebnis von Unwucht der Triebwerke und der Luftschrauben entstehen. Diese Schwingungen bringen die Behäutung, die Stege von Spanten, schlecht angezogene Verbindungen oder schlecht befestigte Ausrüstungsgegenstände zum Klingen.
Zur Verringerung des Lärmpegels ist es erforderlich, alle Lärmquellen gleichzeitig zu bekämpfen, da selbst die vollständige Beseitigung einer einzelnen Lärmquelle den Gesamtpegel kaum merklich verringert.
Der Lärmpegel in der Kabine kann durch eine elastische Aufhängung der Triebwerke, durch eine Lärmisolierung der Ventilationsleitungen, der Kabinenböden und -decken sowie durch Beseitigung aller Spalten und lockeren Verbindungen gesenkt werden. Im Interesse des Kampfes gegen den Lärm sind überall da, wo dies möglich ist, an Befestigungsstellen von Bauteilen dämpfende Zwischenlagen anzubringen. Querwände, Türen und geschlossene Spanten wirken wie Membranen, die Schwingungen der Zelle auf-

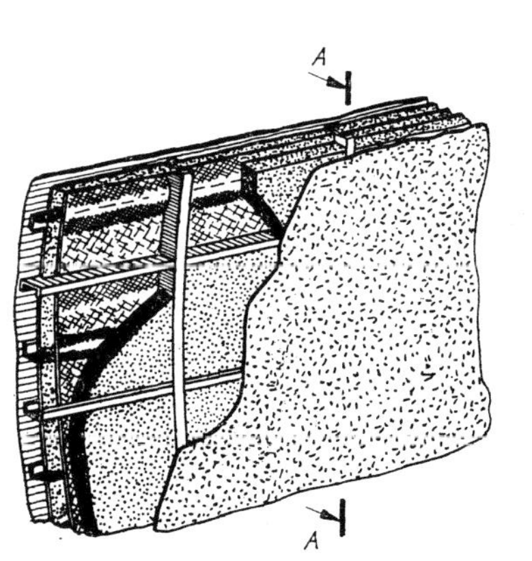

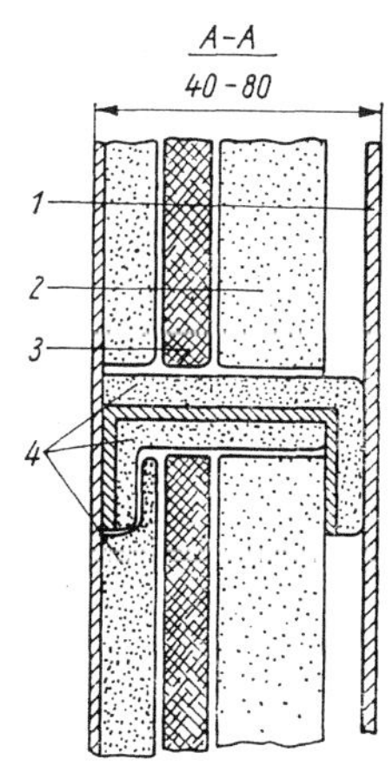

Bild 4.47 Schematische Darstellung der Wärme- und Schallisolation einer Passagierkabine
1 – dekorative Behäutung; 2 – Glaswatte; 3 – gepreßte Glaswatte; 4 – Nylonwatte

nehmen und einen bedeutenden Lärm erzeugen. Dieser Lärm kann durch eine elastische Befestigung des Längsverbandes vermindert werden.
Heute beschränkt sich die Lärmbekämpfung an modernen Flugzeugen noch auf die Anwendung von Schallisolationsmitteln, die gleichzeitig zur Wärmeisolierung dienen.
Als Isolationsmaterial werden Kapronwatte mit einer Dichte von ~ 50 kg/m³, Glaswatte mit einer Dichte von ~ 25 kg/m³ und andere leichte Materialien oder auch Wabenmaterial verwendet. Ungeachtet der Verwendung neuer leichter Isolationsmaterialien betrug die Gesamtmasse an Isolationsmitteln beim sowjetischen Passagierflugzeug Tu-104 etwa 1200 kg.
Das Schema der Wärme- und Schallisolierung eines modernen Flugzeuges ist in Bild 4.47 dargestellt.
Eine intensive Lärmminderung in den Kabinen läßt sich, wie die Erfahrung zeigt, durch folgende Maßnahmen erreichen:

- Anwendung leichter wärmeisolierender Materialien mit Luftzwischenschichten von ~ 25 mm, welche am besten den Schall mit mittleren und hohen Frequenzen dämpfen;
- Anwendung einer dicken, tragenden Behäutung, welche vor allem den Schall niedriger Frequenz dämpft;
- Erhöhung der Steifheit der Rumpfkonstruktion von Flugzeugen mit PTL im Bereich der Triebwerke mit Hilfe zusätzlicher Pfetten und Spanten und einer stärkeren Behäutung. Diese Verstärkung der Konstruktion wird auch durch die zusätzliche akustische Belastung durch die Schraubenblätter diktiert. Es wird als nützlich angesehen, die Blattspitzen der Luftschrauben wenigstens 400 ··· 500 mm von der Rumpfbehäutung entfernt zu halten;
- Anwendung von Dämpfern bei der Befestigung von steifen Böden und Zwischenwänden am Gerippe des Rumpfes;
- Verwendung von mehrschichtigen Scheiben mit möglichst großem Zwischenraum zwischen den Schichten für die Fenster der Passagierkabinen.

4.5.5.3. Türen, Fenster und Luken

Die Rümpfe von Passagier- und Transportflugzeugen haben viele Ausschnitte für Türen, Fenster und Luken. Solche Ausschnitte erschweren vor allem die Konstruktion hermetischer Rümpfe, da sie als Spannungskonzentratoren wirken. Sie müssen deshalb stets verstärkt werden. Dabei ist jedoch zu beachten, daß eine schroffe Änderung der Steifheit der Konstruktion im Bereich der Ausschnitte wiederum zu Spannungskonzentrationen und als Folge dessen zu Ermüdungsbrücken führt. Deshalb empfiehlt es sich, bei der Verstärkung von Ausschnitten eine fließende Änderung der Materialstärke anzustreben.
Einstiegstüren werden gewöhnlich an der linken Bordseite des Rumpfes angebracht, wobei man eine Tür auf 30 ··· 40 Passagiere rechnet. Es gibt keine Standardgrößen von Einstiegstüren, jedoch werden in der Regel eine Höhe von 1700 mm und eine Breite von 800 mm nicht unterschritten.
Die Türen werden meist an Flugzeugen mit nicht hermetisierbaren Kabinen nach außen, bei hermetischer Kabine jedoch nach innen geöffnet, weil hierbei der innere Überdruck hilft, die Tür hermetisch abzudichten.
Es gibt eine Reihe kinematischer Möglichkeiten für die Aufhängung und Be-

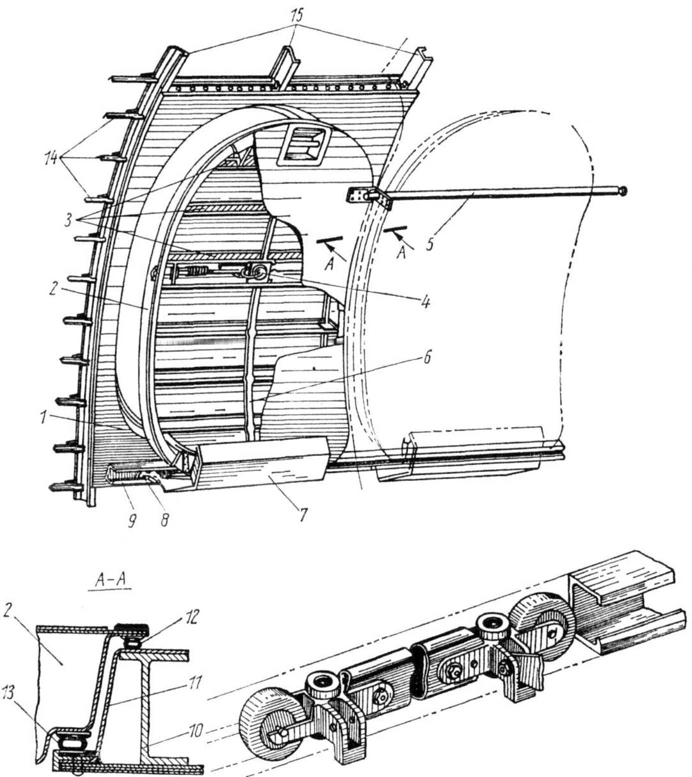

Bild 4.48 Einstiegstür eines Passagierflugzeuges

1 – Rahmen; 2 – Gerippe der Tür; 3 – Träger des Gerippes; 4 – Schloß; 5 – Leitrohr; 6 – Band; 7 – Gelenkpaneel; 8 – Wagen; 9 – Leitschiene; 10 – verstärkter Spant; 11 – Rahmenprofil; 12, 13 – Gummiprofile; 14 – Pfetten; 15 – Spanten

wegung der Türen beim Öffnen und Schließen:

- die Tür wird insgesamt in das Innere der Kabine gezogen und gleitet dann nach vorn oder hinten (Bild 4.48);
- die Tür wird nach innen gezogen und gleitet dann nach oben;
- die Tür besteht aus einem Unter- und einem Oberteil, von denen eines bei Drehung des Griffes nach innen abklappt, was dem anderen Teil gestattet, nach Verschiebung nach oben oder unten durch die Türöffnung nach außen seitwärts zu gelangen (Bild 4.49).

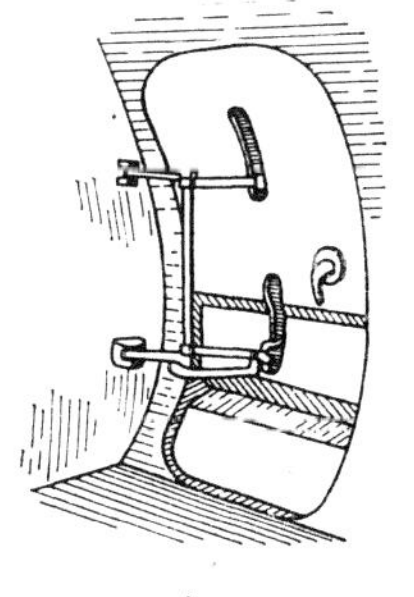

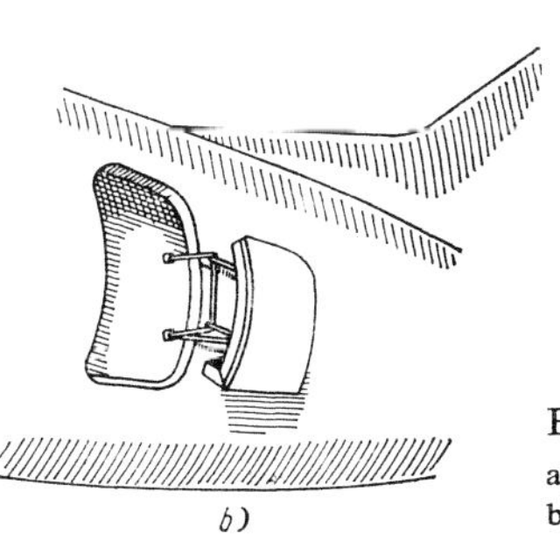

Bild 4.49 Einstiegstür aus zwei Teilen:

a) Ansicht von innen bei geschlossener Lage;
b) Ansicht von außen bei geöffneter Lage der Tür

Türen haben gewöhnlich zwei hermetisierende Randstreifen: einen inneren und einen äußeren. Der äußere hat ein elastisches Gummiprofil, was eine Vorhermetisierung allein durch die Kraft der Türschlösser gewährleistet.

Bild 4.48 zeigt die Konstruktion einer Einstiegstür und ihre Lage im geöffneten Zustand. Diese Tür hat die Form eines Ovals. Konstruktiv besteht sie aus einer aus Blech gestanzten Form, deren Boden durch Längs- und Querprofile versteift ist.

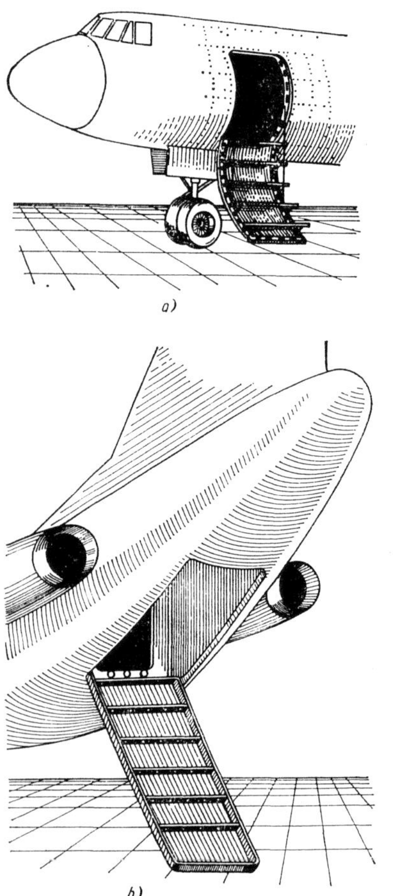

Bild 4.50 Treppentüren unterschiedlicher Ausführung (a und b)

Etwa über der Mitte der Tür ist ein Schloß mit zwei Riegeln und zwei Griffen, einem inneren und einem äußeren, angebracht. Am unteren Rand der Tür ist ein Paneel mit zwei Gelenken angebracht, welches die Bewegungsrichtung beim Öffnen und Schließen der Tür gewährleistet. Der Ausschnitt im Rumpf für die Tür ist mit einem speziellen Profil eingefaßt.

Bei einigen Passagierflugzeugen stellt die Einstiegstür gleichzeitig eine nach unten klappbare Einstiegstreppe dar. In diesem Falle hat die Innenseite der Tür die erforderlichen Stufen (Bild 4.50). Treppentüren sind gewöhnlich an der unteren Kante durch Scharniere am Rumpf befestigt, um welche die Tür nach unten geklappt wird.

Moderne Flugzeuge haben neben den normalen Türen Notausstiegsluken für den Havariefall. Diese Notluken liegen meist in der Rumpfmitte seitwärts, manchmal auch oben. Die Notluken haben meist eine ovale Form mit den Maßen ~ 450 × 750 mm.

Bild 4.51 zeigt eine solche Notluke mit einem Deckel, der gleichzeitig ein Fenster enthält. Die Ausschnitte im Rumpf sind durch eine Umrandung und eine zusätzliche Behäutung auf der Rumpfinnenseite verstärkt. Der Lukendeckel stellt einen Rahmen dar, der nach innen aus der Luke herausgenommen wird. Die Hermetisierung wird durch schlauchartige Gummiprofile gewährleistet, die durch den inneren Überdruck in der Kabine an den Rahmen gepreßt werden.

Die Ladeluken der Gepäck- und Frachträume von Passagierflugzeugen liegen oft auf der rechten unteren Seite des Rumpfes unterhalb des Kabinenbodens. Die Lukendeckel werden in diesem Falle meist in Scharnieren aufgehängt. Hermetisie-

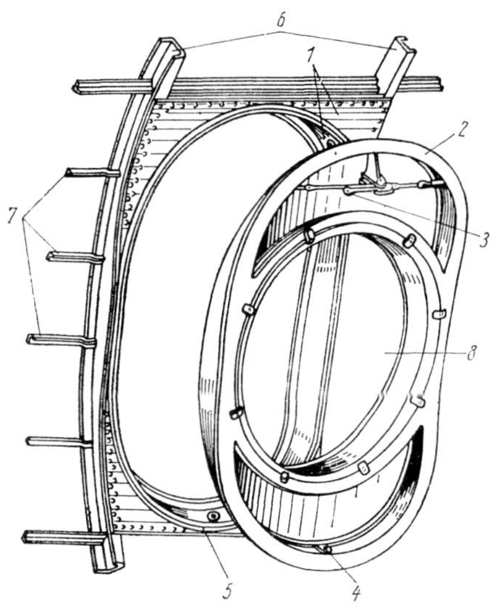

Bild 4.51 Notausstiegsluke für Havariefälle
1 – Rahmen; 2 – Rahmen des Lukendeckels; 3 – Betätigungsgriff des Schlosses; 4 – Anschlag; 5 – Dichtungsprofil aus Gummi; 6 – Spant; 7 – Pfetten; 8 – Scheibe

rung und Verschluß erfolgen ebenso wie bei Einstiegstüren. Lukendeckel von nicht hermetisierten Räumen sind einfach im Aufbau und öffnen sich nach außen. Haben Passagierflugzeuge spezielle Frachträume, so liegen deren Ladeluken meist am Rumpf seitwärts.

Fenster von Passagierkabinen liegen links und rechts am Rumpf und können unterschiedliche Formen aufweisen (Bild 4.52). Sie liegen im Bereich geringer Spannungen bei Biegung des Rumpfes in der vertikalen Ebene. Die Spannungen auf Grund des inneren Überdruckes sowie die Schubspannungen können jedoch auch in diesem Bereich bedeutende Werte annehmen, und die Fensterausschnitte bilden in diesem Falle starke Spannungskonzentratoren.

Auf die Größe der Spannungskonzentration hat die Form der Ausschnitte einen sehr großen Einfluß. Kreise und Ellipsen mit vertikaler großer Achse sind in dieser Hinsicht am günstigsten, weil sie kleinste Spannungskonzentrationen ergeben. Allgemein wird der Verstärkung der Fensterausschnitte große Beachtung geschenkt. So zum Beispiel stellt die Umrandung

Kreisrunde Form	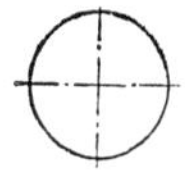
Ellipse mit großer horizontaler Achse	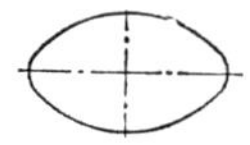
Ellipse mit großer senkrechter Achse	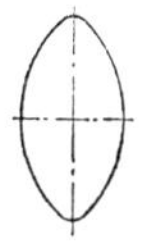
Quadrat mit abgerundeten Ecken	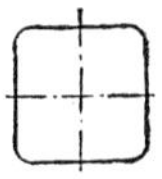
Rechteck mit großer horizontaler Achse und abgerundeten Ecken	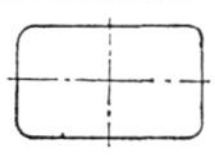
Rechteck mit großer vertikaler Achse und abgerundeten Ecken	
Dreieck mit abgerundeten Ecken	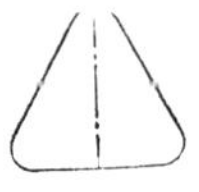

Bild 4.52 Formen der Fenster von Passagierkabinen (die horizontalen Achsen verlaufen parallel zur Flugzeuglängsachse)

eines jeden Fensters der Passagierkabine des amerikanischen Flugzeuges Boeing 707 einen aus einer hochfesten Aluminiumlegierung gestanzten Rahmen dar (Bild 4.53). Außerdem ist an diesem Flugzeug für den Fensterstreifen eine stärkere Behäutung verwendet worden. Am Flug-

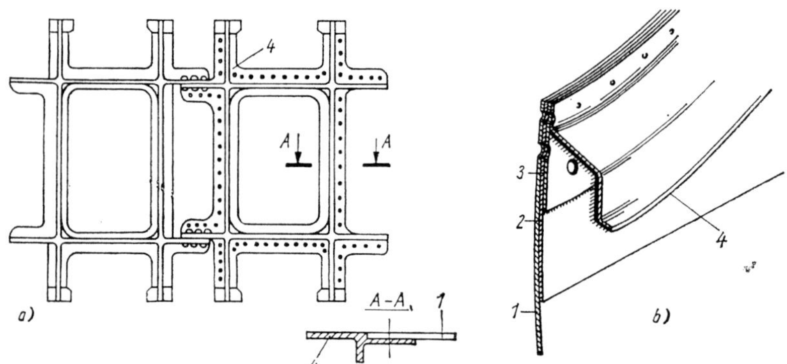

Bild 4.53 Verschiedene Ausführungen der Scheibeneinfassung von Kabinenfenstern

1 – äußere Behäutung des Rumpfes; 2 – erste verstärkende Auflage; 3 – zweite verstärkende Auflage; 4 – Fensterrahmen

zeug Convair 880 verlaufen ober- und unterhalb der Fenster starke Holme, die untereinander mit sich überschneidenden Diagonalauflagen verbunden sind, welche die Behäutung im Bereich der Fenster verstärken.

Fensteröffnungen werden in den Rumpf zwischen Spanten ausgeschnitten, die als zusätzliche Versteifungselemente für die Rahmen der Öffnungen genutzt werden (Bild 4.54).

Die Fenster selbst bestehen gewöhnlich aus einer inneren und einer äußeren

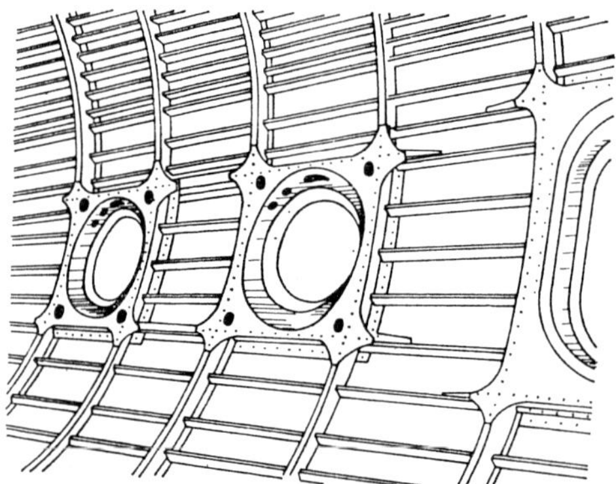

Bild 4.54 Einsatz von Fenstern zwischen zwei Spanten

Scheibe aus organischem Glas mit geordnetem Faserverlauf (Bild 4.55).

Eine der Scheiben besteht in der Regel aus stärkerem Glas und ist mit einem größeren Sicherheitskoeffizienten zur Aufnahme der gesamten Druckdifferenz berechnet. Diese Scheibe arbeitet unter geringen Spannungen und hat demzufolge eine große Dauerfestigkeit. Die zweite Scheibe wird ebenfalls so berechnet, daß sie die gesamte Druckdifferenz aushält, jedoch mit einem geringeren Sicherheitsfaktor.

Innenscheiben sind eben oder sphärisch geformt.

Die Hermetisierung der Scheiben über der Kontur erfolgt mit Hilfe verschiedener Dichtungsmittel.

4.5.5.4. Passagiersitze

Passagiersitze sind ein wichtiges Element der Kabinenausrüstung, da der Passagier sich während des gesamten Fluges in ihm aufhält. Somit ist eine der Bedingungen für Flugkomfort das Vorhandensein und die günstige Anordnung bequemer Sitze.

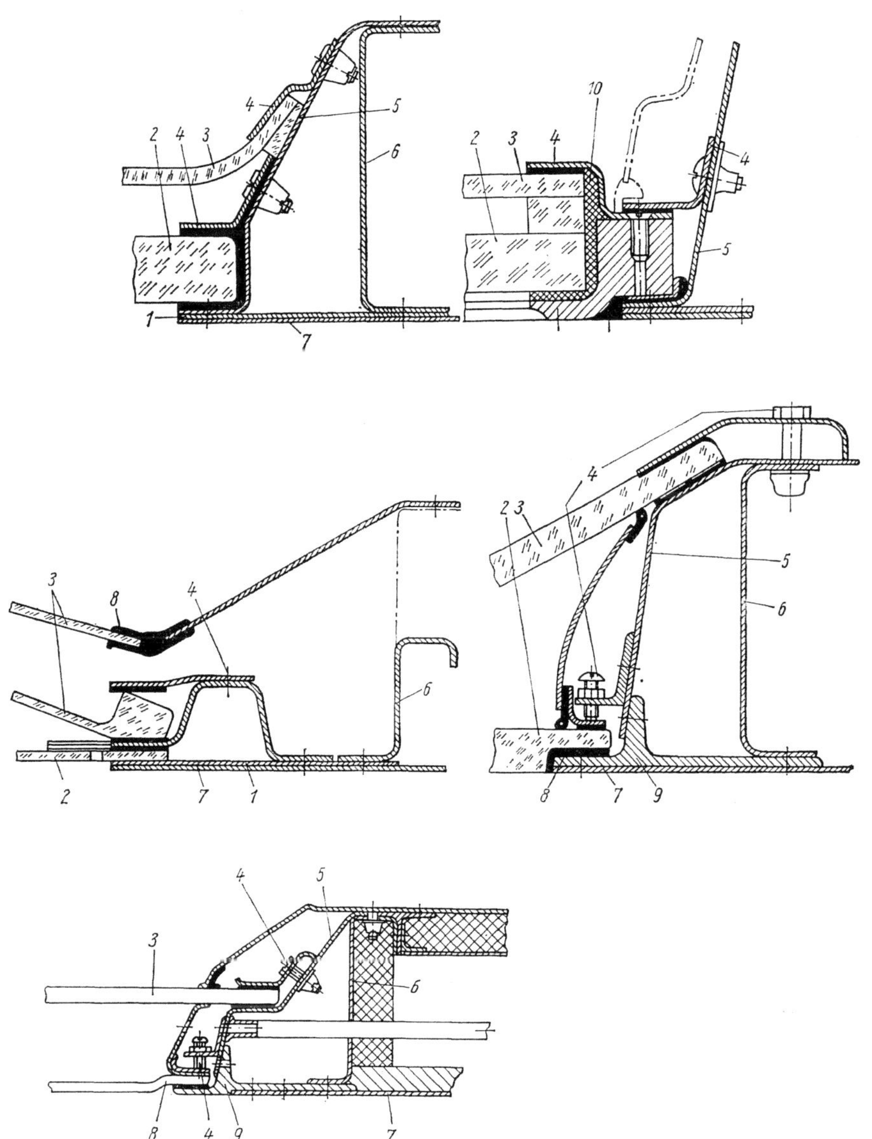

Bild 4.55 Befestigung der Fensterscheiben von Passagierkabinen (verschiedene konstruktive Varianten)

1 – Verstärkungsbleche; 2 – Außenscheibe; 3 – Innenscheibe; 4 – Halteprofil; 5 – gestanzter Rahmen; 6 – Stützprofil (Diaphragma); 7 – Rumpfbehäutung; 8 – Dichtungsmasse; 9 – Rahmenprofil; 10 – Gummiprofil

Die Ermüdung des zum Aufenthalt im Sitz gezwungenen Passagiers hängt von den Maßen des Sitzes, der Neigung der Rückenlehne und der Weichheit der Sitzfläche ab. Deshalb müssen Passagiersitze vor allem weich sein.

Konstruktion, Ausmaße und Art der Sitze sind für jede Kabinenklasse unterschiedlich:

- Sitze in der Luxusklasse haben eine Rückenlehne, die sich um 55 ··· 65° nach hinten umlegen läßt, sowie eine ausziehbare Fußstütze;
- Sitze in der ersten Klasse haben eine Rückenlehne, die sich um 30 ··· 40° nach hinten umlegen läßt, und anstelle einer ausziehbaren Fußstütze oft eine starre Fußraste;
- Sitze in der Touristenklasse haben Rückenlehnen, die sich um 25 ··· 30°, und Sitze in der Ökonomik-Klasse Rückenlehnen, die sich um 15 ··· 20° nach hinten neigen lassen.

Der Abstand zwischen den Armlehnen schwankt zwischen 400 mm und 500 mm. Zwischen den einzelnen Klassen verändert sich vor allem der Abstand zwischen den Sitzen in der Tiefe von 750 mm bis zu 1500 mm.

Bei der Anbringung der Sitze ist zu berücksichtigen, daß jederzeit eine Umrüstung von einer Klasse auf die andere möglich sein muß. Dazu muß die Befestigungsbasis für alle Sitze am Boden standardisiert sein und einen schnellen Wechsel der Sitze gestatten.

Sitze werden meist in Gruppen zu zwei oder drei Sitzen nebeneinander montiert. Bild 4.56 zeigt den Aufbau einer solchen Sitzgruppe. In der Touristen- und der Ökonomik-Klasse sind die Sitzflächen meist hochklappbar.

Bild 4.56 Schema einer Sitzgruppe für Passagiere

B – Basis der Sitzgruppe; 1 – Zentralrohr der Sitzgruppe; 2 – Halterung der Sitzgruppe; 3 – Befestigungspunkt des Sitzes am Zentralrohr; 4 – Leitschienen

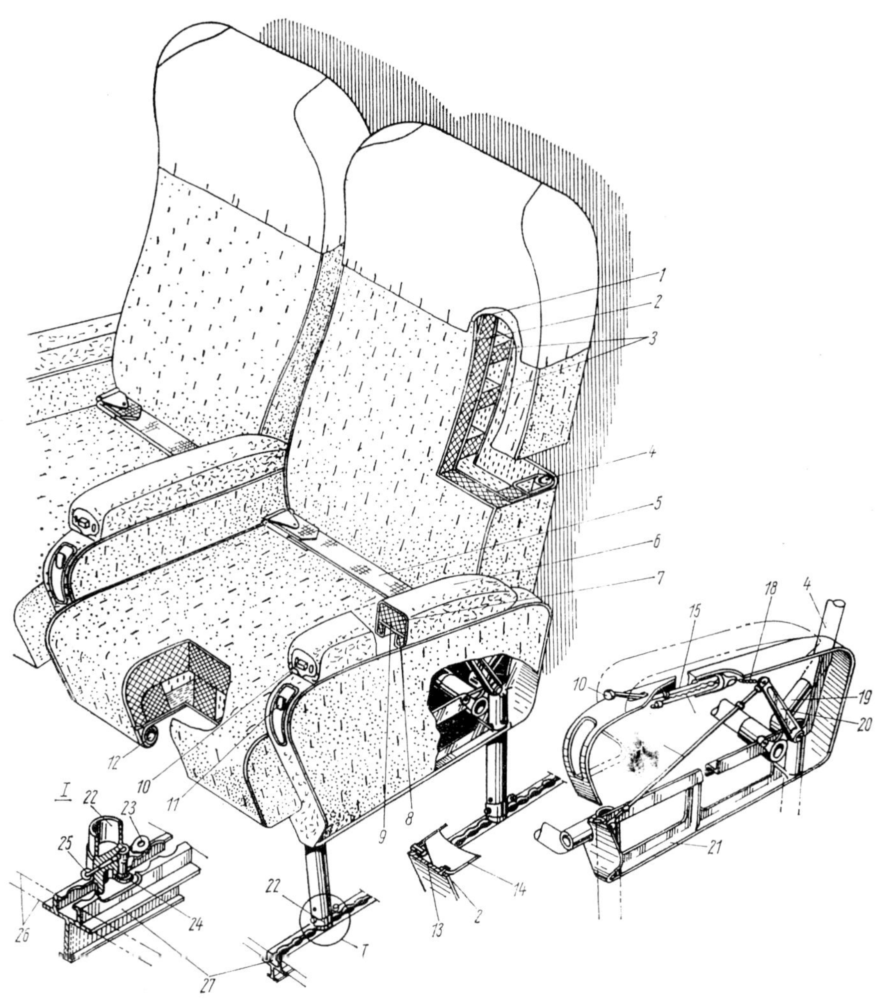

Bild 4.57 Aufbau eines Passagiersitzes

1 – Daunenschicht; 2 – dekorative Decke; 3 – Porolon; 4 – Rahmen der Rückenlehne; 5 – Haltegurte; 6 – Lederbezug der Armlehne; 7 – Porolon; 8 – Schaumplast; 9 – Profil; 10 – Löseknopf für die Veränderung der Rückenlage; 11 – Aschenbecher; 12 – Sitzrahmen; 13 – vordere Auflage der Armlehne; 14 – Rahmen der Armlehne; 15 – Schloßfeder; 16 – Zugstange; 17 – Kugelschloß mit Zahnstange zur Verriegelung der Rückenlehne in gewünschter Stellung; 18 – Rückholfeder; 19 – Anschlußstück der Rückenlehne; 20 – Hebel der Rückenlehnenverstellung; 21 – Halterung der Armlehne; 22 – Anschlußstück des Sitzfußes; 23 – Auge zum Drehen des Verriegelungsbolzens; 24 – Verriegelungsbolzen; 25 – Federarretierung des Verriegelungsbolzens; 26 – Kabinenboden; 27 – Schiene im Längsträger des Kabinenbodens

Bild 4.57 zeigt den Aufbau eines Passagiersitzes moderner Flugzeuge. Konstruktive Hauptbauteile dieses Sitzes sind das Gestell, die seitlichen und mittleren Halterungen, der Sitzrahmen, die Rücken- und die Armlehnen. Das Gestell sowie die Rahmen von Sitz und Rückenlehne sind aus Aluminiumrohren hergestellt,

die Halterungen und die Rahmen der Armlehnen aus einer Magnesiumlegierung.
Die Sitz- und Rückenkissen sind mit einem dämpfenden Schaumstoff gepolstert. An der Armlehne befindet sich der Betätigungsknopf für die Rückenlehnenverstellung.
Die Sitzfüße haben Bolzen, die in den Schienen am Kabinenboden geführt werden. Die Lage des Sitzes wird durch Schrauben fixiert.

4.6. Kontrollfragen

1. Erläutern Sie die Aufgaben des Rumpfes, und nennen Sie die an ihn gestellten Forderungen!
2. Welche äußere Formen haben Rümpfe, und durch welche Kenngrößen werden sie charakterisiert?
3. Welche Belastungen wirken im Flug und bei der Landung auf den Rumpf?
4. Erläutern Sie konstruktive Varianten des Balkenrumpfes und geben Sie eine vergleichende Charakteristik dieser Rumpfbauweise!
5. Wie arbeiten die Bauteile der Balkenrümpfe unterschiedlicher Bauweise?
6. Erläutern Sie die Verbindungsart von Teilen der Balkenrümpfe unterschiedlicher Bauweise!
7. Erläutern Sie die Aufgabe und nennen Sie verschiedene Typen hermetischer Kabinen!
8. Welchen Belastungen unterliegen hermetische Kabinen?
9. Welche Forderungen werden an hermetische Kabinen gestellt?
10. Welche konstruktiven Maßnahmen gewährleisten die hermetische Dichtheit von Anschlußstellen in der Konstruktion?
11. Erläutern Sie die konstruktiven Besonderheiten von Abschnitten und Schalen des Rumpfes mit Türen, Fenstern und Luken!
12. Wie wird an modernen Flugzeugkonstruktionen der Kampf gegen den Lärm in den Kabinen geführt?
13. Erläutern Sie die konstruktiven Besonderheiten von im Havariefalle abtrennbaren Kabinen und von Katapultsitzen!

5. Steuersysteme von Flugzeugen

5.1. Bestimmung der Steuersysteme und die an sie gestellten Anforderungen

Die Veränderung der Kräfte und Momente, die für den Flug auf einer vorgegebenen Flugbahn notwendig ist, bezeichnet man als Steuerung. Die Gesamtheit der dazu notwendigen Vorrichtungen bezeichnet man als **Steuersysteme.**

Steuersysteme können herkömmlicher, halbautomatischer und automatischer Art sein. Wenn der Steuerungsprozeß unmittelbar durch den Flugzeugführer erfolgt, d.h. wenn der Flugzeugführer mit Hilfe seiner Muskelkraft die Steuerorgane, welche die Veränderung der Steuerkräfte und Momente hervorrufen, selber bewegt, reden wir von einer Steuerung herkömmlicher (**nichtautomatischer**) Art. Wenn der Flugzeugführer den Steuerungsprozeß besorgt, aber Vorrichtungen und Aggregate die Qualität dieses Prozesses verbessern, reden wir von einem **halbautomatischen** Steuerungssystem. Wenn die Steuerkräfte und Momente durch komplexe automatische Vorrichtungen erzeugt und verändert werden und der Flugzeugführer die Aufgabe hat, diesen Prozeß zu überwachen und zu regulieren, reden wir von **automatischen** Steuersystemen.

In Abhängigkeit von den Besonderheiten der Flugzeugtypen werden unterschiedliche Steuerungssysteme oder ihre Kombination verwendet. So werden zum Beispiel bei modernen, schnellfliegenden Flugzeugen halbautomatische und automatische Steuerungssysteme verwendet. Diejenigen Bordsysteme und Vorrichtungen, die dem Flugzeugführer die Möglichkeit geben, das Flugregime zu ändern oder das Flugzeug in der vorgeschriebenen Fluglage auszubalancieren, nennt man **die Hauptsteuerung** des Flugzeuges. Vorrichtungen zur Steuerung anderer Objekte (Fahrwerk, Landeklappen usw.) nennt man Hilfssteuersysteme.

Zur Gewährleistung einer Längs-, Quer- und Kurssteuerung gibt es am Flugzeug zwei unabhängige Systeme – die Hand- und die Fußsteuerung. Beide befinden sich in der Kabine. Indem der Steuerknüppel (die Steuersäule) nach vorn gedrückt bzw. nach hinten gezogen wird, schlägt der Flugzeugführer das Höhenruder (den Stabilisator) aus und verändert damit den Längsneigungswinkel.

Durch Ausschlag des Steuerknüppels nach links oder rechts erzielt der Flugzeugführer einen Ausschlag des Querruders und erzeugt damit ein Moment, das dem Flugzeug eine Schräglage verleiht.

Zum Ausschlag des Seitenruders benutzt der Flugzeugführer die Pedale und verändert damit den Kurs.

Bild 5.1 zeigt die Verbindung der Steuerorganveränderungen mit den Veränderungen des Flugregimes.

Neben den allgemeinen Forderungen, die

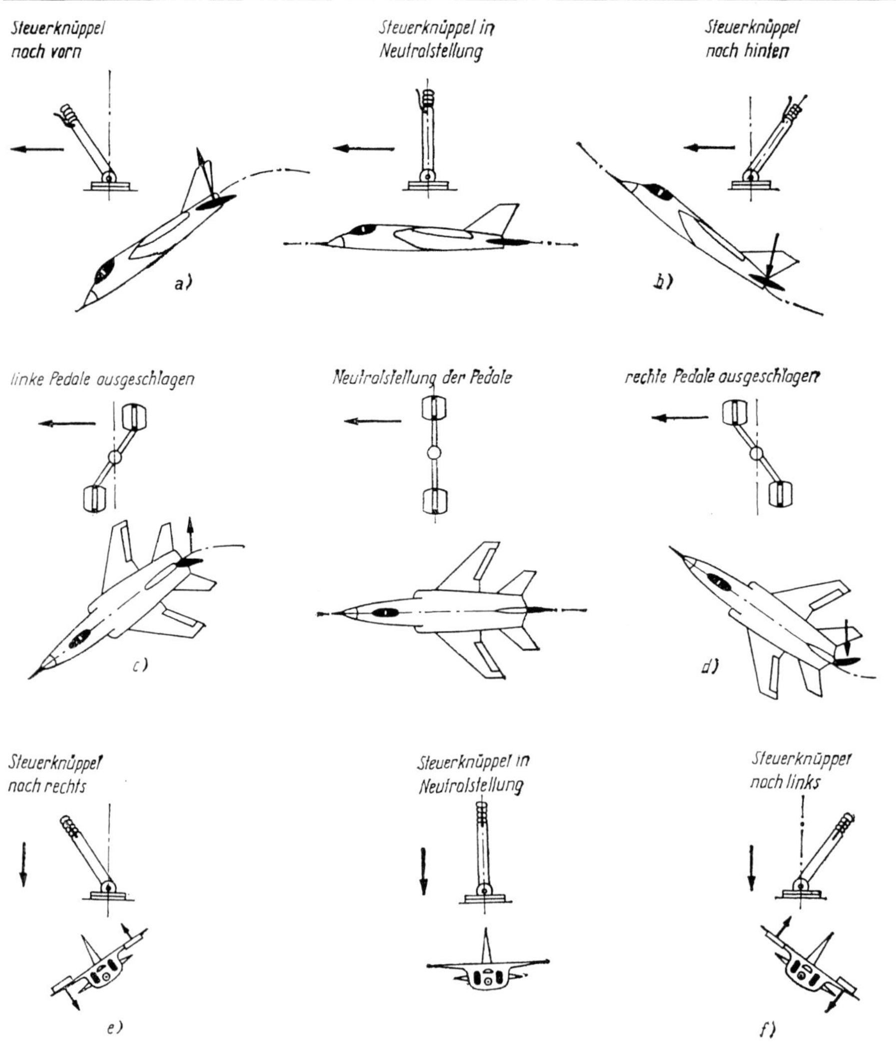

Bild 5.1 Steuerung des Flugzeuges

a) Bewegung des Steuerknüppels nach vorn; b) Bewegung des Steuerknüppels nach hinten; c) Bewegung des linken Pedals nach vorn; d) Bewegung des rechten Pedals nach vorn; e) Bewegung des Steuerknüppels nach rechts; f) Bewegung des Steuerknüppels nach links

an alle Teile des Flugzeuges gestellt werden, gibt es für die Steuersysteme eine Reihe spezifischer Forderungen.

1. Bei Ausschlag der Steuerorgane (Ruder, Querruder, Stabilisatoren) muß die Belastung auf dem Steuerknüppel und den Pedalen gleichmäßig anwachsen und entgegen der Bewegung des Knüppels, der Steuersäule und der Pedale gerichtet sein. Die Größe dieser Belastung darf die Festigkeitsnormen nicht überschreiten.

2. Ein Ausschlag des Steuerknüppels oder der Steuersäule zur Betätigung des Höhenruders (des Stabilisators) darf keinen Ausschlag der Querruder hervorrufen und umgekehrt.
3. Trotz möglicher Deformationen des Tragflügels, des Rumpfes und des Leitwerkes dürfen die Gestänge und Aggregate sich nicht verklemmen.
4. Der Steuerknüppel, die Steuersäule und die Pedale, alle Hebel und Gestänge müssen bequem in der Kabine untergebracht sein. Die Fußsteuerung muß regulierbar sein.
5. Die Ruderausschläge müssen einen Flug in allen notwendigen Regimen, einschließlich dem Landeregime, gestatten. Die Ruder müssen eine bestimmte Ausschlagreserve haben. Die Steuermechanismen müssen einen Anschlagbegrenzer für den maximal zulässigen Ruderausschlag haben.
6. Das Steuersystem muß zuverlässig bei allen Flugregimen arbeiten.
7. Gestänge oder Seile dürfen nicht in Resonanzschwingungen verfallen.
8. Das Steuersystem muß mit minimaler Reibung und geringem Spiel arbeiten. Die reibenden Teile dürfen sich nicht abnutzen.
9. Die Teile der Steuerung, welche sich in der Flugzeugführerkabine, in der Passagierkabine und im Laderaum befinden, müssen vor Beschädigungen und Verklemmen geschützt sein.

Die Ausschlagwinkel der Ruder wurden auf der Grundlage von Berechnungen ermittelt und liegen in den meisten Fällen im Bereich von:

Ausschlagwinkel der Ruder (Grad)

Typ des Flugzeuges	Höhenruder		Seitenruder	Querruder	
	nach oben	nach unten	nach beiden Seiten	nach oben	nach unten
manövrierfähig	30 ... 35	15 ... 20	25 ... 30	20 ... 30	8 ... 12
weniger manövrierfähig	20 ... 25	15 ... 20	20 ... 25	15 ... 20	8 ... 12

Die Steuerung der Flugzeuge kann man nach zwei Gesichtspunkten klassifizieren:

- nach dem Wirkungsprinzip,
- nach dem Steuerungstyp.

Nach dem Wirkungsprinzip unterscheiden wir Hand- und Fußsteuerung. Im System der Handsteuerung unterscheiden wir die Steuerung mit Hilfe des Steuerknüppels, der Steuersäule und der Handradsteuerung. Im System der Fußsteuerung unterscheiden wir Pendelpedale, Gleitpedale und Parallelogrammgestängesteuerung.

Nach dem **Steuerungstyp** unterscheiden wir die bewegliche, die starre und die gemischte Steuerung.

Das Steuersystem besteht aus den zentralen Teilen der Hand- und Fußsteuerung, den Gestängen, Zuführungen und Vorrichtungen, den Geräten und der Signalisation.

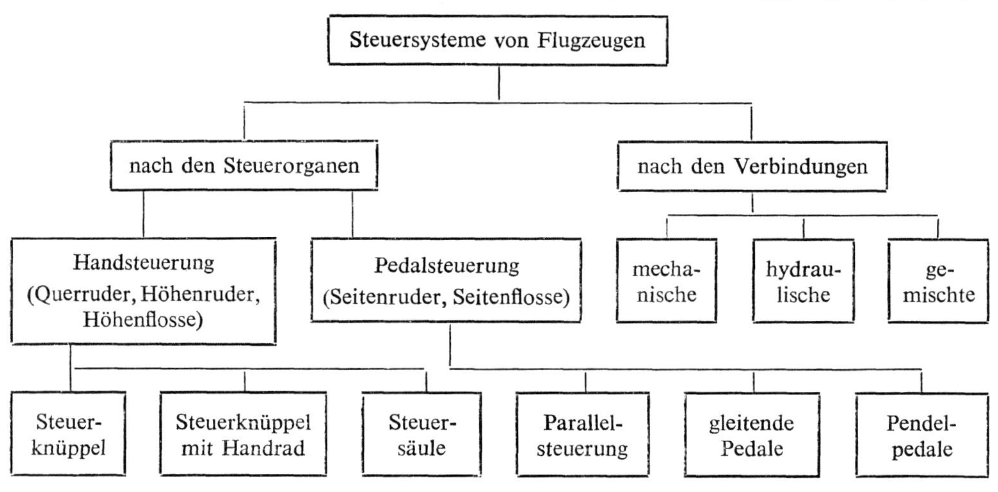

Bild 5.2

5.2. Zentralteile der Steuerung

Zentralteile der Steuerung sind die Vorrichtungen der Steuerung, die sich in der Kabine der Besatzung befinden. Sie bestehen aus dem Steuerknüppel, der Steuersäule und den Pedalen sowie den Befestigungselementen in der Kabine.

Zentralteile der Handsteuerung

Zentralteile der Handsteuerung sind der Steuerknüppel (die Steuersäule) und das Handrad.

Der **Steuerknüppel** ist ein Hebel mit zwei Freiheitsgraden. Die im unteren Teil angebrachte Scharnieraufhängung gestattet eine Bewegung des Steuerknüppels nach vorn und nach hinten zur Betätigung des Höhenruders oder des Stabilisators und nach links und rechts zur Betätigung der Querruder.

In Längsrichtung bewegt sich der Steuerknüppel um die Achse »0«, in Querrichtung, gemeinsam mit dem Rohr 1, um

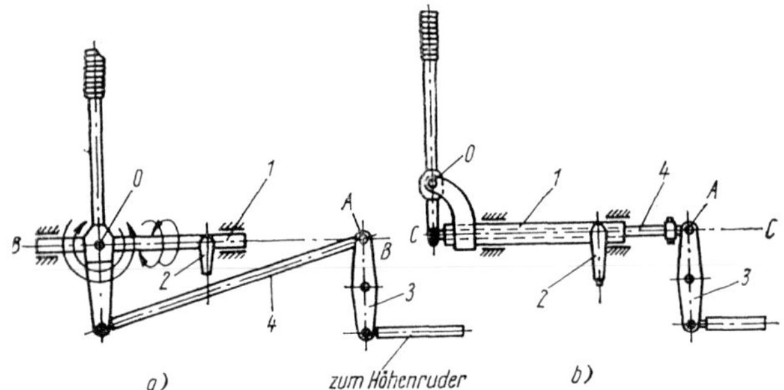

Bild 5.3 Kinematisches Schema der Bewegung des Steuerknüppels
a, b – verschiedene Variante

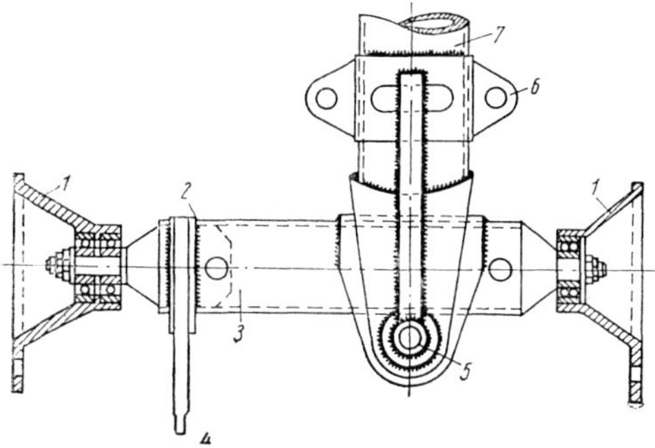

Bild 5.4 Befestigung des Steuerknüppels mit Hilfe eines Querrohres

die Achsen B-B und C-C. Am Rohr 1 ist der Hebel 2 zur Querrudersteuerung befestigt. Die Unabhängigkeit der Ausschläge der Höhenruder bzw. des Stabilisators vom Querruder wird durch die Lage der Gestängebefestigung 4 und des Hebels 3 im Punkt A auf den Achsen B-B und C-C erreicht. Der Steuerknüppel wird in der Flugzeugführerkabine auf einem Quer- oder Längsrohr bzw. an einer Konsole befestigt. Bild 5.4 zeigt die Befestigung eines Steuerknüppels mit Hilfe eines Querrohres. Das Rohr 3 ist in Kugellagern der Konsole 1 befestigt. Der Steuerknüppel 7 hat ein Scharnier 5. Auf das Rohr 3 ist ein Flansch 2 aufgesetzt mit dem Hebel 4. An diesem Hebel ist das Gestänge der Höhenrudersteuerung befestigt. In den Ösen 6 ist das Gestänge der Querruder befestigt.

Bild 5.5 zeigt die Befestigung eines Steuerknüppels mit Hilfe eines Längsrohres. Das Rohr 7 ist am Kabinenboden mit Hilfe von zwei Konsolen 8 und 9 befestigt. Mit Hilfe des Bolzens 3, welcher in Kugellagern befestigt ist, wird der Steuerknüppel 1 an der Konsole 4 befestigt, die den Knüppel mit der Quer-

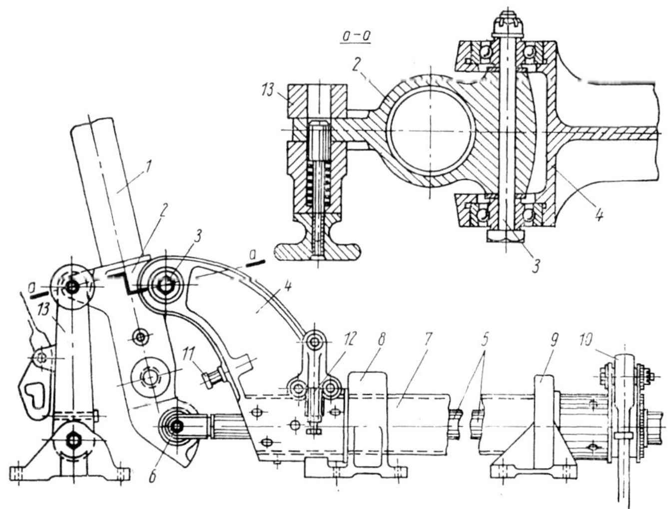

Bild 5.5 Befestigung des Steuerknüppels mit Hilfe eines Längsrohres

rudersteuerung verbindet. Mit dem Höhenrudergestänge 5 ist der untere Teil 2 des Knüppels mit Hilfe eines Scharniers und dem Bolzen 6 befestigt. An einem Ende des Rohres 7 ist die Gabelkonsole 4 angenietet, am anderen Ende befindet sich ein Doppelhebel 10, mit dessen Hilfe das Querrudergestänge befestigt ist.

Zur Begrenzung des Ausschlagwinkels des Knüppels sind an der Konsole 4 die regulierbaren Begrenzungspunkte 11 und 12 angebracht.

Der Steuerknüppel hat eine spezielle Vorrichtung 13 zur Fixierung des Steuerknüppels beim Abstellen des Flugzeuges am Boden.

Bild 5.6 zeigt eine typische **Steuerknüppelkonstruktion.** Am oberen Ende des Knüppels befindet sich der Handgriff. An diesem Handgriff sind häufig Knöpfe, Hebel und Abzugshebel zur Betätigung der Bewaffnung, der Radbremsen und der Trimmer angebracht.

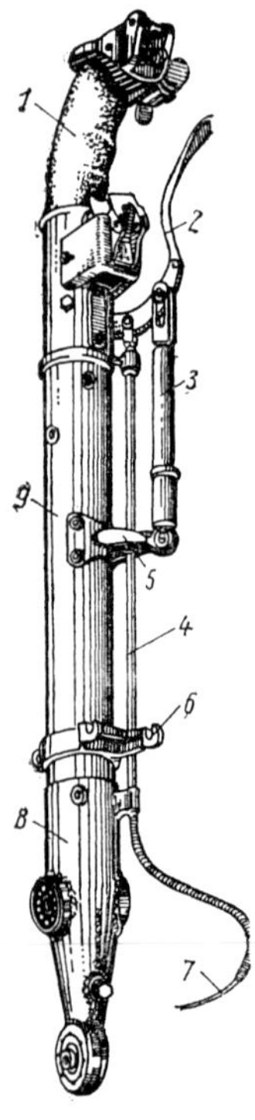

Bild 5.6 Konstruktion des Steuerknüppels

1 – Standardgriff; 2 – Bremshebel für die Räder des Fahrwerkes; 3 – Druckminderungszylinder; 4 – Rohrleitung zu den Fahrwerkrädern; 5 – Konsole; 6 – Gabel zur Fixierung des Steuerknüppels in Neutralstellung; 7 – Seil; 8 – unteres Befestigungsrohr; 9 – Steuerknüppel

Bild 5.7a zeigt das Schema einer starren Steuerung;

Bild 5.7b zeigt das zentrale Steuerteil. Als Steuerelemente dienen der Steuerknüppel 1 und die Pedale 2, die an der Konsole 17 befestigt sind. Der Knüppel sitzt auf einer sich in Kugellagern drehenden Welle, die in einer Gabel 3 endet. Auf dieser Achse sitzt auch der Steuerhebel 4 der Rudersteuerung, der die Bewegung des Gestänges 18 überträgt. Bei Betätigung der Querruder beschreibt das Gestänge 5 der Höhenrudersteuerung eine konische Oberfläche mit der Spitze im Punkt A, welcher auf der Verlängerung der Drehachse des Knüppels liegt; dadurch wird die Unabhängigkeit der Querrudersteuerung von der Höhenrudersteuerung erreicht. Das Gestänge der Seitenrudersteuerung ist mit einem Scharnier am Hebel 9 verbunden. Die Gestänge der Höhenruder- und Seitenrudersteuerung werden mit einer hermetischen Durchführung 10 durch die Kabine herausgeführt. Die Gestänge übertragen die Bewegung über Hebelsysteme auf Höhen- und Seitenruder. Die Hebel 11 und 12 der Rudersteuerung dienen gleichzeitig dem Gewichtsausgleich. Im Gestänge der Querrudersteuerung ist der Hydraulikverstärker 13 eingebaut. Die Kraft wird vom Kolben des Hydraulikverstärkers auf den Hebel 14 und von diesem auf das Gestänge 15 und 16 zur Steuerung des rechten und linken Querruders übertragen.

Eine **Handradsteuerung** besteht aus der Steuersäule 1 und dem Handrad 2 (Bild 5.8). Die Steuersäule ist nur nach vorn und hinten zum Ausschlag des Höhenruders (Stabilisator) beweglich. Die

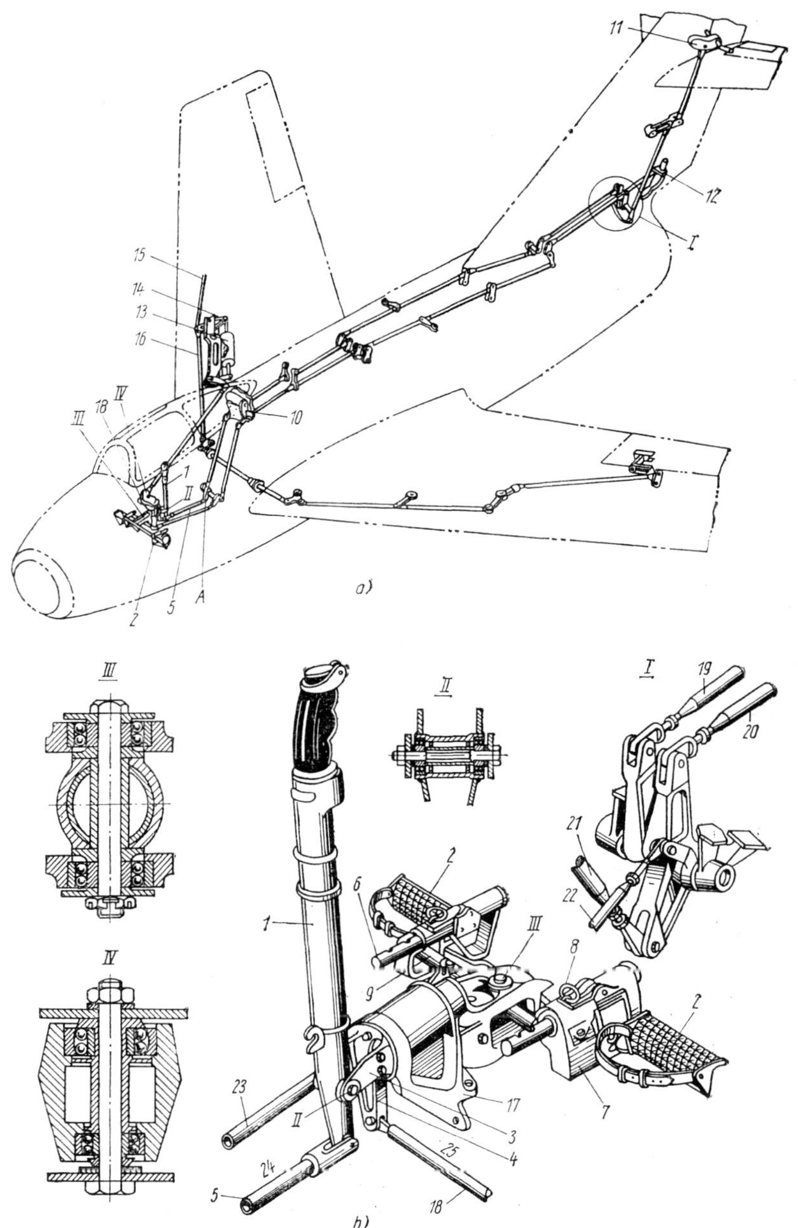

Bild 5.7 Schema einer Flugzeugsteuerung mit starrem Gestänge

a) Steuerschema; b) zentraler Steuerpunkt

1 – Steuerknüppel; 2 – Pedal; 3 – Gabel; 4 – Gestänge zur Querrudersteuerung; 5, 15, 16, 18 – Steuergestänge; 6 – Richtungsschiene für die Pedale; 7 – Pedalenkonsole; 8 – Ring; 9 – Hauptgestänge; 10 – hermetische Steuerungsdurchführung; 11, 12 – Gestänge zur Steuerung des Seitenruders; 13 – Hydraulikverstärker; 14 – Hebel; 17 – Konsole; 19 – von den Pedalen; 20 – vom Steuerknüppel; 21 – zum Höhenruder; 22 – zum Seitenruder; 23 – zum Seitenruder; 24 – zum Höhenruder; 25 – zum Querruder

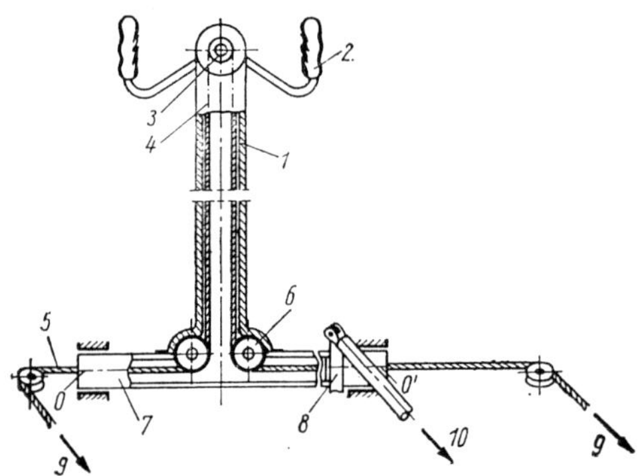

Bild 5.8 Darstellung einer Handradsteuerung
9 – zum Querruder; 10 – zum Höhenruder

Querruder werden durch Drehung des Handrades ausgeschlagen, das starr an einem Zahnrad 3 befestigt ist. Auf diesem Zahnrad läuft eine Kette 4, deren Enden mit den Seilen 5 verbunden sind. Die Seile werden über Rollen 6 zu den Querrudern geführt. Die Steuersäule ist meistens unten an einem horizontalen Rohr 7 befestigt, an welchem die Hebel 8 der Höhenrudersteuerung befestigt sind. Die Unabhängigkeit des Ausschlages der Höhenruder und Querruder wird durch die Lage der Rollen 6 bestimmt, welche so angebracht sind, daß das Seil 5 mit der Drehachse 00′ des Rohres zusammenfällt.

Die Handradsteuerung nach Bild 5.9 besteht aus dem Kopf der Steuersäule 16, dem Handrad 1 und dem unteren Teil der Steuersäule 20. Diese stellt eine vertikale Steuersäule dar, welche mit Hilfe einer Konsole an einem horizontalen Rohr befestigt ist. Im Kopf der Steuersäule ist ein Zahnrad angebracht, über das eine Kette 2 läuft, deren Enden innerhalb der Steuersäule laufen. Die Enden der Kette sind mit Seilen 4 verbunden. Im unteren Teil der Steuersäule sind Rollen angebracht, über denen die Seile auf einem Rollensegment 5 enden und dort mit ihren unteren Enden, mit Hilfe von Endstücken mit Gewinde, festgemacht sind. Diese Endstücke dienen gleichzeitig der Seilregulierung und dem Straffen der Kette. Die Bewegung des Rollensegmentes wird mit Hilfe des Gestänges 6 (liegt auf der Drehachse AA′ der Steuersäule 20) auf das Gestängesystem der Querruder übertragen.

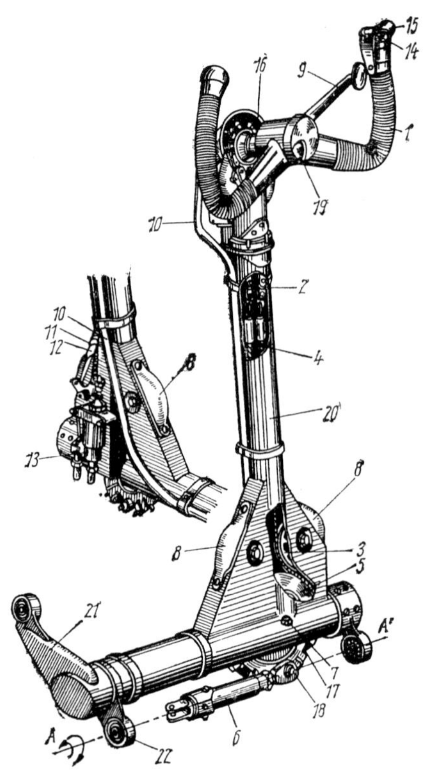

Bild 5.9 Flugzeughandradsteuerung mit vertikaler Säule

1 – Handrad (Lenksäule); 2 – Steuerkette; 3 – verstellbares Rad; 4 – Seil; 5 – Rollensegment; 6 – Steuerung; 7 – Drehachse des Rollensegments; 8 – Deckel für verstellbare Räder; 9 – Bremshebel; 10 – Rohr; 11 – Bowdenzug; 12 – Steuerseil für Bremsreduzierventil; 13 – Bremsreduzierventil; 14 – Abwurfknopf; 15 – Sicherungsbügel; 16 – Steuersäulenkopf; 17 – Seilendstück; 18 – Konsolenbolzen; 19 – Knopf für die Elektrosteuerung der Bewaffnung; 20 – Steuersäule; 21 – Gestänge für die Steuerung des Höhenruders; 22 – Befestigungsösen

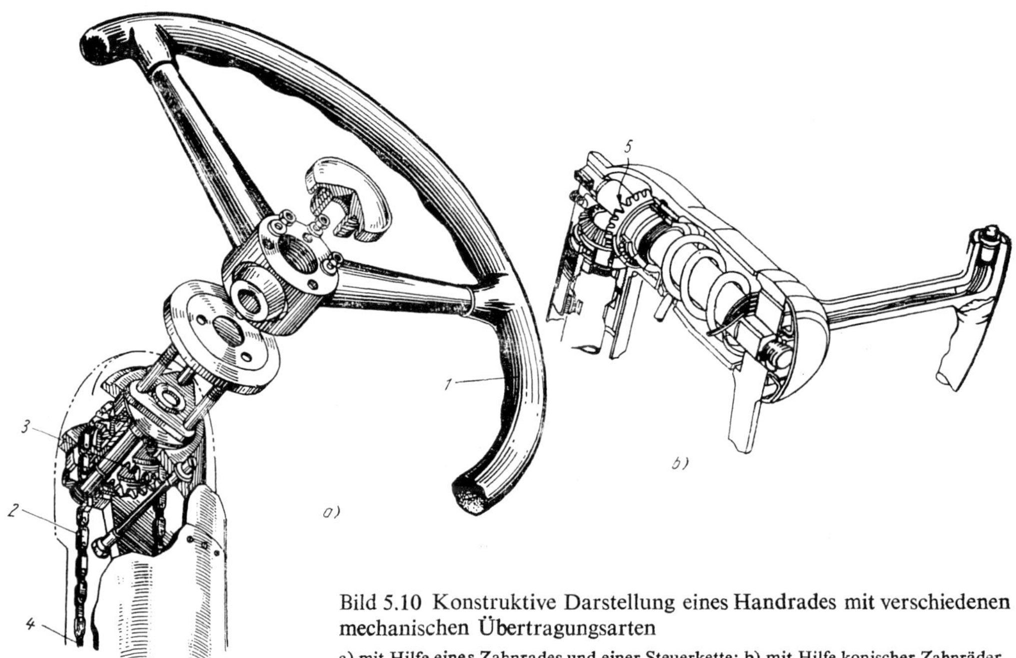

Bild 5.10 Konstruktive Darstellung eines Handrades mit verschiedenen mechanischen Übertragungsarten

a) mit Hilfe eines Zahnrades und einer Steuerkette; b) mit Hilfe konischer Zahnräder

An das horizontale Rohr ist ein Hebel 21 zur Steuerung der Höhenruder angeschweißt. Die Ösen 22 dienen zur Befestigung der Steuersäule.

Das Handrad wird selten aus einem vollen Rad gefertigt. Das obere Teil des Rades wird meistens herausgeschnitten, um dem Flugzeugführer einen besseren Blick auf die Geräte zu geben, die unmittelbar hinter dem Handrad liegen. Dadurch wird auch das Gewicht der Handradsteuerung vermindert.

Die Steuersäule wird meistens an einem Rohr befestigt, welches in einer Konsole oder in speziellen Kugellagern am Kabinenboden befestigt ist.

Das Übertragungssystem der Bewegung vom Handrad ist meistens ein mechanisches System (siehe Bilder 5.9 und 5.10a). Das Handrad 1 ist mit einem Zahnrad 3 verbunden und liegt mit diesem in einer Achse. Über das Zahnrad läuft eine Steuerkette 2, deren Enden mit Seilen 4 verbunden sind. Es gibt jedoch auch Konstruktionen von Handrädern, bei denen die Bewegung mit Hilfe von Kegelrädern übertragen wird (Bild 5.10b).

Mit dem Ziel, die Kabine des Piloten nicht übermäßig zu belasten, wird die Steuersäule 5 oft hinter dem Gerätebrett angebracht. Die Welle 11 des Handrades wird in diesem Fall an einer beweglichen Stütze 23 befestigt (Bild 5.11). In diesem Fall wird bei Betätigung der Höhenrudersteuerung das Handrad zusammen mit der Welle nach vorn und hinten über Gleitrollen bewegt. Die Schiebe- und Drehbewegung des Handrades wird über die Welle 11 auf den Kopf 9 der Steuersäule und die daran befestigte Gelenkkupplung 10 gegeben.

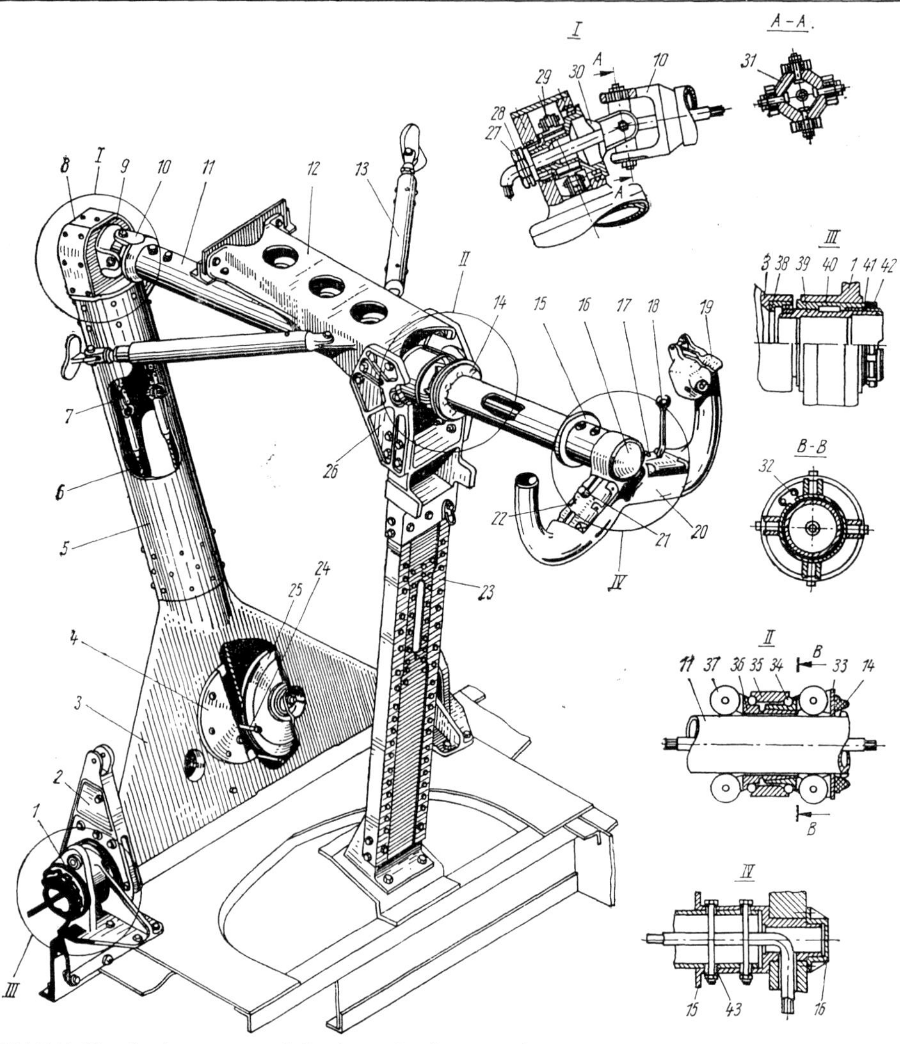

Bild 5.11 Handradsteuerung mit horizontaler Steuersäule

1 – Konsole; 2 – Gestänge für die Höhenrudersteuerung; 3 – Grundplatte der Steuersäule; 4 – Grundplattendeckel; 5 – Rohr der Steuersäule; 6 – Seil; 7 – Steuerkette; 8 – Deckel; 9 – Kopf der Steuersäule; 10 – Gabel der Gelenkkupplung; 11 – Rohr der horizontalen Steuersäule; 12 – Konsole; 13 – Seitenstrebe; 14 – Begrenzer; 15 – Endstück; 16 – Mutter; 17 – Bremshebelfixierung; 18 – Hebel für Höhenrudertrimmer; 19 – Kampfknopf; 20 – Handrad; 21 – Knopf zum Abschalten des Autopiloten; 22 – Deckel; 23 – Stütze; 24 – Begrenzer für Steuerkette; 25 – Rolle; 26 – Seitenteil; 27 – Mutter; 28 – Sperring; 29 – Schraubverbindung; 30 – Welle; 31 – Lagerschale; 32 – Anschlag; 33 – Flansch; 34 – Kugellager; 35 – Außenring; 36 – Innenring; 37 – Rollen; 38 – Zwischenhülse; 39 – Zapfen; 40 – Hülse; 41 – Sperring; 42 – Kontermutter; 43 – konische Hülse

Das **Steuerrad an der Steuersäule** (Bild 5.12) ist eine Kombination zwischen Steuerknüppel und Handradsteuerung. Im oberen Teil ist dieser Kommandohebel ausgeführt wie ein Handgriff 1 bei einer gewöhnlichen Handsteuerung, nur mit einer gekürzten Länge. In einem gewissen Abstand vom oberen Ende ist der

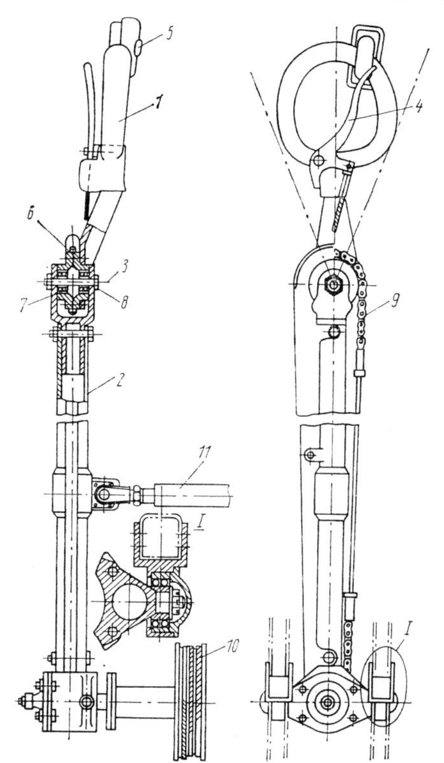

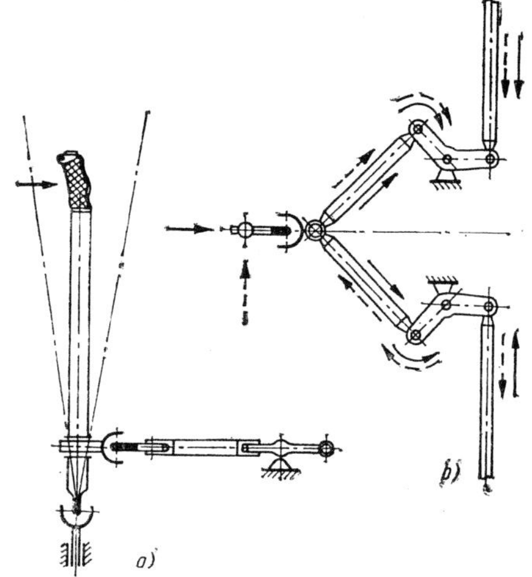

Bild 5.13 Schema einer Elevonsteuerung
a) Seitenansicht; b) Vorderansicht

Bild 5.12 (links) Kombinierter Steuerknüppel
1 – Griff; 2 – Rohr der Steuersäule; 3 – Drehachse des Knüppels; 4 – Bremshebel; 5 – Kampfknopf; 6 – Zahnrad für die Querrudersteuerung; 7 – Kugellager; 8 – Bolzen; 9 – Steuerkette; 10 – Sektor für die Querruderseilübertragung; 11 – Steuergestänge zum Höhenruder

Griff am unteren Teil über einer Kupplung befestigt. Diese gestattet ein Ausschlagen des Handgriffes nach links und rechts zur Steuerung der Querruder analog der Handradsteuerung.

Diese Art der Steuerung findet Verwendung bei Jagdflugzeugen, Sportflugzeugen, Trainingsflugzeugen und anderen kleineren Flugzeugen, welche über eine hohe Steuerempfindlichkeit verfügen müs-

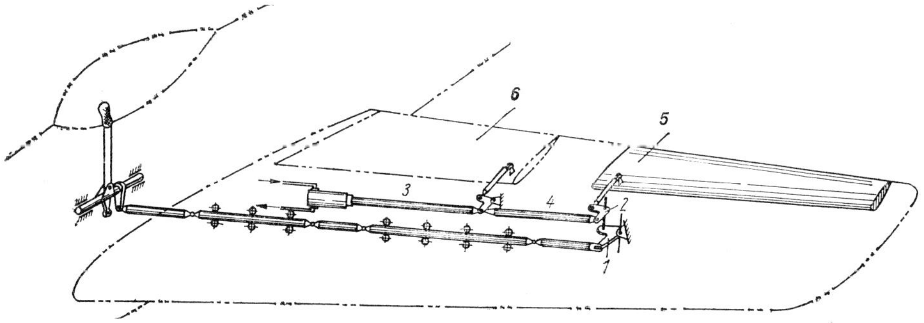

Bild 5.14 Kinematisches Schema der Steuerung von kombinierten Querruder-Landeklappen
1 – Hauptumlenkhebel; 2 – Hilfsumlenkhebel; 3, 4 – Steuergestänge; 5 – Querruder; 6 – Landeklappe

sen. Eine Handradsteuerung wird meistens bei schweren Flugzeugen eingebaut. Bei Nurflügelflugzeugen wird die Funktion des Höhenleitwerkes von Elevonen ausgeübt. Diese gewährleisten nicht nur die Quer-, sondern auch die Längssteuerung. Bild 5.13 zeigt ein einfaches Schema einer solchen Steuerung.

Zur Erhöhung des Auftriebskoeffizienten wird außer den Landeklappen noch eine kombinierte Querruder-Landeklappe verwendet. Sie wird wie eine Landeklappe

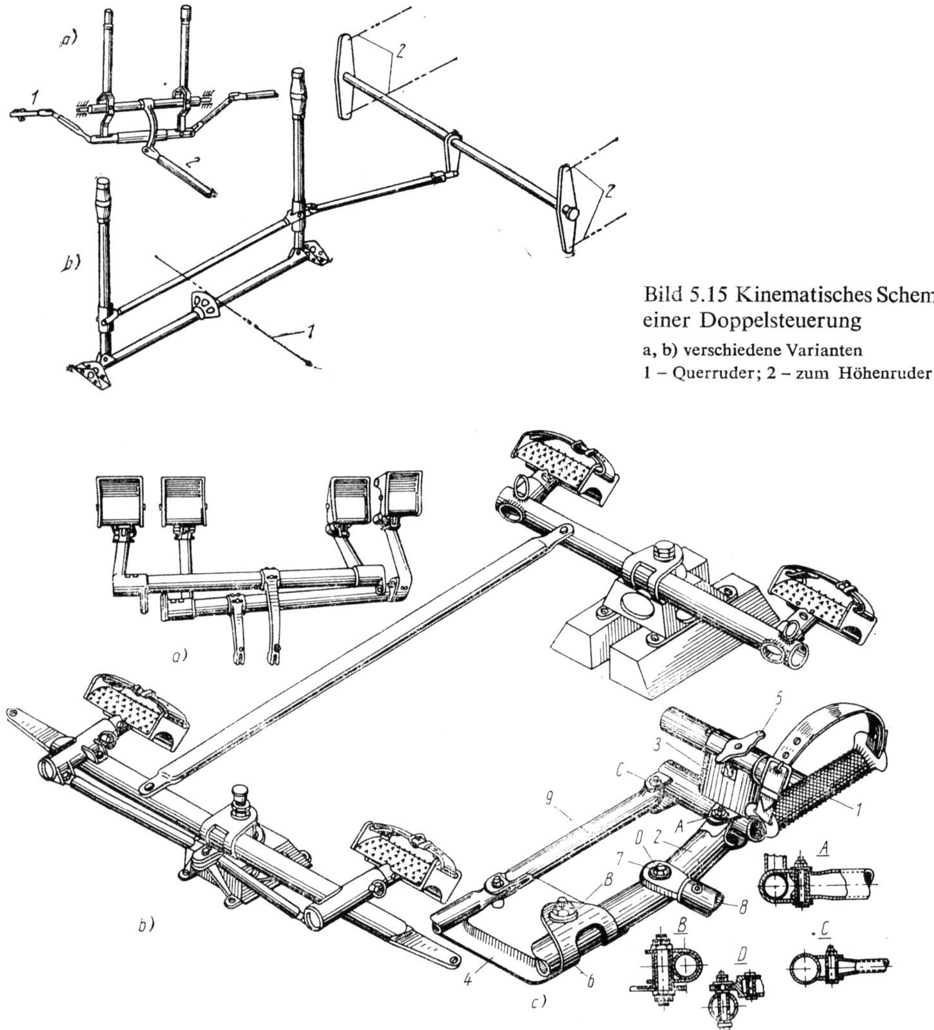

Bild 5.15 Kinematisches Schema einer Doppelsteuerung

a, b) verschiedene Varianten

1 – Querruder; 2 – zum Höhenruder

Bild 5.16 Kinematisches Schema einer doppelten Fußsteuerung

a, b, c) verschiedene Varianten

1 – Pedale; 2 – Hebel; 3 – Konsole; 4 – Befestigung der Fußsteuerung; 5 – Sperre; 6 – Bügel für Gestänge; 7 – Stift; 8 – Verbindungsgestänge; 9 – Parallelogrammglied

ausgefahren und kann bei Ausschlag des Handrades wie ein Querruder arbeiten. Neben den normalen Steuerungselementen wird eine zweite Steuerung für den rechten und linken Tragflügel angebracht. Für Flugzeuge großer Reichweite oder Flugdauer sowie für Schulflugzeuge werden Doppelsteuerungen verwendet.

Bei Schulflugzeugen liegen die Steuerknüppel der Doppelsteuerung hintereinander (Bilder 5.15b und 5.16b). Seltener werden Steuerknüppel und Pedale nebeneinander angeordnet. Bei Flugzeugen für die Anfangsschulung kann die Hand- und Fußsteuerung für den Flugschüler während des Fluges getrennt werden.

Die doppelte Fußsteuerung bei Flugzeugen für die Anfangsschulung ist in Bild 5.16c dargestellt. Das Rohr der Pedale 1 geht in ein Rohr, welches parallel dem Glied AC eines Parallelogrammes läuft, und kann durch die Sperre 5 in der entsprechenden Stellung fixiert werden. Das vordere und das hintere Steuerungssystem sind durch ein starres Gestänge 8 verbunden. Bei großen Flugzeugen wird die Doppelsteuerung nebeneinander in einer Kabine angebracht. Sie ist in Form einer Handradsteuerung ausgeführt.

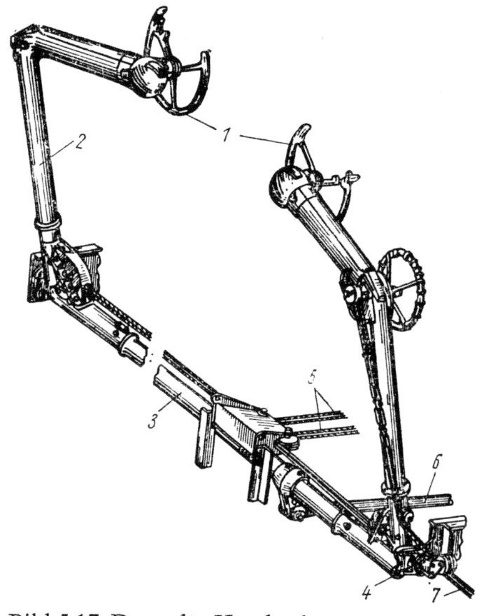

Bild 5.17 Doppelte Handradsteuerung

1 – Handsteuerung für die Querruder; 2 – Steuersäule; 3 – Grundplatte der Steuersäule; 4 – Kugellager des Drehpunktes der Steuersäule; 5 – zu den Querrudern; 6 – zum Höhenruder; 7 – zum Bugrad

Zentralteile der Fußsteuerung

Zentralteile der Fußsteuerung können verschiedene Konstruktionen sein. Wir unterscheiden die Parallelogrammsteuerung, die Steuerung mit Pendelpedalen und mit Gleitpedalen.

Parallelogrammgestängesteuerung

(Bild 5.18)

Der Doppelhebel 3 mit den am Ende befestigten Pedalen sitzt auf einer vertikalen Achse 5, die den Pedalen eine Vor- und Rückwärtsbewegung gestattet. Die horizontale Anbringung verlangt zur Gewinnung eines großen Hebelarmes ein

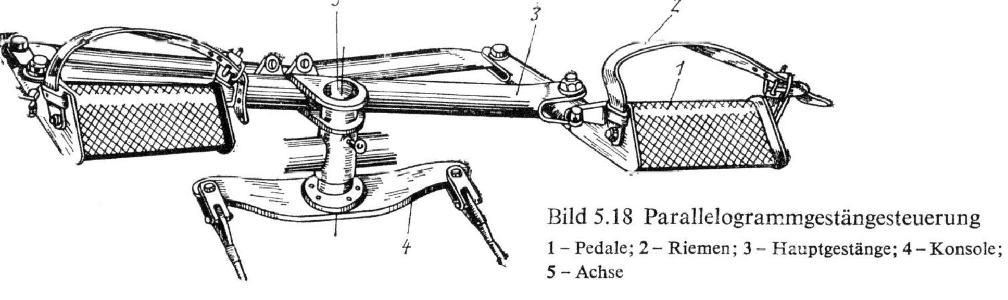

Bild 5.18 Parallelogrammgestängesteuerung

1 – Pedale; 2 – Riemen; 3 – Hauptgestänge; 4 – Konsole; 5 – Achse

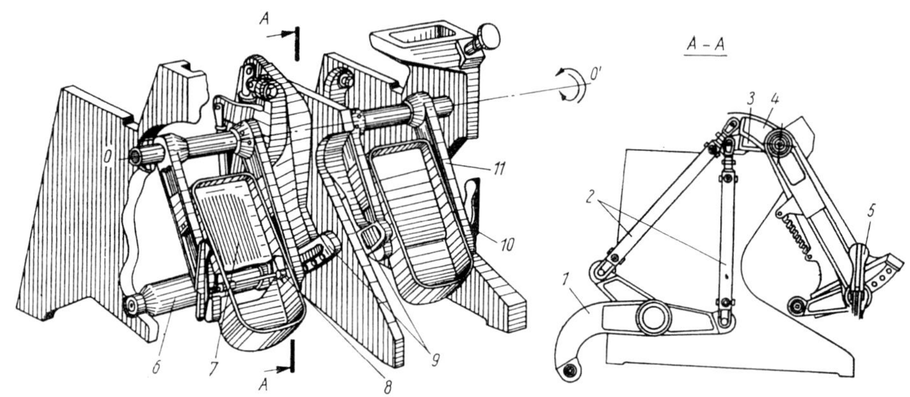

Bild 5.19 Pendelpedale mit oberer Aufhängungsachse

1 – Hebel zum Anschließen des Gestänges für das Seitenruder; 2 – Gestänge; 3 – Hebel des rechten Pedals; 4 – Hebel des linken Pedals; 5 – Hebel der Reguliervorrichtung; 6 – Welle; 7 – Pedale; 8 – Welle; 9 – Sektor des Hebels; 10 – Hebel; 11 – Stange

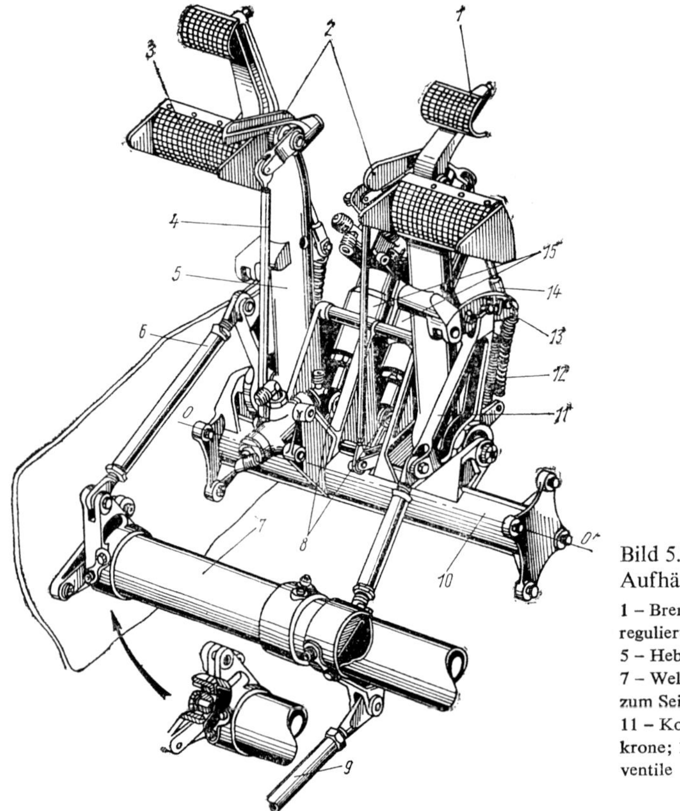

Bild 5.20 Pendelpedale mit unterer Aufhängungsachse

1 – Bremshebel; 2 – Hebel zur Pedalregulierung; 3 – Pedale; 4 – Bremsgestänge; 5 – Hebel der Pedale; 6 – Pedalgestänge; 7 – Welle; 8 – Spannrollen; 9 – Gestänge zum Seitenruder; 10 – drehbare Welle; 11 – Konsole; 12 – Feder; 13 – Regulierkrone; 14 – Reguliergestänge; 15 – Bremsventile

breites Spreizen der Beine. Das ist auch notwendig, damit die Füße nicht beim Ausschlagen des Steuerknüppels nach rechts und links stören.

Zentralteil mit Pendelpedalen

Bei der Fußsteuerung großer Flugzeuge findet man immer häufiger Pendelpedale, die um die horizontale Achse 00′ drehbar sind und eine obere (Bild 5.19) oder untere (Bild 5.20) Aufhängung haben.

Die Pedale werden entsprechend der Größe des Piloten reguliert. Indem der Regulierhebel 2 (siehe Bild 5.20) verstellt wird, hebt der Pilot die Regulierkrone 13 an, die am Hebel der Fußpedale 5 sitzt. Der Stift an der Konsole 11 geht in eine der drei Aussparungen der Regulierkrone und fixiert damit die Stellung der Pedale. In dieser Stellung wird die Regulierkrone 13 durch die Feder 12 gehalten. Die Konstruktion des betrachteten Zentralteiles besteht aus zwei Paaren Pedale. Jedes Paar besteht aus zwei pendelnden Fußpedalen. Alle 4 Pedale sind untereinander mit den Gestängen 6 und der Welle 7 verbunden. An jedem Pedal sind Bremshebel für das Hauptfahrwerk angebracht.

Bei einem Flugzeug wurde eine Fußsteuerung mit Gleitpedalen gebaut (Bild 5.21). Das Zentralteil ist auf einer sogenannten Brücke angebracht. Die Steuerbrücke ist aus Stahlrohren ge-

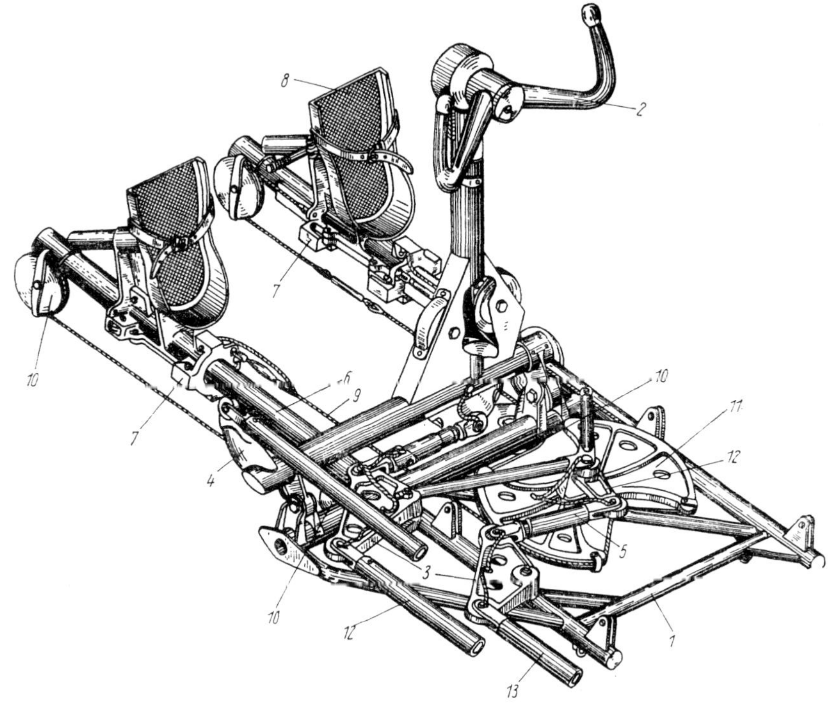

Bild 5.21 Zentraler Knoten einer Fußsteuerung mit Gleitpedalen

1 – Zwischenstrebe; 2 – Handrad; 3 – Kipphebel; 4 – Kipphebel für die Höhenrudersteuerung; 5, 13 – Gestänge; 6 – Gleitstrebe; 7 – Schlitten; 8 – Pedale; 9 – Seil des Zentralknotens; 10 – Rolle; 11 – Segment; 12 – Hebel des Steuergestänges vom Seitenruder

schweißt. An ihr ist mit Hilfe von zwei Scharnieren die Steuersäule 2 befestigt. An ihrer horizontalen Drehachse befindet sich ein Hebel 4 für die Höhenruder. Die zwei Schlitten 7 gleiten über Rollen in Gleitschienen 6. Die Bewegung dieser Schlitten wird durch Seile koordiniert. Diese Seile laufen über Rollen 10 und verbinden beide Schlitten zu einem kinematischen Glied. Auf den Schlitten sind die Pedale 8 mit Hilfe von Hülsen befestigt, mit deren Hilfe man ihre Höhe regulieren kann. Von den Schlitten gehen Steuerseile 9 ab, die am Segment 11 enden. Der Hebel 12 des Segmentes ist mit dem Gestänge 5 des Kipphebels 3 verbunden. Von diesem geht das Gestänge 13 zum Seitenruder.

5.3. Übertragungselemente der Steuerung

Übertragungselemente verbinden die zentralen Steuerteile mit den Steuerorganen (Höhenruder, Seitenruder, Querruder u.a.). Die Konstruktion der Gestänge kann starr, beweglich und gemischt sein.

Eine **bewegliche Steuerübertragung** wird mit Hilfe von Seilen ausgeführt. Auf geraden Strecken verwendet man auch Bänder oder Draht. Mit Seilen können über Rollen scharfe Krümmungen realisiert werden (Bild 5.22), so daß die Steuerung an bequemen und ungefährdeten Orten (unter dem Kabinenboden, an den Rumpfwänden) geführt werden kann. Eine bewegliche Steuerübertragung hat wenig Gewicht. Nachteilig sind die große Reibung an Stellen der Seilkrümmung und die Dehnung der Seile, die trotz Streckung vor dem Einbau nicht beseitigt werden kann. Außerdem federt ein Seil bei großer Länge, und aufgrund der elastischen Deformation ergibt sich am Steuerknüppel ein elastisches Spiel (Bewegung des Knüppels ohne Bewegung der Ruder), was die Steuerempfindlichkeit wesentlich mindert. Den letzten Nachteil kann man durch stärkere Seile beseitigen. Das führt jedoch zu größeren Rollen und zu einer größeren Masse der Steuerübertragung. Es werden deshalb oft anstelle eines dicken Seiles zwei parallel verlau-

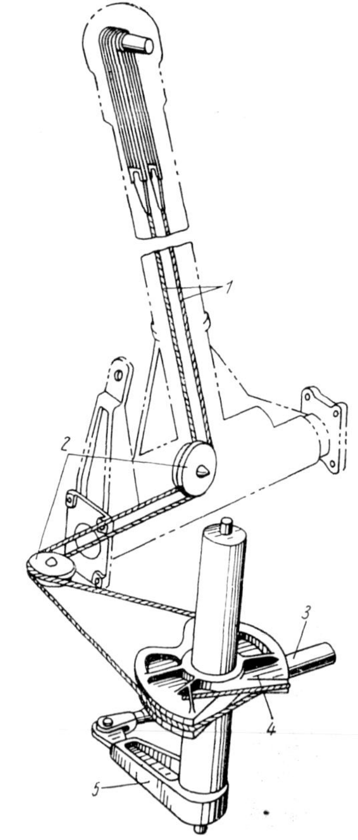

Bild 5.22 Querruderseilsteuerung in der Steuersäule
1 – Seil; 2 – Rollen; 3 – Gestänge; 4 – Segment; 5 – Umlenkhebel

fende Seile verwendet. Damit werden die Rollendurchmesser, das Gesamtgewicht und die Reibung vermindert. Es wird gleichzeitig damit die Lebensdauer der Steuerung erhöht.

Zu den Nachteilen einer Seilsteuerung kann man den notwendigen großen Kontrollaufwand und das notwendige Auswechseln der Seile betrachten.

Da jedoch ein Seil nur auf Zug beansprucht werden kann, die Notwendigkeit der Kraftübertragung jedoch in beiden Richtungen besteht, macht sich die Anwendung von zwei Seilen notwendig. Eine bewegliche Steuerübertragung findet heute nur noch sehr selten Anwendung (nur bei langsamfliegenden Flugzeugen). Sie findet jedoch noch Anwendung als Hilfssteuerung bzw. an den Stellen, an denen die Anwendung von starren Gestängen nicht möglich ist.

Eine **starre Steuerübertragung (Gestänge)** kann in zwei Arten ausgeführt sein:

a) mit einer Längsbewegung des Gestänges;
b) mit einer Drehbewegung des Gestänges.

Bei modernen Flugzeugen finden erstere am meisten Anwendung (Bild 5.23). Elemente der starren Steuerung sind Gestänge, Wellen, Hebel, Kipphebel, Konsolen und Gleitvorrichtungen.

Eine starre Steuerung mit Längsbewegung hat wenig Reibung in den Verbindungsstellen, sie federt nicht, gibt kein elastisches Spiel und macht damit die Steuerung sehr effektiv. Sie hat jedoch den Nachteil des größeren Gewichtes und des größeren Arbeitsaufwandes bei der Herstellung.

Bei einer starren Steuerung mit Längsbewegung können Belastungsdeformationen und Erwärmungen nur schwer kompensiert werden. Bei Steuerungssystemen mit Drehbewegung der Gestänge und Wellen kann die Deformation

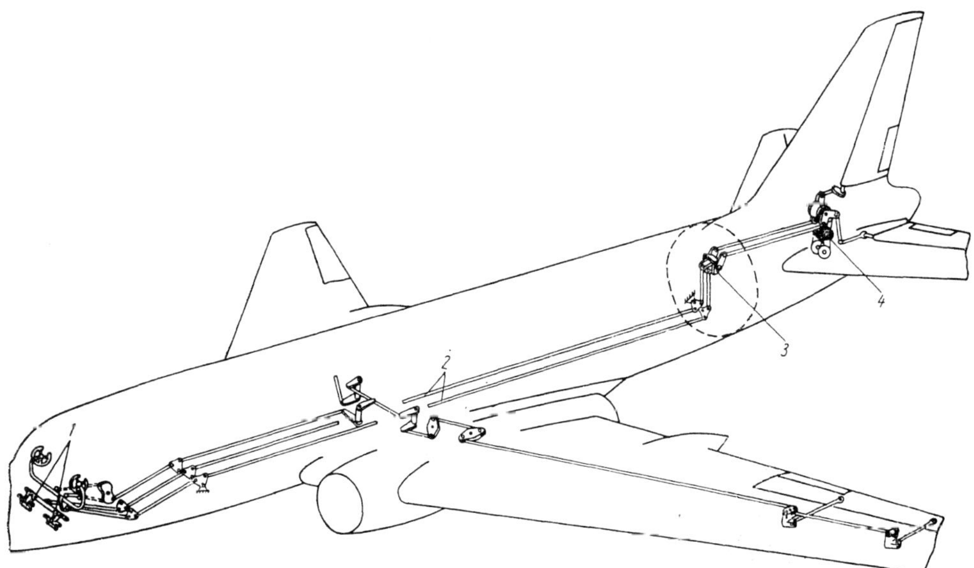

Bild 5.23 Kinematisches Schema der Steuerung mit starrem Gestänge eines Passagierflugzeuges
1 – Pedale; 2 – Gestänge; 3 – Hermetikdurchführung; 4 – Rudermaschinen des Autopiloten

der Teile durch die Anwendung von Teleskopgestängen und Kardanverbindungen beseitigt werden. Außerdem können über ein derartiges Steuergestänge große Leistungen übertragen werden. Zu einem weiteren Vorteil derartiger Steuersysteme kann man ihre gute bauliche Ausführung zählen. Jedoch sind Teile und Gestänge einer Steuerung mit Drehbewegung des Gestänges sehr kompliziert herzustellen und erfordern eine hohe Wartungsarbeit.

Zur Umwandlung einer Drehbewegung in Längsbewegung werden Rudermaschinen mit Schneckenrädern und Kugellagern verwendet, die mit hohem Wirkungsgrad arbeiten. Die Konstruktion einer derartigen Rudermaschine zeigt Bild 5.24.

Mit einer **gemischten Steuerung,** der Kombination einer starren mit einer beweglichen Steuerung, können die Nachteile beider Systeme kompensiert werden. Die bewegliche Steuerung findet dabei oft Anwendung an der Steuersäule und an Orten mit großen und vielfachen Krümmungen. Oft werden bei gemischten Steuerungen die festen Steuerungselemente als letztes Glied unmittelbar vor dem Steuerorgan eingebaut.

Alle drehbaren Teile (Kipphebel, Hülsen, Rollen, Scharniere u.a.) werden bei starrer und bei beweglicher Steuerung mit Kugellagern eingebaut, um die Reibung zu senken, Spiele zu vermindern und die Lebensdauer der Steuerung zu erhöhen.

Elemente der Steuerübertragung

Zu den Steuerungselementen gehören die Gestänge, Seile, Hebel, Segmente, Umlenkhebel, Gleitschienen, Rollen, Kugellager usw. Für **Gestänge** werden vorwiegend Rohre aus Aluminiumlegierungen eingesetzt. Nur selten werden Gestänge aus Stahl hergestellt. Um Vibration zu vermeiden, dürfen die Gestänge nicht sehr lang sein. Die praktische Länge eines Gestänges und auch die Entfernung zwischen den Stützpunkten soll nicht mehr als 2 m betragen. Am Ende der Gestänge müssen sich Endstücke zur Verbindung der Gestängeteile befinden.

Die **Endstücke** können fest sitzen bzw. regulierbar sein. Regulierbare Endstücke bestehen aus einer Hülse, in welcher sich eine axiale Bohrung mit Gewinde befindet, in welche der Augenbolzen bzw. Gabelbolzen eingeschraubt wird. Damit hat man die Möglichkeiten, in gewissen Grenzen eine Regulierung des Abstandes zwischen den Scharniermittelpunkten vorzunehmen, was die Gestängeregulierung wesentlich vereinfacht.

Da die Gestänge sich in einigen Fällen nicht nur mit einer Längsbewegung be-

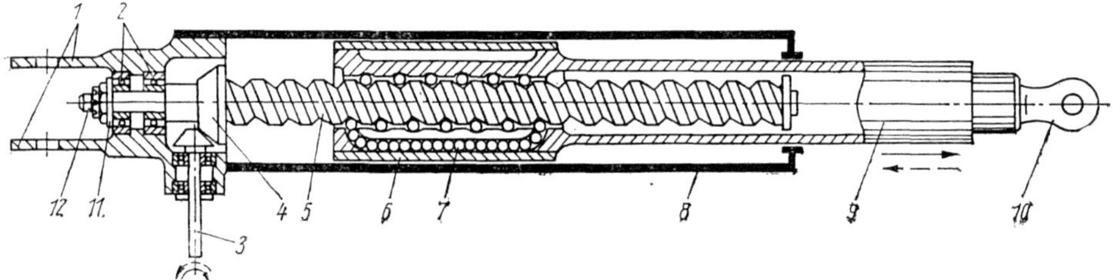

Bild 5.24 Rudermaschine zur Umwandlung von Dreh- in Längsbewegungen

1 – Befestigungsösen; 2 – Schrägwälzlager; 3 – Antrieb; 4 – Untersetzungsgetriebe; 5 – Schneckenrad; 6 – Mutter; 7 – Rückkehrkanal für Kugeln; 8 – Gehäuse; 9 – Arbeitszylinder; 10 – Öse zur Befestigung am Rudergestänge; 11 – Unterlegscheibe; 12 – Splint

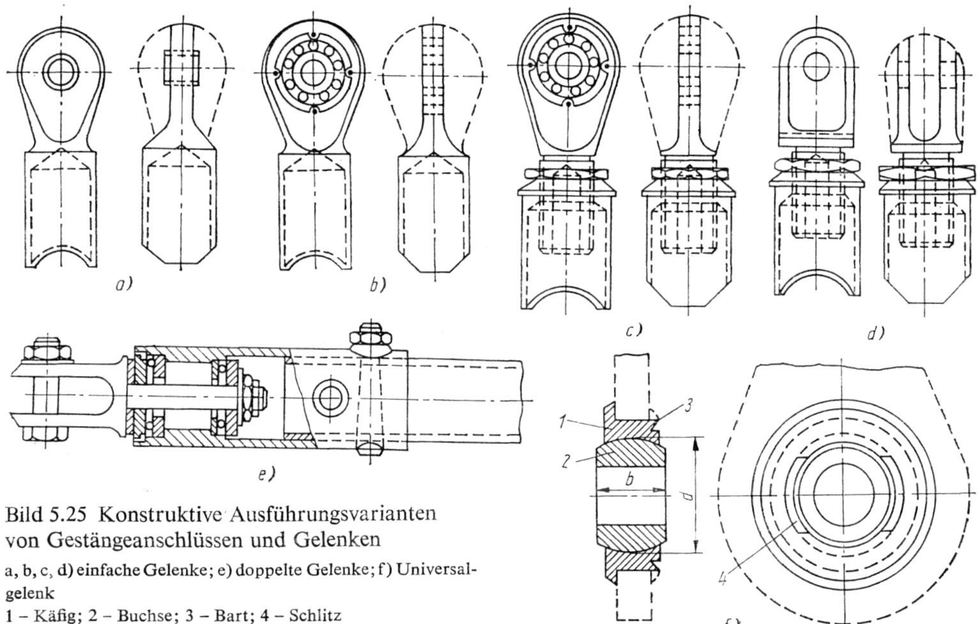

Bild 5.25 Konstruktive Ausführungsvarianten von Gestängeanschlüssen und Gelenken
a, b, c, d) einfache Gelenke; e) doppelte Gelenke; f) Universalgelenk
1 – Käfig; 2 – Buchse; 3 – Bart; 4 – Schlitz

wegen können, sondern auch seitlich ausgeschlagen werden bzw. sich drehen können, werden die Endstücke nach drei Arten unterteilt:

1. einfaches Gelenk – mit einer Drehachse;
2. Doppelgelenk – mit zwei Drehachsen (Drehung in der Gestängeebene und um die Gestängeachse);
3. Universalgelenk – mit drei Drehachsen als Kugelgelenk gefertigt. Bei kleinem Ausschlagwinkel kann die Rolle eines solchen Gelenkes durch ein Kugellager erfüllt werden.

Bild 5.25 zeigt konstruktive Varianten von Endstücken und Gelenkarten. Im Universalgelenk wird der Käfig 1 in das Auge des Endstückes eingesetzt, und in ihm wird der Bart 3 umgewalzt. Die kugelförmige Buchse 2 wird durch den Schlitz 4 im Käfig eingebaut. Der Durchmesser und die Breite des Käfigs sind gleich dem Durchmesser und der Breite der Buchse. Danach wird die Hülse im Käfig gedreht.

Im Interesse der Zuverlässigkeit der Steuerung werden die Gestänge oft aus zwei Rohren, dem Haupt- und dem dou-

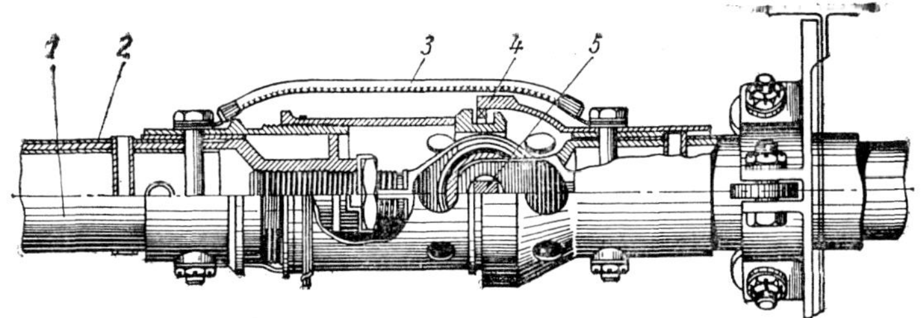

Bild 5.26 Regulierbare Verbindung eines Steuergestänges
1 – äußeres Gestängerohr; 2 – inneres Gestängerohr; 3 – Masseband; 4 – Keilwellenverbindung; 5 – Scharnierbolzen

blierenden Rohr, angefertigt. Bei der Zerstörung eines Rohres bleibt die Steuerung voll arbeitsfähig. Bild 5.26 zeigt ein nach der Länge regulierbares Gestängeendstück. Alle Gestängeverbindungen müssen gegen statische elektrische Aufladung mit Massebändern versehen sein. Als Verbindungselement für Steuerseile werden Regulierschlösser verwendet, die gleichzeitig der Regulierung dienen.

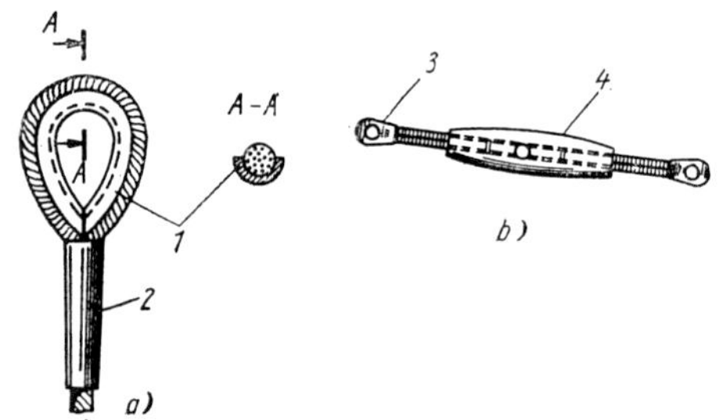

Bild 5.27 Befestigung und Regulierung des Seiles
a) Befestigung des Seiles in einer Kausche; b) Regulierschloß
1 – Kausche; 2 – Endstück; 3 – Endstück; 4 – Buchse-Spannschloß

Alle diese Teile sind standardisiert. Bild 5.27 zeigt ein Spannschloß, welches aus einer Hülse mit Rechts- und Linksgewinde und zwei Endstücken mit Befestigungsösen besteht. Durch Drehung der Hülse kann der Abstand zwischen den Ösenmittelpunkten verändert werden.

In Steuersystemen, beginnend mit den Zentralteilen und endend mit den Rudern, werden Hebel und die verschiedensten Kipphebel verwendet.

Hebel werden unmittelbar an Rudern und Querrudern sowie an den Zentralteilen der Hand- und Fußsteuerung verwendet (Bild 5.28). Es gibt zwei verschiedene Typen von Umlenkhebeln. Zum ersteren (Bild 5.29) gehören Umlenkhebel, die nur zur Aufhängung der Gestänge dienen. Zu den zweiten gehören Umlenkhebel, die der Veränderung der Kräfte und Bewegungsrichtung der Gestänge und der Lageveränderung der Gestänge dienen.

Bei gemischten Steuerungen werden beim Übergang von der Seilsteuerung zum starren Gestänge Segmente verwendet, die aus dem Teil einer Rolle mit Ausschnitten oder Einschnitten zur Seilführung bestehen (Bild 5.30).

Bei Drehung des Segmentes läuft das Seil in der Seilführung immer nach der Tangente zum Seilführungskreis.

Als **Führungselemente** für starre Gestänge werden Rollen verwendet. Diese Rollenführungselemente bestehen aus 3 (Bild 5.31a) oder 4 Rollen (Bild 5.31b). Oft werden Steuergestänge aus Rohren verwendet, die auf Drehung beansprucht sind (Bild 5.31c). Den Abstand zwischen den Führungselementen wählt man so, daß eine Vibration oder ein Festigkeitsverlust ausgeschlossen sind.

Bei Seilsteuerungen verwendet man als Führungselemente Rollen oder Hülsen (Bild 5.32). Der Einbau von Rollen gestattet ihre Bewegung nur in einer Richtung (Bild 5.32a) oder gestattet den Rollen zwei Freiheitsgrade (Kardanaufhängung Bild 5.32b). Um ein zufälliges Abspringen des Seiles zu verhindern, werden Sicherungshebel angebracht.

Wenn das Seil über eine lange Strecke gerade geführt werden muß, werden Gleithülsen angebracht. Bild 5.32c zeigt eine Hülse für eine Seilsteuerung, die aus zwei gleichartigen Textolitplatten besteht. Die Seile werden durch Einschnitte in die Öffnung der einen Platte gelegt, danach in die andere, und beide Platten werden mit Bolzen untereinander und mit der Zelle verbunden.

Wichtig ist die Herausführung des Steuergestänges aus der Druckkabine und aus hermetischen Räumen.

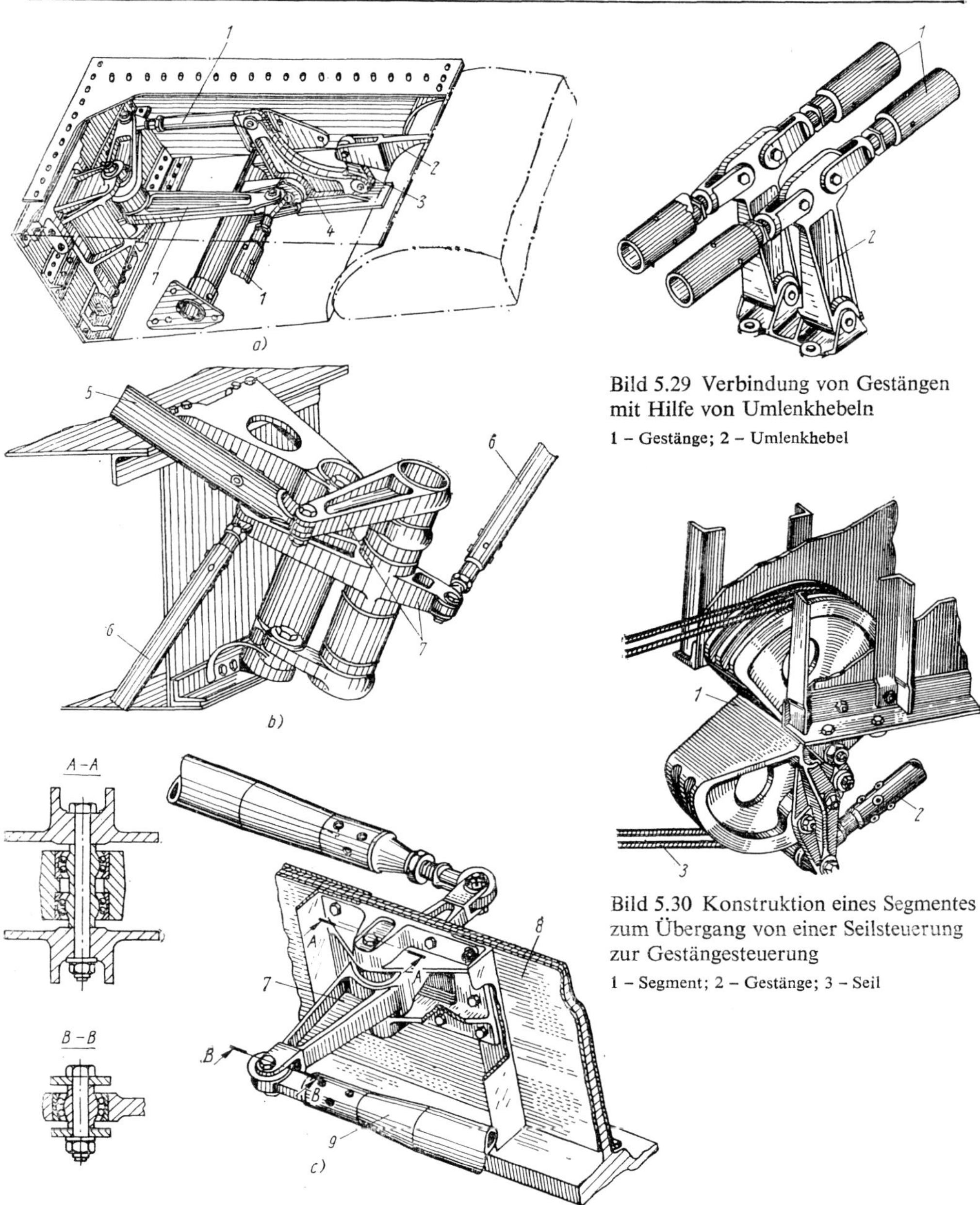

Bild 5.29 Verbindung von Gestängen mit Hilfe von Umlenkhebeln

1 – Gestänge; 2 – Umlenkhebel

Bild 5.30 Konstruktion eines Segmentes zum Übergang von einer Seilsteuerung zur Gestängesteuerung

1 – Segment; 2 – Gestänge; 3 – Seil

Bild 5.28 Umlenkhebelknoten einer Steuerung

a, b, c) verschiedene Varianten

1 – Gestänge; 2 – Hebel; 3 – Lasche; 4 – Umlenkhebel; 5 – zur Steuersäule; 6 – zum Ruder; 7 – Kipphebel; 8 – Holm; 9 – Gestänge

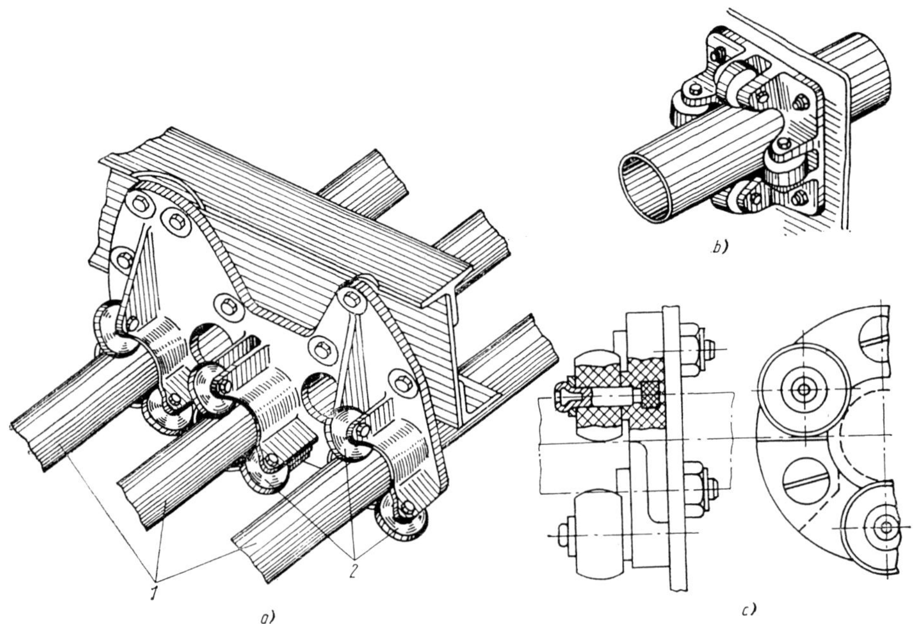

Bild 5.31 Steuergestänge mit Rollenführung

a, b, c) verschiedene Varianten

1 – Gestänge; 2 – Rollen

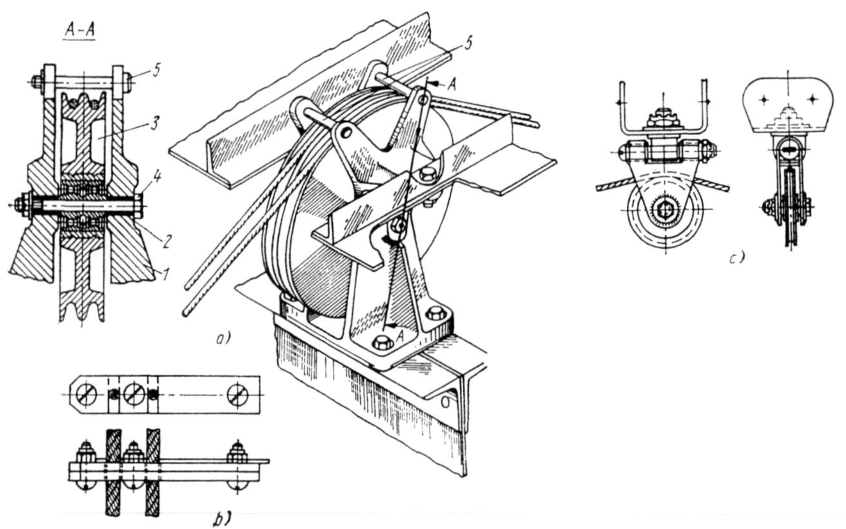

Bild 5.32 Umlenkrolle mit Seilsicherung für eine Seilsteuerung

a, b, c) verschiedene Ausführungsvarianten

1 – Konsole; 2 – Hülse; 3 – Rolle; 4 – Bolzen; 5 – Seilsicherung; 6 – Mutter

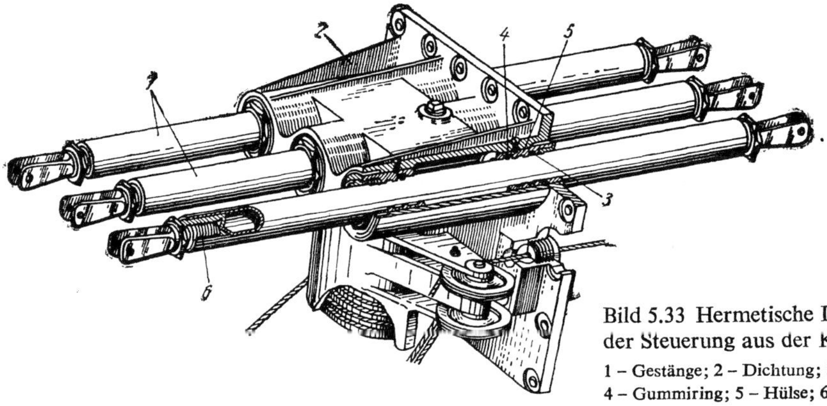

Bild 5.33 Hermetische Durchführung der Steuerung aus der Kabine
1 – Gestänge; 2 – Dichtung; 3 – Abdichtung; 4 – Gummiring; 5 – Hülse; 6 – Schraube

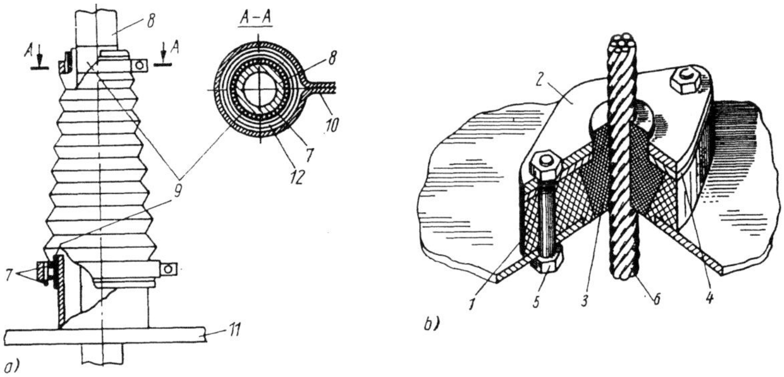

Bild 5.34 Gestänge- und Seildurchführung durch eine Druckkabine
a) für Gestänge; b) für Seile
1 – Glasfibergehäuse; 2 – Deckplatte; 3 – Gummikern; 4 – Unterlegscheibe; 5 – Bolzen; 6 – Seil; 7 – Thiokolmuffe; 8 – Gestänge; 9 – Thiokolband; 10 – Schelle; 11 – Flansch; 12 – Gummischlauch

Bild 5.33 zeigt die Herausführung eines Steuergestänges aus einer hermetischen Kabine. Diese Hermetikdurchführung besteht aus dem Gehäuse 2 mit den eingepreßten Hülsen 5, in denen das Gestänge 1 läuft. Zwischen den Gestängen und den Hülsen befinden sich Filz- und Gummidichtungen 3 und 4.

Für Gestänge mit Längsbewegung werden öfter gaufrierte Dichtungen (Bild 5.34a) und für Seilsteuerungen Gummidichtungen verwendet (Bild 5.34b).

Bild 5.35 zeigt die Herausführung eines Kipphebels aus einer Hermetikkabine. Sie stellt einen geschlossenen Körper dar, in dem eine Welle eingebaut ist. Diese Welle ist an den Seitenwänden mit Gummidichtungen abgedichtet. Auf der Welle sitzen die Kipphebel, in denen die Rudergestänge geführt werden.

Die Steuerknüppeldurchführung kann mit Hilfe eines konischen Teiles aus Baumwollmaterial, das mit Gummi überklebt ist, abgedichtet werden. Eine solche Dichtungsart kann bei kleinen Druckunterschieden angewendet werden.

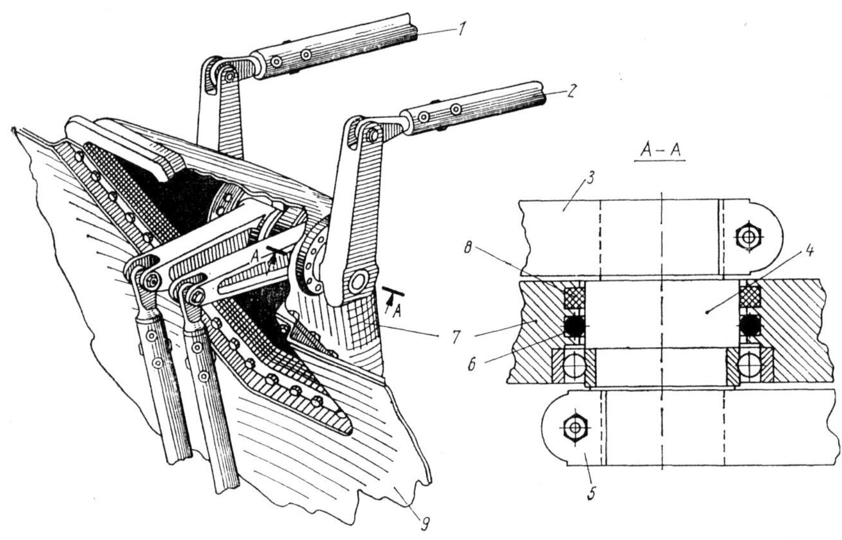

Bild 5.35 Umlenkhebeldurchführung durch eine Druckkabine

1 – zum Seitenruder; 2 – zum Höhenruder; 3 – Umlenkhebel in der Druckkabine; 4 – Welle; 5 – Umlenkhebel außerhalb der Druckkabine; 6 – Dichtringe (aus Gummi), 7 – Gehäuse; 8 – Filzring; 9 – Boden der Druckkabine

5.4. Besonderheiten der Steuerung schnellfliegender Flugzeuge

Die notwendigen Ruderausschläge zum Ausbalancieren des Flugzeuges ändern sich sehr stark in Abhängigkeit von der Fluggeschwindigkeit. Bei Übergang zur Überschallgeschwindigkeit erhöhen sich die notwendigen Ruderausschlagwinkel, die für das Ausbalancieren des Fugzeuges notwendig sind, wegen der größeren Stabilität der Flugzeuge und der kleineren Ruderwirksamkeit.

Die Belastung der Steuerknüppel (Steuersäule) und der Pedale bei Überschallflugzeugen verändert sich in gleichgroßen Grenzen (nach Größe und Vorzeichen), so daß eine unmittelbare Steuerung der Ruder unmöglich ist. Deshalb ist eine Nutzung von Flugzeugen bei großen Geschwindigkeiten ohne die Anwendung von Hilfsmechanismen und Antrieben nicht möglich.

Antriebe und Vorrichtungen in Flugzeugsteuersystemen

Antriebe und Steuervorrichtungen werden in Steuerungssystemen zur Erleichterung der Steuerung bei allen Flugregimen eingebaut. Sie können mechanisch oder hydraulischer Art sein, können mit Preßluft betrieben werden oder als Elektromechanismen ausgeführt sein.

Am einfachsten läßt sich die Belastung auf dem Steuerknüppel verändern, wenn er eine veränderliche Hebellänge hat. Der Steuerknüppel 7 endet in einem Rohr mit Kugel 1, um deren Mittelpunkt die Drehung des Steuerknüppels erfolgt. Innerhalb des Rohres bewegt sich ein Stab 2, an dessen Ende die Befestigungsöse 3 sitzt. An dieser Öse wird das Steuergestänge befestigt. Der Stab 2 bewegt sich mit Hilfe des Hebels 4 und des Gestänges 5 nach oben oder nach unten und ändert somit den Hebelarm des Steuerknüppels zur Drehachse 6. Mit der Hebellänge ändert sich auch das Übersetzungsverhältnis.

Unter Übersetzungsverhältnis versteht man hier das Verhältnis der Belastung, die auf den Steuerhebel wirkt, zur Belastung im Gestänge, welches zum Ruder geht.

Sehr oft ist eine Veränderung des Übersetzungsverhältnisses in Abhängigkeit vom Ausschlag des Zentralteiles notwendig. In diesem Falle werden in die Steuerung besondere Vorrichtungen, **nichtlineare Mechanismen,** eingebaut.

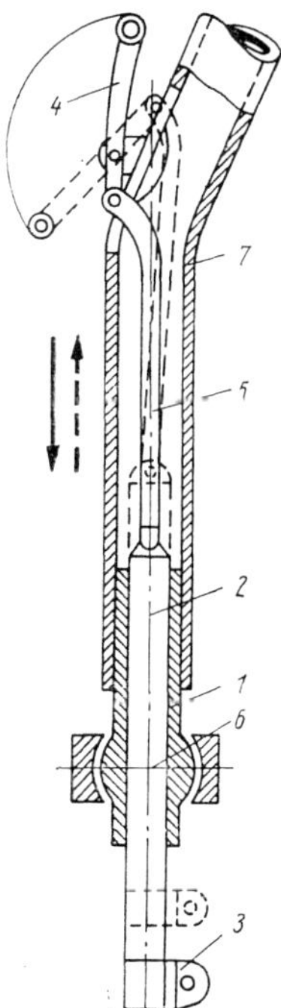

Bild 5.36 Steuerknüppel mit veränderlicher Hebellänge

Bild 5.37 zeigt das kinematische Schema und den konstruktiven Aufbau einer mechanischen Steuerung mit veränderlichem Übersetzungsverhältnis. Das System besteht aus fünf beweglichen Gliedern, die durch Scharniergelenke miteinander verbunden sind. Die Glieder 1, 2 und 3 sind an den unbeweglichen Achsen 8, 9 und 10 befestigt, um die sie sich frei drehen können. An das Glied 1, einem Doppelhebelarm, ist das Gestänge 4 vom Steuerknüppel befestigt. Dieses Glied ist das Antriebsglied. Zum Glied 2 geht das Gestänge 5 vom Ruder. Dieses Glied ist das angetriebene Glied. Das Antriebsglied und das angetriebene Glied sind mechanisch mit den Gliedern 6 und 7 verbunden. Das Glied 6 ist ein freies Glied, während das Glied 7 eine zusätzliche Verbindung 3 hat, einen kurzen Hebel auf einer unbeweglichen Achse.

Bei modernen schnellfliegenden Flugzeugen werden in die Steuersysteme Servoantriebe (hydraulische und elektrische) eingebaut, mit deren Hilfe der Flugzeugführer oder der Autopilot über Folgemechanismen auf die Steuerorgane Einfluß nehmen kann. Bei der Mehrzahl der Flugzeuge werden als Servoantrieb in der Hauptsache Hydraulikverstärker verwendet.

Hydraulikverstärker (Booster) sind Folgesysteme und bestehen aus dem Ausführungsorgan (Arbeitszylinder), den Folgeelementen und den Verbindungselementen.

In Abhängigkeit vom Charakter der Bewegung des Ausgangsgliedes unterscheidet man Hydraulikverstärker mit Längs- und Drehbewegungen.

Bild 5.38 zeigt das kinematische Schema und die Konstruktion des Steuerblocks eines Höhenruders mit Hilfe von Hydraulikverstärkern.

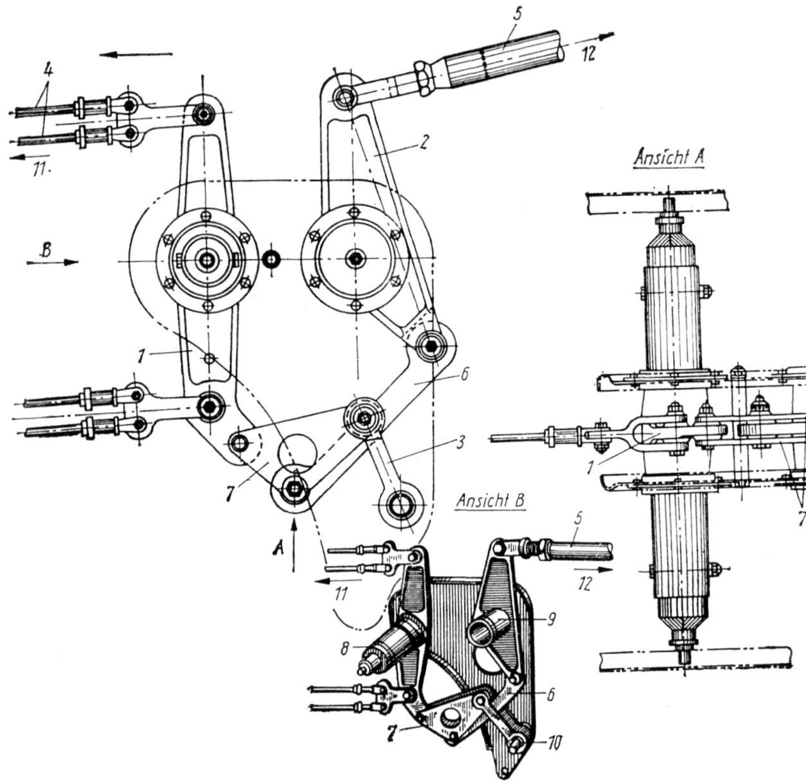

Bild 5.37 Kinematisches Schema und konstruktiver Aufbau einer mechanischen Steuerung mit veränderlichem Übersetzungsverhältnis vom Steuerknüppel zum Steuergestänge

11 – zum Steuerknüppel; 12 – zum Ruder

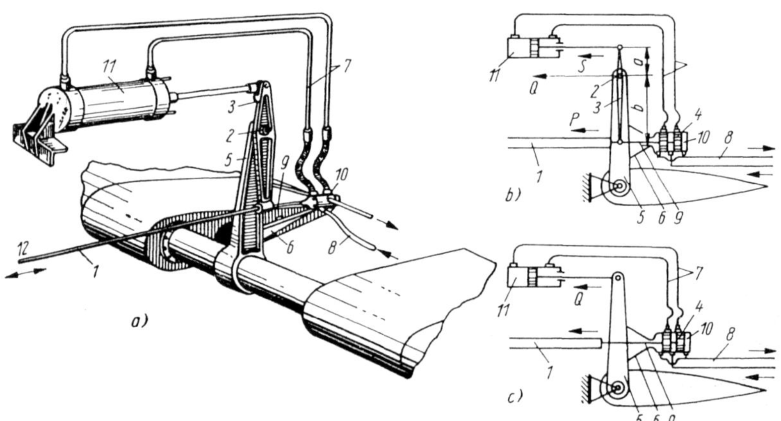

Bild 5.38 Kinematisches Schema und Konstruktion des Steuerblockes eines Höhenruders mit Hilfe von Hydraulikverstärkern

a, b) umkehrbares Steuersystem; c) nicht umkehrbares Steuersystem

1, 9 – Gestänge; 2 – Gelenk; 3 – Hebel; 4 – Verteilerschieber; 5 – Steuerhebel des Höhenruders; 6 – Konsole; 7 – Rohrleitungen; 8 – Saugleitung; 10, 11 – Hydraulikzylinder; 12 – Gestänge der Rudersteuerung

Bei Neutralstellung des Steuerschiebers kommt keine Hydraulikflüssigkeit in den Arbeitszylinder, und das System bleibt unbeweglich. Wenn der Steuerschieber verschoben wird, wird ein Raum des Arbeitszylinders mit der Druckleitung des Hydrauliksystems, der andere Raum mit der Abflußleitung verbunden. Unter Wirkung des Druckunterschiedes in den Räumen verschiebt sich der Arbeitszylinder und schlägt das Ruder aus.

Gleichzeitig mit dem Arbeitszylinder verschiebt sich auch das Gehäuse des Steuerschiebers (über die mechanische Rückkopplung) in die gleiche Richtung wie der Arbeitszylinder und ist damit bestrebt, die Druck- und Abflußleitung wieder zu schließen. Wenn der Flugzeugführer oder der Autopilot den Steuerschieber nicht mehr bewegt, bleibt dieser stehen. So entspricht jede Stellung des Steuergestänges und folglich des Steuerknüppels einer bestimmten Stellung des Arbeitszylinders.

Es gibt zwei Arten des Einbaus von Hydraulikverstärkern in das Steuersystem. In Abhängigkeit davon kann das Scharniermoment des Ruders vom Hydraulikverstärker ganz oder teilweise aufgenommen werden. Wenn der größte Teil des Rudermomentes vom Hydraulikverstärker und ein Teil vom Flugzeugführer aufgenommen wird, nennt man das System umkehrbar (Bild 5.39). Die Belastung, die auf den Steuerknüppel und auf die Pedale übertragen wird, erhöht sich mit der Erhöhung des Ruderausschlages.

Die Belastung vom Scharniermoment im Gestänge des Ruders $P_{Sch} = M_{Sch}/l$ wird auf den Steuerknüppel wie folgt übertragen:

$$P_b = P_{Sch}\left(\frac{ad}{bc}\right)\left(\frac{l_1}{l_k}\right).$$

P_b – Belastung des Steuerknüppels

Wenn kein Hydraulikverstärker eingebaut wäre (punktierte Linie), würde die Kraft auf dem Knüppel

$$P_a = P_{Sch} \cdot \frac{l_1}{l_k}$$

sein.

Des Verhältnis $P_a/P_b = ad/bc$ nennt man den Koeffizienten der Umkehrbarkeit.

Je kleiner dieser Koeffizient ist, desto kleiner ist der Teil des Scharniermomentes, der auf den Steuerknüppel übertragen wird.

Da beim Einbau eines Hydraulikverstärkers nach dem umkehrbaren Schema ein

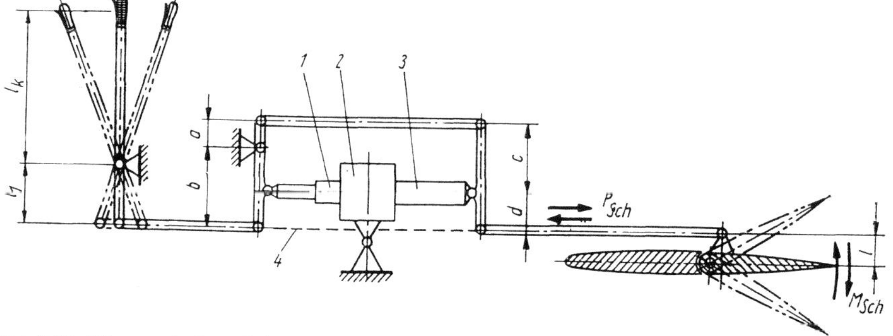

Bild 5.39 Kinematisches Schema einer umkehrbaren Steuerung eines Höhenruders mit Hydraulikverstärker

1 – Steuerkolben; 2 – Hydraulikverstärker; 3 – Arbeitszylinder; 4 – Gestänge

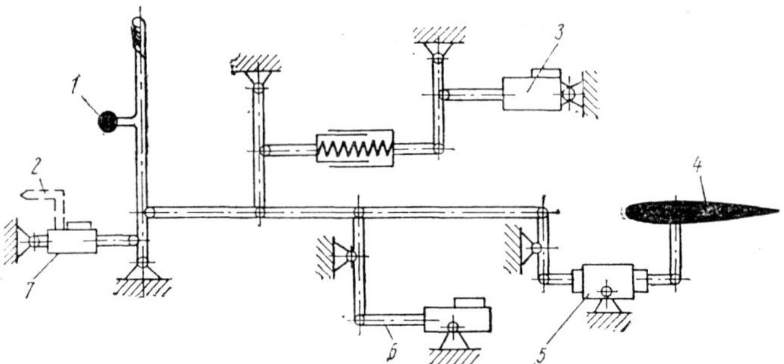

Bild 5.40 Kinematisches Schema einer nichtumkehrbaren Steuerung eines Stabilisators

1 – Gewicht; 2 – Belastungsmechanismus; 3 – Trimmereffektmechanismus; 4 – Stabilisator; 5 – Hydraulikverstärker; 6 – Gestänge; 7 – Belastungsautomat; 8 – Staurohr

Teil der Belastung des Scharniermomentes auf den Steuerknüppel übertragen wird, wird der Charakter der Veränderung dieser Belastung bei Änderung des Flugregimes von dem Steuerbarkeitskoeffizienten bestimmt.

Ein weiteres Schema kann nur für Flugzeuge verwendet werden, welche die kritische Geschwindigkeit nicht erreichen.

In der heutigen Zeit werden für Überschallflugzeuge nichtumkehrbare Schemata der Steuerung verwendet (Bild 5.40). Die Belastungen, die im Steuersystem von dem Scharniermoment entstehen, werden nicht auf den Steuerknüppel übertragen, sondern vollständig vom Hydraulikverstärker aufgenommen. Indem er die Steuerung bewegt, betätigt der Flugzeugführer den Steuerschieber des Hydraulikverstärkers.

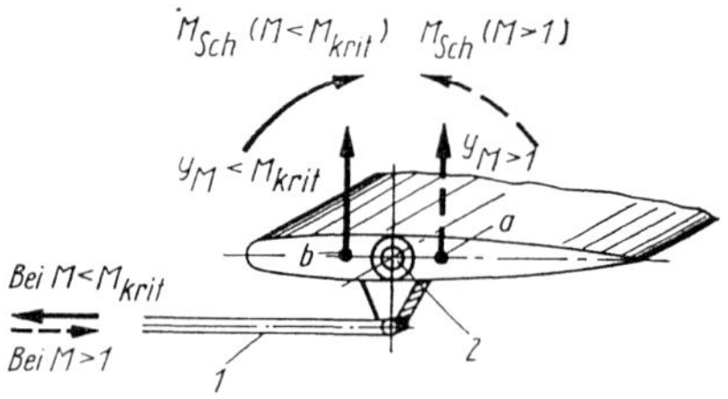

Bild 5.41 Belastungsschema des Stabilisators durch aerodynamische Kräfte bei Unterschall- und Überschallgeschwindigkeit

a) Druckzentrum bei $M > 1$; b) Druckzentrum bei $M < M$
1 – Gestänge; 2 – Drehachse

Bei Verwendung von Stabilisatoren als Höhenruder ist die Anwendung des nichtumkehrbaren Schemata unumgänglich, da sich beim Übergang zur Überschallgeschwindigkeit die Belastungsrichtung umkehrt. Diese Veränderung geschieht deshalb, weil die Drehachse des Stabilisators zwischen den Druckpunkten für die Unterschall- und Überschallgeschwindigkeit liegt (Bild 5.41).

Eine wichtige Forderung, die an das nichtumkehrbare Steuersystem gestellt wird, besteht darin, solche Belastungen auf den Steuerknüppel, die Steuersäule und die Pedale zu geben, daß der Flugzeugführer nicht ermüdet, sondern sicher alle Abweichungen des Flugzeuges von der Ausgangslage kontrollieren kann. Zur Imitation der Belastung wird in das Steuersystem ein Belastungsmechanismus eingebaut. So überwindet der Flugzeugführer nicht die Belastung vom Scharniermoment des Ruders, sondern die vom Belastungsmechanismus erzeugte.

Die Belastung des Steuerknüppels (der Steuersäule) und der Pedale muß nichtlinear sein: Bei kleinen Ausschlägen der Steuersäule muß die Belastung schnell ansteigen und später langsamer. Eine weitere Charakteristik erhält man beim Einbau eines Belastungsmechanismus mit drei Federn (Bild 5.42a). Der Mechanismus besteht aus dem Gehäuse 1, in dem

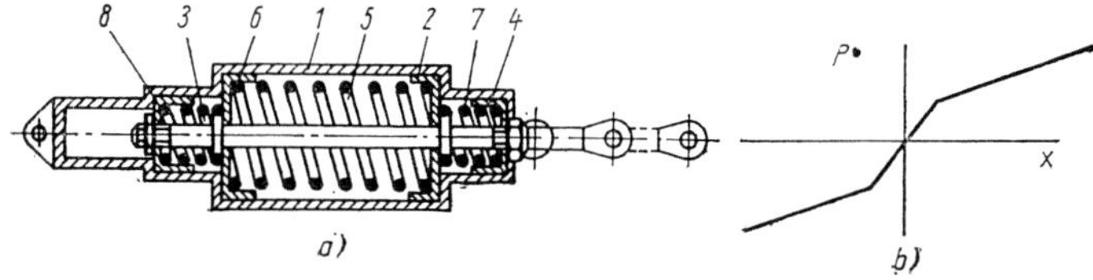

Bild 5.42 Federbelastungsmechanismus

a) Belastungsmechanismus mit drei Federn; b) Grafik der Veränderung der Kraft (P) in Abhängigkeit vom Ausschlag des Steuerknüppels (X)
1 – Gehäuse; 2, 4, 6, 8 – Federteller; 3, 5, 7 – Federn

die Federn 3, 5, 7 untergebracht sind. Die Feder 5 ist vorgespannt, während die Federn 3 und 7 über eine größere Härte verfügen.

Ein Ausschlag des Steuerknüppels nach vorn bewirkt ein allmähliches Zusammendrücken der Feder 7. Die Vorspannung der Feder 5 ist so gewählt, daß die Kraft der Feder 7 am Ende ihres Zusammendrückens gleich der Federspannung der Feder 5 ist. Bei weiterem Ausschlag des Steuerknüppels wird die Feder 5 zusammengedrückt. Dadurch erhält man eine Charakteristik, wie sie Bild 5.42b zeigt.

Zu dem Belastungsmechanismus wird der sogenannte Trimmereffektmechanismus zugeschaltet. Bei Einschalten dieses Mechanismus wird auf Wunsch des Flugzeugführers bei längerem Flug die Belastung vom Knüppel genommen. Man erhält einen Effekt, der gleich der Wirkung eines Trimmers ist.

Bild 5.43 zeigt den Belastungsmechanismus im Steuersystem des Seitenruders des

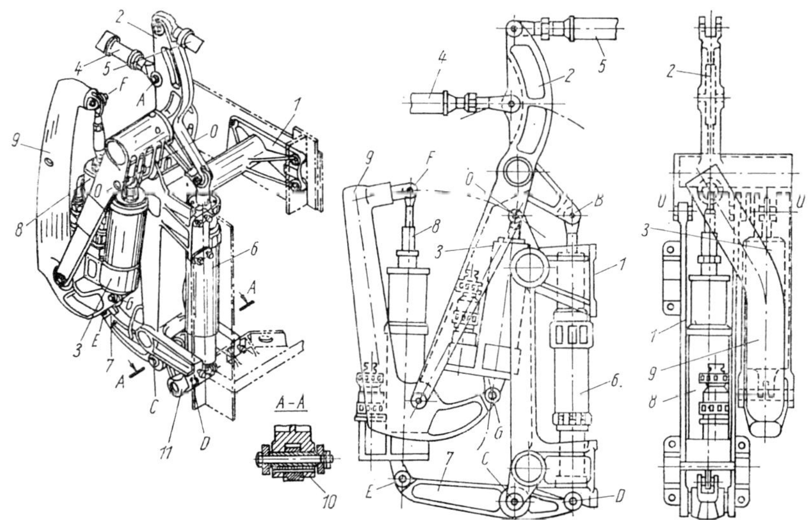

Bild 5.43 Belastungsmechanismus

1 – Konsole; 2 – dreiarmiger Umlenkhebel der Seitenrudersteuerung; 3 – elektrische Einschaltvorrichtung des Belastungsmechanismus; 4 – Steuergestänge zum Flugzeugführer; 4 – Steuergestänge zum Booster; 6 – zweiseitig wirkende Belastungszylinder; 7 – unterer zweiarmiger Umlenkhebel; 8 – Trimmereffektmechanismus; 9 – Hebel; 10 – Scherstift; 11 – kleiner Hebel

Flugzeuges IL-62. Er besteht aus der Konsole 1, dem dreifachen Hebel der Seitenrudersteuerung 2, dem elektrischen Einschaltmechanismus 3, dem Steuergestänge 4 zum Flugzeugführer und dem Gestänge 5, welche mit dem Booster verbunden ist, und dem zweiseitigen Belastungszylinder 6. Dieser ist mit dem unteren Teil an einem zweifachen Hebel 7 und mit dem oberen Teil an einem der drei Hebel 2 befestigt. Der andere Teil des zweifachen Hebels 7 ist mit dem Trimmereffekt 8 verbunden, dessen oberes Ende mit dem Hebel 9 über ein Gelenk verbunden ist. Der Hebel 9 hat seine Drehachse auf einem der Hebel 2. Damit die Steuerung bei Ausfall des Belastungsmechanismus (Festklemmen des Belastungszylinders) nicht verklemmt, besteht der untere Kipphebel 7 aus zwei durch einen Scherstift 10 miteinander verbundenen Hebeln. Durch das Abscheren des Stiftes 10 wird das Belastungssystem vollständig vom Hauptsteuersystem getrennt. Der Stift wird durch die Fußbelastung des Piloten auf eins der Pedale durchgeschnitten.

Bild 5.44 zeigt das kinematische Schema einer Belastungsvorrichtung in geschalteter Stellung, was einem Flug mit abgeschaltetem Booster entsprechen würde. Ein Ausschlag der Pedale durch den Piloten setzt die Steuerung in Bewegung und bewegt ihr Ende – den Punkt E (die Punkte E_1 und E_2 entsprechen den äußersten Punkten der Steuerung). Der Kipphebel 2 dreht sich um die Achse 00 (siehe Bild 5.43). In diesem Falle stellt der Belastungsmechanismus zwei Parallelogramme OBHC und ODFC dar (Bild 5.44) Diese geben, ohne die Feder einzudrücken, dem Punkt B die Möglichkeit, sich frei zu bewegen. Aus diesem Grunde fühlt der Pilot keine Belastung

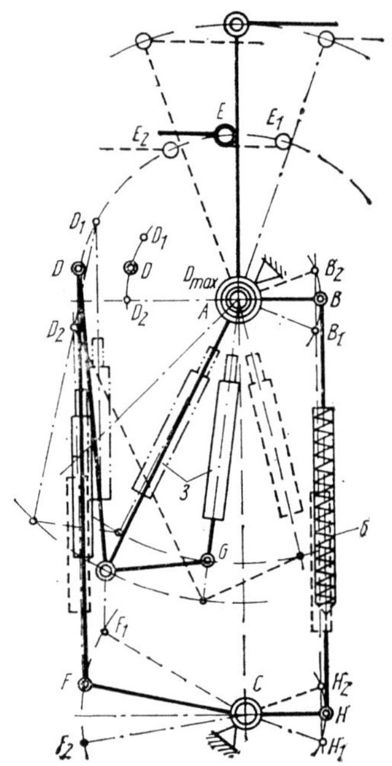

Bild 5.44 Kinematisches Schema des Belastungsmechanismus

auf den Pedalen. Das Heben oder Senken des Punktes B entspricht im gleichen Umfang dem Heben und dem Senken des Punktes D, d.h. $BB_2 = DD_2$ und $BB_1 = DD_1$. Aus diesem Grunde wird die Feder 6 nicht eingedrückt.

Beim Einschalten des Boosters arbeitet automatisch der Einschaltmechanismus 3 (Bild 5.43). Dieser bringt den Punkt D in Stellung D_{max}, welche mit der Drehachse des Kipphebels 2 zusammenfällt. Aus dem Parallelogramm ODFC wird ein Dreieck $D_{max}EC$, welches eine Bewegung des Punktes H bei Bewegung der Pedale verhindert. In diesem Falle wird bei einer Drehung des Kipphebels 2 um seine Drehachse die Feder des Belastungsmechanismus 6 eingedrückt. Der Widerstand der Feder überträgt sich auf die Pedale, und der Pilot empfindet eine Belastung, die dem Weg der Pedale proportional ist. Sie verändert sich, wie in Bild 5.45 gezeigt. Bei längerer Wirkung hat der Pilot die Möglichkeit, mit Hilfe des Trimmereffektmechanismus 8 diese Belastung von den Pedalen zu nehmen. Dieser verkürzt oder verlängert den Weg und verschiebt damit den Punkt *D* in Richtung der Verminderung der Belastung. Die Pedale und somit die Ruder bleiben damit unverändert. Die Veränderung der Belastung auf den Pedalen beim Trimmen zeigt ebenfalls Bild 5.45.

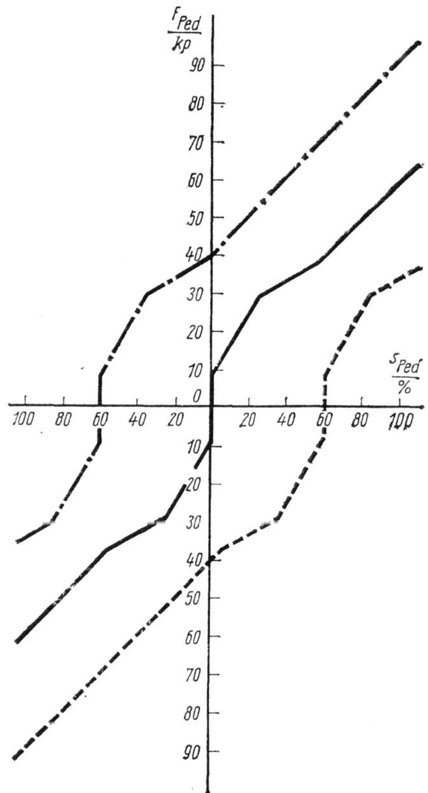

Bild 5.45 Grafik der Pedalenbelastung vom Belastungsmechanismus

1 – linker Pedalenweg; 2 – rechter Pedalenweg; 3 – ausgetrimmte Stellung bei Belastung der rechten Pedale; 4 – Trimmereffektmechanismus in Neutralstellung; 5 – ausgetrimmte Stellung bei Belastung der linken Pedale

Die oben beschriebenen Belastungsmechanismen haben im Verhältnis zu anderen ähnlichen Vorrichtungen folgende Vorteile:

1. Sie gestatten die vollständige Entfernung der Belastung von den Pedalen ohne Verlust der Ruderausschläge bei Abschalten des Boosters.
2. Sie schließen die Möglichkeit eines Verklemmens der Steuerung durch Schuld des Belastungsmechanismus aus.
3. Sie gestatten es den Booster bei beliebiger Stellung der Ruder ein- und auszuschalten.

Zur Imitation der Veränderung der Belastung auf dem Knüppel bei Veränderung der Fluggeschwindigkeit und der Höhe wird im System ein zusätzlicher Belastungsautomat eingebaut, dem der Staudruck zugeführt wird. Dieser Belastungsautomat reagiert auf Veränderungen des Staudruckes. Bei Flügen in einem großen Staudruckbereich ändert eine Vorrichtung im Steuersystem automatisch das Übersetzungsverhältnis im System.

Bekanntlich hängen die für die Schaffung einer bestimmten Belastung notwendigen Ruderausschläge von der Fluggeschwindigkeit und der Höhe ab. Deshalb wird das Übersetzungsverhältnis nach Höhe und Geschwindigkeit geregelt.

Indem im System der Steuerung ein Automat der Veränderung des Übersetzungsverhältnisses eingeführt wird, kann eine Steuerung geschaffen werden, bei der bei gleichen Ruderausschlägen eine gleiche Belastung bei verschiedenen Werten der Geschwindigkeit und Höhe geschaffen wird.

Das Regelgesetz des Übersetzungsverhältnisses wird vom Konstrukteur festgelegt. Der Automat ist kinematisch mit dem Belastungsmechanismus verbunden und gestattet die Regulierung auf den Steuerhebeln. Ein solcher Automat besteht in der Regel aus dem Steuer- und dem Ausführungsteil.

Man darf jedoch nicht glauben, daß die Anwendung von Boostersteuerungen die Frage der Notwendigkeit und Zweckmäßigkeit der Anwendung aerodynamischer Kompensationen des Rudermomentes bei schnellfliegenden Flugzeugen gelöst hat. Aerodynamische Kompensatoren des Rudermomentes sind notwendig für die Senkung der benötigten Leistungen der eingebauten Booster sowie für die Erhöhung der Sicherheit der Flüge bei notwendiger Handsteuerung bei Ausfall der Booster.

Bild 5.46 zeigt die Steuerung eines Überschalljagdflugzeuges. In der Steuerung der Querruder, des Stabilisators und des Seitenruders werden nichtumkehrbare Hydraulikverstärker 8, 15 und 30 verwendet. Der Steuerknüppel und die Pedale sind mit den Hydraulikverstärkern über starre Gestänge und Umlenkhebel verbunden.

In der Steuerung des Querruders ist zwischen dem Steuerknüppel und dem Trimmereffektmechanismus ein Gestänge 2 eingebaut. Dieses gibt eine Belastung auf den Steuerknüppel proportional seinem Ausschlag. In der Steuerung des Stabilisators und des Seitenruders sind hydraulische Belastungsautomaten eingebaut. In diesen wird bei Bewegung des Kolbens von der Neutralstellung ein Druck proportional dem Staudruck erzeugt.

In der Seitenrudersteuerung befindet sich ein zusätzlicher Federmechanismus 25, welcher die Belastung auf die Pedale erzeugt.

Der Trimmereffektmechanismus des Querruders ist mit dem Steuerknüppel verbunden. Die Trimmereffektmechanismen des Stabilisators und des Seitenrudersliegen im Rumpfhinterteil und sind mit dem Belastungsmechanismus verbunden.

Die Anwendung der verschiedensten Mechanismen, Vorrichtungen und besonders Booster im Steuersystem des Flugzeuges erfordert eine hohe Zuverlässigkeit dieser Baugruppen.

Die Zuverlässigkeit moderner Steuersysteme wird durch die Zuverlässigkeit der in ihnen verwendeten Teile, Geräte und Aggregate, durch Doublieren von Hauptelementen, durch Auswahl optimaler Arbeitsregimes und durch zuverlässige Wartung gewährleistet. Die Erhöhung der Zuverlässigkeit bei Verwendung von Boostern erfolgt auf drei Arten:

1. Doublierung des nichtumkehrbaren Boostersystems, so daß ein vollständiger Ausfall mit minimaler Wahrscheinlichkeit eintreten kann;
2. Verwendung von doublierenden Systemen (z. B. elektrischen Systemen);
3. Verwendung der Handsteuerung im Havariefalle bei Ausfall des Boostersteuersystems.

Der Übergang zur Handsteuerung erfordert vom Piloten erhöhte Aufmerksamkeit und hohe Qualifizierung.

Bei Flügen im schallnahen Bereich ändern sich die aerodynamischen Charakteristiken, besonders die Längsstabilität. Deshalb wird in das System der Längssteuerung ein Automat eingebaut, der dem Piloten den Ausschlag des Steuerknüppels oder der Steuersäule nach dem bisher gewohnten Prinzip garantiert.

Diese Automaten nennt man Stabilisierungsautomaten.

Der Ausführungsmechanismus dieser Stabilisierungsautomaten muß, unabhängig vom Willen des Piloten, den Stabilisa-

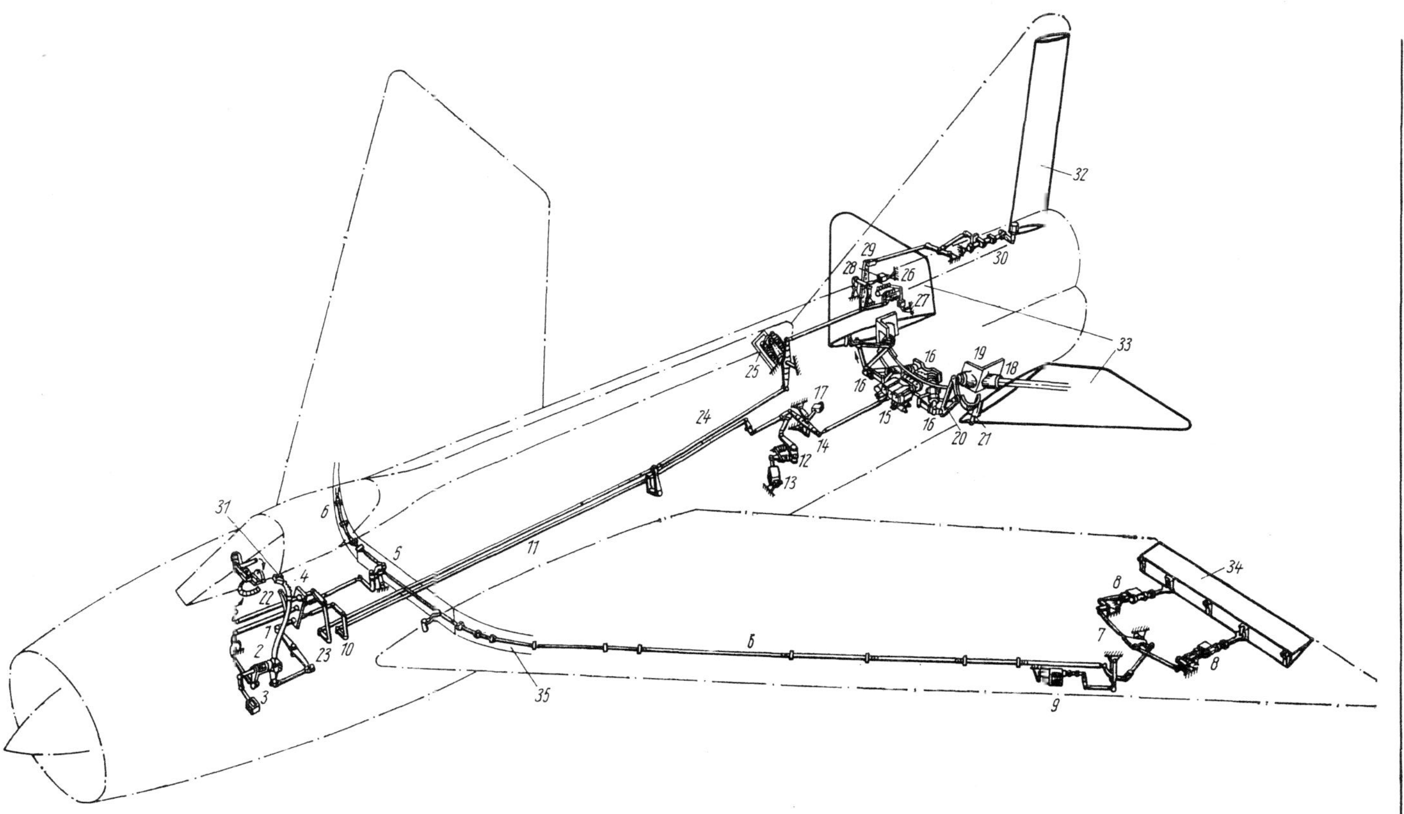

Bild 5.46 Das Steuerungsschema eines Abfangjagdflugzeuges bei Anwendung eines drehbaren Hydraulikantriebes zum Ausschlagen des Stabilisators

Querrudersteuerung: 1 – Gestänge; 2 – Gestänge; 3 – Trimmereffektmechanismus; 4 – Hermetikdurchführung; 5, 6, 7 – Umlenkhebel; 8 – Hydraulikverstärker; 9 – Rudermaschine

Stabilisatorsteuerung: 10 – Umlenkhebel; 11, 14 – Gestänge; 12 – Belastungsautomat; 13 – Trimmereffektmechanismus; 15 – Hydraulikmotoren; 16 – Schneckengetriebe; 17 – Rudermaschine; 18 – Stabilisatorachse; 19 – Kugellagergehäuse; 20 – dreieckiges Gestänge zur Stabilisatorsteuerung; 21 – Kulisse

Seitenrudersteuerung: 22 – Pedale; 23 – Umlenkhebel; 24, 29 – Gestänge; 25 – Federbelastungsmechanismus; 26 – Belastungsautomat; 27 – Trimmereffektmechanismus; 28 – Rudermaschine; 30 – Hydraulikverstärker; 31 – Schalter des Trimmereffektmechanismus; 32 – Seitenruder; 33 – Stabilisator; 34 – Querruder; 35 – vordere Holmen

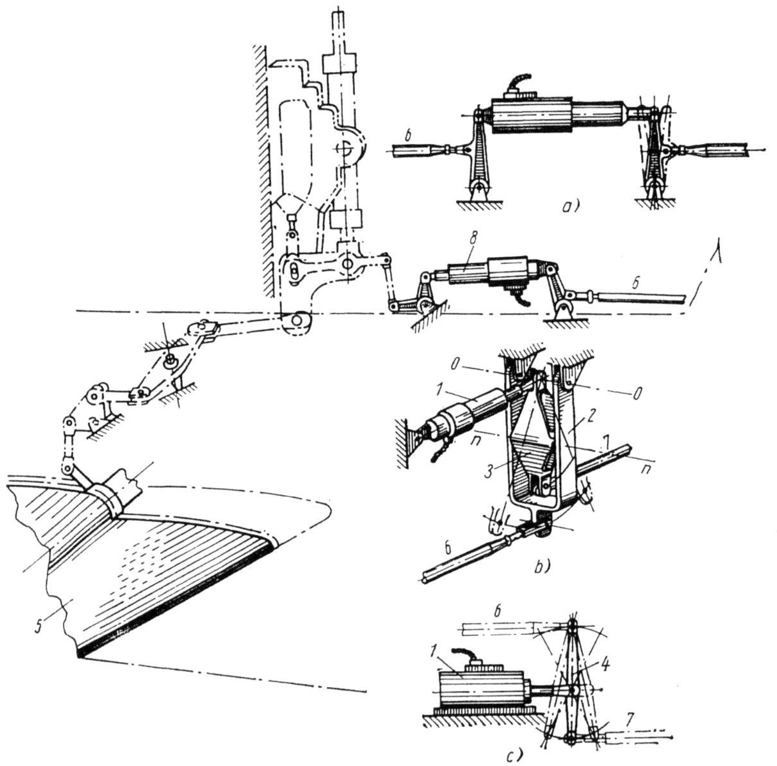

Bild 5.47 Einbau einer Rudermaschine in ein Steuersystem

a) Rudermaschine mit Gestänge; b) Einbau einer Rudermaschine mit Doppelschwinghebel; c) Einbau einer Rudermaschine mit Differentialschwinghebel

1 – Rudermaschine; 2 – Doppelschwinghebel; 3 – kleiner Schwinghebel; 4 – Differentialschwinghebel; 5 – Stabilisator; 6 – vom Flugzeugführer; 7 – zum Hydraulikverstärker; 8 – verschiebbares Gestänge

tor oder das Höhenruder im nichtstabilen Bereich nach der vorgegebenen Charakteristik in einem bestimmten Winkel ausschlagen.

Bild 5.47 zeigt den Einbau einer Rudermaschine in ein Steuersystem. Die Veränderung der Länge des Gestänges hängt ab vom Flugregime und von der Balancekurve des Flugzeuges. Das bewegliche Gestänge verschiebt bei seiner Bewegung den Steuerschieber und schlägt somit die Steuerorgane der Längssteuerung aus.

Besonderheiten der Steuerung bei großen Geschwindigkeiten

Der Flug moderner Flugzeuge in den dünnen Schichten der Atmosphäre hat seine Besonderheiten. Erstens verschlechtert sich die Reaktion des Flugzeuges auf den Ruderausschlag. Das Flugzeug wird träge in der Steuerung. Das erschwert das Einhalten der vorgeschriebenen Flugbahn. Zweitens verschlechtert sich mit zunehmender Höhe die natürliche Schwingungsdämpfung, so daß ein äußerer Störeinfluß länger als sonst auf das Flugzeug wirkt.

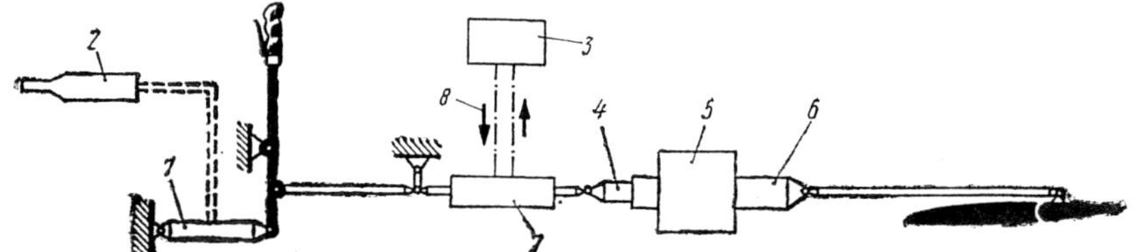

Bild 5.48 Kinematisches Schema einer Höhenrudersteuerung mit Stabilisierungs- und Dämpfungssautomaten

1 – Belastungsmechanismus; 2 – Staurohr (PWD); 3 – Geber des Dämpfungs- und Stabilisierungsautomaten; 4 – Steuerkolben; 5 – Booster; 6 – Kraftkolben; 7 – veränderliches Gestänge; 8 – elektrische Verbindung

Aus diesem Grunde sind Vorrichtungen zur künstlichen Stabilisierung notwendig. Das sind gewöhnlich Dämpfungsautomaten, deren Meßfühler auf Veränderungen der Winkelgeschwindigkeit der Drehung des Flugzeuges um seinen Schwerpunkt reagiert.

Als Ausführungsorgane bei der Stabilisierung des Flugzeuges in bewegter Atmosphäre dienen die Ruder des Flugzeuges, deren Ausschlag in diesem konkreten Fall ohne Dazutun und Kontrolle durch den Piloten erfolgt. Zu diesem Zwecke gibt es zwei unabhängig voneinander wirkende Steuersysteme der Ruder des Flugzeuges. Auf der einen Seite das normale, nicht umkehrbare Steuersystem des Flugzeugführers über den Steuerknüppel und die Pedale und auf der anderen Seite das Hilfssteuersystem, das automatisch arbeitet und die Lage der Ruder in Abhängigkeit vom Signal des Meßfühlers verändert, ohne dabei auf den Steuerknüppel rückzuwirken. Ein solches kombiniertes System der Steuerung wird über ein Schema realisiert, wie es Bild 5.48 zeigt. Die Länge des veränderlichen Gestänges 7 ändert sich in Abhängigkeit vom Vorzeichen des Meßfühlersignals.

Bei Flügen in sehr großen Höhen (40 bis 60 km) mit sehr geringer Luftdichte ist die Verwendung aerodynamischer Ruder

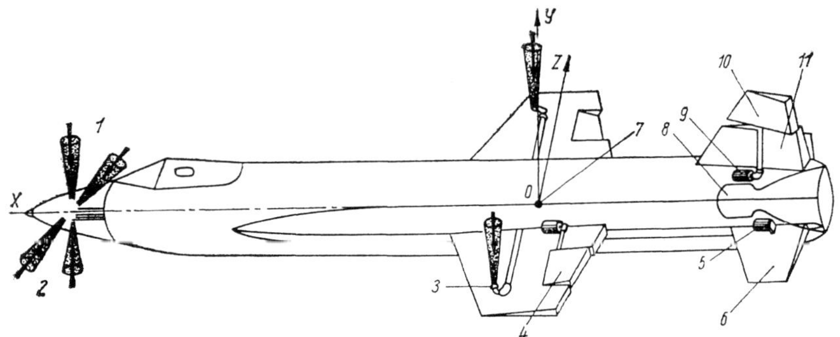

Bild 5.49 Steuersystem des amerikanischen Experimentalflugzeuges X 15 mit Hilfe von Düsensteuerungen

1 – Düse zur Steuerung um die Y-Achse; 2 – Düse zur Steuerung um die Z-Achse; 3 – Düse zur Steuerung der Schräglage außerhalb der Atmosphäre; 4 – Querruder; 5 – Antrieb des Stabilisators; 6 – Stabilisator; 7 – Schwerpunkt; 8 – Flüssigkeitstriebwerk; 9 – Antrieb der Seitenrudersteuerung; 10 – Seitenruder; 11 – Leitwerk

nicht mehr möglich. Das einfachste und aussichtsreichste Verfahren ist die Verwendung der Reaktionskräfte, die beim Austritt der Gase aus einer Düse entstehen. Diese Düsen werden so eingebaut, daß sie bei ihrer Arbeit Steuermomente um alle drei Achsen des Flugzeuges erzeugen. Die Zuführung der Gase regelt der Flugzeugführer mit Hilfe gewöhnlicher Steuerknüppel. Ein solches System kann auch in großen Höhen zur kurzzeitigen Dämpfung der Schwingungen verwendet werden. Zur Steuerung können in großen Höhen auch Gasruder, Ablenkgitter, drehbare Triebwerke und andere Vorrichtungen verwendet werden.

5.5. Konstruktion der Ruder- und Trimmersteuerung

Eine Veränderung des Einbauwinkels des Ruders im Fluge gestattet eine Ausbalancierung des Flugzeuges ohne Ausschlag des Höhenruders (Hierbei darf man diese Art der Steuerung nicht mit der Steuerung eines Stabilisators verwechseln.) Es werden in der Regel 2 bis 3 Einbauwinkel des Ruders für die Reisegeschwindigkeit und für die Landung vorgegeben. Das Ruder, einmal in die notwendige Stellung gebracht, muß diese auch dann beibehalten, wenn der Flugzeugführer mit der Bewegung des Steuerknüppels aufhört. Die Fixierung des Ruders in der bestimmten Stellung erfolgt mit Hilfe von Sperren oder durch die Anwendung von selbsthemmenden Vorrichtungen (Schneckengetrieben, Schrauben, Hydraulikzylindern).

Das Steuersystem der Ruder kann mechanischer, elektrischer oder hydraulischer Art sein.

Mechanische Steuerungen sind in der Mehrzahl Seilsteuerungen. Das erklärt sich aus der bequemen konstruktiven Verbindung von selbsthemmenden Vorrichtungen mit Trommeln und Seilen oder Zahnrädern mit Ketten. Eine starre Steuerung findet seltener Anwendung. Das konstruktive Schema der Ruderveränderung besteht aus drei Elementen: der Steuersäule, den Seilen- und der Hebevorrichtung.

Ein Ruder mit veränderlichen Einbauwinkeln hat mehrere Befestigungspunkte am Rumpf oder am Leitwerk. Zur Erhöhung der Steifigkeit der Befestigung ist es wünschenswert, vier Befestigungspunkte zu haben, von denen sich zwei an der Hebevorrichtung befinden sollten.

Bild 5.50 zeigt ein Ruder mit elektromechanischem Antrieb seines Ausschlages. Dieser Antrieb stellt das Ruder automatisch in die Stellung, die für den Flug oder für die Landung notwendig ist. Das Ruder ist am Rumpf mit 4 Scharnieren befestigt, wovon Scharnier 1 unmittelbar am Spant 2 befestigt ist. Das vordere Scharnier 3 verbindet das Ruder mit dem Rumpf über die Hebevorrichtung. Diese besteht aus dem Längsrohr 4, welches über 2 Laschen 5 mit den vorderen Holmen des Ruders verbunden ist. Als Antrieb dient der Elektromechanismus 6, dessen Leitspindel 7 über ein Gelenk mit dem Rohr 4 und dem Rumpf verbunden ist. Der Einbauwinkel des Ruders bei Horizontalflug beträgt $+1$ bis $2°$, bei der Landung -2 bis $3°$. Der Elektromechanismus hat eine Blockierung über die

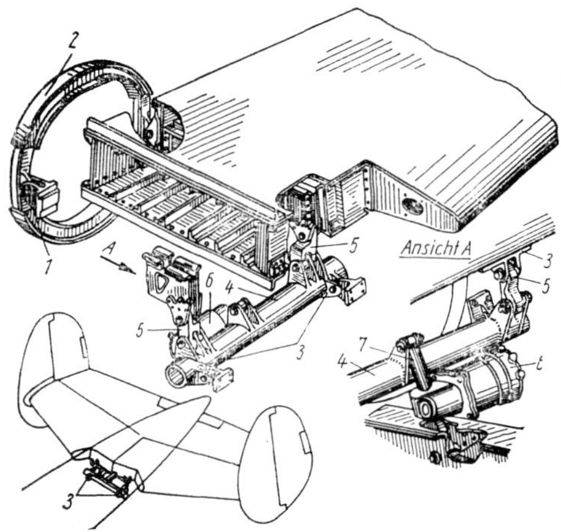

Bild 5.50 Konstruktion eines elektromechanischen Antriebes der Rudersteuerung

1 – Scharnierbefestigung des Ruders; 2 – Spant; 3 – vorderes Scharnier; 4 – Rohr des elektrischen Aufzuges; 5 – Lasche; 6 – Elektromechanismus; 7 – Leitspindel

Landeklappe. Bei Ausschlag der Landeklappe auf einen bestimmten Winkel wird der Elektromechanismus eingeschaltet und schlägt das Ruder um den gegebenen Winkel aus.

Bild 5.51 zeigt das konstruktive und kinematische Schema einer Rudersteuerung im Flug unter Anwendung eines hydraulischen Antriebes. Die für die Balancierung notwendige Kraft P_R wird durch die Veränderung des Anstellwinkels erzeugt. Das Höhenruder kann dabei eine Stellung haben, die einem Nullausschlag des Knüppels entspricht.

Trimmersteuerung

Die Trimmer können mechanisch oder elektrisch betätigt werden.

Bei **mechanischer Steuerung** wird meistens eine Seilsteuerung verwendet. Der Hebel oder das Trimmrad werden gewöhnlich am Steuerknüppel oder an der Steuersäule der Hauptsteuerung angebracht.

Die Trimmersteuerung des Höhenruders am Flugzeug IL-18 ist mechanisch mit Seilantrieb, der aus der Kabine des Pilo-

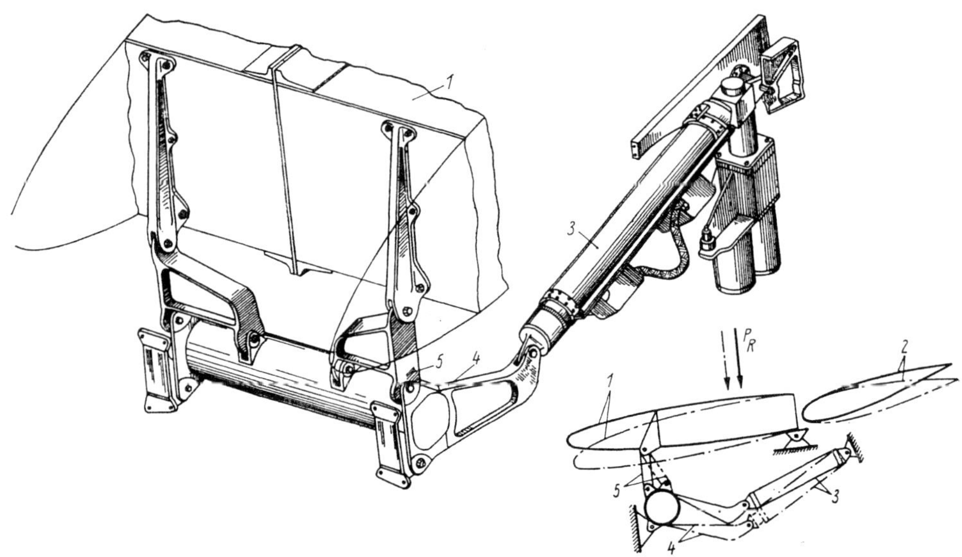

Bild 5.51 Kinematisches Schema und Konstruktion einer hydraulischen Rudersteuerung

1 – Ruder; 2 – Höhenruder; 3 – Hebevorrichtung; 4 – Hebel; 5 – Lasche

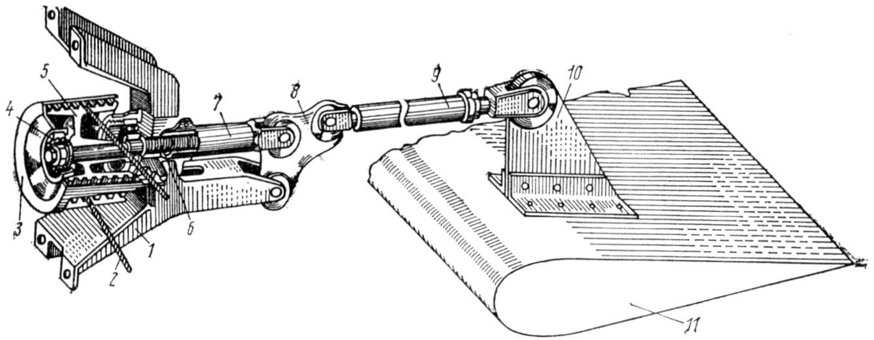

Bild 5.52 Mechanische Steuerung eines Höhenrudertrimmers

1 – Konsole; 2 – Seilzug zur Flugzeugführerkabine; 3 – Deckel der Trommel; 4 – Kugellager; 5 – Seiltrommel; 6 – Schraube; 7 – Schneckenantrieb; 8 – Umlenkhebel; 9 – Gestänge; 10 – Hebel; 11 – Trimmer

ten über ein System von Rollen und Leitplatten zum Höhenruder geführt wird. An jeder Hälfte des Höhenruders ist ein Schraubenmechanismus mit Trommel (Bild 5.52) angebaut. An diesen Trommeln sind die Steuerseile befestigt. Das Gestänge 9 der Trimmersteuerung ist mit dem Kipphebel 8 und mit dem Hebel 10 am Trimmer verbunden. Eine Drehung der Trommel bewirkt eine Bewegung des Schneckenantriebes, der den Trimmer ausschlägt.

Eine **elektromechanische Trimmersteuerung** zeigt Bild 5.53: Der Elektromechanismus 1 der Trimmersteuerung des Seitenruders ist in der Nasenkante des Ruders eingebaut. Die Kraft des Elektromechanismus wird auf den Trimmer mit Hilfe der Kipphebel 2 und des Gestänges 3, das mit dem Hebel 4 des Trimmers verbunden ist, übertragen.

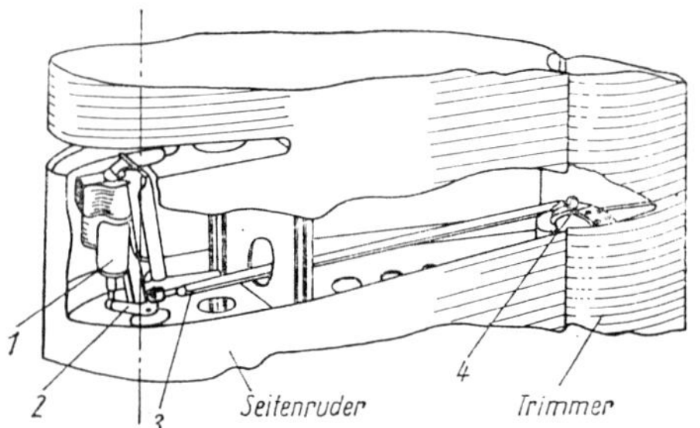

Bild 5.53 Elektromechanischer Trimmerantrieb eines Seitenruders

1 – Elektromechanismus; 2 – Umlenkhebel; 3 – Gestänge; 4 – Trimmerhebel; 5 – Seitenruder; 6 – Trimmer

Bei modernen, schweren Flugzeugen ist es oft angebracht, anstelle des Trimmers einen Servokompensator einzubauen. So wird z. B. beim Flugzeug AN-10 ein elektrisch angetriebener Servokompensator (Bild 5.54) eingebaut. Der Steuermechanismus besteht aus den drei Umlenkhebeln 4, 6, 9, den drei starren Gestängen 3, 5, 8 und dem Elektromechanismus 1. Das obere Ende des Umlenkhebels 6 ist durch ein Gelenk mit der Achse 7 der Querruderkonsole verbunden. Das untere Ende ist durch das Gestänge 8 und den Umlenkhebel 9 mit dem Elektromechanismus verbunden. In der mittleren Öffnung des Umlenkhebels 6 ist die Achse 10 unbeweglich befestigt. An ihrem anderen Ende sitzt auf einem Kugellager der Umlenkhebel 4. Das Gestänge 3 verbindet das obere Ende des Umlenkhebels 4 mit der Konsole, das Gestänge 5 verbindet den unteren Teil desselben Hebels mit dem Hebel 11.

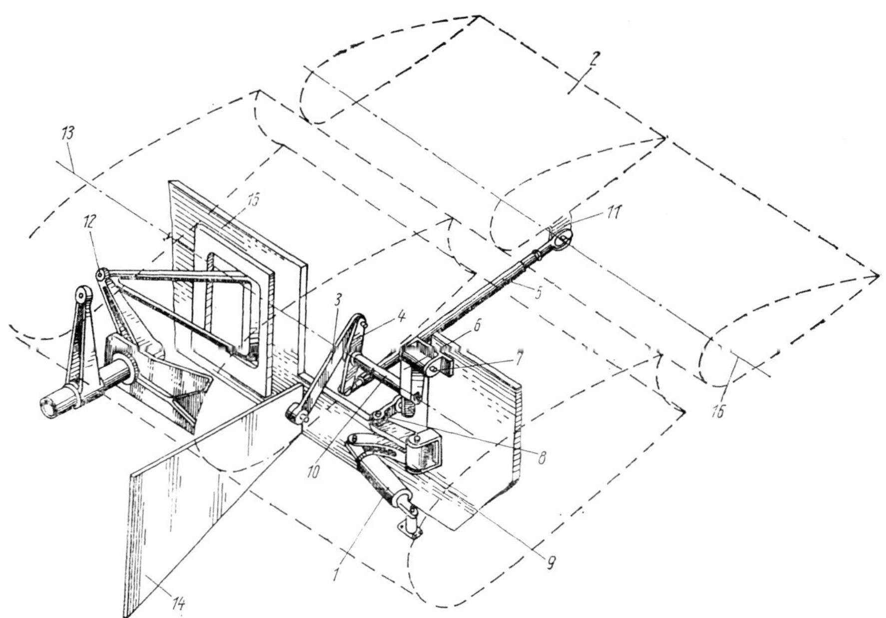

Bild 5.54 Kinematisches Schema der Steuerung eines Querrudertrimmers

1 – Elektromechanismus; 2 – Trimmer; 3, 5, 8 – Gestänge; 7 – Konsolenachse des Querruders; 10 – Achse; 11 – Hebel; 12 – Querrudersteuermechanismus; 13 – Querruderdrehachse; 14 – unbewegliche Konsole; 15 – Querruderspant; 16 – Drehachse des Trimmers

Bei Ausschlag der Querruder und ausgeschaltetem Elektromechanismus 1 verändert die Achse 10 ihre Stellung nicht, da sie mit der Drehachse des Querruders zusammenfällt. Das Gestänge 3 hindert dabei den Umlenkhebel 4 an einer Drehung um diese Achse. Die Drehachse des Servokompensators verschiebt sich gemeinsam mit dem Querruder. Bei unveränderter Länge des Gestänges 5 zwingt diese Verschiebung den Servokompensator zu einem Ausschlag entgegen dem Ausschlag des Querruders.

Den Ausschlag des Servokompensators als normaler Trimmer bei beliebiger Stellung des Querruders gewährleistet der Elektromechanismus 1. Bei Einschalten des Elektromechanismus wird die Drehung des Kipphebels 9 über das Gestänge 8 auf den Umlenkhebel 6 übertragen und dieser damit gezwungen, sich um die Achse 7 zu drehen. Eine entsprechende Verschiebung der Achse 10 zwingt den Umlenkhebel 4 zu einer Drehung um seine Achse in Richtung des Gestänges 3. Dabei schlägt das untere Ende des Umlenkhebels 4 mit Hilfe des Gestänges 5 den Trimmer aus.

5.6. Berechnung der Steuersysteme auf Festigkeit

Die Kräfte, die auf den Steuerknüppel wirken, werden bestimmt durch das Rudermoment, die Ruderausschläge und den Ausschlag des Steuerknüppels.

$$P\,\mathrm{d}x = M_{\mathrm{Sch}}\,\mathrm{d}\delta .$$

Somit ist

$$P = M_{\mathrm{Sch}} \cdot \frac{\mathrm{d}\delta}{\mathrm{d}x}.$$

P – Belastung auf dem Steuerknüppel;
$\mathrm{d}\delta$ – Ausschlagwinkel des Ruders;
$\mathrm{d}x$ – Ausschlag des Knüppels oder des Pedals.

Die Größe $\mathrm{d}\delta/\mathrm{d}x$ nennt man den Übertragungskoeffizienten. Er kann bestimmt werden bei gegebenen Abmessungen der Steuerelemente. Das zulässige Rudermoment M_{Sch} wird ausgehend von den Festigkeitsnormen des Flugzeuges bestimmt. Die Größe von P kann man bestimmen, indem man die Kraft in dem Gestänge sucht, das mit dem Ruder verbunden ist, und danach in der Reihenfolge die Kräfte der anderen Steuerungselemente bestimmt (Bild 5.55).

$$S_3 = P_{\mathrm{R}} \frac{U}{h}.$$

Da das Verhältnis der Hebelarme im Steuergestänge bei unterschiedlicher Stellung des Steuerknüppels verschieden ist, muß man die Kräfteberechnung für verschiedene Stellungen der Hebel anstellen.
Die angenäherte Belastung kann man bei Neutralstellung des Steuerknüppels bestimmen.
Die Größe P wird durch die Festigkeitsnormen begrenzt. Sie liegt, in Abhängigkeit vom Flugzeugtyp, in folgenden Grenzen:

für den Steuerknüppel bei Steuerung des Höhenruders 130 ··· 240 kp;

für den Steuerknüppel bei Steuerung des Querruders 65 ··· 130 kp;

für die Pedale 180 ··· 250 kp.

Die Belastung S wird in allen Elementen auf der Grundlage der allgemeinen Statik, aus den Gleichgewichtsbedingungen der Steuerelemente, bestimmt. Betrachten wir z.B. die Belastung in den Steuerelementen bei Betätigung des Höhenruders (Bild 5.55).
Aus der Gleichgewichtsbedingung des Steuerknüppels erhalten wir:

$$P \cdot a = S_1 b \quad \text{und} \quad S_1 = \frac{a}{b} P.$$

Die Gegenkraft im Gelenk A

$$R_{\mathrm{A}} = P + S_1.$$

Aus den Gleichgewichtsbedingungen des nächsten Hebels

$$S_1 d = S_2 \cdot C \quad \text{und} \quad S_2 = S_1 \frac{d}{c}.$$

Die Gegenkraft im Gelenk B

$$R_{\mathrm{B}} = S_2 + S_1.$$

Analog erhalten wir

$$S_2 l = S_3 f \quad \text{und} \quad S_3 = S_2 \frac{l}{f}.$$

Die Gegenkraft im Gelenk C

$$R_{\mathrm{C}} = S_3 - S_2.$$

Der Hebel D verändert Größe und Richtung der Kraft S_3 nicht.

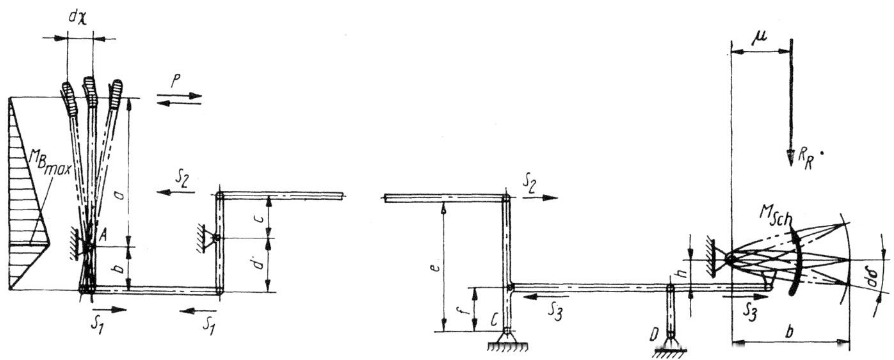

Bild 5.55 Kräfte- und Momentenschema einer Höhenrudersteuerung

Nach den erhaltenen Belastungen in den Gestängen überprüfen wir letztere auf Zug. Dabei nehmen wir an, daß $\sigma_{Zug} = 0{,}8\,\sigma_B$ durch die Schwächung der Gestänge durch Löcher und Nietungen

$$\sigma = \frac{S_{\text{Gestänge}}}{F_{\text{Gestänge}}} = \frac{S_{\text{Gestänge}}}{\frac{\pi}{4}(D^2 - d^2)} \leqslant 0{,}8\,\sigma_B.$$

Außerdem überprüfen wir das Gestänge auf Längsbiegung. Dazu wird als Länge des Gestänges die Länge zwischen den Gleitrollen angenommen. Diese Überprüfung auf Längsbiegung wird für alle Gestänge durchgeführt, da die Gestänge bei Ausschlag des Steuerknüppels nach hinten auf Zug und bei Ausschlag des Steuerknüppels nach vorn auf Druck beansprucht werden.

Die Belastung S bei Seilsteuerung wird analog bestimmt. So wird z.B. die Belastung im Seil der Querrudersteuerung (Bild 5.56) bestimmt nach:

$$S_s = P\,\frac{d}{e}.$$

Die Rollen verändern nicht die Größe S_s im Seil, sondern nur die Richtung. Die Kraft R, die die Konsole der Rollen belastet, wird als resultierende Kraft aller Seile S_s bestimmt.

Entsprechend der errechneten Kraft S_s wird das Seil nach Standards ausgesucht. Hier sind die zulässigen Zerreißkräfte für die verschiedensten Typen und Abmessungen der Seile angegeben.

Indem so die Belastung S in allen Steuerelementen gefunden wurde, kann man die Elemente auf Festigkeit berechnen. So hat z.B. für den Steuerknüppel die Biegelinie das Aussehen, wie in Bild 5.55 dargestellt. Nach dem Wert M_{Biege} in der am meisten gefährdeten Fläche bestimmen wir:

$$\sigma = \frac{M_{\text{Biege}}}{W} \leq \sigma_B$$

σ_B – Bruchspannung des Materials;
W – Flächenwiderstandsmoment des Knüppels.

Nach der Belastung R_A werden der Bolzen und die Gabelverbindung im Punkt A berechnet. Nach der Belastung S_1 werden der Bolzen und die Gabelverbindung im Verbindungspunkt des Knüppels mit dem ersten Gestänge berechnet.

Es folgt die Berechnung der Steuersäule, wie sie Bild 5.56 zeigt.

Die Kräfte P und S_s, die auf das Handrad und das Zahnrad wirken, werden auf die Rohrachse verschoben. Man erhält die

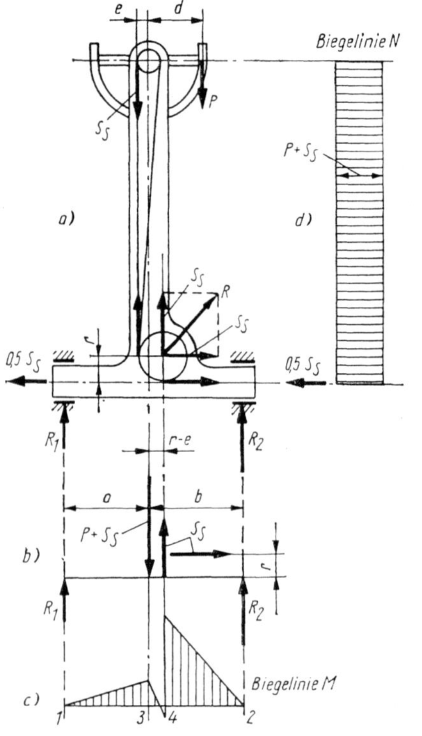

Bild 5.56 Kräfte- und Momentenschema einer Steuersäule

Kraft $(P + S_s)$. Die durch das Verschieben dieser Kräfte erzeugten Momente heben sich auf. Sie verdrehen die Welle des Handrades, belasten jedoch das Rohr nicht auf Biegung.

Danach wird die Kraft S, die in den vertikalen und horizontalen Seilen an den Rollen wirkt, auf die Rollenachse verschoben. Die Momente des Verschiebens der Kräfte heben sich gegenseitig auf.

Das Belastungsschema der Konsole zeigt Bild 5.56b.

Die Reaktionskräfte werden bestimmt, indem alle Momente der Kräfte der Punkte 1 und 2 gleich Null gesetzt werden.

$$R_1 = \frac{1}{a+b}\,[(P + S_s)\,b - S_s\,(b - r + e) - S_s r] = \frac{Pb - S_s e}{a+b},$$

$$R_2 = \frac{1}{a+b}\,[(P + S_s)\,a - S_s\,(a + r - e) + S_s r] = \frac{P_a + S_s e}{a+b}.$$

Die Biegelinie des Momentes zeigt Bild 5.56c.

Die Größe der Biegemomente:

$$M_3 = R_1 a,$$

$$M_4 = R_2\,(b - r + e), \text{ (größter Wert)}$$

$$M_4 = R_2\,(b - r + e) - S_s r$$
(kleinster Wert).

Bild 5.56d zeigt die Belastung des Rohres durch die Axialkräfte.

Die horizontale Kraft S_s wird durch die beiden Reaktionskräfte in den Lagerstellen 0,5 S_s aufgehoben.

Nach den gefundenen Werten der Kräfte und Momente werden das Rohr auf Druck, die Konsole auf Biegung, die Rollenachse nach der Kraft R und die Lagerstellen nach den Kräften R_1 und R_2 entsprechend berechnet.

Vibration der Steuerelemente

Jedes Steuergestänge hat eine bestimmte Eigenschwingungsfrequenz, mit der es weiter schwingt, wenn die Störquelle, die

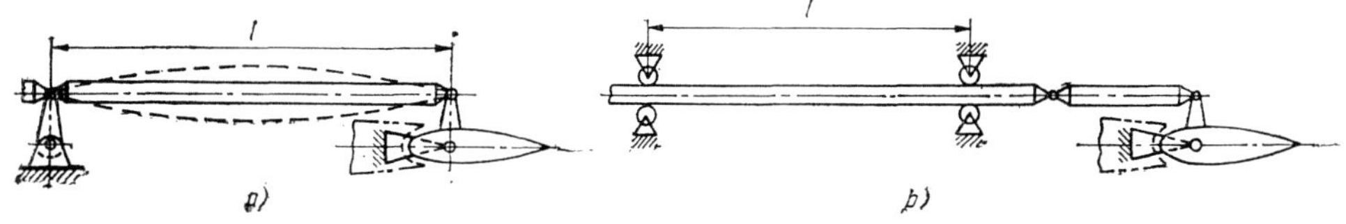

Bild 5.57 Vibration des Steuergestänges

a) Gestänge mit Scharnierverbindung; b) Gestänge mit Rollensteuerung

die Schwingung erzeugt hat, nicht mehr weiter wirkt. Die unterschiedlichsten Schwingungsquellen rufen in den Gestängen eine Zwangsschwingung hervor (Bild 5.57). Die Eigenschwingungen der Steuergestänge können mit diesen Schwingungen in Resonanz fallen, die eine solche Größe annehmen kann, daß es nach Ermüden des Materials zum Abreißen des Gestänges kommt.

Längsschwingungen im Gestänge brauchen keine fühlbaren Empfindungen auf den Steuerknüppel und die Pedale zu hinterlassen. Sie gehen ohne eine bemerkbare Verschiebung der Gestängeenden vor sich und rufen auch deshalb keine bemerkbaren Ausschläge der Umlenkhebel hervor. Damit übertragen sie sich auch nicht auf benachbarte Gestänge.

In der Praxis gab es Havarien, hervorgerufen durch das Auftreten von Resonanzschwingungen in einzelnen Steuerungselementen. Deshalb ist die Berechnung der Eigenschwingungen der Gestänge unerläßlich. Die Gestänge werden so ausgewählt, daß keine Resonanzschwingungen auftreten können. Zur Verhinderung von Resonanzschwingungen, besonders in den am meisten verwendeten Triebwerkregimen, ist es notwendig, daß die Grundfrequenz niemals gleich n_{TW} und $2n_{TW}$ ist.

Dabei ist n_{TW} – die Drehzahl des TW oder der Luftschraube im schwingungsgefährdeten Raum.

Die Berechnung der Eigenbiegeschwingungen der Gestänge, die über Gelenkverbindungen mit den Kipphebeln verbunden sind, erfolgt nach der Berechnung der Eigenschwingungen eines an seinem Ende frei beweglichen Balkens nach der Formel

$$v = \frac{94{,}2}{l^2} \sqrt{\frac{EJ}{m}} \; \frac{\text{Schwingungen}}{\text{min}}.$$

EJ – Biegesteifigkeit des Gestänges;
m – Masse des Gestänges;
l – Länge des Gestänges.

Den Wert des Ausdruckes $\sqrt{EJ/m}$ für die Gestänge verschiedenster Durchmesser findet man in entsprechenden Handbüchern.

Die Eigenschwingungen der Gestänge hängen von ihrem Durchmesser, ihrer Stärke und besonders von ihrer Länge ab. Eine Vergrößerung des Durchmessers der Rohre führt zu einer Erhöhung der Eigenschwingungen. Eine Vergrößerung der Länge führt zu einer Verringerung der Eigenschwingungen. Wenn z. B. die Länge sich 2 bis 3mal vergrößert, so verringert sich die Eigenschwingung 4 bis 9fach. Deshalb ist die effektivste Möglichkeit der Veränderung der Eigenschwingungen die Veränderung der Länge des Gestänges.

Die Eigenschwingungen eines Gestänges, das auf Gleitrollen läuft und sich nur in axialer Richtung bewegen kann, wird nach der Formel

$$\nu = 9{,}55 \frac{\alpha^2}{l^2} \sqrt{\frac{EJ}{m}} \; \frac{\text{Schwingung}}{\text{min}}$$

bestimmt.

l – die Länge des Gestänges zwischen den Rollen;

α – ein Koeffizient, welcher von der Elastizität des Materials abhängig ist und grafisch bestimmt wird.

Außer den Schwingungen in den Steuerungselementen beobachtet man Schwingungen der Ausgleichgewichte der Ruder. Dabei führt das Vorhandensein des großen Gewichtes zu bedeutenden Überbelastungen bei Vibration der Ausgleichsgewichte.

Derartige Überlastungen treten nicht nur bei periodischen Impulsen, sondern auch bei sich wiederholenden Stößen auf. Wenn diese Stöße sich sehr oft wiederholen, so können sich die Schwingungen zwischen diesen Stößen nicht dämpfen. Dadurch kommt es zu einer unregelmäßigen Vibration, wie man sie beim Rollen des Flugzeuges über einen unebenen Flugplatz beobachten kann. Diese Vibration macht sich auch beim Flugzeugführer auf dem Steuerknüppel bemerkbar. Bekämpfen kann man sie durch eine Erhöhung der Festigkeit der Ausgleichgewichte.

Zur besseren Gewährleistung der Flugsicherheit moderner Flugzeuge müssen mechanische Gestänge und Hydraulikverstärker über eine nur begrenzte Phasenverschiebung zwischen dem Eingangssignal vom Steuerknüppel und dem Ruderausschlag verfügen. Bei großen Phasenverschiebungen kann es zu einem Stabilitätsverlust kommen. Deshalb ist es bei der Projektierung notwendig, dynamische Berechnungen und die Bestimmung der Frequenzkurve vorzunehmen. Bei zu großer Phasenverschiebung ist es notwendig, die Festigkeit des Gestänges zu erhöhen.

5.7. Kontrollfragen

1. Nennen Sie die prinzipiellen Steuersysteme!
2. Nennen Sie die an Steuersysteme gestellten Anforderungen!
3. Welche Gestängetypen gibt es, und worin bestehen ihre Besonderheiten?
4. Nennen Sie die Vorteile der starren Steuerung gegenüber einer Seilsteuerung!
5. Wie wird die unabhängige Wirkung der Steuersysteme der Höhenruder und Querruder gewährleistet?
6. In welche Richtung schlägt das Höhenruder aus, wenn der Steuerknüppel nach vorn gedrückt bzw. nach hinten gezogen wird, und was geschieht mit dem Flugzeug?
7. Was geschieht mit den Querrudern bei Ausschlag des Steuerknüppels nach links oder rechts, und was geschieht mit dem Flugzeug?
8. In welche Richtung fliegt das Flugzeug beim Treten des linken Pedals nach vorn?
9. Nennen Sie die Zweckbestimmung eines Servoantriebes!

10. Worin bestehen die wesentlichen Unterschiede im System der Steuerung mit umkehrbar und nichtumkehrbar geschaltetem Hydraulikbooster?
11. Nennen Sie die Zweckbestimmung des Belastungsautomaten!
12. Nennen Sie die prinzipiellen Einbauschemata der Booster!
13. Warum ist der Einbau eines Automaten zur Regulierung des Übersetzungsverhältnisses notwendig?
14. Worin besteht der Sinn des Trimmens im System der automatischen Steuerung?
15. Wodurch entsteht Vibration, und welche Möglichkeiten der Verhinderung gibt es?

6. Das Fahrwerk

6.1. Bestimmung der Fahrwerke und Forderungen an sie

Das Fahrwerk ist die Gesamtheit derjenigen Teile von Luftfahrzeugen, die der Fortbewegung auf dem Boden dienen. Beim Start, bei der Landung und beim Ausrollen sowie beim Rollen auf dem Flugplatz nimmt das Fahrwerk statische und dynamische Belastungen auf und schützt dadurch die Aggregate des Flugzeuges vor Zerstörung.

Die Fahrwerke enthalten elastische Bauelemente, die die Stöße abfangen und die kinetische Energie des Flugzeuges aufnehmen. Zu diesen Elementen gehören die Räder und die Stoßdämpfer. Das Gewicht des Fahrwerkes beträgt 4 bis 6 % des Startgewichtes des Flugzeuges.

An Fahrwerke werden folgende spezifische Anforderungen gestellt:

- Gewährleistung ausreichender Stabilität und Steuerbarkeit beim Start, bei der Landung und beim Rollen.
- Gewährleistung ausreichender Geländegängigkeit für Flugzeuge, welche für die Inbetriebnahme von Rasenplätzen aus vorgesehen sind.
  Die Geländegängigkeit des Flugzeuges wird begrenzt durch den Bodendruck. Zur Erhöhung der Geländegängigkeit kann man die Kontaktfläche des Fahrwerkes erhöhen. Das geschieht durch Schneekufen, Raupenfahrwerke und Niederdruckräder von 2 bis 4 atü. Ein zweiter Weg ist die Erhöhung der Anzahl der Räder.
- Effektive Aufnahme der kinetischen Energie bei der Landung, beim Start, beim Ausrollen und beim Rollen über einen unebenen Flugplatz.
- Effektive Bremsung beim Ausrollen mit Hilfe der Radbremsen.
- Eine nach Möglichkeit geringe elastische Lageveränderung der Räder beim Eindrücken des Stoßdämpfers.
- Die Höhe des Fahrwerkes muß garantieren, daß bei vollem Eindrücken der Laufräder und des Stoßdämpfers das Ende der Tragschraube in unterster Stellung, der tiefste Punkt des Rumpfes und die Hinterkante des Tragflügels einen Abstand von mindestens 160 mm bis zur Erde haben. Bei der Bestimmung der Fahrwerkhöhe muß die Möglichkeit der Landung mit einer Schräglage von 10° mit einberechnet werden.
- Geringe Abmaße des Fahrwerkes zum besseren Einfahren des Fahrwerkes in das Flugzeug.
- Die Ein- und Ausfahrzeit des Fahrwerkes soll bei leichten Flugzeugen 6 bis 12 sec und bei schweren Flugzeugen 12 bis 15 sec nicht überschreiten.
- Eine unbedingte Doublierung des Sy-

stems zum Ein- und Ausfahren des Fahrwerkes.
- Eine hohe Zuverlässigkeit der Verriegelungsschlösser in beiden Stellungen (ein- und ausgefahren);
- das Vorhandensein eines Signalisationssystems zur Kontrolle beider Stellungen des Fahrwerkes;
- einen geringen Widerstand der Radabdeckklappen.

Bei modernen Militär- und Zivilflugzeugen wird das Fahrwerk in der Luft ein- und ausgefahren. Der kleinere Widerstand des Flugzeuges überwiegt die Verschlechterung der Flugcharakteristik durch die Masse des Ein- und Ausfahrmechanismus bei weitem. Bei Flugzeugen mit geringen Fluggeschwindigkeiten ist das Einfahren des Fahrwerkes oft nicht zweckmäßig.

6.2. Die hauptsächlichsten Fahrwerkarten

Bei Flugzeugen verwendet man folgende Fahrwerkarten:

- Dreipunktfahrwerk mit hinten liegendem Stützrad 2 (Spornrad). Die Hauptbelastung bei diesem Fahrwerk nehmen die zwei symmetrisch vor dem Schwerpunkt angebrachten Hauptfahrwerkbeine 1 auf;
- Dreipunktfahrwerk mit vorn liegendem Stützrad 3 (Bugrad). Die Hauptbelastung bei diesem Fahrwerk nehmen die zwei hinter dem Schwerpunkt angebrachten Hauptfahrwerkbeine 1 auf;
- Zweipunktfahrwerke (Tandemfahrwerke) mit zwei unter den Tragflügeln angebrachten Stützrädern. Bei diesem Fahrwerk entfällt die Hauptbelastung auf das hintere Fahrwerk 1, welches unter dem Rumpf hinter dem Schwerpunkt angebracht ist. Die unter den Tragflügeln angebrachten Stützräder 5 verhindern die Berührung der Tragflügelenden mit der Oberfläche bei einer Landung des Flugzeuges mit Schräglage, beim Rollen und beim Abstellen des Flugzeuges. Bei einigen Flugzeugen werden unter dem Rumpf zwei hintere Fahrwerke angebracht. Der Zwischenraum zwischen jedem Fahrwerkpaar ist gleich dem Durchmesser des Rumpfes oder kleiner. Eine solche Fahrwerkart gehört ebenfalls zu den Tandemfahrwerken.

Die Steuertechnik beim Start und bei der Landung ist bei den verschiedenen Fahrwerktypen unterschiedlich und wird im wesentlichen bestimmt von der relativen Lage des Hauptfahrwerkes zum Schwerpunkt.

Beim Anrollen eines Flugzeuges mit vor dem Schwerpunkt liegendem Fahrwerk wird dieses durch die Schubkraft des Triebwerkes zusätzlich belastet. Das ist bei der Anbringung und Lage des Fahrwerkes unbedingt zu berücksichtigen.

Bei zu kleinem Abstand des Hauptfahrwerkes vom Schwerpunkt kann es zu einem Kopfstand des Flugzeuges kommen (bei Flugzeugen mit Spornrad). Bei Flugzeugen mit Bugrad oder mit Tandemfahrwerk wirkt sich die zusätzliche Belastung des Bugrades stark auf die Geländegängigkeit des Flugzeuges aus. Jedes Fahrwerkschema gestattet einen Start des

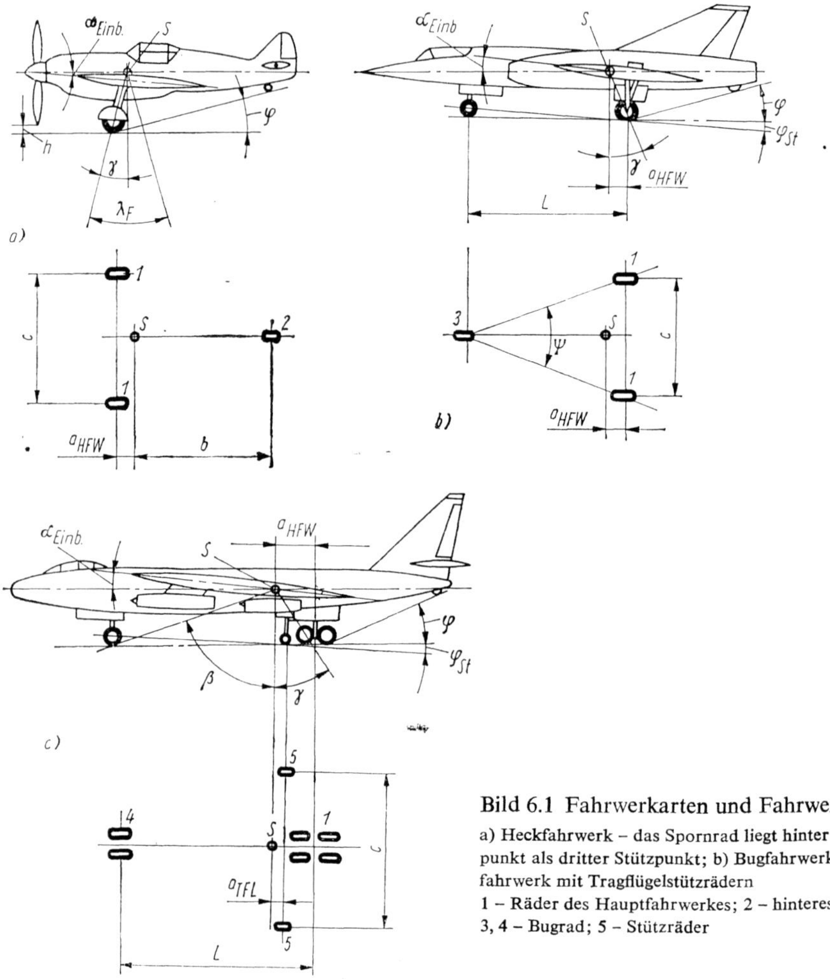

Bild 6.1 Fahrwerkarten und Fahrwerkdaten

a) Heckfahrwerk – das Spornrad liegt hinter dem Schwerpunkt als dritter Stützpunkt; b) Bugfahrwerk; c) Tandemfahrwerk mit Tragflügelstützrädern

1 – Räder des Hauptfahrwerkes; 2 – hinteres Stützrad; 3, 4 – Bugrad; 5 – Stützräder

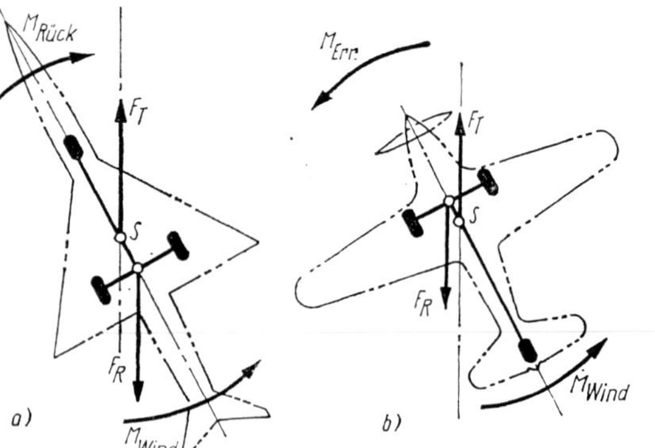

Bild 6.2 Kräfte- und Momentenschema der Fahrwerke verschiedener Typen beim Ausrollen mit Seitenwind

a) Fahrwerk mit Bugfahrwerk; b) Fahrwerk mit Spornrad

F_T – Trägheitskraft; F_R – Reibungskraft; M_{Wind} – Moment, hervorgerufen durch den Seitenwind; $M_{Rück}$ – Rückführmoment, hervorgerufen durch die Kräfte F_T und F_R; M_{zus} – Zusatzmoment durch die Kräfte F_R und F_T

Flugzeuges mit gleichzeitigem Abheben aller drei Fahrwerkbeine. Dafür ist jedoch eine sehr lange Anrollstrecke und für Flugzeuge mit Bugrad oder Tandemfahrwerk eine große Startgeschwindigkeit notwendig.

Fahrwerkschemata mit Bugrad oder Tandemfahrwerken mit kleiner Radlast auf dem vorderen Rad (nicht mehr als 15% des Startgewichtes) erlauben einen großen Anstellwinkel beim Anrollen, indem das Bugrad von der Startbahn abgehoben wird. Bei Tandemfahrwerken muß das Flugzeug dann über Querruder verfügen, die schon bei geringen Geschwindigkeiten wirksam sind, da nach Abheben des vorderen Rades das Rollen nur noch auf einem Rad durchgeführt wird und jede Schräglage durch die Querruder ausgeglichen werden muß. Flugzeuge mit Bugrad oder Tandemfahrwerk verfügen beim Start und beim Ausrollen über eine genügende Rollstabilität. Flugzeuge mit Spornrad sind beim Start praktisch instabil, und bei Seitenwind ist das Eingreifen des Flugzeugführers unumgänglich.

Die Landung umfaßt bei allen Flugzeugen folgende Etappen: Gleitflug, Abfangen, Ausschweben, Landung und Ausrollen (Bild 6.3). Flugzeuge mit Spornrad setzen gleichzeitig mit allen drei Rädern auf – (Dreipunktlandung). Flugzeuge mit Bugrad landen auf den Hauptfahrwerken und setzen erst mit Verminderung der Ausrollgeschwindigkeit das Bugrad auf.

Bei Fahrwerken mit Bugrad und Tandemfahrwerken ist es nach der Landung möglich, mit allen Mitteln zu bremsen. Bei einem Fahrwerk mit Spornrad ist eine intensive Bremsung nur begrenzt möglich.

Zur Verbesserung der Steuerbarkeit des Flugzeuges bei seiner Bewegung auf dem Flugplatz ist es notwendig, entweder das Bugrad oder das Spornrad lenkbar zu machen oder sie als selbstorientierende Räder auszuführen. Im letzten Fall kann man durch differenziertes Bremsen der Räder des Hauptfahrwerkes oder durch asymmetrischen Triebwerksschub das notwendige Drehmoment für das Flugzeug erzeugen.

Bei vielen Flugzeugen wird das Bugrad nur beim Rollen gesteuert. Beim Start und bei der Landung orientiert es sich nach dem Hauptfahrwerk. Bei Fahrwerken mit Spornrad erfolgt die Steuerung durch Drehen des Spornrades. Beim Start und bei der Landung wird es durch Sperren in seiner Bewegung begrenzt. Die Auswahl der Fahrwerkschemata erfolgt unter Beachtung der Start- und Landegeschwindigkeiten, des Aufbaus des Flugzeuges, der Wartungsbedingungen und anderer Faktoren.

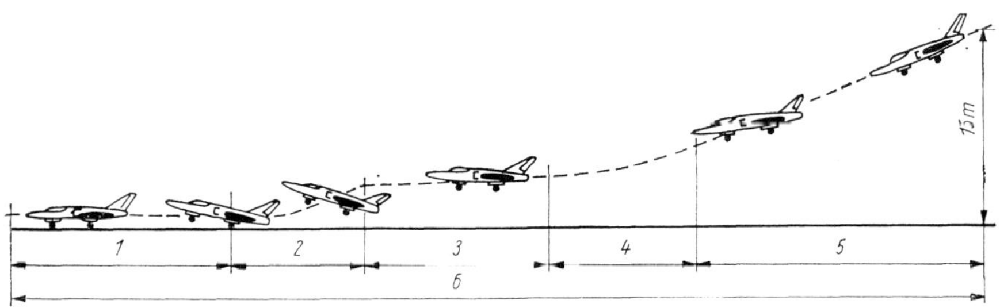

Bild 6.3 Landeschema des Flugzeuges

1 – Ausrollen; 2 – Aufsetzen; 3 – Ausschweben; 4 – Abfangen; 5 – Gleitflug; 6 – Landestrecke

Fahrwerk mit Spornrad

Zu den Hauptdaten des Fahrwerkes, die auch seine Bauart am Flugzeug bestimmen, gehören:

Landewinkel, Standwinkel, Antiüberschlagwinkel, Fahrwerkwinkel, Fahrwerkhöhe und Spurweite (Bild 6.1a).

Der Landewinkel φ ist der Winkel zwischen der Flugzeuglängsachse und der Tangente zum Hauptfahrwerk und Spornrad. φ wird bestimmt aus:

$$\varphi = \alpha_{\text{krit}} - \alpha_{\text{Einb.}} - \Delta\alpha .$$

α_{krit} – kritischer Anstellwinkel des Tragflügels;

$\alpha_{\text{Einb.}}$ – Einbauwinkel des Tragflügels;

$\Delta\alpha$ – Anstellwinkelverringerung bei der Landung zur Gewährleistung der Sicherheit. Meistens ist $\Delta\alpha = (2$ bis $3^\circ)$

Dieser Umstand bestimmt die Lage des Flugzeuges im Moment der Bodenberührung. Es ist wünschenswert, daß die Bodenberührung des Flugzeuges mit dem maximal möglichen Anstellwinkel des Tragflügels geschieht.

Die Größe des Winkels φ liegt zwischen 10 und 14°.

Der Standwinkel φ_{St} ist der Winkel zwischen der Längsachse des Flugzeuges und der Erdoberfläche beim Abstellen des Flugzeuges.

Für das betrachtete Schema ist $\varphi = \varphi_{\text{St}}$.

Der Antiüberschlagwinkel γ ist der Winkel zwischen der Vertikalen und der Geraden, die den Schwerpunkt des Flugzeuges bei horizontaler Lage seiner Längsachse mit dem Angriffspunkt der Reaktionskräfte der Erde auf das Hauptfahrwerk verbinden. Der Winkel liegt im Bereich von $\gamma = 12$ bis 16°.

Fahrwerkwinkel $\lambda_{\text{F}} = \gamma + \varphi$

Die Abmaße a_{HFW} werden aus der Bedingung bestimmt, daß die Belastung auf dem Hauptfahrwerk $F_{G\text{HFW}} = (0{,}88$ bis $0{,}92)\ F_G$ ist.

Die **Höhe des Fahrwerkes** h wird bestimmt nach

$$h = h_{\text{e.R}} + h_{\text{e.St}} + 160\ \text{mm} .$$

$h_{\text{e.R}}$ – die Höhe bei vollem Eindrücken der Bereifung der Räder;

$h_{\text{e.St}}$ – die Höhe bei vollem Eindrücken der Stoßdämpfer.

Der Radabstand oder der Zwischenraum zwischen den Hauptfahrwerkbeinen wird in großem Maße durch die Längsstabilität des Flugzeuges beim Rollen bestimmt. Sie hat ebenfalls großen Einfluß auf die Manövrierfähigkeit des Flugzeuges.

Bei modernen Flugzeugen beträgt der Radabstand (bei bremsbaren Rädern) 0,20 bis 0,30 der Tragflügelspannweite. Bei Anbringung der Triebwerke im Tragflügel wird der Radabstand so gewählt, daß die Hauptfahrwerke unter den Triebwerksgondeln liegen. Dieses betrachtete Schema wird auf Grund der ihm anhaftenden Unzulänglichkeiten (schlechte Rollstabilität, keine volle Ausnutzung der Bremsen, begrenzte Landegeschwindigkeit usw.) nur noch selten verwendet.

Fahrwerke mit Bugrad

Ein Fahrwerk mit Bugrad (Bild 6.1b) wird durch die gleichen Parameter charakterisiert wie das vorher betrachtete Fahrwerk. Die Definitionen unterscheiden sich geringfügig.

Der **Landewinkel** φ ist der Winkel zwischen der Flugzeuglängsachse beim Abstellen des Flugzeuges auf dem Abstellplatz und der Tangente zwischen Hauptfahrwerk und Sicherheitsstütze am unteren Teil des Rumpfhinterteiles.

Der **Standwinkel** φ_{St} ist der Winkel zwischen Flugzeuglängsachse und Erdoberfläche. Seine Größe steht in Verbindung mit der Abhebegeschwindigkeit des Bugrades beim Start und ändert sich im Bereich von 2 bis 5°.
Der Antiüberschlagwinkel γ ändert sich im Bereich von 14 bis 25°.

- Die Abmaße a_{HFW} werden bestimmt aus der Bedingung, daß die Belastung des Bugrades beim Stehen 0,10 bis 0,15 F_{GSt} und der Winkel $\psi = 30°$ bis 50° beträgt (Bild 6.1 b).

Das Fahrwerk gewährleistet dem Flugzeug:

- eine gute Rollstabilität beim Start und beim Ausrollen;
- volle Ausnutzung der Bremsen der Hauptfahrwerkräder zur Verkürzung der Ausrollstrecke;
- ein gleichmäßiges Ausrollen nach der Landung, da die Reibungskräfte der Hauptfahrwerkräder ein Moment erzeugen, das den Anstellwinkel und demzufolge die Auftriebkraft des Tragflügels verringert;
- eine fast horizontale Lage der Flugzeuglängsachse beim Abstellen und beim Rollen. Das gewährleistet eine gute Sicht für den Flugzeugführer, Komfort für die Passagiere und führt den Strahl der Abgase des Triebwerkes von der Flugzeugoberfläche weg.

Zu den Nachteilen eines derartigen Fahrwerkes gehören:

- schweres und kompliziertes Bugrad durch die große Belastung und die notwendigen Vorrichtungen zur Dämpfung und zum Drehen des Bugrades;
- schlechtere Geländegängigkeit auf Rasenplätzen;
- Verringerung der Sicherheit der Besatzung durch Abbrechen des Bugrades beim Start oder beim Ausrollen;
- die Möglichkeit von Eigenschwingungen des drehbaren Bugrades und die Notwendigkeit des Einbaus von Dämpfern.

Zur Gewährleistung der notwendigen Manövrierfähigkeit beim Rollen wird das Bugrad als selbstorientierendes Rad ausgelegt, d. h. es kann sich frei im Verhältnis zur Achse des Federbeines drehen.
Betrachten wir kurz die Entstehung der Eigenschwingungen des Bugrades.
Bei der Bewegung des Flugzeuges kann das Bugrad unter der Einwirkung der äußeren Kräfte dank der Elastizität des Federbeines um den Weg y nach rechts oder links von der Bewegungslinie abweichen (Bild 6.4 a). Dabei neigt sich die Radfläche zur vertikalen Fläche um den Winkel Θ, und die Radachse neigt sich

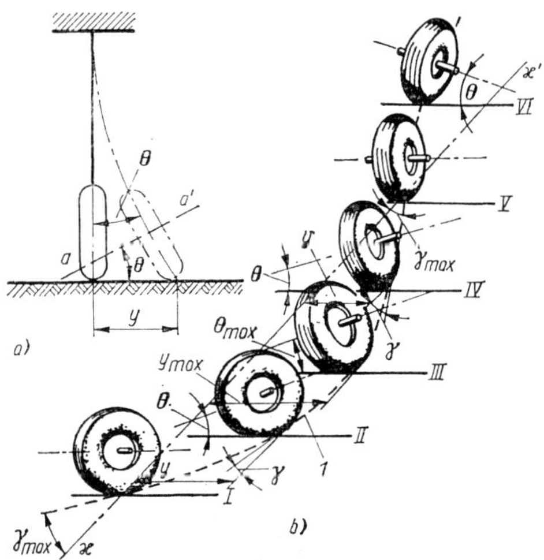

Bild 6.4 Abbildung zur Erklärung des Auftretens von Eigenschwingungen des Bugrades

1 – Bahnbewegung des Bugrades
a) Deformation des Federbeines beim Auftreten von Schwingungen; b) Bewegungsschema des Rades bei seinen Schwingungen

um denselben Winkel zur Erdoberfläche. Im weiteren dreht sich das Rad um die Achse a–a' und legt dabei einen Weg zurück, der nicht entlang der Geraden x–x' geht, sondern wie Bild 6.4b zeigt. Dabei ändern die Seitenverschiebung und der Winkel Θ periodisch ihren Wert von Null bis zum maximalen Wert und ihre Vorzeichen. Im Ergebnis dessen führt das Rad ungedämpfte harmonische Schwingungen aus. Bei großen Geschwindigkeiten können diese Schwingungen solche Amplituden erreichen, daß die Bereifung abreißt.

Um die Schwingungen in gedämpfte Schwingungen umzuwandeln, verwendet man Schwingungsdämpfer.

Trotz der aufgeführten Nachteile haben Fahrwerke mit Bugrad eine breite Verwendung bei Flugzeugen der verschiedensten Typen gefunden.

Tandemfahrwerke

Viele Parameter des Tandemfahrwerkes sind denen eines Fahrwerkes mit Bugrad analog (Bild 6.1c). Unterschiede bestehen in folgendem:

- Der Winkel γ der vorderen Räder beträgt 30 bis 40°.
- Der Abstand zwischen den Radachsen der vorderen und hinteren Räder wird durch die Winkel γ und β bestimmt. Ihre Summe beträgt $\approx$100 bis 120°.
- Die Verteilung der Belastung auf das Fahrwerk beim Abstellen des Flugzeuges ändert sich in großen Bereichen. Bei leichten Flugzeugen verteilt sich diese Belastung ungefähr so wie bei einem Dreipunktfahrwerk (auf die Hauptfahrwerke entfallen 80 bis 85 % des Gewichtes des Flugzeugs). Bei schweren Flugzeugen erfolgt die Verteilung so, daß ungefähr 60 bis 70 % des Gewichtes des Flugzeuges auf die Hauptfahrwerke entfallen.

Die **Tragflügelstützfahrwerke** sind so einzubauen, daß sie mit der Linie der hinteren Fahrwerke des Hauptfahrwerkes zusammenfallen. Die Länge der Tragflügelstützfahrwerke wird so gewählt, daß eine ungefährdete Landung mit einer Schräglage von 10° gewährleistet ist. Außerdem ist sie so zu wählen, daß die Räder der Tragflügelstützfahrwerke beim Abstellen des Flugzeuges den Erdboden nur berühren. Daher berühren sie beim Start und beim Rollen den Erdboden nicht, da sich die Tragflügel unter der Wirkung der aerodynamischen Kräfte nach oben durchbiegen.

Die hauptsächlichsten Vorteile der Tandemfahrwerke liegen in folgendem:

- ein einfaches kinematisches Einfahrschema des Fahrwerkes;
- eine gute Rollstabilität und eine gute Steuerbarkeit des Flugzeuges durch Steuerung des vorderen Rades;
- eine effektive Ausnutzung der Bremsen der Räder.

Die hauptsächlichsten Nachteile der Tandemfahrwerke liegen in folgendem:

- ungenügende Querstabilität des Flugzeuges bei geringen Geschwindigkeiten;
- eine unausbleibliche Komplizierung der Konstruktion der hinteren oder vorderen Räder durch die Anwendung spezieller Vorrichtungen zur Verlängerung der Größe der vorderen Fahrwerkbeine bzw. zur Verkürzung der hinteren Fahrwerkbeine, um dem Flugzeug zur Verkürzung der Startstrecke einen größeren Anstellwinkel zu geben. Dadurch ergibt sich zwangsläufig eine Gewichtserhöhung. Bei leichten Flugzeugen, bei denen die Belastung des vorderen Rades nicht so groß ist, kann man auf diese Vorrichtungen verzichten;

- Kompliziertheit der Rumpfkonstruktion zur Übertragung der großen Kräfte von Fahrwerken;
- Notwendigkeit von speziellen Fahrwerkgondeln am Ende der Tragflügel zum Einfahren der Tragflügelstützen.

6.3. Fahrwerkbeine (Fahrwerkstützen)

Fahrwerkstützen oder Fahrwerkbeine eines modernen Flugzeuges bestehen aus folgenden konstruktiven Elementen, Vorrichtungen und Mechanismen:

- das Stützelement, das das Gewicht des Flugzeuges auf die Erde überträgt und eine Fortbewegung des Flugzeuges auf der Erde gewährleistet. Das sind meistens Räder, Kufen, Raupenvorrichtungen;
- Dämpfungsvorrichtungen zur Aufnahme der kinetischen Energie des Flugzeuges im Moment der Landung und beim Rollen auf dem Flugplatz;
- Vorrichtungen zum Ein- und Ausfahren;
- Schlösser, die das Fahrwerk in ein- und ausgefahrener Stellung fixieren;
- verschiedene konstruktive Kraftelemente.

Bei Flugzeugen verwendet man Fahrwerke mit Rädern, Kufenfahrwerke, Raupenfahrwerke und kombinierte Fahrwerke (Bild 6.5). **Fahrwerke mit Rädern** sind heute am meisten verbreitet. Dabei können die Fahrwerkbeine ein oder mehrere Räder haben. Ein solches Fahrwerk besitzt eine Reihe von Vorteilen:

- kleinen Widerstand beim Start und einen verhältnismäßig großen Widerstand bei der Landung;
- gute Dämpfung;
- genügend gute Steuerbarkeit des Flugzeuges beim Rollen durch die Bremsen und durch Lenkvorrichtungen der Räder.

Neben diesen Vorteilen gibt es auch eine Reihe von Nachteilen:

- die wünschenswerte Verwendung großer Räder erschwert das Einfahren der Fahrwerke. Die Vergrößerung des Druckes in den Rädern verschlechtert

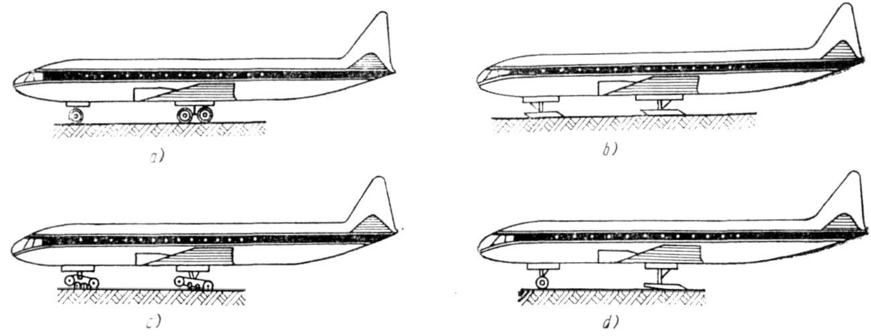

Bild 6.5 Verschiedene Fahrwerktypen

a) Mehrradfahrwerk; b) Schneekufen; c) Raupenfahrwerk; d) kombiniertes Fahrwerk

die Geländegängigkeit des Flugzeuges und erschwert die Wartung auf Rasenplätzen;
- Kompliziertheit der Konstruktion der Räder und ihr großes Gewicht (ungefähr 1,5 bis 2,0 % des Startgewichtes);
- eine ungenügende Laufzeit der Bereifung, besonders bei hohen Außentemperaturen;
- Abhängigkeit des Bewegungswiderstandes des Flugzeuges vom Zustand der Oberfläche des Flugplatzes.

Kufenfahrwerke (Bild 6.5b) verwendet man meistens für Flugzeuge, die für den Einsatz auf verschneiten Flugplätzen vorgesehen sind. In letzter Zeit verwendet man Kufenfahrwerke auch für Landungen auf Rasenplätzen. Kufenfahrwerke haben eine Reihe von Vorteilen vor Fahrwerken mit Rädern:

- kleinere Abmaße und bedeutend geringeres Gewicht;
- eine große Lebensdauer und Zuverlässigkeit;
- Möglichkeit der Verwendung auf Rasen- und Schneeflächen;
- eine bedeutend geringere spezifische Belastung auf den Stützen (0,2 bis 0,4 kp/cm^2 anstelle 2 bis 3 kp/cm^2).

Bei der Bestimmung der spezifischen Belastung auf der Kufenfläche muß man von dem zulässigen Bodendruck bei Rasenplätzen ausgehen. Zum Beispiel beträgt die zulässige Belastung für einen trockenen, festen Untergrund 5 bis 6 kp/cm^2, für denselben Boden mit Rasenbelag 3 bis 4 kp/cm^2, für umgepflügten Boden 1,5 bis 2,0 kp/cm^2 und für festgewalzten Schnee 0,5 bis 1,5 kp/cm^2.

Nachteile des Kufenfahrwerkes im Verhältnis zum Radfahrwerk sind:

- die bedeutend größere Reibung beim Anrollen zum Start;
- der geringere Dämpfungsgrad bei der Landung;
- die Verminderung der Geländegängigkeit bei hartem Untergrund mit Unebenheiten;
- Kompliziertheit bei der Erfüllung der Forderungen an eine hohe Manövrierfähigkeit des Flugzeuges.

Raupenfahrwerke (Bild 6.5c) wurden in in der UdSSR bereits mehrmals erprobt. So wurde bereits 1935 ein derartiges Fahrwerk ausgearbeitet und am Flugzeug R 5 angebaut.

Das Interesse an Raupenfahrwerken erklärt sich aus den Möglichkeiten, die ein solches Fahrwerk prinzipiell geben kann (kleine spezifische Belastung auf den Stützen und eine hohe Geländegängigkeit). Der Reibungskoeffizient ist bei Raupenfahrwerken kleiner als bei Radfahrwerken. Außerdem kann ein solches Fahrwerk bei wesentlich höheren Temperaturen in Betrieb genommen werden.

Ungeachtet der hier aufgeführten Vorteile haben Raupenfahrwerke keine breite Anwendung gefunden, da sie doch eine Reihe von wesentlichen Nachteilen haben:

- komplizierte Konstruktion und großes Gewicht;
- ungenügende Sicherheit (die beweglichen Teile sind schlecht vor Verschmutzung und vor Abnutzung zu schützen);
- das Verhindern des Abrutschens der Ketten von der Gleitschiene ist sehr kompliziert.

Kombinierte Fahrwerke (Bild 6.5d) können über alle Arten von Stützen verfügen. Entweder haben die Fahrwerke Räder und Kufen, oder ein Fahrwerkbein verfügt über Räder, das andere über Kufen.

Für den ersten Fall kann sich die Lage der Kufen verändern, um die Räder zu verwenden. Bei Flugplätzen mit festem Untergrund werden Räder verwendet, während auf verschneiten Flächen und weichem Untergrund Kufen verwendet werden oder beide gemeinsam (Bild 6.6). Als Beispiel eines kombinierten Fahrwerkes dient ein Fahrwerk mit Kufen am Hauptfahrwerk und einem Rad als Bugrad.

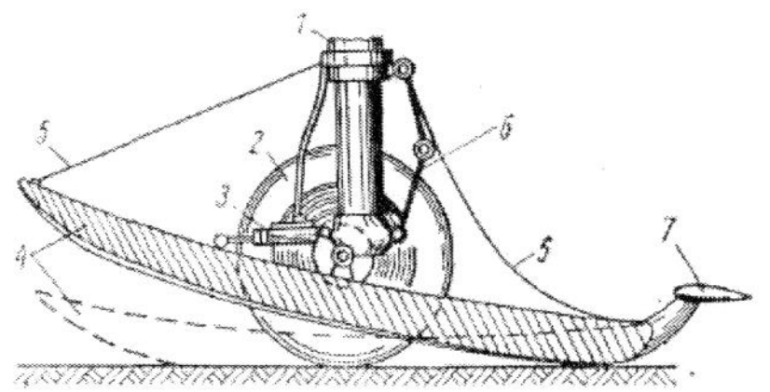

Bild 6.6 Bauart eines kombinierten Rad-Schneekufenfahrwerkes

1 - Federbein; 2 - Rad; 3 - Hydraulikzylinder zum Anheben der Schneekufen; 4 - Schneekufen; 5 - Sicherungsseil; 6 -Spurgelenk; 7 -Stabilisator

6.4. Stoßdämpfer

Die kinetische Energie des Flugzeuges, die bei der Landung durch den Stoßdämpfer umgesetzt werden muß, wird nach den Festigkeitsnormen berechnet und in der genormten Arbeit ausgedrückt.

$$W_{Norm} = m_{red} \cdot \frac{v_y^2}{2} \cdot$$

m_{red} - die auf den Angriffspunkt der Stoßkraft reduzierte Masse;

v_v - die Vertikalgeschwindigkeit des Flugzeuges im Moment der Landung.

Alle Stoßdämpfertypen haben elastische und dämpfende Elemente. Die elastischen Elemente speichern einen Teil der kinetischen Energie des Stoßes nach Eindrücken des Stoßdämpfers, damit der Stoßdämpfer in die Ausgangsstellung zurückgeführt werden kann. Die Dämpfungselemente setzen die Stoßenergie um. Einen Teil der Energie des Landestoßes nehmen die Reifen auf. Diesen Teil der Energie kann man aus den Katalogen der Bereifung entnehmen.

Deshalb kann die Arbeit, die durch einen Stoßdämpfer wirklich aufgenommen werden muß, berechnet werden mit

$$W_{SD} = \frac{W_{Norm} - iW_{FW}}{k}.$$

i - Anzahl der Räder an einem Fahrwerkbein;
k - Anzahl der Fahrwerkbeine.

Die Arbeit des Stoßdämpfers W_{so} kann bestimmt werden aus

$$W_{SD} = F_{SD_{max}} \, s_{max} \, \eta$$

F_{SDmax} – maximaler Druck im Stoßdämpfer

S_{max} – maximaler Weg des Stoßdämpfers;

η – Koeffizient, der die Arbeit des Stoßdämpfers charakterisiert (Bild 6.7). Er wird bestimmt aus dem Verhältnis der Flächen OADCE zur Fläche des Rechtecks aus $F_{SDmax}\,S_{max}$

Die Größe des Koeffizienten η hängt von der Stoßdämpferkonstruktion und den Eigenschaften der Arbeitsflüssigkeiten (Gase) in ihnen ab. Für die am meisten

verbreiteten Gas-Flüssigkeitsstoßdämpfer (GF-SD) ist $\eta = 0{,}70$ bis 0,85. Die Größe des Koeffizienten η kann man erhöhen, indem man im Stoßdämpfer eine gewisse Vorspannung erzeugt ($p_{SD_{vor}}$).
Bei Umsetzung ein und derselben Energie gestattet $p_{SD_{vor}}$, den Weg des Stoßdämpfers zu verringern.
Die Größe der Vorspannung muß das notwendige Eindrücken des Stoßdämpfers

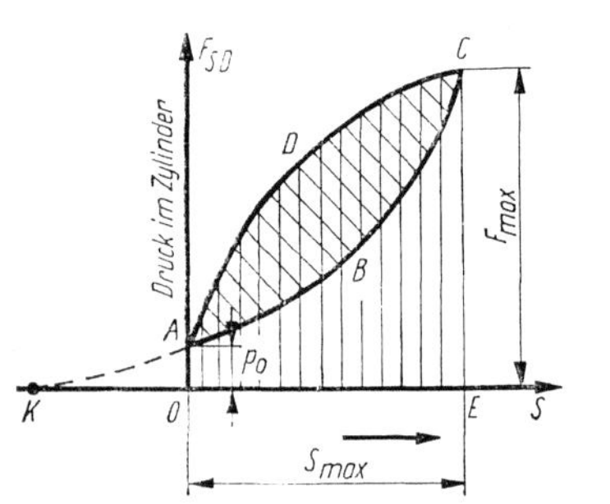

Bild 6.7 Arbeitsdiagramm des Stoßdämpfers

ADC – Kurve der Kraftveränderung bei Eindrücken des Kolbens unter Einfluß der Reaktionskräfte

CBA – Kurve der Kraftveränderung bei umgekehrtem Weg unter Einfluß des Eigengewichtes des Flugzeuges

beim Abstellen des Flugzeuges gewährleisten.
An Stoßdämpfer werden, neben den bei Flugzeugteilen üblichen Forderungen, eine Reihe spezifischer Forderungen gestellt:

- eine fast vollständige Umsetzung der Energie des Landestoßes beim Einfahren des Stoßdämpfers;
- ein gleichmäßiges Ansteigen der Belastung im Stoßdämpfer bis zum Ende des Einfahrens;
- eine möglichst kurze Zeit für das Fahren des Stoßdämpfers in die Ausgangsstellung zur Aufnahme des nächsten Stoßes. Die Zeit für das Ein- und Ausfahren soll jeweils 0,8 s nicht übersteigen;
- eine möglichst große Hysteresis zur Abschwächung des Schlages beim Ausfedern des Stoßdämpfers. Je größer die Energie ist, die beim Eindrücken des Stoßdämpfers in Wärme umgewandelt wird, d.h. je größer die Hysteresis, um so kleiner ist die Kraft des Stoßes beim Ausfedern. Bei einer kleinen Größe der umgewandelten Energie durch den Stoßdämpfer wird die Energie beim Ausfedern so groß, daß das Flugzeug anfängt zu springen;
- die Arbeit des Stoßdämpfers darf nicht von der Außentemperatur abhängig sein.

Als federndes Element werden in Stoßdämpfern Flüssigkeiten, Gase, Gummiplatten und Stahlfedern verwendet. Deshalb unterscheidet man nach Gas-Flüssigkeitsstoßdämpfern (GF-SD), Flüssigkeitsstoßdämpfern (F-SD), Gummistoßdämpfern (G-SD) und Federstoßdämpfern (F-SD).

Gas-Flüssigkeitsstoßdämpfer
Sie arbeiten nach folgendem Prinzip:
Beim Eindrücken des Stoßdämpfers fließt die Flüssigkeit, die durch den Kolben zusammengedrückt wird, durch kleine Öffnungen in den Zylinder. Dort wird sie zu kleinen Tropfen verteilt, wird mit dem Gas gesättigt und nimmt dieses mit sich fort. Außerdem löst sich ein Teil des Gases in der Flüssigkeit. Die kleinen Flüssigkeitstropfen mit dem Gas und die Gasbläschen im Gesamtvolumen der Flüssigkeit erhöhen die Wärmeabgabefläche zwischen Luft und Flüssigkeit um ein Vielfaches. Während des Eindrückens des Stoßdämpfers erhöht sich die Temperatur der verdichteten Phase. Dadurch werden im Ergebnis der Wärmeabgabe die

Tropfen der kälteren Flüssigkeit erwärmt, die Gasbläschen des wärmeren Gases jedoch abgekühlt. Dadurch erfolgt eine Wärmeabfuhr vom Stoßdämpfer.

Nach der Konstruktion kann man die Stoßdämpfer unterteilen in:

- Tauchkolbenstoßdämpfer,
- Kolbenstoßdämpfer,
- Stoßdämpfer mit einer oder zwei Gaskammern.

Tauchkolbenstoßdämpfer haben einige konstruktive Besonderheiten:
Stoßdämpfer mit freiem Tauchkolben, mit festem Tauchkolben, mit Nadeltauchkolben und mit Hülsentauchkolben.

Betrachten wir das Arbeitsprinzip eines Stoßdämpfers mit freiem Tauchkolben mit Drosselventil für die Rückwärtsbewegung etwas näher. Das Verständnis der Arbeitsweise dieses Stoßdämpfers erleichtert das Verstehen der Besonderheiten anderer Stoßdämpfertypen.

Der Stoßdämpfer besteht aus dem Zylinder 1 mit der Kolbenstange oder Kolben 2. Der Zylinder ist unmittelbar an der Flugzeugzelle befestigt. Die Kolbenstange ist mit dem Rad oder den Kufen verbunden. Die Bewegung der Kolbenstange wird geführt durch die obere Buchse *a* und die untere Buchse *c*. Im Deckel des Zylinders ist der Tauchkolben 3 mit konstantem oder profiliertem Querschnitt befestigt. Das Drosselventil 4 (Spreizring) kann sich zwischen der oberen Buchse und dem Anschlag an der Kolbenstange bewegen. Der Raum A ist mit Gas gefüllt, die Räume B und C mit Dämpfungsflüssigkeit.

Zwischen der Kolbenstange 2 und dem Tauchkolben 3 entsteht eine ringförmige Öffnung zum Durchfließen der Flüssigkeit. Um ein Ausfließen der Flüssigkeit aus dem Zylinder zu verhindern, wird eine Dichtung 5 eingebaut.

Beim Aufschlagen des Rades auf den Erdboden verschiebt sich die Kolbenstange 2 nach oben, und das Gas im Raum A wird verdichtet, da sich der Raum verkleinert. Für die Verdichtung des Gases wird Arbeit verrichtet, die durch den Stoßdämpfer akkumuliert wird und für das Ausfedern des Stoßdämpfers in die Ausgangslage benötigt wird.

Beim Einfahren des Stoßdämpfers verschiebt sich die Kolbenstange 2 mit der Buchse *a* nach oben und der Raum C vergrößert sich. Durch die Öffnungen zwi-

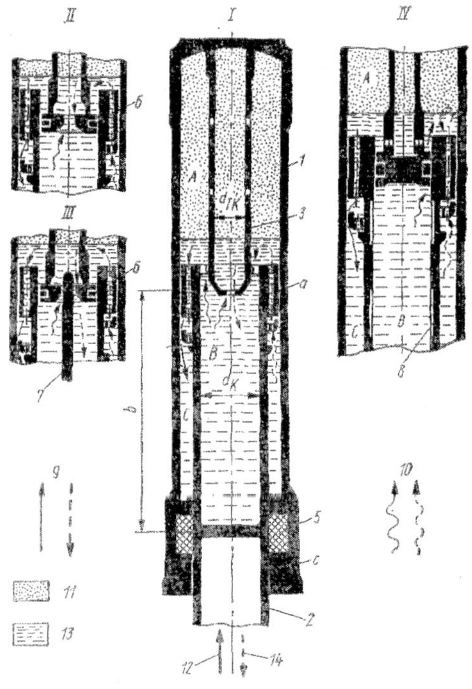

Bild 6.8 Öl-Luft-Federbein mit Tauchkolben;
I) mit freiem Tauchkolben; II) mit dichtem Tauchkolben; III) mit Tauchkolben, IV) Tauchkolben mit Flüssigkeit in der Hülse, A, B,C - Kammern; a, b - Führungsbuchsen für den Kolben; 1 - Zylinder; 2 - Kolbenstange; 3 - Tauchkolben; 4 - Bremsventil; 5 - Dichtung; 6 - metallischer Dichtungsring; 7 - Nadel mit wechselndem Querschnitt; 8 - Hülse mit Öffnungen im Gehäuse; 9 - ungestörte Strömung; 10 - durch Bremsring gestörte Strömung; 11 - Gas; 12 - Flüssigkeit; 13 - Eindrücken; 14 - Ausfedern

schen Tauchkolben 3 und Kolbenstange 2 kann die Flüssigkeit aus dem Raum B frei in den Zylinder durch die Öffnungen der Buchse *a* fließen. Bei dieser Bewegung der Flüssigkeit wird das Drosselventil nach unten gedrückt. Die Flüssigkeit kann, ohne durch das Drosselventil zu fließen, den Raum C ausfüllen. Für das Herausdrücken der Flüssigkeit aus dem Raum B in den Zylinder wird mechanische Arbeit verrichtet, die dann in Wärmeenergie umgewandelt wird und vollständig verbraucht wird. Beim Ausfedern wird die Kolbenstange unter dem Gasdruck im Raum A nach unten gedrückt. Die Flüssigkeit beginnt aus dem Raum C in den Raum A zu fließen. Dabei geht das Drosselventil nach oben, schlägt an der Buchse *a* an und verdeckt alle Öffnungen, durch die die Flüssigkeit beim Einfahren des Stoßdämpfers fließen konnte. Es verbleiben nur die Öffnungen im Drosselventil unmittelbar. Aus dem Raum A in den Raum B fließt die Flüssigkeit ohne Bremsung.

Für das Verdrängen der Flüssigkeit aus dem Raum C in den Raum A wird ebenfalls mechanische Arbeit verrichtet, die in Wärmeenergie umgewandelt wird und vollständig verbraucht wird.

Das konstruktive Schema eines Stoßdämpfers mit festem Tauchkolben mit Drosselventil beim Ausfedern zeigt Bild 6.8 II. Der untere Teil des Tauchkolbens gleitet an der Wand der Kolbenstange und hat einen metallischen Dichtungsring 6. Die Dämpfungsflüssigkeit fließt durch eine oder mehrere Öffnungen, die in den unteren Teil des Tauchkolbens gebohrt sind. Die Konstruktion garantiert die vollständige Identität aller Stoßdämpferdiagramme bei serienmäßig hergestellten Stoßdämpfern. Bei Nadeltauchkolbenstoßdämpfern mit Drosselventil ist die Flüssigkeitsmenge, die aus der Kolbenstange in den Tauchkolben fließt, nicht konstant. Die Fläche der Öffnung im unteren Teil des Tauchkolbens verändert sich durch die Nadel 7 mit veränderlichem Querschnitt.

Der Abstand zwischen der Nadel und dem Tauchkolben ist reichlich groß. Deshalb hat eine Veränderung des Öffnungsquerschnittes im Kopf des Tauchkolbens durch eine ungenaue Herstellung der Nadel keinen Einfluß auf den hydraulischen Widerstand.

In einem Stoßdämpfer mit Nadeltauchkolben mit Drosselventil für das Ausfedern wird die Veränderung des Öffnungsquerschnittes für das Durchströmen der Flüssigkeit durch die Längskanäle in der Hülse 8 erreicht. Diese Hülse ist auf die Kolbenstange aufgepreßt (Bild 6.8 IV). Die Kanäle liegen so, daß sie bei der Bewegung des Stoßdämpfers in jeden Querschnitt der Hülse passen. Im unteren Teil des Tauchkolbens gibt es keine Öffnung zum Durchfließen der Flüssigkeit. Die Flüssigkeit wird über die Kanäle in die Hülse gedrückt.

Stoßdämpfer mit Tauchkolben haben sich in der Praxis sehr bewährt und finden im Flugzeugbau breite Anwendung.

Kolbenstoßdämpfer (Bild 6.9) haben folgende konstruktive Besonderheiten:

- mit offenem Kolben,
- mit geschlossenem Kolben,
- mit Nadelkolben.

Bild 6.9 I zeigt das konstruktive Schema eines Stoßdämpfers mit offenem Kolben und Bremsventil für das Ausfedern. Die Konstruktion eines solchen Stoßdämpfers ist relativ einfach. Durch den niedrigen Koeffizienten η = (0,50 bis 0,55) muß der Weg der Kolbenstange sehr groß gewählt werden. Bei dem geringen Unterschied der

Durchmesser zwischen Zylinder und Kolbenstange arbeitet die Flüssigkeit beim Einfahren des Stoßdämpfers nur sehr wenig.

Der Stoßdämpfer mit geschlossenem Kolben (Bild 6.9 II) hat eine Scheidewand 1 mit Öffnungen zum Durchfließen der

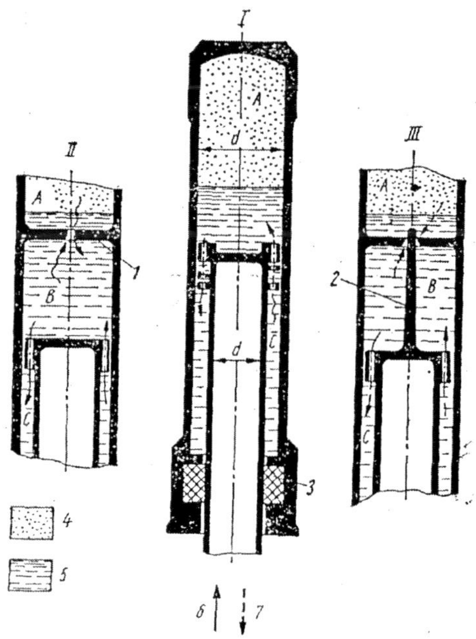

Bild 6.9 Gas-Flüssigkeitsstoßdämpfer mit Kolben
I) mit offenem Kolben; II) mit geschlossenem Kolben; III) mit Nadelkolben
1 - Trennwand; 2 - Nadel mit unterschiedlichem Querschnitt; 3 - Dichtung; 4 - Gas; 5 - Flüssigkeit; 6 - Eindrücken; 7 - Ausfedern

Flüssigkeit. Das Bremsventil für das Ausfedern ist in der Kammer C untergebracht. Der grundlegende Mangel einer derartigen Konstruktion liegt darin, daß der innere Raum der Kolbenstange nicht genutzt wird. Dadurch muß ein längeres Federbein verwendet werden.

Bild 6.9 III zeigt einen Nadelkolbenstoßdämpfer. Die Fläche zum Durchströmen der Flüssigkeit wird durch die Nadel 2 reguliert.

Stoßdämpfer mit einer Gaskammer (Bild 6.10) unterteilen sich nach ihren konstruktiven Besonderheiten in Stoßdämpfer mit geschlossenen Kammern, mit schwimmenden Kolben und mit offenen Kammern.

In einem Stoßdämpfer mit geschlossener Kammer (Bild 6.10 I) mit Bremsventil für das Ausfedern ist der ringförmige Flüssigkeitsraum von der Gaskammer A durch eine Dichtung 3 getrennt. Beim Einfahren bewegt sich die Kolbenstange 2 nach oben und bewegt sich dabei an der unbeweglichen Dichtung vorbei. Der Dichtungsring 4 der Kolbenstange wird durch den Flüssigkeitsdruck und die Reibung an den unteren Anschlag der Kolbenstange gepreßt. Die Flüssigkeit fließt aus dem oberen Teil der Kammer C durch die Schlitze zwischen der Zylinderwand und dem oberen Anschlag der Kolbenstange und durch die Öffnungen 6 in den unteren Teil der Kammer. Beim Ausfedern wird der Dichtungsring 4 an den oberen Anschlag der Kolbenstange gepreßt, und die Flüssigkeit fließt aus dem unteren Teil der Kammer C in den oberen Teil durch die Schlitze zwischen Zylinderwand und unterem Kolbenstangenanschlag und den Öffnungen 6. Die Fläche der Öffnungen und der Schlitze ist während der gesamten Bewegung des Stoßdämpfers konstant. Da die Flüssigkeitskammer von der Gaskammer getrennt ist, erfolgt keine Emulsionsbildung. Dadurch wird die Konstantheit des hydraulischen Widerstandskoeffizienten gewährleistet, die Wärmeabgabe an die Wand der Gaskammer ist unbedeutend und der Polytropenprozeß im Stoßdämpfer ist dem adiabatischen Prozeß angenähert. Ein solcher Stoßdämpfer kann in jeder Lage arbeiten. Ein wesentlicher Nachteil eines derartigen Stoßdämpfers ist die große Höhe des Federbeines.

Bild 6.10 II zeigt das Schema eines Stoßdämpfers mit schwimmenden Kolben. In diesem Stoßdämpfer ist der obere Teil des Zylinders mit Flüssigkeit gefüllt, während das Gas sich in der Kolbenstange und in dem ringförmigen Raum zwischen Kolbenstange und Zylinder befindet.

Die Kolbenstange hat im oberen Teil Dichtungen. Die inneren Flächen des Zylinders und der Kolbenstange sind geschliffen. Innerhalb der Kolbenstange befindet sich der schwimmende Kolben 7. Beim Einfahren der Kolbenstange (Bewegung nach oben) fließt die Flüssigkeit durch die Öffnungen 8, drückt dabei auf den schwimmenden Kolben. Dieser wird nach unten gedrückt und drückt das Gas zusammen. Beim Ausfedern entspannt sich das zusammengedrückte Gas, drückt den Kolben nach oben und verdrängt damit die Flüssigkeit durch die Öffnungen im Bremsventil 9, die in diesem Moment an den Deckel der Kolbenstange gepreßt sind.

Die konstruktiven Mängel dieses Stoßdämpfers bestehen in folgendem:

- es müssen unbedingt zwei Dichtungen eingebaut werden (an der Kolbenstange und am schwimmenden Kolben);
- ein großer Weg des schwimmenden Kolbens durch den geringen Durchmesserunterschied zwischen Zylinder und Kolbenstange.

Stoßdämpfer mit offener Kammer (Bild 6.10 III) haben eine ringförmige Kammer C, die mit der Gaskammer verbunden ist. Dadurch werden günstige Bedingungen für die Wärmeableitung beim Komprimieren des Gases geschaffen. Bei Notwendigkeit wird das Bremsventil in die Kammer C eingebaut. Die Vorteile dieses Stoßdämpfers bestehen im geringen Gewicht, der Einfachheit der Konstruktion und Herstellung. Nachteile sind die

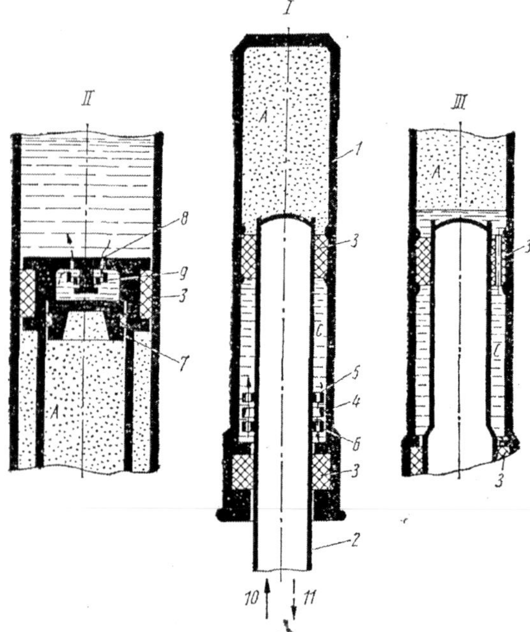

Bild 6.10 Konstruktives Schema eines Kammer-Gas-Flüssigkeitsstoßdämpfers

I) geschlossen; II) mit schwimmendem Kolben; III) geöffnet
1 - Zylinder; 2 - Kolbenstange; 3 - Dichtung;
4 - schwimmender Ventilring;
5, 6 - Ring mit Kanälen;
7 - schwimmender Kolben; 8 - Kanäle;
9 - Bremsventil;
10 - Eindrücken; 11 - Ausfedern

große Höhe des Federbeines und die Bedingungen, unter denen die Dichtungen arbeiten müssen.

Stoßdämpfer mit zwei Gaskammern (Bild 6.11) werden mit offenen oder geschlossenen Kammern ausgeführt. Bild 6.11 I zeigt die Konstruktion eines Stoßdämpfers mit einer derartigen offenen

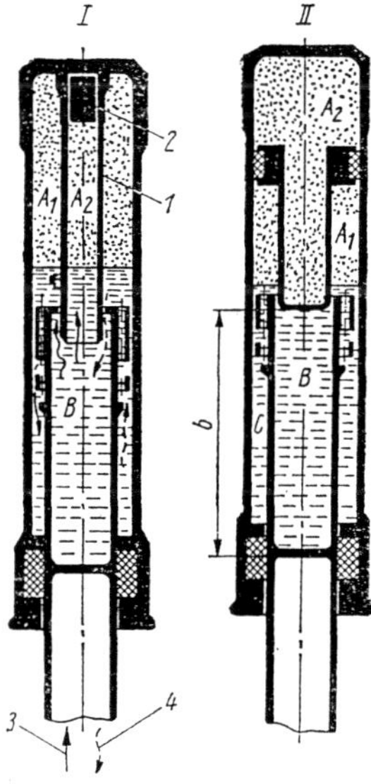

Bild 6.11 Konstruktives Schema eines Flüssigkeits-Gas-Stoßdämpfers mit zwei Gaskammern

I) nichtgeschlossene zweite Gaskammer; II) geschlossene zweite Gaskammer
A_1 – erste Gaskammer; A_2 – zweite Gaskammer
1 – Tauchkolben; 2 – Füllgewicht zur Volumenänderung der Kammer A_2; 3 – Eindrücken; 4 – Ausfedern

Kammer. Dieser Stoßdämpfer stellt die etwas veränderte Konstruktion eines Tauchkolbenstoßdämpfers dar. In dem hohlen Tauchkolben 1 gibt es keine Öffnungen. Deshalb ist seine Kammer nicht mit der Kammer A_1 verbunden und stellt somit die Kammer A_2 dar. Beim statischen Gleichgewicht sind die Drücke in den Kammern A_1 und A_2 gleich, und der Flüssigkeitsspiegel in beiden stellt sich nach dem Gesetz der kommunizierten Röhren ein. Beim Landestoß strömt die Flüssigkeit aus dem Raum B in den Raum A_1 und drückt das sich dort befindliche Gas zusammen. Damit wird die Kraft des Landestoßes gemindert.

Der Stoßdämpfer mit geschlossener Kammer (Bild 6.11 II) unterscheidet sich von dem vorher betrachteten Stoßdämpfer dadurch, daß die Gaskammer A_2 von der Kammer A_1 und der Arbeitsflüssigkeit isoliert ist. Der Anfangsdruck in der Kammer A_1 ist bedeutend kleiner als in A_2. Beim starken Ansteigen der Kraft auf das Rad wird in der zweiten Kammer das Gas sofort zusammengedrückt. Der Prozeß in der Kammer A_2 ist adiabatisch, in der Kammer A_1 polytropisch.

Das Arbeitsdiagramm eines GF-SD

Die Kraft F_{SD} hängt vom Weg des Stoßdämpfers s ab. Diese Abhängigkeit wird im Arbeitsdiagramm durch die Kurve ACB dargestellt (Bild 6.12). Indem wir die Reibungskräfte vernachlässigen, nehmen wir an, daß in jeder Zeiteinheit die äußeren Kräfte, die die Kolbenstange belasten, und die Kräfte, die dieser Belastung entgegenwirken, gleich sind. Die Kraft F_{SD}, die einer Bewegung der Kolbenstange entgegenwirkt, entsteht durch das Zusammendrücken des Gases F_G und den Widerstand der Flüssigkeit F_F. Die Gesamtkraft, die auf die Kolbenstange wirkt, ist gleich

$$F_{SD} = F_G + F_F .$$

Die Kraft durch das Zusammendrücken des Gases verändert sich nach der Polytrope, d. h.

$$F_G U^n = \text{const}$$

V – der variable Rauminhalt des Gases;
n – Polytropenexponent ($n \approx 1{,}2$ bis $1{,}3$).

Im Arbeitsdiagramm wird die Veränderung der Kraft F_G entsprechend dem Weg der Kolbenstange s dargestellt durch die Kurve ADB. Dabei ist F_{SD_0} die Stoßdämpfervorspannung.
Die Kraft des hydraulischen Widerstandes der Flüssigkeit ist

$$F_F = Kv_F^2.$$

K – Koeffizient, der die Viskosität der Flüssigkeit, das spez. Gewicht u.a. Eigenschaften berücksichtigt;
v_F – Geschwindigkeit der Flüssigkeit durch die Öffnungen und Schlitze.

In der Ausgangs- und Endstellung ist $v_F = 0$ und $F_F = 0$. Es ist klar, daß die durch den Stoßdämpfer geleistete Arbeit beim Einfahren

$$W_{SD} = \int_0^{s_{max}} F_{SD} \cdot ds$$

und gleich der Fläche ACBFGA ist.
Nach der Aufnahme des Landestoßes federt der Stoßdämpfer unter Wirkung der elastischen Elemente (komprimiertes Gas) wieder in seine Ausgangsstellung. Die Kraft des hydraulischen Widerstandes der Flüssigkeit ist dabei

$$F'_P = K(v'_P)^2.$$

Die Kraft F'_P ist der Bewegung der Kolbenstange entgegengerichtet. Deshalb ist

$$F'_{SD} = F_G - F'_F.$$

Die Veränderung der Kraft F'_F wird im Diagramm durch die Kurve BEA dargestellt.
Die Arbeit beim Ausfedern

$$W_{SD_A} = \int_{s_{max}}^0 F'_{SD}\, ds.$$

Sie entspricht der Fläche BEAGFB.
Die in Wärme umgewandelte Energie ist gleich

$$W_W = W_{SD} - W_{SD_A}.$$

W_W beträgt 50 bis 60 % und entspricht der Fläche ACBEA, und

$$\eta = \frac{W_{SD}}{F_{SD_{max}} \cdot s_{max}}$$

Auf die Form der Kurve ABC haben die Öffnungen großen Einfluß. Bei modernen Stoßdämpfern betragen sie 3 bis 5% der Kolbenstangenfläche.

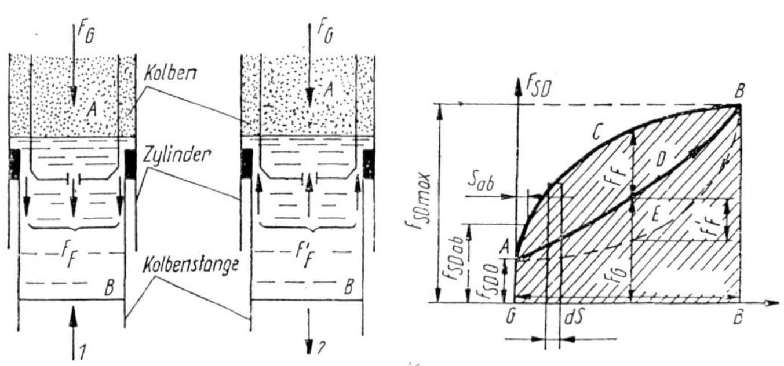

Bild 6.12 Arbeitsdiagramm des Stoßdämpfers mit Bremsung beim Ausfahren

F_{SD} - Belastung auf den Stoßdämpfer; S und S_{SD} - Gang des Stoßdämpfers in der Bewegung und beim Stehen; F_G - Kraft des Gases; F_{FL} und F'_{FL} - Kraft der Flüssigkeit; $F_{S_{Boden}}$ - Belastung des Stoßdämpfers im Stand; F_{SD_0} - Vorspannung im Stoßdämpfer; A- Gas; B- Flüssigkeit; F_G - Gewicht des Flugzeuges im Stand

Im Diagramm nach Bild 6.13 sind die Ausgangswerte des Ein- und Ausfahrens mit durchgängigen Kurven dargestellt. Wenn die Öffnungsfläche verringert wird, die Geschwindigkeit der Flüssigkeit sich erhöht, die Widerstandskraft F_F und F'_F

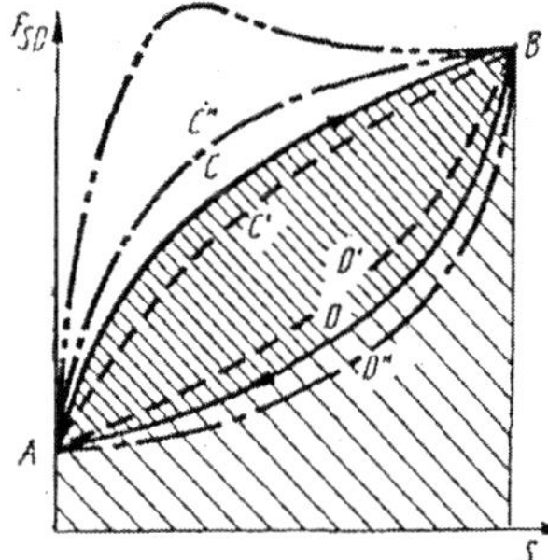

Bild 6.13 Arbeitsdiagramm des Stoßdämpfers mit Bremsung beim Eindrücken und beim Ausfedern

sich ebenfalls erhöht, dann ändern sich die Kurven $F_{SD_{max}}(s_{max})$ ebenfalls in AC″B und BD″A.

Dabei wird der Stoßdämpfer weniger elastisch. Bei schlechten Landungen erzeugt das intensive Ansteigen der Geschwindigkeit der Kolbenstange eine Erhöhung von F_F, und es ergeben sich Spitzenbelastungen. Die Zeit des Ein- und Ausfahrens erhöht sich. Wenn jedoch die Öffnungen vergrößert werden, so verringert sich F_F und F'_F, die Kurven $F_{SD}(s_{max})$, AC′B und BD′A nähern sich an.

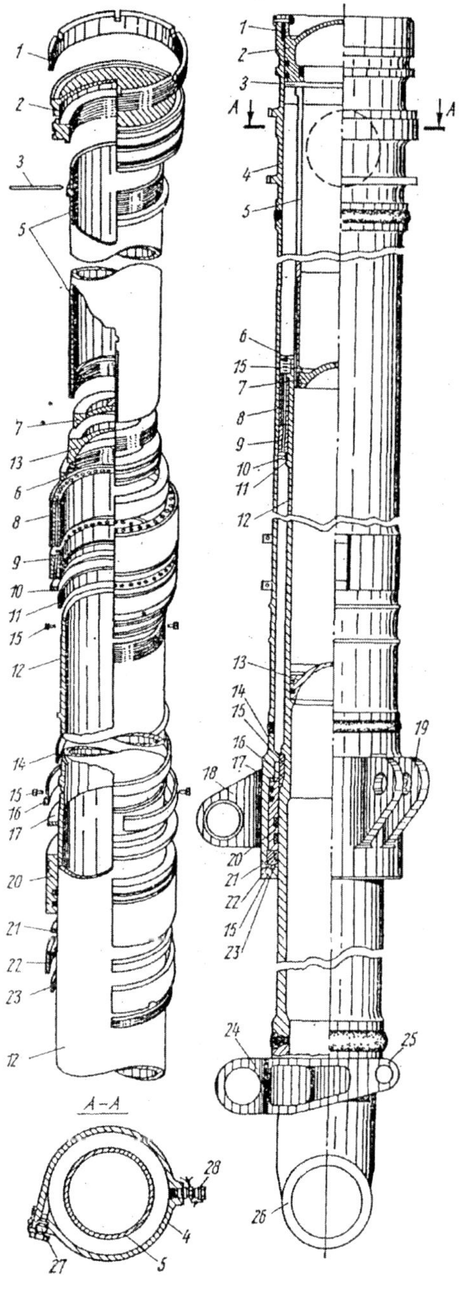

1, 22, 23 - Muttern, 2 - Deckel, 3 - Stift, 4 - Zylinder, 5 - Diffusorrohr; 6 – Hülse mit Gewinde; 7 - Diffusor; 8,9, 20 - Buchsen; 10 - Ventil; 11, 14, 16 - Ringe; 12 - Kolbenstange; 13 - Zylinderboden; 15 - Konterschraube; 17 - Scheibe; 18 - Befestigungspunkt der hinteren Strebe des Fahrwerkes; 19 - Befestigungspunkt der Seitenstreben des Fahr Werkes; 21 -Stopfbuchse; 24 - Befestigungspunkt des Dämpfers; 25 - Befestigungspunkt für das Bremsgestänge; 26 - Befestigung der Radgabel; 27 - Flüssigkeitsauffüllstutzen; 28 – Stickstoffauffüllstutzen

Bild 6.14 Bauart eines Öl-Luft-Federbeines des Flugzeuges IL-18

Der Stoßdämpfer wird weicher, die von ihm verwandelte Arbeit und W_W verringern sich jedoch.

Um einen für alle Belange ansprechenden Stoßdämpfer zu erhalten, verwendet man bei modernen Stoßdämpfern Bremsventile für das Ein- und Ausfahren.

Die Arbeit eines Stoßdämpfers mit Bremsventil beim Ausfahren zeigt die Kurve ACBD″A. Bei der Konstruktion von GF-SD verwendet man sowohl veränderliche als auch unveränderliche Öffnungen zum Durchfließen der Flüssigkeit. Meistens werden bei der Konstruktion das Arbeitsdiagramm vorgegeben und danach die einzelnen Werte des Stoßdämpfers ermittelt.

Die Konstruktion von GF-SD

Als typische Konstruktion eines GF-SD dient der Tauchkolbenstoßdämpfer des Flugzeuges Il 18 (Bilder 6.14 und 6.15). Der Stoßdämpfer besteht aus dem Zylinder 4 mit den ringförmigen Gummidichtungen, der Kolbenstange 12 und dem in den Tauchkolben 5 hineingedrehten Diffusor 7.

Im Zylinder 4 wird die untere Bronzebuchse 20 eingebaut, die durch eine Mutter 22 gehalten wird und vier Gummiringe besitzt. Der Zylinder besteht aus drei Teilen, die miteinander elektrisch verschweißt sind. Die Kolbenstange 12 besteht aus zwei Teilen, die ebenfalls elektrisch verschweißt sind.

Innerhalb der Kolbenstange ist ein Gitter 13 angebracht und durch Gummiringe abgedichtet. Auf das obere Teil der Kolbenstange wird das Bremsventil für das Ausfahren befestigt. Die obere Buchse 8 hat 36 Öffnungen mit einem Durchmesser von 4 mm. Im Stoßdämpfer gibt es den oberen Raum A und den unteren Raum B. Der untere Raum wird mit AMG-10 gefüllt, der obere mit Stickstoff und teilweise mit Flüssigkeit (Bild 6.15).

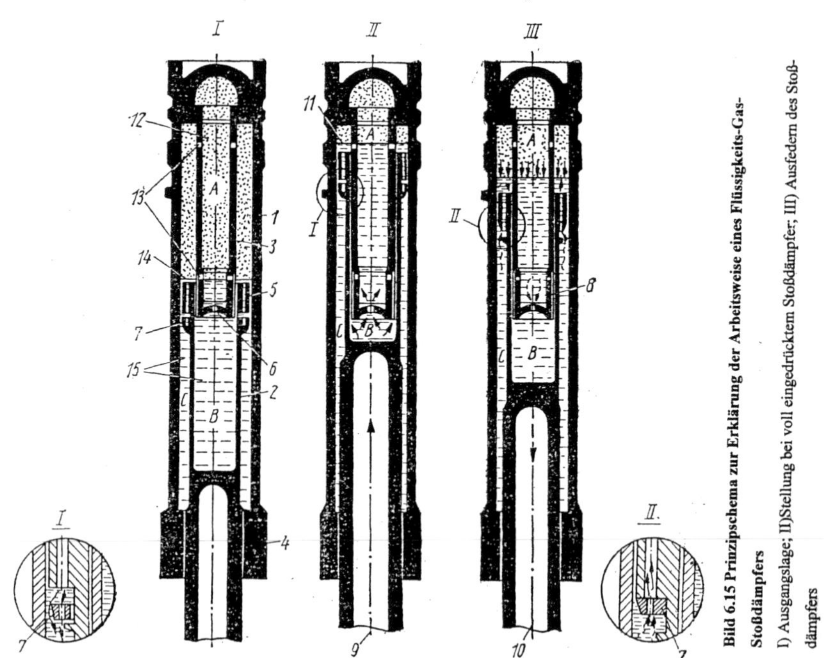

Bild 6.15 Prinzipschema zur Erklärung der Arbeitsweise eines Flüssigkeits-Gas-Stoßdämpfers

I) Ausgangslage; II)Stellung bei voll eingedrücktem Stoßdämpfer; III) Ausfedern des Stoßdämpfers

1- Zylinder; 2- Kolbenstange; 3- Tauchkolben; 4- untere Buchse; 5- obere Buchse; 6- Drossel, 7- schwimmende Vorrichtung; 8- ringförmiger Schlitz; 9. Eindrücken; 10- Ausfedern; 11- Flüssigkeitsstand bei vol eingedrücktem Stoßdämpfer; 12- Stickstoff; 13- Durchlassöffnungen; 14- Ausgangslage der Flüssigkeitsmarkierung; 15- Dämpfungsflüssigkeit

Beim Einfahren wird die Flüssigkeit aus dem unteren Raum durch die Öffnungen im Diffusor in den oberen Raum gedrückt und drückt dabei den Stickstoff zusammen. Somit wird ein Teil des Landestoßes bei der Verdichtung des Stickstoffes gespeichert. Der andere Teil der Energie wird beim Durchströmen der Flüssigkeit durch die ringförmigen Schlitze zwischen Tauchkolben 3 und Kolbenstange 2 und durch die Öffnungen im Diffusor 6 sowie bei der Reibung der Dichtungen in Wärme umgewandelt. Um ein gleichmäßiges Eindrücken des Stoßdämpfers und der Räder zu erreichen, sind in den Wänden des Tauchkolbens 3 Längskanäle angebracht, durch die die Flüssigkeit fließt, wobei sie etwas gebremst wird.

Nachdem die Landestoßenergie vollständig umgewandelt worden ist, wird das Zusammendrücken des Stoßdämpfers beendet und der verdichtete Stickstoff dehnt sich wieder aus, fährt die Kolbenstange 2 aus, und der Schwerpunkt des Flugzeuges geht in seine Ausgangslage zurück. Das sich ausdehnende Gas drückt die Flüssigkeit

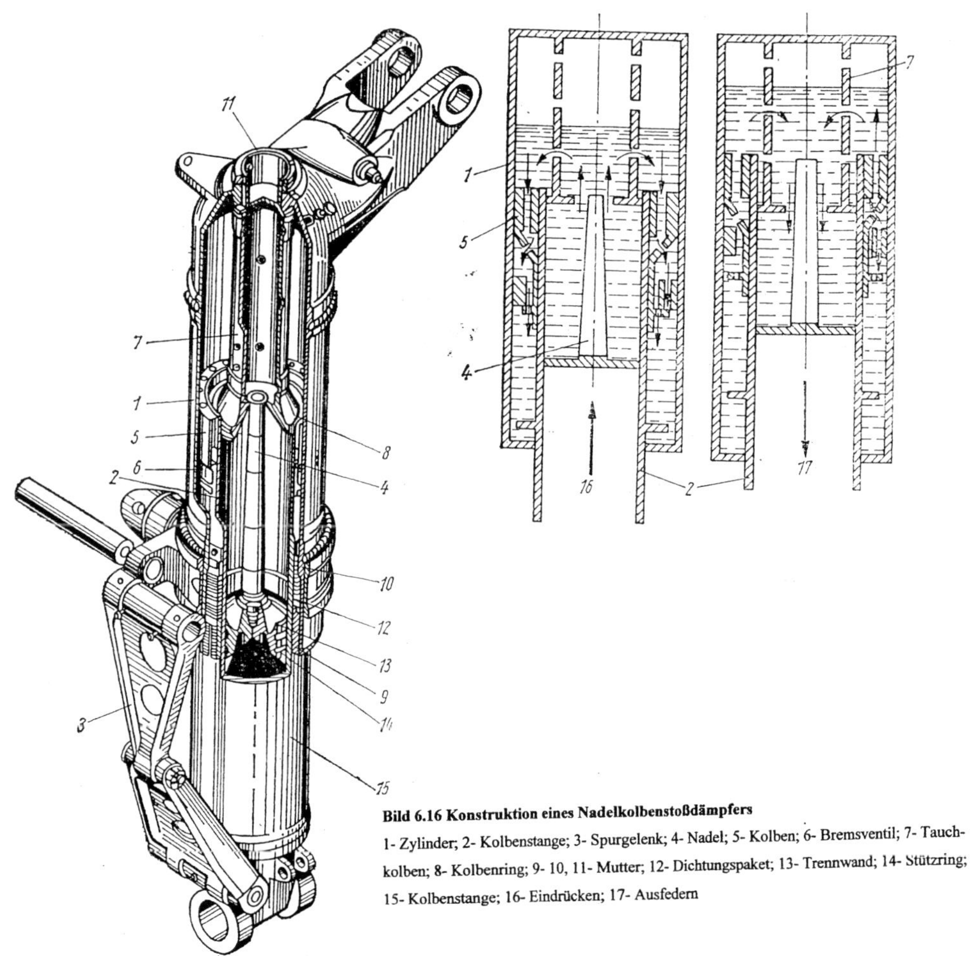

Bild 6.16 Konstruktion eines Nadelkolbenstoßdämpfers

1- Zylinder; 2- Kolbenstange; 3- Spurgelenk; 4- Nadel; 5- Kolben; 6- Bremsventil; 7- Tauchkolben; 8- Kolbenring; 9- 10, 11- Mutter; 12- Dichtungspaket; 13- Trennwand; 14- Stützring; 15- Kolbenstange; 16- Eindrücken; 17- Ausfedern

aus der oberen Kammer durch die Öffnungen in die unteren Kammern. Dabei wird ein Teil der aufgespeicherten Energie in Wärme verwandelt.

Mit stärkerer Bremsung der Flüssigkeit beim Ausfedern durch das eingebaute Bremsventil vergrößert sich der in Wärme umgewandelte Energieanteil.

Durch den Flüssigkeitsdruck wird das Bremsventil angehoben und fest an die Buchse gedrückt. Dabei verschließt es die großen Öffnungen. Die Flüssigkeit kann nur noch durch drei kleine Öffnungen fließen.

Bild 6.16 zeigt die Konstruktion und das Arbeitsprinzip eines Stoßdämpfers mit Profilnadel.

Beim Einfahren wird die Flüssigkeit aus dem unteren Raum über den ringförmigen Schlitz zwischen Tauchkolben 7 und Nadel 4 in den oberen Raum gedrückt. Die Größe dieser Öffnung ändert sich mit Veränderung des Weges der Kolbenstange durch die Profilnadel. Das Bremsventil für das Ausfedern liegt zwischen Zylinder und Kolbenstange.

GF-SD haben gegenüber Gummistoßdämpfern und Federstoßdämpfern folgende Vorteile:

- ein großes Energievolumen bei verhältnismäßig geringen Abmaßen des Stoßdämpfers;
- eine große Energieausstrahlung (große Hysteresisfläche im Diagramm). Das gewährleistet eine schnelle Dämpfung beim Ausfedern des Stoßdämpfers;
- ein geringes Gewicht der Flüssigkeit und des Gases als Arbeitsmedium.

Flüssigkeitsstoßdämpfer (F-SD)

In den letzten Jahren finden F-SD immer mehr Anwendung. Als Arbeitsmedium dient Flüssigkeit unter hohem Druck (3000 bis 5000 kp/cm² und mehr), bei dem die Flüssigkeit ihr Anfangsvolumen um 15 bis 20 % verändert.

Bild 6.17 zeigt einen F-SD. Er stellt einen hermetisch abgeschlossenen Zylinder 1 mit dicken Wänden dar. Das gesamte Volumen des Stoßdämpfers ist mit einer Spezialflüssigkeit ausgefüllt. Sie dient gleichzeitig als elastisches und dämpfendes Element zur Aufnahme der Landestoßenergie. In dem Zylinder läuft eine Kolbenstange 4 mit dem Kolben 2 mit einer Serie von nicht sehr großen Öff-

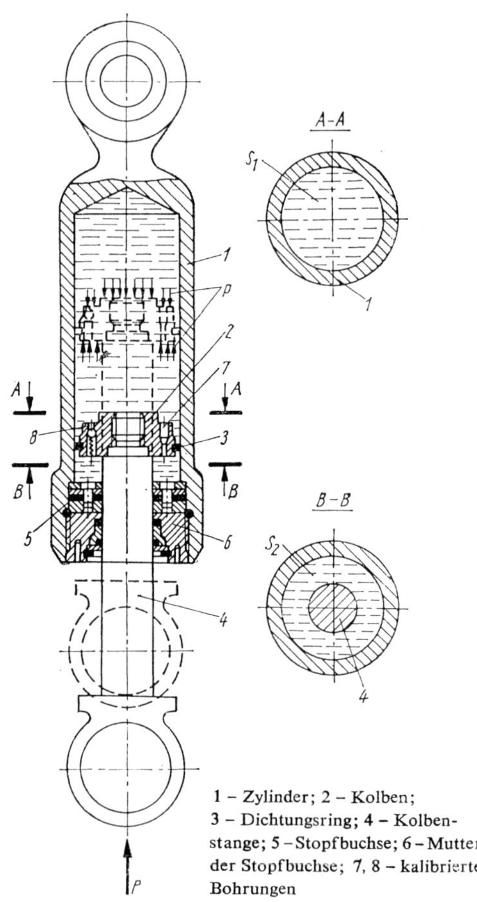

1 – Zylinder; 2 – Kolben; 3 – Dichtungsring; 4 – Kolbenstange; 5 – Stopfbuchse; 6 – Mutter der Stopfbuchse; 7, 8 – kalibrierte Bohrungen

Bild 6.17 Konstruktion eines Flüssigkeitskolbenstoßdämpfers

nungen 7 und 8. An der Grundfläche geht die Kolbenstange durch eine Hochdruckbuchse 5. Beim Einfahren nimmt der Kolben die Landestoßenergie durch die Verdichtung der Flüssigkeit und die Arbeit der Flüssigkeitsreibungskräfte beim Überströmen vom Raum oberhalb des Kolbens in den Raum unterhalb des Kolbens durch die Öffnungen 7 und 8 mit dem geöffneten Kugelventil auf. Der Flüssigkeitsdruck erhöht sich auf Kosten des Flüssigkeitsvolumens um die Größe des Kolbenstangenvolumens, der in den Zylinder einfährt. Da beim Ausfahren des Kolbens die Öffnungen 8 mit den Kugelventilen geschlossen sind, fließt die Flüssigkeit aus dem Raum unterhalb des Kolbens in den Raum oberhalb des Kolbens nur über die Öffnungen 7, wobei die Flüssigkeit gebremst wird.

In einem F-SD gibt es keine Vorspannung. Bei $s = 0$ ist $F_{SD} = 0$. Der Koeffizient η ist größer als bei GF-SD und beträgt etwa 0,9. Dadurch ist die Konstruktion von F-SD kompakter und das Gewicht geringer als bei GF-SD.

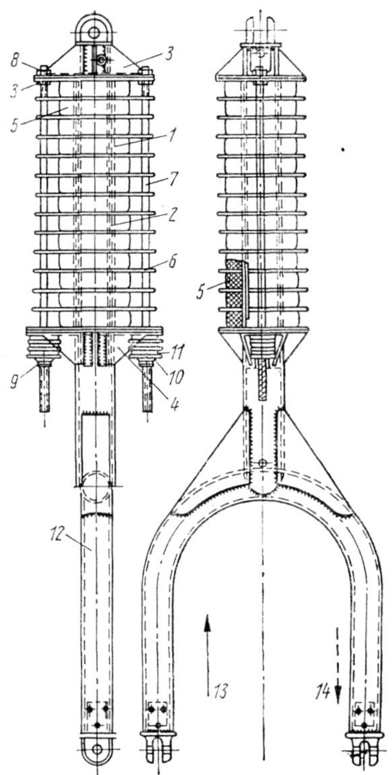

Bild 6.18 Gummischeibenstoßdämpfer

1, 2 – Teleskoprohre; 3, 4 – Puffer; 5 – Gummischeiben; 6 – Metallunterlage; 7 – Stahlgestänge; 8, 9 – Muttern; 10 – Stahlscheibe; 11 – Gummischeiben, die beim Ausfedern arbeiten; 12 – Radgabel; 13 – Eindrücken; 14 – Ausfedern

Gummistoßdämpfer

Die Elastizität von Gummi gestattet seine Verwendung als Stoßdämpfer. Man unterscheidet Gummischnurstoßdämpfer und Gummischeibenstoßdämpfer.

Gummischnurstoßdämpfer finden auf Grund der geringen Hysteresis selten Anwendung. Hier arbeitet der Gummi auch nur auf Zug. Ein Gummischeibenstoßdämpfer (Bild 6.18) besteht aus zwei teleskopartig verbundenen Rohren 1 und 2. An den Rohren sind Puffer 3 und 4 befestigt, zwischen denen ein Paket Gummischeiben 5 und Zwischenlagen 6 aus hartem Material liegen. Die Scheiben arbeiten beim Einfahren des Stoßdämpfers. Beim Zusammenbau werden die Gummiplatten 5 zwischen den Puffern 3 und 4 durch Gestänge 7 zusammengehalten. Unter den Muttern am unteren Ende sind Stahlscheiben 10 angebracht. Sie drücken auf das Paket, das beim Ausfedern arbeitet. Es besteht aus drei bis vier Gummischeiben 11, zwischen denen ebenfalls Scheiben aus hartem Material liegen.

Beim Einfahren nähern sich die Puffer einander und drücken die Gummischeiben 5 zusammen. Diese deformieren sich und rutschen über die glatten Flächen der harten Scheiben zur Seite. Ein Teil der Arbeit, die durch die Reibungskräfte der Platten erzeugt wird, wird in Wärme umgewandelt und an die umgebende Luft abgegeben. Nachdem die Belastung vollständig oder teilweise von den Rädern genommen wurde, gehen die Gummischeiben in die Ausgangsstellung zurück, das Federbein verlängert sich, dabei entsteht wiederum Reibung zwischen den Gummischeiben und den anderen Scheiben. Am Ende des Ausfederns zwingt das Gestänge 7 die Scheiben 11, sich zusammenzudrükken. Sie nehmen dabei die Belastung des Stoßdämpfers auf.

Ein allgemeiner Nachteil derartiger Stoßdämpfer ist die geringe Größe der Hysteresis und der Verlust der Elastizität des Gummis bei niedrigen Temperaturen.

Federstoßdämpfer (F-SD)

Stahlfedern in Stoßdämpfern von Fahrwerkbeinen finden selten Anwendung, weil Stahl nur wenig Energie umwandelt. Eine Stahlfeder von 1 kg Masse kann, auf Zug beansprucht, eine Arbeit von 45 kpm verrichten, während 1 kg Gummi unter gleichen Bedingungen eine Arbeit von 450 kpm verrichtet. Damit sind Federstoßdämpfer um das Zehnfache schwerer als Gummistoßdämpfer.

Außerdem führt eine Feder, wenn sie sich entspannt, das Federbein mit dem Rad sehr schnell in die Ausgangslage zurück. Beim Aufschlagen des Rades auf den Erdboden fängt das Flugzeug an zu springen.

Wegen dieser Nachteile hat man von der Anwendung von Federstoßdämpfern bisher abgesehen. Nur Stahlfederreibungsstoßdämpfer trifft man bei Flugzeugen an (Bild 6.19). Sie bestehen aus inneren und äußeren Federringen, bei deren Verschiebung Reibungskräfte entstehen, die Arbeit verrichten.

In zwei ineinandergehenden Rohren 3 und 4 des Stoßdämpfers gibt es Stahlringe. Beim Eindrücken des Stoßdämpfers dehnen sich die äußeren Ringe aus, während sich die inneren Ringe zusammendrücken. An den Berührungspunkten entsteht Reibung, und die verrichtete Arbeit wird in Wärme umgewandelt.

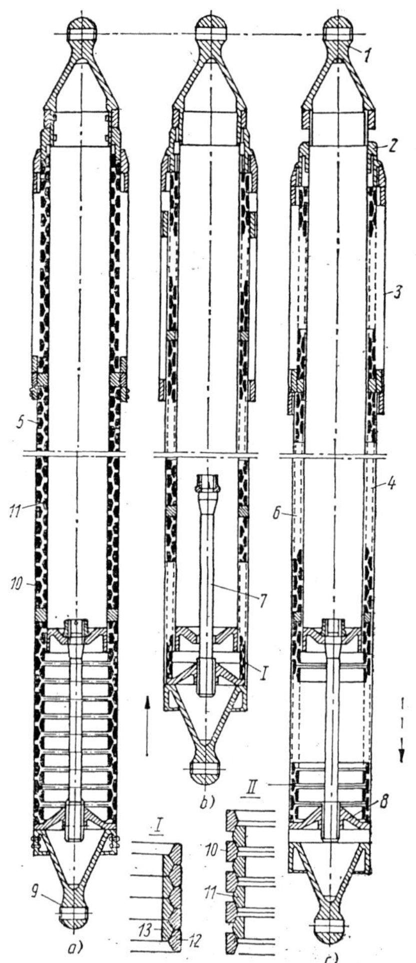

Bild 6.19 Federringreibungsstoßdämpfer

I) Stellung bei maximaler Belastung; II) Ausgefederte Stellung

1 – oberes Gelenk; 2 – Sperring; 3, 4 – Teleskoprohre; 5 – Ringpaket; 6 – inneres Rohr; 7 – Stab; 8 – Teller; 9 – unteres Gelenk; 10, 12- äußerer Ring in normaler und ausgezogener Lage; 11,13- innerer Ring in normaler und zusammengedrückter Lage

6.5. Fahrwerkräder

Ungebremste Räder

Ungebremste Räder werden für Bugräder, Spornräder und Tragflügelstützräder verwendet. Bild 6.20 zeigt die typische Konstruktion eines ungebremsten Rades.

Auf die Radtrommel 1 wird von einer Seite der abnehmbare Halbspurring 2 auf-

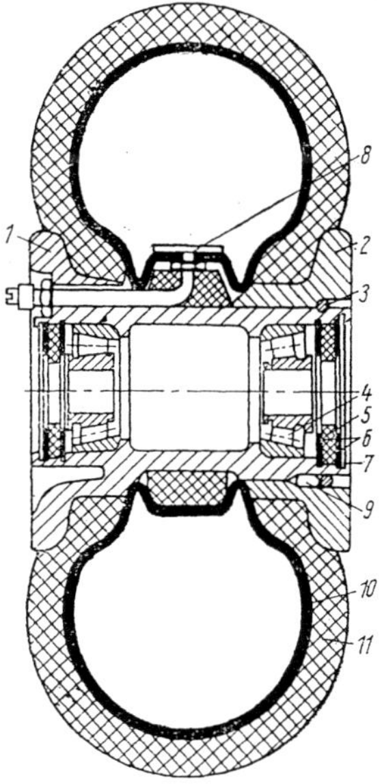

Bild 6.20 Ungebremstes Rad

1 - Felge; 2 - abnehmbare Felgenhälfte; 3 - Ring; 4 - Kugellager; 5 - Stopfbuchse; 6 - Scheibe; 7 - geschnittener Ring; 8 - Ventil; 9 - Stift; 10 - Schlauch; 11 - Mantel

gesetzt, der durch den Ring 3 gehalten wird. Gegen Verdrehung ist er durch die Stifte 9 gesichert. An beide Seiten der Radtrommel sind konische Rollenlager 4 eingepreßt. Von der äußeren Seite sind gegen Verschmutzung der Kugellager und zur Schmierfettaufbewahrung Stopfbuchsen 5 angebracht. Sie bestehen aus Filzringen, die zwischen zwei Stahlringe 6 gepreßt sind. Die Stopfbuchse wird durch einen Feststellring 7 gehalten.

Gebremste Räder

Das Abbremsen moderner schnellfliegender und schwerer Flugzeuge beim Ausrollen nach der Landung ist ein Problem von volkswirtschaftlicher Bedeutung, da eine wirksame Bremsung die Verkürzung der Start- und Landebahnen der Flugplätze zur Folge hat.

Zum Bremsen der Flugzeuge werden Radbremsen, Bremsfallschirme, Luftbremsen und Schubumkehr eingesetzt.

Mit Bremsen ausgerüstete Räder der Hauptfahrwerke gestatten es, die Ausrollstrecke um 50 % zu verkürzen und erhöhen die Manövrierfähigkeit der Flugzeuge am Boden. Außerdem gestatten die Radbremsen eine Überprüfung der Arbeit der Triebwerke vor dem Start ohne Hilfe von Bremsklötzern vor den Rädern. Ein angebremstes Rad erzeugt beim Ausrollen eine große Reibung, die vom Zustand der Landeoberfläche abhängig ist. Das Reibungsmoment M_R der Räder wird durch das an den Rädern anliegende Bremsmoment M_{Br} ausgeglichen.

$$M_R = rF = M_{Br}.$$

r – Radradius unter Berücksichtigung des Reifeneindruckes;
F – Reibungskraft.

An Radbremsen und ihre Systeme werden folgende Anforderungen gestellt:

- gleichzeitiges und gleichmäßiges Abbremsen der Räder der Hauptfahrwerke, um eine Drehung des Flugzeuges zu vermeiden;

- ein langsames Ansteigen der Reibungskräfte;
- die Möglichkeit eines schnellen Bremsens und Entbremsens;
- Möglichkeit des Einzelbremsens der Räder;
- eine möglichst geringe Erwärmung und Abnutzung der reibenden Teile.

Gebremste Räder sind bedeutend schwerer als ungebremste Räder. Für Flugzeugräder verwendet man Backenbremsen, Schlauchbremsen und Scheibenbremsen.

Backenbremsen unterscheidet man nach der Anzahl der Bremsbacken und nach dem Arbeitsprinzip. Hauptteile der Backenbremsen sind zwei oder mehrere Bremsbacken und eine Stahlbremstrommel, die fest mit dem Radkörper verbunden ist. Von außen wird die Bremstrommel mit einer Scheibe verschlossen. Die Bremsbacken haben einen T-förmigen Querschnitt und bestehen aus einer leichten Legierung. Ihre äußeren Oberflächen, die mit der Bremstrommel in Berührung kommen, sind mit Reibmaterial überzogen.

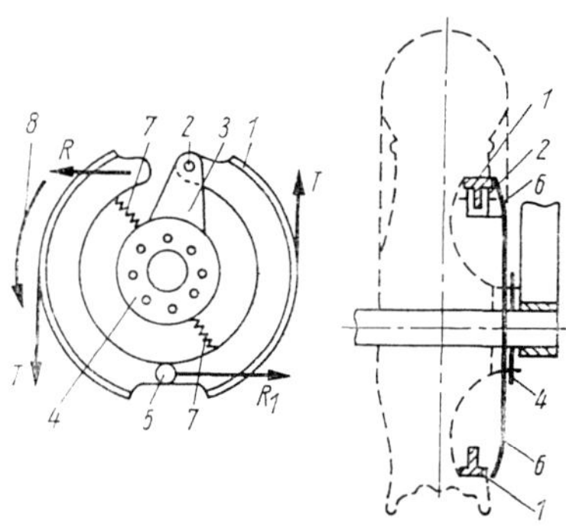

Bild 6.21 Konstruktives Schema einer Zweibackenbremse mit Rückholfeder

1 – Bremsbacken; 2, 5 – Bremsbackenscharniere; 3 – Konsole; 4 – Flansch; 6 – Deckel; 7 – Rückholfeder; R – Normalkraft; T – Reibungskraft; 8 – Drehrichtung des Rades

Unter der großen Anzahl der verschiedensten Arten von Backenbremsen finden Duo-Servobremsen die breiteste Anwendung (Bild 6.21). Die linke Bremsbacke ist über ein Scharnier 5 mit der rechten Bremsbacke verbunden, die sich um einen Ankerbolzen dreht. Die Spannkraft R liegt an der linken Bremsbacke an, während die durch die Reibung der Bremsbacke an der Bremstrommel entstehende Kraft R_1 an der rechten Bremsbacke liegt. R_1 ist wesentlich größer als R. Das Spannen der Bremsbacken erfolgt mechanisch, hydraulisch, pneumatisch und in letzter Zeit auch elektrisch.

Die Konstruktion einer Duo-Servobremse mit hydraulischer Betätigung zeigt Bild 6.22. Der Bremskörper 3 und die Bremsbacken 6 und 14 sind aus Silumin hergestellt (Al-Si-Mg-Legierung). Am Bremskörper befinden sich drei Führungsschienen, die die Bremsbacken halten. Im Hydraulikzylinder 12 befindet sich ein Stahleinsatz, in welchem der Kolben 11 mit einer Blende 13 aus schmierstofffestem Gummi sitzt.

Der Raum hinter dem Kolben (in Bewegungsrichtung) ist mit einer Drainage versehen, und die Flüssigkeit, die durch die Blende fließt, geht über die Drainage in die Atmosphäre. Der Kolben drückt unmittelbar über einen Stahlstift 9 auf die Stirnfläche der Bremsbacke. Der Zylinder hat zwei Ausflüsse: einer davon, 16, mit Stutzen, ist direkt mit dem Hydrauliksystem verbunden, während der andere, 15, durch einen Blindstutzen verschlossen ist und zum Anschließen eines Manometers zur Druckregulierung und zum Entlüften der Bremsleitung des Hydrauliksystems dient.

Die Abstände zwischen den Backenbremsen und der Bremstrommel werden durch den Exzenter 20 und den Stift 8

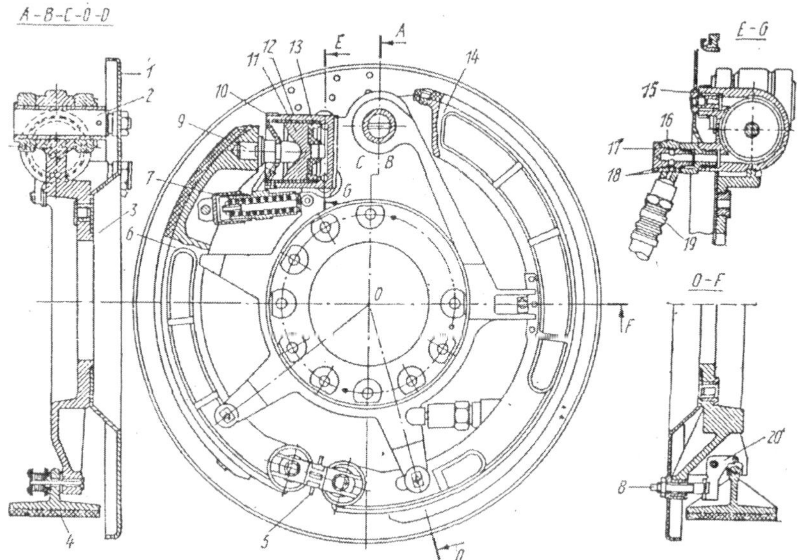

Bild 6.22 Zweibackenhydraulikbremse
1 - Deckel; 2 - Ankerbolzen; 3 - Bremsgehäuse; 4 - Bremsbelag (Ferritscheiben); 5 - Zahnrad zur Regulierung der Lage der Achsen; 6 - Bremsbacke; 7 - Feder; 8 - Schraube; 9 - Stößel; 10 - Gummideckel; 11 - Kolben; 12 - Hydraulikzylinder; 13 - Sicherungspuffer; 14 - Hauptbremsbacke; 15 - Stutzen; 16 - Blindverschluß; 17 - Bolzen; 18 - Scheibe; 19 - Schlauch; 20 - Exzenter

reguliert. Die Lage der linken Bremsbacke reguliert man mit Hilfe eines Zahnrades, dessen Regulierstift Rechts- und Linksgewinde besitzt. Durch Drehung des Zahnrades erreicht man eine Annäherung oder Entfernung der Bremsbacken.

Backenbremsen erzeugen ein großes Bremsmoment, arbeiten jedoch ungleichmäßig und nutzen sich auch ungleichmäßig ab. Deshalb werden sie auch selten verwendet.

Die Räder moderner Flugzeuge werden deshalb hauptsächlich mit Schlauch- und Scheibenbremsen ausgerüstet.

Schlauchbremsen arbeiten nach demselben Prinzip wie Backenbremsen und unterscheiden sich nur in der Konstruktion von diesen. Die Bremstrommel 1 (Bild 6.23) ist am Flansch 2 an der Radachse befestigt. Sie hat eine Felge 3 mit ausgefrästen Zähnen. Zwischen diesen Zähnen liegen über dem gesamten Umfang die Bremsscheiben 4 mit entsprechenden Ausfräsungen wie die Felge. Zwischen Felge 3 und Bremsscheiben 4 liegt der Bremsschlauch 5.

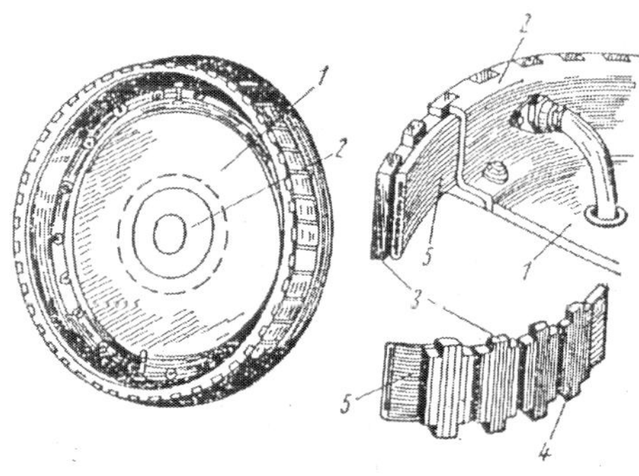

Bild 6.23 Konstruktives Schema einer Slauchbremse
1 - Bremstrommel; 2 - Flansch;.3 - Verzahnung der Bremsbelege; 4 - Bremsbelege; 5 - Schlauch

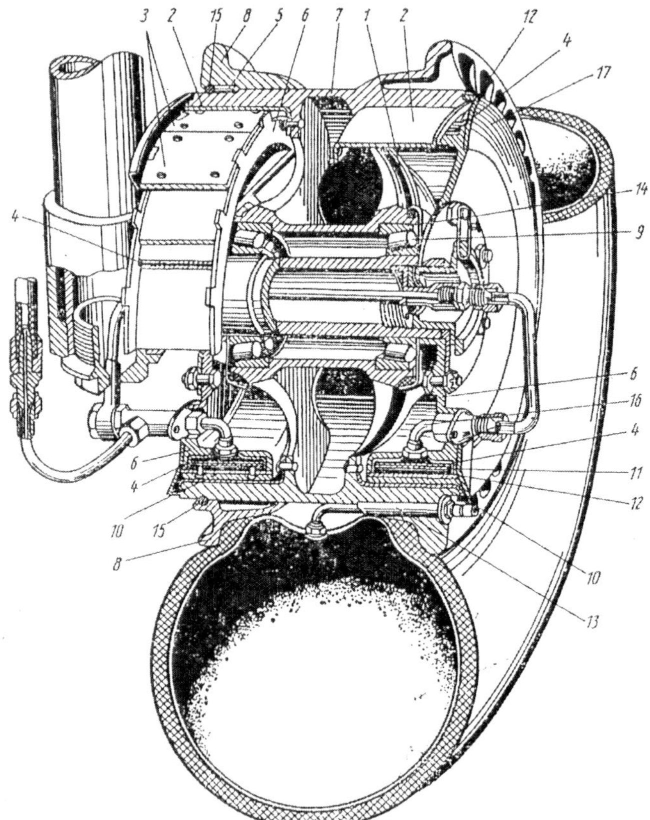

Bild 6.24 Konstruktives Schema einer Doppelschlauchbremse

1 - Filzring;
2 - Bremstrommel aus Stahl;
3 - Bremsbelege;
4 - Bremsschlauch;
5 - Stift;
6 - Bremsgehäuse;
7- Felge;
8 - abnehmbare Felgenhälfte;
9 - konisches Rollenlager;
10 - Bremsbelege;
11 - Isolierzwischenscheiben;
12 - vorgespannte Feder,
13 - Auffüllventil;
14 - Lager-schale;
15 - Sperrhalbringe;
16 - Rohrleitung;
17 - äußere Verkleidung

Beim Bremsen wird in den Bremsschlauch Preßluft (oder Flüssigkeit) gegeben. Unter diesem Druck verschieben sich die Bremsscheiben nach oben und drücken über den gesamten Umfang auf die Bremstrommel.

Bild 6.24 zeigt die Konstruktion einer zweiseitigen Schlauchbremse. Das Rad besteht aus dem gegossenen Radkörper 7, dem abnehmbaren Halbring 8, zwei stählernen Bremsflächen 2, konischen Rollenlagern 9, den Stopfbuchsen (Filzring) 1.

Der abnehmbare Halbring ist auf dem Radkörper mit Hilfe von zwei Halbringen 15 befestigt und mit Hilfe der Stifte 5 gegen Verdrehung geschützt.

Die eigentliche Bremse besteht aus dem Gehäuse 6 und dem Gummischlauch 4. Im Gehäuse befinden sich die Bremsscheiben, die aus einer Reihe von Platten bestehen. Die Platten 10 sind Bremsplatten, die Scheiben 11 schützen den Bremsschlauch vor dem Einklemmen zwischen Bremsscheiben und Gehäuse.

Das Zurückführen der Bremsscheiben in die Ausgangsstellung beim Entbremsen erfolgt mit Hilfe der vorgespannten Federn 12. Das Auffüllen der Reifen erfolgt über das Ventil 13. Das Rohr des Ventiles 16 geht in den Stutzen mit hinein und wird durch eine Gummischeibe und eine Überwurfmutter befestigt. Die Bremse wird auf der äußeren Seite durch den Deckel 17 abgedeckt.

Schlauchbremsen sind in der Konstruktion einfach und in der Wartung günstig, da sie keine Regulierung der Bremsscheiben benötigen. Eine hohe Genauigkeit der gegenseitigen Lage des Radkörpers, der Bremse und der Achse ist nicht erforderlich. Die Bremsen haben ein geringes Gewicht, arbeiten gleichmäßig und zuverlässig. Zu den Nachteilen gehören:

- verzögerte Bremswirkung;
- großer Verbrauch an Preßluft oder Flüssigkeit;
- Verlust der Elastizität des Schlauches bei niedrigen Temperaturen.

Scheibenbremsen (Bild 6.25a) arbeiten nach dem Prinzip einer Scheibenreibungskupplung. Auf dem Radkörper 2 und dem Bremsgehäuse 1 sind auf Schlitzen Bremsscheiben 3, die sich mit dem Rad drehen, und unbewegliche Scheiben 4 angebracht. Die Scheiben können sich in Richtung der Radachse in den Schlitzen bewegen. Die Flüssigkeit kommt durch den Kanal 5 zum Kolben 8, und über die Druckscheibe drückt sie die drehbaren gegen die unbeweglichen Scheiben. Der Kolben wird durch Federn in die Ausgangsstellung zurückgeführt, wenn kein Druck mehr anliegt.

Scheibenbremsen sind sehr kompakt, erzeugen ein großes Bremsmoment, arbeiten sehr gleichmäßig und verlangen keine genaue Übereinstimmung der Lage der Räder und der Bremstrommel. Ein Nachteil der Scheibenbremse ist die schlechte

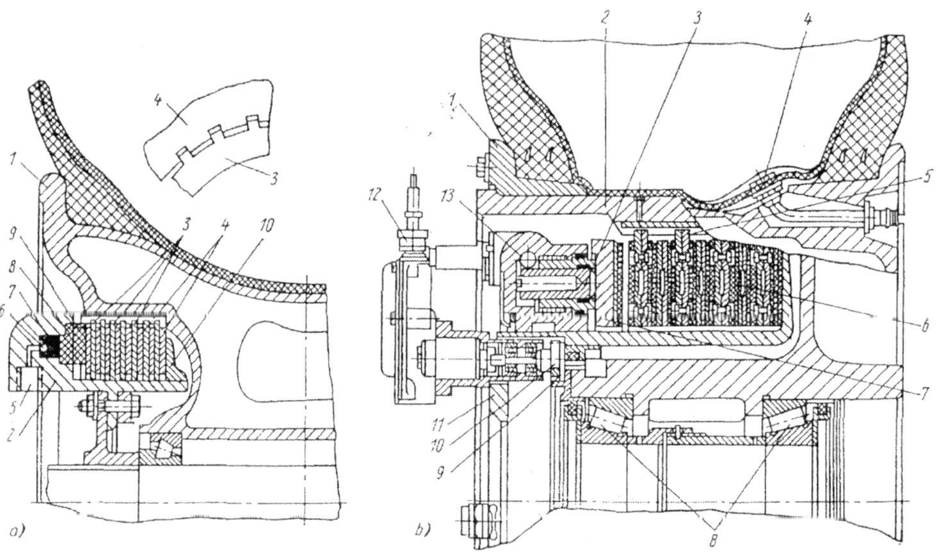

Bild 6.25 Rad mit Scheibenbremse

a) mit nichtautomatischer Regulierung des Bremsmomentes

1 - Radkörper, 2 - Bremsgehäuse; 3 - drehende Scheibe; 4 - unbewegliche Scheiben; 5 - Flüssigkeitszuführungskanal; 6 - Ringleitung; 7 - Gummiring; 8 - Kolben; 9 - Druckscheibe; 10 – Regulierscheibe

b) mit automatischer Regulierung des Bremsmomentes

1 - Felge; 2 - Trommel; 3 - Kolben; 4 - Ventil; 5,6 - Bimetall- und Metallkeramikscheiben; 7 - Druckscheibe; 8 - Lager, 9 - Zahnkranz; 10 - Zahnrad des Trägheitsgebers; 11 - Bremsgehäuse; 12 - Trägheitsgeber, 13 - Luftzuführungskanal;

Wärmeabführung. Das führt bei ununterbrochenem Bremsen zur Überhitzung der Bremsen.

Um ein Blockieren der Räder zu verhindern, wird bei modernen Rädern eine automatische Steuerung des Bremsmomentes angewendet (Bild 6.25b). Der Trägheitsgeber 12 des Bremsautomaten ist kinematisch mit den drehbaren Teilen des Rades verbunden. Bei Erreichung einer bestimmten Winkelgeschwindigkeit durch das Rad schließt der Geber spezielle Kontakte und gibt ein Signal auf ein Druckablaßventil im Bremssystem. Dadurch wird das Rad entbremst, die Winkelgeschwindigkeit steigt wieder an, die Räder werden entblockiert.

Eine weitere Modernisierung der Bremsräder geht vor allem in Richtung der Verwendung neuer, hochwertiger Materialien mit besseren Bremswerten und speziellen Kühlsystemen.

Steuerung der Bremsen

An die Steuerung der Bremsen werden folgende Anforderungen gestellt:

- zuverlässige Arbeitsweise, Einfachheit und bequeme Wartung;
- nach Möglichkeit kurze Ansprechzeiten und Zeiten für die Entbremsung;
- Möglichkeit des gleichzeitigen und einzelnen Bremsens der Räder des Hauptfahrwerkes und volle Synchronisation der Bremsen;
- Möglichkeit der Kontrolle des Ansteigens und Abfallens des Bremsdruckes.

In Abhängigkeit vom Arbeitsprinzip der Steuerung unterscheiden wir die Hand-, Fuß- und kombinierte Steuerung.

Die **Handsteuerung** wird mit Hilfe eines Hebels durchgeführt. Beim Drücken des Hebels werden die Räder gebremst, beim Ziehen des Hebels werden sie entbremst. Für die Handsteuerung können mechanische, pneumatische und hydraulische Antriebe verwendet werden.

Die häufig verwendete **Fußsteuerung** wird ebenfalls mechanisch, pneumatisch oder hydraulisch betätigt. An den Pedalen sind spezielle Bremspedale angebracht. Bild 6.26 zeigt die Fußsteuerung einer Bremse. Diese Steuerung besteht aus Hebeln und Gestängen, die die einzelnen Aggregate des Hydrauliksystems der Bremsen verbinden. Die Bremsung wird durch eine Betätigung des Bremspedales 7 hervorgerufen. Das Bremspedal ist am Bremshebel 14 und über ein Gelenk mit den Pedalen 4 verbunden. Der obere kurze Hebel des Bremshebels 14 ist mit dem Reguliergestänge 8 verbunden. Dieses wiederum ist über den Hebel 11 mit dem Bremsventil 10 verbunden.

Die Bremspedale werden gleichzeitig mit den Pedalen der Fußsteuerung einreguliert. Die Steuerung der rechten und linken Bremse ist unabhängig voneinander. Das gewährleistet keine Synchronisation bei der Betätigung beider Bremspedale. Deshalb bedarf die Anwendung einer derartigen Steuerung bestimmter Erfahrungen und Training.

Bei **kombinierten Bremsen** verwendet man Hebel und Fußpedale gleichzeitig. Bei diesen Systemen ist die Synchronisation automatisch gewährleistet. Deshalb können die Bremsen beider Räder sofort nach der Landung betätigt werden.

Kombinierte Bremsen verwendet man bei allen Flugzeugtypen. Hier werden pneumatische und hydraulische Antriebe verwendet.

Bild 6.27 zeigt das Prinzip einer pneumatischen kombinierten Radbremse. Die Steuerung besteht aus dem Bremshebel 7 am Steuerknüppel, dem Reduzierventil 8,

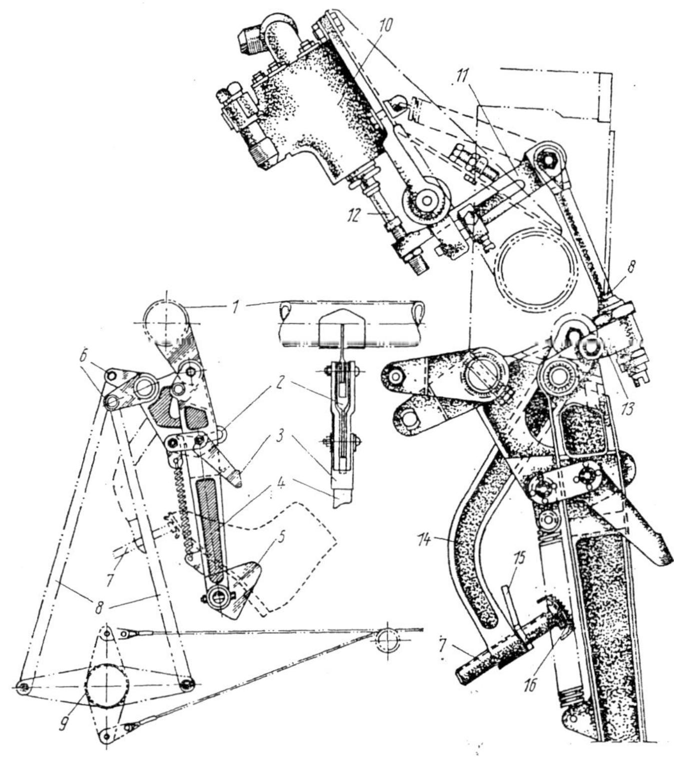

Bild 6.26 System der Fußsteuerung der Radbremsung

1 – Befestigungsrohr der Pedale; 2 – Aufhängung; 3 – Regulierbügel; 4 – Pedale; 5 – Fußraste der Pedale; 6 – Öse; 7 – Bremshebel; 8 – Gestänge; 9 – Umlenkhebel; 10 – Bremsventil; 11 – Regulierhebel; 12- Ventilkolbenstange 13 – Hülse mit Zwischenbuchse zur Gestängeregulierung; 14 – Bremshebel; 15 – Kontermutter; 16 – geriffeltes Fußpedal

dem Synchronventil 3, den Gestängen 5, den Fußpedalen 4, dem Filter 10 und dem Ventil 11.

Eine direkte Bremsung (beide Räder gleichzeitig) erfolgt mit dem Bremshebel 7. Dabei wird das Reduzierventil 8 betätigt. Die Pedale müssen dabei in Neutralstellung stehen. Eine einzelne Bremsung der Räder erfolgt über die Pedale. Der Bremshebel 7 muß dabei immer gedrückt bleiben. Mit der linken Pedale wird das linke Rad, mit der rechten das rechte Rad gebremst. Die Stärke der Bremsung hängt davon ab, wie stark der Bremshebel 7 betätigt wird. Die Bremsung ist beendet, wenn der Hebel 7 losgelassen wird.

Bei modernen Flugzeugen werden die Bremsen hydraulisch betätigt. Bild 6.28 zeigt ein derartiges Bremssystem. Hydrau-

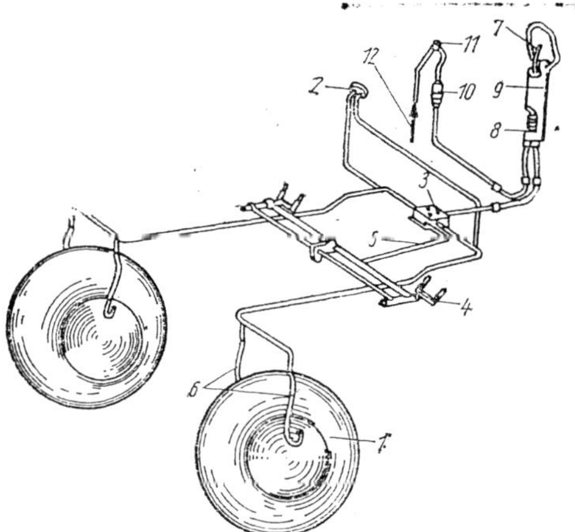

Bild 6.27 Schema einer kombinierten Druckluftsteuerung der Räder

1 – Rad; 2 – Manometer; 3 – Druckminderventil; 4 – Pedal der Fußsteuerung; 5 – Gestänge; 6 – Schläuche; 7 – Bremshebel am Steuerknüppel; 8 – Druckminderventil; 9 – Gestänge; 10 – Filter; 11 – Absperrventil; 12 – vom Preßluftbehälter

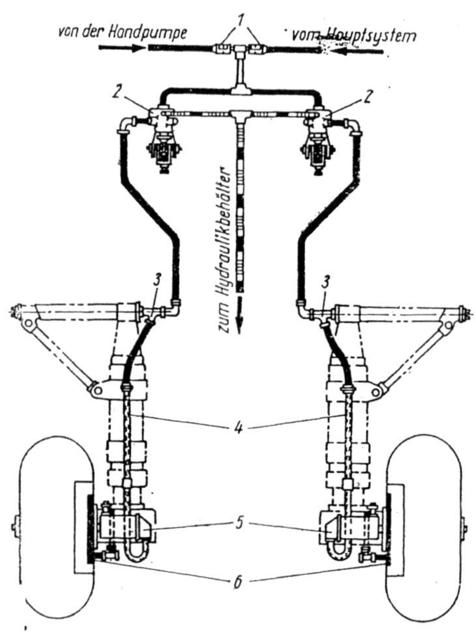

Bild 6.28 Aufbau eines Hydrauliksystems zur Steuerung der Radbremsen

1 – Rückschlagventil; 2 – Steuerventile der Bremsen; 3 – Verteilerstücke; 4 – bewegliche Schläuche; 5 – Druckminderventile; 6 – Bremsen;

lische Antriebe haben einen hohen Wirkungsgrad und können für jedes beliebige Übersetzungsverhältnis gebaut werden. Sie können deshalb für alle Typen verwendet werden.

Zur Erhöhung der Sicherheit werden alle Flugzeuge mit Haupt- und Notsystemen zur Doublierung ausgerüstet.

Flugzeugbereifung

Die Flugzeugbereifung besteht aus Schläuchen aus Gummi und dem Flugzeugreifen aus Kordgewebe. Außen sind die Reifen mit vulkanisiertem Gummi überzogen.

In letzter Zeit werden immer mehr schlauchlose Reifen verwendet. In Abhängigkeit vom Innendruck unterscheidet man Hochdruck-, Mitteldruck- und Niederdruckreifen (Bild 6.29).

Hochdruckreifen (Bild 6.29a) sind für einen Druck von 12 bis 20 kp/cm² berechnet. Sie drücken sich sehr wenig ein und verwandeln daher nur wenig Energie des Landestoßes. Durch die kleine Berührungsfläche mit dem Erdboden und dem großen Druck ist die Geländegängigkeit dieses Reifens gering. Deshalb werden diese Reifen bei Flugzeugen verwendet, die von Betonstartbahnen starten und landen. Bei einigen Flugzeugen verwendet man Hochleistungsreifen (>22 kp/cm²). Für diese Reifen braucht man unbedingt eine Beton-SLB und starke Stoßdämpfer.

Mitteldruckreifen (Bild 6.29b) sind Reifen mit einem Druck von 6 bis 10 kp/cm². Sie drücken sich stark ein und nehmen viel Energie des Landestoßes auf. Auf Grund der großen Berührungsfläche verfügen sie über eine gute Geländegängigkeit.

Niederdruckreifen (Ballonreifen) (Bild 6.29c) sind Reifen mit einem Druck von 2 bis 4 kp/cm². Sie drücken sich stark ein und können einen großen Teil der Lande-

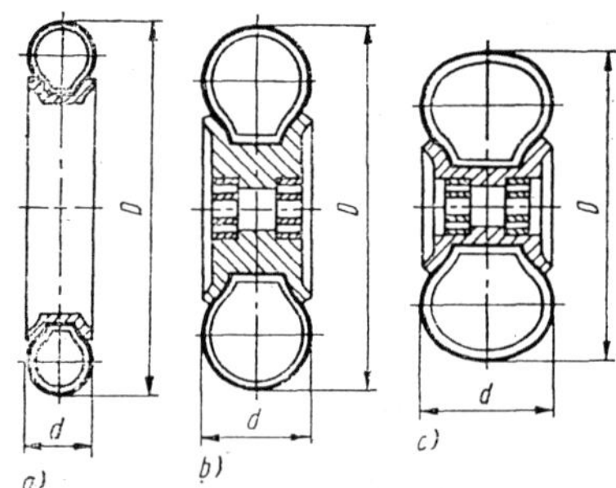

Bild 6.29 Konstruktives Schema von Flugzeugrädern mit

a) Hochdruckreifen ($d/D \approx 0{,}10 - 0{,}20$);
b) Mitteldruckreifen ($d/D \approx 0{,}25 - 0{,}35$);
c) Niederdruckreifen ($d/D \approx 0{,}40 - 0{,}50$)

stoßenergie umwandeln. Bei leichten Flugzeugen mit Ballonreifen braucht man keine Stoßdämpfer zu verwenden. Sie verfügen über eine gute Geländegängigkeit.
Zur Erhöhung der Geländegängigkeit bei Rasenplätzen prüft man in letzter Zeit die Verwendung von Rädern mit veränderlichem Druck.
Die betrachteten Reifen werden durch das Verhältnis d/D charakterisiert. Dabei ist D der äußere Durchmesser des Rades, d die maximale Breite.
Bei schlauchlosen Reifen (Bild 6.30) erfüllen die Reifen gleichzeitig die Rolle der Schläuche. Sie haben den Vorteil des geringeren Gewichtes.

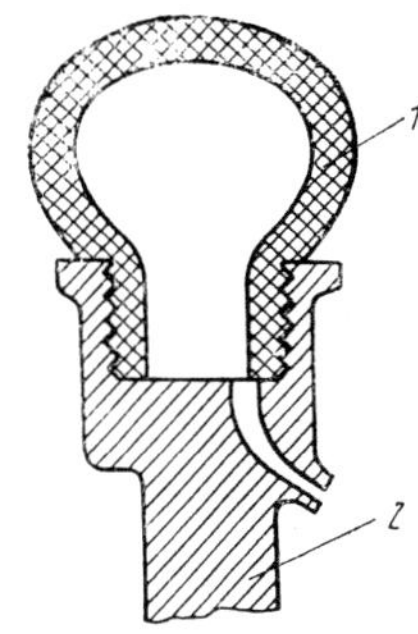

Bild 6.30
Konstruktives Schema eines schlauchlosen Rades
1 – schlauchloser Reifen;
2 – Radtrommel

Zur Verringerung der Abmaße bei Flugzeugrädern ist die Verwendung von größeren Drücken, hochwertigeren Materialien und Kugellagern notwendig.

6.6. Kufenfahrwerke

Für die Fortbewegung der Flugzeuge auf verschneiten Flächen und auf weichen Rasenplätzen werden an den Fahrwerkbeinen Kufen verwendet.
Dabei unterscheidet man Schneekufen für die Fortbewegung auf verschneiten Flächen und Kufen für die Fortbewegung auf Rasenplätzen.
Die Fläche der Kufen wird aus den Bedingungen der zulässigen spezifischen Oberflächenbelastung bestimmt – für Schnee $\sim 2000\ \text{kp/cm}^2$ und für Rasen $\sim 1000\ \text{kp/m}^2$.
Das Fahrwerkbein unterliegt beim Anbau von Kufen anstelle von Rädern meistens keinen wesentlichen Veränderungen.
Bild 6.31 zeigt die Konstruktion einer Schneekufe für ein Hauptfahrwerkbein. Diese Schneekufe stellt ein Rechteck mit abgerundeten Kanten dar. Das Ende und das Vorderteil sind nach oben abgerundet.
Das Konstruktionsgerippe der Kufe besteht aus den Längsholmen mit den Seitenwänden und den Querspanten mit der Vorder- und Hinterkante der Kufe. Das Unterteil der Kufe hat eine starke Metallbehäutung, verstärkt durch geriffeltes Blech. In die Längsräume zwischen dem Boden und dem geriffelten Blech wird beim Start und beim Gleiten über verschneite Flächen Heißluft geblasen.
Die Kufen werden am Fahrwerkbein mit speziellen Punkten verbunden. Die Lage der Kufen in der Luft wird durch den Stabilisierungsdämpfer am Ende der Kufe reguliert. Eine Abweichung der Kufen von ihrer Normallage wird durch eine Federstrebe begrenzt. Die hintere Strebe entlastet den Doppelhebel des Fahrwerkbeines bei seitlicher Belastung der Kufen.
Zur Stabilisierung der Lage der vorderen Kufen beim Start und bei der Landung und zur Verbesserung der Steuerbarkeit des Flugzeuges beim Rollen werden an

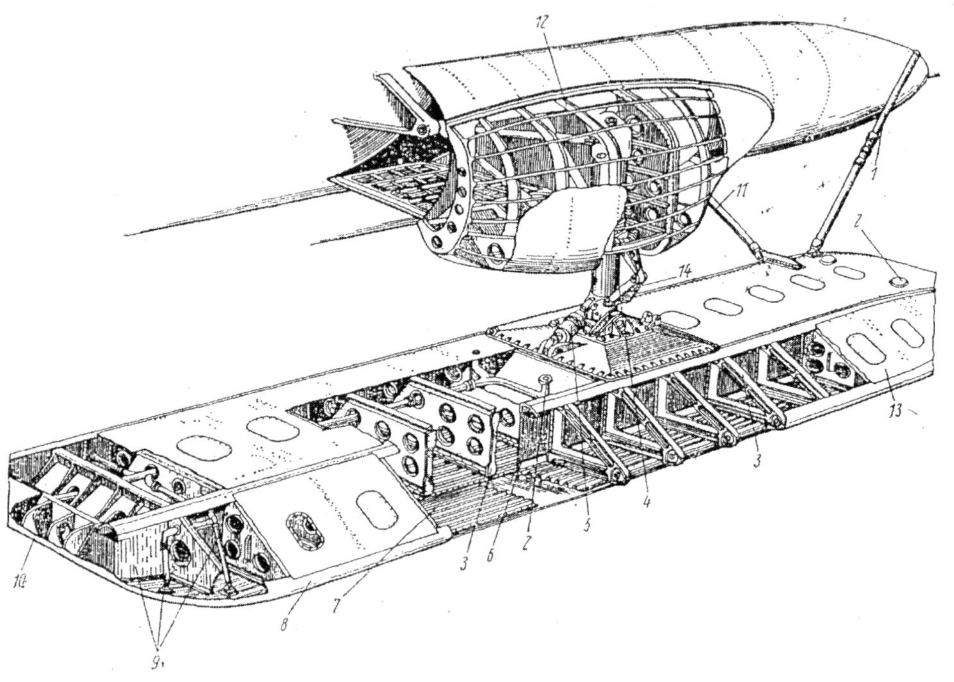

Bild 6.31 Konstruktion einer Schneekufe des Hauptfahrwerkes

1 - Stoßdämpfer zur Lagestabilisierung der Schneekufen; 2 - Öffnung zur Luftabführung aus der Schneekufe; 3 - Spanten; 4 - Befestigungspunkt der Schneekufe am Fahrwerkbein; 5 - Strebe zur Fixierung der Stellung der Schneekufen im Fluge; 6 - Holm; 7 - gewelltes Verstärkungsblech; 8 - Seitenblech; 9 - Rohrleitung zur Zuführung von Heißluft aus dem Flugzeug; 10 - vorderer Heißluftkollektor; 11 - hintere Strebe; 12 - Verkleidungsblech; 13 - Seitenblech; 14 - Spurgelenk

der Unterseite Messer angebracht. Mit den gleichen Zielen werden diese Messer und Leisten an den Kufen des Hauptfahrwerkes angebracht.

In letzter Zeit werden Versuche über die Anwendung von Kufenfahrwerken und kombinierten Kufen-Räderfahrwerken für Rasenplätze angestellt.

6.7. Konstruktion der Fahrwerkbeine

Die Konstruktion der Fahrwerkbeine ist sehr verschiedenartig und hängt ab von der Lage des Fahrwerkes am Flugzeug, von der Einfahrart des Fahrwerkes, von der Belastung, die auf das Fahrwerk wirkt, von der Anzahl der Räder und von einer Reihe anderer Faktoren.

Die Hauptelemente eines Fahrwerkes sind: Das Federbein – Hauptelement des Fahrwerkbeines, das die Räder mit der Zelle des Flugzeuges verbindet. Da der Innenraum des Fahrwerkbeines sehr oft als Stoßdämpfer ausgelegt ist, spricht man von einem Federbein.

Der **Stoßdämpfer** kann außerhalb des Beines angebracht sein. In diesem Fall wird der Innenraum des Beines als Behälter für Preßluft benutzt.

Die **Querstrebe** dient der oberen Befestigung des Fahrwerkes an der Zelle des Flugzeuges.

Der **Fahrwerkwagen** ist eine Vorrichtung, mit deren Hilfe die Räder (vier, sechs, acht) am Fahrwerkbein befestigt werden. Wenn das Fahrwerk nur ein bzw. zwei Räder hat, werden sie auf einer Achse angebracht, die unmittelbar mit dem Fahrwerkbein verbunden ist, oder von einer speziellen Fahrwerkgabel gehalten.

Streben sind ein System von Gestängen, die eine zusätzliche Stütze für das Fahrwerk darstellen. Sie verringern die Biegemomente, die auf das Fahrwerk wirken, und erhöhen die Festigkeit der Fahrwerkkonstruktion.

Doppelhebel sind Vorrichtungen, die aus zwei Hebeln bestehen und untereinander durch ein Gelenk verbunden sind. Sie verbinden den Kolben des Stoßdämpfers mit dem Arbeitszylinder und verhindern eine Drehung des Kolbens im Zylinder.

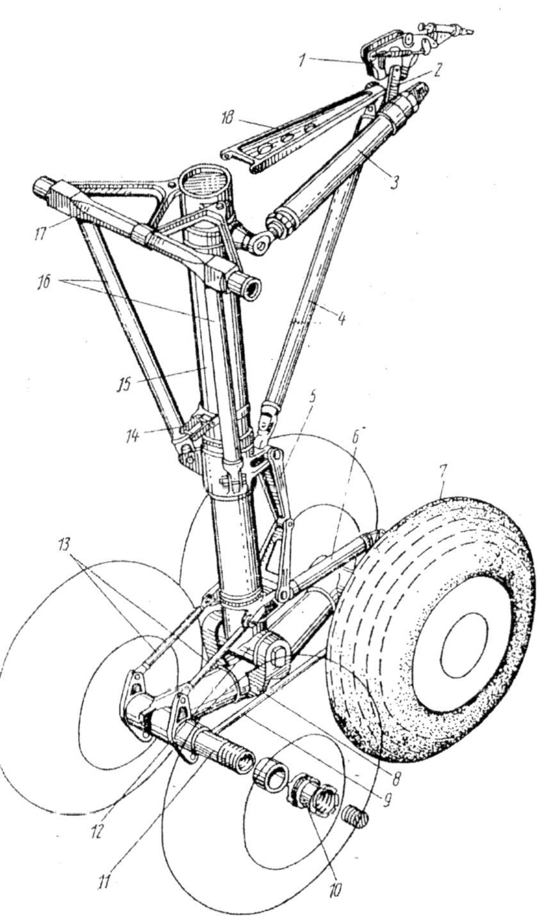

Bild 6.32 Federbein eines Hauptfahrwerkes in Fachwerk-Balkenbauweise

1 - Verriegelungsschloß für ausgefahrene Stellung,
2 - Lasche;
3 - Arbeitszylinder
4 - hintere Strebe;
5 - Sprunggelenk;
6 - Schwingungsdämpfer des Wagens;
7 - Rad;
8 - Wagen;
9 - Zugstange des Ausgleichmechanismus;
10 - Teile zur Befestigung des Rades auf der Achse;
11 - Radachse,
12 - Unterer Befestigungspunkt des Federbeines;
13 - Stieben des Ausgleichmechanismus;
14 - Verriegelungsöse für Fahrwerksbefestigung;
15 - Federbein;
16 - Seitenstreben;
17 - Querträger des Fahrwerkbeins;
18 - Führungsgestänge zur Befestigung der hinteren Strebe

Der **Arbeitszylinder** dient dem Ein- und Ausfahren des Fahrwerkbeines. In den meisten Fällen werden hydraulische Arbeitszylinder verwendet.

Die **Schlösser** dienen der Fixierung des Fahrwerkes in ein- bzw. ausgefahrener Stellung und verhindern eine selbständiges Ausfahren des Fahrwerkes.

Die **Räder** bestehen aus den Reifen, den Radkörpern, den Scheiben und den Bremsvorrichtungen.

Die **Schwingungsdämpfer** werden am Bugrad angebracht. Sie verhindern Eigenschwingungen des Bugrades.

Nach der Art der Kräfteaufnahme kann man die Fahrwerke nach drei Arten klassifizieren:

- Fahrwerke nach der Balkenbauweise,
- Fahrwerke nach der Fachwerk-Balkenbauweise,
- Fahrwerke nach der Fachwerkbauweise.

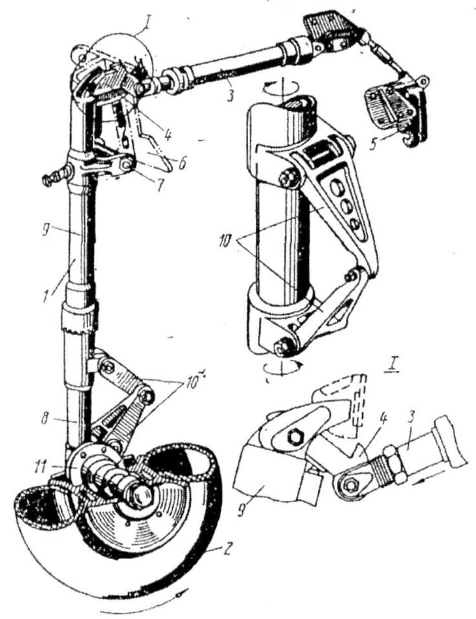

Bild 6.33 Hauptfahrwerkbein des Flugzeugs Jak 18 in Balkenbauweise
1 - Federbein; 2 - Rad; 3 - Arbeitszylinder;
4 - Verriegelungsschloß für ausgefahrene Stellung;
5 - Verriegelungsschloß für eingefahrene Stellung;
6 - Aufhängungspunkt am Tragflügelmittelstück;
7 - Befestigungsbolzen; 8- Stoßdampferkolbenstange;
9 - Stoßdämpfergehäuse (Zylinder); 10 - Spurgelenk;
11 - Radachse

Fahrwerke nach der Balkenbauweise

In Abhängigkeit von der Befestigungsart des Fahrwerkes unterscheidet man Konsolen- und Strebenfahrwerke.

Ein Konsolenfahrwerk besteht aus dem Fahrwerkbein, dessen oberes Ende am Tragflügel oder am Rumpf befestigt ist und dessen unteres Ende die Radachse trägt.

Das Fahrwerkbein eines Fahrwerkes der Balkenbauweise (Bild 6.33) besteht aus dem Federbein 1 mit dem Stoßdämpfer und der Radachse, dem Rad 2, dem Arbeitszylinder 3, dem Schloß 4 für die ausgefahrene Stellung und dem Schloß 5 für die eingefahrene Stellung. Das Bein ist über eine Gelenkverbindung mit dem Befestigungspunkt 6 des Flugzeuges durch den Bolzen 7 verbunden. Der Kolben 8 des Stoßdämpfers wird durch den Doppelhebel 10 mit dem Zylinder 9 verbunden. An dem Kolben des Stoßdämpfers ist die Radachse 11 befestigt.

Beim Ausfahren des Fahrwerkes öffnet der Arbeitszylinder das Schloß 5, und der Kolben fährt das Fahrwerk aus. Die Balkenkonstruktion erleichtert das Einfahren des Fahrwerkes. Außerdem wird durch das Fehlen der zusätzlichen Abstützung das Gewicht vermindert. Das Belastungsschema und die Biegemomentenlinie eines Balkenfahrwerkes zeigt Bild 6.34.

Mit Vergrößerung der Länge H des Fahrwerkes und Verringerung der Basis d vergrößert sich das Moment M_{Biege}, und

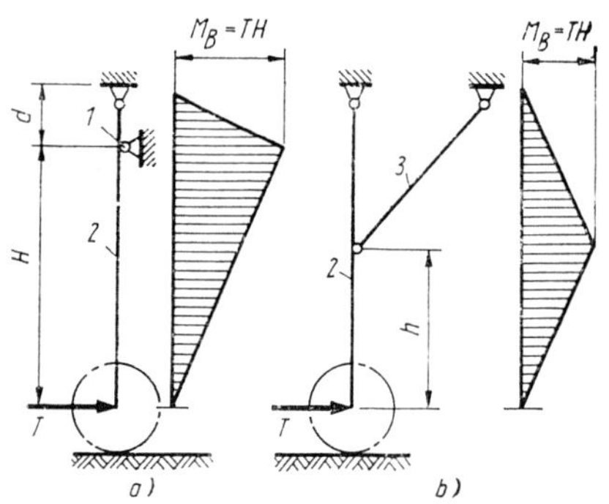

Bild 6.34 Belastungsschema eines Fahrwerks in Balkenbauweise

a) ohne Strebe; b) mit Strebe
1 – Hebel; 2 – Fahrwerkbein; 3 – Strebe

demzufolge vergrößert sich das Gewicht des Beines.

Außerdem ist ein derartig langes Fahrwerk in Längs- und seitlicher Richtung wenig stabil, so daß die verschiedensten Schwingungen auftreten.

Den oberen Teil eines derartig langen Fahrwerkbeines baut man deshalb oft als Gabel (Bild 6.35). In diesem Falle gewährleistet die Gabel die notwendigen Abmaße des Befestigungspunktes des Fahrwerkbeines an der Zelle des Flugzeuges. Die Kompliziertheit der Befestigung von Fahrwerken nach der Balkenbauweise, ohne Anbringung von Streben am Tragflügel oder am Rumpf, und die ungünstige Verteilung des Biegemomentes an ihnen erklärt die relativ seltene Anwendung derartiger Fahrwerke.

Balkenkonstruktionen mit Streben werden häufiger angewendet. Das Bein wird hier mit einer oder mehreren Streben befestigt, die den oberen Teil des Beines gleichzeitig von Biegung entlasten.

Die Entlastung kann in einer Fläche erfolgen, dann arbeitet das Bein in der anderen Fläche, wie ein freitragender Balken, oder in mehreren Flächen. Oft werden die Streben gleichzeitig als Vorrichtung zum Ein- und Ausfahren des Fahrwerkes verwendet.

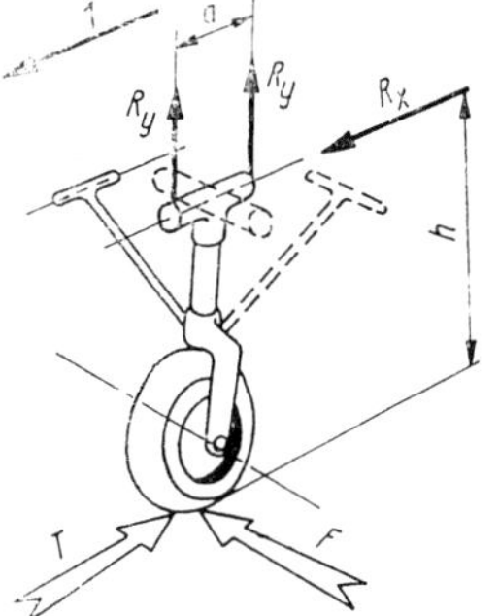

Bild 6.36
Belastungsschema eines Fahrwerkbeines
1 – Bewegungsrichtung

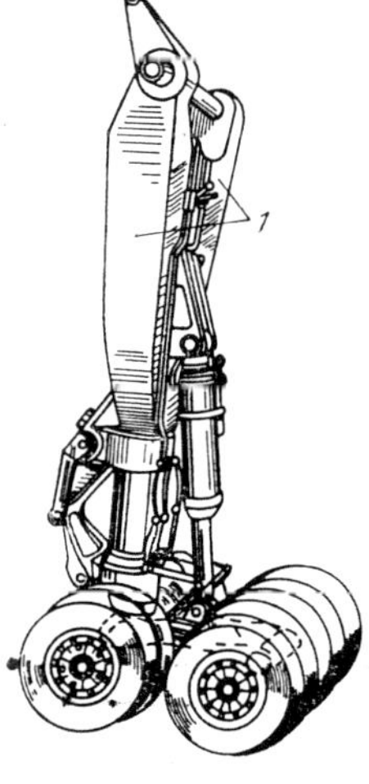

Bild 6.35
Fahrwerk eines schweren Flugzeuges mit Gabel
1 – Gabel

Streben können als Seitenstreben, Vorderstreben und hintere Streben ausgeführt sein. Bei Seitenstreben kommt die Belastung in ihnen durch die Seitenkraft zustande, die am Rad angreift (Bild 6.36). Die Kräfte, welche in Richtung des Rades wirken, z.B. die Kraft T, belasten die Seitenstreben nicht und werden vom Fahrwerkbein wie von einem freitragenden Träger aufgenommen. Die Gegenkräfte durch die Kraft T im Befestigungspunkt des Fahrwerkes mit der Zelle sind $R_x = T$ und

$$R_y = Th/a.$$

Zur Vergrößerung der Festigkeit der Befestigung und zur Verminderung der Gegenkräfte am Querträger muß der Hebel a so lang wie möglich gewählt werden. Bei Verwendung von vorderen oder hinteren Streben, die nicht durch die Kraft F belastet werden, muß die Querstrebe unbedingt in Richtung der Wirkung dieser Kraft gelegt werden, so wie das auf Bild 6.36 durch die gestrichelte Linie dargestellt ist. Die Kräfte in Richtung des Rades belasten sowohl das Bein als auch die vorderen und hinteren Streben. Bei gleicher Belastung wird eine Strebenkonstruktion weniger auf Biegemomente belastet.

Bild 6.37 zeigt eine Balkenkonstruktion mit herausgezogenem Stoßdämpfer und Einfahrstrebe. Die Konstruktion ist sehr einfach. Die Einfahrstrebe ist jedoch bei einer Bewegung des Flugzeuges immer belastet. Außerdem muß für eine Entlastung des Beines 7 bei Biegung der Befestigungspunkt der Einfahrstrebe nach Möglichkeit weiter von seiner Drehachse 1 entfernt angebracht werden. Dabei ver-

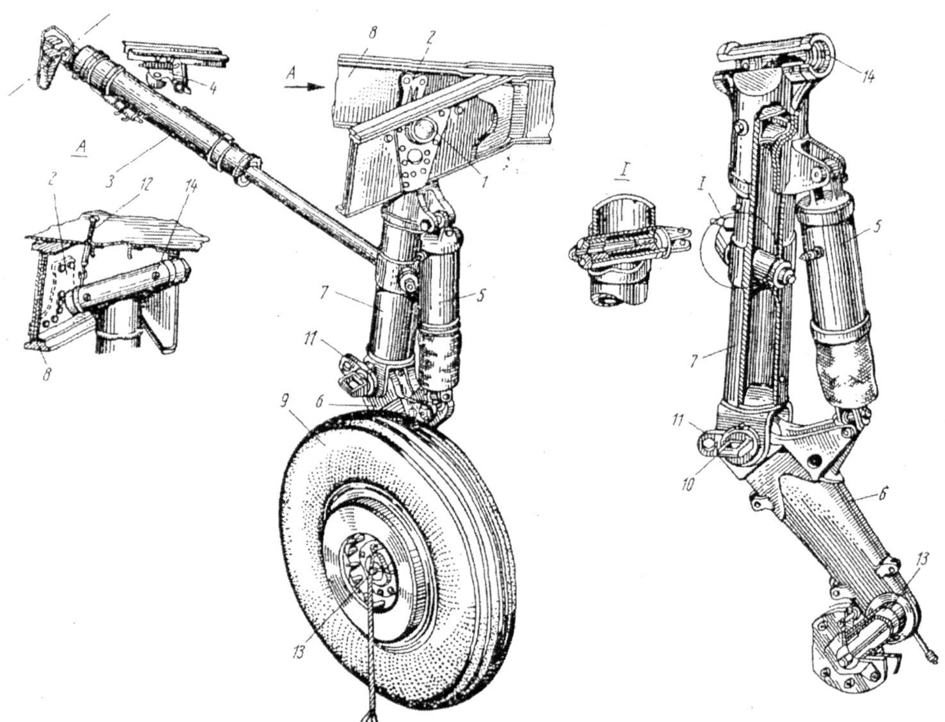

Bild 6.37 Hauptfahrwerk in Balkenbauweise mit herausgezogenem Stoßdämpfer und einfahrbarer Strebe
1 - Aufhängeachse; 2 - Aufhängepunkt des Federbeines; 3 - einziehbare Strebe; 4 - Verriegelungsschloß für eingefahrene Stellung; 5 - Stoßdämpfer; 6 - Hebel; 7 - Federbein; 8 - Holm des Tragflügels; 9 - Rad; 10 - Verriegelungsöse zum Einhängen des Fahrwerke in eingefahrener Stellung; 11 - Bugsieröse; 12 - mechanische Stellungsanzeige des Fahrwerkes; 13 - Halbachse; 14 - oberer Befestigungspunkt des Federbeines; 15 - Ansicht des Federbeines mit abgenommenem Rad

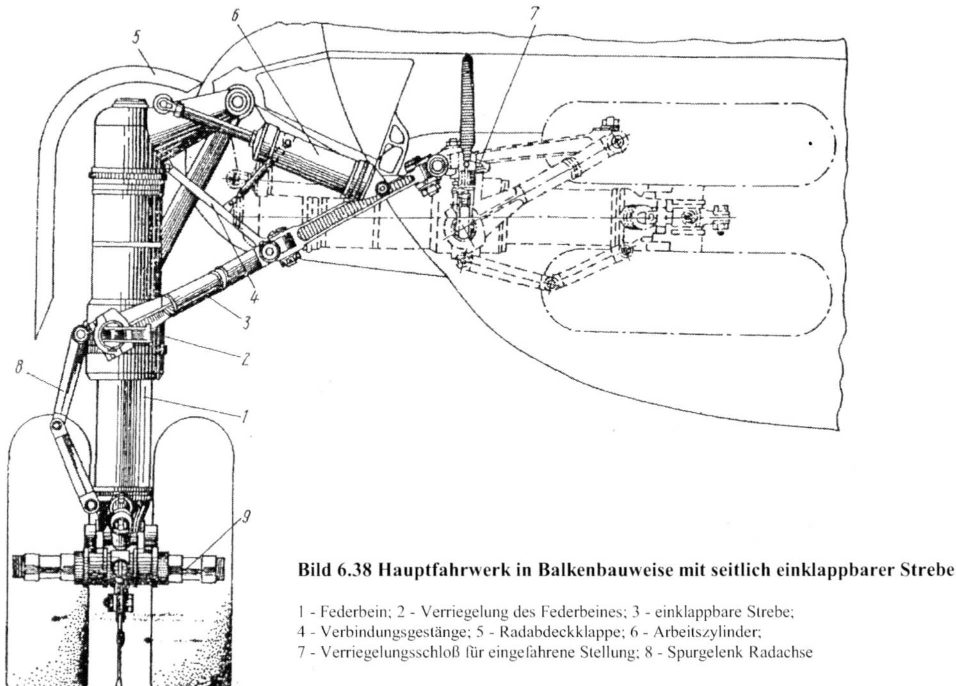

Bild 6.38 Hauptfahrwerk in Balkenbauweise mit seitlich einklappbarer Strebe

1 - Federbein; 2 - Verriegelung des Federbeines; 3 - einklappbare Strebe; 4 - Verbindungsgestänge; 5 - Radabdeckklappe; 6 - Arbeitszylinder; 7 - Verriegelungsschloß für eingefahrene Stellung; 8 - Spurgelenk Radachse

größern sich die Abmaße der Einfahrstrecke. Damit sie jedoch bei Längsbiegung normal arbeiten kann, muß ihr Durchmesser vergrößert werden, was zwangsläufig eine Gewichtserhöhung nach sich zieht.

Das konstruktive Schema eines Fahrwerkes nach der Balkenbauweise mit seitlich abklappbaren Streben zeigt Bild 6.38. Die Konstruktion eines gleiches Fahrwerkes mit hinterer und vorderer abklappbarer Strebe zeigen die Bilder 6.39 und 6.40. Die Konstruktion eines Fahrwerkes mit abklappbarer Strebe ist zwar etwas komplizierter, jedoch kann die Einfahrstrebe kürzer und leichter gehalten werden.

Bild 6.41 zeigt das Hauptfahrwerk des Flugzeuges TU-104 nach der Balkenbauweise mit vorderer nichtabklappbarer Strebe.

Fahrwerke nach der Fachwerk-Balkenbauweise

Balkenfahrwerke mit mehreren Streben nennt man Fachwerk-Balkenfahrwerke. Das Fahrwerkbein eines solchen Fahrwerkes besteht aus einer oder zwei freitragenden Stützen, die an einem Strebensystem befestigt sind. Die Anwendung der Streben gibt die Möglichkeit, die Biegemomente wesentlich herabzusetzen und die Festigkeit der Fahrwerkkonstruktion zu erhöhen.

Fahrwerke nach der Fachwerk-Balkenbauweise mit einem Federbein, mit einem, zwei oder mehr Rädern haben in der letzten Zeit immer breitere Anwendung gefunden.

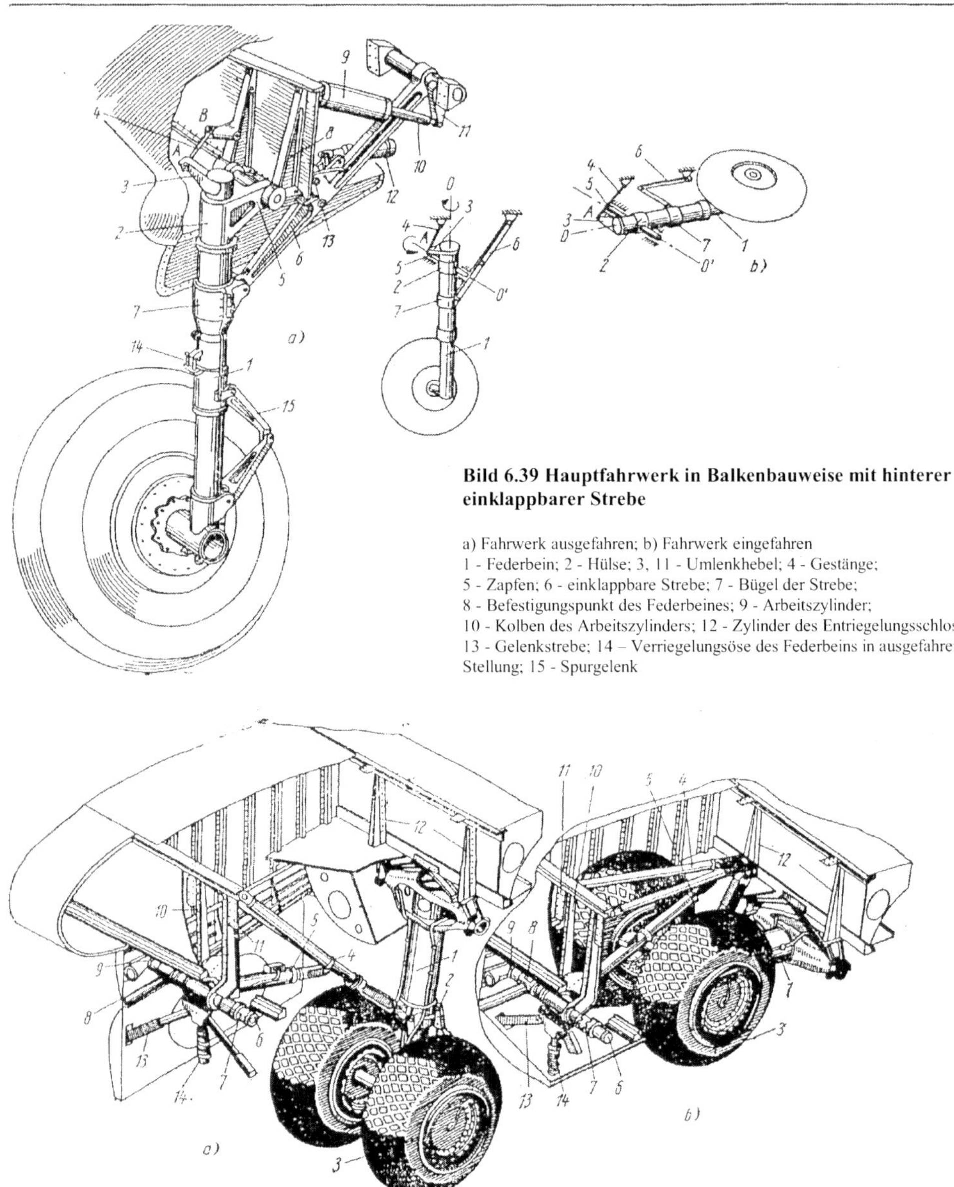

Bild 6.39 Hauptfahrwerk in Balkenbauweise mit hinterer einklappbarer Strebe

a) Fahrwerk ausgefahren; b) Fahrwerk eingefahren
1 - Federbein; 2 - Hülse; 3, 11 - Umlenkhebel; 4 - Gestänge;
5 - Zapfen; 6 - einklappbare Strebe; 7 - Bügel der Strebe;
8 - Befestigungspunkt des Federbeines; 9 - Arbeitszylinder;
10 - Kolben des Arbeitszylinders; 12 - Zylinder des Entriegelungsschlosses;
13 - Gelenkstrebe; 14 – Verriegelungsöse des Federbeins in ausgefahrener Stellung; 15 - Spurgelenk

Bild 6.40 Konstruktionsschema eines Hauptfahrwerkes in Balkenbauweise mit vorderer einklappbarer Strebe

a) Fahrwerk ausgefahren; b) Fahrwerk eingefahren
1 - Stoßdämpfer; 2 - Spurgelenk; 3 - Rad; 4 - einklappbare Strebe; 5 - Einfahrmechanismus; 6 - Konsole zur Befestigung des Elektromechanismus; 7 - Elektromechanismus zum Einfahren des Fahrwerks; 8 - Elektromechanismus zum Einfahren des Fahrwerkes (Not); 9 - Konsole zur Befestigung des Elektromechanismus; 10 - Konsole zur Befestigung des Mechanismus; 11 - Konsole zur Befestigung der abklappbaren Strebe;
12 - Aufhängungspunkt der Fahrwerkklappen; 13 - Schraubenantrieb zur Betätigung der Fahrwerkklappen; 14 - Elektromechanismus

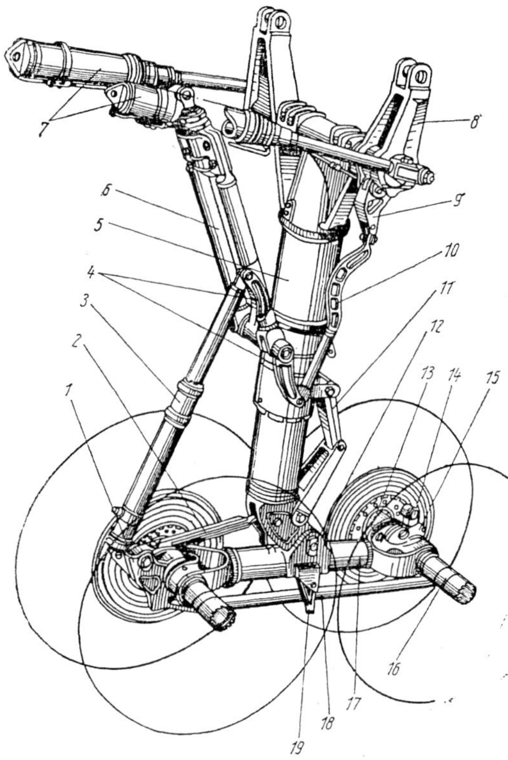

Bild 6.41 Konstruktives Schema eines Hauptfahrwerkes in Balkenbauweise mit vorderen, nichtabklappbaren Streben und Doppelfahrwerk

1 – vorderer Bremshebel; 2 – Strebe des Kompensationsmechanismus; 3 – Stabilisierungsstrebe; 4 – Doppelgelenkhebel des Wendemechanismus; 5 – Stoßdämpfer; 6 – vordere Strebe; 7 – Aus- und Einfahrzylinder; 8 – Rahmen; 9 – Antriebshebel des Wendemechanismus; 10 – Antriebsgestänge des Wendemechanismus; 11 - Spurgelenk 12 – Aufhängungsachse; 13 – Schlitzhülse der Radachse; 14 – Geber des Radbremsautomaten; 15 – hinterer Bremshebel; 16 – Radachse; 17 – Fahrwerkrahmen; 18 – Gestänge des Kompensationsmechanismus; 19 – Konsole der Radabdeckung (eingefahrene Stellung)

Bild 6.42 zeigt ein Fahrwerk nach der Fachwerk-Balkenbauweise mit zwei Rädern. Betrachten wir die Arbeit des Fahrwerkes unter Wirkung der Seitenkraft (Bild 6.42a). Die gestrichelte Linie zeigt die Biegemomentenlinie ohne Beachtung der Streben. Der maximale Betrag des Momentes ist $M_{\text{Biege}} = F \cdot H$. Bei Vorhandensein der Streben ruft die Reaktionskraft

$$R = \frac{FH}{a}$$

in den Befestigungspunkten B der Querstreben eine Kraft

$$S_s = \frac{R}{\cos \alpha}$$

hervor. Dabei wird eine Strebe auf Druck und die andere auf Zug beansprucht. Wenn man diese Kräfte im Punkt A auf die Fahrwerkbeinmittellinie legt, so heben sich die vertikalen Teilkräfte auf, während die horizontalen Kräfte $S = S_s \sin \alpha = R \tan \alpha$ sich summieren und ein Moment M erzeugen.

$$M = -2Sh = -2Rh \tan \alpha .$$

Da

$$\tan \alpha = \frac{a}{2h},$$

wird

$$M = -2R \frac{a}{2h} h = -Ra .$$

Das volle Biegemoment in der Fläche der Querstreben beträgt

$$M = FH - Ra = 0.$$

Die Momentenbiegelinie ist in Bild 6.42a als volle Linie gezeichnet. In diesem Falle ist eine Gewichtsverminderung, trotz Vorhandensein der Streben, offensichtlich.

Ein Fahrwerk mit Fachwerk-Balkenbauweise und Radwagen zur Anbringung von vier Rädern zeigt Bild 6.32.

Das obere Ende der hinteren Strebe ist an einem Gestänge befestigt, das gleichzeitig die Rolle eines Führungsgestänges beim Einfahren und Ausfahren des Fahrwerkes, entsprechend dem vorgeschriebenen Weg, übernimmt. Das Gelenk der hinteren Strebe hat am Verbindungspunkt mit dem Führungsgelenk eine Lasche, die gemeinsam mit dem Verriegelungsschloß das Fahrwerk in ausgefahrener Stellung fixiert.

Das Fahrwerk wird mit Hilfe des Arbeitszylinders ein- und ausgefahren. Der Kolben des Arbeitszylinders ist am Fahrwerkbein, der Zylinder selber an der Zelle des

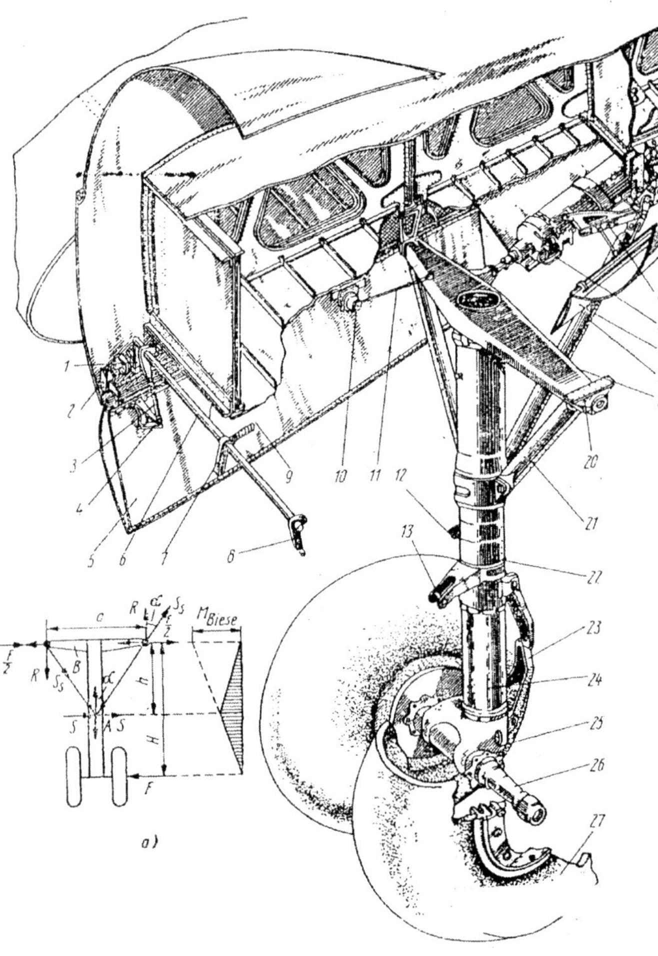

Bild 6.42 Konstruktives Schema und Belastungsschema eines Bugrades in Fachwerk-Balken-Bauweise

a) Belastungsschema; b) Konstruktion

1 - Hebel der Klappenfixierung;
2 - Aufhängepunkt der Klappen;
3 - Klappensteuergestänge;
4 - Abdeckklappenbefestigung;
5 - Abdeckklappe;
6 - Steuerwelle der Abdeckklappen;
7 - Steuergabel der Abdeckklappen;
8 - Steuerhebel;
9 - vorderes Verriegelungsschloß;
10 - Fahrwerkstellungsanzeige;
11 - Seil;
12 - Verriegelungsöse der Klappen;
13 - Konsole;
14 - hinteres Verriegelungsschloß;
15 - Gestänge;
16 - Arbeitszylinder;
17 - hintere Abdeckklappe;
18 - hintere Strebe;
19 - Strebe;
20 - Befestigungspunkt des Fahrwerkes;
21 - Seiten strebe;
22 - Stoßdämpfer;
23 - Spurgelenk;
24 - Stoßdämpferkolben;
25 - Befestigungsöse der Achse der Stoßdämpferkolbenstange;
27 - Rad

Flugzeuges befestigt. Zur Fixierung des Fahrwerkbeines in eingefahrener Stellung ist am Fahrwerkbein eine Lasche befestigt. Der Radwagen kann sich bei der Landung und beim Rollen relativ zu seiner Befestigungsachse am Fahrwerkbein drehen, um den Gegebenheiten der Flugplatzoberfläche Rechnung zu tragen. Beim Einfahren des Fahrwerkes wird gleichzeitig mit dem Fahrwerkbein der Radwagen gedreht.

Die Konstruktion eines Radwagens für vier Räder zeigt Bild 6.43.

Die Konstruktion des Radwagens muß neben seiner Festigkeit, Steifigkeit und seinem geringen Gewicht auch eine gleichmäßige Belastung aller Räder bei der Bewegung über den Flugplatz gewährleisten.

Die Geländegängigkeit eines Flugzeuges erhöht sich mit der Anzahl der Räder am Radwagen, da sich in diesem Fall die Belastung auf eine große Fläche verteilt. Außerdem ist die Verteilung der Räder, wie Bild 6.44 zeigt, die beste Art der Radanbringung zur Erhöhung der Geländegängigkeit.

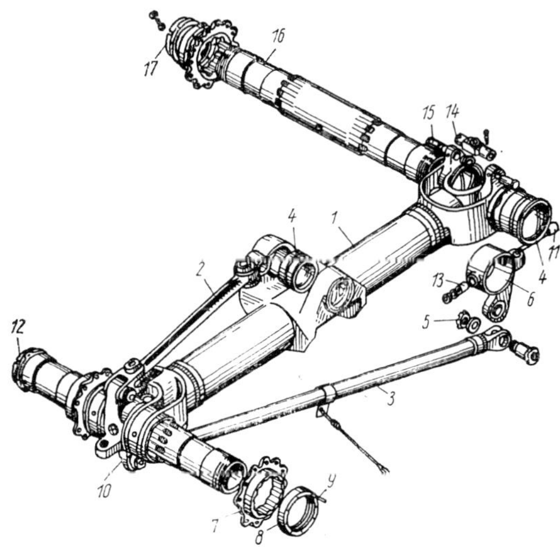

Bild 6.43 Konstruktion des Hauptfahrwerkrahmens des Fahrwerkes von Bild 6.32

1 – Rahmen; 2 – oberes Gestänge; 3 – unteres Gestänge; 4, 12, 13 – Hülsen; 5, 8, 17 – Muttern; 6, 10 – Hebel; 7 – Bremsflansch; 9 – Stift; 11 – konische Bolzen; 14 – Verbindungsglied; 15 – Stift; 16 – Achse

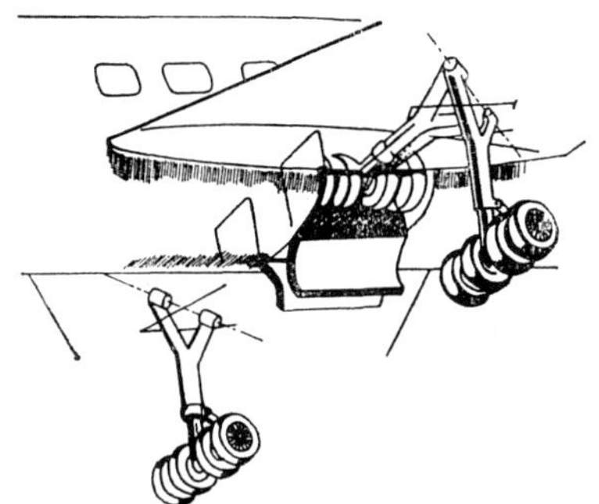

Bild 6.44 Radanbringung an einem Hauptfahrwerk mit hoher Geländegängigkeit

Fahrwerk nach der Fachwerkbauweise

Die kraftaufnehmenden Elemente des Fahrwerkbeines werden auf Zug oder Druck beansprucht. Dabei wird das Material rationeller ausgenutzt als bei der Beanspruchung auf Biegung. Neben diesem Vorteil haben Fahrwerke der Fachwerkbauweise jedoch eine Reihe wesentlicher Nachteile. Diese Nachteile führen auch zu der relativ seltenen Anwendung derartiger Fahrwerke bei modernen Flugzeugen.

Eine typische Konstruktion eines Fachwerkfahrwerkes ist das sogenannte Pyramidenfahrwerk (Bild 6.45). Die Streben des Fahrwerkbeines bilden eine Pyramide und sind am Rumpf und am Tragflügel befestigt. In den vorderen Streben sind Gummischeibenstoßdämpfer befestigt. Die Dämpfungsstreben und die hinteren Streben enden in Gabeln, mit deren Hilfe die Radachse an der Pyramide befestigt ist. Der Stoßdämpfer besteht aus einem Paket Gummischeiben (Bild 6.18).

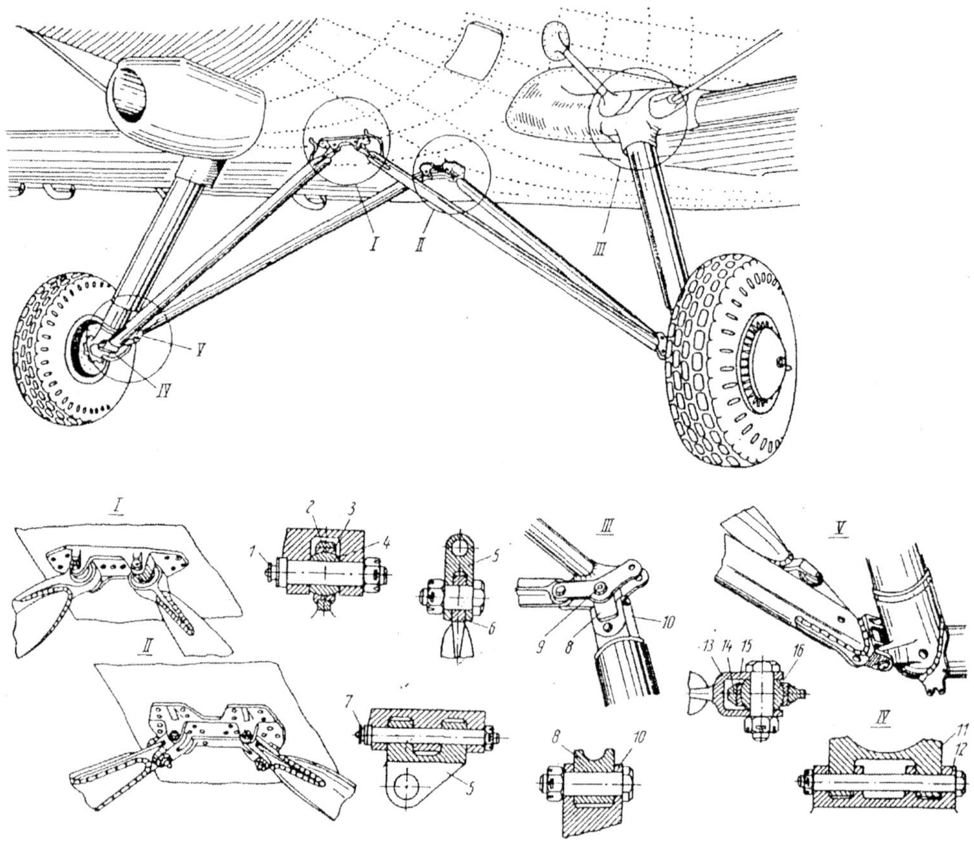

Bild 6.45 Konstruktives Schema des Fahrwerkes einer AN 2 und die Konstruktion der Hauptteile

I) Befestigungspunkt der vorderen Streben am Rumpf; II) Befestigungspunkt der hinteren Streben am Rumpf; III) Befestigungspunkt des Stoßdämpfers; IV) Befestigungspunkt der Hebelachse an der vorderen Strebe; V) Befestigungspunkt der hinteren Strebe mit der vorderen Strebe
1, 7, 9 - Schmiernippel; 2 - oberer Strebenansatz; 3, 15 - Gehäuse; 4, 16 - kugelförmige Buchsen; 5, 8 - Kardangelenke; 6 - Öse der Strebe; 10 - Stoßdämpfergabel; 11 - Joch der Halbachse; 12 - Gabel der Strebe; 13 - hintere Strebengabel; 14 – Öse der vorderen Strebe

6.8. Fahrwerkbeine und Befestigungsarten der Fahrwerkstützen

Die Konstruktion der Fahrwerkbeine hängt vom konstruktiven Aufbau und vom Kräfteschema des Fahrwerkes, vom Stoßdämpfertyp und dessen Lage, von den Befestigungsarten der Stützen (Räder, Kufen) und der anderen Elemente des Fahrwerkes ab.

Für moderne Flugzeuge ist die charakteristische Konstruktion des Fahrwerkbeines ein Teleskopfederbein mit ein-

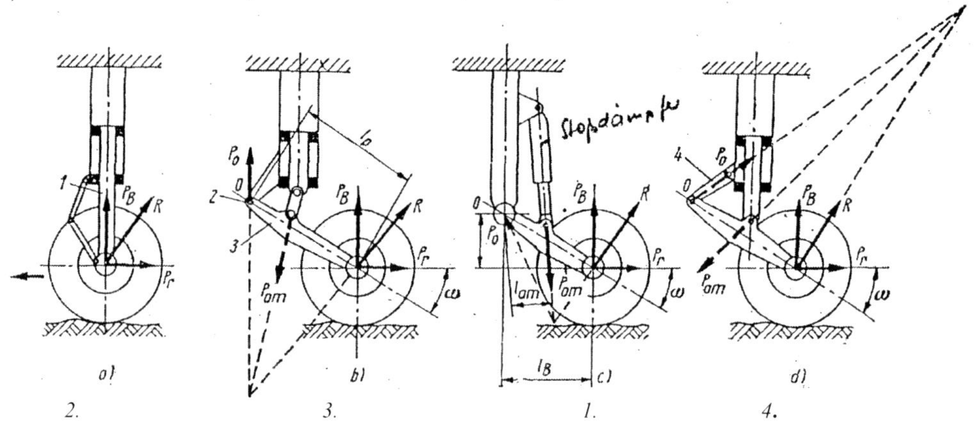

Bild 6.4.6 Radaufhängung am Fahrwerk:
a) mit Teleskopfederbein; b) mit Hebelaufhängung; c) mit Schwinge am starren Federbein; d) mit Halbhebelaufhängung

1 - Kolbenstange; 2 - Gelenk; 3 - Schwinge; 4 - Hebel

gebautem Stoßdämpfer (Bild 6.46a, b, d) und Federbeine mit herausgezogenem Stoßdämpfer (Bild 6.46c).

Ein **Teleskopfederbein** bildet mit dem Stoßdämpfer zusammen eine Einheit. Es existieren zwei grundlegend verschiedenartige Konstruktionen derartiger Federbeine. Das sind einmal Teleskopfederbeine mit Befestigung der Räder (Kufen) unmittelbar am Kolben des Stoßdämpfers oder mit Hilfe von Radwagen und Teleskopfederbeine mit Gabelaufhängung der Räder (Kufen) (Bild 6.46b, d).

Bei Teleskopfederbeinen mit unmittelbarer Radbefestigung am Kolben des Stoßdämpfers dient als Kraftelement zur Übertragung der Belastung von den Rädern zum Flugzeug der Stoßdämpfer selber (Bild 6.47).

Der Arbeitszylinder 1 mit dem Kolben des Stoßdämpfers 2 erhält die Belastung von den Kräften und Momenten in allen drei Achsen. Zur Übertragung des Drehmomentes der am Rad angreifenden Kräfte besitzt das Fahrwerkbein einen Doppelhebel 3, der den Kolben des Stoßdämpfers mit dem Zylinder verbindet.

Die betrachteten Teleskopfederbeine haben eine Reihe ihnen eigener Nachteile:

– Die horizontale Kraftkomponente P_h (siehe Bild 6.46a) wird vom Kolben aufgenommen. Er wird dadurch auf Bie-

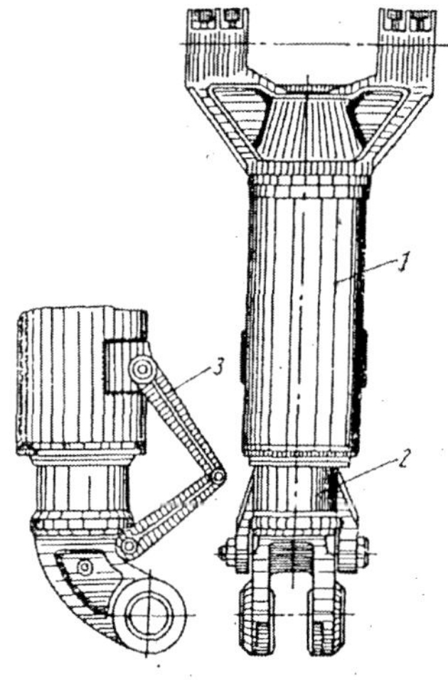

Bild 6.47 Teleskopfederbein mit unmittelbarer Radaufhängung
1 - Arbeitszylinder; 2 - Kolbenstange des Arbeitszylinders;
3 - Spurgelenk

gung belastet und muß deshalb über eine hohe Festigkeit verfügen. Das erhöht sein Gewicht und das Gewicht der Buchse. Diesen Nachteil kann man etwas vermindern, indem das Fahrwerkbein unter einem Winkel von 12 bis 15° zur Vertikalen nach vorn geneigt wird.

- Die Beanspruchung auf Biegung erhöht gleichfalls die Reibungskräfte in den Buchsen des Stoßdämpfers. Damit verschlechtern sich die Arbeitsbedingungen des Stoßdämpfers und seiner Dichtungen.

Ein Teleskopfederbein mit Gabelaufhängung des Rades besitzt zwei grundlegende Ausführungsvarianten:

- der Stoßdämpfer ist außerhalb angebracht (Bild 6.46c) und
- der Stoßdämpfer ist innerhalb des Beines untergebracht (Bild 6.46b).

Derartige Federbeine besitzen ihre Besonderheiten. Vor allen Dingen rufen alle Belastungen, die in der vertikalen Fläche wirken, eine Drehung des Hebels um den Punkt 0 hervor und drücken den Stoßdämpfer ein (Bild 6.46b, c).

Somit können Teleskopfederbeine mit Gabelaufhängung des Rades Stöße auf das Rad (Kufen) dämpfen, die unter einem Winkel zur Federbeinachse wirken. Bei Federbeinen mit herausgezogenem Stoßdämpfer (Bilder 6.46c und 6.49) wird der Stoßdämpfer nur durch die Kraft P_{ST} belastet, die in seiner Achse wirkt. Das dient der Verringerung der Reibungskräfte und verbessert die Arbeit der Dichtungen. Dadurch kann der Druck im Stoßdämpfer wesentlich erhöht werden, und seine Abmaße werden verringert.

In Federbeinen mit innerem Stoßdämpfer (Bilder 6.46b, d und 6.48) arbeitet der Kolben des Stoßdämpfers teilweise auf Querbiegung. Die Arbeitsbedingungen der Dichtungen sind schlechter als bei einem Stoßdämpfer außerhalb des Federbeines.

Der Hauptkennwert eines Federbeines mit Gabelaufhängung des Rades ist die Länge l_H und der Neigungswinkel der Gabel zum Horizont ω. Dieser Winkel ω wird so gewählt, daß die Richtung der resultierenden Kraft senkrecht oder fast senkrecht zur Hebelachse wirkt ($\omega \approx 35$ bis 40°). Bei der Auswahl der Parameter muß eine geringe Veränderung des Übersetzungsverhältnisses beim Eindrücken des Stoßdämpfers angestrebt werden.

Zu den Hauptelementen der Konstruktion eines derartigen Fahrwerkes gehören:

Arbeitszylinder 1, dessen Innenraum den Stoßdämpfer darstellt, der Kolben 2 und der Hebel 4 (Bild 6.48). Das obere Ende des Hebels wird über ein Gelenk an der Nase 5 befestigt. Am unteren Ende ist das Rad befestigt.

Die auf dem Rad wirkenden Kräfte erzeugen ein Moment um das Gelenk 6.

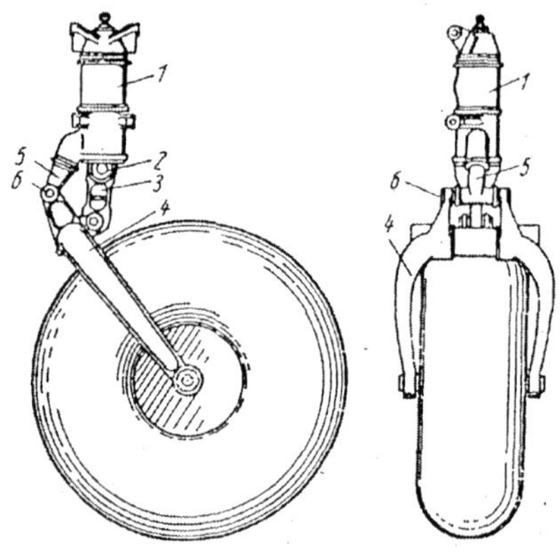

Bild 6.48 Teleskopfederbein mit Schwinge
1 - Zylinder; 2 - Kolbenstange des Zylinders; 3 - Gelenkhebel; 4 - Schwinge; 5 - Gabelbefestigung; 6 - Gelenkachse

Der Hebel wird durch Laschen oder Pleuel mit dem Kolben verbunden. Diese Verbindungen übertragen die Biegemomente auf den Kolben. Die Konstruktion eines Federbeines mit herausgezogenem Stoßdämpfer zeigt Bild 6.49. Das untere Teil des Federbeines hat eine Gabel zur Befestigung des Hebels 2. An diesem Hebel und an dem Federbein wird der Stoßdämpfer 3 über ein Kardangelenk befestigt. Das Federbein kann als Preßluftbehälter verwendet werden.

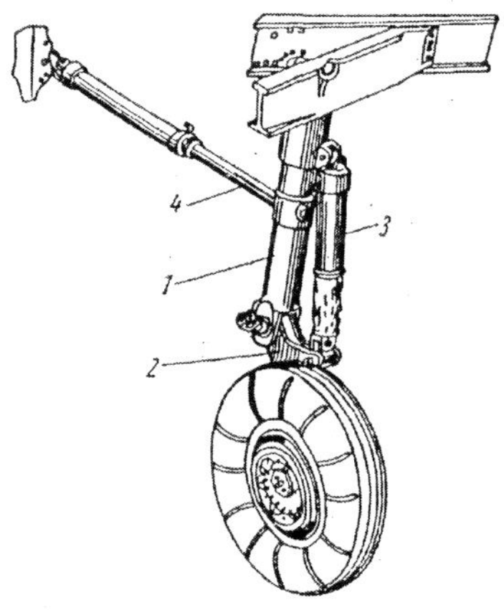

Bild 6.49 Konstruktion eines Fahrwerkes mit Hebelaufhängung und herausgezogenem Stoßdämpfer
1 - Fahrwerkbein; 2 - Schwinge; 3 - Stoßdämpfer; 4 - Arbeitszylinder

Die Belastungsschienen der in vertikaler Fläche auf das Federbein und den Stoßdämpfer wirkenden Kräfte zeigt für die verschiedensten Radaufhängungen Bild 6.46. Zum Beispiel kann die Kraft P_{ST} im Schema 6.46c bestimmt werden aus der Momentengleichung

$$P_{ST} \cdot l_{ST} = P_h \cdot l_h + P_v \cdot l_v ,$$

$$P_{ST} = \frac{P_h \cdot l_h + P_v \cdot l_v}{l_{ST}} .$$

Bei der Konstruktion der Federbeine der Hauptfahrwerke findet man sowohl mit Gabelaufhängung und Innenstoßdämpfer als auch mit herausgezogenen Stoßdämpfer. Bei der Konstruktion der Bugräder verwendet man nur die Gabelaufhängung mit Innenstoßdämpfer. In diesem Fall ist eine Orientierung des Rades nach der Federbeinachse relativ einfach.

Neben den bisher ausgeführten Befestigungsarten trifft man noch die Halbgabelaufhängung (Bild 6.46d). Vom Äußeren her ist dieses Schema der Gabelaufhängung ähnlich. Der Hebel ist hier mit dem Federbein mit Hilfe einer Speziallasche verbunden. Der Stoßdämpferkolben arbeitet genau wie ein Teleskopfederbein mit unmittelbarer Radaufhängung.

Das Konstruktionsschema eines Federbeines mit Halbgabelaufhängung des Rades zeigt Bild 6.50. Das Vorhandensein des Gelenkes 6 durch die Notwendigkeit

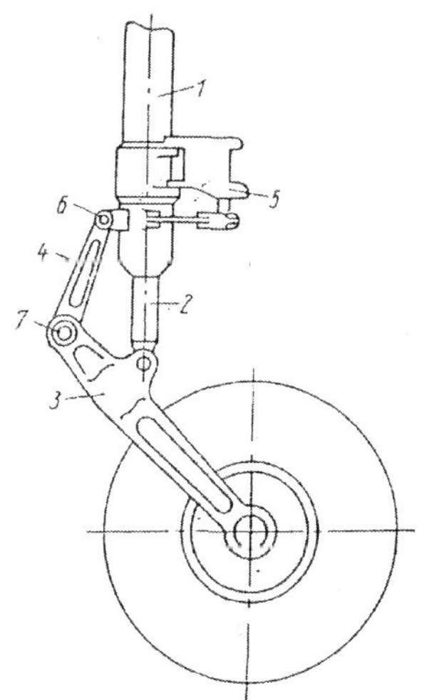

Bild 6.50 Konstruktion eines Fahrwerkes mit Halbgabelaufhängung

1 – Fahrwerkzylinder; 2 - Stoßdämpferkolbenstange; 3 - Schwinge; 4 - Gelenkhebel; 5 - Flatterdämpfer; 6, 1 - Gelenke

den Kolben so auszulegen, daß er die in Bewegungsrichtung wirkenden Belastungen aufnimmt.

Die Besonderheiten der Konstruktion der Bugräder und Spornräder

Bugräder werden auf der Längsachse des Flugzeuges eingebaut und im unteren Teil des Rumpfvorderteiles befestigt.

Damit das Rad des Bugfahrwerkes die Möglichkeit hat, bei Bewegung des Flugzeuges auf dem Flugplatz sich um die Federbeinachse zu drehen, ist es notwen-

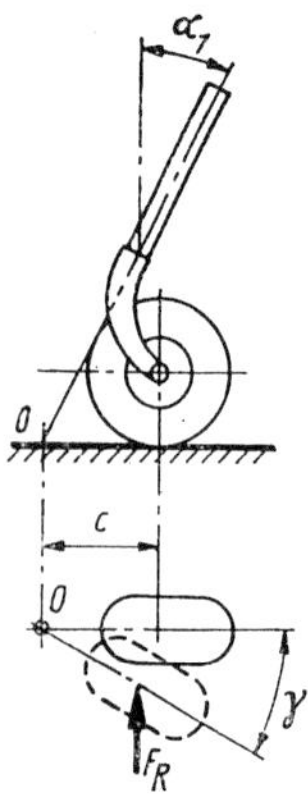

Bild 6.51 Die Lage des Rades im Verhältnis zum Fahrwerkbein

dig, die Radachse im Verhältnis zur Federbeinachse mit dem Abstand c zu versetzen (Bild 6.51). Bei einem derartigen Hebelarm wird eine zufällige Drehung des Rades um den Winkel γ durch die Kraft F_R verhindert, die bestrebt ist, das Rad in Richtung des Winkels γ zu drehen.

Bei größeren Flugzeugen hat das Bugfahrwerkbein meistens zwei Räder. Zur Verbesserung der Steuerbarkeit des Flugzeuges beim Rollen und zur Erhöhung der Lebensdauer der Bremsen und der Bereifung wird das Bugrad über ein spezielles System durch den Piloten gesteuert.

Das Bugrad ist meistens eine Fachwerk-Balken-Konstruktion mit Teleskopfederbein und unmittelbarer Radaufhängung oder mit Gabelaufhängung.

Betrachten wir die am weitesten verbreiteten Bugradkonstruktionen.

Bild 6.52 zeigt die Konstruktion des Bugrades eines Passagierflugzeuges vom Typ IL 14. Die Hauptelemente dieses Bugrades sind: das Federbein 17, die Querstrebe 7, das Rad 12, die beim Einfahren einklappbaren Streben 18, 19, 20, der Einfahrzylinder 3, der Notausfahrzylinder 1 und das obere Verriegelungsschloß 25 für die eingefahrene Stellung.

Das Federbein 17 wird mit Hilfe der Zapfen der Querstrebe 7 in Kugellagern des Befestigungspunktes 6 gelagert. Diese Kugellager sitzen in den Längsträgern des Bugradschachtes. Die einklappbaren Streben bestehen aus den Hälften 18 und 20, die durch das Schloß 19 verbunden sind. Das obere Ende der Strebe ist am Längsbalken des Rumpfes mit zwei Kugellagern befestigt. Der Kolben des Einfahrzylinders 3 ist mit dem Übergangskipphebel 2 verbunden, während der Zylinder mit der Querstrebe 7 verbunden ist. An dem Kipphebel 2 ist ebenfalls der Kolben des Notausfahrzylinders 1 befestigt. Die Bugradabdeckklappen bestehen aus der vorderen Klappe 10 und den beiden seitlichen Klappen 24. Die Klappe 10 ist am Federbein befestigt, und beim Ein- und Ausfahren desselben bewegt sich die Klappe mit dem Federbein. Die zwei seitlichen Abdeckplatten 24 sind an drei Aufhängepunkten am Rumpfquerträger befestigt. Sie werden mit Hilfe von Gestängen und Kipphebeln, die kinematisch mit der oberen Hälfte der einklappbaren Querstrebe verbunden sind, geschlossen. Das Bugrad wird in Flugrich-

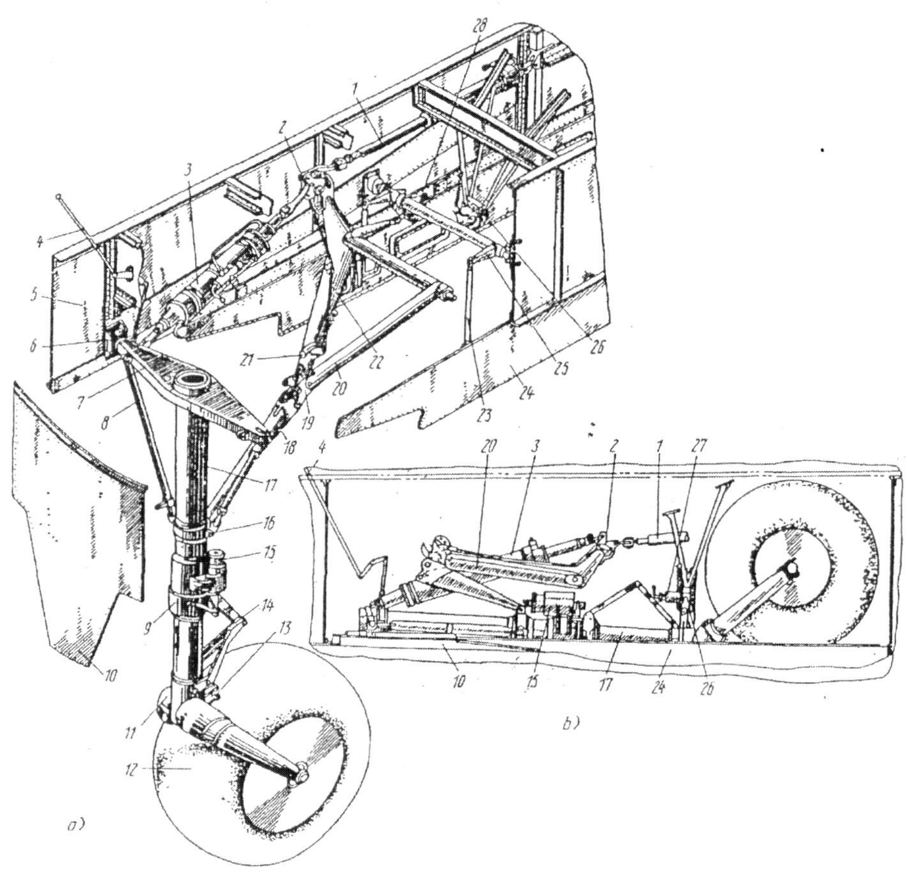

Bild 6.52 Konstruktion eines Bugrades mit unmittelbarer Befestigung des Rades am Stoßdämpferzylinder

a) Fahrwerkbein in ausgefahrener Stellung; b) Fahrwerk in eingefahrener Stellung im Rumpf
1 - Notausfahrzylinder; 2 - Kipphebel zum Anheben des Fahrwerkes und Steuerung der Strebenschlösser; 3 - Arbeitszylinder;
4 - mechanische Fahrwerkstellungsanzeiger; 5 - Querträger des Fahrwerkes im Rumpf; 6 - Befestigungspunkt des Fahrwerkes;
7 - Querstrebe; 8 - Seitenstrebe; 9 - untere Schelle zur Befestigung des Spurgelenkes und des Schwingungsdämpfers;
10 - vorderes Abdeckblech; 11 - Radgabel; 12 - Rad; 13 - Lasche zur Befestigung des Fahrwerkes in eingefahrener Stellung;
14 - Spurgelenk; 15 - Flatterdämpfer, 16 - Schelle zur Befestigung der Fahrwerkstreben; 17 - Stoßdämpfer;
18 - untere Hälfte der einklappbaren Strebe; 19 - Strebenschloß; 20 - obere Hälfte der einklappbaren Strebe;
21 - Endschalter der Fahrwerksignalisation für die ausgefahrene Stellung; 22 - Seil zur Betätigung der Strebenschlösser;
23 - Steuergestänge für die Klappen; 24 - Klappen; 25 - Steuerhebel für die Klappen; 26 - oberes Schloß für eingefahrene Stellung;
27 - Endschalter für die Fahrwerksignalisation in eingefahrener Stellung; 28 - Steuermechanismus für die Klappen

tung nach hinten in den Bugradschacht eingefahren. Der Doppelhebel 14 überträgt das Drehmoment vom Rad auf den Stoßdämpferzylinder.

Am Fahrwerkbein ist der Schwingungsdämpfer 15 befestigt, der die Schwingungen beim Rollen des Flugzeuges dämpft. Die Konstruktion des Bugrades mit Gabelaufhängung eines leichten Flugzeuges zeigt Bild 6.53.

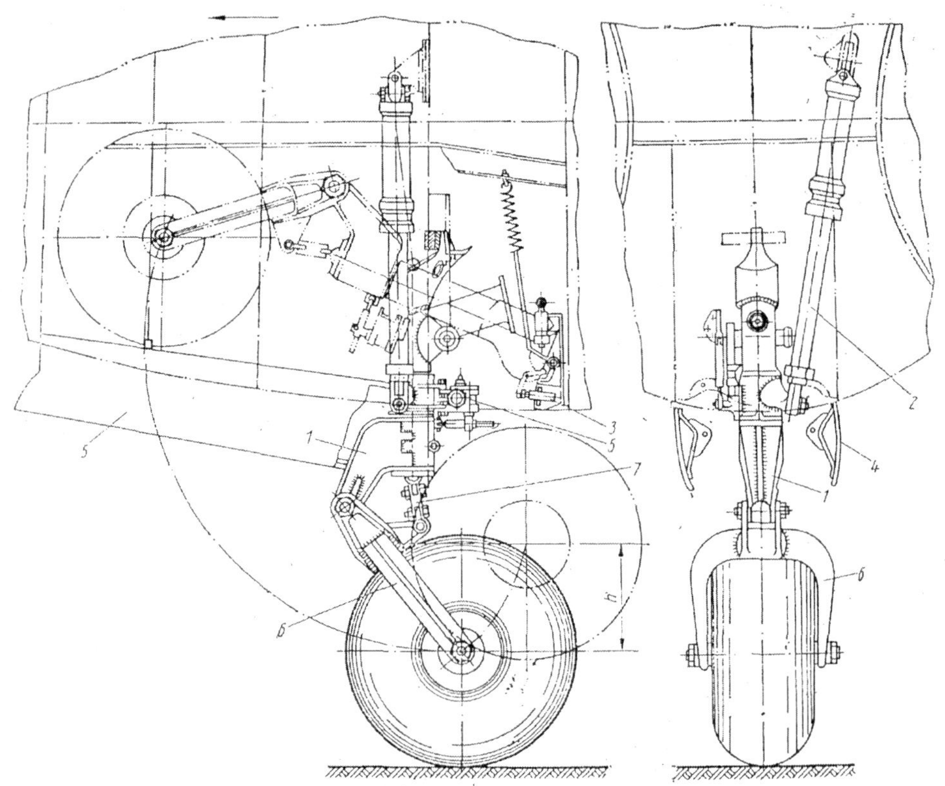

Bild 6.53 Die Konstruktion eines Bugrades für ein leichtes Flugzeug

1 - Gabelbefestigung; 2 - Arbeitszylinder; 3 - Verriegelungsschloß für die eingefahrene Stellung; 4 - seitliche Abdeckklappen; 5 - Schwingungsdampfer; 6 - Radgabel; 7 - Gelenkhebel; 8 - Bauachse des Flugzeuges; 9 - Flugrichtung; 10 - Weg des Arbeitszylinders

Bild 6.54 zeigt das Bugrad des Flugzeuges TU 104 nach der Fachwerk-Balkenbauweise mit Aufhängung des Rades unmittelbar am Stoßdämpferkolben. Es besteht aus folgenden Elementen: dem Federbein 2, der einklappbaren Strebe 4, der Schubstange 5, dem Einfahrzylinder 6, zwei Dämpfern 3, den beiden Rädern, den Verriegelungsschlössern 7 und dem Steuermechanismus der Radabdeckklappen.

Das Fahrwerk ist an vier Punkten durch Gelenkverbindungen am Rumpf befestigt. Die zwei vorderen Punkte dienen der Befestigung des Fahrwerkes, die beiden hinteren der Befestigung der Streben.

Ein- und ausgefahren wird das Fahrwerk mit Hilfe des Zylinders 6. Der Zylinder ist am oberen Hebel der einklappbaren Strebe 4 befestigt, während der Kolben mit dem Hebel der Querstrebe 8 befestigt ist. Beim Einfahren wird die Schubstange 5 eingeklappt und hebt die Strebe 4 an. Das Bugrad wird nach hinten in den Fahrwerkschacht eingefahren. Die beiden Räder sind an dem drehbaren Teil des Fahrwerkbeines angebracht, während die Hydraulikdämpfer, die die Drehung des

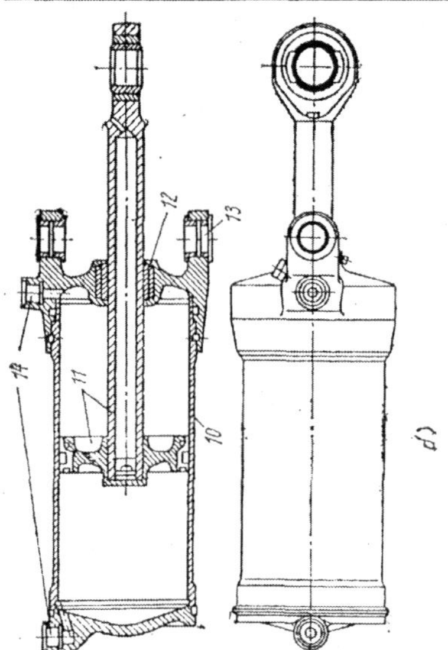

Bild 6.54 Bugrad in Fachwerk-Balkenbauweise

a, b) allgemeine Ansicht des Fahrwerkes;
c) Flatterdämpfer;
d) Zentriermechanismus

1 - Rad;-2 - Stoßdämpfer; 3 - Flatterdämpfer; 4 - Einklappbare Strebe;
5 - Schubstange; 6 - Einfahrzylinder; 7 - Verriegelungsschloß;
8 - Querstrebe; 9 - Strebe; 10 - Zylinder;
11 - Arbeitskolben; 12 - Dichtung; 13 - Öse mit Hülse;
14 - Stutzen; 15 - Nocken des Kolbens; 16 - Nocken des Zylinders;
17 - Dichtungspaket; 18 - untere Hülse; 19 - Schmierring

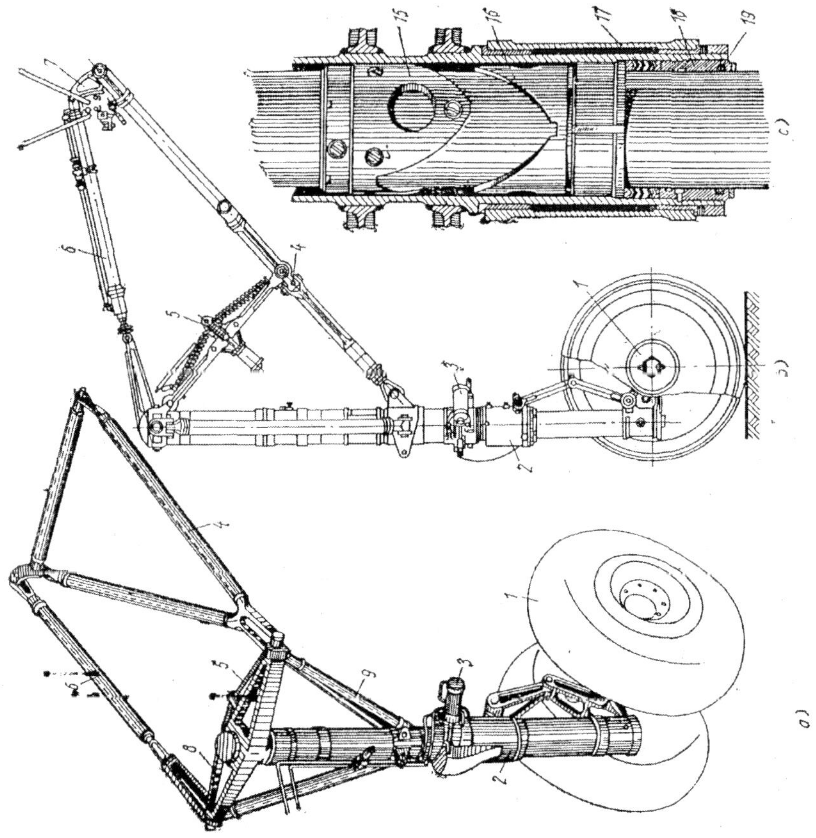

Rades steuern, am unbeweglichen Teil des Fahrwerkbeines befestigt sind.

Die Konstruktion eines derartigen Dämpfers zeigt Bild 6.54b. Bild 6.54d zeigt die Zentriervorrichtung. Am Kolben des Stoßdämpfers befindet sich ein Nocken, der mit einem Nocken im Zylinder zusammenläuft und somit die Fixierung des Rades in der Neutralstellung beim Abheben des Bugrades vom Boden gewährleistet. Beim Rollen am Boden sind beide Nocken nicht miteinander verbunden, und der Kolben kann sich mit den Rädern drehen.

Bild 6.55 zeigt die Konstruktion des Bugrades des Flugzeuges IL 18.

Das Fahrwerkbein 12 wird am Rumpf mit Hilfe der Querstrebe 8 befestigt. An den Ösen des Fahrwerkbeines und der Querstrebe sind die Seitenstreben 2 befestigt. Sie bilden mit dem Fahrwerkbein ein flaches Fachwerk und nehmen alle seitlichen Belastungen auf.

Die hintere Strebe 7 ist mit einem Ende am Fahrwerkbein, mit dem anderen Ende über ein Kardangelenk 14 mit der Spurstange 5 verbunden und wird über die Lasche 15 in ausgefahrener Stellung durch das Schloß 6 fixiert. Der obere Teil des Fahrwerkbeines 12 endet mit dem Hebel 16, an dem der Einfahrzylinder 1 befestigt ist.

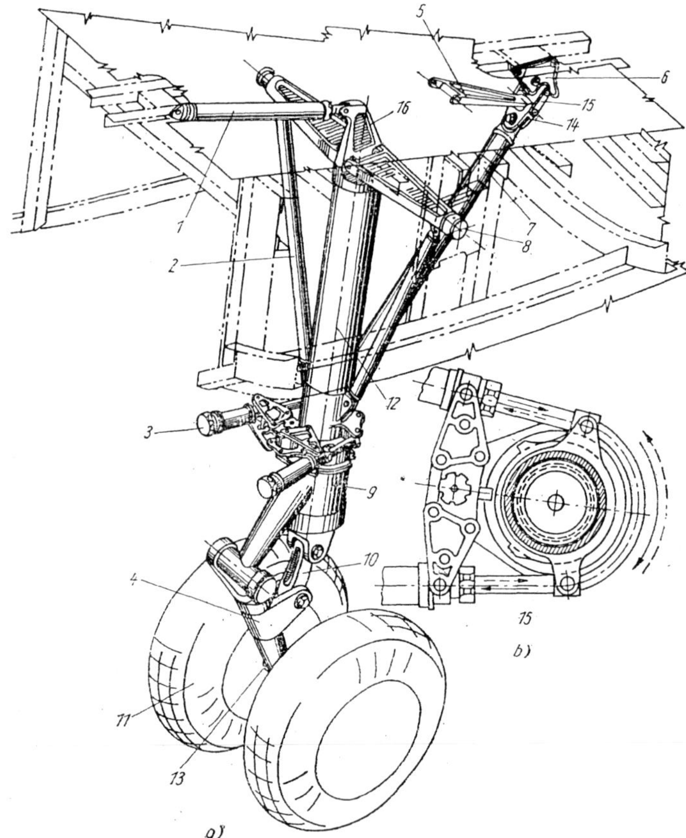

Bild 6.55 Konstruktion eines Bugrades in Fachwerk-Balkenbauweise

a) Konstruktion des Fahrwerkes; b) Steuerteil
1 – Arbeitszylinder; 2 – Strebe; 3 – Zylinder zum Drehen des Rades; 4, 16 – Hebel; 5 – Führungshebel; 6 – Verriegelungsschloß für die ausgefahrene Stellung; 7 – hintere Strebe; 8 – Querstrebe; 9- drehbare Hülse; 10, 15- Gelenkhebel ; 11 – Rad; 12 – Federbein; 13 – Radachse; 14 – Kardangelenk; 15 – Steuerschema

Die Achse des Rades 13 ist fest mit dem Hebel 4 verbunden und bildet somit zwei Stützen zur Befestigung beider Räder. Über das untere Teil des Fahrwerkbeines ist die drehbare Schelle 9 mit dem Federarm gelagert. Oberhalb der Schelle sind am Fahrwerkbein zwei Zylinder 3 angebracht, die die Aufgabe haben, Eigenschwingungen des Rades zu dämpfen. Dieselben Zylinder werden zur Drehung des Rades beim Rollen des Flugzeuges verwendet. In diesem Fall wird dem Zylinder Flüssigkeit unter Druck zugeführt. Durch Drehung eines speziellen Handrades am Steuerrad ist der Flugzeugführer in der Lage, das Bugrad zu steuern. In der Kabine befindet sich ein Schalter, mit dessen Hilfe der Flugzeugführer den Hydraulikzylinder auf Dämpfung oder Steuerung schalten kann.

Bild 6.56 zeigt ein anderes Bugrad. Der Kolben des Stoßdämpfers 1 ist mit Hilfe des Doppelhebels 2 mit der Schelle 3 verbunden, welche frei auf dem Zylinder 4 sitzt und damit eine Drehung des Rades im Verhältnis zur Fahrwerkbeinachse gestattet. Dabei überträgt die Schelle mit Hilfe des Bügels 5 und der Lasche 6 die Drehung auf den Hebel 7, der frei auf dem Stift 8 sitzt und mit dem Kolben des Dämpfers 9 verbunden ist. Die Zylinder 10 sind über Scharniere mit dem Stoßdämpferzylinder verbunden. Die Eigenschwingungen des Bugrades werden durch den Flüssigkeitswiderstand gedämpft. Dabei dringt die Flüssigkeit durch kleine Öffnungen von einer Kammer des Dämpfers in die andere.

Die Steuerung der Räder erfolgt über die Lenksäule. Der Flugzeugführer wirkt auf den Steuerschieber des Verteilerautomaten des Hydrauliksystems ein, der die Flüssigkeit unter Druck in die obere Kammer des einen Dämpfers und in die untere Kammer des anderen Dämpfers gibt. Bei einer Verschiebung der Kolben der Dämpfer in entgegengesetzter Richtung dreht sich der Hebel 7, die Lasche

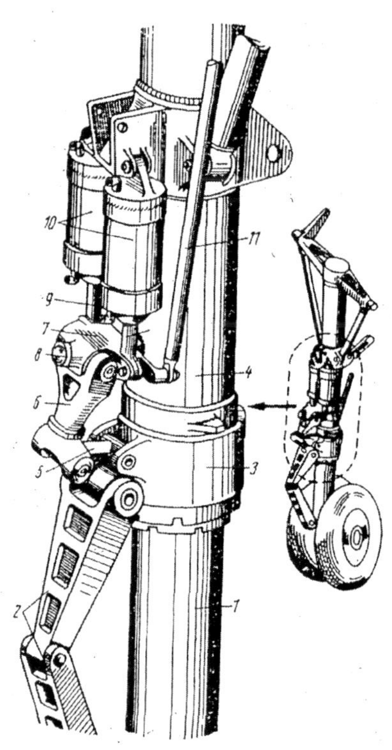

Bild 6.56 Lenkbares Bugrad nach der Fachwerk-Balkenbauweise

1 - Kolbenstange; 2 - Spurgelenk; 3 - Hülse; 4 - Zylinder; 5 - Mitnehmer; 6 - Lasche; 7 - Hebel; 8 - Nasenstücke; 9 - Kolben des Flatterdämpfers; 10 - Zylinder des Flatterdämpfers; 11 - Gestänge

schlägt aus, es dreht sich die Schelle 3, und somit dreht sich das Rad in die entsprechende Richtung.

Als hintere Stütze werden am Rumpfhinterteil des Flugzeuges Sporne, Räder oder Kufen angebracht. In der Vergangenheit waren Sporne am meisten verbreitet. Sie waren ein einfaches Mittel auch zur Bremsung des Flugzeuges. Sie hatten den Nachteil, daß die Oberfläche des Flugplatzes stark beschädigt wurde. Deshalb wurden anstelle der Sporne Räder und Kufen verwendet. Eine Drehung des Flugzeuges am Boden hängt in großem Maße von der Stellung des Spornes oder des Rades ab. Je größer die Entfernung zwischen dem Berührungspunkt der Stütze mit der Oberfläche und dem Schwerpunkt des Flugzeuges ist, um so stabiler ist das Flugzeug beim Rollen.

Um die Manövrierfähigkeit des Flugzeuges beim Rollen zu erhalten, muß die hintere Stütze (Rad oder Kufe) drehbar sein. Um ein Schlingern des Flugzeuges beim Start und bei der Landung zu vermeiden, muß das Rad in der Neutralstellung fixierbar sein.

Bild 6.57 zeigt die Konstruktion eines Spornrades mit lenkbarem Rad. Dazu gehören das Fahrwerkbein 1 mit der Konsole 5 und der Querstrebe 10. Diese ist an den Spanten des Rumpfes befestigt. Weiterhin gehört der Stoßdämpfer 3 dazu. Das Teleskopfederbein gestattet die Bewegung des Kolbens. Das untere Ende des Kolbens 1 ist mit der Radgabel verbunden. Der Stoßdämpferzylinder 3 ist über eine Gelenkverbindung mit der Konsole 5 des Kolbens 1 verbunden. Der Kolben des Stoßdämpferzylinders ist mit dem Hebel 7 verbunden. Der Doppelhebel 7 dreht sich in zwei Kugellagern. Der Hydraulikzylinder 9 ist am Rumpf befestigt, sein Kolben mit dem kleinen Hebel des Kipphebels 7.

Beim Einfahren des Rades fährt der Kol-

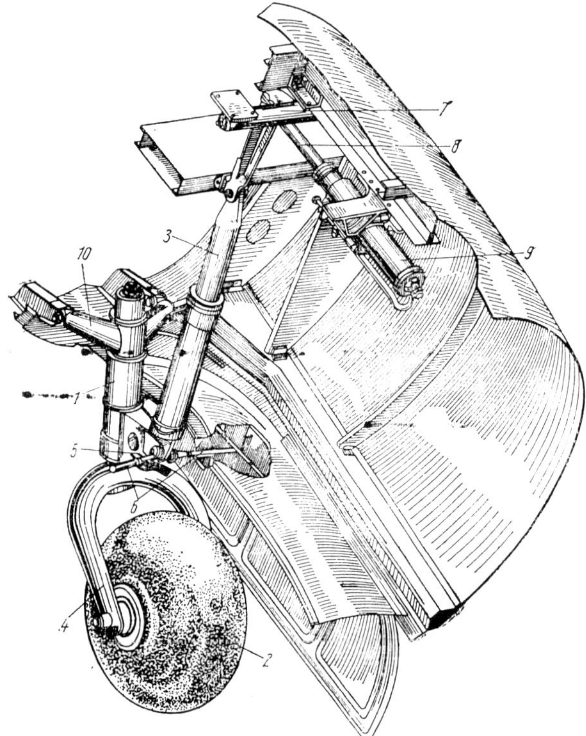

Bild 6.57 Konstruktion eines Spornrades in Fachwerk-Balkenbauweise

1 – Fahrwerkbein; 2 – Rad; 3 – Stoßdämpfer; 4 – Radgabel; 5 – Konsole; 6 – Gestänge zur Steuerung der Abdeckklappen; 7 – Umlenkhebel; 8 – Kolben des Einfahrzylinders; 9 – Einfahrzylinder; 10 – Querstrebe

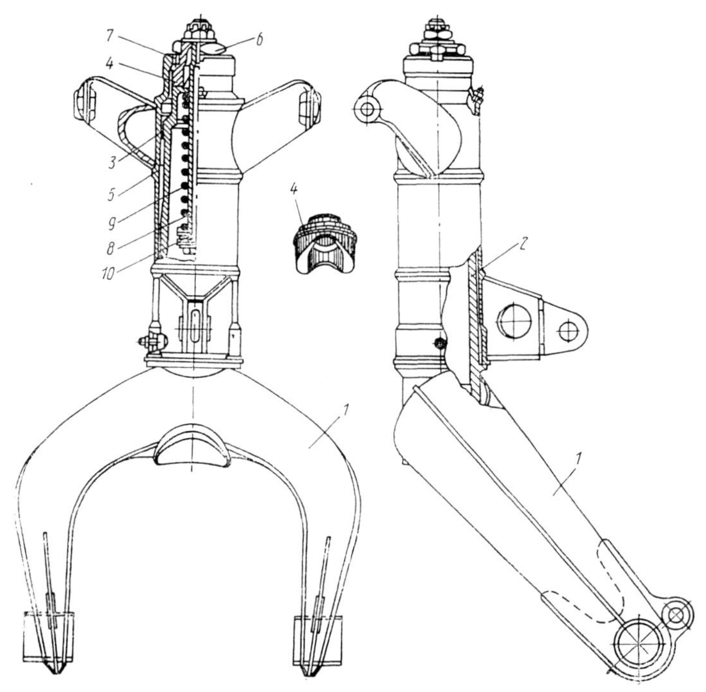

Bild 6.58 Konstruktion eines Spornrades mit selbstorientierendem Rad (siehe Bild 6.57)

ben in den Zylinder ein und zieht den kleinen Hebel 7 mit. Durch Drehung des Kolbens dreht sich der kleine Hebel 7 ebenfalls. Dadurch bewegt sich der große Hebel 7 und damit der Stoßdämpfer 3 nach hinten und nach oben. Das Federbein 1, durch Gelenkverbindung mit dem Stoßdämpfer verbunden, hebt sich nach oben und fährt in das Rumpfhinterteil ein.

Die Konstruktion des Fahrwerkbeines mit drehbarem Rad zeigt Bild 6.58. Das Fahrwerkbein hat eine geschweißte Gabel 1 und den daran festgeschweißten Kolben 2, in dessen oberen Teil ein Führungsring aus Bronze eingepreßt ist.

Das obere Teil des Kolbens ist ein Nokken mit zwei Zähnen und Schraubenprofil. Dieser Nocken ist mit einem zweiten Nocken 4 am Bund des Zylinders 5 verzahnt. Um eine Verdrehung des Nockens 4 im Bund des Zylinders 5 zu verhindern, sind in diesem sechs Stifte 7 so eingepreßt, daß die eine Hälfte eines jeden Stiftes sich im Nocken, die andere im Bund befindet.

Der Kolben ist mit dem Zylinder durch einen Hohlbolzen 8 und eine Feder 9 befestigt. Dieser hält den Nocken des Kolbens in der Verzahnung mit dem Nocken des Zylinders und führt die Gabel 1 in die Ausgangsstellung zurück, nachdem das Rad vom Boden abgehoben hat. Das Drucklager 10 verringert die Reibung bei der Drehung der Gabel um die Fahrwerkbeinachse. Die obere Mutter reguliert die Federvorspannung.

Bild 6.59 zeigt das konstruktive Schema eines Spornrades mit Gabelaufhängung des Rades. Das Fahrwerkbein besteht aus dem starren Bein 2, dem Hebel 7 mit dem Rad 8 und dem Stoßdämpfer 12. Dieser arbeitet nur bei Axialbelastung. Das

Bein 2 dreht sich frei um seine Achse und kann sich somit beim Rollen frei orientieren und sich im großen Winkel drehen. Beim Start wird das Rad aus der Kabine durch den Flugzeugführer arretiert. Beim Langstreckenflugzeug vom Typ IL 62 ist eine in das Rumpfhinterteil einziehbare Stütze angebracht. Sie wird beim Abstellen des Flugzeuges auf dem Abstellplatz ausgefahren. Die Notwendigkeit einer derartigen Stütze ergibt sich aus der Verlagerung des Schwerpunktes (hinter das Hauptfahrwerk) bei Leerung der vorderen Passagierkabinen.

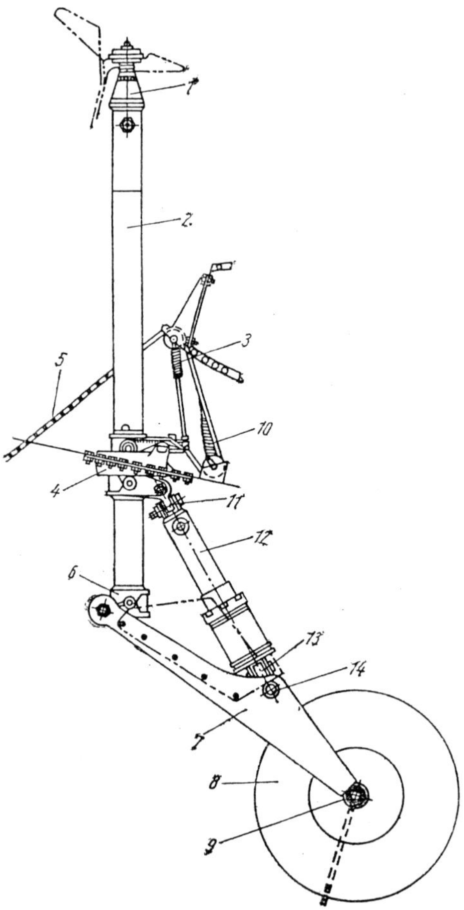

Bild 6.59 Fahrwerkbein mit selbstorientierendem Rad und Hebelaufhängung

1 – oberer Befestigungspunkt; 2 – Fahrwerkbein; 3 – Feder; 4 – mittlerer Teil des Fahrwerkbeines; 5 – Seil des Schlosses; 6 – untere Querstrebe; 7- Gabelschwinge; 8 – Rad; 9 – Radachse; 10 – Feder des Schlosses; 11, 13 – Kardangelenke; 12 – Stoßdämpfer; 14 – Welle

Tragflügelhilfsstützen bei Tandemfahrwerken

Tragflügelhilfsstützen verwendet man bei Tandemfahrwerken. Die Größe der Räder der Tragflügelstützen hat einen großen Einfluß auf die Längsstabilität des Flugzeuges. Besonders starken Einfluß haben sie bei der Landung mit Schräglage. Zur Verminderung der Größe der Widerstandskräfte dieser Räder ist es notwendig, daß der Stoßdämpfer einen großen

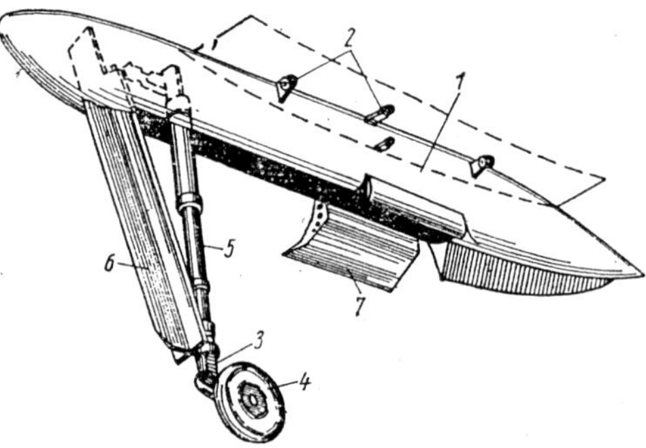

Bild 6.60 Stützrad am Tragflügel

1 – Gondel; 2 – Befesigungspunkte der Gondel am Tragflügel; 3- Radgabel 4 – Rad; 5 – Stoßdämpfer; 6 – Strebe mit Abdeckklappe; 7 – Abdeckklappen

Weg und eine kleine Vorspannung hat. Diesen Bedingungen entsprechen Tragflügelstützen mit Gabelaufhängung des Rades und einem Stoßdämpfer mit gebremsten Ausfahren. Um eine Landung auf den Tragflügelstützen auszuschließen, haben sie solche Abmaße, daß sie den Boden nur beim Abstellen des Flugzeuges berühren.

Bild 6.60 vermittelt eine Vorstellung von einer Tragflügelstütze. Sie kann in eine stromlinienförmige Gondel eingefahren werden.

Sicherheitsstützen am Rumpfhinterteil

Bei der Landung und oftmals auch beim Start eines Flugzeuges mit Bugrad oder mit Tandemfahrwerk ist die Berührung des Erdbodens durch das Rumpfhinterteil möglich. Deshalb werden sogenannte Sicherheitsstützen angebaut.

Bei einigen nicht sehr großen Flugzeugen sind derartige Sicherheitsstützen am unteren Teil des Rumpfhinterteiles angebracht (Falschkiele) (Bild 6.61).

Sicherheitsstützen können während des Fluges in den Rumpf eingezogen werden. Bild 6.62 zeigt eine nichteinziehbare Sicherheitsstütze. Sie steht nur wenig aus der Rumpfkontur heraus und ist mit einem Umströmungsmantel versehen. Die Stütze ist durch ein Gelenk mit dem Rumpf verbunden und besitzt einen Stoßdämpfer. Eine einfahrbare Sicherheitsstütze zeigt Bild 6.63. Sie bedarf keiner weiteren Erklärung. Das Ein- und Ausfahren erfolgt gleichzeitig mit dem Ein- und Ausfahren des Fahrwerkes.

Bild 6.61 Nichteinfahrbarer Stützkiel

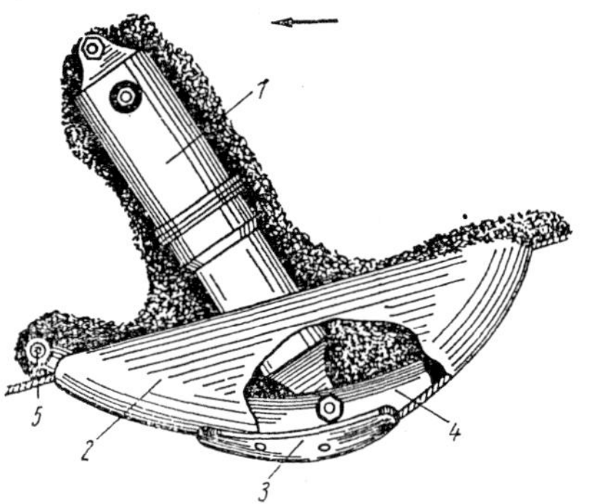

Bild 6.62 Nichteinfahrbarer Stützsporn am Rumpf

1 – Stoßdämpfer; 2 – Umströmungsblech; 3 – Lasche; 4 – Gleitstück; 5 – Befestigungspunkt

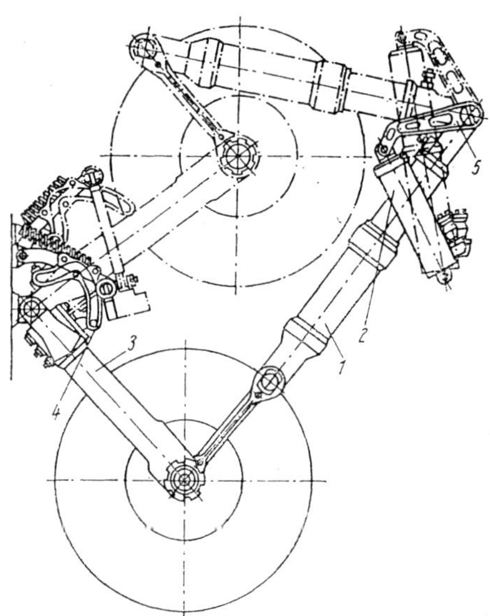

Bild 6.63 Einfahrbares Spornrad am Rumpf

1 – Stoßdämpfer; 2 – Vorrichtung zum Ein- und Ausfahren des Rades; 3 – Fahrwerkbein; 4 – Vorrichtung zum Schließen der Abdeckklappen; 5 – Drehhebel

6.9. Fahrwerkeinfahrschemata

Bei Flugzeugen mit vollkommenen aerodynamischen Formen kommt auf das Fahrwerk ein großer Teil des Gesamtwiderstandes. Deshalb ist der Einfluß des Widerstandes des Fahrwerkes auf die Flugcharakteristiken sehr groß.
Deshalb ist es bereits bei Geschwindigkeiten über 250 km/h äußerst günstig, das Fahrwerk einzufahren. Es verändern sich dabei, außer der Geschwindigkeit, auch andere Flug- und Nutzungscharakteristiken. Das veranlaßte die Konstrukteure, dazu überzugehen, einziehbare Fahrwerke zu konstruieren, und die größere Masse, die kompliziertere Konstruktion und die schlechteren Wartungsbedingungen in Kauf zu nehmen.
Das Fahrwerk kann in Richtung seiner Spannweite in den Tragflügel eingefahren werden, wobei der größte Teil des Fahrwerkes im Rumpf einfährt. Es kann weiterhin in den Rumpf sowie in Richtung der Tragflügelsehne nach vorn und hinten eingefahren werden. Antriebe zum Einfahren können hydraulischer, pneumatischer oder elektrischer Art sein.
Bei jedem Flugzeug ist neben dem Fahrwerkhauptsystem noch ein Notsystem zum Ausfahren der Fahrwerke vorgesehen.

Das Einfahren des Hauptfahrwerkes in den Tragflügel in Richtung seiner Spannweite
Das Einfahren des Fahrwerkes in den Tragflügel in Richtung seiner Spannweite vom Rumpf weg trifft auf große Schwierigkeiten, da sich der Tragflügel mit Zunahme der Entfernung von der Flugzeugsymmetrieachse immer mehr verjüngt (Bild 6.64a). Die sich daraus ergebenden kleinen Räder führen zur Instabilität beim Start und zu großen Schwierigkeiten beim Rollen mit Hilfe der Bremsen.
Mit der Verwendung sehr dünner Tragflügel bei modernen Flugzeugen wurde das Einfahren des Fahrwerkes in den Tragflügel unmöglich.
Sehr oft, besonders bei kleinen Flugzeugen, wird das Fahrwerk in Richtung zum Rumpf hin eingefahren (Bild 6.64b, d, c). Dabei gibt es mehrere Möglichkeiten der Unterbringung der Räder. Wenn es keine Möglichkeit gibt, die Räder im Tragflügel unterzubringen, werden sie im Rumpf untergebracht. Zur besseren Ausnutzung des inneren Raumes des Rumpfes wird das Rad beim Einfahren gedreht (Bild 6.64d). In diesem Falle kompliziert sich die Konstruktion des Fahrwerkes, und es erhöht sich sein Gewicht.

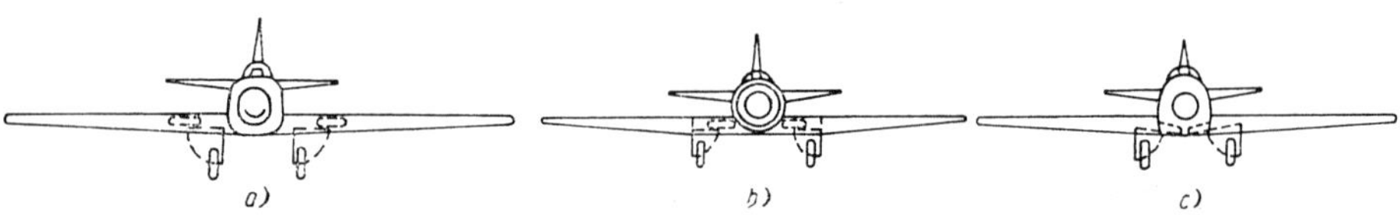

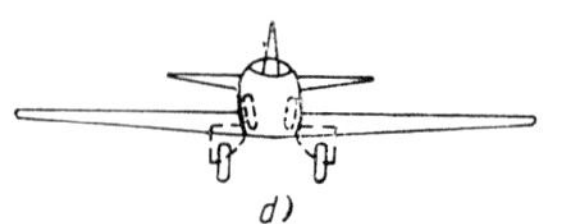

Bild 6.64 Schema der verschiedenen Einfahrmöglichkeiten des Fahrwerkes in den Tragflügel

a) Einfahren in Richtung vom Rumpf weg; b) Einfahren in Richtung des Rumpfes; c) Einfahren des Fahrwerkes in den Tragflügel und Rumpf; d) Einfahren des Fahrwerkes in den Tragflügel und Rumpf mit Drehen des Rades

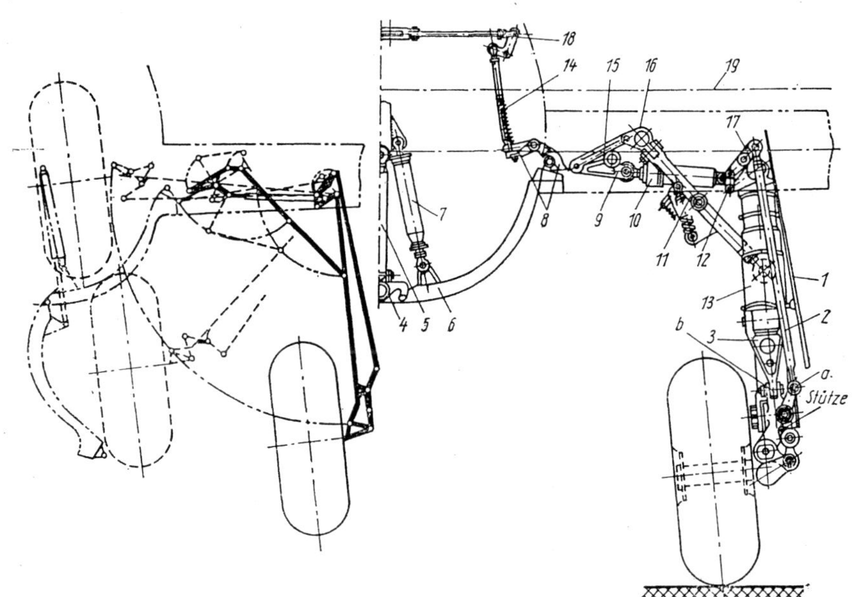

Bild 6.65 Kinematisches und konstruktives Schema eines in den Tragflügel einfahrbaren Hauptfahrwerkes
1 – Abdeckklappe; 2 – Gestänge; 3 – Spurgelenk; 4 – Konsole; 5 – Strebe; 6 – Abdeckklappe; 7 – Einfahrzylinder der Abdeckklappen; 8 – Schloß der Abdeckklappen; 9 – drehbarer Hebel; 10 – Einfahrzylinder des Fahrwerkes; 11 – Strebe; 12 – Hebel; 13 – Stoßdämpfer; 14 – Gestänge zum Schloß; 15 – Hebel; 16, 17 – drehbare Hebel; 18 – Notöffnung der Klappen

Bild 6.65 zeigt das kinematische Schema und die Konstruktion eines Hauptfahrwerkes, dessen Rad in vertikaler Lage in den Rumpf eingefahren wird. Bei diesem Schema ist das Rad am Fahrwerkbein mit Hebeln aufgehängt. Das Fahrwerkbein mit dem Gas-Flüssigkeitsstoßdämfer ist am Tragflügel mit Spindeln und abklappbaren Seitenstreben befestigt. Der Einfahrmechanismus besteht aus dem Hydraulikeinfahrzylinder 10, den Streben 11, den Drehhebeln 9, 16 und 17, den Hebeln 12 und 15, dem Gestänge 2 und der Hebelübertragung, die unten am Fahrwerkbein befestigt ist.

Beim Einfahren des Fahrwerkbeines wird die Bewegung des Kolbens des Einfahrzylinders 10 auf den Drehhebel 9 und die am Kopf des Stoßdämpferzylinders befestigten Hebel übertragen. Beim Einfahren verändert das Rad seine Lage nicht. Das wird durch die Gestänge 2, die mit dem Hebel 17 und der Hebelübertragung am Fahrwerkbein verbunden sind, gewährleistet. Beim Eindrücken des Stoßdämpfers wirken das Gestänge 2 und die Hebelübertragung nicht auf die Radachse, da das Gelenk a in einer Achse mit dem Gelenk b liegt.

Bei einer Reihe von Hauptfahrwerkkonstruktionen übernimmt der Einfahrzylinder die Rolle der Seitenstreben. Dadurch wird das kinematische Schema des Einfahrens wesentlich einfacher (Bild 6.66a). Bei einem solchen Schema wird zur Verhinderung des selbständigen Einknickens des Fahrwerkes unter der Wirkung der Seitenkräfte im Einfahrzylinder eine Sperre eingebaut. Sie gewährleistet eine starre Verbindung des Kolbens mit

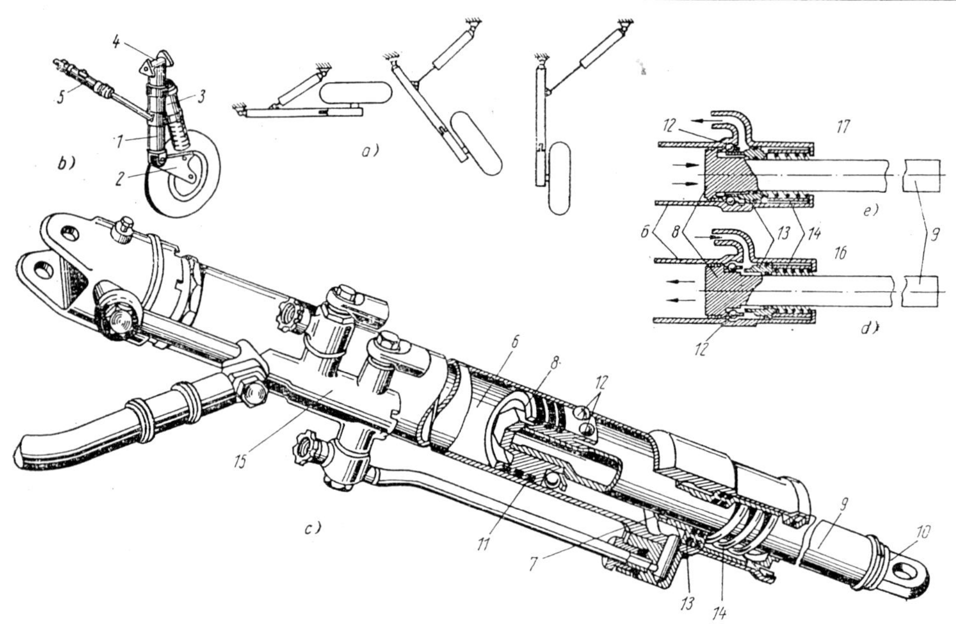

Bild 6.66 Kinematisches Schema eines in den Tragflügel einfahrbaren Hauptfahrwerkes, Konstruktion des Fahrwerkbeines und des Einfahrzylinders

a) kinematisches Schema; b) konstruktives Schema des Fahrwerkbeines; c) hydraulischer Einfahrzylinder; d) zur Erklärung der Arbeitsweise des Verriegelungsschlosses

1 – Fahrwerkbein; 2 - Schwinge; – Stoßdämpfer; 4 – Befestigungspunkt; 5 – Einfahrzylinder; 6 – Zylinder; 7 – Kanal; 8 – Kolben; 9 – Kolbenstange; 10 – Ösenbolzen; 11 – Dichtung; 12 – Kugeln; 13 - Verriegelungskolben 14 – Feder; 15 – Verteilerventil

dem Einfahrzylinder bei ausgefahrener Stellung des Fahrwerkbeines sowie die Bewegung des Kolbens im Zylinder beim Einfahren. Bild 6.66 b zeigt die allgemeine Ansicht eines einziehbaren Hauptfahrwerkes. Am Fahrwerkbein 1 ist der Hebel 2 befestigt und über ein Scharnier mit dem Stoßdämpfer 3 verbunden. Das Fahrwerkbein dreht sich beim Einfahren um die Achse des oberen Befestigungspunktes 4. Der Kraftzylinder 5 ist am Fahrwerkbein und am Tragflügel befestigt.

Der Einfahrzylinder (Bild 6.66c) ist der Zylinder 6. Dieser hat einen ringförmigen Kanal 7 für die Kugeln 12 und den Kolben 8 und die Dichtungen 11. Der Kolben ist mit der Kolbenstange 9 verbunden. In dieser Kolbenstange sitzt der Ösenbolzen 10 für die Befestigung des Einfahrzylinders mit dem Fahrwerkbein. Der Kolben hat Öffnungen für die Kugeln 12. Der Tauchkolben 13 mit seinen Dichtungen kann sich frei entlang der Kolbenstange bewegen.

Beim Einfahren des Fahrwerkes kommt die Hydraulikflüssigkeit von der Seite der Kolbenstange in den Einfahrzylinder (Bild 6.66d).

Unter dem Druck der Hydraulikflüssigkeit wird der Tauchkolben nach rechts gedrückt und befreit die Kugeln, indem er die Feder eindrückt. In eingefahrener Stellung wird das Fahrwerkbein durch das Verriegelungsschloß fixiert. Dieses ist im Tragflügel untergebracht. Beim Ausfahren des Fahrwerkbeines wird die Hydraulikflüssigkeit über das Verteilerstück 15 in den linken Teil des Zylinders gegeben und damit der Kolben nach rechts gedrückt. Wenn der Kolben die äußerste rechte Stellung erreicht hat, werden die Kugeln durch den konischen Vorsprung herausgedrückt, fallen in den ringförmigen Kanal und werden dort durch den Federdruck des Tauchkolbens gehalten. Der Kolben kann sich dabei im Zylinder nicht bewegen.

Einfahren des Fahrwerkes in Richtung der Tragflügelsehne

Das Einfahren des Fahrwerkes in Richtung der Tragflügelsehne wird vor allem verwendet bei Flugzeugen mit zwei und mehr im Tragflügel untergebrachten Triebwerken. In diesem Falle erfolgt das Einfahren der Fahrwerke meistens in die Triebwerksgondel nach vorn oder nach hinten (Bild 6.67a).

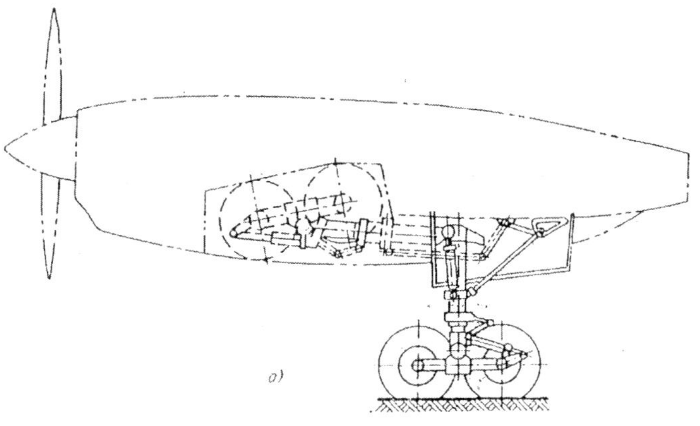

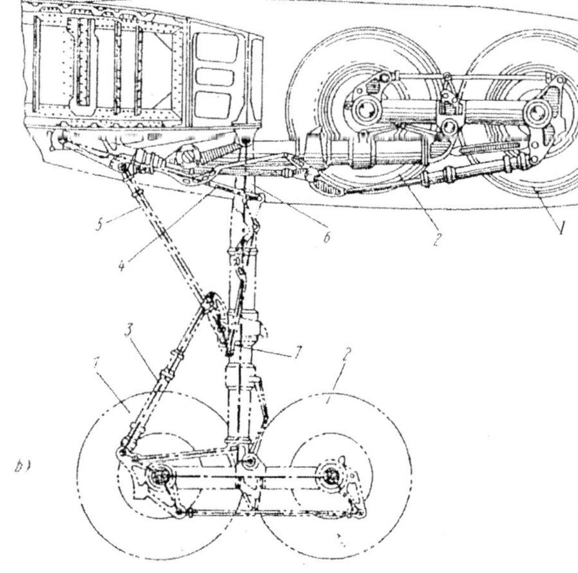

Bild 6.67 Kinematisches Schema des Einfahrens eines Hauptfahrwerkes in eine Gondel unter den Tragflugel

a) Einfahren in die Triebwerksgondel;
b) Einfahren in eine spezielle Gondel

1 - vorderes Rad; 2 - hinteres Rad;
3 - Stabilisierungsstoßdämpfer;
4 - Kolbenstange des Einfahrzylinders;
5 - Strebe; 6 - Aufhangungsrahmen; 7 - Hebel

Bei Flugzeugen, bei denen die Triebwerke am Rumpf oder am Rumpfhinterteil angebracht sind, wird das Fahrwerk in spezielle Gondeln eingefahren (Bild 6.67b). Der Radwagen wird deshalb zur Verringerung der Abmaße der Gondel drehbar gemacht. Bild 6.68 zeigt das kinematische Schema des Einfahrens eines Fahrwerkes nach hinten.

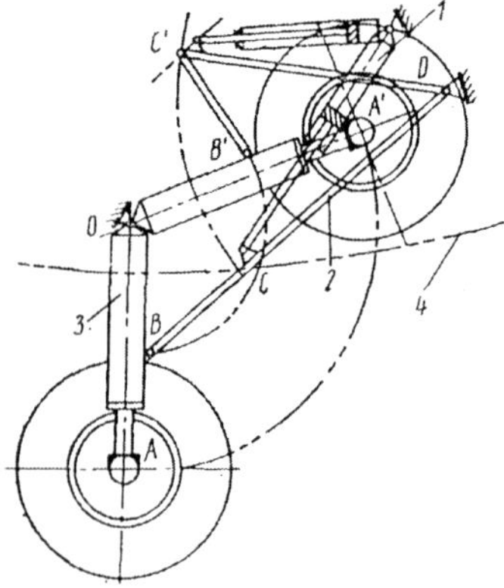

Bild 6.68 Kinematisches Schema des Einfahrens eines Fahrwerkbeines nach hinten längs der Tragflügelsehne

1 - Einfahrzylinder; 2 - einklappbare Strebe; 3 - Fahrwerkbein; 4 - Kontur der Motorgondel

Der Einfahrzylinder 1 ist kinematisch mit der Strebe 2 und dem Fahrwerkbein 3 verbunden. Dieses dreht sich um die Aufhängeachse 0. Beim Einfahren des Fahrwerkes bewegt sich das Gelenk auf der Kreisbahn BB′ mit dem Radius OB in die Richtung B′. Die Achse A bewegt sich in die Stellung A′ auf der Kreisbahn AA′ mit dem Radius OA, und das Gelenk C bewegt sich auf der Kreisbahn CC′ mit dem Radius DC in die Stellung C′. Die neue Lage der Strebe 2 wird bestimmt durch die Punkte C′ und B. Die Lage des

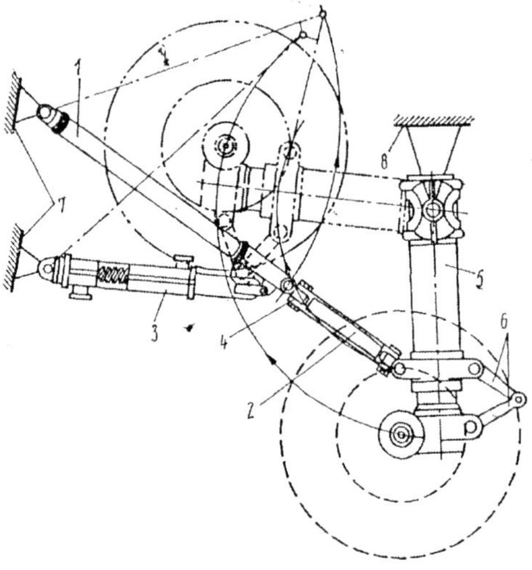

Bild 6.69 Kinematisches Schema des Einfahrens eines Fahrwerkbeines nach vorn längs der Tragflügelsehne

1, 2 - oberes und unteres Glied der einklappbaren Strebe; 3 - Einfahrzylinder; 4 - Gelenkverbindung; 5 - Federbein; 6 - Doppelhebel; 7 - Befestigungspunkt am vorderen Holm; 8 - Befestigungspunkt am hinteren Holm

Punktes C′ kann auf der Grundlage dessen bestimmt werden, daß er auf dem Kreis mit dem Radius DC und dem Kreis mit dem Radius BC, d.h. auf dem Schnittpunkt dieser beiden Kreise liegt.

Das kinematische Schema eines nach vorn einfahrenden Fahrwerkes zeigt Bild 6.69.

Das Einfahren des Fahrwerkes auf der Längsachse des Flugzeuges

Bei Flugzeugen mit Tandemfahrwerk werden die Hauptfahrwerke in den unteren Teil des Rumpfes nach vorn oder hinten eingefahren. Nach diesem Schema fährt auch das Bugrad ein. Derartige Schemata unterscheiden sich prinzipiell nicht von den vorher betrachteten Einfahrmöglichkeiten.

6.10. Belastungen des Fahrwerkes

Beim Stehen des Flugzeuges auf dem Flugplatz wirken auf das Fahrwerk Reaktionskräfte der Erde (Bild 6.70). Aus der Gleichgewichtsbedingung ergibt sich:

$$F_G = F_P + F_N$$

P, N – Reaktionskräfte.

Die Größe dieser Reaktionskräfte hängt von dem Abstand zwischen ihnen und dem Schwerpunkt ab.

$$2F_P = \frac{d}{c + d} F_G; \quad F_N = \frac{C}{c + d} F_G;$$

für Fahrwerk mit Bugrad.

$$F_P = \frac{d}{c + d} F_G; \quad F_N = \frac{c}{c + d} F_G;$$

für Tandemfahrwerke.

Für Fahrwerke mit Spornrad
$$F_P = (0{,}45 \cdots 0{,}47)\, F_G;$$
für Fahrwerke mit Bugrad
$$F_P = (0{,}43 \cdots 0{,}45)\, F_G.$$

Für leichte Flugzeuge mit Tandemfahrwerk $F_P \approx 0{,}70 \cdots 0{,}85$;
für schwere Flugzeuge $F_P \approx 0{,}6 \cdots 0{,}7$

Die auf das Fahrwerk beim Start und bei der Landung wirkenden Kräfte ändern sich nach Größe und Richtung in Abhängigkeit von der Qualität der Landung, vom Bewegungscharakter des Flugzeuges am Boden, vom Grad der Unebenheiten des Flugplatzes und vom Dämpfungsgrad.

In den Festigkeitsnormen der Flugzeuge gibt es für jeden Berechnungsfall einen Überbelastungskoeffizienten für die Nutzung η^N, einen Sicherheitskoeffizienten f und die Wirkungsrichtung der Kräfte.

Der charakteristische Belastungsfall ist die Landung auf dem Hauptfahrwerk, die Landung auf allen Rädern, das Rollen über einen unebenen Flugplatz, die Landung mit Seitenwind usw. Dabei wirken auf das Fahrwerk

$$F_P^N = \eta^N F_P.$$

Die Berechnung der Konstruktionselemente auf Bruchbelastung erfolgt nach

$$F_{PB} = \eta^N f F_P.$$

Die Berechnung des Fahrwerkes auf Festigkeit führt zur Bestimmung der äu-

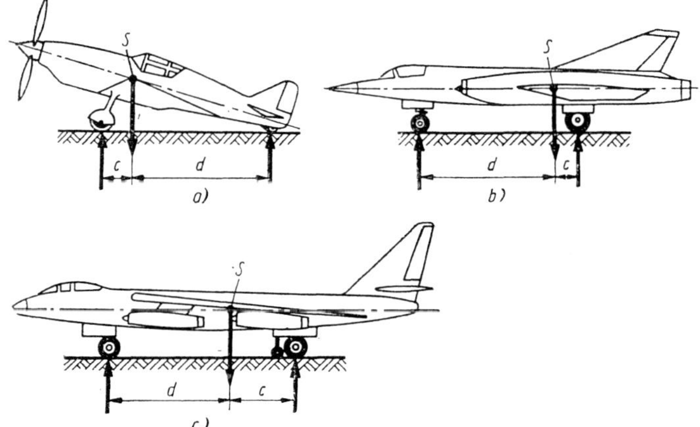

Bild 6.70 Kräfte, die auf das Fahrwerk am Abstellplatz wirken

ßeren Kräfte und Momente, die auf die Konstruktionselemente wirken, und die in diesen Elementen entstehenden normalen und Schubspannungen.

Berechnung der Biegelinie für ein Balkenfahrwerk

Ein Balkenfahrwerk mit Seitenstreben, belastet durch eine Kraft $P_{\text{ber.}}$ (Bild 6.71 a) in der Fläche XOY parallel zur Symmetrieachse des Flugzeuges, stellt einen freitragenden Träger, eingespannt in Zapfen, dar. In der Fläche XOZ (Bild 6.71 b) stellt das Fahrwerk einen Träger dar, der auf die Zapfen und im Befestigungspunkt der Strebe aufgestützt ist.

Wir befassen uns nur mit der Betrachtung der Kräfte, die in der Radfläche, d.h. in XOY liegen.

Das entspricht den Fällen E_{III}, G_{III} u.a. Zur besseren Berechnung zerlegen wir $P_{\text{ber.}}$ in zwei Komponenten

$$P_y = P_{\text{ber.}} \cos \Psi \quad \text{und}$$

$$P_x = P_{\text{ber.}} \sin \Psi .$$

Die Kraft P_x erwirkt eine Biegebelastung der Halbachse in der Fläche I, parallel

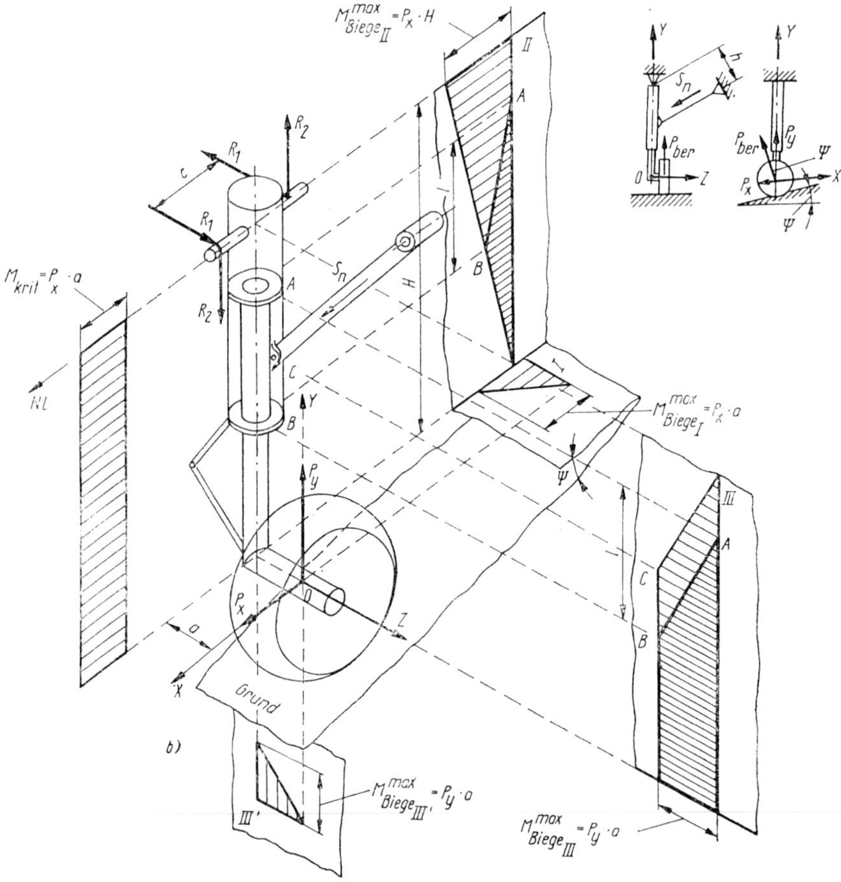

Bild 6.71 Kräfte- und Momentenbiegelinie eines Strebenfahrwerkes

zur Fläche XOZ, und erzeugt dabei ein Biegemoment:

$$M^{\mathrm{I}}_{b_{\max}} = P_x a.$$

Die Biegelinie dieser Momente hat die Form eines Dreiecks. Außerdem ruft die Kraft P_x eine Verdrehung des Fahrwerkbeines hervor. Dieses Drehmoment ist über die gesamte Länge konstant

$$M_{\mathrm{Dr.}} = P_x \cdot a.$$

Die Schublinie hat die Form eines Dreiecks. Dieses Moment wird, indem es den Doppelhebel belastet, auf den Zylinder übertragen. Im Ergebnis dessen entsteht in den Zapfen des Zylinders ein Kräftepaar

$$R_1 = \frac{M_{\mathrm{Dr.}}}{c}.$$

Die Kraft P_x verbiegt das Fahrwerkbein auch in der Fläche II, die durch die Mittellinie des Rades und durch die Zapfenachse geht. Das dabei erzeugte Biegemoment hat die Form eines Dreiecks und hat seine maximale Größe in der Fläche der Zapfen

$$M^{\mathrm{II}}_{b_{\max}} = P_x H.$$

In den Zapfen entsteht durch dieses Moment ein Kräftepaar

$$R_2 = \frac{M^{\mathrm{II}}_{b_{\max}}}{c}.$$

Bei der Betrachtung der Biegung des Fahrwerkbeines ist es notwendig, die Biegung der Kolbenstange und des Zylinders einzeln zu betrachten. Die Kolbenstange stellt einen Träger dar, der in den Buchsen A und B gelagert ist und an seinem freien Ende durch die Kraft P_x belastet ist. Am äußeren Stützpunkt A wird das Biegemoment von dieser Kraft $M^A_{B_{\mathrm{St}}}$ gleich Null.

Das Biegemoment am freien Ende des Zylinders $M^B_{B_{\mathrm{St}}}$ ist ebenfalls Null.
Weil

$$M^A_{B_{\mathrm{St}}} = 0 \quad \text{und} \quad M^B_{B_{\mathrm{St}}} = 0$$

und weil die Momentenlinie zwischen den Buchsen A und B konstant verläuft, kann man die Biegelinie M^{II}_B in zwei Teile teilen, indem man A und B durch eine Linie verbindet. Der dichter gestrichelte Teil der Biegelinie M^{II}_B ist die Biegelinie $M_{B_{\mathrm{St}}}$ der Kolbenstange.
Die Kraft P_y erzeugt eine Belastung der Halbachse auf Biegung in der Fläche III′, d.h. in der Fläche YOZ. Das maximale Biegemoment dieser Kraft im Verbindungspunkt – c – Halbachse mit dem Fahrwerkbein ist

$$M^{\mathrm{III}'}_{B_{\max}} = P_y a.$$

Die Biegelinie hat die Form eines Dreiecks.
Eine Drehung des Fahrwerkbeines im Verhältnis zur Zapfenachse verhindert die Seitenstrebe. Die Kraft S_{S} wird aus der Gleichung

$$P_y a = S_{\mathrm{S}} h$$

bestimmt.

$$S_{\mathrm{S}} = P_y \frac{a}{h}.$$

Es ist sofort ersichtlich, daß die Strebe auf Druck belastet ist (Bild 6.71a).
Durch die Kraft P_y arbeitet das Fahrwerkbein auf Biegung wie ein Träger auf zwei Stützen, dessen freies Ende durch das Moment

$$M^{\mathrm{III}}_{B_{\max}} = P_y a$$

belastet ist.
Bis zum Punkt C der Strebe ist dieses Moment konstant. Die Biegelinie hat die

Form eines Dreiecks. Vom Punkt C bis zur Zapfenachse geht das Moment bis auf Null (Bild 6.71 b). Die Teilung der Biegelinie M_B^{III} für die Kolbenstange und für den Zylinder erfolgt analog wie für M_B^{II}.

Berechnung der Biegelinie für eine Balkenkonstruktion eines Fahrwerkes mit Gabelradaufhängung

Die Berechnung der Biegelinie für die Biegemomente eines Balkenfahrwerkes mit Gabelaufhängung des Rades wird in Bild 6.72 erklärt. Dazu suchen wir in erster Linie die Kraft S im Stoßdämpfer und die Reaktionskraft R im Scharnier A des Hebels. Das läßt sich am besten grafisch lösen, da die sich im Gleichgewicht befindlichen Kräfte $P_{\text{ber.}}$, S und R sich im Punkt O schneiden (Bild 6.72 a). Aus dem Kräftedreieck suchen wir die Größe und die Richtung der Kräfte R und S. Betrachten wir die Belastung des Fahrwerkbeinzylinders. Wir legen am Zylinder in den Punkten A und B die gefundenen Kräfte R und S an. Sie stellen die Wirkung des Hebels und des Stoßdämpfers auf den Zylinder dar. (Die Richtung der Kräfte R und S ist der Richtung dieser Kräfte im Kräftedreieck *a* entgegengesetzt.) Wir zerlegen jede von ihnen in Teilkräfte entlang der Achse des Zylinders und senkrecht zu ihr (Bild 6.72 b). Diese Teilkräfte werden R_s, R_t, S_s und S_t.

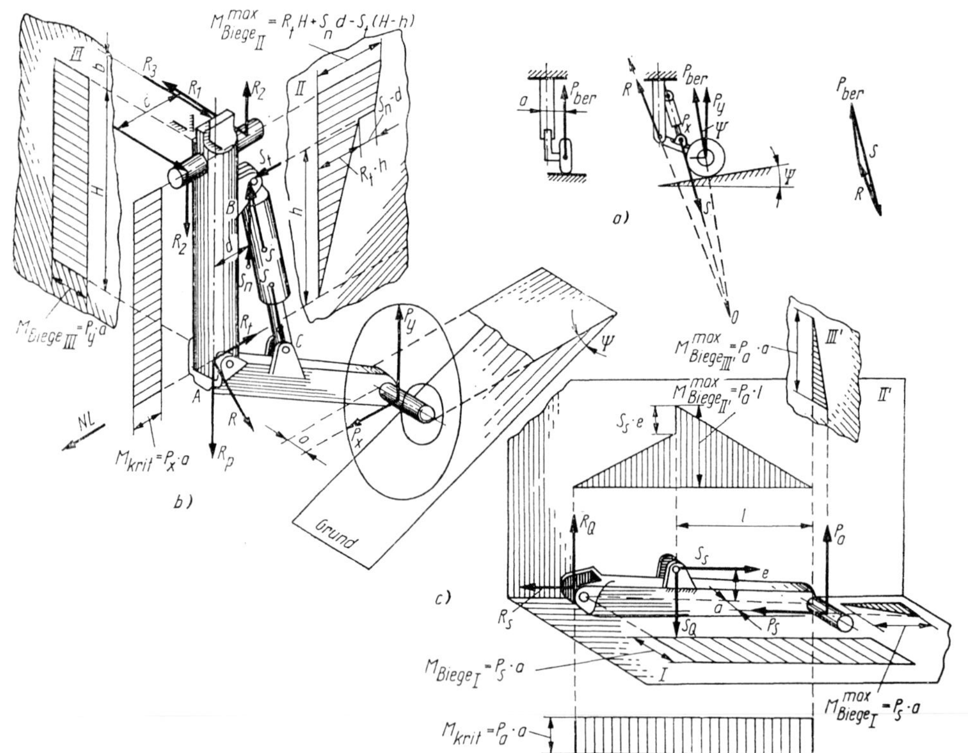

Bild 6.72 Kräfte- und Momentenbiegelinie eines Balkenfahrwerkes mit Hebelaufhängung und herausgezogenem Stoßdämpfer

Indem wir den Zylinder wie einen Träger betrachten, der in seinen zwei Zapfen eingeklemmt ist, zeichnen wir die Biegemomentenlinie in der Fläche II. Der maximale Wert des Momentes der Kräfte R_t; R_s und S_t ist

$$M^{\mathrm{II}}_{b_{\max}} = R_t H + S_s d - S_t d\,(H - h).$$

Im Angriffspunkt der Kraft S_S (Scharnier B) zum Moment $R_t \cdot H$ kommt noch das Moment $S_s d$. In der Biegelinie erscheint hier ein Sprung.
Die Reaktionskräfte vom Moment $M^{\mathrm{II}}_{b_{\max}}$ stellen ein Kräftepaar dar.

$$R_2 = M^{\mathrm{II}}_{b_{\max}}/C.$$

Die Kraft P_y mit dem Hebelarm a verbiegt das Fahrwerkbein in der Fläche III. Das Biegemoment ist gleich

$$M^{\mathrm{III}}_b = P_y a.$$

Die Reaktionskraft R_3 im Schloß, die eine Drehung des Beines gegenüber dem Zapfen verhindert, wird aus der Gleichung $R_3 b = P_y a$ bestimmt.

$$R_3 = P_y \frac{a}{b}.$$

Die Kraft P_x auf der Halbachse dreht das Bein und erzeugt dabei ein Drehmoment

$$M_{\mathrm{dr.}} = P_x a.$$

Die Kraft R_1 wird aus folgender Gleichung bestimmt:

$$R_1 c = M_{\mathrm{dr.}},$$

$$R_1 = \frac{M_{\mathrm{dr.}}}{c} = P_x \frac{a}{c}.$$

Das Belastungsschema der Radhalbachse zeigt Bild 6.71.
Zerlegen wir die auf den Hebel wirkenden Kräfte $P_{\mathrm{ber.}}$, S und R in Teilkräfte P_s, S_s und R_s in Richtung der Hebelachse und P_a, S_a und R_a senkrecht zu ihnen (Bild 6.72c). Das wird am besten grafisch gemacht. Im Ergebnis erhalten wir die Biegung des Hebels in der Fläche I

$$M^{\mathrm{I}}_b = P_s \cdot a$$

und das maximale Biegemoment in der Fläche II′

$$M^{\mathrm{II'}}_{b_{\max}} = F_a \cdot l$$

sowie das Drehmoment

$$M_{\mathrm{dr.}} = P_a \cdot a.$$

Die entsprechenden Biegelinien zeigt Bild 6.72c.
Somit verbiegt sich der Federbeinzylinder in den Flächen II und III und verdreht sich. Der Hebel verbiegt sich in den Flächen I und II′ und verdreht sich, die Halbachse verbiegt sich in den Flächen I und III. Der Stoßdämpfer wird durch die Axialkräfte nicht belastet.

Berechnung der Biege- und Drehmomente für einen Radwagen

Betrachten wir eine unsymmetrische Belastung des Radwagens. Wir stellen uns die vertikale Belastung auf den Radwagen $2P_{\mathrm{K}}$ (auf ein Radpaar) in Form der Summe symmetrischer Belastungen vor (Bild 6.73). Desgleichen kann man sich in dieser Form die Stirnbelastung $2T$ auf ein Radpaar vorstellen.
Die symmetrische Belastung und die entsprechenden Biegelinien in der vertikalen

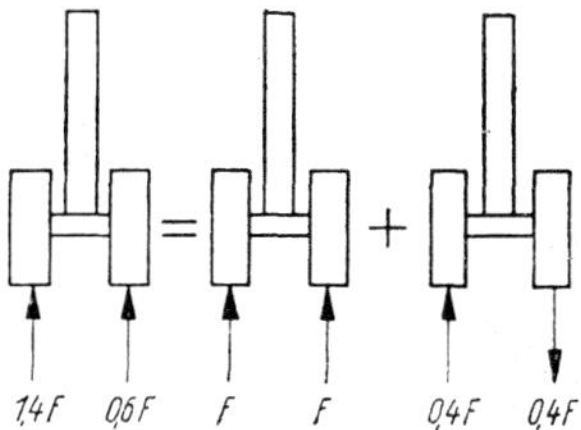

Bild 6.73 Belastung eines Fahrwerkschlittens

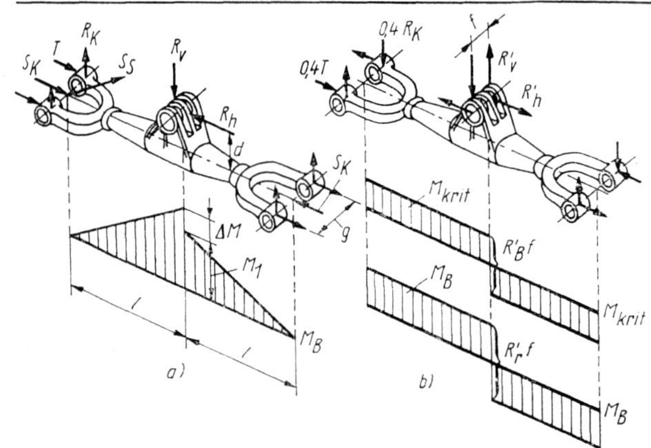

Bild 6.74 Belastung der Längsträger des Schlittens

Fläche zeigt Bild 6.74a. Aus den Gleichgewichtsbedingungen der Kräfte auf der hinteren Achse ergibt sich für das Kompensationsgestänge folgende Kraft:

$$S_K = \frac{2Th}{c}.$$

c – Hebelarm der Kraft S_K zur Radwagenlängsachse.

Die Kraft S_s wird errechnet aus:

$$R_v = 4R_K \quad \text{und} \quad R_h = 4T + S_S \cos\varphi.$$

Diese Kräfte erzeugen ein Moment

$$M_1 = 2P_K l \quad \text{und} \quad M = R_h d.$$

Die Reaktionskräfte auf den Radwagen und die entsprechende Biegemomentenlinie in der horizontalen Fläche sowie die Drehmomente zeigt Bild 6.74b.

$$R'_v = \frac{2 \cdot 0{,}4\,P_K g}{f}; \quad R'_h = \frac{2 \cdot 0{,}4\,Tg}{f}$$

$$M_{dr.} = 0{,}4\,P_K g; \quad M_B = 0{,}4\,Tg.$$

6.11. Festigkeitsberechnung der Fahrwerkelemente

Die Halbachse wird auf gemeinsame Biegung in zwei senkrecht aufeinanderstehenden Flächen I und III′ (Bild 6.71, 6.72) berechnet. Das gemeinsame Biegemoment der Halbachse beträgt:

$$M_B = \sqrt{(M^{\mathrm{I}}_{B_{max}})^2 + (M^{\mathrm{III'}}_{B_{max}})^2}.$$

Die Werte für M^{I}_B und $M^{\mathrm{III'}}_B$ nimmt man aus der entsprechenden Biegemomentenlinie. Die Spannung in der Halbachse ist

$$\sigma = \frac{M_B}{W}$$

W – Widerstandsmoment der Halbachsenfläche mit dem äußeren Durchmesser D und dem inneren Durchmesser d;

$$W = \frac{\pi}{32\,D}(D^4 - d^4).$$

Die erhaltene Spannung muß der Bedingung $\sigma \leqslant \sigma_B$ entsprechen. σ_B ist hier die Bruchfestigkeit des Materials der Halbachse.

Der Stoßdämpferkolben (Bild 6.71) wird in zwei Flächen II und III analog der

Halbachse auf Biegung berechnet. Die Axialkräfte P_y im Kolben braucht man nicht zu beachten, da sie wenig Spannung erzeugen.
Der Zylinder arbeitet auf Biegung in zwei Flächen II und III und auf Drehung. Die auf den Zylinder von der Seitenstrebe her wirkende Axialkraft braucht man nicht zu beachten, da sie sehr klein ist (Bild 6.71).
Dann ist

$$M_{B_Z} = \sqrt{(M_B^{II})^2 + (M_B^{III})^2}\,.$$

Dabei nimmt man M_B^{II} und M_B^{III} aus der Momentenbiegelinie für den gefährdetsten Querschnitt.
Gefährdet wird der geschwächte Querschnitt des Zylinders, in dem M_{B_Z} am größten ist. Zur Bestimmung dieses Querschnittes betrachten wir die Belastung des Zylinders in mehreren Flächen. Bestimmen wir für jede die Normal- und die Schubspannung.

$$\sigma = \frac{M_{B_Z}}{W}\,; \quad \tau = \frac{M_{dr}}{W_p}\,.$$

W_p – polares Widerstandsmoment

$$W_p = 2W = \frac{\Pi}{16D}\,(D^4 - d^4).$$

Danach bestimmen wir

$$\sigma_{red} = \sqrt{\sigma^2 + 4\tau^2}$$

σ_{red} muß ebenfalls den Bedingungen $\sigma_{red} \leqslant \sigma_B$ entsprechen.

Analog wird der Radwagen berechnet.
Der Hebel (Bild 6.72c) arbeitet ebenfalls auf Biegung in zwei Flächen und auf Drehung. Seine Berechnung unterscheidet sich jedoch von der des Zylinders, da seine Fläche nicht rund ist. Deshalb kann man die Biegemomente nicht einfach für beide Flächen summieren (Bilder 6.75 und 6.72c). Es muß die maximale Normalspannung von M_B^I und M_B^{II} und die Schubspannung von M_{dr} bestimmt werden.

$$\sigma_1 = \frac{M_B^I}{W_y}\,; \quad \sigma_2 = \frac{M_B^{II}}{W_x}\,; \quad \tau = \frac{M_{dr}}{2F_0\delta}\,.$$

W_y; W_x – Widerstandsmomente;
F_0 – Fläche (siehe Bild 6.75b);
δ – Wanddicke.

Wie aus Bild 6.75a zu ersehen ist, summieren sich die Normalspannungen σ_1 und σ_2 in A und B, d. h.

$$\sigma = \sigma_1 + \sigma_2\,.$$

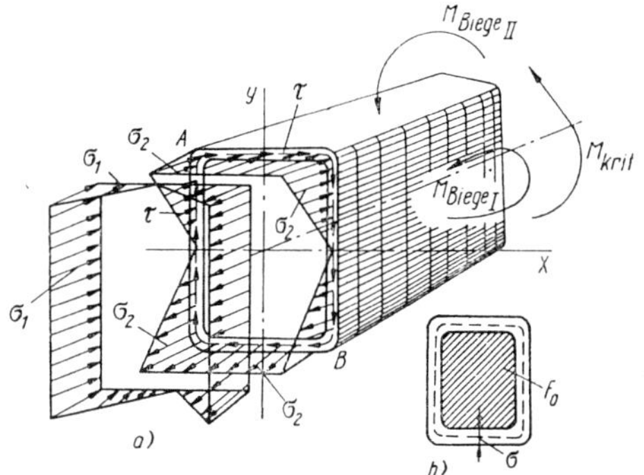

Bild 6.75 Zur Berechnung der Fahrwerkelemente

Da an diesen Punkten auch die Schubspannung τ wirkt, bestimmen wir

$$\sigma_{red} = \sqrt{\sigma^2 + 4\tau^2} \leqslant \sigma_B\,.$$

Die Belastungen auf den Bolzen und die Ösen werden wie Kräfte bestimmt, die in Schraubverbindungen arbeiten. So wirkt z. B. auf den Bolzen und die Öse des Punktes C (Bild 6.71b) die Kraft S_S der Strebe.
Auf den Bolzen und die Öse im Punkt B (Bild 6.72b) wirkt die Kraft S im Stoßdämpfer.

6.12. Kontrollfragen

1. Nennen Sie die Forderungen, die an ein Fahrwerk gestellt werden!
2. Nennen Sie die hauptsächlichsten Fahrwerkschemata und geben Sie eine kurze Charakteristik derselben!
3. Zeichnen Sie das Schema und die charakteristischsten Daten eines Fahrwerkes mit Spornrad auf!
4. Dasselbe für ein Bugradfahrwerk!
5. Dasselbe für ein Tandemfahrwerk!
6. Zeichnen Sie das Schema und die Hauptelemente eines Fachwerkfahrwerkbeines!
7. Dasselbe für eine Trägerkonstruktion (Balken)!
8. Dasselbe für eine Fachwerk-Balkenkonstruktion!
9. Erklären Sie die Besonderheiten der Konstruktion eines Bugrades!
10. Erklären Sie die Bedeutung der Tragflügelstützräder beim Tandemfahrwerk!
11. Erklären Sie die Bedeutung der hinteren Sicherheitsstützen!
12. Warum verwendet man einziehbare Fahrwerke?
13. Welche Typen von Federbeinen kennen Sie? Wie klassifiziert man die Beine nach der Befestigung des Rades mit dem Stoßdämpfer?
14. Welche Bedeutung hat die Dämpfung des Fahrwerkes?
15. Welchen Forderungen muß die Dämpfung des Fahrwerkes entsprechen?
16. Nennen Sie Dämpfungsarten!
17. Wie wird die Stoßbelastung beim Gas-Flüssigkeitsstoßdämpfer verarbeitet?
18. Erklären Sie die Arbeit eines Stoßdämpfers mit Bremsung beim Ein- und Ausfahren!
19. Welchen Teil der Energie, die vom Stoßdämpfer verarbeitet wird, nennt man rückwirkende und nichtrückwirkende?
20. Aus welchen Teilen besteht ein Bremskörper?
21. Warum verwendet man Bremskörper? Nennen Sie einzelne Typen!
22. Wie klassifiziert man Fahrwerkräder nach der Bereifung?
23. Wie erfolgt das Einfahren des Fahrwerkes in den Rumpf und in den Tragflügel?
24. Welche Besonderheiten gibt es beim Einfahren eines Radwagens mit mehreren Rädern?

7. Triebwerksanlagen

7.1. Zweckbestimmung der Triebwerksanlagen und die an sie gestellten Forderungen

Unter Triebwerksanlagen im Flugzeug verstehen wir die Gesamtheit der Triebwerke mit ihren Aggregaten, Systemen und Vorrichtungen, die eine zuverlässige Arbeit der Triebwerke im Prozeß der Inbetriebnahme und Wartung gewährleisten.

Zu den Triebwerksanlagen gehören:

1. Triebwerke (Kolbentriebwerke, PTL-Triebwerke, TL-Triebwerke, Staustrahltriebwerke und Raketentriebwerke u.a.) mit Anlaß- und Steuerungssystemen und ihren Aggregaten.
2. Luftschrauben (für Kolben- und PTL-Triebwerke);
3. Triebwerksrahmen oder andere Arten der Aufhängung und Befestigung der Triebwerke am Flugzeug;
4. Triebwerkshauben, Triebwerksgondeln, Triebwerksverkleidungen;
5. Kraftstoffversorgungssysteme und Schmierstoffsysteme mit Behälter;
6. Kühlsysteme der Triebwerke mit ihren Aggregaten;
7. Vorrichtungen zum Ansaugen der Luft und Vorrichtungen zum Ausströmen der verbrannten Gase;
8. Systeme der Steuerung und Kontrolle der Arbeit verschiedener Aggregate;
9. Feuerlöschsysteme;
10. Enteisungssysteme.

Die Besonderheiten der Triebwerksanlagen werden bestimmt durch den Triebwerkstyp, den der Konstrukteur auf der Grundlage der Forderungen für das zu projektierende Flugzeug aussucht. In heutiger Zeit werden in Flugzeugen Triebwerksanlagen mit den verschiedensten Triebwerkstypen verwendet.

Triebwerksanlagen mit Gasturbinentriebwerken

Hauptsächlichste Typen von Gasturbinentriebwerken:

a) Turbinenluftstrahltriebwerke (TL-TW) mit Axialkompressoren
   Die Schubkraft wird erzeugt durch die Reaktion der ausströmenden Gase. Der Einbau von TL-Triebwerken mit Nachbrennkammer vergrößert wesentlich den Anwendungsbereich (nach Höhe und Geschwindigkeit) solcher Triebwerke in modernen schnellfliegenden Flugzeugen.

b) Propeller-Turbinenluftstrahltriebwerke (PTL-TW)
   Die Schubkraft dieser Triebwerke wird mit Hilfe der Luftschraube und teilweise durch die Reaktion der ausströmenden Gase erzeugt. Diese Art von Triebwerken hat im Geschwindigkeitsbereich von 700 ÷ 800 km/h bessere Schubcharakteristiken als TL-Triebwerke. Mit Vergrößerung der Geschwindigkeit verbessern sich jedoch die Charakteristiken von TL-Triebwerken

und, beginnend mit einer Geschwindigkeit von 800 km/h, steigt der spezifische Schub dieser Triebwerke, während der spezifische Kraftstoffverbrauch abnimmt, im Verhältnis zum PTL-Triebwerk.

c) Staustrahltriebwerke
Der Anwendungsbereich dieser Triebwerke liegt bei Geschwindigkeiten über 3000 km/h. Bei diesen Geschwindigkeiten übertreffen diese Triebwerke mit ihren Charakteristiken alle anderen Triebwerke. Der entscheidende Vorteil dieser Triebwerke gegenüber allen anderen Triebwerken ist ihr verhältnismäßig niedriges spezifisches Gewicht (zweimal kleiner als beim TL-TW) sowie ihr geringerer Stirnwiderstand.

Triebwerksanlagen mit Flüssigkeitsraketentriebwerken

Diese Triebwerkstypen unterscheiden sich von Luftstrahltriebwerken vor allem durch die Tatsache, daß sie mit einem Gemisch arbeiten, welches aus flüssigem Brennstoff und flüssigem Oxydator besteht, die sich an Bord befinden. Die Gewichtscharakteristiken und Abmaße dieser Triebwerke sind bedeutend besser als bei anderen Triebwerken. Sie haben jedoch einen sehr hohen spezifischen Brennstoffverbrauch. So ist z.B. bei Geschwindigkeiten von $v = 700 \div 800$ km/h der spezifische Brennstoffverbrauch 10–12mal höher als bei Gasturbinentriebwerken. Das begrenzt den Anwendungsbereich dieser Triebwerke für Flugzeuge im Unterschallbereich. Ihre anderen Charakteristiken, wie z.B. ihre große Schubkraft bei geringen Abmaßen und Gewichten, geben Anlaß, sie als Starthilfsraketen zu verwenden. Außerdem bleibt die Schubkraft dieser Triebwerke mit zunehmender Höhe konstant, während bei allen anderen Triebwerken, die als Oxydator den Sauerstoff der Luft verwenden, mit der Höhe die Schubkraft abnimmt.

Dank ihrer geringen Abmaße können diese Triebwerke gut im Rumpf, aber auch im Tragflügel untergebracht werden, ohne dabei die äußeren Formen zu zerstören.

Triebwerksanlagen mit Kolbentriebwerken mit Flüssigkeits- und Luftkühlung

Die Triebwerke bilden zusammen mit der Luftschraube eine Einheit, die den für den Start und den Flug notwendigen Schub erzeugt.

Die Wirtschaftlichkeit derartiger Anlagen bei geringen Fluggeschwindigkeiten bestimmt ihren Einsatz in Flugzeugen mit geringer Geschwindigkeit.

Kombinierte Triebwerksanlagen

Es gibt Flugzeuge, die eine kombinierte Triebwerksanlage haben. Diese kann sowohl aus einem TL-Triebwerk und einem Flüssigkeitsraketentriebwerk u.ä. bestehen. Flugzeuge mit derartigen Triebwerksanlagen vollführen ihre Flüge, indem sie die Vorteile der einzelnen Trieb-

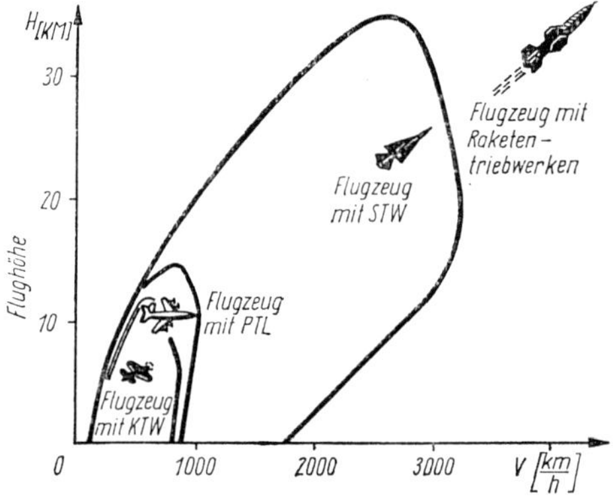

Bild 7.1 Anwendungsbereich der einzelnen Triebwerkstypen im Flugzeug

werke im gegebenen Regime ausnutzen. So kann z.B. der Start und der Flug mit dem TL-Triebwerk durchgeführt werden; bei großer Geschwindigkeit und in großen Höhen kann dann zusätzlich das Raketentriebwerk zugeschaltet werden.

Das ungefähre Anwendungsgebiet der verschiedensten Triebwerksarten in Abhängigkeit von Geschwindigkeit und Flughöhe zeigt Bild 7.1.

An Triebwerksanlagen, unabhängig von ihrem Typ und ihrer Unterbringung am Flugzeug, werden folgende *grundlegende Forderungen* gestellt:

1. Eine vom aerodynamischen Gesichtspunkt aus günstige Ausführung;
2. einen minimalen Leistungsverlust für die Überwindung von Widerständen, die mit der Arbeit der Triebwerksanlagen selber verbunden sind, und minimale Verluste im Ansaugsystem und im Anströmsystem;
3. Unterdrückung von Vibrationen der Triebwerke und der Luftschrauben durch die Befestigungselemente am Flugzeug;
4. Kompensation von Temperaturdeformationen in den Befestigungspunkten der Triebwerke (besonders bei Einbau derselben im Rumpf und innerhalb der Tragflügel);
5. leichte Montage und gute Zugänglichkeit zu allen Aggregaten der Triebwerke und ihrer Ausrüstung, die einer periodischen Wartung und Regulierung unterliegen;
6. Gewährleistung einer hohen Lebensdauer aller Triebwerksanlagen;
7. die Möglichkeit der Lokalisierung von Bränden in den Triebwerksräumen. Zwischenwände müssen Aggregate der Zellenkonstruktion zuverlässig vor der Ausbreitung des Feuers schützen.

Außerdem müssen die Triebwerke über eine große Leistung oder Schubkraft sowie Höhenfähigkeit bei möglichst geringem Gewicht verfügen. Sie müssen im Rahmen der festgelegten Sollbetriebszeit zuverlässig arbeiten.

Sie müssen bei beliebigem Wetter und in verschiedensten Höhen leicht anzulassen sein, über geringe Abmaße verfügen, einen geringen spezifischen Kraftstoffverbrauch und eine sehr gute Beschleunigung, d.h. die Fähigkeit der schnellen Drehzahländerung besitzen.

7.2. Unterbringung der Triebwerke am Flugzeug

Triebwerke können im Rumpf des Flugzeuges, am Tragflügel, in Triebwerksgondeln unterhalb der Tragflügel oder am Rumpfhinterteil angebracht werden.

Wenn im Flugzeug nur ein Kolbentriebwerk mit einer Luftschraube oder ein PTL-Triebwerk mit zwei auf einer Welle sitzenden Luftschrauben eingebaut wird, so wird dieses Triebwerk meistens im Rumpfvorderteil untergebracht. Bei einer derartigen Unterbringung des Triebwerkes läßt sich die gesamte Triebwerksanlage gut anordnen und einfach am Rumpf befestigen. Schwierigkeiten entstehen hierbei mit der Unterbringung des Bugrades.

Um dem Rumpfvorderteil eine Verjüngung zu geben, was für die Verringerung des Widerstandes oftmals notwendig ist, wird das Triebwerk auch oftmals hinter

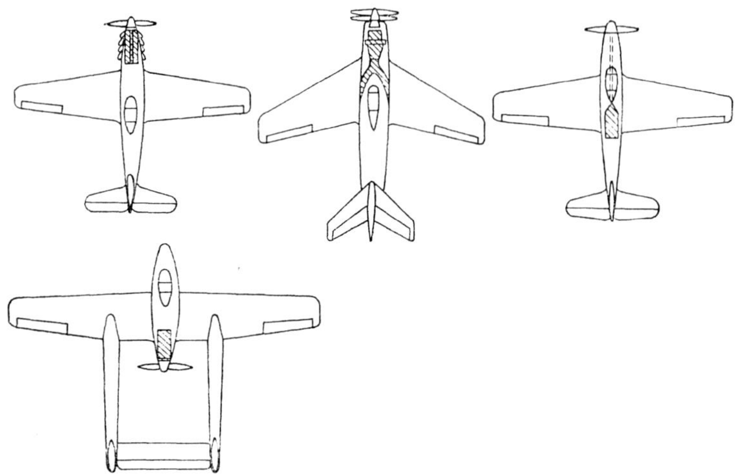

Bild 7.2 Befestigungsschema von Kolben- und Luftstrahltriebwerken im Rumpf und einer zentralen Gondel

a, b) im Rumpfvorderteil; c) hinter der Kabine des Flugzeugführers; d) im Hinterteil der Kanzel

Bild 7.3 Befestigungsschema von Kolben- und Luftstrahltriebwerken am Tragflügel

a, b, c, d) verschiedene Varianten

der Kabine des Flugzeugführers untergebracht. Das gestattet die Ausnutzung des Rumpfvorderteiles für die Unterbringung des Bugrades, erhöht jedoch das Gewicht der Triebwerksanlage auf Grund der Verlängerung der Welle.

Bei Unterbringung des Triebwerkes im Rumpfhinterteil verringert sich der Widerstand des Flugzeuges, da der Rumpf und das Flächenmittelstück nicht vom Luftstrom der Schraube umströmt werden. Es erhöht sich hierbei jedoch die Höhe des Fahrwerkes, um im Stand den notwendigen Abstand zwischen Luftschraubenspitze und Erdboden zu gewährleisten. Weiterhin verschlechtert sich die Kühlung des Triebwerkes am Boden, und es vergrößert sich die Gefahr, daß der Flugzeugführer bei Auftreten einer Havariesituation in den Bereich der Luftschraube gerät.

Zwei oder vier Kolbentriebwerke, PTL-Triebwerke mit Luftschrauben oder PTL-Triebwerke mit einer bzw. Doppelluftschraube werden meistens im Tragflügel untergebracht. Das vermindert das Gewicht der Tragflügelkonstruktion, da die Massenkräfte der Triebwerke den aerodynamischen Belastungen entgegenwirken und somit das Biegemoment, das am Wurzelquerschnitt des Tragflügels wirkt, verringern.

Zur Erreichung von Schall- bzw. Überschallfluggeschwindigkeiten werden im Flugzeug Strahltriebwerke und Raketentriebwerke verschiedenster Typen eingebaut (Bild 7.4).

Bei Flugzeugen mit geringen Abmessungen wird das Triebwerk meistens im Rumpfhinterteil untergebracht. Die Achse des Ausströmkegels des Triebwerkes fällt oft mit der Achse des Rumpfhinterteiles zusammen und geht durch den Schwerpunkt des Flugzeuges. Deshalb wird bei Veränderung des Triebwerksregimes das Gleichgewicht des Flugzeuges nicht verändert. Um die Triebwerksanlage ein- bzw. ausbauen zu können, muß man das Rumpfhinterteil abnehmbar gestalten. Um einen ständigen Zugang zum Triebwerk und seinen Aggregaten zu gewährleisten, werden in die Behäutung Luken mit schnell abnehmbaren Deckeln eingebaut.

Ein wesentlicher Nachteil bei der Unter bringung von TL-Triebwerken im Rumpf

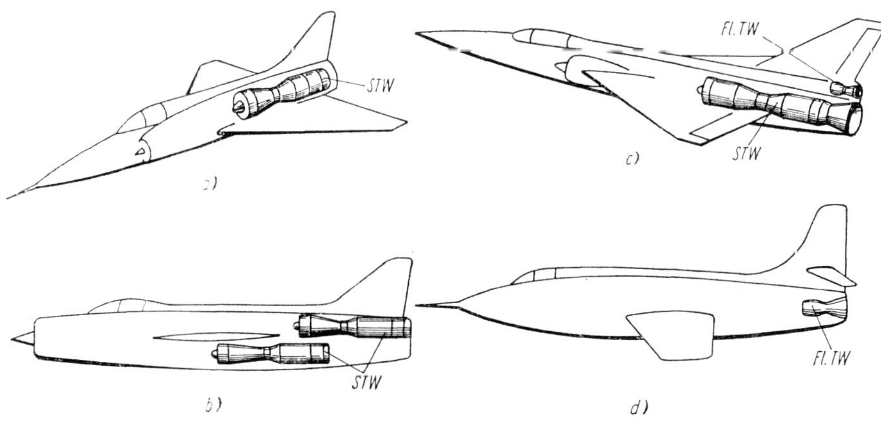

Bild 7.4 Befestigungsschema von Luftstrahltriebwerken und Raketentriebwerken im Rumpfhinterteil
a, b, c, d) verschiedene Varianten

hinterteil ist die Verlängerung der Luftansaugschächte zum Triebwerk und der damit verbundene Schubverlust. Oftmals wird für eine kurzzeitige Vergrößerung der maximalen Fluggeschwindigkeit im Rumpfhinterteil ein Beschleuniger eingebaut. Dazu werden heute in erster Linie Flüssigkeitsraketentriebwerke benutzt.

Flugzeuge, die für Flüge in großen Höhen und mit großen Fluggeschwindigkeiten vorgesehen sind, werden mit leistungsstarken Raketentriebwerken ausgerüstet, die meistens im Rumpfhinterteil untergebracht sind.

Sind am Flugzeug zwei, vier oder mehr TL-Triebwerke, so erfolgt ihre Unterbringung am Tragflügel oder außen am Rumpf (Bild 7.5). So können die Triebwerke zur Verminderung des Widerstandes im dicksten Teil des Tragflügels, d. h. nahe dem Rumpf untergebracht werden. Außerdem ist bei einer solchen Lage der Triebwerke ein Flug mit stehendem Triebwerk leichter auszuführen (ein kleineres Drehmoment durch den nichtsymmetrischen Schub).

Weiterhin ist die Anbringung von TL-Triebwerken unter dem Tragflügel in einiger Entfernung vom Rumpf möglich. In diesem Falle können die Triebwerksgondeln für die Unterbringung des Fahrwerkes benutzt werden. Eine solche Lage der Triebwerke erhöht jedoch den Widerstand des Tragflügels und senkt den Pfeilflügeleffekt. Bei modernen Flugzeugen werden die Triebwerke in Gondeln am Stiel unter dem Tragflügel angebracht. Diese Art der Anbringung ist vom aerodynamischen Standpunkt aus die rationellste, da sich in diesem Fall die Interferenz zwischen Triebwerksgondeln und Tragflügel verringert. Die Konstruktion der Triebwerksgondeln, der Stiele und der Befestigungselemente wird dadurch jedoch komplizierter und schwerer. Ein großer Nachteil ist ebenfalls die niedrige Lage der Luftansaugschächte über dem Erdboden, was zu einem schnellen Verschleiß von Teilen und Aggregaten der Triebwerke auf Grund von Staub und Sand führen kann.

Die günstigste Anbringung der Triebwerke erfolgt am Ende der Tragflügel. In diesem Fall verändern sich die aerodynamischen Charakteristiken des Tragflügels nicht, und das Gewicht der Konstruktion wird auf Grund der Entlastung geringer. Bei dieser Anbringungsart ist jedoch der Flug mit einem Triebwerk auf Grund des großen Drehmomentes praktisch unmöglich. Zur Beseitigung dieses Nachteiles wird ein zusätzliches Triebwerk im Rumpf-

Bild 7.5 Befestigung von Luftstrahltriebwerken am Tragflügel

a) am Rumpf des Flugzeuges; b) in kurzem Abstand vom Rumpf des Flugzeuges; c) unter dem Tragflügel am Stiel; d, e) am Tragflügelende

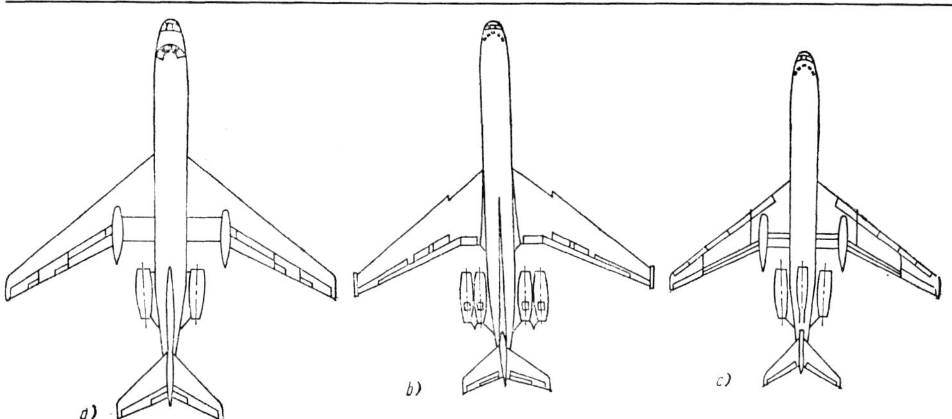

Bild 7.6 Befestigung von Luftstrahltriebwerken am Rumpfhinterteil
a, b, c) verschiedene Varianten

hinterteil eingebaut. Bei Ausfall eines am Tragflügelende befindlichen Triebwerkes wird das zweite ebenfalls abgestellt, und der Flug wird mit dem Triebwerk im Rumpfhinterteil fortgesetzt.

Die Unterbringung von zwei oder vier Triebwerken in speziellen Gondeln außerhalb des Rumpfhinterteiles hat seine Besonderheiten (Bild 7.6). Vor allem steigt bei einer derartigen Anbringung des Triebwerkes die Sicherheit vor Bränden, und es verringert sich die Lärmbelästigung in der Kabine und für die Passagiere. Außerdem verbessert sich die Aerodynamik des Tragflügels, und es ist möglich, die Tragflügelmechanisierung über die gesamte Spannweite auszudehnen.

Nach der Höhe des Rumpfes kann man die Triebwerke so anbringen, daß ihre Schubkraft durch den Schwerpunkt des Flugzeuges geht. Dadurch verringert sich der Einfluß der Triebwerksarbeit auf das Längsgleichgewicht des Flugzeuges.

Der Nachteil einer derartigen Anbringung der Triebwerke ist die Vergrößerung des Gewichtes des Tragflügels (um $2 \div 4\%$), da eine Entlastung des Tragflügels durch die Massenkräfte der Triebwerke fehlt. Ungeachtet dessen findet eine derartige Anbringung der Triebwerke heute immer mehr Anwendung (IL-62, TU-134, TU-154, Vickers V-10, Caravelle u.a.).

Gleichzeitig mit der Anbringung von Triebwerken in Gondeln außerhalb des Rumpfhinterteiles kann im Rumpf selber noch ein zusätzliches Triebwerk untergebracht werden (Bild 7.5c).

7.3. Luftansaugschächte und Gasaustrittssysteme

Die Luftansaugschächte müssen so angeordnet und gebaut sein, daß die kinetische Energie des anströmenden Luftstromes für die Vorverdichtung der Luft beim Eintritt in das Triebwerk möglichst vollständig genutzt wird.

Luftansaugschächte und das gesamte Ansaugsystem müssen gewährleisten:

1. maximale Ausnutzung des Staudruckes;
2. minimalen Widerstand;
3. gleichmäßiges Geschwindigkeitsfeld des Luftstromes beim Eintritt in das Triebwerk.

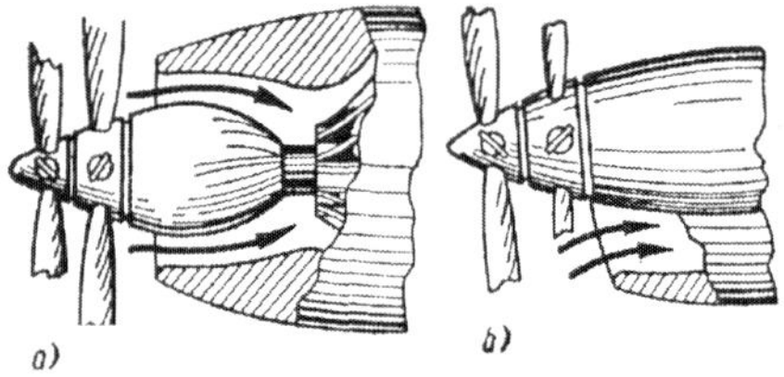

Bild 7.7. Luftansaugschacht bei einem PTL

a) ringförmig;
b) in Form eines Halbkreises unterhalb der Gondel

Ansaugschächte für Flugzeuge mit PTL-Triebwerken werden am meisten ringförmig (Bild 7.7a) oder in Form eines Halbringes oberhalb oder unterhalb der Gondel ausgeführt (Bild 7.7b). Ringförmige Ansaugschächte entsprechen am ehesten den oben angeführten Forderungen. Dank der Drehbewegung des Verkleidungskegels der Luftschraube wird eine Bremsung der Grenzschicht beseitigt. Das gibt günstige Bedingungen für eine effektivere Ausnutzung des Staudruckes.

Die Form des Kanalinneren muß geringe hydraulische Verluste gewährleisten. Dazu müssen alle Übergänge und Biegungen gleichmäßig sein, und die innere Behäutung muß eine glatte Oberfläche haben.

Bei Flugzeugen mit TL-Triebwerken unterscheiden wir Frontansaugschächte, seitlich gelagerte Ansaugschächte und Ansaugschächte in den Tragflügeln; hin und wieder trifft man Ansaugschächte, die oberhalb oder unterhalb des Rumpfes gelagert sind. Die verschiedensten Typen der Ansaugschächte, ihre Form und Anbringung zeugen von den großen Schwierigkeiten, auf die die Konstrukteure bei einer rationellen Auslegung der Ansaugschächte und des gesamten Ansaugsystems stoßen.

Frontansaugschächte liegen im Rumpfvorderteil (Bild 7.8) oder im vorderen Teil der Triebwerksgondel (Bilder 7.5b, c, d und 7.9).

Ansaugschächte, die im vorderen Teil des Rumpfes liegen, sind genügend effektiv. Dabei sind jedoch große Reibungsverluste auf Grund der notwendigen Kanallänge nicht zu vermeiden. Ein Kanal mit dem Ansaugschacht an der Spitze (Bild 7.8a, b) erschwert die Konstruktion des Rumpfes und vergrößert die Fläche des Rumpfquerschnittes.

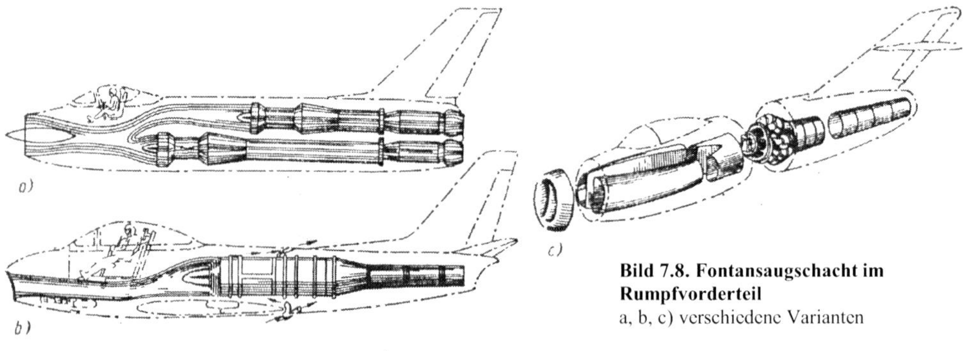

Bild 7.8. Fontansaugschacht im Rumpfvorderteil
a, b, c) verschiedene Varianten

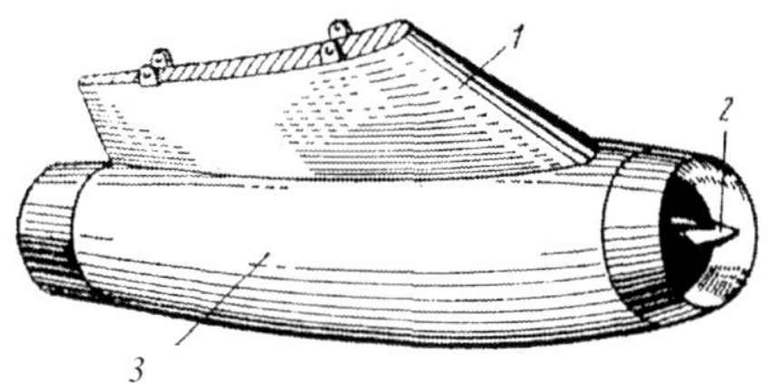

Bild 7.9. Frontansaugschacht in einer Triebwerksgondel

1 - Stiel; 2 - bewegbarer Kegel; 3 - Triebwerksgondel

Geteilte Kanäle, die an den Seiten des Rumpfes verlaufen (Bild 7.8c) gestatten die kompaktere Unterbringung des Kraftstoffes und der verschiedensten Ausrüstungen. Sie sind jedoch sehr lang und gebogen und haben deshalb große Schubverluste.

Frontansaugschächte in Triebwerksgondeln verfügen über gerade und kurze Kanäle, was minimale Reibungsverluste gewährleistet. Jedoch besitzen solche Gondeln, besonders Gondeln am Steg, einen großen äußeren Widerstand.

Frontansaugschächte bei Flugzeugen mit Unterschall-bzw. Überschallfluggeschwindigkeiten ($M \leqslant 1{,}5$) haben einen konstanten Eingangsquerschnitt (Bild 7.10b). Bei Überschallflugzeugen erzeugt dieser Ansaugschacht einen geraden Verdichtungssprung mit bedeutenden Energieverlusten. Diese Verluste verringern sich

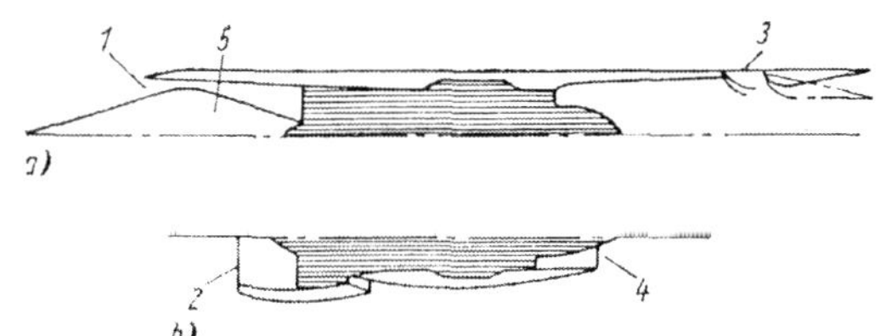

Bild 7.10 Frontansaugschächte für Flugzeuge mit Unterschall- und Überschallgeschwindigkeiten

a) für $M \approx 3$, b) für $M \approx 0{,}85$

1 – Ansaugschacht mit regelbarem Zentralteil; 2 – Ansaugschacht mit nichtregelbarem Zentralteil; 3 – veränderliche Schubdüse; 4 – nichtveränderliche Schubdüse; 5 – Zentralteil

bei einem schrägen Verdichtungsstoß. Einen wesentlichen Unterschied der Verluste bei geradem und schiefem Verdichtungsstoß erhält man jedoch erst bei $M > 1{,}5$. Deshalb werden bei Überschallflugzeugen mit Geschwindigkeiten $M > 1{,}5$ profilierte Zentralteile verwendet, die ein System schräger Verdichtungsstöße erzeugen (Bild 7.10a). Dabei wird der Energieverlust am Eingang des Ansaugschachtes wesentlich herabgesetzt. Die günstigste Stellung des Zentralteiles und der günstigste Eingangsquerschnitt werden in Abhängigkeit von der M-Zahl verändert. Bei modernen Überschallflugzeugen verändert das Zentralteil automatisch, in Abhängigkeit von der M-Zahl, seine Lage auf der Triebwerksachse und

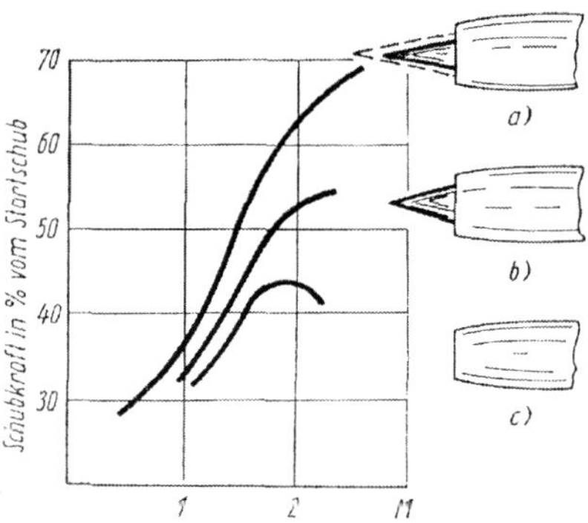

Bild 7.11 Abhängigkeit des Schubes des Triebwerkes von der M-Zahl für verschiedene Typen von Frontansaugschächten

a) mit regelbarem Zentralteil; b) mit starrem Zentralteil; c) ohne Zentralteil

nimmt dabei die optimale Stellung ein. Solche Ansaugschächte nennt man Ansaugschächte mit regelbarem Zentralteil.

In Bild 7.11 wird die Veränderung des Schubes (in Prozent vom Startschub) nach der M-Zahl für drei verschiedene Typen von Ansaugschächten gezeigt.

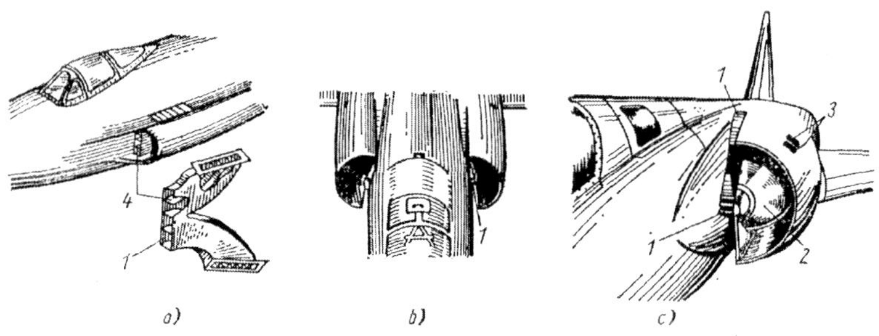

Bild 7.12. Seitliche Ansaugschächte

a) mit einer Vorrichtung zum Absaugen der Grenzschicht vom Rumpf; b, c) mit einem Schlitz zum Ablaufen der Grenzsicht vom Rumpf
1 - Schlitz zum Ablaufen der Grenzschicht; 2 - regelbare Halbkegel; 3 - Luken zur Zuführung zusätzlicher Luft; 4- Kanal

Seitliche Ansaugschächte werden an beiden Seiten des Rumpfes angebracht (siehe Bild 7.4a, c und 7.12). Sie dienen dem Ansaugen der Luft für die im Rumpfhinterteil untergebrachten Triebwerke. Diese Ansaugschächte gestatten es, die Länge des Luftkanales zu verringern und folglich auch die hydraulischen Verluste zu senken. Jedoch ist der Staudruck am Eingang eines seitlichen Ansaugschachtes niedriger als bei einem Frontansaugschacht. Er wird hervorgerufen durch die Reibung der Luft an der Oberfläche des Rumpfes. Zur Verringerung dieser Verluste am Eingang wird die Grenzschicht dort abgesaugt. Dieses Absaugen erfolgt durch einen selbständigen, mehrteiligen Kanal, der am Eingang des Luftansaugschachtes beginnt.

Die Anbringung des Ansaugschachtes, einige Zentimeter von der Rumpfoberfläche entfernt (Bild 7.12b, c), erzielt den gleichen Effekt (Ablaufen der Grenzschicht).

Oft werden Ansaugschächte auch oberhalb oder unterhalb des Rumpfes angebracht (Bild 7.13). Beim Einbau unterhalb des Rumpfes ist eine Schutzvorrichtung gegen das Eindringen von Fremdkörpern in den Ansaugschacht notwendig. Beim Einbau oberhalb des Rumpfes kann wegen der gekrümmten Form des Kanals jedoch zu größeren Staudruckverlusten kommen, besonders bei großen Anstellwinkeln.

Ansaugschächte im Tragflügel werden meistens an der Nasenkante des Tragflügels in der Nähe des Rumpfes an-

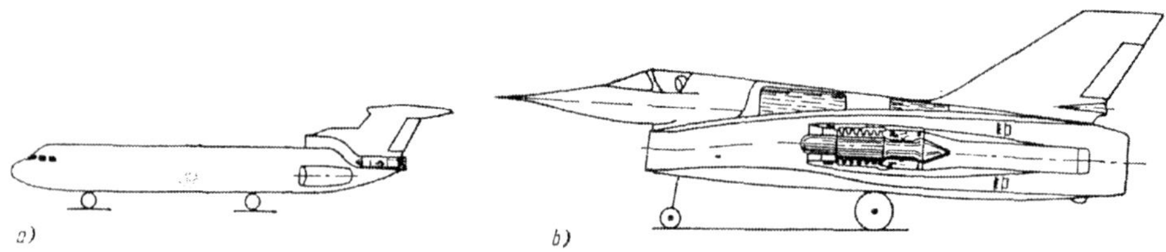

Bild 7.13. Verschiedene Varianten der Anbringung der Luftansaugschächte
a) oberhalb des Rumpfes; b) unterhalb des Rumpfes

gebracht (Bild 7.14). Bei Unterbringung des Triebwerkes im Rumpfhinterteil werden die Lufteintrittskanäle sehr kurz, jedoch mit starken Krümmungen und folglich mit großen hydraulischen Verlusten.
Ein falsch ausgeführtes Luftzuführungssystem zum Triebwerk kann die Flug-

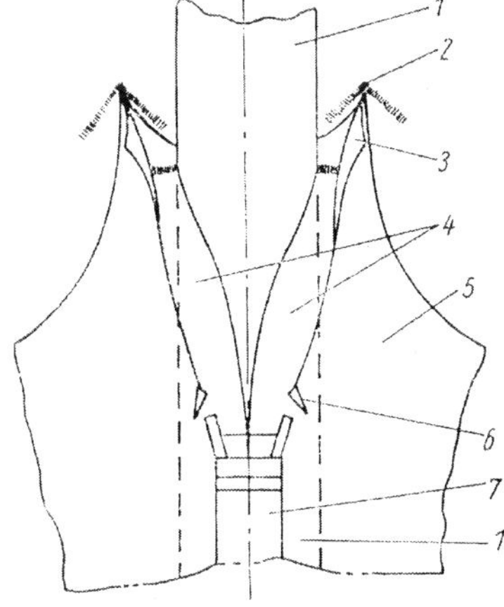

Bild 7.14. Tragflügelansaugschächte

1 - Rumpf; 2 - Nasenkante des Luftansaugschachtes; 3 - beweglicher Keil; 4 - Luftansaugkanäle; 5 - Tragflügel; 6 - Luftablaßklappen; 7 - Triebwerk

charakteristiken des Flugzeuges wesentlich verschlechtern. Deshalb muß die Anbringung des Ansaugschachtes, die Auswahl seiner Form, die Krümmung der Kanäle sorgfältig durch Erprobung ermittelt werden.
Die Luftzuführungskanäle vom Ansaugschacht zum Kompressor des Triebwerkes erweitern sich leicht zum Kompressor hin. Dadurch wird ein Teil der kinetischen Energie des Luftstromes in Druckenergie umgewandelt. Die Kraftelemente der Konstruktion der Kanäle sind meistens die Kraftelemente der Rumpfkonstruktion oder des Tragflügels.

Austrittsteile
Die Abführung der ausströmenden Gase bei STW und PTL-Triebwerken erfolgt mit Hilfe des Schubrohres und der Schubdüse. Zur Gewichtsverminderung, zur Verbesserung der Kühlung und der Befestigung ist es zweckmäßig, das Verlängerungsrohr so kurz wie möglich zu halten; in den meisten Fällen hängt seine Länge jedoch vom Einbauort des Triebwerkes ab. So sind zum Beispiel bei der Anbringung von PTL-Triebwerken am Tragflügel mehrere Varianten der Ausführung der Verlängerungsrohre möglich (Bild 7.15).
Von der konstruktiven Seite her jedoch sind die Varianten 2 und 4 die rationellsten. In diesem Falle ist die Frage des Einfahrens des Hauptfahrwerkes gut gelöst.
Es ist bekannt, daß die Schubkraft eines PTL-Triebwerkes im allgemeinen durch die Luftschraube (0,85 ÷ 0,90) erzeugt wird und demzufolge die Verluste im Austrittsteil keinen wesentlichen Einfluß auf den Gesamtschub haben.
Eine örtliche Überhitzung wird durch den Einbau von Wänden aus hitzebeständigem Stahl in der Zone der ausströmenden Gase und durch Wärmeisolierung der Triebwerksteile verhindert. Das Verlangerungsrohr wird mit einem Mantel überzogen, durch den Kühlluft eintritt, oder es wird mit wärmeisolierendem Material überzogen.
Die Schubdüse wird aus hitzebeständigem Material hergestellt. Das Verlängerungsrohr ist mit dem vorderen Flansch am Triebwerk befestigt (Bild 7.16). Zur Verhinderung von Verschiebungen des Verlängerungsrohres bei der Montage und axialen Verschiebungen durch Wärmeausdehnung wird diese Verbindung als Teleskopverbindung mit Wärmescharnier hergestellt (siehe auch Bild.7.16). Das hin-

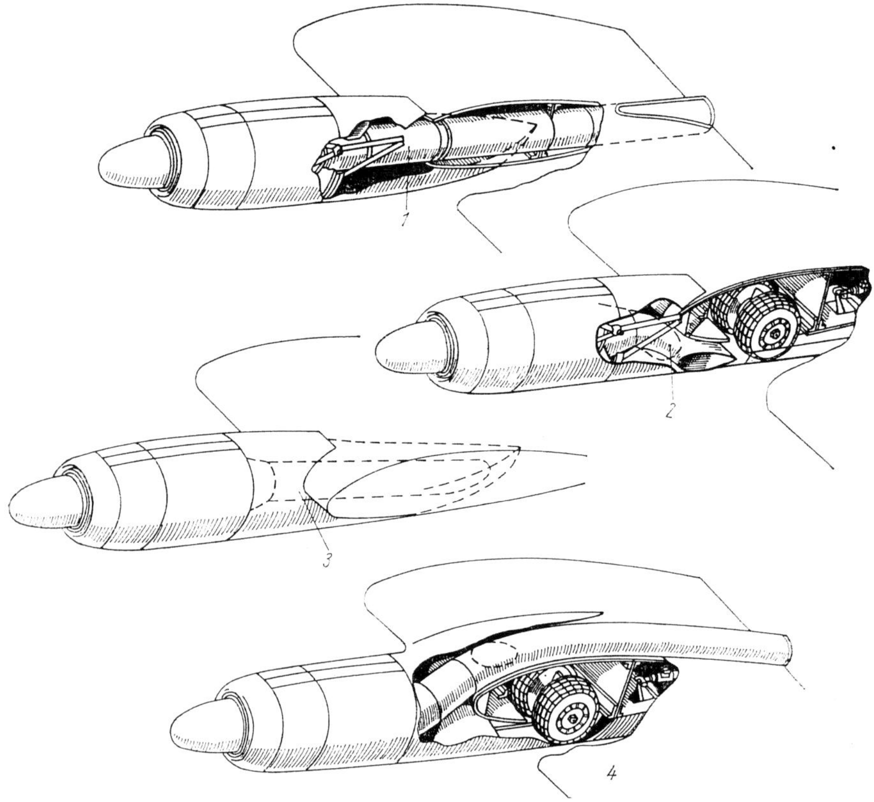

Bild 7.15 Verschiedene Varianten der Anbringung von Gausaustrittsteilen beim PTL

1 – gerader Teil längs der Flügelsehne; 2 – seitlicher Austritt aus der Motorhaube; 3 – gerader Teil unter dem Tragflügel; 4 – oberhalb des Tragflügels

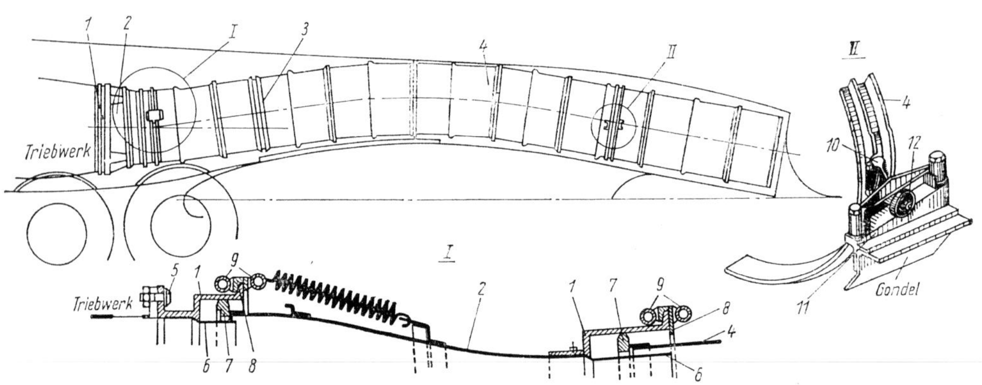

Bild 7.16 Konstruktion des Verlängerungsrohres eines PTL

1 – Flansch; 2 – Konus; 3 – Rollen zum Schieben des Triebwerkes; 4 – Verlängerungsrohr; 5 – Bolzen; 6 – Abweiser; 7 – Ring mit Bund; 8 – Verbindungselement; 9 – Löcher für Verbindungsbolzen; 10 – Konsole; 11 – Schienen der Gondel; 12 – Rollen

tere Ende des Rohres wird an seiner Scharnieraufhängung aufgehängt, was eine Wärmeausdehnung nicht verhindert. Das Rohr stützt sich mit Hilfe von Rollen in Schienen, die in der Gondel (Rumpf) befestigt sind.

7.4. Konstruktion der Triebwerksbefestigung

Zum Einbau und zur Befestigung der Triebwerke im Rumpf oder am Tragflügel des Flugzeuges verwendet man besondere Rahmen, Träger oder andere Befestigungsmöglichkeiten. Unabhängig vom Befestigungstyp und der Befestigungsart muß die Konstruktion den im Punkt 7.1 dargelegten Forderungen entsprechen. Außerdem muß die Konstruktion der Triebwerksbefestigung über ein minimales Gewicht bei entsprechender Festigkeit und Steifigkeit verfügen.

Kräfte, die auf die Triebwerksbefestigung einwirken

Auf die Triebwerksanlage und demzufolge auch auf die Befestigungselemente der Triebwerksanlage am Flugzeug wirken folgende Kräfte:

1. Die Massenkraft $F_{ber} = n_{ber} F_{GTW}$

   F_{GTW} – das Gewicht des Triebwerkes;
   n_{ber} – Koeffizient des errechneten Lastvielfachen.

   Die Größe des Koeffizienten des errechneten Lastvielfachen wie auch die Richtung der Kraft F_{ber} werden für die einzelnen Belastungsfälle durch die Festigkeitswerte bestimmt.
2. Die Schubkraft F_S, die durch das Triebwerk oder durch die Luftschraube erzeugt wird.
3. Das Reaktionsmoment der Luftschraube M_R (für Flugzeuge mit Luftschrauben).
4. Die aerodynamischen Kräfte, die an den Gondeln und den Motorhauben der Triebwerke in dem Falle wirken, wenn diese an einem Rahmen befestigt sind. Diese aerodynamischen Kräfte sind im Verhältnis zu anderen Kräften klein.

   Die bestehenden Festigkeitsbedingungen sehen für Triebwerksanlagen

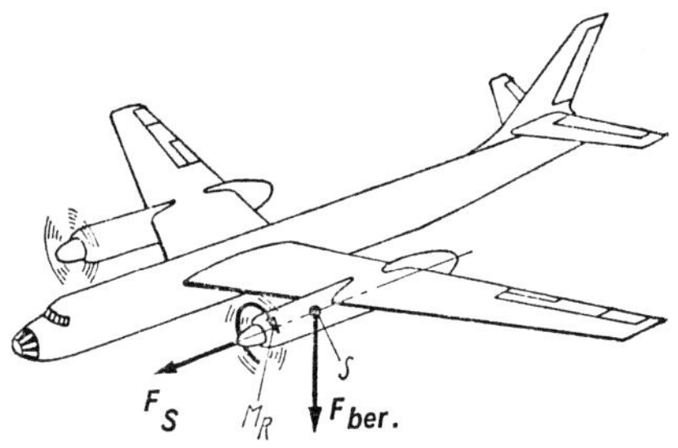

Bild 7.17 Belastungsschema der Triebwerksanlage

eine Reihe von Berechnungsfällen vor, die den schwierigsten Belastungsfällen während der Inbetriebnahme entsprechen.

a) Der Belastungsfall A_{KW} bei einem Kolbentriebwerk und der Belastungsfall A_{TRD} bei einem Luftstrahltriebwerk entsprechen dem Belastungsfall A bei einem Tragflügel.

   Die Kraft wird berechnet nach der Formel

$$F_{ber} = F_{GTW} (n_A + 1{,}5) f$$

oder

$$F_{ber} = F_{GTW} n_A f.$$

f – Sicherheitskoeffizient = 1,5;
F_{GTW} – Gewicht der Triebwerksanlagen;
n_A – Lastvielfaches für den Belastungsfall A.

Diese Kraft ist der Auftriebskraft entgegengerichtet (nach unten, im rechten Winkel zur Triebwerksachse.) Sie wirkt im Schwerpunkt der Triebwerksanlage.

b) Der Belastungsfall D_{KW} bei einem Kolbentriebwerk und der Belastungsfall D_{TRD} bei einem Luftstrahltriebwerk entsprechen dem Belastungsfall D beim Tragflügel.

c) Der Belastungsfall H_{KW} bei einem Kolbentriebwerk und der Belastungsfall H_{TRD} bei einem Luftstrahltriebwerk entsprechen einer seitlichen Belastung der Triebwerksanlage.

d) Der Belastungsfall M_{KW} bei einem Kolbentriebwerk und der Belastungsfall T_{TRD} bei einem Luftstrahltriebwerk entsprechen der Belastung bei der Arbeit des Triebwerkes am Boden. Der Triebwerksrahmen ist durch die maximale Schubkraft und durch das Reaktionsmoment der Luftschraube belastet.

Außer den oben angeführten Belastungsfällen sehen die Festigkeitsbedingungen eine Belastung der Triebwerksbefestigung durch Massenkräfte bei der Landung des Flugzeuges sowie eine gemeinsame Belastung vor:

$$A_{KW} + M_{KW}; \quad A_{TRD} + T_{TRD};$$

$$D_{KW} + M_{KW}; \quad D_{TRD} + T_{TRD}.$$

Befestigung des Triebwerkes am Flugzeug

Die Konstruktion der Befestigung von Propeller-Turbinenluftstrahltriebwerken und Luftstrahltriebwerken am Flugzeug ist sehr unterschiedlich. Sie hängt nicht nur vom Triebwerkstyp, sondern auch von der Lage der Triebwerke am Flugzeug ab.

PTL-Triebwerke werden meistens am Tragflügel entlang der vorderen Nasenkante angebracht. Die Triebwerke werden an der Konstruktion des Tragflügels mit Hilfe eines Systems von Trägern, die mit den Triebwerksaggregaten verbunden sind, befestigt. Die Befestigung kann mit der Hilfe von Trägern geschehen. In diesem Fall nehmen die Träger nur axiale Belastung auf. Die Befestigung kann aber auch mit Hilfe einer Träger-Balkenkonstruktion geschehen. In diesem Fall arbeiten einige Elemente der Konstruktion auf Biegung.

Bild 7.18 zeigt die Befestigung eines PTL-Triebwerkes mit der Gondel mit Hilfe von vier Trägern 1 und vier geschweißten Konsolen 2, die aus je zwei Trägern bestehen. Die Träger und die Konsolen sind an vier Punkten mit Hilfe von Dämpfern an der Gondel befestigt. Die Dämpfer sind über eine Lasche 4 am Bauteil 5 befestigt. Dieses Bauteil befindet sich am Spant der Gondel an dem Punkt, wo dieser mit dem Holm 7 zusammentrifft.

Bild 7.19 zeigt ein Trägersystem, mit dessen Hilfe ein PTL-TW am Tragflügel des Flugzeuges befestigt wird. Die Befestigung stellt ein räumliches Trägerwerk dar, das über Dämpfer mit dem Triebwerk verbunden ist. Die oberen und unteren Streben haben an einem Ende eine Befestigungsgabel mit Gewinde, das zur Regulierung der Lage der Triebwerksachse dient.

Bild 7.20 zeigt die Befestigung eines PTL-TW mit Hilfe von Trägern und Balken. Der Balken 5, der am Spant der Gondel

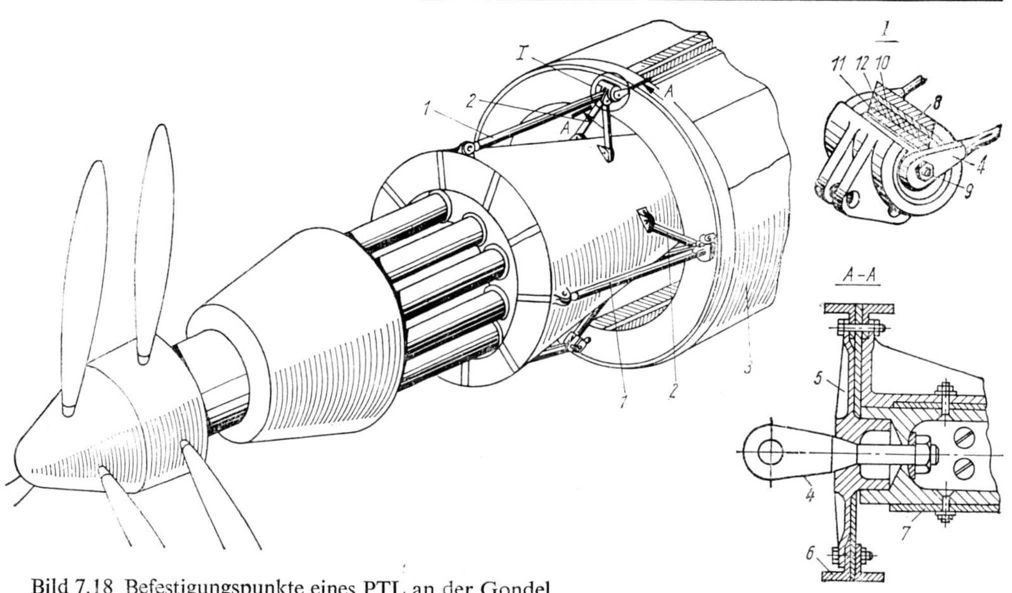

Bild 7.18 Befestigungspunkte eines PTL an der Gondel

1 – Strebe; 2 – Konsole; 3 – Triebwerksgondel; 4 – Augenbolzen; 5 – Knoten; 6 – Spant; 7 – Holm oder Längsträger der Gondel; 8 – Dämpfergehäuse; 9 – Bolzen; 10, 11 – Metallhülse; 12 – Gummihülse

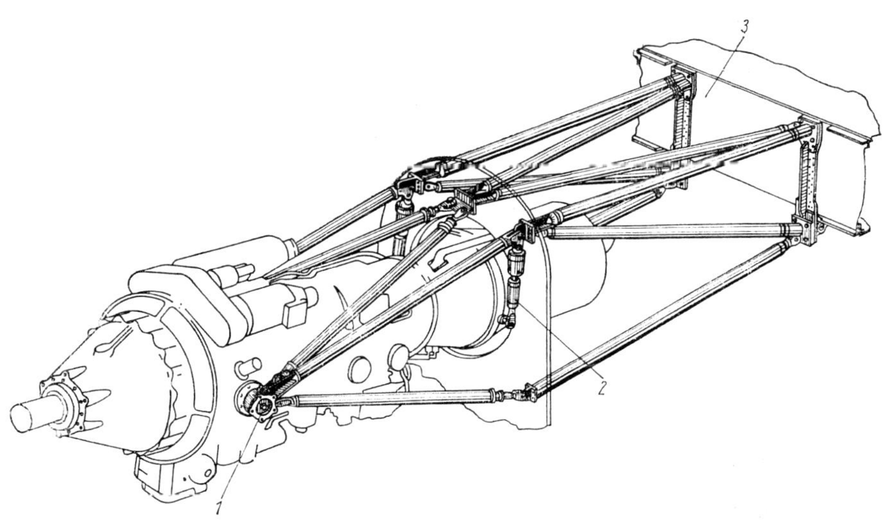

Bild 7.19 Befestigungsgestell eines PTL am vorderen Holm eines Tragflügels

1 – Aufhängungsdämpfer; 2 – Strebe mit Deflektor; 3 – Holm des Tragflügels

und an der inneren Strebe 6 befestigt ist, arbeitet auf Biegung, hervorgerufen durch seitlich angreifende Kräfte. Alle anderen Elemente sind Träger und nehmen nur axiale Kräfte auf.

Das Triebwerk wird mit Hilfe von vier Zapfen befestigt. Der vordere Zapfen 1 ist am vorderen Dämpfer 2 des Balkens 5 befestigt. Mit Hilfe der Balken und der oberen Streben 4 überträgt der Zapfen die

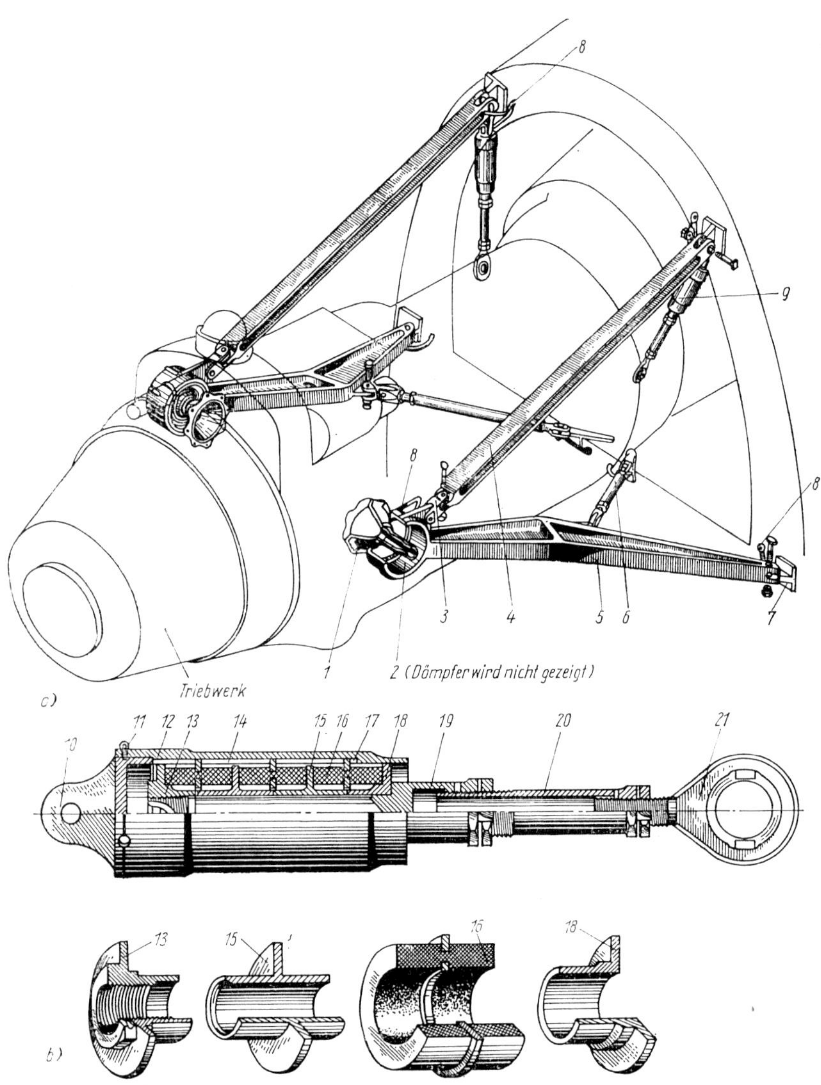

Bild 7.20 Befestigungsgestell eines Luftstrahltriebwerkes an einer Gondel

a) Rahmen; b) hinterer Dämpfer

1 – vorderer Zapfen; 2 – vorderer Dämpfer; 3 – Lasche; 4 – obere Strebe; 5 – Träger; 6 – innere Strebe; 7 – Konsole; 8 – Befestigung des Massebandes; 9 – hintere Dämpfungsstrebe; 10 – Gabel; 11 – Sperrschraube; 12 – Gehäuse; 13 – Mutter; 14, 15, 18 – Hülse; 19 – zentrale Strebe; 20 – Übergangshülse; 21 – Öse

Kräfte auf die Elemente, die am Kraftspant der Triebwerksgondeln liegen. Die Kräfte der hinteren Zapfen werden über die Dämpfungsstrebe 9 auf den Kraftspant übertragen.

Luftstrahltriebwerke haben in der Regel in ihrem Schwerpunkt spezielle Befestigungsmöglichkeiten, an denen die Hauptbefestigungsbolzen angebracht werden (Bild 7.21).

Zum Ausgleich der Temperaturdeformationen des Triebwerkes und zur besseren Montage sind an beiden Zapfen kugelförmige Lagerschalen angebracht. Die Triebwerksbefestigung mit Hilfe der Zapfen nimmt die Schubkraft, die Massenkräfte und alle Momente mit Ausnahme des Momentes des Zapfens, das durch das Nichtzusammenfallen des Triebwerksschwerpunktes mit der Zapfenachse entsteht, auf. Zur Verhinderung einer Drehung des Triebwerkes um diese Achse wird im Befestigungssystem am hinteren Teil des Triebwerkes eine zusätzliche Befestigung angebracht. Diese Befestigung nimmt keine Schubkraft und keine seitlichen Kräfte auf, da sie sich in dieser Richtung frei bewegen kann. Dadurch wird eine Bewegung des Triebwerkes in axialer Richtung ermöglicht. Zur Entlastung der zusätzlichen Befestigung von vertikalen Massenkräften wird oft eine zusätzliche Befestigung (Bild 7.21) verwendet, die mit Hilfe von Streben an der Flugzeugkonstruktion befestigt ist. In diesem Falle dient die zusätzliche Befestigung nur zur Erhöhung der Festigkeit der Triebwerksbefestigung. Mehrere Befestigungspunkte gestatten die Anwendung von verschiedenen Varianten der Triebwerksbefestigung. Bild 7.22 zeigt die Konstruktion der Triebwerksbefestigung am Rumpfvorderteil.

Das Triebwerk wird an vier Punkten mit

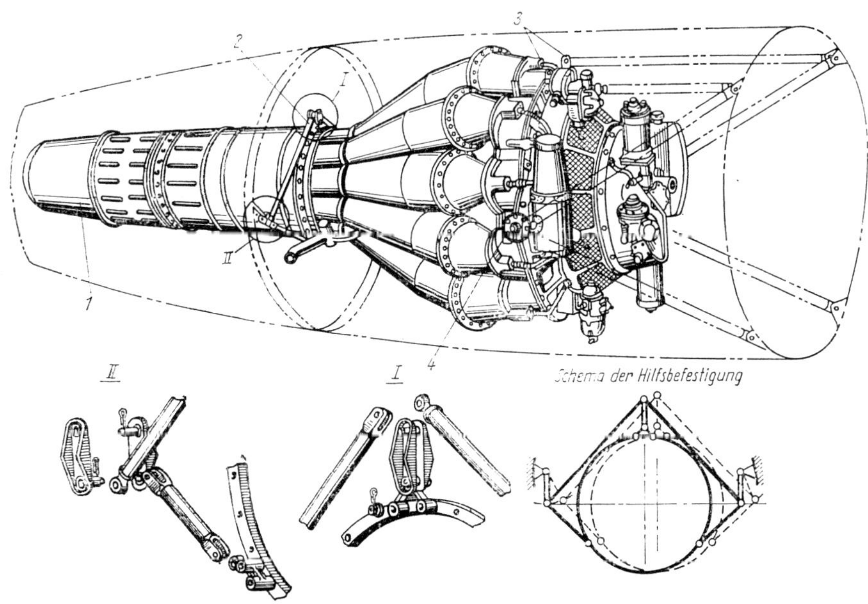

Bild 7.21 Befestigungsschema eines Luftstrahltriebwerkes an der Flugzeugkonstruktion
1 – Verlängerungsrohr; 2 – Hilfsbefestigung; 3 – Zusatzbefestigung; 4 – Hauptbefestigungsbolzen

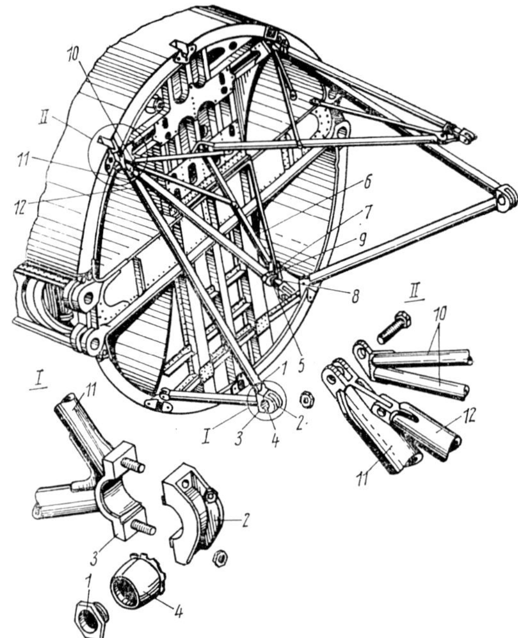

Bild 7.22 Befestigungsrahmen für die Anbringung eines Luftstrahltriebwerkes im Flugzeugrumpf

1 – Hauptbefestigung; 2 – Halbschale für die Befestigung; 3 – Hauptbefestigungspunkt; 4 – exzentrische Hülse; 5 – Gabelbefestigung; 6 – Rahmenstrebe; 7 – Strebe mit Gewinde zum Regulieren; 8 – Kontermutter; 9 – Befestigungsstrebe für Antriebsgeräte; 10 – Gabel für die Befestigung der Antriebsgeräte; 11 – Streben des Rahmens; 12 – obere Strebe

Hilfe von zwei Zapfen 1 und zwei oberen Ösen mit Hilfe von Gabeln befestigt.

Der Aufhängungsrahmen stellt ein Gerüst, bestehend aus acht Streben, dar, das an den Spanten des Rumpfes befestigt ist. Der Rahmen ist eine geschweißte Konstruktion aus legierten Stahlrohren.

Der Bolzen wird in eine exzentrische, kugelförmige Hülse 4 eingeführt, die mit Hilfe eines Deckels 2 am Triebwerksrahmen befestigt ist.

Bei Einbau des Triebwerkes am Tragflügel kann man den Triebwerksbolzen an den Bauteilen befestigen, die an den Holmen des Tragflügels montiert sind. Die Hilfsbefestigung kann in Form von Gestängen, Scharniergelenken und in Form von Rollen ausgeführt werden, die mit dem Triebwerk verbunden sind und sich in Profilschienen im Tragflügel bewegen.

Bild 7.23 zeigt die Befestigung eines STW am Tragflügel. Das Triebwerk ist mit seinem Hauptbolzen am Bauteil 1 befestigt, das am verstärkten Holm 4 und den Spanten 2 der Gondel angebracht ist. Das Bauteil 3 der Hilfsbefestigung ist am hinteren Holm an einer verstärkten Rippe befestigt. Der hintere Holm 5 hat im Bereich der Gondel die Form eines ringförmigen Rahmens, durch dessen Mitte das Schubrohr des Triebwerkes geht.

Bild 7.23 II zeigt die Konstruktion der Befestigung des Hauptbolzens mit einer sphärischen Hülse. Diese sphärische Hülse 6 ist in ein äußeres Lager 7 eingebaut, das im Gehäuse des Bauteiles untergebracht ist. Der Triebwerksbolzen 8 geht durch die Hülse und wird mit dieser durch einen Stift 9 befestigt.

Wenn das STW in einer Gondel unterhalb des Tragflügels angebracht ist, wird es an der Gondel befestigt und diese mit Hilfe eines Verbindungssteges am Tragflügel (Bild 7.24).

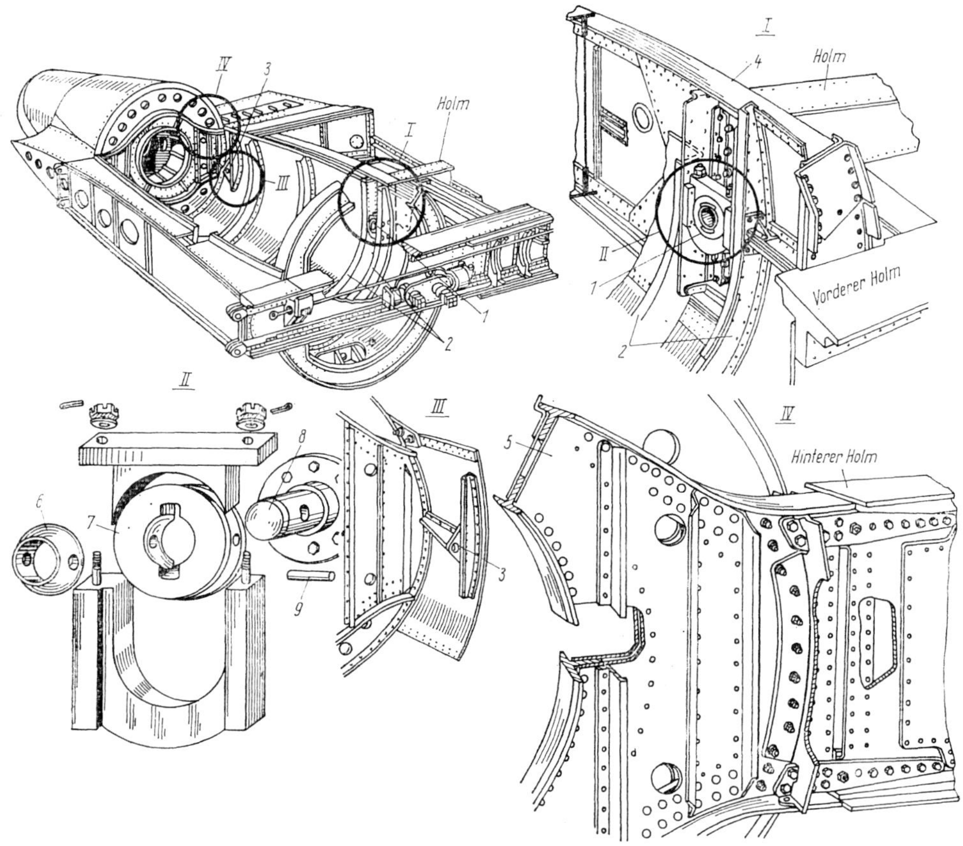

Bild 7.23 Befestigungsschema eines Luftstrahltriebwerkes am Tragflügel

1 – Befestigungspunkt; 2 – Spant; 3 – Hilfsbefestigungspunkt für das Triebwerk; 4 – Rippe; 5 – hinterer Tragflügelholm; 6 – sphärische Hülse; 7 – äußeres Lager der sphärischen Hülse; 8 – Triebwerksbolzen; 9 – Stift

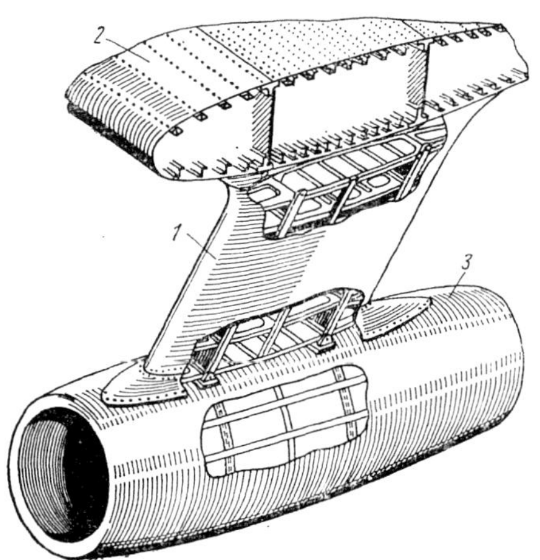

Bild 7.24 Aufhängung des Triebwerkes unter dem Tragflügel am Stiel

1 – Stiel (Pylon); 2 – Tragflügel; 3 – Triebwerksgondel

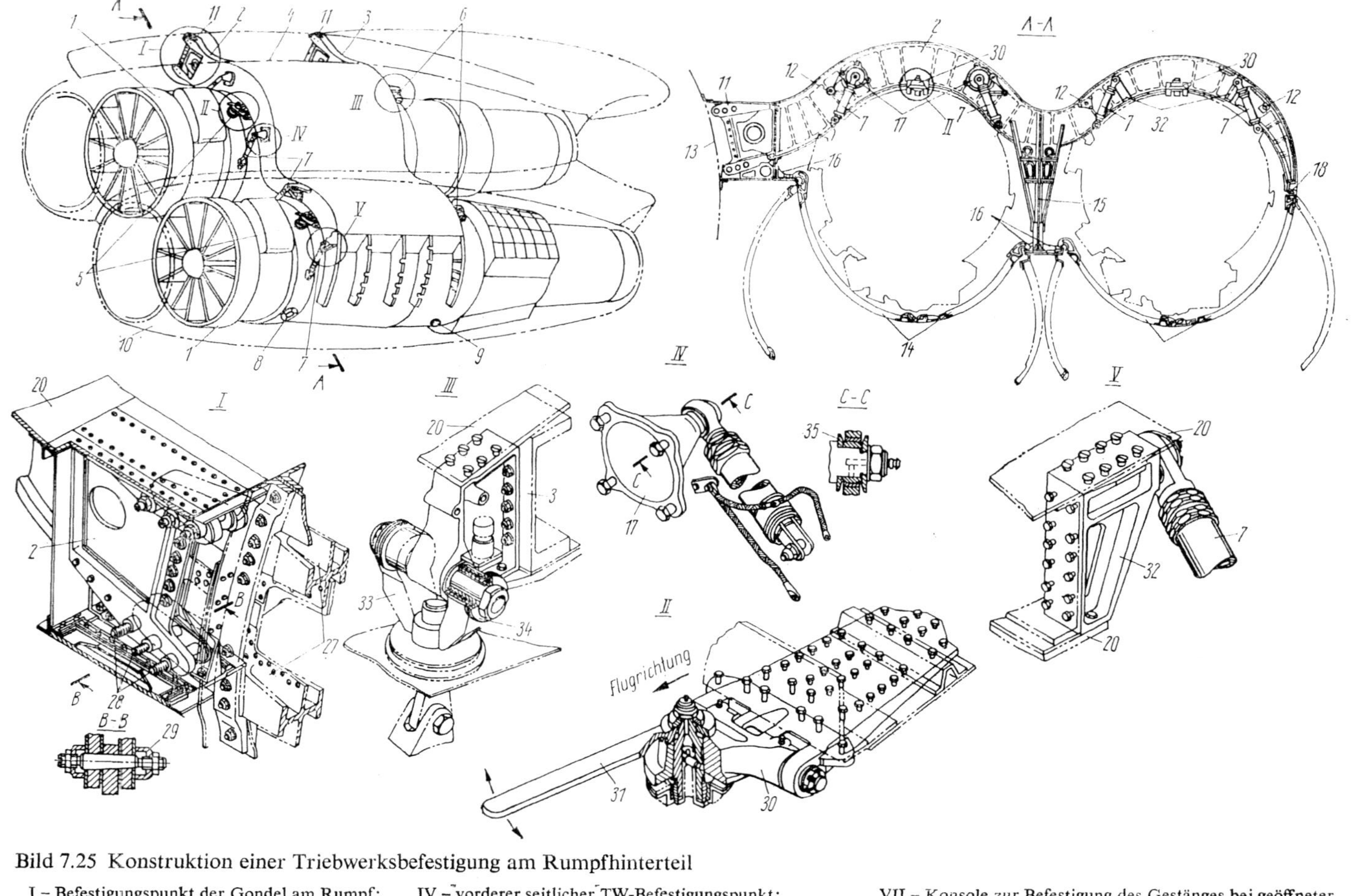

Bild 7.25 Konstruktion einer Triebwerksbefestigung am Rumpfhinterteil

I – Befestigungspunkt der Gondel am Rumpf;
II – vorderer mittlerer Befestigungspunkt;
III – TW-Befestigungspunkt;
IV – vorderer seitlicher TW-Befestigungspunkt;
V – Befestigungspunkt des äußeren TW;
VI – Einbau einer ringförmigen Hermetisierungswand;
VII – Konsole zur Befestigung des Gestänges bei geöffneter Schubdüse;
VIII – Spannbolzen der ringförmigen Hermetisierungswand

1 – Triebwerk; 2 – vorderer doppelgewölbter Träger; 3 – hinterer doppelgewölbter Träger; 4 – Kasten der Triebwerksgondel; 5 – vordere regulierbare Befestigungspunkte; 6 – hintere Befestigungspunkte; 7 – vordere Dämpfer; 8 – Transportbolzen; 9 – Transportkonsole; 10 – Triebwerksgondel; 11 – Befestigungspunkte der Gondel am Rumpf; 12 – Stützen für Hebevorrichtung; 13 – äußere Rumpfkontur; 14 – Lukendeckel; 15 – feuerfeste Trennwand; 16 – Befestigungskonsolen für Luken; 17 – Konsole für TW-Befestigung; 18 – äußerer Holm der Gondel; 19 – Öffnungen der Schubumkehrvorrichtung; 20 – Bodenplatte der Triebwerksgondel; 21 – Luftansaugschacht; 22 – Stiel; 23 – Spaltverkleidung; 24 – »Biberschwanz«; 25 – Ausströmteil; 26 – Zwischenwand des Stiels; 27 – Rumpfquerträger; 28 – konische Bolzen für die Gondelbefestigung am Rumpf; 29 – Unterlegscheibe; 30 – Scharnierkonsole; 31 – Regulierungshebel für die Lage des Triebwerkes in der Gondel; 32 – Äußere Konsole der äußeren Gondel; 33 – bewegliche TW-Befestigung; 34 – Dämpfer der TW-Befestigung; 35 – sphärisches Kugellager; 36 – Gummiprofil; 37 – Rippe des hinteren Teiles des Stiels; 38 – Spant; 39 – unterer Träger; 40 – oberer Träger

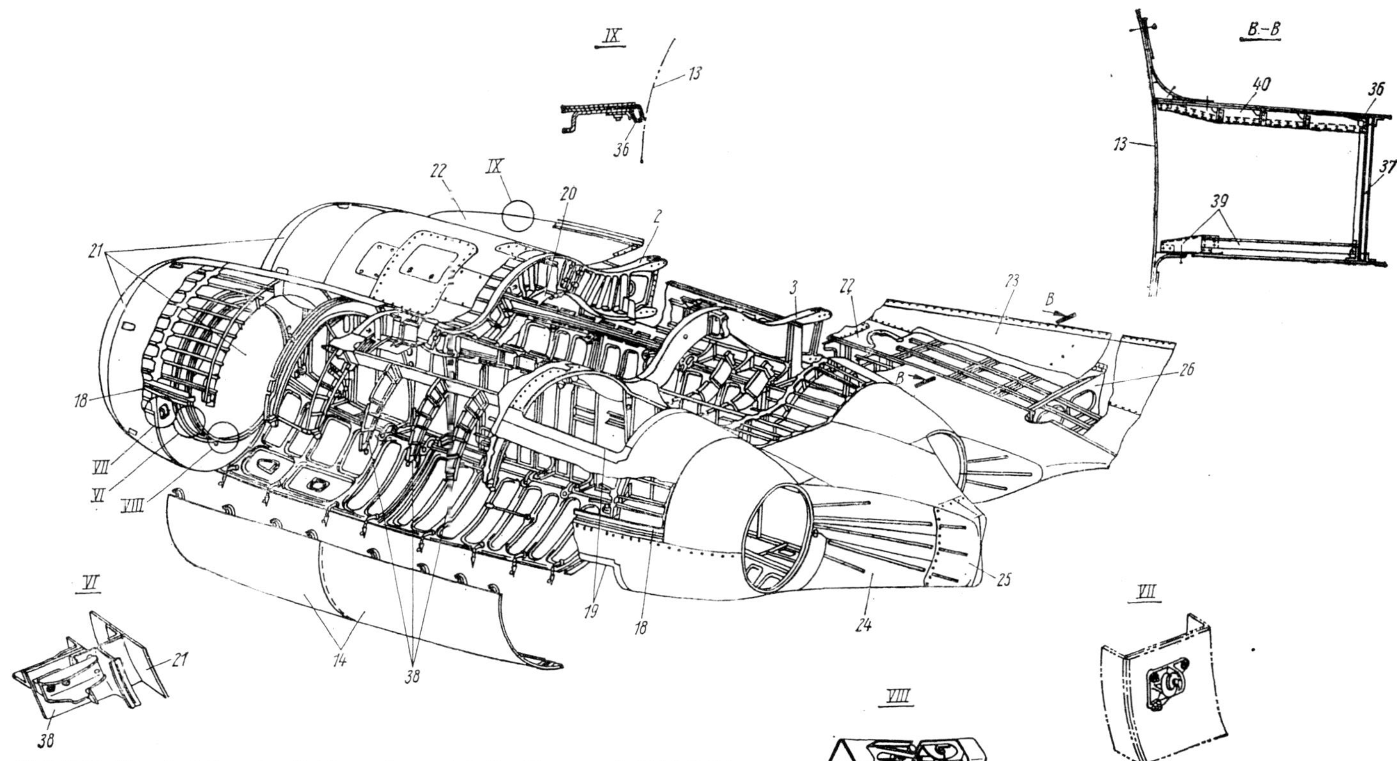

Bild 7.26 Konstruktion der Triebswerksgondel (Positionen wie Bild 7.25)

Gegenwärtig werden die Triebwerke häufig in Gondeln am Rumpfhinterteil angeordnet (Bilder 7.6, 7.25, 7.26).
Eine derartige Form der Anbringung hat folgende Vorteile:

1. Die aerodynamischen Charakteristiken des Tragflügels verschlechtern sich nicht, die Effektivität der Mechanisierung erhöht sich.
2. Die Gefahr eines Brandes verringert sich, da der Kraftstoffvorrat vom Triebwerk weit entfernt ist.
3. Die relativ hohe Anbringung der Triebwerke verringert die Gefahr des Ansaugens von Fremdkörpern durch das Triebwerk und vermindert die Gefahr der Bodenberührung der Triebwerke bei einer unbeabsichtigten Schräglage des Flugzeuges beim Start und bei der Landung.
4. Es erhöht sich die Sicherheit bei der Landung mit eingefahrenem Fahrwerk.
5. Der Ausgleich von Drehmomenten nach Ausfall eines Triebwerkes wird erleichtert.
6. Die Lärmbelastung in der Passagierkabine und in der Pilotenkabine wird wesentlich herabgesetzt.
7. Die Abgasströmung der Triebwerke hat kaum akustischen Einfluß auf die Flugzeugkonstruktion.

Die Bilder 7.25 und 7.26 zeigen die Gondel und die Triebwerksbefestigung des Flugzeuges IL 62.
Die Triebwerke 1 sind in zwei geschweißten Gondeln untergebracht, die an den Kraftelementen des Rumpfhinterteiles mit Hilfe des Bauteiles 11 angebracht sind. Jedes Triebwerk ist über Gummidämpfer an einem zweiarmigen Träger 2 der Gondel mit drei Punkten 5, 7 und an den hinteren Balken 3 mit einem Punkt 6 befestigt.
Die Konstruktion der geschweißten Gondel (Bild 7.26) stellt einen Kasten mit zwei Trägern dar. Zur Verringerung der Brandgefahr sind die Triebwerke durch Zwischenwände aus hitzebeständigem Material getrennt. Die Gondeln verfügen über große Luken, die die Wartung sowie den Ein- und Ausbau der Triebwerke wesentlich erleichtern.
Zur Verkürzung der Ausrollstrecke verfügen die Triebwerke über eine Vorrichtung zur Schubumkehrung (Bild 7.27).
Zur Erhöhung der Schubkraft und zur Vergrößerung der Flugsicherheit werden moderne Jagdflugzeuge heute oft mit zwei im Rumpf untergebrachten Triebwerken ausgerüstet. Die Befestigung dieser Triebwerke an der Konstruktion des Rumpfes erfolgt analog der in Bild 7.28 gezeigten Befestigung. Bild 7.28 zeigt die möglichen Befestigungsformen der Triebwerke an verstärkten Spanten des Rumpfes.

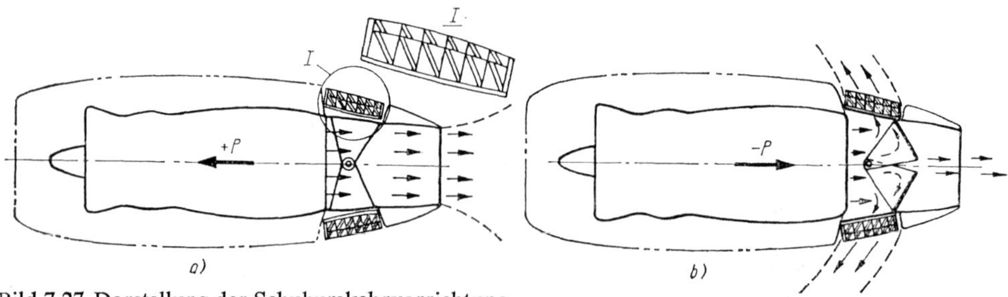

Bild 7.27 Darstellung der Schubumkehrvorrichtung
a) Schaufeln in Neutralstellung; b) Schaufeln in ausgelenkter Stellung

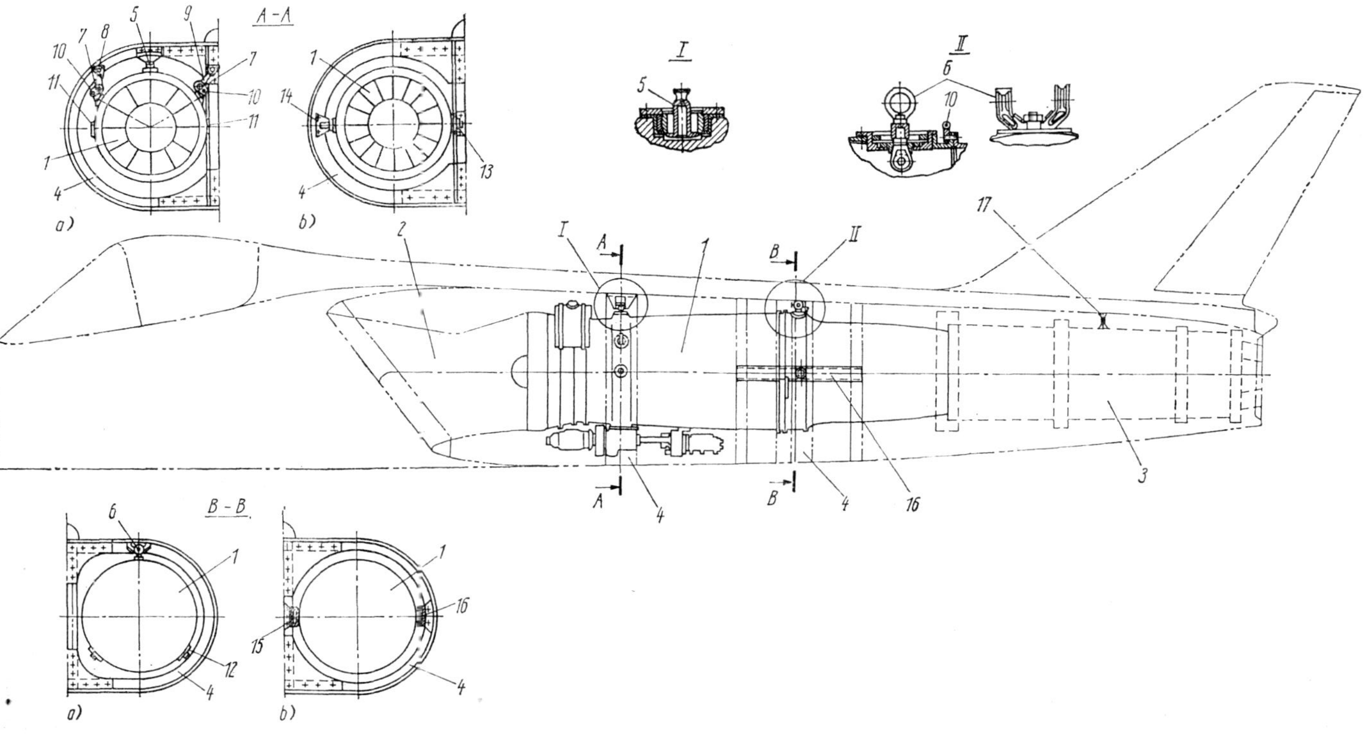

Bild 7.28 Befestigungsschema des Triebwerkes am Rumpf des Flugzeuges

a) Variante der Triebwerksbefestigung am vorderen Teil des Rumpfes am verstärkten Spant; b) Variante der Triebwerksbefestigung am hinteren Teil des Rumpfes am verstärkten Spant

1 – Triebwerk; 2 – Luftansaugschacht; 3 – Verlängerungsrohr; 4 – Kraftspanten; 5 – Konsole der Hauptbefestigung; 6 – Konsole der hinteren Befestigung; 7 – Konsole der Befestigung des Dämpfers; 8 – Konsole am Kraftspant; 9 – Triebwerksbefestigungsdämpfer; 10 – Konsole; 11 – Transportbolzen; 12 – Transportkonsole; 13 – Hauptbefestigungsbolzen des Triebwerkes; 14 – Befestigungspunkt des Hauptbefestigungsbolzens des Triebwerkes; 15 – Rollen; 16 – Richtungsschienen; 17 – Befestigungspunkt des Verlängerungsrohres

7.5. Gondeln und Motorhauben

Bei modernen Flugzeugen werden zur Verminderung des Widerstandes Triebwerke mit Außenaufhängung in Gondeln untergebracht.

Diese garantieren eine gute aerodynamische Form und schützen die Triebwerke und ihre Aggregate vor Verschmutzung. Die Gondeln gewährleisten außerdem eine richtige Verteilung und Richtung des Luftstromes, der für die Arbeit des Triebwerkes und seine Kühlung notwendig ist. Die Gondeln umfassen das Gehäuse mit einem System leichtabnehmbarer oder abklappbarer Luken. Die Triebwerksgondeln haben eine dünnwandige Konstruktion, analog der Konstruktion des Rumpfes.

Bei modernen Triebwerksanlagen verwendet man Gondeln oder Motorhauben, die nach der Fachwerk- oder Plattenbauweise hergestellt sind.

Das Fachwerk der Gondeln besteht aus Kraftelementen und leichten Deckeln, die an den Längs- und Querelementen befestigt sind. Die Gondeln können die Kräfte der Triebwerke aufnehmen und auf den Tragflügel oder Rumpf übertragen. Gondeln in Plattenbauweise bestehen aus genügend festen Platten, die durch schnellarbeitende Spannschlösser miteinander verbunden sind. Sie bilden eine geschlossene starre Schale. Eine solche Konstruktion überträgt in der Regel nur die Luftkräfte. Die Triebwerkskräfte werden in diesem Fall von den Befestigungselementen (Rahmen) unmittelbar auf den Tragflügel oder Rumpf übertragen.

Bild 7.29 zeigt die allgemeine Ansicht einer Gondel eines PTL-Triebwerkes mit ihren Einzelteilen.

Im allgemeinen besteht eine Gondel aus der Verkleidung der Luftschraubennabe, der vorderen und hinteren Motorhaube, dem Hinterteil der Gondel und der Verkleidung des Verlängerungsrohres.

Die Verkleidung der Luftschraubennabe soll den Stirnwiderstand vermindern, den Eingangskanal profilieren und die Luftschraubennabe gegen Verschmutzung schützen. Verkleidung des Getriebes 2, dem oberen und zwei seitlichen Trägern 16 und vier Luken.

Der vordere Spant bildet mit der vorderen Verkleidung die ringförmige Kammer für die Enteisungsanlage des Ansaugschachtes, in den warme Luft durch ein Rohr aus dem Enteisungssystem des Flugzeuges eintritt. Die hintere Verkleidung 6 umfaßt die Kraftspanten 5, 11, den Deckel und den Rahmen des Schmierstoffradiators.

Oft werden die Triebwerksgondeln zur Unterbringung des Fahrwerkes im eingefahrenen Zustand verwendet. Dann wird der Querschnitt der Gondel größer gewählt.

Triebwerke, die innerhalb des Rumpfes untergebracht sind, benötigen keine speziellen Gondeln. In diesem Fall ist der Rumpf selber die Gondel. In die Verkleidung des Rumpfes werden Luken eingebaut, um eine Durchsicht der Triebwerke und der Aggregate zu gewährleisten.

Wenn die Triebwerke im Tragflügel untergebracht sind, wird die Gondel ganz oder teilweise im Tragflügel untergebracht (Bild 7.30). Die Holme des Tragflügels sind im Bereich der Triebwerksunterbringung ringförmig.

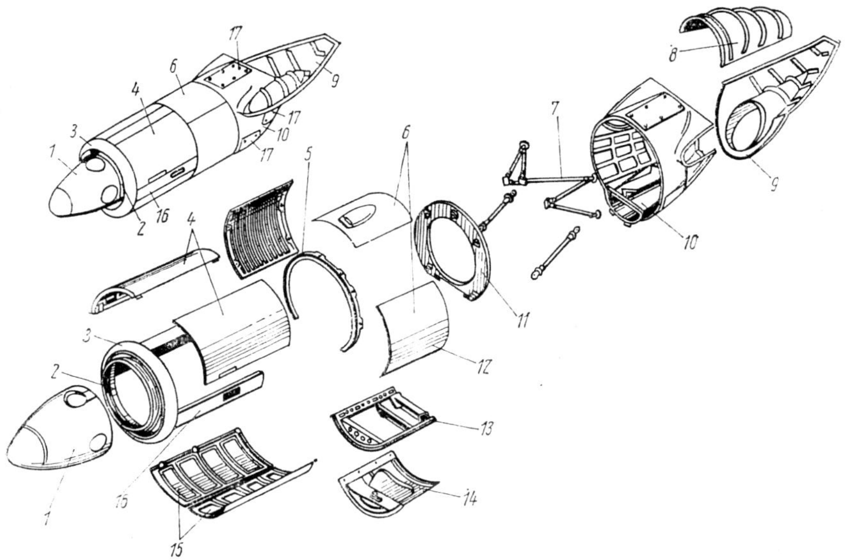

Bild 7.29 Gesamtansicht einer Triebwerksgondel und ihrer Hauptbestandteile

– Luftschraubennabenverkleidung; 2 – Verkleidung des Untersetzungsgetriebes; 3 – Luftansaugschacht mit Enteisungskammer; 4 – oberer Deckel der vorderen Haube; 5 – Spant der hinteren Haube; 6 – oberer Deckel der hinteren Haube; 7 – Kraftstreben; 8 – Verkleidung; 9 – Abströmteil; 10 – hinterer Teil der Gondel; 11 – Kraftspant; 12 – Seitenluke der hinteren Haube; 13 – Rahmen des Schmierstoffradiators; 14 – untere Luke der hinteren Haube; 15 – untere Luke der vorderen Haube; 16 – Seitenträger; 17 – Luke

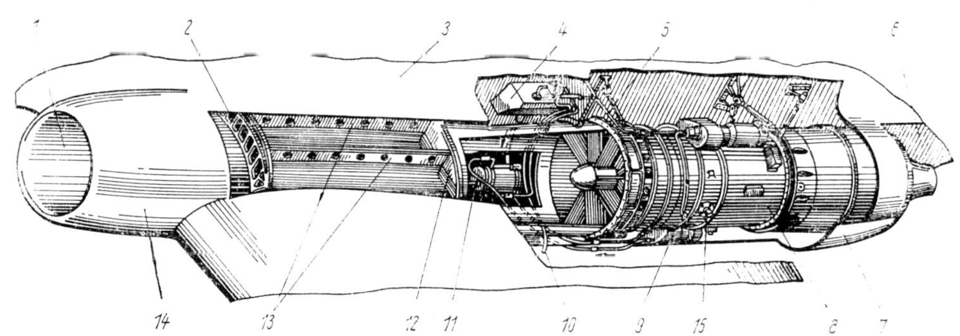

Bild 7.30 Lage des Triebwerkes im Tragflügel

1 – Luftansaugschacht; 2 – vorderer Holm des Flugzeuges; 3 – Mittelteil der Gondel; 4 – Schmierstoffbehälter; 5 – Schmierstoffdrainage; 7 – Abströmteil; 7 – Triebwerkshaube; 8 – Triebwerk; 9 – Schmierstoffpumpe; 10 – Abflußleitung; 11 – Kraftstoffzuführung; 12 – hinterer Holm des Flugzeuges; 13 – längsliegende Behälter; 14 – Luftansaugschacht; 15 – Befestigungspunkt des Hauptbolzens

7.6. Behälter und Kraftstoffzellen

Die Unterbringung der Behälter und Kraftstoffzellen und die an sie gestellten Anforderungen

Zur Unterbringung des Kraftstoffes verwendet man die inneren Zellen des Rumpfes, des Tragflügels und spezielle, gut umströmbare Zusatzbehälter (Bild 7.31). Solche Behälter kann man im Flug nach Verbrauch des Kraftstoffes abwerfen.

Im Sinne einer rationellen Ausnutzung der inneren Räume der Tragflügel und der Rümpfe wird bei einigen Flugzeugen der Kraftstoff unmittelbar in die Zellen der Tragflügel und Rümpfe gelassen, die zuverlässig abgedichtet sind.

Bei der Konstruktion von Kraftstoffzellen und Kraftstoffbehältern und ihrer Unterbringung im Flugzeug müssen diese folgenden grundlegenden Anforderungen entsprechen:

1. eine zulässige Veränderung des Schwerpunktes des Flugzeuges bei der Verarbeitung des Kraftstoffes;
2. eine genügende Festigkeit und Dichtheit der Kraftstoffzellen und Behälter bei minimalem Gewicht der Konstruktion;
3. eine zweckmäßige Unterbringung im Flugzeug zur Erleichterung der Wartung und Reparatur;
4. Einfachheit der Konstruktion der Behälter und ihrer Befestigung;
5. eine schnelle Befüllung der Zellen und Behälter mit Kraftstoff sowie ein schnelles Notablassen;
6. Vorhandensein eines Drainagesystems, das die freien Räume der Behälter mit der Atmosphäre oder einer Druckquelle verbindet, damit kein Unterdruck über dem Kraftstoff entsteht;
7. Gewährleistung einer Speisung des Triebwerkes mit Kraftstoff in allen Flugregimen;
8. Gewährleistung einer schnellen Brandbekämpfung.

Die Konstruktion von Kraftstoffbehältern und Kraftstoffzellen

In Flugzeugen verwendet man starre Behälter, Gummibehälter und halbstarre Behälter.

Gummibehälter haben eine Reihe wesentlicher Vorteile. Sie können in ein Flugzeug durch verhältnismäßig kleine Luken

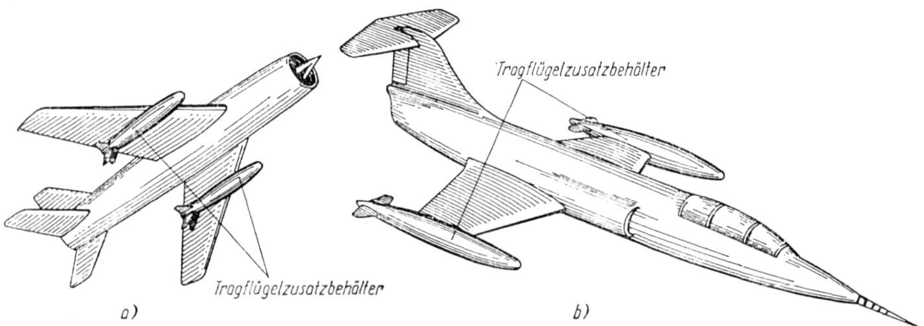

Bild 7.31 Unterbringung von KS-Zusatzbehältern am Flugzeug
a) unter dem Tragflügel; b) am Tragflügelende

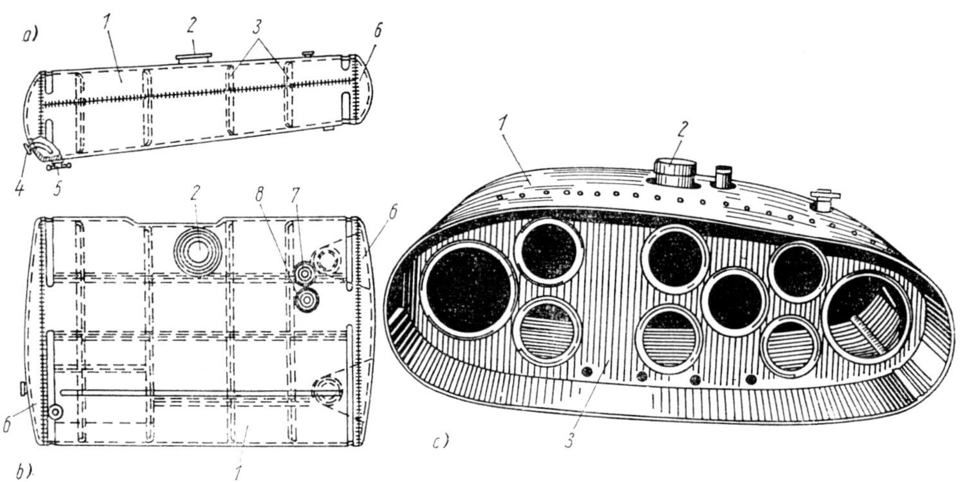

Bild 7.32 Konstruktion von starren Kraftstoffbehältern
a, b, c) verschiedene Behälterformen
1 – Verkleidung; 2 – Einfüllstutzen; 3 – innere Zwischenverkleidung (zur Verhinderung von Flüssigkeitsschwingungen); 4 – Zuführungsleitung; 5 – Ablaßhahn; 6 – Boden; 7 – Stutzen zur Zuführung neutralen Gases; 8 – Drainage

eingebaut werden, sie unterliegen nicht dem Einfluß der Vibration, und bei Beschuß erhält man keine großen Löcher.

Starre Behälter (Bild 7.32) bestehen im wesentlichen aus der Außenhaut 1, zwei Böden 6 und den inneren Trennwänden 3. Die Trennwände haben Löcher mit einer Umbördelung. Sie geben den Behältern die entsprechende Festigkeit, verhindern ein heftiges Umfließen des Kraftstoffes bei Flugfiguren und mindern hydraulische Schläge.

Zur Herstellung von starren Behältern werden Magnesiumlegierungen, Aluminium-Mangan-Legierungen und andere leichte Materialien verwendet. Die Blechdicke bei der Herstellung von Behältern liegt zwischen 0,6 und 2,0 mm.

Die Behälterteile werden durch Nietung und Schweißen miteinander verbunden. Die Dichtheit und Undurchlässigkeit der Nietreihen wird durch den Einbau elastischer Unterlagen gewährleistet.

Starre Behälter werden oft mit einem weichen Schutzmantel versehen. Er besteht aus einem mehrschichtigen Protektor analog der Konstruktion bei Gummibehältern.

Zur Gewährleistung der Kraftstoffzuführung zum Triebwerk bei negativen Überlastungen, wenn der Kraftstoff von den inneren Wänden der Behälter wegfließt, werden in starre und Gummibehälter besondere Vorrichtungen eingebaut (Bild 7.33).

Bei normaler Stellung des Ventils öffnet das Rohr den Zutritt des Kraftstoffes zur Förderleitung. Bei negativer Überbelastung bewegt sich das Gewicht nach oben und bewegt das Rohr mit Hilfe des Hebelgestänges nach unten. Dadurch kann der Kraftstoff von oben durch das Rohr in die Förderleitung fließen.

Starre Schmierstoffbehälter haben dieselben Konstruktionselemente wie Kraftstoffbehälter. Außerdem haben sie zusätzlich einen Filter zur Reinigung des zum Triebwerk strömenden Schmierstoffes von mechanischen Beimengungen, eine Vor-

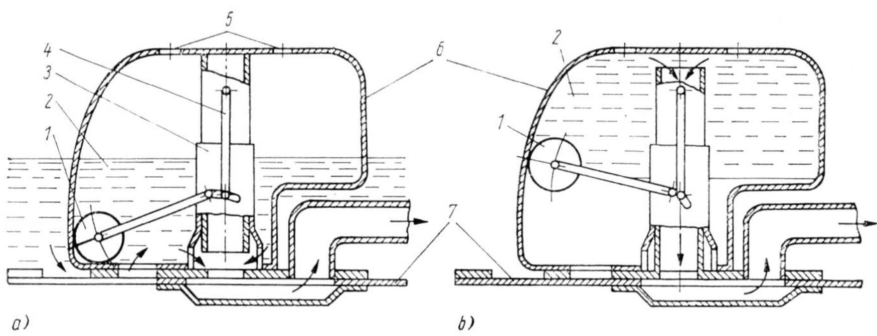

Bild 7.33 Rückenflugventil zur Versorgung des Triebwerkes mit Kraftstoff bei negativer Überbelastung

a) Normalstellung des Ventils; b) Stellung des Ventils bei negativer Überbelastung

1 – Gewicht; 2 – Kraftstoff; 3 – Hülse; 4 – Rohr; 5 – Drainageöffnung; 6 – Gehäuse; 7 – Behälterwand

richtung zur Verhinderung von Schaumbildung im Behälter und zur Trennung der im Schmierstoff befindlichen Luft und Gase (Bild 7.34). Bei der Bildung von Schaum nimmt das Volumen des Schmierstoffes bedeutend zu, was zu einem Schmierstoffaustritt aus dem Behälter und zu einer Verschlechterung der Arbeit der Pumpen führt. Die Vorrichtung zur Verhinderung von Schaumbildung besteht aus einem spiralförmigen Rohr mit einer großen Anzahl von Löchern.

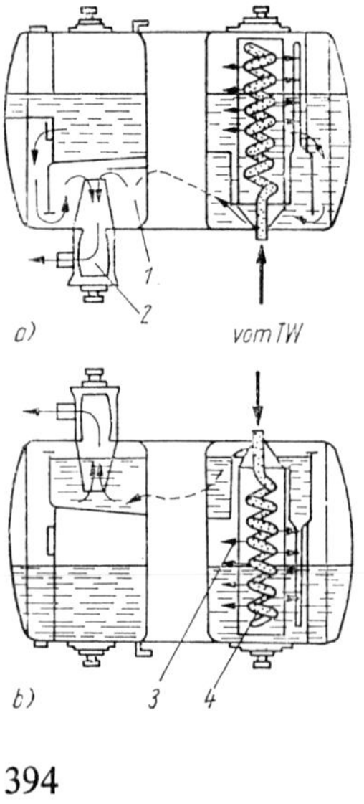

Bild 7.34 Konstruktiver Aufbau des Schmierstoffbehälters

a) Normallage des Behälters; b) Rückenlage des Behälters

1 – Rückhaltegefäß; 2 – Filter; 3 – Sieb; 4 – Vorrichtung zum Vermindern der Schaumbildung

Kraftstoffzusatzbehälter haben eine starre Konstruktion (Bild 7.35). Sie sind strömungsgünstig geformt und bestehen aus Spanten und Pfetten mit einer Behäutung aus Aluminiumlegierung, aus Plaste usw.

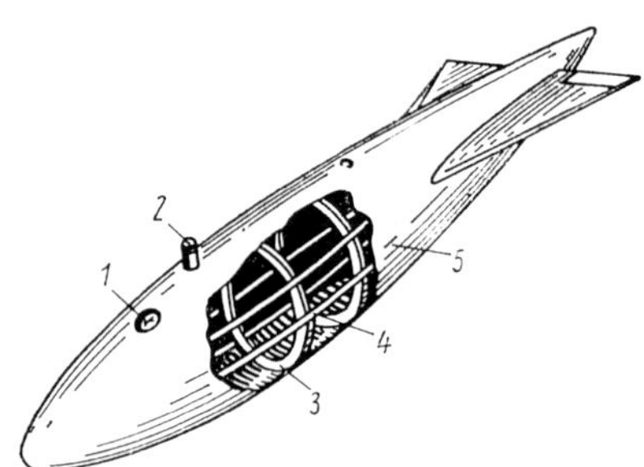

Bild 7.35 Konstruktion eines Kraftstoffzusatzbehälters

1 – Auffüllstutzen; 2 – Befestigungspunkt; 3 – Spant; 4 – Stringer; 5 – Behäutung

Weiche Kraftstoffbehälter werden aus einer weichen Hülle hergestellt, welche aus mehreren Schichten Gummi und Stoff besteht. Die Gummischicht ist als Protektor ausgearbeitet. Sie hat die Eigenschaft, sich zusammenzuziehen, und kann somit örtliche Beschädigungen (Durchschüsse) wieder schließen.

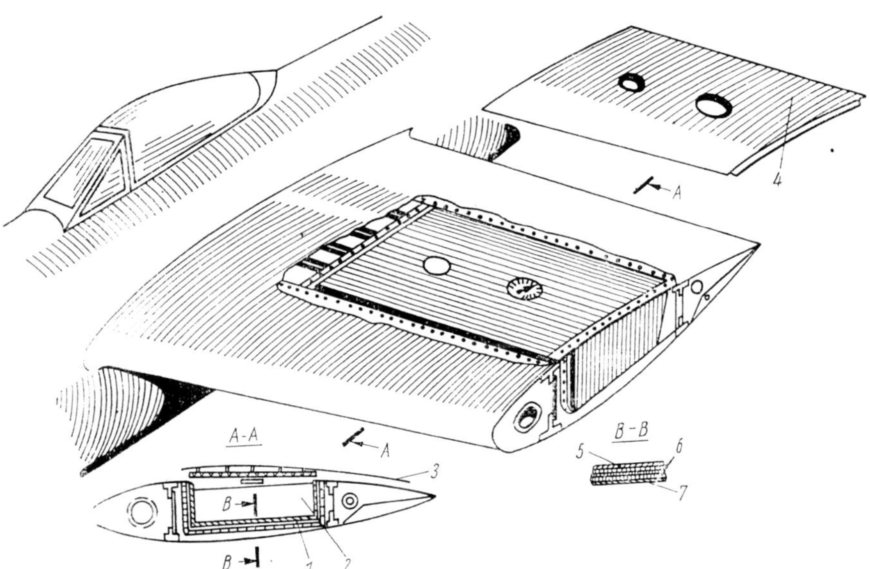

Bild 7.36 Weiche Kraftstofftragflügelbehälter

1 – Container; 2 – Behälter; 3 – abnehmbare Luke; 4 – Deckel; 5 – innere Behälteroberfläche; 6 – Schicht dehnbaren Gummis; 7 – Polyamidfaserstreifen

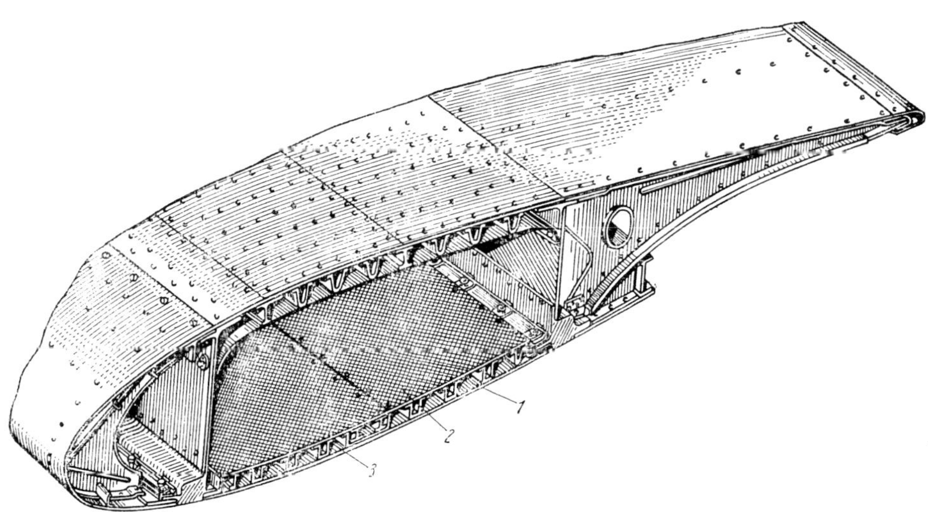

Bild 7.37 Container im Tragflügel zur Unterbringung eines weichen Kraftstoffbehälters

1 – unteres abnehmbares Blech; 2 – Glastextolytschicht; 3 – unteres nichtabnehmbares Blech

In Bild 7.36 wird die Unterbringung eines weichen Kraftstoffbehälters in einem Tragflügel gezeigt. Der Raum des Tragflügels, in dem der Kraftstoffbehälter eingebaut ist, ist mit Glastextolit ausgelegt; oft wird auch ein starrer Behälter aus Aluminiumlegierung eingebaut (Bilder 7.36, 7.37).

Die Oberfläche des Behälters liegt bei seiner vollen Auffüllung dicht an den Wänden der Zelle oder des Raumes an. Die Unterbringung der Behälter und ihre Befestigung muß ihren Aus- und Einbau nach Möglichkeit ohne Demontage anderer Aggregate gewährleisten.

Halbstarre Behälter. Im Unterschied zu weichen Behältern behalten halbstarre Behälter ihre Form, ihr Aufbau ist jedoch prinzipiell ähnlich dem von weichen Behältern. Bild 7.38 zeigt halbstarre Tragflügelbehälter. Sie sind aus speziellen kraftstoffbeständigen Stoffen und Kautschukprotektoren zwischen ihnen hergestellt. Eine Sektion besteht aus 6 Behältern, die untereinander durch Rohre 1 verbunden

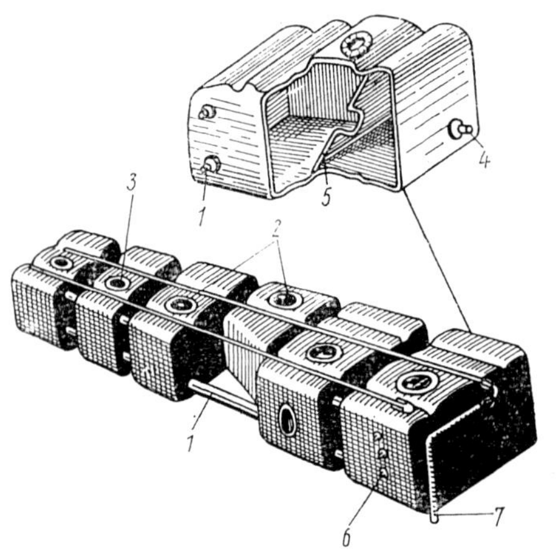

Bild 7.38 Halbstarre Tragflügelkraftstoffschächte

1 – Verbindungsleitungen; 2 – Kontrolluken; 3 – Einfüllstutzen; 4 – Einströmöffnung; 5 – Zwischenwand; 6 – Hahn; 7 – Drainageleitung

sind. Die Kontrolluken 2 aller Behälter liegen an der Oberfläche des Tragflügels. Im fünften Behälter ist der Auffüllstutzen 5 montiert. Im ersten Behälter liegt die Einströmöffnung 4.

Die Zwischenwand 5 verhindert ein Abfließen des Kraftstoffes von der Einströmöffnung im Falle des Sturzfluges. Die Hähne 6 dienen zum Ablassen von Wasserabscheidungen. Die Belüftung der Behälter geschieht durch das Leitungssystem 7, das durch die Behäutung nach außen geht. Die gesamte innere Oberfläche der Behälter ist mit einem kraftstoffundurchlässigen Film bedeckt. Die Sektion der Behälter wird im Tragflügel zwischen den Holmen und Rippen eingebaut. An den Seiten und unten sind Bleche eingezogen.

Kraftstoffzellen sind solche Räume der Konstruktion der Tragflügel oder der Rümpfe, in denen unmittelbar (ohne Behälter) Kraftstoff eingefüllt wird.

Solche Behälterzellen geben die Möglichkeit einer effektiveren Ausnutzung der inneren Räume für Kraftstoff und damit der Verringerung des Gewichtes der Konstruktion.

So konnte zum Beispiel beim Flugzeug Il 18 durch den Übergang von Kraftstoffbehältern im Tragflügel zu Kraftstoffzellen der Kraftstoffvorrat um 5000 l erhöht und die Masse um 500 kg verringert werden.

Die Projektierung von Kraftstoffzellen ist in erster Linie verbunden mit der Frage der Hermetisierung der einzelnen Aggregate. Die Herstellung eines solchen Hermetisierungsschemas, das eine zuverlässige Hermetisierung serienmäßig hergestellter Kraftstoffzellen über die gesamte Sollbetriebszeit des Flugzeuges hinweg garantiert, ist die Hauptaufgabe der Konstrukteure. Diese Aufgabe wurde zu verschiedenen Zeiten unterschiedlich gelöst.

Bei der Projektierung der ersten Kraftstoffzellen verfügten die Konstrukteure nur über abdichtendes Unterlegmaterial. Deshalb war die Hauptmethode der Abdichtung der Nähte die Dichtnietung. Im weiteren wurden dann immer umfangreicher aushärtende und selbstvulkanisierende Dichtmassen verwendet.

Die Anwendung derartiger Dichtmassen hat die Aufgabe der Hermetisierung wesentlich erleichtert. Die Erfolge bei der Hermetisierung der verschiedensten Konstruktionen führten jedoch zu falschen Vorstellungen, daß man jede beliebige Konstruktion hermetisch machen kann, indem man alle Nähte mit Dichtmasse ausfüllt und, um eine größere Garantie zu haben, noch die gesamte innere Oberfläche der Zellen mit Dichtmasse bestreicht. Wie die Erfahrungen in der Wartung gezeigt haben, verfügen diese Konstruktionen über eine geringe Sollbetriebszeit, auf Grund sehr großer Deformationen der in der Naht zusammengefügten Elemente. Deshalb wird besonders in der letzten Zeit der Frage der Deformation der einzelnen Elemente der Kraftstoffzellen und der mechanischen Eigenschaften des Dichtungsmaterials große Aufmerksamkeit gewidmet.

Die Hermetisierung von Kraftstoffzellen genieteter Konstruktionen · wird mit Hilfe der Abdichtung der Nietreihen oder über den Weg der Abisolierung der Nähte vom zu hermetisierenden Raum mittels undurchlässigen Materials gewährleistet.

Bei der Konstruktion und Herstellung von Kraftstoffzellen ist es notwendig, folgendes zu beachten:

1. Die Konstruktion darf nur über eine minimale Anzahl von Öffnungen verfügen, die mit der Atmosphäre verbunden sind.
2. Die Konstruktion soll über ein Minimum an Längs- und Querstößen verfügen. Deshalb soll die Länge der Felder gleich der Länge der Kraftstoffzellen sein. Die Breite sollte so maximal wie möglich gewählt werden.
3. Die Konstruktion der Kraftelemente der Kraftstoffzellen sollte die Spezifik der Konstruktion hermetischer Räume beachten.

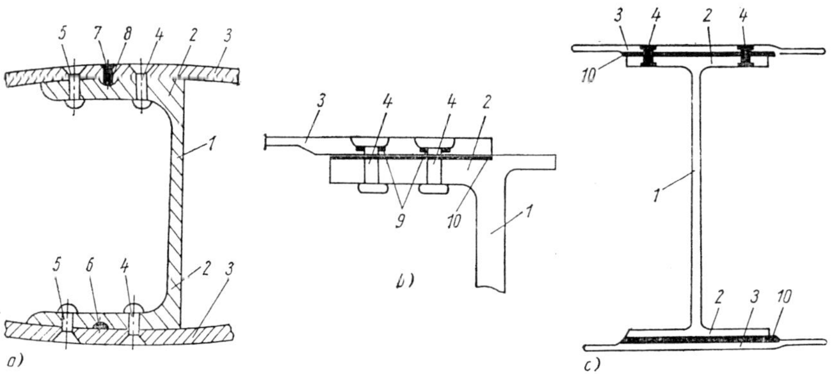

Bild 7.39 Methoden der Abdichtung von Kraftstoffzellen im Tragflügel an den Verbindungsstellen von Außenhaut mit den Holmen

a, b, c) verschiedene Konstruktionsvarianten

1 – Holm; 2 – Holmgurt; 3 – Behäutung; 4 – Dichtniete; 5 – Normalniet; 6, 8 – Nut mit Dichtmasse; 9 – zusätzliche Abdichtung unter den Nietköpfen (Scheiben aus Aluminiumfolie); 10 – Hauptschicht der abdichtenden Masse

Den Querschnitt der Längsträger muß man mit erhöhter Festigkeit auf Querbiegung auswählen, zur besseren Gewährleistung einer hohen Festigkeit des Trägers und seiner Befestigung an der Außenhaut.

Die Holme der Tragflügelbehälter sind gleichzeitig die Seitenwände der Kraftstoffzellen. Deshalb ist es angebracht, die Holme aus einem Stück zu fertigen, was auch ihre Festigkeit erhöht und die Anzahl der Löcher herabsetzt. Bild 7.39 zeigt den Schnitt durch einen Tragflügelkraftstoffbehälter im Bereich der Holme und die Art der Hermetisierung, wie sie bei einer Reihe amerikanischer Flugzeuge angewendet wird. Die Stirnrippen, die den Boden der Kraftstoffzellen bilden,

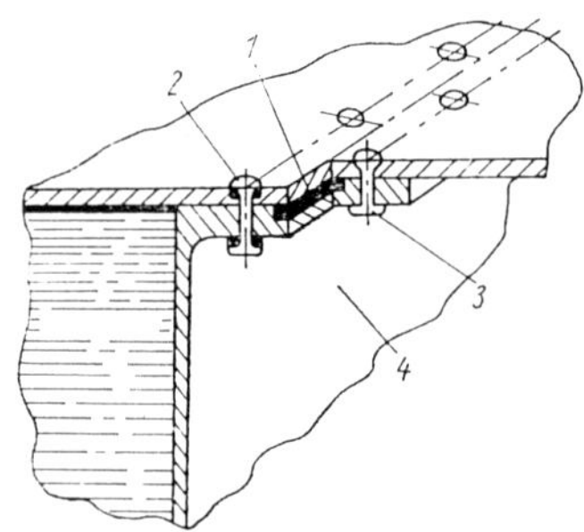

Bild 7.40 Methode der Abdichtung der Stirnrippe eines Tragflügelbehälters

1 – Nut mit Dichtmasse; 2 – Dichtniete; 3 – Normalniete; 4 – Stirnrippe

sind aus einem Stück zu fertigen. Bild 7.40 zeigt die Befestigung der oberen Behäutung mit der Stirnrippe mit Hilfe von zwei Nietreihen. Die Niete sind außerhalb der Kraftstoffzelle angebracht. Die dem Kraftstoff nähere Reihe ist hermetisiert, die andere Reihe ist als normale Nietreihe ausgeführt.

Bei der überwiegenden Zahl genieteter Konstruktionen der Tragflügelbehälter sind abnehmbare Luken an-

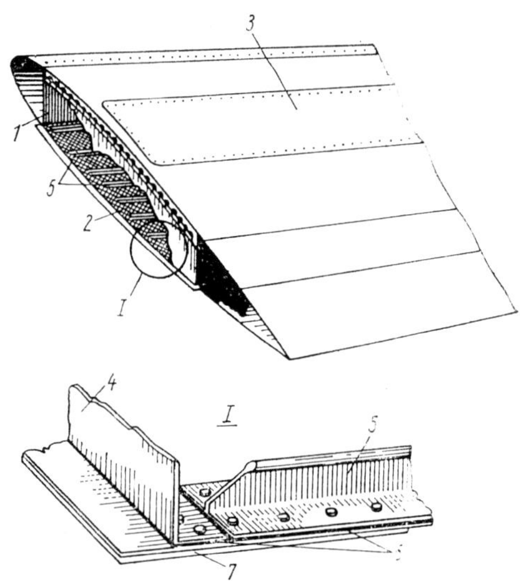

Bild 7.41 Tragflügelkraftstoffzelle

1 – vordere Wand des Holmes; 2 – Abdichtschicht; 3 – abnehmbarer Deckel; 4 – Stoßrippen; 5 – Stringer; 6 – Schicht Dichtmasse; 7 – unterer Deckel

gebracht. Sie gestatten den Zugang zum Inneren der Zelle zur Kontrolle und Reparatur der Abdichtung.

Bei der Herstellung derartiger Kraftstoffzellen verwendet man mehrreihige Abdichtungen (Bild 7.42). In alle Nähte legt man Gummidichtungen, außerdem wird an den Kanten der Träger, dem Gürtel,

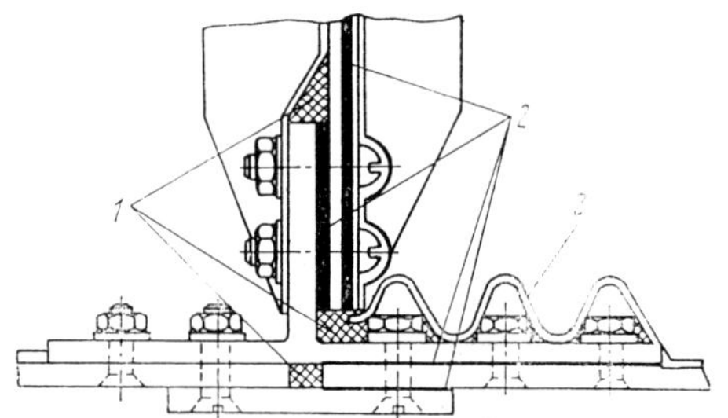

Bild 7.42 Mehrreihige Abdichtung einer Kraftstoffzelle eines Tragflügels

1 – Gummiunterlage; 2 – Abdichtungsmassenfilm oder Lage; 3 – Oberflächenabdichtung

den Holmen und den Trägern der Stirnrippen Hermetikmasse angebracht. Danach wird die gesamte innere Oberfläche mit einer dünnen Schicht Hermetikmasse abgedichtet. Eine solche Methode der Hermetisierung gibt eine verhältnismäßig hohe Zuverlässigkeit, verlangt keine Anwendung hermetischer Befestigungen, keine hohe Genauigkeit der zu verbindenden Teile und hat ein geringes Gewicht. Als Nachteil muß der große Arbeitsaufwand beim Auftragen der Dichtmasse angeführt werden, der den Arbeitszyklus des Zusammenbaus erhöht, sowie die Schwierigkeit des Verklebens von undichten Stellen.

Gegenwärtig wird die Methode der Innennahthermetisierung bei Tragflügelbehältern weitgehend vervollkommnet (siehe Bilder 7.39a und 7.40). Diese Methode ist auf eine neue konstruktive Lösung begründet, zu der ein Netz pausenloser Nähte geschaffen wird, die mit Dichtmasse ausgefüllt sind und am Stoß der zu hermetisierenden Elemente liegen. Die Dichtmasse wird unter Druck durch eine Öffnung von außen in die Nähte gedrückt. Dieses Loch wird von außen durch die Behäutung gebohrt (Bild 7.43). Nach dem Einfüllen der Dichtmasse wird diese Öffnung mit einer Senkkopfschraube verschlossen. Die Kanäle laufen parallel den Stoßkanten.

Bei einer solchen Methode wird dank dem guten Kontakt der Metalle mit dem Metall der Hermetiknaht eine hohe Festigkeit geschaffen. Das Vorhandensein einer Einfüllöffnung zum Einspritzen der Hermetikmasse von außen erleichtert die Wartung und gestattet auftretende Undichtheiten leicht zu beheben. Der kleine Querschnitt der Hermetiknaht dient der Gewichtsminderung. Die Form des Querschnittes gestattet eine hohe Elastizität der Hermetikmasse bei geringen Temperaturen.

Neben den angeführten Vorteilen hat diese Methode den Nachteil des großen Arbeitsaufwandes beim Einbau der hermetisierenden Befestigungselemente, der notwendigen hohen Genauigkeit der Herstellung und der hohen Güte der abzudichtenden Oberfläche.

Besonderes Interesse bei der weiteren Vervollkommnung der Konstruktion von Kraftstoffzellen finden geschweißte und geklebte Konstruktionen dieser Art von Kraftstoffzellen.

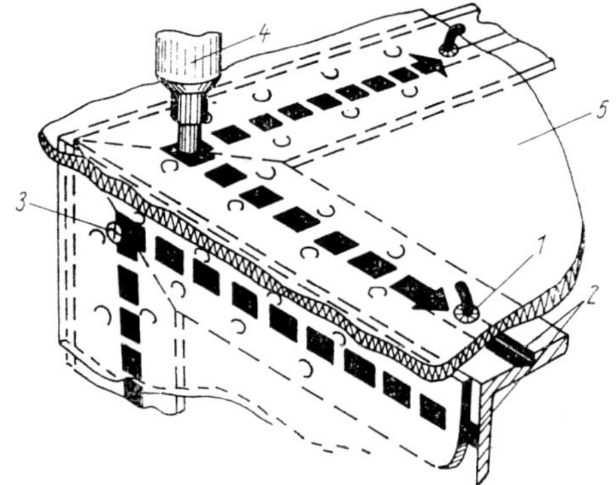

Bild 7.43 Methoden der Innennahtabdichtung eines Tragflügelbehälters an den Stoßstellen

1 – Öffnung zum Einfüllen der Dichtmasse; 2 – Nut für Dichtmasse; 3 – Schraube; 4 – Auffüllstutzen für Dichtmasse; 5 – Außenhaut

7.7. Kontrollfragen

1. Welche Aufgaben haben Triebwerksanlagen im Flugzeug?
2. Nennen Sie die Bestandteile von Triebwerksanlagen!
3. Welche Triebwerke werden in Flugzeuge eingebaut, und welchen Anwendungsbereich haben sie?
4. Nennen Sie die Forderungen an Triebwerksanlagen!
5. Welche charakteristischen Befestigungsschemata der Triebwerke gibt es bei modernen Flugzeugen (Jagdflugzeuge, Bombenflugzeuge und Passagierflugzeuge)?
6. Welche charakteristischen Formen von Lufteintrittsteilen gibt es?
7. Welche Besonderheiten der Belastung der Konstruktionselemente der TW-Befestigung am Flugzeug gibt es?
8. Aus welchen Elementen besteht die Konstruktion einer Gondel? Welche Aufgabe haben diese Elemente?
9. Wo sind die Kraftstoffvorräte im Flugzeug untergebracht?
10. Welche Besonderheiten der Konstruktion der KS-Zellen gibt es?

8. Verbindung von Konstruktionselementen

Ein Flugzeug besteht aus den nach der Form, nach den Abmessungen und nach der Fertigungstechnologie verschiedenartigsten Elementen, Baugruppen und Plattenbauelementen, deren Anzahl bei einem mittleren Flugzeug in die Zehntausend geht.

Einzelne Baugruppen des Flugzeuges und ihre Konstruktionselemente werden aus einzelnen Bauteilen zusammengesetzt und mit den unterschiedlichsten Methoden miteinander verbunden. Das Vorhandensein von Verbindungen, und in erster Linie lösbarer Verbindungen, erschwert die Konstruktion, erhöht das Gewicht des Flugzeuges und damit auch die Kosten und den Arbeitsaufwand bei der Herstellung. Die Einführung von Strangpreßprofilen bei der Herstellung von Bauelementen, Baugruppen und sogar ganzen Bauteilen vermindert die Anzahl von Verbindungen. Dabei werden die Anforderungen, die an eine Verbindung gestellt werden, nicht eingeschränkt.

Die zweckmäßige Aufteilung der Konstruktion in einzelne Bestandteile ist ein wesentlicher Faktor bei der Verbesserung der Fertigungstechnologie. Die zweckmäßige Aufteilung der Konstruktion wird nach genauer Analyse unter Berücksichtigung der Typen und des Produktionsumfanges festgelegt.

Als Beispiel dient der in Bild 8.1 dargestellte Kolben eines Schwingungsdämpfers. Hier ist die Herstellung des Kolbens mit einem einsetzbaren Boden billiger, da er aus einem Rohr gefertigt wird, als die Herstellung eines Kolbens aus einem Stab mit großem Durchmesser.

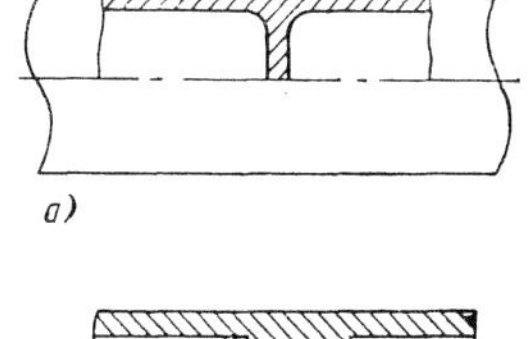

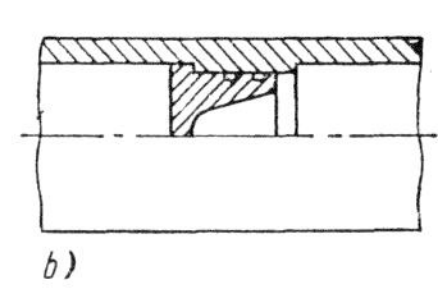

Bild 8.1 Kolben des Schwingungsdämpfers eines Fahrwerkbeines

a) Boden aus dem Ganzen angefertigt; b) mit eingesetztem Boden

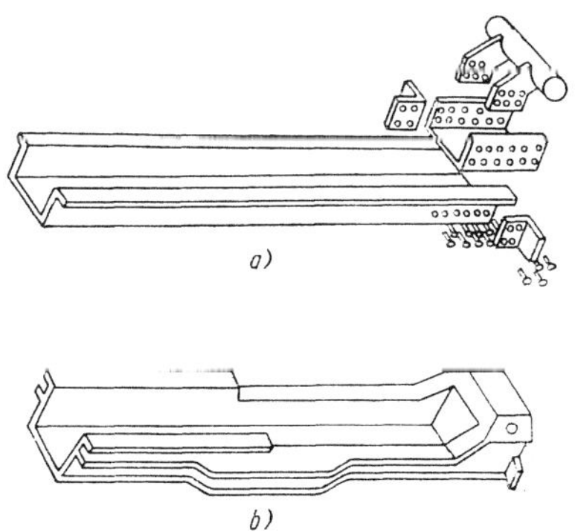

Bild 8.2 Aufteilung nach technologischen Gesichtspunkten

a) Ein in genieteter Differentialbauweise hergestelltes Teil; b) Strangpreßteil mit integriertem Anschlußkopf

Bild 8.2 zeigt eine andere Konstruktion. Hier ist die Herstellung eines Strangpreßprofiles zweckmäßiger.
Die Qualität von Verbindungen kann man nach folgenden Faktoren beurteilen:

- Zuverlässigkeit,
- Festigkeit,
- Steifigkeit,
- Dichtheit,
- Widerstandsfähigkeit gegenüber Korrosionsanfälligkeit u. a.

Solche Verbindungselemente wie Bolzen, Schrauben, Muttern, Nieten u.a. sind in der Mehrzahl standardisiert.
Befestigungselemente im Flugzeugbau unterscheiden sich von den im allgemeinen Maschinenbau angewendeten Befestigungselementen durch eine höhere Festigkeit des Materials, eine höhere Genauigkeit in der Herstellung und eine bessere Oberflächenbeschaffenheit. Diese Besonderheiten bedingen auch die Notwendigkeit spezieller Luftfahrtstandards.

8.1. Verbindungsarten

Die Konstruktionselemente werden beim Zusammenbau nach unterschiedlichen Methoden miteinander verbunden. Die Verbindungen können nichtlösbar und lösbar sein. Außerdem unterscheidet man in Abhängigkeit von der Bewegungsfreiheit der zu verbindenden Elemente starre, wenig bewegliche und bewegliche Verbindungen.
In Tabelle 8.1 sind die grundlegenden Verbindungsarten nach ihrer Herstellung und ihrer Verwendung im Flugzeugbau aufgeführt.
Im folgenden wird eine kurze Charakteristik der Verbindungsarten gegeben.
Nichtlösbare, unbewegliche Verbindungen werden durch eine unveränderliche Lage der verschiedenen Bauteile, Baugruppen und Elemente zueinander charakterisiert. Solche Verbindungen werden durch Nieten, Schweißen, Kleben, Löten und Preßsitz erreicht. Das Lösen derartiger Verbindungen ist sehr schwierig und führt meist zur Beschädigung der miteinander verbundenen Elemente und Befestigungen.

Lösbare, unbewegliche Verbindungen gewährleisten eine unveränderliche Lage, gestatten jedoch auf der anderen Seite eine Demontage der Baugruppen und Bauteile ohne Beschädigung der zu ihnen gehörenden Elemente und Befestigungsteile. Zu solchen Verbindungen gehören z. B. die Verbindungselemente des Tragflügels, des Leitwerkes und des Rumpfes, die Verbindungselemente des Triebwerkes mit dem Rumpf, die Befestigungskonsolen zur Aufhängung der Ruder und Landeklappen, Schraubverbindungen u. a.
Lösbare, wenig bewegliche Verbindungen gestatten eine relative Verschiebung der zur Verbindung gehörenden Elemente. Dabei erfolgt die Verschiebung jedoch relativ kurzzeitig und wiederholt sich sehr selten. Zu solchen Verbindungen gehören die Gelenke der Fahrwerkstreben beim einfahrbaren Fahrwerk, Verbindungselemente der Steuerung der Landeklappen usw.
Lösbare, bewegliche Verbindungen gestatten eine sich oft wiederholende relative Verschiebung der Verbindungselemente.

Tabelle 8.1 Verschiedene Verbindungsarten von Konstruktionselementen und ihre Anwendung im Flugzeugbau

Verbindungstypen		Verbindungsarten											
		Niet-verbindungen	Verbindungen mit Hilfe von Bolzen	Schraub-verbindungen	Schweiß-verbindungen	Klebe-verbindungen	Löt-verbindungen	Verbindungen mit Hilfe von Wellen	Falzstoß-verbindungen	Spann-verbindungen	Geheftete Verbindungen	Naben-verbindungen	kombinierte Verbindungen
nichtlösbare Verbindungen	starre Verbindungen	△	△	⊖	△	△	△			⊖	⊖	○	⊖
lösbare Verbindungen	starre Verbindungen		△	△				⊖	△		○		⊖
	wenig bewegliche Verbindungen		△	⊖				⊖	⊖			⊖	
	bewegliche Verbindungen		△	○				⊖	⊖			○	

Anmerkung: △ – am meisten verbreitet, ⊖ – wenig verbreitet, ○ – selten angewendet

Zu ihnen gehören die Gelenkverbindungen der Steuerung der Ruder, Gelenkaufhängungen der Ruder usw.
Die Bestimmung des Bewegungsgrades einer Verbindung ist äußerst wichtig, da die zulässige Flächenpressung für bewegliche Verbindungen mit nicht mehr als 0,2 σ_B und für wenig bewegbare Verbindungen mit 0,65 σ_B angenommen wird.
Lösbare Verbindungen kann man nach der Art der Kraftübertragung in zwei Arten unterteilen. Die erste Art ist eine lösbare Verbindung, bei der die Kräfte über einen bzw. über mehrere Befestigungspunkte übertragen werden. Bei der zweiten Art der Verbindungen erfolgt die Kräfteübertragung mit Hilfe einer großen Anzahl von Bolzen, die durch Winkel oder Streben verbunden sind, und die über das gesamte Profil der zu verbindenden Elemente verteilt sind.
Von allen aufgeführten Verbindungsarten sind heute Nietverbindungen und Bolzenverbindungen im Flugzeugbau am weitesten verbreitet. Das liegt in ihrer Universalität, ihrer Einfachheit und Zuverlässigkeit ihrer Wartung begründet. Niete und Bolzen kann man für die Verbindung von Konstruktionselementen aus unterschiedlichem Material verwenden, während anderen Verbindungsarten hier gewisse Grenzen gesetzt sind. So ist zum Beispiel das Schweißen von Aluminiumlegierungen und hochlegierten Materialien sehr erschwert und erfordert die Beachtung von besonderen Bedingungen.

8.2. Nietverbindungen

Nietverbindungen werden als Festnietungen, die für die Übertragung von Belastungen von einem Element zum anderen dienen, und als Dichtnietungen hergestellt, die neben der Übertragung von Belastungen auch die Aufgabe der Abdichtung der Nähte haben.
Die im Flugzeugbau verwendeten Niete sind standardisiert und mit einer Standardbezeichnung versehen, welche die Materialsorte, die Schließkopfform, den Rohnietdurchmesser und die Rohnietlänge angibt.
In der Tabelle 8.2 sind die grundlegenden Nietarten und ihre Charakteristiken aufgeführt.
Bei der Auswahl der Niete muß man sich von diesen Normativen leiten lassen. Dabei ist es notwendig, die Anzahl der verwendeten Niettypen zu senken, um auch hier eine Vereinheitlichung der Nietsorten nach Material, Durchmesser und Kopfform zu erreichen. Wo die Anwendung von standardisierten Nietformen nicht möglich oder ungünstig ist, ist die Anwendung neuer, speziell konstruierter Niete gestattet.
Bei Nietverbindungen der Außenhaut mit dem Zellengerippe werden in der Regel Senkkopfniete verwendet. Bei inneren Nietverbindungen werden Halbrundniete bzw. Flachrundniete verwendet. Senkkopfniete vermindern zwar den Widerstand des Flugzeuges, schwächen jedoch die Verbindung und erhöhen den Arbeitsaufwand der notwendigen Nietarbeiten.
Niete mit großem Abscherwiderstand werden in erster Linie bei Verbindungen mit großer Abscherbeanspruchung verwendet.

Tabelle 8.2 Grundlegende Nietarten, die im Flugzeugbau Verwendung finden

Werkstoffart (sowj. Bezeichnung nach GOST)	Scherfestigkeit τ [kp/MM²]	Empfohlener Durchmesser [mm]	Normale Niete					Niete mit hoher Scherfestigkeit		Niete für einseitiges Nieten: Sprengniete mit zwei Kammern		Niete für einseitiges Nieten: Dornniete		Niete für einseitiges Nieten: Annietmuttern	
			Skizzen und Nietformen												
			Flachkopf-niete	Halbrund-niete	Senkniete $\alpha = 90°$	Senkniete $\alpha = 120°$	Flachrund-niete	Senkniete $\alpha < 90°$	Flachkopf-niete	Flachrund-niete	Senkniete $\alpha < 90°$	Halbrund-niete	Senkniete	Flachkopf-niete	Senkniete
1	2	3	4	5	6	7	8	9	10	11	12	13	14	15	16
							Aluminiumlegierungen								
B-65	25	2,6 ÷ 10	3501 A	3515 A	3531 A	3547 A[2])	3558 A[3])	–	–	–	–	–	–	–	–
АМГ-5	16	2 ÷ 10	3502 A	3532 A	3532 A	3548 A[2])	3559 A[4])	–	–	–	–	–	–	–	–
Д-18 П	19	2 u. 2,6	3503 A	3517 A[5])	3533 A[5])	3549 A[6])	3660 A	–	–	2040 A 56[8])	2041 A 56[8])	1649 S 49[9])	1648 S 49[9])	1651 S 52[10])	1653 S 52[10])
ДВП	28	2,6 ÷ 8	3504 A	3518 A	3534 A	3550 A[2])	3561 A	–	–	–	–	–	–	–	–
АМЦ	7	2 ÷ 6	3505 A	3520 A	3536 A	–	3562 A	–	–	–	–	–	–	–	–
Д-19 П	25	–	–	–	–	–	–	Ring 2035 A 55		–	–	Dorne 1650 S 49			1654 S 51
B-94[1])	29														
							Stähle								
15, 10	34	2 ÷ 10	3506 A	3521 A	3537 A[7])	3551 A[7])	3563 A[2])	–	–	–	–	–	–	–	–
20 ГА	50–63	3,5 ÷ 10	3507 A	3522 A	3538 A	–	–	–	–	–	–	–	–	–	–
1X1BH9T	44	2 ÷ 6	3508 A	3523 A	3539 A	3552 A	3564 A	–	–	–	–	–	–	–	–
30XГCA	72	5 ÷ 12	–	–	–	–	2032 A 55 2036 A 55 2037 A 55	2034 A 55 2038 A 55 2039 A 55	–	–	–	–	–	–	–

[1]) Niete aus Legierungen B-94 sind nicht standardisiert. Sie werden nach dem vorläufigen Standard AMTY 367-56 angefertigt. [2]) Von 2,6 bis 6 mm [3]) Von 2,6 bis 8 mm [4]) von 2 bis 8 mm [5]) von 1,6 bis 2,6 mm [6]) 2,6 mm [7]) von 1 bis 10 mm [8]) 3,5 mm; 4 mm; 5 mm; 6 mm; [9]) 3,5 mm; 5 mm [10]) 5 mm.

Sie bestehen aus zwei Teilen. Der Nietschaft mit Kopf besteht aus Stahl und einem Ring aus Leichtmetallegierung. Der Nietschaft hat an seinem einen Ende den Setzkopf und am anderen Ende eine spezielle ringförmige Hohlkehle.

Niete zur Blindnietung werden an solchen Orten verwendet, wo der Zugang zum Schließkopf nicht möglich ist. Bei diesen Verbindungen werden Sprengniete, Dornniete und Annietmuttern verwendet. Senkkopfniete werden so ausgesucht, daß die Höhe des Senkkopfes h (Bild 8.3) gleich oder etwas kleiner als die Stärke der Außenhaut δ ist ($h \leqslant \delta$). Unter Beachtung der Festigkeitsbedingungen können bei einer Stärke der Außenhaut $\delta \geqslant h$ Senkkopfniete mit $\alpha = 90°$ und $\alpha = 120°$ verwendet werden. Bei einer Stärke der Außenhaut $\delta < h$ ist die Verwendung

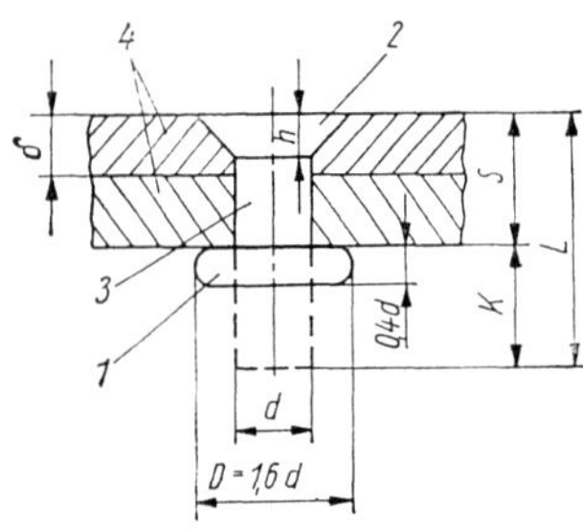

Bild 8.3 Senkniet mit flachem Schließkopf

1 – Schließkopf; 2 – Setzkopf; 3 – Nietschaft; 4 – Fügeteile

von Senkkopfnieten mit $\alpha = 120°$ angebracht.

Bei Nietungen wird der Schließkopf in der Regel auf der Seite des stärkeren Materials angebracht (Bild 8.3), bei Verbindungen von zwei verschiedenen Materialarten jedoch auf der Seite des Materials höherer Festigkeit (Bild 8.4). In Abhängigkeit von oder Kmbination der zu verbindenden Elemente, vom Charakter der Kraftübertragung von einem Element zum anderen und den Forderungen, die an die Nietreihe gestellt werden, finden verschiedene Nietungsarten (Bild 8.5) Verwendung.

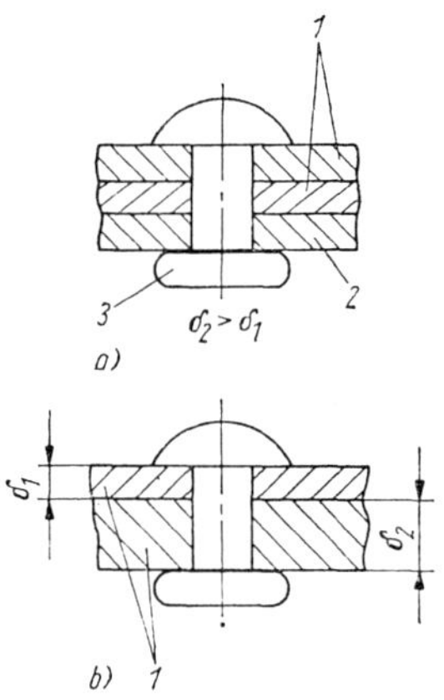

Bild 8.4 Lage der Bleche im Verhältnis zum Schließkopf des Nietes

a) Fügeteile aus verschiedenartigen Werkstoffen; b) Fügeteile aus gleichem Material, aber mit unterschiedlicher Stärke
1 – Aluminiumlegierung; 2 – Stahl; 3 – Schließkopf

Überlappungsnietung (Bild 8.5a) dient in erster Linie für Konstruktionselemente, die nicht im Luftstrom liegen. Jedoch können Überlappungsnietungen, deren Nietreihen in Richtung des Luftstromes liegen, auf Grund ihres konstruktivtechnologischen Wertes ohne weiteres Anwendung finden, unabhängig von einer gewissen Vergrößerung des Widerstandes.

Stoßnietungen mit einer Lasche finden bei der Verbindung von Längs- und Querelementen der Zelle mit der Außenhaut Verwendung. Diese Verbindungsart gewährleistet am besten eine glatte Oberfläche, die Anzahl der Niete ist jedoch größer als bei Überlappungsnietung.

Nietverbindungen mit Doppellasche dienen zur Verbindung von Konstruktionselementen, die eine große Kraft übertragen, z. B. die Verbindung von Holmen, Rahmen, Kraftträgern usw.

Festigkeitsberechnungen von Nietverbindungen

Im Flugzeugbau trifft man am häufigsten einschnittige und zweischnittige Nietverbindungen an.

Zur Bestimmung der für eine Verbindung benötigten Nietschaftlänge wird eine Faustformel verwendet:

$$L = S + K.$$

K – nach dem Nietdurchmesser notwendige Schließkopfhöhe;

S – Klemmlänge.

Die Abmaße L werden im Bereich von $\pm 0{,}5$ mm aufgerundet, um die Verwendung genormter Niete zu gewährleisten. Die genaue Länge wird meistens erst bei der Herstellung festgelegt.

Die Nietteilung bei einschnittigen Verbindungen (siehe Bild 8.5a) beträgt $t = 3\,d$ und bei zweischnittigen $t = 5d$ (siehe Bild 8.5b).

Die Randabstände betragen $a \approx 2\,d +$ 2 mm (siehe Bild 8.5a). Der Nietdurchmesser, die Blechstärke und der Nietabstand werden auf der Grundlage der Festigkeitsberechnungen festgelegt. Die einzelnen Elemente einer Nietverbindung werden auf Abscheren, Flächenpressung und Zug beansprucht.

Auf Abscherung werden die Nietschäfte und die zu verbindenden Bleche beansprucht. Außerdem werden die Niete und die zu nietenden Bleche auf Flächenpressung nachgerechnet, um innerhalb der Betriebszeit eine Verschiebung der Verbindung zu verhindern.

Auf Zug werden die genieteten Bleche an den durch die Bohrung am meisten geschwächten Querschnitten berechnet. In einigen Fällen werden Niete auch auf das Abreißen der Nietköpfe berechnet.

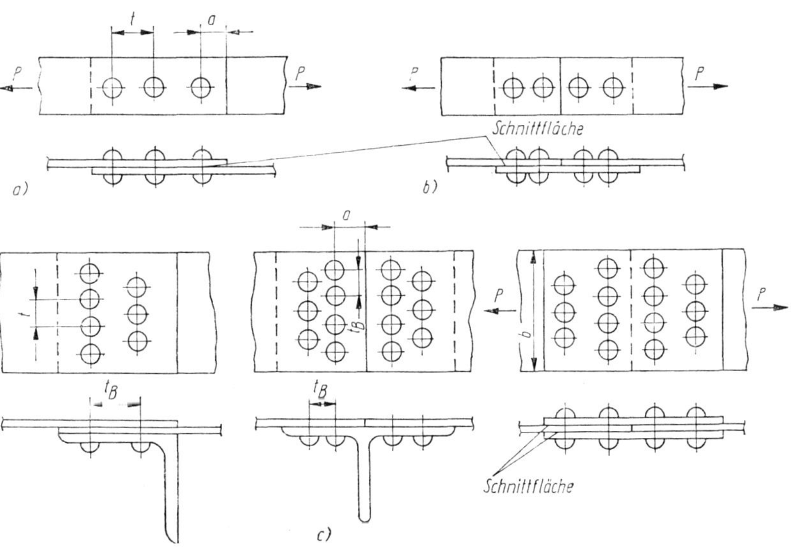

Bild 8.5 Arten von Nietverbindungen

Nietverbindung mit einer Scherfläche a) Überlappungsnietung; b) Stoßnietung mit Lasche
Nietverbindung mit zwei Scherflächen c) Stoßnietung mit Doppellasche'

Die über eine Nietreihe verteilte Kraft P zwischen den Nieten wird proportional der Abscherfläche der Nieten angenommen, d.h. für jeden beliebigen i-ten Niet:

$$P_i = P \frac{F_i}{\Sigma F_i}.$$

P_i – Belastung auf einem Niet;
F_i – Abscherfläche eines Nietes.

Bei gleichen Nietabscherflächen, d.h. wenn F_i = const, ist

$$P_i = \frac{P}{n}.$$

n – Anzahl der Niete in der Reihe.

Die Abscherfestigkeit der Niete (Bild 8.6 – Schnitt 1–1) und der Bleche (Bild 8.6 – Schnitt 2–2; 2′–2′)

$$\tau_{\text{Niet}} = \frac{P_i}{n \frac{\pi d^2}{4}} \leqslant \tau_{\text{B}_{\text{Niet}}}$$

$$\tau_{\text{Blech}} = \frac{P_i}{2a\delta} \leqslant \tau_{\text{B}_{\text{Blech}}}$$

$\tau_{\text{B}_{\text{Niet}}}$; $\tau_{\text{B}_{\text{Blech}}}$ – Bruchspannung infolge Abscherung für Niete und Bleche;
δ – der geringste Blechdurchmesser;
d – Nietdurchmesser;
n – Anzahl der Schnitte.

Die Flächenpressung am Niet und in der Bohrung der Bleche ist

$$\sigma_{\text{Dr.}} = \frac{P_i}{d\delta} \leqslant 1.3\,\sigma_{\text{B}}.$$

σ_{B} – Zugbruchspannung der Niete. (Bei Überprüfung der genieteten Bleche auf Druck ist es die Druckbruchspannung der Bleche.)

Die Zugspannung der genieteten Bleche zwischen zwei Nieten (siehe Bild 8.6 – Schnitt 3–3) beträgt:

$$\sigma_{\text{Ab}_{\text{Blech}}} = \frac{P_i}{(a - t_{\text{B}})\,\delta} \leqslant K\sigma_{\text{B}};$$

a – Randabstand;
t_{B} – Nietteilung;
K – Koeffizient, welcher die Spannungskonzentration am Nietloch berücksichtigt ($K \approx 0{,}90$);
σ_{B} – Bruchspannung der Bleche;

oder

$$\sigma_{\text{Ab}_{\text{Blech}}} = \frac{P}{(b - nd)\,\delta} \leqslant K\sigma_{\text{B}}.$$

für den gesamten Querschnitt eines genieteten Bleches.

P – die wirkende Kraft;
b – Blechbreite;
n – Anzahl der Niete im berechneten Schnitt.

In den Fällen, in denen die Niete auf Abreißen der Köpfe beansprucht werden,

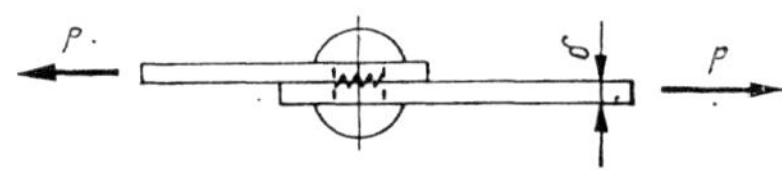

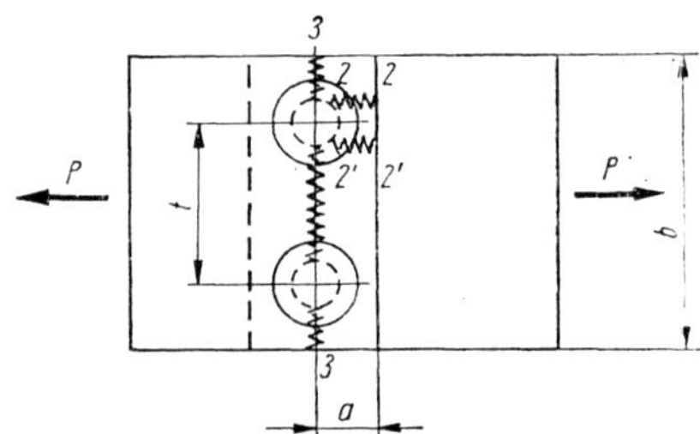

Bild 8.6 Bestimmung der Abscherbeanspruchung im Niet und im Blech

kann man ungefähr annehmen, daß die Zugbruchspannung 0,75 σ_B beträgt.
Den Nietreihenabstand (siehe Bild 8.5c) t_B kann man anhand folgender Formeln berechnen:

für einschnittige Verbindungen

$$t_B \approx 0{,}393 \frac{d^2}{\delta} \frac{\tau_{B_{Niet}}}{\tau_{B_{Blech}}}$$

für zweischnittige Verbindungen

$$t_B \approx 0{,}785 \frac{d^2}{\delta} \frac{\tau_{B_{Niet}}}{\tau_{B_{Blech}}}.$$

Im Interesse einer gleichmäßigen Kraftübertragung sollen in einer Reihe nicht mehr als sechs Niete stehen.
Zur Überprüfung der Nietfestigkeit benutzt man am besten fertige Tabellen, in denen die Bruchkräfte angegeben sind – Scherbruchkraft $P_{ab_{Scher}}$ für eine Scherfläche (Tab. 8.3) und Zugbruchkraft $P_{ab_{Druck}}$ (Tab. 8.4) in Abhängigkeit vom Material der Niete, ihrem Durchmesser, dem Material und der Stärke der Bleche.
Die Kräfte, die aus den Tabellen 8.3 und 8.4 ausgewählt werden, müssen nachstehenden Festigkeitsbedingungen entsprechen:

$$P_i \leqslant P_{ab_{Scher}}; \quad P_i \leqslant P_{ab_{Druck}}$$

Beispiel:

Gesucht sind $P_{ab_{Scher}}$ und $P_{ab_{Druck}}$ für zweischnittige Niete aus Material Д 18 $d = 3{,}5$ mm. Material des Bleches Д 16-T $\delta = 1{,}5$ mm.
Aus Tab. 8.3 für einschnittige Niete $P_{ab_{Scher}} = 185$ kp und für zweischnittige $P_{ab_{Scher}} = 2 \cdot 185 = 370$ kp.
Aus Tab. 8.4 ist zu entnehmen $P_{ab_{Druck}} = 365$ kp.

Die Festigkeit der Verbindung wird also nach der Druckbelastbarkeit bestimmt.
Betrachten wir die Belastung einer Nietverbindung, wie sie in Bild 8.7 dargestellt ist.
Nehmen wir folgende Einschränkungen vor:
Bei einer Verformung der Niete erfolgt eine Vorwärtsbewegung der Verbindung parallel der Kraft P und eine Drehung der Verbindung um einen Punkt der Verbindung, das sogenannte Steifigkeitszentrum. Somit erzeugt eine im Steifigkeitszentrum der Verbindung angelegte

Tabelle 8.3 Berechnungswerte für die Auswahl der Nietdurchmesser

Rohniet-durchmesser (mm)	Scherbruchkraft bei Nieten unterschiedlichen Materials (kp)				
	AMГ 5	Д 18	B 6 S	15 A	20 Г A
2,6	90	100	135	180	265
3	120	135	175	240	350
3,5	165	185	240	325	480
4	215	240	315	425	630
5	335	375	490	665	980
6	480	535	705	960	1410
7	655	730	960	1310	1920
8	855	955	1255	1710	2510
10	1335	1490	1965	2670	3930
12	1925	2150	2825	3850	5650

Tabelle 8.4 Berechnungswerte für die Auswahl der Nietdurchmesser

Rohniet-durch-messer [mm]	Werkstoff	Druckbruchkraft der Bleche in Abhängigkeit von ihrer Stärke [kp]																	
		0,3	0,4	0,5	0,6	0,8	1,0	1,2	1,5	1,8	2	2,5	3	3,5	4	5	6	8	10
1	2	3	4	5	6	7	8	9	10	11	12	13	14	15	16	17	18	19	20
2,5	Д-16A-T	45	60	75	95	125	155	215											
	Stahl 20	55	70	90	110	145	180												
3,0	Д-16A-T	55	70	90	110	145	180	250	315	380									
	Stahl 20	65	85	105	125	170	210												
3,5	Д-16A-T	65	85	105	125	170	210	295	365	440	490	610	735						
	Stahl 20	75	100	120	145	195	245												
4,0	Д-16ATT		95	120	145	190	240	335	420	505	560	700	840	980	1120	1400	1680		
	Stahl 20		110	140	170	225	280												
5,0	Д-16A-T				180	240	300	420	525	630	700	875	1050	1225	1400	1750	2100	2800	3500
	Stahl 20				210	280	350												
6,0	Д-16A-T						360	505	630	755	840	1050	1260	1470	1680	2100	2520	3360	4200
	Stahl 20						420												
7,0	Д-16A-T								735	880	980	1225	1470	1715	1960	2450	2940	3920	4900
	Stahl 20																		
8,0	Д-16ATT									1010	1120	1400	1680	1960	2240	2800	3360	4480	5600
	Stahl 20											1450							
10	Д-16A-T												2100	2450	2800	3500	4200	5600	7000
	Stahl 20																		
12	Д-16A-T													2940	3360	4200	5040	6720	8400
	Stahl 20																		

Anmerkung: Innerhalb der dick gekennzeichneten Linien liegen die empfohlenen Blechstärken

Kraft nur eine Vorwärtsverschiebung (ohne Drehung).

Die angenommene Einschränkung gestattet es, die am Belastungsschema der Verbindung am Steifigkeitszentrum angelegte Kraft P und das Moment $M = P \cdot l$ einzeln zu betrachten und danach die erhaltenen Kräfte, die am Niet wirken, zu summieren.

Betrachten wir die Wirkung der Kraft P. Bei einer Vorwärtsbewegung der Verbindung ist die Deformation aller Niete gleich und demzufolge auch die Spannung in ihnen. Die Kraft P_i, die in den Nieten entsteht, ist proportional ihrer Abscherfläche. Demzufolge befindet sich der Angriffspunkt der Mittelkraft P', die Kraft P_i', im Schwerpunkt der Abscherfläche. (In Bild 8.7 wird die Reaktionskraft des Nietes gezeigt.) Das Gleichgewicht der äußeren Kräfte P und der inneren Kräfte P_i' sowie der Momente erreicht man nur dann, wenn die Wirkungslinie der Kräfte durch ein und denselben Punkt geht. Dann fallen Steifigkeitszentrum und Schwerpunkt der Abscherflächen der Niete zusammen. Hieraus lassen sich die Koordinaten des Steifigkeitszentrums in einem rechtwinkligen Koordinatensystem bestimmen.

$$X_{\mathrm{St \cdot Z}} = \frac{\Sigma F_i \cdot X_i}{\Sigma F_i}; \quad Y_{\mathrm{St \cdot Z}} = \frac{\Sigma F_i \cdot Y_i}{\Sigma F_i}.$$

X_i; Y_i – Koordinaten des Nietmittelpunktes;

F_i – Abscherfläche der Niete;

i – Reihenfolgenummer der Niete.

Betrachten wir die Wirkung des Momentes M (Bild 8.7b). Bei einer Drehung der Verbindung erfolgt eine Deformation der Niete, und demzufolge wird eine Kraft in ihnen erzeugt. Diese Kraft ist proportional dem Radius r_i, welcher das Steifigkeitszentrum mit dem Mittelpunkt der Niete verbindet. Deshalb ist die Kraft P_i'', die in den Nieten entsteht, proportional dem Radius r_i und der Abscherfläche der Niete und ist senkrecht zum Radius r_i gerichtet.

$$P_i'' = KF_i r_i.$$

K – konstanter Proportionalitätskoeffizient.

Aus den Bedingungen des Gleichgewichtes der Momente ergibt sich, daß das Mo-

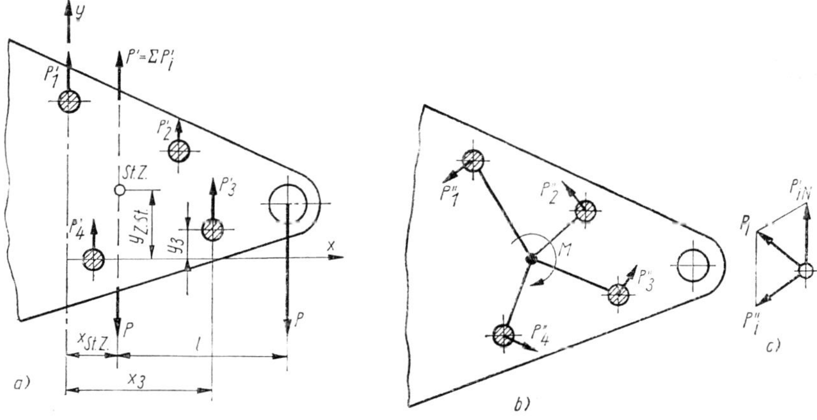

Bild 8.7 Belastungsschema einer Nietverbindung

ment $\Sigma P_i'' \cdot r_i$ der inneren Kräfte in den Nieten im Verhältnis zum Steifigkeitszentrum dem äußeren Moment M gleich sein muß.
Dann ist:

$$M = \Sigma P_i'' \cdot r_i = K \Sigma F_i r_i^2 \quad \text{und}$$

$$K = \frac{M}{\Sigma F_i r_i^2}.$$

Wenn wir den für K erhaltenen Ausdruck in die Formel für P_i'' einsetzen, erhalten wir

$$P_i'' = M \frac{F_i r_i}{\Sigma F_i r_i^2}.$$

Im Falle der Verwendung von Nieten gleichen Durchmessers

$$X_{St \cdot Z} = \frac{\Sigma X_i}{n}; \quad Y_{St \cdot Z} = \frac{\Sigma Y_i}{n};$$

$$P_i'' = M \frac{r_i}{\Sigma r_i^2}$$

n – Anzahl der Niete in der Verbindung.

Die Summe berücksichtigt alle Niete.
Nach Erhalt der Kräfte P_i' und P_i'' werden die Vektoren beider Kräfte zusammengelegt, und man erhält den Vektor der Mittelkraft, die die Niete belastet (Bild 8.7c),

$$\bar{P}_i = \bar{P}_i' + \bar{P}_i''.$$

8.3. Schrauben- und Bolzenverbindungen

Bolzenverbindungen finden, genau wie Nietverbindungen, im Flugzeugbau breite Anwendung. Der größte Teil der beweglichen und starren lösbaren Verbindungen wird mit Hilfe von Bolzen hergestellt.
In der heutigen Zeit trifft man oft Verbindungen, bei denen Bolzen gleichzeitig auf Abscherung, Druck und Zug beansprucht werden.
Die grundlegenden Bolzen- und Schraubenverbindungen sind in den Tabellen 8.5 und 8.6 aufgeführt.
Bei der Projektierung einer Bolzen- oder Schraubenverbindung muß man folgendes beachten:

1. Konusförmige Bolzen sollten nur dann angewendet werden, wenn Verbindungen unter Spannung benötigt werden. Die Herstellung solcher Bolzen und Verbindungen ist sehr kompliziert und arbeitsaufwendig;
2. Bolzen einer höheren Genauigkeitsklasse sollten nur dann verwendet werden, wenn eine solche Genauigkeit technisch und ökonomisch begründet ist;
3. Schrauben sollten nur dann verwendet werden, wenn es nicht möglich ist, eine Mutter auf dem Bolzen anzubringen. Die Verwendung von Schraubenverbindungen, die auf Abscherung und Druck beansprucht sind, ist nicht zweckmäßig;
4. Die Festigkeitswerte der Muttern müssen geringer bzw. gleich denen der Bolzen sein;
5. Hohlbolzen sollten nur dann angewendet werden, wenn sie nur auf Druck beansprucht sind.

An den Stellen der Konstruktion, an denen kein Zugang von zwei Seiten für das Einsetzen der Bolzen vorhanden ist, erfolgt die Befestigung der Verbindungselemente

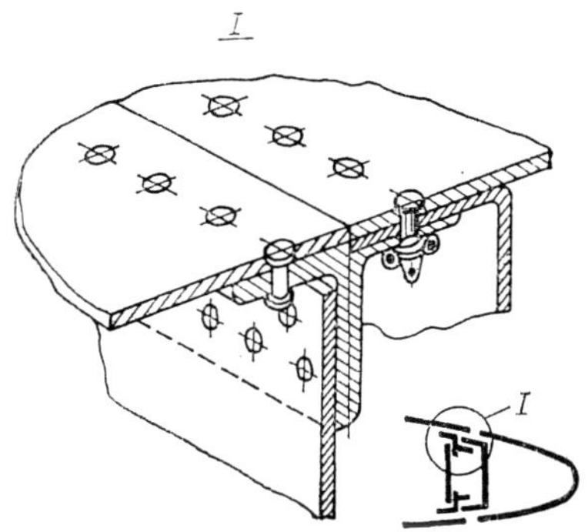

Bild 8.8 Befestigung der Tragflügelnasenkante mit Hilfe von Schrauben mit Ankermuttern

mit Hilfe von Schrauben und Annietmuttern (Bild 8.8).
Zur Verminderung der benötigten Genauigkeit beim Einbau von Annietmuttern werden in letzter Zeit die sogenannten schwimmenden Annietmuttern, die auf ein bestimmtes Profil montiert sind, verwendet. Sie können sich im Bereich von 1,5 ÷ 2 mm bewegen. Die Größe der Bewegung wird durch die auf das Profil gepreßten Begrenzungen bestimmt. Bei der Befestigung der Außenhaut mit dem Zellengerippe wird eine Nichtübereinstimmung der Bohrungen durch eine entsprechende Verschiebung der Muttern kompensiert. Es können sowohl Annietmuttern in Gruppen mit Hilfe von Bändern (Bild 8.9 a) oder einzelne Annietmuttern verwendet werden (Bild 8.9 b).
Die Bolzenlänge wird bestimmt (Bild 8.10) durch

$$L = S + \delta + h + \Delta h.$$

S – Stärke der zu verbindenden Elemente;
δ – Stärke der Unterlegscheibe;
h – Höhe der Mutter;
Δh – Gewindereserve (ungefähr zwei Windungen).

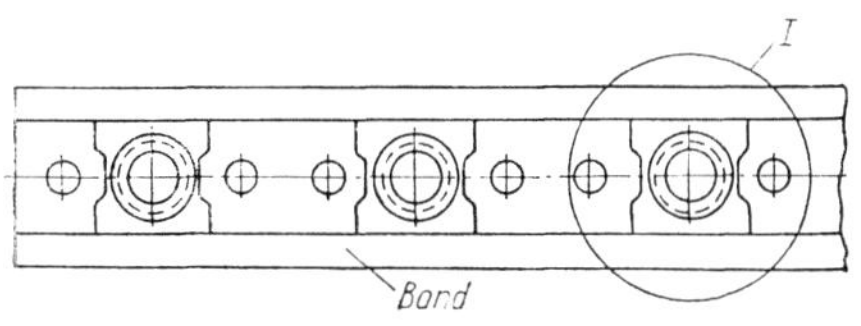

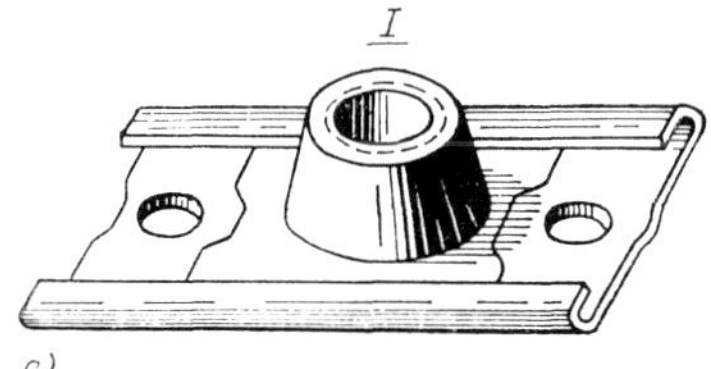

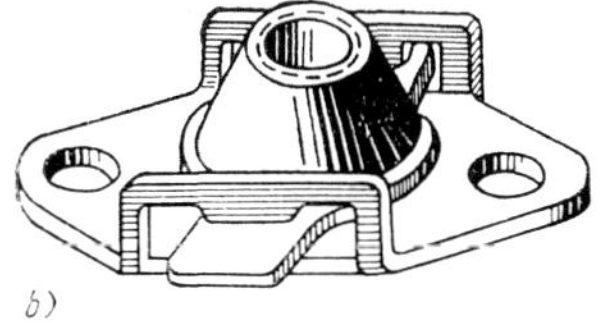

Bild 8.9 Bewegliche Ankermuttern
a, b) verschiedene Konstruktionsvarianten

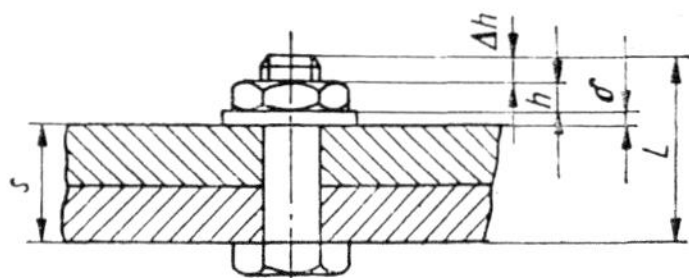

Bild 8.10 Zur Berechnung der Bolzenlänge

Die erhaltene Bolzenlänge wird auf die Größe des am nächsten liegenden standardisierten Bolzens aufgerundet.
Die Abscherspannung des Bolzens ist

$$\tau = \frac{P_{\mathrm{absch}}}{n\,\dfrac{\pi d^2}{4}} \leqslant \tau_{\mathrm{B_{zul}}}.$$

P_{absch} – Abscherkraft des Bolzens;
n – Anzahl der Scherflächen;
τ_{B} – Scherbruchspannung des Materials des Bolzens (bei Nichtvorhandensein von Werten beträgt diese ungefähr 0,65 σ_{B}).

Tabelle 8.5 **Grundlegende Arten der im Flugzeugbau verwendeten Bolzen**

Bezeichnung	Skizze	Passung	Marke des Stahles oder der Legierung	empfohlener Durchmesser (mm)	Nr. des Standards	Verwendungszweck
1	2	3	4	5	6	7
Sechskantbolzen	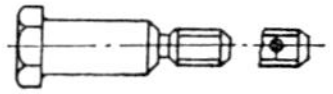		Stahl 45 38 XA 30 XГCA X 17 H 2 Д 1-T und Д 1-П Л 62 ПТ und Лс 59-1	von 2,6 bis 18 von 4 bis 18 von 5 bis 24 von 5 bis 18 von 5 bis 12 von 4 bis 12	3001 A 3002 A 3003 A 3004 A 3005 A 3006 A	grundlegender Bolzentyp, der auf Bruch arbeitet
Sechskantbolzen mit Sechskant und langem Schaft	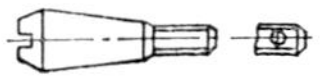		Stahl 45 30 XГCA П 1-T und П 1-П	von 5 bis 18 von 5 bis 18	3016 A 3017 A 3018 A	dito
Sechskantbolzen der Güteklasse 3 (X_3)	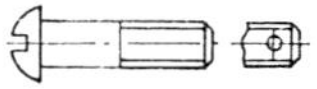		30 XГCA	von 5 bis 24	3021 A	Bolzentyp, der auf Scherung in wichtigen Verbindungselementen arbeitet
Sechskantbolzen der Güteklasse 3 (X_3) und langem Schaft	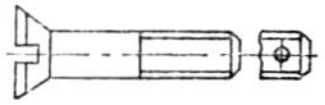		30 XГCA	von 5 bis 24	3024 A	dito
Sechskantbolzen der Güteklasse 2 (X) für Scharnierverbindungen	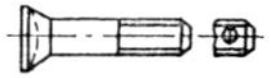		30 XГCA	von 4 bis 24	3027 A	als Wellen für Scharniere verwendet
Sechskantstufenbolzen	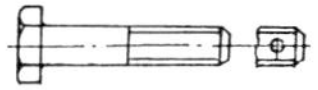		30 XГCHA	von 6 bis 24	3030 A	als Wellen für Scharniere verwendet
Konische Bolzen	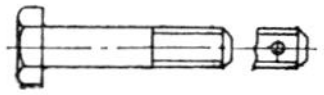		30 XГCA X 17 H 2	von 3 bis 20 von 5 bis 18	3033 A 3034 A	für besonders wichtige Verbindungselemente, die aus Schwung beansprucht sind

Halbrundbolzen	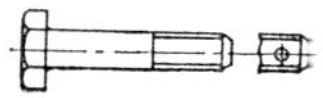		Stahl 45 30 ХГСА Х 17 Н 2 Д 1-Т und Д 1-П Л 62 ПТ und ПС-59-1 Д 62 ПТ und ЛС-59-1 antimagnetisch	von 1,7 bis 10 von 5 bis 10 von 1,7 bis 10 von 3 bis 10 von 1,7 bis 6 von 1,7 bis 6 von 1,7 bis 6	3050 A 3051 A 3052 A 3053 A 3054 A 3054 A 3054 A ant.-6-36	für weniger wichtige Verbindungen, die auf Scherung und Zug beansprucht werden
Bolzen mit Senkkopf (α = 90°)	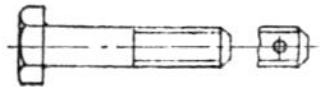		Stahl 45 30 ХГСА Х 17 Н 2 Д 1-Т und Д 1-П Л 62 ПТ und ЛС-59-1 П 62 ДТ und ЛС-59-1 antimagnetisch	von 1 bis 10 von 5 bis 10 von 1 bis 10 von 3 bis 10 von 1 bis 6 von 1 bis 6	3063 A 3064 A 3065 A 3066 A 3067 A 3067 A ant.	für Verbindungen, die auf Scherung beansprucht sind und bei denen keine Bolzen mit hohem Kopf verwendet werden können
Bolzen mit Senkkopf (α = 90°) der Güteklasse 3	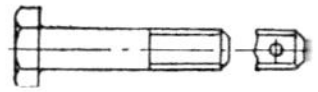		30 ХГСА	von 5 bis 20	3079 A	für wichtige Verbindungen, die auf Scherung beansprucht sind

Tabelle 8.6 Im Flugzeugbau verwendete Schrauben

Bezeichnung	Skizze	Passung	Marke des Stahls oder der Legierung	empfohlener Durchmesser	Nr. des Standards	Verwendungszweck
Sechskantschrauben			Stahl 45	von 2,6 bis 10	3151 A	für Verbindungen, bei denen die Mutter ein Teil der Konstruktion ist
Zylinderkopfschrauben			Stahl 10	von 1 bis 10	3157 A	dito
			X 17 H 2	von 1 bis 10	3158 A	
			Л 62 ПТ und ЛС-59-1	von 1 bis 6	3159 A	
			Д 62 ЛТ und ЛС-59-1 antimagnetisch	von 1 bis 6	3159 A ant.	
Halbrundschrauben			Stahl 10	von 1,7 bis 10	3166 A	dito
			X 1 P und Л 1-П	von 1,7 bis 10	3167 A	
			Д 1-T und 1	von 3 bis 10	3168 A	
			Л 62 ПТ und ЛС-59-1	von 1,7 bis 6	3169 A	
			Л 62 ПТ und ЛС-59-1 antimagnetisch	von 1,7 bis 6	3169 A ant.	
Senkkopfschrauben ($\alpha = 90°$)			Stahl 10	von 1 bis 10	3177 A	dito
			X 17 H 2	von 1 bis 10	3178 A	
			Д 1-T und Д 1-П	von 3 bis 10	3179 A	
			Л 62 ПТ und ЛС-59-1	von 1 bis 6	3180 A	
			Л 62 ПТ und ЛС-59-1 antimagnetisch	von 1 bis 6	3180 A ant.	

Ein Bolzen wird auf Druck nur dann untersucht, wenn die Festigkeit des Materials niedriger ist als die Festigkeit des Materials des Auges (ist selten anzutreffen).

Auf Zug wird der Bolzen nach seinem dünnsten Durchmesser überprüft.

$$\sigma = \frac{P_{zug}}{\frac{\pi d_1^2}{4}} \leqslant K\sigma_B .$$

P_{zug} – Zugkraft des Bolzens;
d_1 – Kerndurchmesser des Gewindes.

Der Koeffizient K berücksichtigt die Spannungskonzentration am inneren Durchmesser des Bolzens ($K \approx 0{,}7$). Wenn der

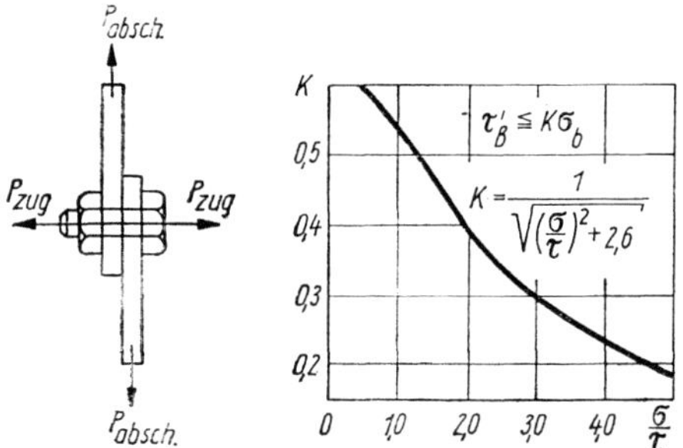

Bild 8.11 Zur Bestimmung des Koeffizienten K_1 bei der Berechnung des Bolzens auf Scherung

Bolzen gleichzeitig auf Zug durch P_{zug} und auf Abscherung P_{absch} beansprucht wird, dann erfolgt die Berechnung des Bolzens auf Abscherung nach der Formel

$$\tau = \frac{P_{absch}}{nF} \leqslant K_1 \sigma_B .$$

F – Schnittfläche des Bolzens;
K_1 – Koeffizient, der nach der Kurve in Bild 8.11 in Abhängigkeit vom Verhältnis σ/τ bestimmt wird, wobei $\sigma = P_{zug}/F$ ist.

Für die Bestimmung des Bolzendurchmessers beim Material Д 1-T, Stahl 45, 30 ХГСА, die auf Zug und Abscherung arbeiten, ist die Tabelle 8.7 am besten geeignet.

Eine Gruppe von Bolzen kann, genauso wie bei einer Nietgruppe, mit einer Kraft belastet werden, die sowohl im Steifigkeitszentrum als auch außerhalb desselben angreift.

Wenn die Kraft im Steifigkeitszentrum angreift, so wird die Belastung, die auf einen Bolzen wirkt,

$$P_i = P \frac{F_i}{\Sigma F_i} .$$

F_i – Abscherfläche des Bolzens.

Greift dieselbe Kraft außerhalb des Steifigkeitszentrums an, so erzeugt sie ein Moment. In diesem Falle arbeitet der Bolzen auf Abscherung sowohl unter Einwirkung der Kraft als auch unter Einwirkung des Momentes (siehe Bild 8.7).

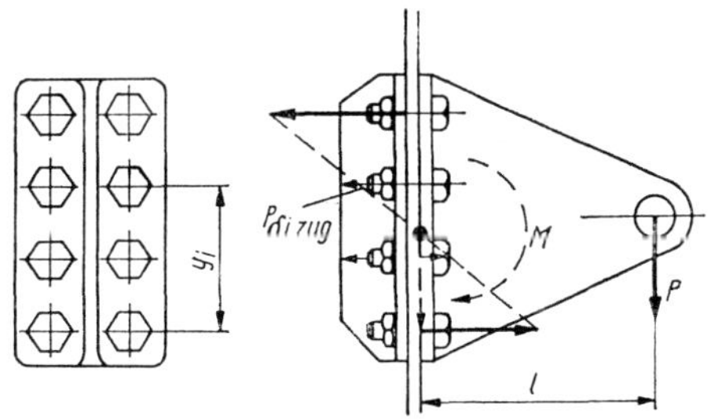

Bild 8.12 Belastungsschema der Befestigungsbolzen einer Konsole

In Bild 8.12 ist die Belastung der Bolzen einer Konsolenbefestigung gezeigt. Die vertikale Kraft P bewirkt eine Beanspruchung der Bolzen auf Abscherung; unter Einwirkung des Momentes dieser Kraft arbeitet der obere Bolzen auf Zug.

Tabelle 8.7 Berechnungswerte für die Auswahl der Bolzendurchmesser

Bolzen-durch-messer (mm)	Steigung	zulässige Scherbelastung in einer Fläche in kp			zulässige Zugbelastung in kp		
		Д 1-T	Stahl 45	Stahl 30 ХСГА	Д 1-T	Stahl 45	Stahl 30 ХГСА
		Passung C_5*	Passung X_3*				
3	0,5	176	283	484	160	285	520
4	0,7	313	504	860	320	503	920
5	0,8	498	787	1344	510	805	1480
6	1,0	723	1140	1946	725	1150	2110
8	1,25	1290	2030	3465	1315	2070	3800
10	1,5	2036	3181	5432	2060	3270	6000
12	1,5	2931	4563	7791	3080	4850	8940
14	1,5	4031	6232	10640	4300	6829	12540
16	1,5	5264	8151	13926	5700	9297	17048
18	1,5	6685	10373	17710	7350	12133	22247
20	1,5	8242	12792	21840	9160	15345	28136
22	1,5		15457	26390	11250	18934	34716
24	1,5	11925	18409	31430	13680	22900	41983
27	1,5	–	23315	39807	–	29550	54180
30	1,5	–	28805	49180	–	37050	67930

Anmerkung: Angenommene Bruchbelastung

auf Scherung:		auf Zug:	
für Д 1-T	27 kp/mm²	für Д 1-T	38 kp/mm²
Stahl 45	41 kp/mm²	Stahl 45	60 kp/mm²
Stahl 30 ХГСА	70 kp/mm²	Stahl 30 ХГСА	110 kp/mm²

*) Nach ГОСТ

Die Kraft P_{zug} ist proportional der Koordinate y_i im Verhältnis zum Steifigkeitszentrum. Dann ist:

$$P_{i_{zug}} = M \frac{F_i y_i}{\Sigma F_i y_i^2}.$$

Bei $F = $ const.

$$P_{i_{zug}} = M \frac{y_i}{\Sigma y_i^2}.$$

Die Abscherkraft kann nach der Formel bestimmt werden:

$$P_{i_{absch}} = P \frac{F_i}{\Sigma F_i}.$$

Der Bolzen muß gleichzeitig auf Zug und Abscherung überprüft werden.

Verbindung mit Hilfe von Ösen

Ösen finden bei starren und beweglichen lösbaren Verbindungen von Konstruktionselementen breite Anwendung. In Bild 8.13 wird eine Verbindung gezeigt, die aus einer Gabel (Doppelöse) und einer einfachen Öse besteht.

Eine solche Verbindungsart wird mit Hilfe von Bolzen gewährleistet.

Die Anwendung von Doppel- und Dreifachösen wird durch die Notwendigkeit der Vergrößerung der Abscherfläche bzw. der Druckfläche der Ösen (Bolzen) be-

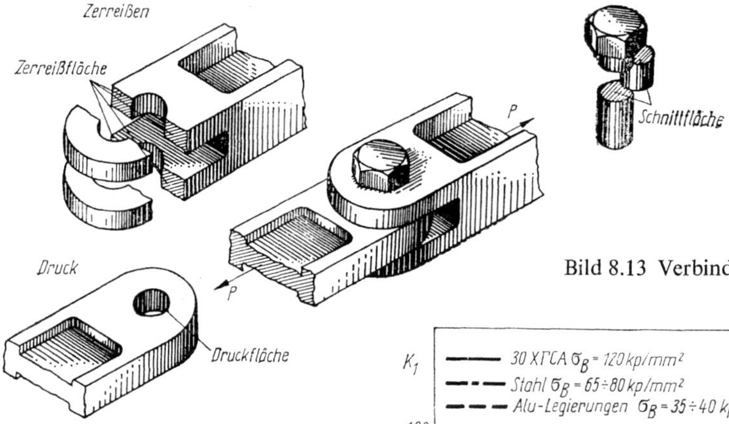

Bild 8.13 Verbindung vom Typ Öse-Gabel

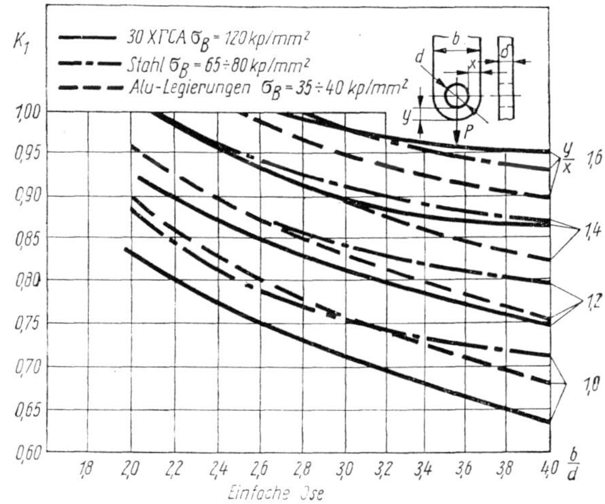

Bild 8.14 Zur Bestimmung des Koeffizienten K_1 bei der Berechnung einer Verbindung mit Hilfe von Ösen

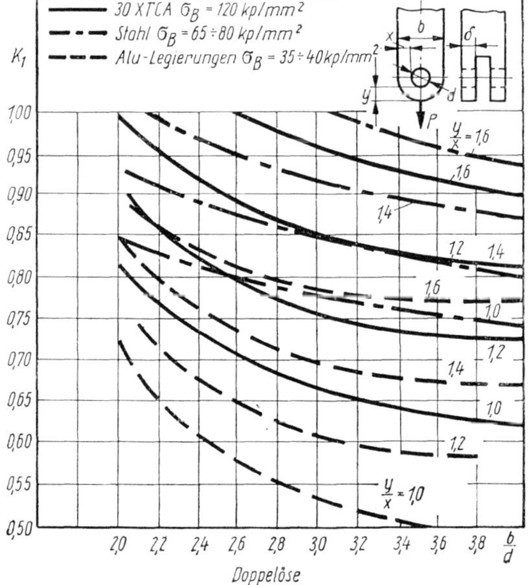

Bild 8.15 Zur Bestimmung des Koeffizienten K_1 bei einer Verbindung vom Typ Öse-Gabel

stimmt. So wie in Bild 8.13 gezeigt, wird der Bolzen in zwei Flächen abgeschert. Bei einer Verbindung mit Hilfe einer Dreifachöse würden sich die Abscherflächen des Bolzens auf vier erhöhen, und der Durchmesser des Bolzens könnte verringert werden. Die Druckfläche würde sich im zweiten Fall erhöhen.
Die Berechnung einer Öse, die durch eine Kraft P auf Zerreißen belastet ist, erfolgt nach der Formel:

$$\sigma = \frac{P}{F} \leqslant K_1 \sigma_B .$$

$F = n(b-d)\delta$ – die Fläche des Querschnittes der Öse im Zentrum der Bohrung;
δ – Werkstoffdicke;
n – die Anzahl der Ösen;
K_1 – Koeffizient, der die ungleichmäßige Verteilung der Spannung im Ösenschnitt berücksichtigt. Dieser Koeffizient wird anhand der Kurven in Bild 8.14 und 8.15 bestimmt.

Der Koeffizient K_1 hängt von der Exzentrizität $e = y/x$ und vom Verhältnis der Breite b der Öse zu ihrem Durchmesser d ab.
Wenn keine Grafiken vorhanden sind, wird die Berechnung der Ösen auf Zerreißen annäherungsweise nach folgender Formel durchgeführt:

$$K_1 \approx 0{,}565 + 0{,}46 \frac{y}{x} - 0{,}1 \frac{b}{d} \leqslant 1 .$$

Das Verhältnis b/d wird unter Berücksichtigung der Bedingung ausgewählt, daß die Verbindung festigkeitsmäßig ungefähr gleich auf Zug und Druck der Öse und auf Abscherung des Bolzens beansprucht wird.

Ösen werden auf Druck nach folgender Formel berechnet:

$$\sigma_{Dr.} = \frac{P}{F_{Dr.}} \leqslant \mu \sigma_B .$$

$F_{Dr.} = n \cdot d$ – die Druckfläche der Öse;
n – Anzahl der Ösen;
d – Durchmesser des Bolzens (Ösendurchmesser);
δ – Stärke der Ösen (siehe Schema in Bild 8.14 und 8.15);
μ – Koeffizient, der von der Verbindungsart abhängig ist.

[$\mu = 1{,}3$ für starre und nichtlösbare Verbindungen
$\mu = 1{,}0$ für starre und lösbare Verbindungen
$\mu = 0{,}65$ für wenig bewegliche Verbindungen (Zusatzbehälteraufhängungen, Landeklappe u. a.)
$\mu = 0{,}20$ für bewegliche Verbindungen (Lager der Steuerung u. a.)]

Eine bedeutende Verminderung der zulässigen Druckbelastung bei beweglichen Verbindungen ist verbunden mit einer Begrenzung der Ausarbeitung der Bohrungen. Zur Vergrößerung der Druckfläche der Öse werden Ösen mit Naben oder Verstärkung durch aufgeschweißte Scheiben verwendet.

Verbindungen mit Hilfe von Fittings und Profilen

Die Befestigung von Fittings mit der Konstruktion erfolgt mit Hilfe von Bolzen, Schrauben und Nieten und die Verbindung von Fittings und Profilen untereinander mit Hilfe von Bolzen. Bild 8.16 und 8.17 zeigen typische Verbindungen mit Hilfe von Fittings.

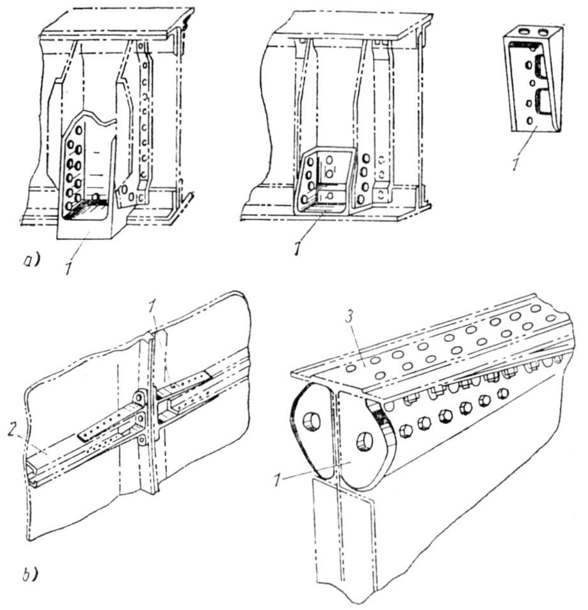

Bild 8.16 Typische Verbindungsarten mit Hilfe von Winkelstücken (Fitting)

a) Verbindung von Konstruktionselementen;
b) Stoßverbindungen
1 – Winkelstück; 2 – Stringer; 3 – Holmgurt

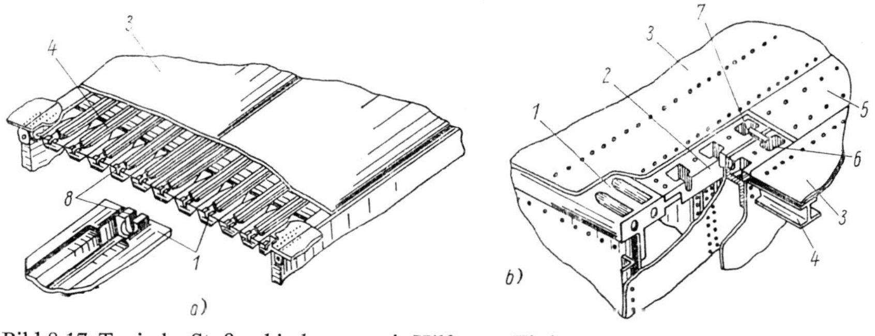

Bild 8.17 Typische Stoßverbindungen mit Hilfe von Fittings

a) nach der Form der Fittings; b) mit Hilfe eines Spezialprofils
1 – Fitting; 2 – Stoßprofil; 3 – Behäutung; 4 – Stringer; 5 – Zwischenstück zur Abdeckung; 6 – Bolzen; 7 – selbstkonternde Mutter; 8 – Öffnung für Bolzen

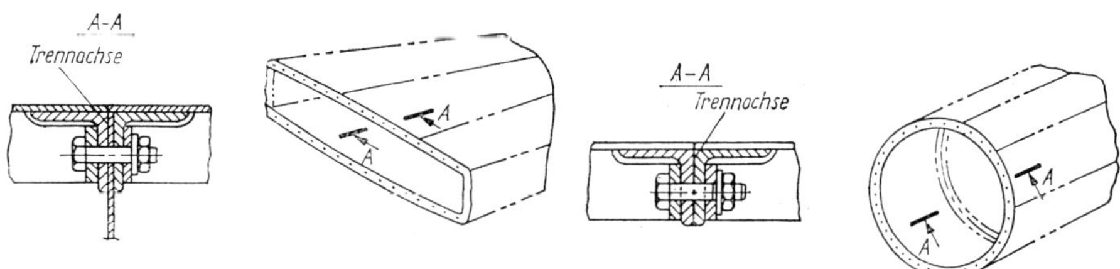

Bild 8.18 Stoßverbindung des Tragflügels und des Rumpfes mit Hilfe von Winkelstücken

Bild 8.17a zeigt eine Stoßverbindung mit Hilfe von Fittings, die an der Kontur angebracht sind.
Bild 8.17b zeigt eine Stoßverbindung unter Anwendung spezieller Profile.
Die Verbindung von Teilen des Tragflügels und des Rumpfes erfolgt oft mit Hilfe von Winkelstücken (Bild 8.18).
Im Vergleich zu Verbindungen, bei denen die Bolzen auf Abscherung und Druck beansprucht werden und deshalb eine Passung hoher Güteklasse benötigen, werden bei Verbindungen mit Hilfe von Fittings, speziellen Profilen und Winkelstücken Bolzen mit Passungen niederer Güteklassen verwendet. Das erleichtert die Bearbeitung derartiger Verbindungen und senkt die Herstellungskosten.
Zur Aufnahme der Querkräfte bei dieser Art der Verbindung sind spezielle Punkte mit Bolzen genauer Passung, die auf Abscherung arbeiten, vorgesehen. Bei dieser Lösung ist die Funktion der einzelnen Bolzen begrenzt. Einige nehmen die Zugbelastungen, hervorgerufen durch Biegungsmomente, auf, andere die Querkräfte.

8.4. Besonderheiten von hermetischen Niet- und Bolzenverbindungen

Verbindungselemente der Rumpfkonstruktion, in der die Kabine der Besatzung und der Passagiere liegen, sind bei modernen Flugzeugen in der Regel hermetische Verbindungen.
Der Durchfluß derLuft bei nichthermetischen Nietverbindungen erfolgt durch die Spalten zwischen den Nietelementen – Setzkopf, Nietschaft, Schließkopf und dem zwischen ihnen liegenden Material.
Die Untersuchung der Dichtheit von Nietverbindungen hat ergeben, daß ein großer Abfluß über die Setzköpfe und die Kontaktflächen der Nietverbindungen erfolgt.
Die Dichtheit einer Nietreihe hängt von ihren konstruktiven Parametern, vom Niettyp, von der Nietart und vom Dichtungsmittel ab.
In Bild 8.19 sind die grundlegenden, prinzipiellen Hermetisierungsarten von

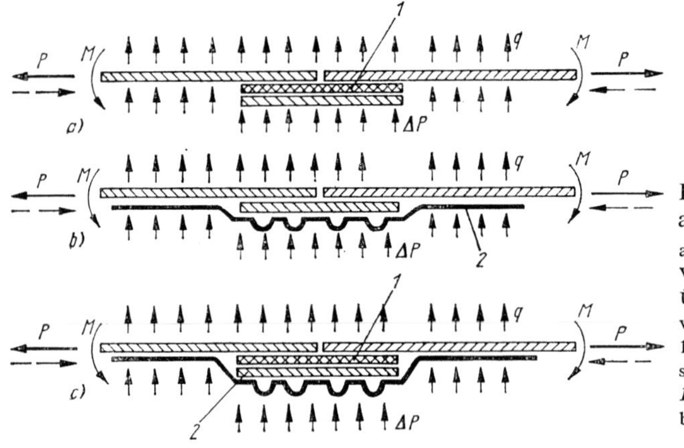

Bild 8.19 Typische Abdichtungsarten von Niet- und Bolzenreihen
a) feste Dichtverbindung; b) hermetische Verbindung mit undurchlässiger Überdeckung; c) feste Dichtverbindung mit innerer Dichtschicht
1 – Einlage innerhalb der Naht; 2 – Dichtschicht auf der inneren Seite der Zelle;
P, M_i, g und ΔP – Belastung auf den Verbindungen

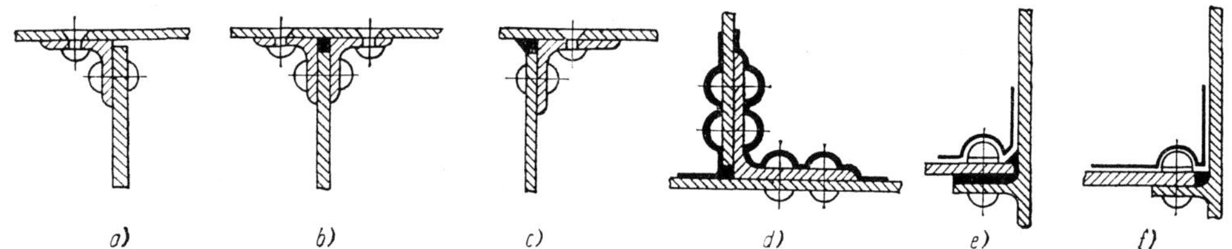

Bild 8.20 Abdichtungsformen bei Nietreihen
a, b, c) mit Hilfe von Dichtungsringen; d) mit Hilfe eines Dichtungsüberzuges; e, f) gemischte Abdichtungsform

Niet- und Schraubverbindungen gezeigt, die im Flugzeugbau Verwendung finden.

Es wurde festgestellt, daß die beste Dichtheit bei gleichen Bedingungen erreicht wird, wenn folgende Maße der Nähte eingehalten werden: Nietabstand in der Nietreihe 15 ÷ 20 mm, Abstand zwischen den Nietreihen 10 ÷ 12 mm, Abstand der Nietreihen von der Außenkante des Profiles 10 ÷ 12 mm. Zweckmäßig ist die Verwendung von doppelten Nietreihen, da dreifache Nietreihen nur unwesentlich die Dichtheit der Verbindung erhöhen. Die Nietung mit Hilfe von Nietpressen ist wesentlich dichter als die Verbindung mit Hilfe von Niethämmern.

Die Durchmesser der Befestigungselemente (Niete, Bolzen) werden aus den Werten ihrer Festigkeitsberechnung bestimmt. Zur besseren Dichtheit der Verbindung ist es rationeller, den Durchmesser der Niete (Bolzen) zu verringern und dafür die Stärke der zu verbindenden Fügeteile zu erhöhen.

Bei einer festen Dichtnietung ist der Lochdurchmesser um 0,1 ÷ 0,2 mm größer als der Nietdurchmesser.

Hermetische Schraubverbindungen werden nach der 3. Güteklasse, nur in einigen Fällen nach der 2. Güteklasse hergestellt. Die innere hermetische Abdichtungsschicht muß sehr dünn sein (nicht mehr als 0,3 mm). Die Elastizität des Abdichtungsmaterials muß jedoch so groß sein, daß es bei Deformation der Konstruktion auftretende Risse und Spalten füllen kann. Das zur inneren Abdichtung bestimmte Material kann sowohl in Band- als auch in Ringform verwendet werden. Es wird dann in speziellen Aussparungen (Bild 8.20a), in Zwischenräumen (Bild 8.20b) oder an den Verbindungskanten (Bild 8.20c) verlegt. Zur Abdichtung von Nietverbindungen wird der Hermetikfilm auf die Setzköpfe und die Stoßstellen aufgetragen (Bild 8.20d). Um die Arbeitsbedingungen der Hermetisierungsmasse zu erleichtern und eine Filmbildung zu beschleunigen, werden die Schließköpfe und Stoßstellen vorher mit einer Schmiermasse zur Abrundung von Ecken ausgeschmiert (Bild 8.20e, f).

In Verbindung mit den oben angeführten Dichtungsarten werden Abdichtungen auch unmittelbar mit Hilfe von Nieten vorgenommen (Bild 8.21).

Die Abdichtung von lösbaren Schraubverbindungen ist vielfach analog der von Nietverbindungen.

Die Dichtheit am Schaft des Bolzens hängt von der Passung des Bolzens ab. Eine Verminderung auftretender Spiele erfolgt ab und zu mit Hilfe eines Dichtfilmes, der gleichzeitig an der Kontaktfläche des Kopfes und des Schaftes gebildet wird (Bild 8.22b).

Bei der Abdichtung von Schraubverbin-

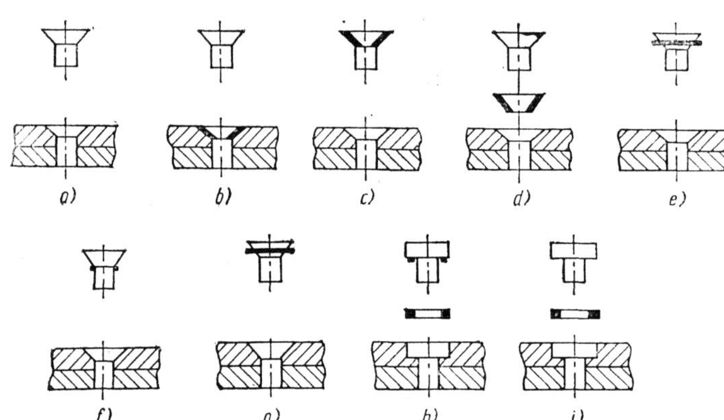

Bild 8.21 Arten der Abdichtung von Nieten am Setzkopf

a) Abdichtschicht am Niet und an der Wandung der Bohrung; b) Abdichtschicht; c) Abdichtschicht am Setzkopf des Nietes; d) Dichtungsunterlage; e) Dichtungsring am Setzkopf; f) Dichtungsunterlegscheibe; g) Dichtungsunterlegscheibe in einer Hohlkehle; h) Dichtungsring und Dichtungsunterlage; i) Dichtungsunterlage

dungen verwendet man sehr oft Dichtungsscheiben, die sowohl unter den Köpfen (Bild 8.22a, b) der Bolzen bzw. in speziellen Aussparungen untergebracht sind (Bild 8.22c, d, f, g).

Ankerschrauben werden mit Hilfe von Dichtungsringen, die in speziellen Aussparungen am Gewinde oder im Gehäuse angebracht sind, abgedichtet. In hermetischen Behältern werden meistens blinde Ankerschrauben verwendet.

Verbindungen geringen Durchmessers werden in der Regel mit Unterlegringen abgedichtet (Bild 8.22g, h, i). Die Berechnung von hermetischen Niet- und Schraubverbindungen erfolgt analog den Berechnungen für nichthermetische Verbindungen dieser Typen.

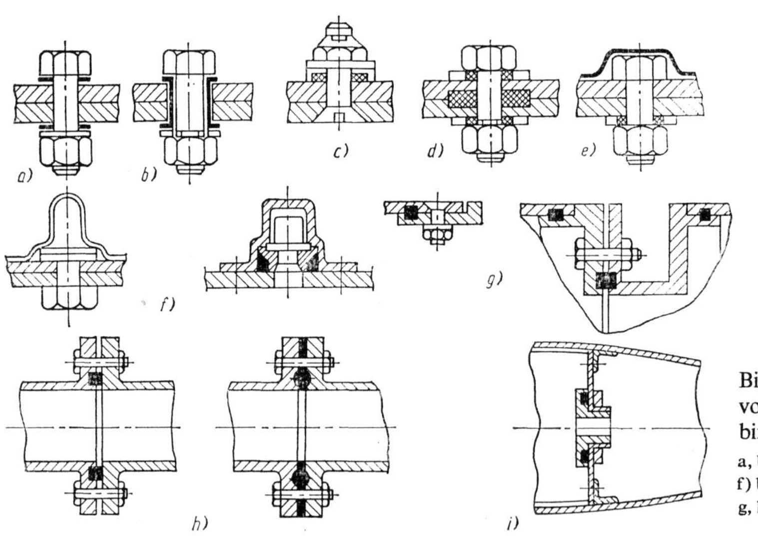

Bild 8.22 Abdichtung von lösbaren Verbindungen

a, b c, d, e) bei Bolzen; f) bei Ankermuttern; g, h, k) bei Flanschen

8.5. Schweißverbindungen

Im Flugzeugbau werden folgende Schweißarten verwendet: Punktschweißen, Rollennahtschweißen, Stumpfschweißen. Die Anwendung der einen oder anderen Schweißart hängt ab von der Konstruktion der Teile und von den technologischen Möglichkeiten der vorhandenen Ausrüstung.

Der Vorteil von Schweißverbindungen gegenüber Nietverbindungen besteht darin, daß diese Verbindungen Dichtheit garantieren und den Arbeitsaufwand herabmindern.

Die modernen Schweißmethoden gestatten die Herstellung solcher Verbindungen, die über eine hohe Festigkeit und Zuverlässigkeit der Schweißnähte verfügen. Deshalb finden Schweißverbindungen große Anwendung bei der Herstellung der Fahrwerke, der Steuerungssysteme und der Triebwerke. Rollennaht- und Punktschweißung verwendet man bei der Verbindung von Zellenteilen, die aus gut schweißbarem Material bestehen.

Zur Gewährleistung einer hohen Qualität der Schweißung wird angeraten, das Verhältnis der Stärken der zu schweißenden Teile von 1 : 1 bis 1 : 2 zu nehmen. Arten von Schweißnähten zeigt Bild 8.23.

Nach der Art der Verbindungen unterscheiden wir die Schweißnähte nach Stoßnaht (Bild 8.23a, d), Flankennaht (Bild 8.23b) und Stirnnaht (Bild 8.23c).

Stoßnähte arbeiten auf Zug, während Überlappungsnähte auf Abscherung arbeiten.

Es ist wünschenswert, Schweißnähte zu projektieren, die auf Abscherung arbeiten. Hierbei sind Flankennähte die zuverlässigsten.

Schweißnähte werden auf Abscherung oder Zerreißen nach den Formeln berechnet:

$$\tau = \frac{P}{F_{ab}} \leqslant \varphi\tau_B; \quad \sigma = \frac{P}{F_z} \leqslant \varphi\sigma_B$$

$\tau \approx 0{,}6\,\sigma_B$ – Abscherspannung;

σ_B – Zerreißfestigkeit;

φ – Koeffizient, der eine Schwächung des Materials (Ungleichartigkeit der Schweißnaht, Strukturveränderungen, Restspannungen) berücksichtigt. Meistens ist $\varphi = 0{,}8$;

F_{ab}; F_z – Fläche der Schweißnähte.

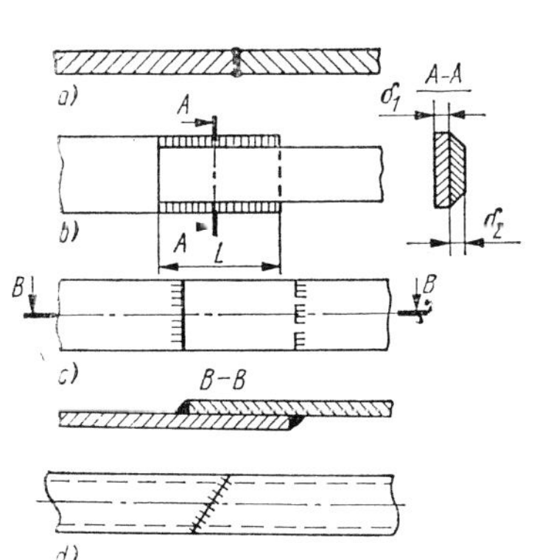

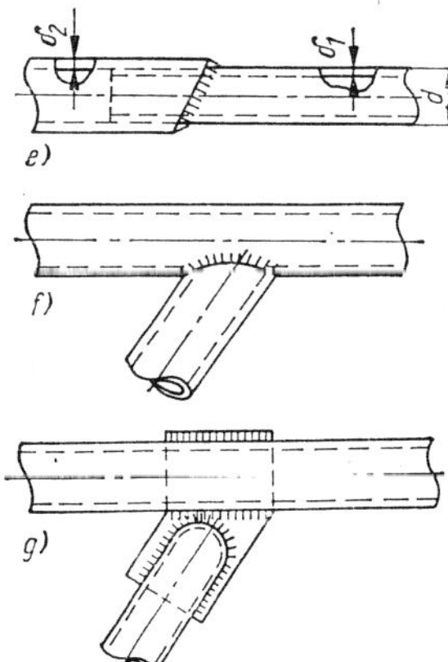

Bild 8.23 Arten von Schweißnähten

a) Stoßnaht; b) Flankennaht; c) Stirnnaht; d) Stumpfschweißnaht von Rohrverbindungen; e) bei Teleskopverbindungen; f) *T*-Schweißnaht

Für die Verbindung von Konstruktionselementen hermetischer Baugruppen wird das Rollennahtschweißen und Arcatomschweißen angewandt.
Elektrisches Punktschweißen und elektrisches Rollennahtschweißen wird für Konstruktionselemente verwendet, die vom äußeren Luftstrom umströmt werden und bei denen eine glatte Schweißnaht benötigt wird.
Arcatomschweißen verwendet man zur Verbindung innerer Nähte. Mit dieser Schweißart können alle Metalle und Legierungen, die bei heutigen hermetischen Konstruktionen Verwendung finden, wie nichtrostende Stähle, Titan, Magnesium- und Aluminiumlegierungen geschweißt werden. Arcatomschweißung gewährleistet eine hohe Qualität der Schweißnähte.

8.6. Klebe- und kombinierte Verbindungen

Das Kleben von Konstruktionselementen findet heute im Flugzeugbau breite Anwendung. Mit Hilfe der Klebetechnik kann man Konstruktionselemente geringer Dicke sowohl aus gleichartigem als auch aus verschiedenartigem Material zusammenfügen. Dabei haben Klebeverbindungen gegenüber Nietverbindungen eine bessere Oberflächengüte, verbessern die Dichtheit der Verbindungsnähte und verfügen über eine höhere Gestaltfestigkeit. Das alles kann man jedoch nur bei richtiger Auswahl des Klebers und bei entsprechender Klebetechnologie erreichen. Eine große Rolle spielt die Kontrolle der Qualität des Klebens. Die größte

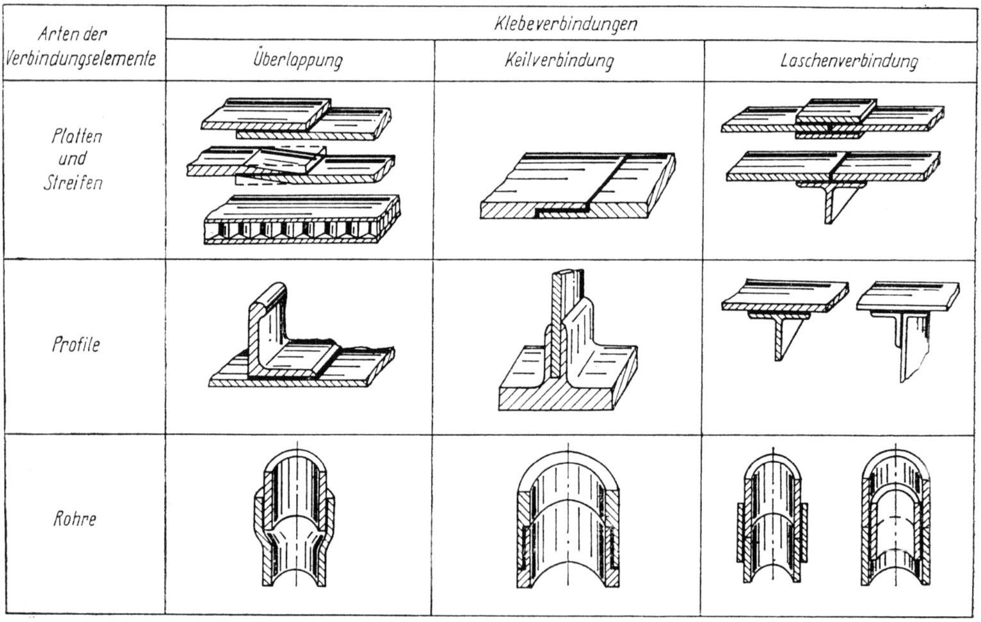

Arten der Verbindungselemente	Klebeverbindungen		
	Überlappung	Keilverbindung	Laschenverbindung
Platten und Streifen			
Profile			
Rohre			

Bild 8.24 Arten von Klebeverbindungen

Festigkeit erreichen solche Klebeverbindungen, die auf »reiner« Verschiebung arbeiten, was praktisch nicht erreicht wird. Typische Klebeverbindungen zeigt Bild 8.24.

Eine Überlappungsklebeverbindung wird so angefertigt, daß die Klebefläche immer in der Fläche liegt, die die Belastung aufnimmt, und die Klebeverbindung selber auf Verschiebung beansprucht wird. Jedoch tritt an den Enden der Klebeflächen eine Abreißspannung auf, die man bei der Verwendung von Überlappungsklebungen beachten muß. In diesem Falle ist es angebracht, eine Verbindung mit abgeschrägten Enden zu verwenden. (Siehe auch Bild 8.24 und 8.25). Die Festigkeit einer solchen Verbindung ist um das 1,5 bis 2fache größer als bei einer Verbindung mit geraden Enden bei gleichen anderen Bedingungen. Typische Klebeverbindungen von Rohren zeigt Bild 8.24. Dabei ist die Stoßverbindung mit einem äußeren Rohr die festigkeitsmäßig beste und technologisch am einfachsten herzustellen.

Die Festigkeit einer Klebeverbindung, die auf Verschiebung beansprucht wird, wird nach der Formel überprüft:

$$\tau = \frac{P}{nbl} \leqslant \tau_B .$$

b, l – Länge und Breite der Klebenaht;
n – Anzahl der Nähte.

Es gibt Kleber, die in einem großen Temperaturintervall arbeiten können. Das gestattet ihre Anwendung für Klebeverbindungen der Konstruktion von Überschallflugzeugen.

Kombinierte Verbindungen verwendet man für die Herstellung von besonders festen Verbindungen, die unter den verschiedensten Belastungsarten einwandfrei arbeiten müssen.

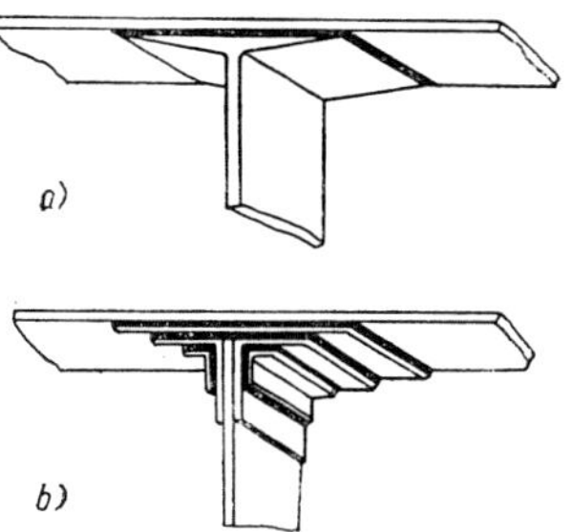

Bild 8.25 Klebeverbindung der Behäutung mit Festigkeitselementen mit sich verjüngenden Holmgurten, Rippenbögen oder Spantprofilen

a) ein aus dem Ganzen gefertigtes Profil; b) ein zusammengesetztes, geklebtes Profil

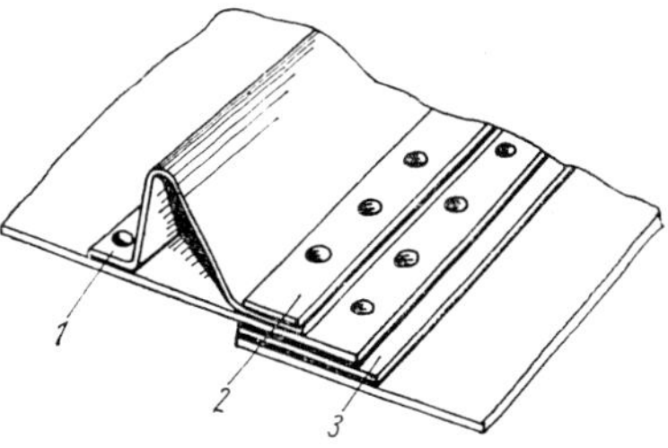

Bild 8.26 Klebeverbindung mit Anwendung von Nieten

1 – auf der Behäutung aufgeklebte Stringer; 2 – ein auf dem Stringer aufgeklebter Verstärkungsstreifen; 3 – Streifen zur Verstärkung des Bleches (der Streifen ist auf dem Blech aufgeklebt)

Dazu gehören Klebe-Nietverbindungen (Bild 8.26), Klebe-Schraubverbindungen und Klebe-Schweißverbindungen. Dabei ergänzt eine Verbindungsart die andere, und somit werden ihre einzelnen Nachteile ausgeglichen.

In Abhängigkeit von den Arbeitsbedingungen können die Verbindungsarten verschieden sein:

1. Die Klebeverbindung ist die Hauptverbindungsart, und Niete, Schrauben und Bolzen werden in geringer Anzahl zur Verhinderung von Zerstörungen des Werkstückes durch ungleichmäßige Abrißbelastung eingesetzt.

2. Die Festigkeit einer Verbindung wird durch die vorhandenen Niet- oder Schweißnähte bestimmt, und der Kleber wird nur zur Verhinderung von Spannungskonzentrationen verwendet, ohne in die Festigkeitsberechnungen einzugehen.
3. Der Kleber gewährleistet nur zusammen mit Nieten, Schrauben oder Schweißung die notwendige Festigkeit.

Wie bekannt, liegen die Hauptmängel einer Nietverbindung bei der großen Spannungskonzentration an den Bohrungen unter den Nieten, bei der Schwierigkeit der Nietung dünner Bleche, Auftreten von Rissen beim Nieten, im Prozeß der Inbetriebnahme und der Schwierigkeit der Dichtheit von Verbindungen. Bei der Anwendung von Klebe-Nietverbindungen werden diese Mängel in großem Maße behoben.

Es ist außerdem bekannt, daß das Punktschweißen eine der modernsten Methoden zur Verbindung von Metallen ist. Jedoch auch diese Methode hat eine Reihe bedeutender Mängel: eine verhältnismäßig geringe Gestaltfestigkeit durch Spannungskonzentration und die Schwierigkeiten des Korrosionsschutzes von Aluminiumlegierungen.

Die Kombination des Punktschweißens mit dem Kleben gestattet es genauso wie bei Nietkonstruktionen, die Mängel, die dem Punktschweißen und dem Kleben im einzelnen anhaften, zu beseitigen. Bei der Klebe-Schweißverbindung wird die Belastung gleichmäßiger über die gesamte Fläche der Klebe-Schweißnaht verteilt, es gibt keine Spannungskonzentration in der Nähe der Schweißpunkte. Die Klebe-Schweißverbindung gewährleistet eine hohe Dichtheit der Konstruktion und gestattet, sie vor Korrosion zu schützen.

8.7. Festigkeit der Verbindungen

Die Erfahrungen der Inbetriebnahme und der statischen Festigkeitsprüfungen der Flugzeuge zeigen, daß die Zerstörung der Kraftelemente der Konstruktion an den Verbindungspunkten der trennbaren und nichttrennbaren Verbindungen und an den Übergängen zu diesen Verbindungspunkten vor sich geht.

Solche Zerstörungen kann man sowohl bei hohen, kurz wirkenden statischen Belastungen, als auch bei niedrigen, sich wiederholenden Belastungen feststellen, wenn diese über eine längere Zeit wirken.

Die hauptsächlichsten Berechnungsarten auf Festigkeit und Steifigkeit der Verbindungen sind:

1. Berechnung der maximalen kurzzeitig wirkenden Belastung;
2. Berechnung der größten Festigkeit;
3. Berechnung der Lebensdauer der Verbindung bei sich wiederholenden Belastungen.

Die Berechnung der maximalen Belastung wird in allen Fällen durchgeführt. Die Festigkeit einer Verbindung wird durch ihre Festigkeitsreserve η charakterisiert.

$$\eta = \frac{P_{\text{zul.}}}{P_{\text{berechn.}}}$$

$p_{\text{zul.}}$ – zulässige Belastung, bei der die Spannung in den Konstruktionselementen gleich der Bruchbelastung ist;

$P_{\text{berechn.}}$ – die berechnete Belastung.

Die Verbindung entspricht den Festigkeitsbedingungen bei $\eta \geqslant 1$ und entspricht ihnen nicht bei $\eta < 1$.
Bei besonders wichtigen Verbindungen wird bei der Berechnung zusätzlich ein Sicherheitskoeffizient »*K*« eingeführt. In diesem Falle ist

$$P_{\text{ber}} = P \cdot f \cdot K.$$

f – Sicherheitskoeffizient für den genormten Belastungsfall.

Die Beachtung der verschiedenen Arbeitsbedingungen von festen und beweglichen Verbindungen erfolgt mit Hilfe von experimentell ermittelten Koeffizienten. Diese Berechnungen behalten ihre Gültigkeit auch bei der Arbeit der Konstruktion im Bereich der erhöhten Temperatur. In diesem Falle werden die mechanischen Eigenschaften der Werkstoffe von der Funktion $\sigma_{B_t} = f(t)$ charakterisiert.

Die Berechnung der größten Festigkeit

Bei Flügen verändern sich unter dem Einfluß der Erwärmung die mechanischen Eigenschaften der Materialien, und es entstehen Temperaturdeformationen und Spannungen in den Kraftelementen der Konstruktionen und ihren Verbindungen.
Daraus ergibt sich die Notwendigkeit der Berechnung der Konstruktion nach der Grenze der größten Festigkeit. Die charakteristische Festigkeitskurve eines Materials zeigt Bild 8.27.

Bei der Konstruktion und der Berechnung von Verbindungen nach der Festigkeitsgrenze wird eine Begrenzung der Restdeformation unter Berücksichtigung der Kriechdehnung eingeführt.

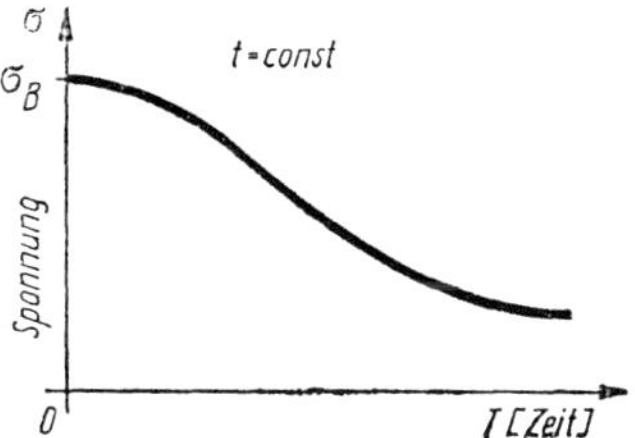

Bild 8.27 Kurve zur Charakterisierung der Materialfestigkeit

Für die Berechnungen werden die gleichen Begrenzungsgrößen angenommen wie bei der Berechnung der gleichen Konstruktion ohne Erwärmung.

$$\varepsilon_{\text{Rest}} \leqslant 2\%.$$

Bei der Herstellung von Stoßverbindungen, die unter Erwärmung arbeiten, muß man die Temperaturdeformationen und Temperaturspannungen berücksichtigen. Derartige Konstruktionen müssen Kompensatoren haben, die die Möglichkeit einer Deformation mit begrenzten Spannungswerten zulassen (Bild 8.28). In diesem Schema ist eine Verschiebung der Verbindungsknoten um Δx und Δy ohne Veränderung der Arbeitsbedingungen möglich.

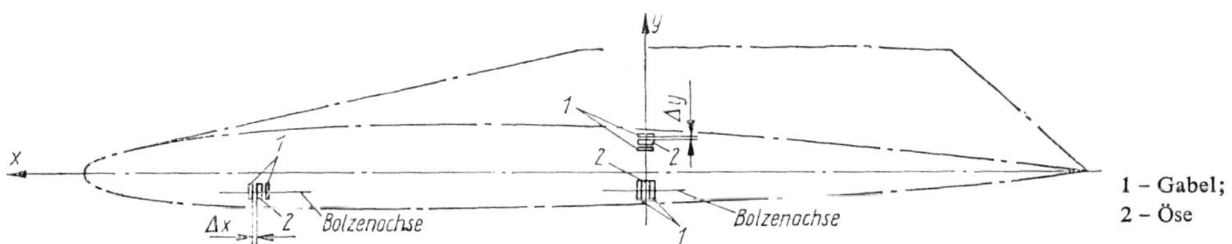

Bild 8.28 Verbindung des Tragflügels mit Hilfe der Verbindungsart Gabel-Öse. Diese Verbindungsart gestattet eine Temperaturdeformation ohne Spannung

8.8. Dauerfestigkeit von Verbindungen

Unter Dauerfestigkeit von Verbindungen versteht man die Eigenschaft einer Konstruktion, über einen längeren Zeitraum ihre Arbeitsfähigkeit bei gegebenen Wartungsbedingungen bis zur Zerstörung zu bewahren.

Die Dauerfestigkeit von Verbindungen wird durch die Sollbetriebszeit der Konstruktionselemente und Baugruppen bestimmt. In der heutigen Zeit wird versucht, aus ökonomischen Gründen bei Passagier- und Transportflugzeugen der Konstruktion eine Sollbetriebszeit von mehreren zehntausend Flugstunden bei einer Dienstzeit von 12 ÷ 15 Jahren zu geben.

Die Dauerfestigkeit wird wesentlich durch die Festigkeit der Konstruktion unter dem Einfluß von sich wiederholenden statischen Belastungen bestimmt. (Die Zerstörung durch dynamische Belastungen wird nicht berücksichtigt, da angenommen wird, daß gegen diese Art von Belastungen die notwendigen Sicherheitsvorkehrungen getroffen werden.)

Die Dauerfestigkeit von Konstruktionselementen wird durch die Abhängigkeit $\sigma - N$ oder $\sigma - lgN$ bestimmt, wobei N die Anzahl der Belastungszyklen bis zur Zerstörung ist.

Bild 8.29 zeigt das Beispiel einer sich wiederholenden Zugbelastung bei der Erprobung eines Modells und eine in der Praxis angewendete typische Kurve für die Dauerfestigkeit.

Es ist heute möglich, die statische Dauerfestigkeit der Konstruktion bei einer Belastungsfrequenz von 0,02 ÷ 0,1 Hz zu standardisieren. So wird zum Beispiel ein Tragflügel mit einem pulsierenden Zyklus bei einer Belastung von $P_{min} \approx 0$ bis P_{max} mit einem Belastungskoeffizienten

$$K = \frac{P_{max}}{P_{ber.}} = 0{,}5$$

erprobt.

Der Kennwert der Dauerfestigkeit einer Konstruktion ist die Anzahl der Zyklen bis zur Zerstörung bei einem Belastungskoeffizienten $K = 0{,}5$. Die minimale Anzahl der Zyklen soll $2 \cdot 10^3$ nicht unterschreiten.

Die Dauerfestigkeit verändert sich in großen Bereichen und erreicht bei einigen Werkstücken die Größe $N \geqslant 10^5$. Es treten jedoch auch einige Fälle von ungenügender Dauerfestigkeit von Konstruktionselementen auf.

Zur Erhöhung der Dauerfestigkeit wird im Prozeß der Erprobung der Aggregate eine örtliche Verstärkung derselben vorgenommen. Die Erfahrungen der Laborversuche und eine langfristige Inbetriebnahme der Flugzeuge gestatten es, die hauptsächlichsten Gründe für Ermü-

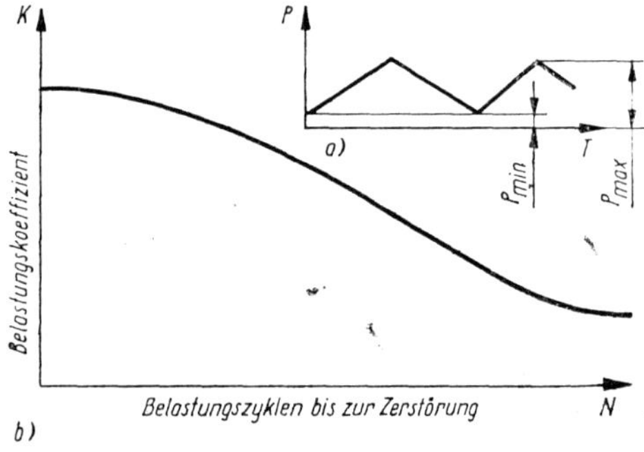

Bild 8.29 Typischer Kurvenverlauf für Dauerfestigkeit eines Modells

a) Schema einer sich wiederholenden Zugbelastung;
b) Dauerfestigkeitscharakteristik

dungsbrüche zu ergründen und praktische Methoden zur Erhöhung der Dauerfestigkeit zu erarbeiten.
In Schweiß-, Niet- und Klebeverbindungen der Außenhaut mit den Rippen verbreitet sich die Spannung nicht gleichmäßig. Dadurch ergibt sich eine Anhäufung plastischer Verformungen im Bereich der Spannungen, die sich bei wiederholender Belastung zu Rissen ausbreiten. Bei Auftreten von Rissen erfolgt eine Umverteilung der Spannung zwischen den Verbindungspunkten, was zur Zerstörung der Konstruktion führt.
Eine der effektiven Methoden zur Erhöhung der Dauerfestigkeit ist die Begrenzung der örtlichen Spannung, die mit der Anzahl der Zyklen durch folgende Bedingung verbunden ist:

$N\sigma^m = \text{const.}$

σ^m – wird experimentell ermittelt.

Außerordentliche Bedeutung für die Erhöhung der Dauerfestigkeit hat die Verminderung der Zahl der Zonen der Spannungskonzentration. In diesem Zusammenhang wird der Übergang zur Anwendung von Strangpreßprofilen angestrebt. Die Verbindung der Außenhaut erfolgt zweckmäßig mit Überlappung.
In Verbindung mit der Verwendung von leistungsfähigen Triebwerken, der Erreichung von großen Geschwindigkeiten und der Notwendigkeit der Erhöhung der Sollbetriebszeiten muß der Einfluß der akustischen Belastung auf die Dauerfestigkeit beachtet werden. Bei einer großen Frequenz der akustischen Belastung können Ermüdungsrisse bereits bei einer geringen Spannung auftreten.
Bei der Konstruktion der Flugzeugteile ist es außerdem notwendig, besonders wichtige Verbindungen so zu legen, daß sie leicht zugänglich für die Kontrolle und Reparatur sind. Außerdem sollten zur Erhöhung der Dauerfestigkeit doublierende Elemente, besonders bei Steuerungsteilen, verwendet werden.

8.9. Kontrollfragen

1. Wie kann man Konstruktionselemente miteinander verbinden?
2. Charakterisieren Sie die Methoden des Erhaltens von nichtlösbaren Verbindungen!
3. Welche Verbindungen nennt man lösbare?
4. Nennen Sie die grundlegenden Niet- und Schraubverbindungen!
5. Welche Besonderheiten haben Verbindungen mit Hilfe von Ösen und Fittings?
6. Wie kann man die Dichtheit von Nietreihen und Schraubverbindungen erreichen?
7. Welche Schweißnähte gibt es?
8. Wie berechnet man Schweißverbindungen?
9. Wann verwendet man Klebe- und Schweißverbindungen?

9. Aeroelastizität und Vibrationsschwingungen einer Konstruktion

Eine Flugzeugkonstruktion, die über eine gewisse Elastizität verfügt, wird unter dem Einfluß der aerodynamischen und Massenkräfte deformiert. Im Luftstrom verursachen diese Deformationen zusätzliche Kräfte, die wiederum zu weiteren Deformationen und als Ergebnis zu einer Reihe von unerwünschten Erscheinungen führen. Mit der Untersuchung derartiger Erscheinungen befaßt sich die Aeroelastizität.

Aeroelastische Erscheinungen lassen sich in statische und dynamische Erscheinungen unterteilen.

Mit dem Zusammenwirken der aerodynamischen und Elastizitätskräfte befaßt sich die statische Aeroelastizität. Im Ergebnis dieses Zusammenwirkens kommt es zum Verlust der Ruderwirksamkeit und zur Umkehrung der Ruderwirkung, zur Veränderung der statischen Stabilität der Konstruktion im Luftstrom, zur Umverteilung der Kräfte im Resultat der Deformation der Konstruktion, zum Anwachsen des Widerstandes usw.

Erscheinungen, die durch das Zusammenwirken der aerodynamischen Kräfte, der Elastizitätskräfte und der Massenkräfte hervorgerufen werden, gehören zum Bereich der dynamischen Aeroelastizität. Die wichtigsten Erscheinungen sind hierbei das Flattern des Tragflügels und des Leitwerkes des Flugzeuges.

9.1. Umkehrung der Ruderwirkung

Unter Umkehrung der Ruderwirkung versteht man die Erscheinung, daß im Ergebnis der elastischen Deformation der Konstruktion die Ruder ein umgekehrtes Moment erzeugen. Eine solche Erscheinung ist besonders für Querruder charakteristisch.

Die Fluggeschwindigkeit, bei der die Ruder kein Steuermoment erzeugen, d.h. bei der ihre Wirksamkeit gleich 0 ist, nennt man die **kritische Geschwindigkeit** für die Umkehrung der Ruderwirkung.

Betrachten wir die Umkehrung der Ruderwirkung beispielsweise an den Querrudern.

Bei Ausschlag der Querruder nach unten (Bild 9.1a) erhalten wir einen Zuwachs der Auftriebskraft um den Betrag $\Delta F_{A_{QR}}$. Wenn wir es mit einem absolut starren Tragflügel zu tun hätten, so würden, außer

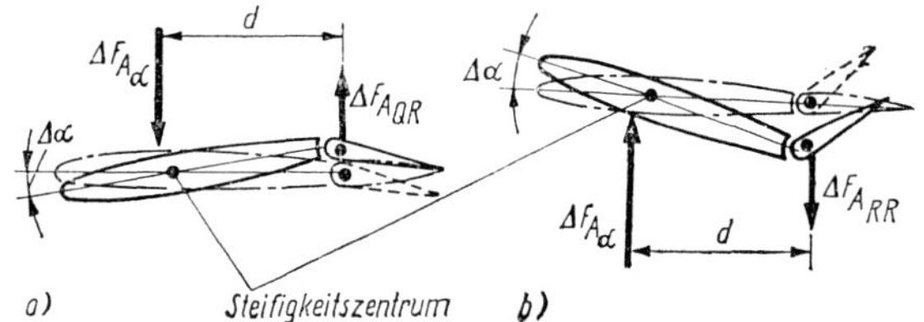

Bild 9.1 Kräfteschema bei Umkehrung der Querruderwirkung

a) Querruder ist nach unten ausgeschlagen;
b) Querruder ist nach oben ausgeschlagen

dem Auftreten der Kraft $\Delta F_{A_{QR}}$, keine weiteren Veränderungen vor sich gehen. In Wirklichkeit erweist sich der Tragflügel jedoch als nicht starr genug, und das Moment, das durch die Kraft $\Delta F_{A_{QR}}$ erzeugt wird, ruft eine Verdrehung des Tragflügels und eine Änderung des Anstellwinkels $\Delta\alpha$ hervor. Im Ergebnis dieser Deformation wird eine Kraft ΔF_{A_α} erzeugt, die der Auftriebskraft der Querruder immer entgegengesetzt gerichtet ist.

Somit ist bei Ausschlag der Querruder nach unten bei einem elastischen Tragflügel der Zuwachs an Auftriebskraft geringer als bei einem starren Tragflügel.

Der Zuwachs an Auftriebskraft des Tragflügels im Ergebnis des Ausschlagens der Querruder ist proportional dem Ausschlagwinkel der Querruder δ_{QR} und dem Quadrat der Fluggeschwindigkeit, d. h.

$$\Delta F_{A_{QR}} = K_{QR}\,\delta_{QR}\,v^2 .$$

Die Verminderung der Auftriebskraft des Tragflügels, hervorgerufen durch die Verdrehung des Tragflügels, ist proportional der Änderung des Anstellwinkels des Tragflügels $\Delta\alpha$ und dem Quadrat der Fluggeschwindigkeit, d. h.

$$\Delta F_{A_\alpha} = K_{TF}\,\Delta\alpha v^2,$$

wobei K_{QR} und K_{TF} Proportionalitätsfaktoren sind.

Da bei gegebener Elastizität des Tragflügels die Anstellwinkeländerung $\Delta\alpha$ vom $\Delta F_{A_{QR}}$, d.h. vom Quadrat der Fluggeschwindigkeit abhängt, so hängt ΔF_{A_α} von der Fluggeschwindigkeit in der vierten Potenz ab. Daraus ist abzuleiten, daß der Zuwachs ΔF_{A_α} bei Anstieg der Fluggeschwindigkeit schneller vor sich geht als der Zuwachs $\Delta F_{A_{QR}}$ (Bild 9.2).

Die Fluggeschwindigkeit, bei der $\Delta F_{A_\alpha} = \Delta F_{A_{QR}}$ ist und die Wirksamkeit der Querruder gleich 0, bezeichnet man als kritische Geschwindigkeit der Umkehrung der Ruderwirkung.

Bei weiterem Ansteigen der Fluggeschwindigkeit ändert die Auftriebskraft am verdrehten Tragflügel mit nach unten ausgeschlagenem Querruder ihr Vorzeichen.

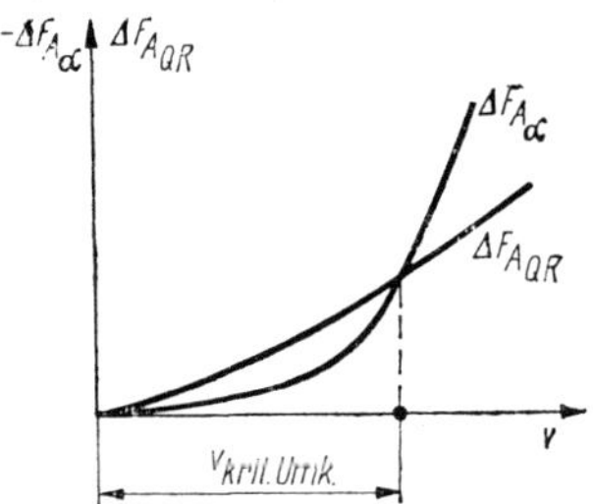

Bild 9.2 Grafik zur Bestimmung der kritischen Geschwindigkeit der Umkehrung der Ruderwirkung

Es entsteht ein Moment, das das Flugzeug zur Seite des nach unten ausgeschlagenen Querruders neigt.

Die Wirkung der Kräfte bei Ausschlag des Querruders nach oben wird in Bild 9.1b gezeigt.

Bei Pfeilflügeln ist die Geschwindigkeit, bei der eine Umkehrung der Ruderwirkung erreicht wird, niedriger als bei ungepfeilten

Tragflügeln, weil die Veränderung der Anstellwinkel nicht nur durch die Verdrehung des Tragflügels, sondern auch auf Grund seiner Durchbiegung zustande kommt.

Es ist augenscheinlich, daß die Anstellwinkeländerung $\Delta\alpha$ bei Biegung um so größer wird, je größer die Pfeilung und die Flügelstreckung und je kleiner die relative Profildicke ist. Im letzten Fall vermindert sich das Trägheitsmoment des Tragflügels.

Die Größe der kritischen Geschwindigkeit für einen ungepfeilten Tragflügel mit konstanter Flügelsehne (Rechteckflügel) und einer konstanten Steifigkeitscharakteristik längs der Spannweite hängt vom Abstand zwischen dem Druckpunkt des Tragflügels oder des Leitwerkes und dem Druckpunkt des Ruders, von der Größe des Differentialquotienten c_A^α und von der Drillsteifigkeit des Tragflügels oder des Leitwerkes ab.

Es gilt

$$v_{\text{kritu}} = \frac{\pi}{2l_K}\sqrt{\frac{2G_{J\,\text{TF}}}{c_A^\alpha \cdot \varrho_H \cdot d \cdot t}}.$$

l_k – Länge einer Tragflügelhälfte bis zur Wurzelrippe;

t – Profiltiefe;

ϱ_H – Luftdichte;

$c_A^\alpha = \frac{\partial c_A}{\partial \alpha}$ – des Tragflügels;

$G_{J\,\text{TF}}$ – Drillsteifigkeit des Tragflügels;

G – Schubmodul;

J_{TF} – polares Flächenträgheitsmoment des Tragflügels;

d – Abstand zwischen den Angriffspunkten der Kräfte $\Delta F_{A\alpha}$ und $\Delta F_{A\text{QR}}$.

(Siehe auch Bild 9.1 a).

Um die kritische Geschwindigkeit zu erhöhen, muß die Drillsteifigkeit der Konstruktion vergrößert werden. Bei pfeilförmigen Tragflügeln und Leitwerken ist eine Erhöhung ihrer Drill- und Biegesteifigkeit notwendig.

Eine Umkehrung der Querruderwirkung bei Dreieckflügeln mit kleiner Flügelstreckung tritt auf Grund der großen Festigkeit der Konstruktion eines solchen Tragflügels nicht auf.

Bei ungenügender Festigkeit des Tragflügels kann eine Verbesserung der Querstabilität bei großen Geschwindigkeiten durch eine Verlagerung der Querruder in die Nähe des Rumpfes erreicht werden. Dort verfügt der Tragflügel über eine große Festigkeit. Ab und zu wird auch die Teilung des Querruders in zwei Hälften vorgenommen. In diesem Falle wird eines von ihnen, das am Flügelende angebracht ist, für die Steuerung des Flugzeuges bei geringen Geschwindigkeiten verwendet, während das andere, das näher zum Rumpf liegt, für die Steuerung des Flugzeuges bei großen Geschwindigkeiten verwendet wird.

9.2. Vollplastische Deformation tragender Flächen

Unter der vollplastischen Deformation tragender Flächen (im Russischen als Divergenz, im Deutschen auch als Auskippen bezeichnet) versteht man eine Erscheinung der statischen Instabilität der Konstruktion, die sich in einer starken Zunahme des ständigen Anwachsens des Drillwinkels ϑ der tragenden Fläche unter der Einwirkung der aerodynamischen Kräfte äußert.

Die aerodynamische Belastung verdreht und biegt den Tragflügel. Wenn der Druckpunkt vor dem Schubmittelpunkt (Torsionsachse) liegt, so vergrößert sich bei Torsion des Tragflügels der Anstellwinkel α. Das führt zu einem Anwachsen der aerodynamischen Kräfte und als Folge zu einer weiteren Vergrößerung des Drillwinkels ϑ und damit des Anstellwinkels.

Unter dem Einfluß der wachsenden aerodynamischen Kräfte wird an einzelnen Bauelementen der Konstruktion die Elastizitätsgrenze erreicht und überschritten. Die damit verbundene Änderung der Spannungsverteilung in der Konstruktion läßt eine weitere Belastung der Konstruktion zu; man spricht von einer teilplastischen oder überelastischen Beanspruchung der Konstruktion. Die auftretenden Deformationen der Konstruktion sind noch reversibel.

Dieser Prozeß führt schließlich dazu, daß das Drehmoment der aerodynamischen Kräfte gerade noch von dem rückdrehenden Torsionsmoment der Konstruktion aufgenommen wird. Das Drehmoment der aerodynamischen Kräfte, das den Tragflügel verdreht, wächst proportional dem Staudruck; das dieser Verdrehung entgegenwirkende konstruktionsbedingte Torsionsmoment hängt von der Geschwindigkeit nicht ab. Bei großen Fluggeschwindigkeiten, insbesondere in geringen Höhen, kann sich die Festigkeit der Konstruktion als nicht ausreichend erweisen, d.h., die Beanspruchung der Konstruktion geht aus dem teilplastischen in den vollplastischen Bereich über; die Deformationen werden irreversibel. Die Fluggeschwindigkeit, bei der das Drehmoment der aerodynamischen Kräfte gerade noch von dem rückdrehenden Torsionsmoment ohne bleibende (irreversible) Verformung der Konstruktion aufgenommen wird, nennt man die **kritische Geschwindigkeit der vollplastischen Deformation.** Die Erscheinung der vollplastischen Deformation des Tragflügels ist also mit einem solchen Zustand der Konstruktion verbunden, bei dem die Drehmomente der aerodynamischen Kräfte, bezogen auf den Schubmittelpunkt (Torsionsachse), schneller anwachsen als die rückdrehenden Torsionsmomente.

Die Größe der kritischen Geschwindigkeit der vollplastischen Deformation des Tragflügels hängt von der Drillsteifigkeit der Konstruktion, vom Abstand d zwischen dem Druckpunkt und dem Schubmittelpunkt (Torsionsachse) und der Fluggeschwindigkeit ab.

Die Fluggeschwindigkeit wirkt auf die Größe der kritischen Geschwindigkeit der vollplastischen Deformation $v_{\text{krit}_{\text{plast}}}$ über die Veränderung von c_A^α und d ein. Bei

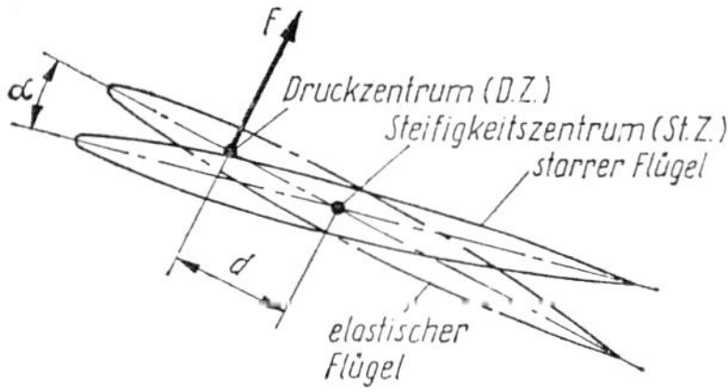

Bild 9.3 Aeroelastische Deformation eines Tragflügelquerschnittes bei Biegung

Geschwindigkeiten in Nähe der Schallgeschwindigkeit erhöht sich c_A^α mit Erhöhung der Fluggeschwindigkeit, bei Überschallgeschwindigkeit verringert sich c_A^α. Das führt entsprechend bei $M \leqslant 1$ zu einer Verringerung von $v_{\text{krit}_{\text{plast}}}$ und bei $M > 1$ zu einer Erhöhung von $v_{\text{krit}_{\text{plast}}}$.

Bei einer Erhöhung der Machzahl verringert sich ebenfalls d, und das Druckzentrum kann, indem es sich auf der Sehne weiter nach hinten verlagert, mit dem Schubmittelpunkt (Torsionsachse) zusammenfallen. Deshalb steigt bei $M > 1$ die kritische Geschwindigkeit der vollplastischen Deformation.

Eine Erhöhung der Drillsteifigkeit der Konstruktion erhöht $v_{krit_{plast}}$, während eine Vergrößerung der Flügelstreckung dieselbe vermindert.

Wenn es sich um einen pfeilförmigen Tragflügel handelt, muß man bei der Bestimmung der kritischen Geschwindigkeit der vollplastischen Deformation notwendigerweise nicht nur die Veränderung des Anstellwinkels durch die Torsion des Tragflügels, sondern auch durch die Biegedeformationen beachten.

Bei Überschallgeschwindigkeit, wenn $d = 0$ ist, ist eine vollplastische Deformation des Tragflügels mit positiver Pfeilung nicht möglich, bei Tragflügeln mit negativer Pfeilform tritt sie auf Grund von Biege- und Drehungsdeformationen auf. Bei gleicher Spannweite und gleicher Drill- und Biegesteifigkeit ist die kritische Geschwindigkeit der vollplastischen Deformation bei Tragflügeln mit negativer Pfeilform bedeutend geringer als bei ungepfeilten Tragflügeln, bei Tragflügeln mit positiver Pfeilform jedoch größer.

Von diesem Gesichtspunkt aus ist die Bestimmung der kritischen Geschwindigkeit der vollplastischen Deformation für negativ gepfeilte Tragflügel und Pylonen (TW- und Waffenträger) besonders wichtig.

9.3. Das Flattern

Unter Flattern versteht man selbsterregte elastische Schwingungen einzelner Bauteile des Flugzeuges, die im Fluge beim Erreichen einer bestimmten Fluggeschwindigkeit auftreten und vom Charakter der Konstruktion abhängig sind. Solche Schwingungen werden angefacht durch die Energie des anströmenden Luftstromes und können mit einer ständig wachsenden Amplitude vor sich gehen.

Das Flattern entsteht meistens am Tragflügel und an den Leitwerken, kann aber auch an der Behäutung des Rumpfes auftreten.

Unter der Einwirkung einer äußeren Erregung können Tragflügel und Leitwerkflächen in Schwingungen geraten. Dabei kann es bei hohen Geschwindigkeiten bei einem bestimmten Verhältnis der elastischen, aerodynamischen und Trägheitskräfte zum Auftreten von Flattererscheinungen kommen. Vom Beginn des Auftretens an breitet sich das Flattern so schnell aus, daß es in äußerst kurzer Zeit zu einer Zerstörung der Konstruktion kommt. Deshalb ist es notwendig, bereits im Stadium der Projektierung vorbeugende Maßnahmen gegen Flattererscheinungen zu ergreifen.

Am Beispiel der Schwingung eines Trägers sollen einige Besonderheiten derartiger Schwingungen erklärt werden (Bild 9.4).

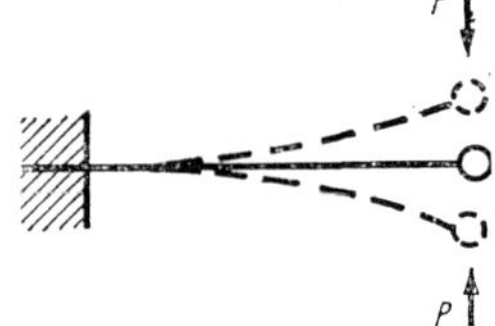

Bild 9.4 Biegeschwingungen eines Trägers

Eine senkrecht wirkende Kraft bringt den Träger aus der Gleichgewichtslage. Nachdem die Kraft entfernt wurde, überlassen wir den Träger sich selbst. Der Träger führt eine Schwingung mit kleiner werdender Amplitude aus.

Diese gedämpfte Schwingung erklärt sich aus der Wirkung von Dämpfungskräften: Reibungskräfte in der Befestigung des Trägers, Elastizitätskräfte bei der Deformation und der Luftwiderstand.

Wenn im Prozeß der Schwingung periodisch eine Kraft auf den Träger in Bewegungsrichtung wirkt, dann erhalten wir Schwingungen mit steigender Amplitude. Eine solche Kraft nennt man Erregerkraft. Eine Bedingung für das Auftreten von Flatterschwingungen besteht darin, daß die von den Erregerkräften geleistete Arbeit größer ist als die Arbeit der Dämpfungskräfte.

Selbsterregte Schwingungen des Tragflügels und der Leitwerkflächen können folgende Formen haben:

- das Biege-Verdreh-Flattern des Tragflügels (der Tragflügel biegt sich durch und verdreht sich gleichzeitig);
- das Biege-Ruder-Flattern des Tragflügels (der Tragflügel biegt sich durch, und gleichzeitig schlägt das Ruder aus);
- das Biege-Ruder-Flattern des Leitwerkes (Ausschlag des Ruders und Durchbiegung des Rumpfes);
- das Biege-Verdreh-Ruder-Flattern des Leitwerkes (Durchbiegung und Verdrehung des Rumpfes mit gleichzeitigem Ausschlag des Ruders).

Jede dieser Formen des Flatterns entsteht bei bestimmten Bedingungen und bei einer bestimmten Geschwindigkeit, der sogenannten **kritischen Geschwindigkeit des Flatterns.**

Das Biege-Verdreh-Flattern

Wir nehmen an, daß ein Tragflügel unter dem Einfluß einer Erregerkraft nach unten durchgebogen wurde, danach diese Kraft zu wirken aufhörte und der Tragflügel sich selbst überlassen wurde (Stellung 0 auf Bild 9.5a). Das Querruder war dabei starr befestigt. Zur Vereinfachung der Betrachtung nehmen wir an, daß sich das Flugzeug in Ruhe befindet und die Luft das Flugzeug mit einer Geschwindigkeit v anströmt.

Die Profilsehne ist auf Bild 9.5 als Strich-Punkt-Linie dargestellt. Unter dem Einfluß der Elastizitätskräfte wird der Flügelquerschnitt aus der untersten Stellung ($u = 0$) in die Ausgangslage zurückkehren. Dabei wird die Vertikalgeschwindigkeit U des Tragflügels von Null bis U_{max} ansteigen.

Der Flügelquerschnitt wird sich wegen der gespeicherten kinetischen Energie über die Ausgangslage hinaus bewegen, bis die Geschwindigkeit wieder den Wert Null erreicht. Die Elastizitätskräfte bewirken nun die entgegengesetzte Bewegung des Flügelquerschnittes.

Die Veränderung der Vertikalgeschwindigkeit M während einer Schwingung des Tragflügelquerschnittes wird in Bild 9.5c gezeigt. Die Veränderung der vertikalen Beschleunigung $\dot{U}$ zeigt Bild 9.5d.

Bei der Veränderung der Bewegungsrichtung, wenn die Vertikalgeschwindigkeit U gleich Null ist, erreicht die Beschleunigung $\dot{U}$ ihren maximalen Wert. Zum Zeitpunkt der maximalen Vertikalgeschwindigkeit U_{max} ist die Beschleunigung gleich Null.

Bei der Bewegung des Tragflügels mit Geschwindigkeitsänderung treten Trägheitskräfte F_J auf, die der Geschwindigkeitsänderung entgegengerichtet sind und im Schwerpunkt des betrachteten Querschnittes angreifen.

Bei der Bewegung des Tragflügels aus der Stellung 0 in die Stellung 2 (Bild 9.5a) wirken die Trägheitskräfte nach unten und erzeugen ein Moment, das den Tragflügel um den Schubmittelpunkt (Torsionsachse) verdreht und somit den Anstellwinkel des Querschnittes vergrößert. Der Schwerpunkt bleibt in seiner Bewegung hinter dem Schubmittelpunkt zurück. Bei der Bewegung des Tragflügels aus der Stellung 2 in die Stellung 4 ändern die Geschwindigkeitsänderung und die Trägheitskräfte das Vorzeichen, der Querschnitt dreht sich zurück, der Anstellwinkel verkleinert sich, und in der Stellung 4 wird praktisch die Ausgangsstellung erreicht. Der Schwerpunkt versucht den Schubmittelpunkt einzuholen.

So gesehen sind Biegeschwingungen immer verbunden mit einer Verdrehung des Tragflügels über die gesamte Spannweite (Drillschwingungen).

In allen Zwischenstellungen (1, 2, 3) des Flügelquerschnittes ist der Anstellwinkel im Verhältnis zur Ausgangsstellung größer, und es wird eine zusätzliche aerodynamische Kraft ΔF_{A_1} erzeugt, die nach oben in Richtung der Bewegung des Tragflügels gerichtet ist. Die Kraft ΔF_{A_1} ist eine Erregerkraft. Ihre Größe ist nicht konstant, in Stellung 2 hat sie ihren maximalen Wert, da in dieser Stellung die Verdrehung des Querschnittes am größten ist.

Betrachten wir nun die Bewegung des Tragflügelquerschnittes von Stellung 4 zur Stellung 8 nach unten (Bild 9.5b). Die nach oben gerichteten Trägheitskräfte F_J erzeugen ein Moment um den Schubmittelpunkt, das den Anstellwinkel des Tragflügelquerschnittes verringert. In Stellung 6 hat der Querschnitt den kleinsten Anstellwinkel. In Stellung 7 ändern die Trägheitskräfte und demzufolge auch das Moment das Vorzeichen. Der Anstellwinkel wird größer und erreicht in Stellung 8 seinen ursprünglichen Wert. Das heißt also, daß bei der Bewegung des Tragflügels aus Stellung 4 in Stellung 8 nach unten der Anstellwinkel kleiner ist als in der Ausgangsstellung, die zusätzliche aerodynamische Kraft ΔF_{A_1} ist negativ und nach unten gerichtet. Die Kraft ΔF_{A_1} ist auch in diesem Falle Erregerkraft.

Folglich kann man feststellen, daß über den gesamten Zeitraum der Schwingung auf den Tragflügelquerschnitt eine Er-

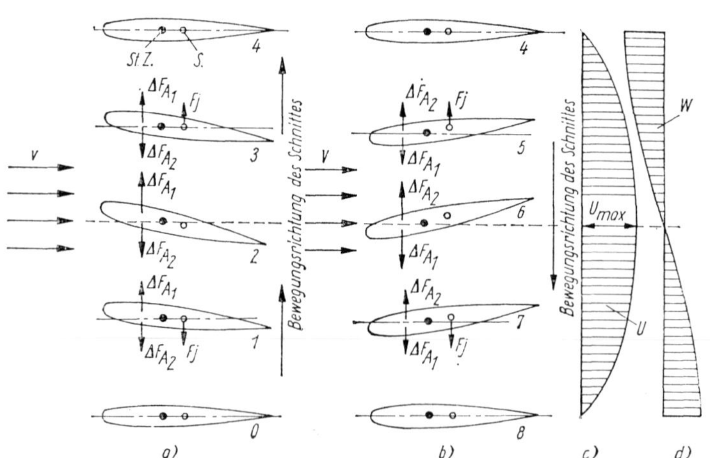

Bild 9.5 Darstellung zur Erläuterung des Biege-Verdreh-Flatterns des Tragflügels

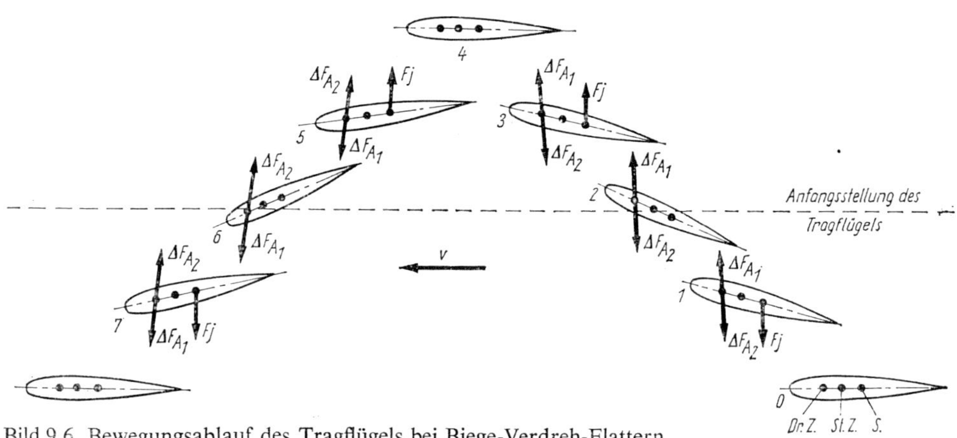

Bild 9.6 Bewegungsablauf des Tragflügels bei Biege-Verdreh-Flattern

regerkraft wirkt, die die Schwingung anfacht.

Den genauen Bewegungsablauf des Tragflügelquerschnittes im Fluge bei Biege-Verdreh-Flattern zeigt Bild 9.6. Hier sind auch die Richtungen der Erregerkräfte gezeigt.

Bei den oben beschriebenen Erscheinungen treten neben den Erregerkräften auch Dämpfungskräfte auf. Zu dieser Art von Kräften gehören:

- die Reibungskräfte an den Befestigungsstellen,
- die Elastizitätskräfte ΔF_E (innere Reibungskräfte ΔP_T im Material) und
- aerodynamische Kräfte bei Biegeschwingungen ΔF_{A_2}.

Bei der Bewegung des Tragflügels z.B. nach unten wird zur Geschwindigkeit v die vertikale Geschwindigkeit U addiert (Bild 9.7a). Dabei vergrößert sich der Anstellwinkel um den Betrag $\Delta\alpha$, und es wird eine zusätzliche Auftriebskraft ΔF_{A_2} erzeugt, die der Bewegung entgegengesetzt gerichtet ist, d.h., sie wirkt den Schwingungen entgegen.

Wenn die Arbeit, die die Erregerkräfte verrichten, größer als die Arbeit der Dämpfungskräfte ist, wächst die Schwingungsenergie des Tragflügels. Der Tragflügel »schaukelt« sich auf, und es entsteht ein Biege-Verdreh-Flattern. Ist die Arbeit der Erregerkraft ΔF_{A_1} kleiner als die Arbeit der Dämpfungskräfte ΔF_E und ΔF_{A_2} (das ist der Fall bei Flügen mit geringen Geschwindigkeiten), so entsteht kein Flattern.

Betrachten wir, von welchen Faktoren die Kräfte ΔF_{A_1}, ΔF_E und ΔF_{A_2} abhängig sind.

Die aerodynamische Erregerkraft bei gegebener Festigkeit des Tragflügels ist

$$\Delta F_{A_1} = \Delta c_A A_{TF} \frac{\varrho v^2}{2}$$

$$\Delta F_{A_1} = k \cdot v^2,$$

wobei k ein Proportionalitätsfaktor ist.

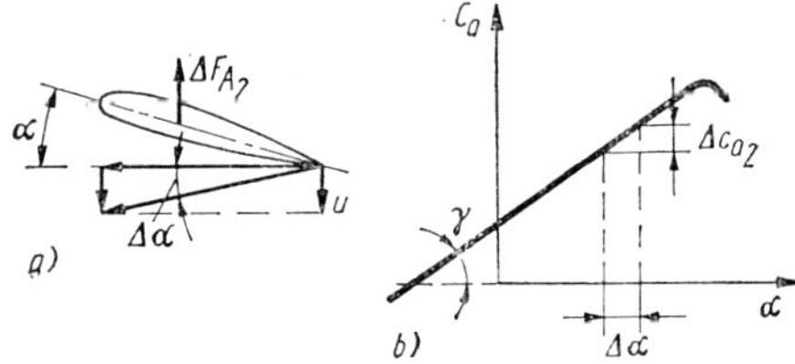

Bild 9.7 Darstellung für die Erläuterung der Entstehung von aerodynamischen Dämpfungskräften

Die Elastizitätskraft ΔF_E (Werkstoffdämpfung) ist von der Fluggeschwindigkeit nicht abhängig.
Die aerodynamische Dämpfungskraft ist

$$\Delta F_{A_2} = k_1 \cdot v,$$

wobei k_1 ein Koeffizient ist, der nicht von der Geschwindigkeit abhängt.
Tatsächlich ist die aerodynamische Dämpfungskraft

$$\Delta F_{A_2} = \Delta c_{A_2} A_{\mathrm{TF}} \cdot \frac{\varrho v^2}{2},$$

wobei Δc_{A_2} der Zuwachs von c_A ist, hervorgerufen durch die Vertikalgeschwindigkeit U. Die Abhängigkeit zwischen Δc_{A_2} und dem Zuwachs des Anstellwinkels $\Delta\alpha$ (Bild 9.7) kann durch folgende Formel ausgedrückt werden:

$$\tan \mathrm{j} = \frac{\Delta c_{A_2}}{\Delta\alpha},$$

$$\Delta c_{A_2} = \Delta\alpha \cdot \tan \mathrm{j}.$$

Da jedoch $\tan \Delta\alpha \approx \Delta\alpha \approx U/v$ ist, so ergibt sich

$$\Delta F_{A_2} = \frac{U}{v} \cdot \tan \mathrm{j} \cdot A_{\mathrm{TF}} \cdot \frac{\varrho v^2}{2} = k_1 \cdot v.$$

Es ist ersichtlich, daß der Einfluß der Erregerkräfte auf die Schwingungen bei großen Geschwindigkeiten größer ist als der Einfluß der Dämpfungskräfte. Es ist auch augenscheinlich, daß die Arbeit dieser Kräfte in der gleichen Abhängigkeit von der Geschwindigkeit steht. Diese Abhängigkeit ist in Bild 9.8 dargestellt. Die Arbeit der Kräfte ΔF_{A_2} und ΔF_E stellt in der Summe die Arbeit der Dämpfungskräfte dar.
Der Punkt »a« im Bild 9.8, in dem die Arbeit der Erregerkräfte und die Arbeit der Dämpfungskräfte gleich ist, entspricht der kritischen Geschwindigkeit des Biege-Verdreh-Flatterns. Beginnend von dieser Geschwindigkeit wird jede Schwingung, die durch irgendeine zufällige Kraft erregt wird, ohne äußeren Einfluß angefacht.

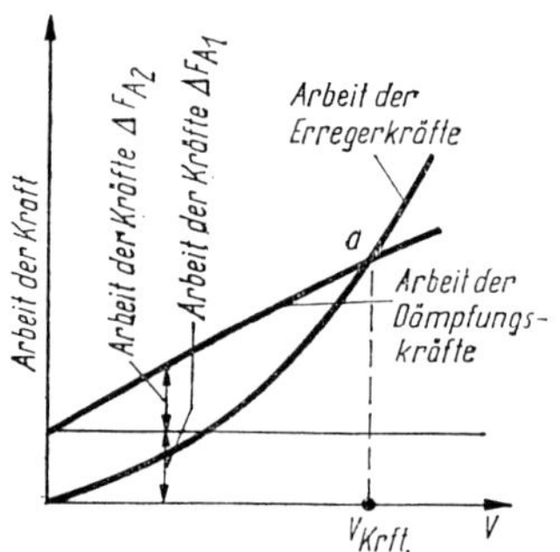

Bild 9.8 Grafik zur Bestimmung der von den Erreger- und Dämpfungskräften beim Biege-Verdreh-Flattern geleisteten Arbeit

Für einen Tragflügel mit konstanten Werten von t, c_A^α, GJ_{TF} und der Differenz $x_s - x_N$ ist

$$v_{\mathrm{krit_{Fl}}} = \frac{\pi}{A_{\mathrm{TF}}} \sqrt{\frac{2GJ_{\mathrm{TF}}}{c_a^\alpha \varrho\, (\bar{x}_S - \bar{x}_N) \cos\chi}}.$$

b – Querschnittssehne;
GJ_{TF} – Drillsteifigkeit;
$\bar{x}_s = x_s/t$ – relative Entfernung von der Profilnase bis zum Schwerpunkt;
$\bar{x}_N = x_N/t$ – relative Entfernung von der Profilnase bis zum Neutralpunkt;
χ – Pfeilwinkel des Tragflügels.

Das Biege-Verdreh-Flattern der Leitwerksflächen entsteht auf ähnliche Weise wie beim Tragflügel und unterliegt demzufolge den gleichen Gesetzmäßigkeiten.

Das Biege-Ruder-Flattern

Betrachten wir die Biegeschwingungen eines drillsteifen Tragflügels.

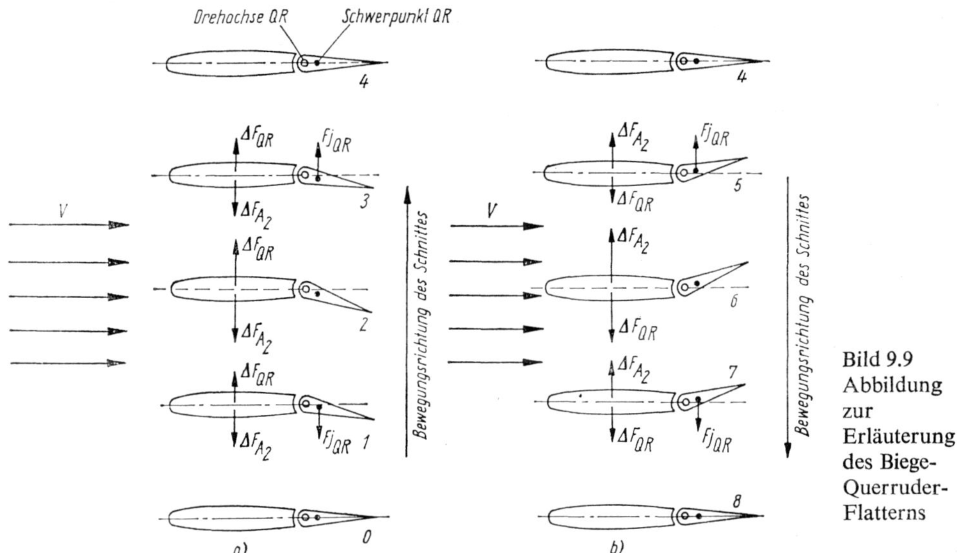

Bild 9.9 Abbildung zur Erläuterung des Biege-Querruder-Flatterns

Wir nehmen an, daß die Drehachse des Querruders vor der Torsionsachse liegt. Die Steuerung betrachten wir als nicht absolut starr. In diesem Fall schlägt das Querruder bei Biegeschwingungen des Tragflügels unter dem Einfluß der Trägheitskräfte aus.

Bei ähnlicher Betrachtungsweise wie im vorherigen Abschnitt kann man feststellen, daß bei einer Bewegung des Tragflügels von unten nach oben bis zur Ausgangsstellung 2 (Bild 9.9 a) die Trägheitskräfte des Querruders $F_{J_{QR}}$, die im Schwerpunkt angreifen, einen Ausschlag des Querruders nach unten bewirken. Das Querruder bleibt hinter dem Tragflügel zurück. Es entsteht eine nach oben gerichtete zusätzliche Auftriebskraft $\Delta F_{A_{QR}}$. Von der Stellung 2 in die Stellung 4 ändert sich die Richtung der Trägheitskräfte, das Querruder kehrt in seine Ausgangslage zurück, die Kraft $\Delta F_{A_{QR}}$ verringert sich.

Das bedeutet, daß in allen Stellungen bei der Bewegung des Tragflügels nach oben eine in Bewegungsrichtung des Tragflügels wirkende zusätzliche aerodynami-

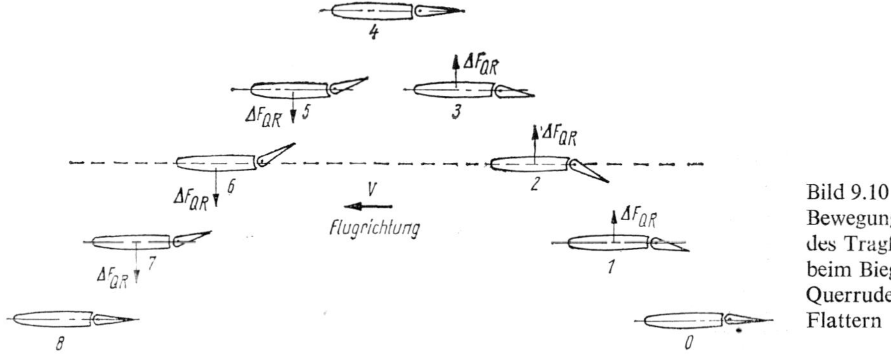

Bild 9.10 Bewegungsablauf des Tragflügels beim Biege-Querruder-Flattern

sche Kraft $\Delta F_{A_{QR}}$ wirkt. Die Kraft ist eine Erregerkraft. Das gleiche Bild ergibt sich bei Bewegung des Tragflügels nach unten (Bild 9.9b).

Den genauen Bewegungsablauf des Tragflügelquerschnittes im Flug bei Auftreten von Biege-Ruder-Flattern zeigt Bild 9.10. Außer der betrachteten Erregerkraft $\Delta F_{A_{QR}}$ gibt es, wie bereits früher dargelegt, Dämpfungskräfte: die Elastizitätskräfte ΔF_E und die aerodynamische Kraft bei Biegeschwingungen des Tragflügels ΔF_{A_2}. Wenn die Arbeit, die durch die Erregerkraft geleistet wird, die Arbeit der Dämpfungskräfte übersteigt, entsteht ein Biege-Ruder-Flattern. Die Geschwindigkeit, bei der die Erscheinung auftritt, nennt man die kritische Geschwindigkeit des Biege-Ruder-Flatterns. Das Biege-Ruder-Flattern des Höhenleitwerkes entsteht analog.

Möglichkeiten zur Verhinderung des Flatterns

Da das Flattern bei der Bedingung $v \geqslant v_{\text{krit}_{\text{Fl.}}}$ auftritt, ist es notwendig, daß die für den gegebenen Flugzeugtyp zulässige Maximalgeschwindigkeit kleiner ist als $v_{\text{krit}_{\text{Fl.}}}$. Es ist ausreichend, wenn $v_{\text{krit}_{\text{Fl.}}} > 1{,}1\, v_{\max}$.

Auf die Größe der kritischen Geschwindigkeit des Biege-Verdreh-Flatterns der tragenden Flächen haben hauptsächlich folgende Faktoren Einfluß:

1. Die Steifigkeit der Konstruktion des Tragflügels und des Leitwerkes. Dabei hat auf die Größe der kritischen Geschwindigkeit im wesentlichen die Drillsteifigkeit Einfluß. Bei Verdrehung ist die kritische Geschwindigkeit proportional $\sqrt{GJ_{\text{TF}}}$. Die Biegesteifigkeit der Konstruktion hat nur unbedeutenden Einfluß.
   Die Vergrößerung der Drillsteifigkeit des Tragflügels und des Leitwerkes erreicht man durch eine stärkere Behäutung und die Verstärkung der Stege der Holme und der Längswände.
2. Der Abstand zwischen dem Neutralpunkt und dem Schwerpunkt des Profils, bei dessen Verringerung sich die kritische Flattergeschwindigkeit vergrößert. Eine Verschiebung des Schwerpunktes des Profils in Richtung des Neutralpunktes erreicht man oft durch eine Verstärkung der Behäutung der Profilnase und durch Einbau von Ausgleichgewichten.
3. Die Form des Tragflügels und des Leitwerkes. Die Form bestimmt in hohem Maße die gegenseitige Lage der Schwerpunkte und Neutralpunkte der Querschnitte sowie die aerodynamischen und Steifigkeitscharakteristiken der Konstruktion.
   Untersuchungen haben ergeben, daß Pfeil- und Deltaflügel über eine höhere $v_{\text{krit}_{\text{Fl.}}}$ verfügen als ungepfeilte Flügel.
4. Die Flughöhe. Bei Vergrößerung der Flughöhe und Beibehaltung aller anderen Bedingungen steigt die kritische Geschwindigkeit. Näherungsweise gilt:

$$\frac{V_{H_1}}{V_H} = \left(\frac{\varrho_H}{\varrho_{H_1}}\right)^{\alpha}$$

V_{H_1} – die kritische Geschwindigkeit in der Höhe H_1;
V_H – die kritische Geschwindigkeit in der Höhe H;
α – Exponent (0,35 bis 0,5);
ϱ_{H_1}, ϱ_H – Luftdichte in den Höhen H_1 und H.

Bei der Konstruktion des Tragflügels und des Leitwerkes muß man sprunghafte Veränderungen der Drillsteifigkeit GJ_{TF} längs der Spannweite vermeiden. Jedoch ist bei Verdrehschwingungen nicht nur die absolute Größe der Steifigkeit, sondern auch das Verhältnis zwischen der Drillsteifig-

keit und dem Massenträgheitsmoment I_{mx} von Bedeutung.
Je größer das Massenträgheitsmoment ist, um so stärker nehmen die Trägheitskräfte bei Schwingungen Einfluß, und folglich müssen Tragflügel und Leitwerk steifer sein. Deshalb kann man das Verhältnis

$$\frac{GJ_{\text{TF}}}{J_m}$$

als Charakteristikum für die Flattersicherheit der Konstruktion ansehen.
Es muß angestrebt werden, daß dieser Quotient zum Flügelende hin nicht kleiner wird, sondern sich im Gegenteil noch vergrößert.
Ein weiteres Mittel zur Verhinderung von Biege-Ruder-Flattern ist der Massenausgleich des Querruders. Diese Methode besteht in der Verschiebung des Schwerpunktes des Ruderquerschnittes zur Drehachse des Ruders.
Ein Querruder (Ruder) mit verstärkter Nasenbehäutung und dünner Behäutung im hinteren Teil gestattet eine Verringerung der Ausgleichsgewichte.
Eine Vergrößerung von $v_{\text{krit}_{\text{Fl.}}}$ kann ebenfalls durch den Einbau eines Dämpfers (Bild 9.11) erreicht werden, der bei Ausschlag des Ruders zusätzliche Dämpfungskräfte erzeugt. In einem solchen Dämpfer bewegt sich der Kolben A, der mit dem Ruder verbunden ist, bis zum Ausschlag des Ruders in einem Zylinder B, der mit einer Flüssigkeit gefüllt ist. Der Kolben hat kleine Öffnungen. Die bei der Bewegung des Kolbens durchfließende Flüssigkeit erzeugt einen Widerstand gegenüber der Ruderbewegung. Bei langsamem Ausschlag des Ruders ist die Widerstandskraft der Flüssigkeit klein. Bei großer Ausschlagsgeschwindigkeit steigt die Widerstandskraft der Flüssigkeit stark an, da diese Kraft proportional dem Quadrat der Kolbengeschwindigkeit ist.

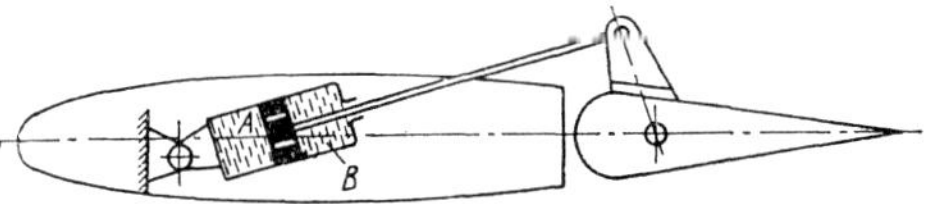

Bild 9.11 Schwingungsdämpfer

Eine weitere Methode zur Erhöhung von $v_{\text{krit}_{\text{Fl.}}}$ ist die Verringerung des Spiels in der Steuerung. Dadurch wird ein unbeabsichtigtes Ausschlagen der Ruder unter dem Einfluß der Trägheitskräfte eingeschränkt.

9.4. Buffeting

Beim Buffeting (buffet – engl. Rütteln) handelt es sich in erster Linie um Schwingungen des Leitwerkes, die durch Wirbel erregt werden. Die Wirbel können entstehen durch das Ablösen der Grenzschicht am Tragflügel bei großem Anstellwinkel, durch Divergenz der Stromlinien an den Verbindungsstellen Tragflügel-Rumpf, durch Ablösegebiete an der Kabine des Flugzeuges (Bild 9.12), an den Befestigungsträgern der Triebwerke sowie an den am Tragflügel befestigten Triebwerksgondeln.
Wenn das Leitwerk in eine Zone verwirbelter Luft eintritt, so ändert sich am Leitwerk periodisch der Umströmungscharakter. Es entstehen zusätzliche aerodynamische Kräfte, die in Form von

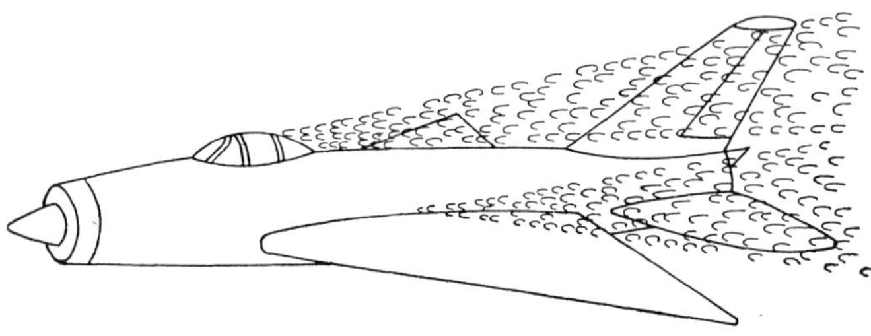

Bild 9.12 Buffeting des Leitwerkes

Schlägen auftreten. Buffeting (der horizontalen oder vertikalen Ruder) ist besonders gefährlich, wenn die Frequenz der Wirbelerzeugung nahe der Eigenfrequenz der Konstruktion der Ruder oder des Rumpfes liegt. In diesem Falle tritt Resonanz auf, das bedeutet, daß die Schwingungen (mit ansteigender Amplitude) angefacht werden.

Zur Beseitigung des Buffetings (der am Leitwerk horizontalen und vertikalen Ruder) ist die Beseitigung der Ursachen des Auftretens notwendig, bzw. die Ruder sind bei der Konstruktion außerhalb der Verwirbelungszone anzubringen.

Am Flugzeug werden oftmals zusätzliche Bauteile oder Geräte angebracht, die Quelle von Wirbelgebieten sein können, z.B. die Außenaufhängung der Bewaffnung oder Kraftstoffbehälter. Eine Wirbelerzeugung kann beim Öffnen von Luken auftreten, bei Militärtransportflugzeugen beim Absetzen von Lasten und Fallschirmspringern. In diesem Falle werden zur Verhinderung des Buffetings spezielle Untersuchungen geführt und Begrenzungen festgelegt. Eine effektive Methode des Kampfes gegen Buffeting ist die Vergrößerung der Festigkeit des Leitwerkes und des Rumpfes. Da diese Methode jedoch zu einer Vergrößerung der Konstruktionsmasse führt, ist sie nicht immer anwendbar.

Bei großen Geschwindigkeiten kann ebenfalls Buffeting auftreten. Der Grund hierfür liegt beim Eintauchen des Leitwerkes in die Wirbelgebiete hinter den Verdichtungsstößen, die bei der Umströmung der vor dem Leitwerk liegenden Teile des Flugzeuges auftreten können.

9.5. Kontrollfragen

1. Womit beschäftigt sich die Aeroelastizität?
2. Was charakterisiert eine aeroelastische Erscheinung?
3. Welche Erscheinungen sind für die dynamische Aeroelastizität charakteristisch?
4. Was ist vollplastische Deformation?
5. Was verstehen wir unter Umkehrung der Ruderwirkung?
6. Wie kann die kritische Geschwindigkeit der Umkehrung der Ruderwirkung ermittelt werden?
7. Was ist Flattern?
8. Welche Arten des Flatterns gibt es?